视频教学
全新升级

Word/Excel/PPT 2021 办公应用实战从入门到精通

龙马高新教育 编著

人 民 邮 电 出 版 社
北 京

图书在版编目（CIP）数据

Word/Excel/PPT 2021办公应用实战从入门到精通 / 龙马高新教育编著. -- 北京 : 人民邮电出版社, 2022.11

ISBN 978-7-115-59664-2

Ⅰ. ①W… Ⅱ. ①龙… Ⅲ. ①办公自动化—应用软件 Ⅳ. ①TP317.1

中国版本图书馆CIP数据核字(2022)第117754号

内 容 提 要

本书通过精选案例引导读者深入学习，系统地介绍Word/Excel/PPT 2021的相关知识和应用方法。

全书共17章。第1～4章主要介绍Word 2021的相关内容，包括Word文档的基本编辑、Word文档的美化处理、表格的绘制与应用、长文档的排版与处理等；第5～9章主要介绍Excel 2021的相关内容，包括Excel工作簿和工作表的基本操作、管理和美化工作表、Excel公式和函数、数据的基本分析、数据的高级分析等；第10～12章主要介绍PPT 2021的相关内容，包括PowerPoint基本幻灯片的制作、设计图文并茂的演示文稿、动画及放映的设置等；第13～15章主要介绍Office 2021的行业应用，包括文秘办公、人力资源管理、市场营销等；第16～17章主要介绍Office 2021的共享与安全、Office 2021组件间的协作应用等。

本书提供了与图书内容同步的教学录像及所有案例的配套素材和结果文件。此外，还赠送了大量相关学习内容的教学录像、Office实用办公模板及扩展学习电子书等。

本书不仅适合Word/Excel/PPT 2021的初、中级用户学习使用，也可以作为各类院校相关专业学生和电脑培训班学员的教材或辅导用书。

◆ 编　　著　龙马高新教育
责任编辑　李永涛
责任印制　胡　南

◆ 人民邮电出版社出版发行　　北京市丰台区成寿寺路11号
邮编　100164　　电子邮件　315@ptpress.com.cn
网址　https://www.ptpress.com.cn
大厂回族自治县聚鑫印刷有限责任公司印刷

◆ 开本：787×1092　1/16
印张：20.25　　2022年11月第1版
字数：518千字　　2022年11月河北第1次印刷

定价：79.90元

读者服务热线：(010)81055410　印装质量热线：(010)81055316
反盗版热线：(010)81055315
广告经营许可证：京东市监广登字20170147号

为满足广大读者的Word/Excel/PPT办公学习需求，我们针对当前Office办公软件的特点，组织多位相关领域专家及Office办公软件培训教师，精心编写了本书。

写作特色

无论读者是否接触过Word/Excel/PPT 2021，都能从本书中获益，掌握使用Word/Excel/PPT 2021办公的方法。

面向实际，精选案例

本书以实际工作中的精选案例为主线，在此基础上适当扩展讲解知识点，以帮助读者实现学以致用。

图文并茂，轻松学习

本书有效地突出重点、难点。所有实战的操作，均配有对应的插图，以便读者在学习过程中清晰地看到操作的过程和效果，从而提高学习效率。

单双混排，超大容量

本书采用单双栏混排的形式，大大扩充信息容量，力求在有限的篇幅中为读者介绍更多的知识和案例。

高手支招，举一反三

有些章最后的“高手私房菜”栏目中展示各种高级操作技巧，可为知识点的扩展应用提供思路。

视频教程，互动教学

在视频教程中，我们利用真实案例，帮助读者体验实际应用环境，从而全面掌握知识点的运用方法。

配套资源

同步视频教程

本书配套的同步视频教程详细地讲解了每个案例的操作过程及关键步骤，能够帮助读者轻松地掌握书中的理论知识和操作技巧。

超值学习资源

本书附赠大量相关学习内容的视频教程、扩展学习电子书，以及本书所有案例的配套素材和结果文件等，以方便读者学习。

配套资源下载方法

读者可以使用微信扫描封底二维码，关注“职场研究社”公众号，发送“59664”后，将获得学习资源下载链接和提取码。将下载链接复制到浏览器中并访问下载页面，即可通过提取码下载本书的配套资源。

创作团队

本书由龙马高新教育策划，河南工业大学张庆辉任主编。作者竭尽所能地将更好的内容呈现给读者，但书中难免有疏漏和不妥之处，敬请广大读者不吝指正。读者在学习过程中有任何疑问或建议，可发送电子邮件至 liyongtao@ptpress.com.cn。

编者

2022 年 9 月

- 赠送资源 01　Office 2021 快捷键查询手册
- 赠送资源 02　Excel 函数查询手册
- 赠送资源 03　移动办公技巧手册
- 赠送资源 04　网络搜索与下载技巧手册
- 赠送资源 05　2 000 个 Word 精选文档模板
- 赠送资源 06　1 800 个 Excel 典型表格模板
- 赠送资源 07　1 500 个 PPT 精美演示模板
- 赠送资源 08　8 小时 Windows 11 教学录像
- 赠送资源 09　13 小时 Photoshop CC 教学录像

第 1 章

Word文档的基本编辑

学习目标

在文档中插入文本并对文本进行简单的设置是Word 2021的基本编辑操作。本章主要介绍Word文档的创建、在文档中输入文本内容、选中文本、字体和段落格式的设置，以及查找、批注和审阅文档的方法等。

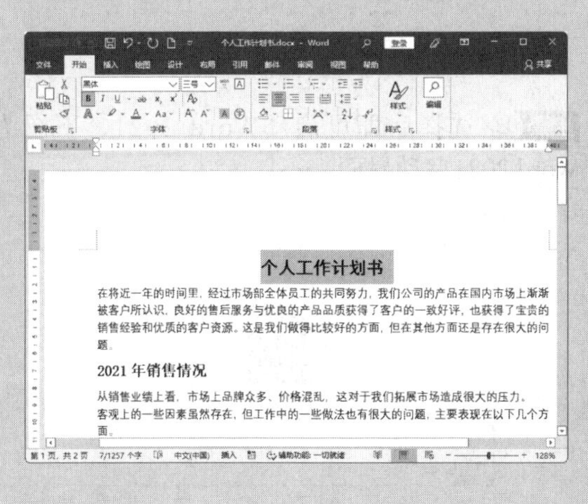

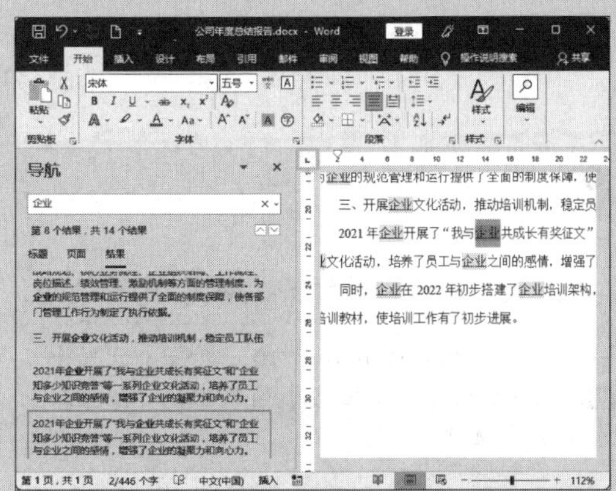

1.1 制作工作总结

对一个时间段的工作进行一次全面、系统的“总检查、总评价、总分析、总研究”，并分析成绩和不足，就可以不断积累经验。

工作总结是应用写作的一种，其作用是对已经做过的工作进行理性思考，如肯定成绩、找出问题、归纳经验教训、提高认识、明确方向，并把这些思考用文字表述出来，以便进一步做好工作。本节就以制作“工作总结”文档为例，介绍Word 2021的基本操作。

1.1.1 新建空白文档

在使用Word 2021制作“工作总结”文档之前，需要创建一个空白文档。启动Word 2021软件时可以创建空白文档，以Windows 11系统为例，具体操作步骤如下。

步骤 01 单击电脑桌面任务栏中的【开始】按钮 ，弹出【开始】菜单，并单击【所有应用】按钮，如下图所示。

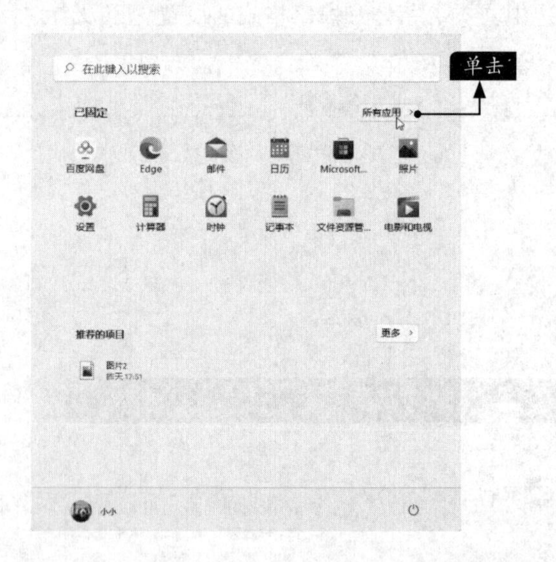

小提示

如果电脑系统为Windows 10，单击【开始】按钮 ，在弹出的【所有应用】列表中，可以直接选择【Word】选项。

步骤 02 打开【所有应用】列表后，在列表中选择【Word】选项，如右上图所示。

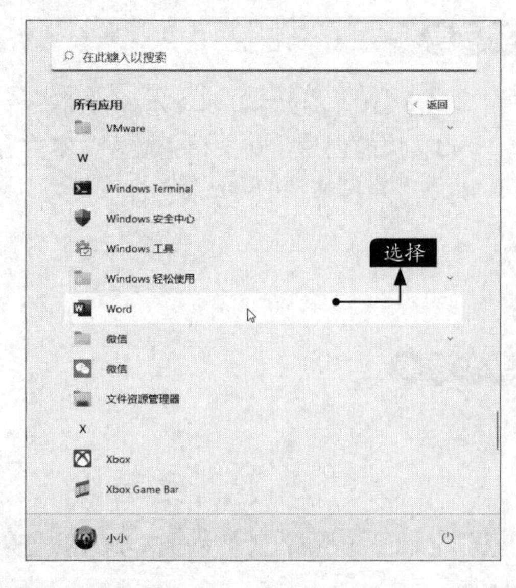

步骤 03 选择后即可启动Word 2021，下图为Word 2021启动界面。

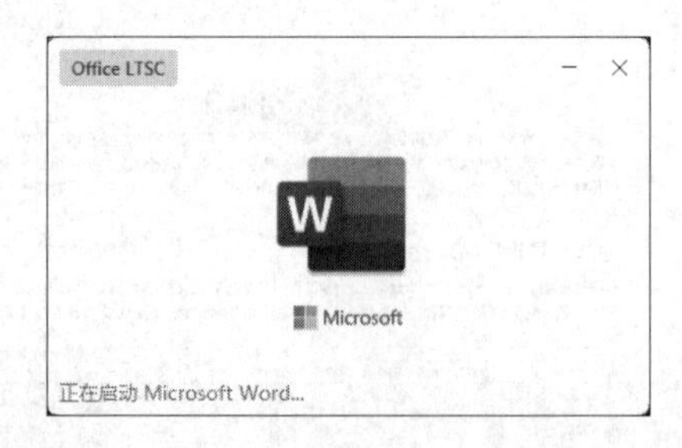

步骤 04 在打开的Word 2021的初始界面中，单击【空白文档】选项，如下页图所示。

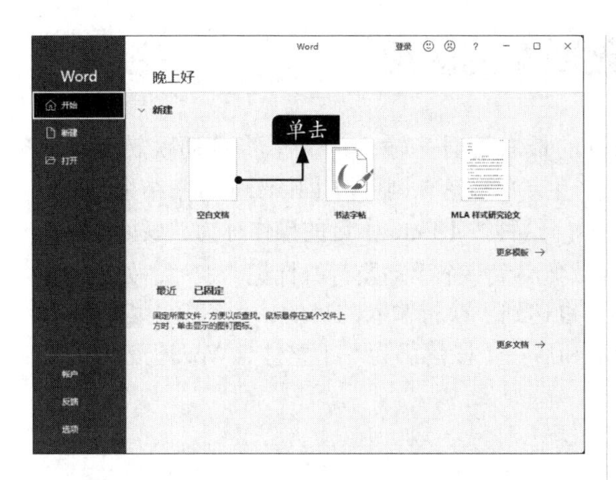

小提示

在桌面上单击鼠标右键，在弹出的快捷菜单中选择【新建】→【Microsoft Word文档】命令，也可在桌面上新建一个Word文档，双击新建的Word文档图标即可打开该文档。

步骤 05 此时创建出的一个名称为“文档 1 ”的空白文档如右上图所示。

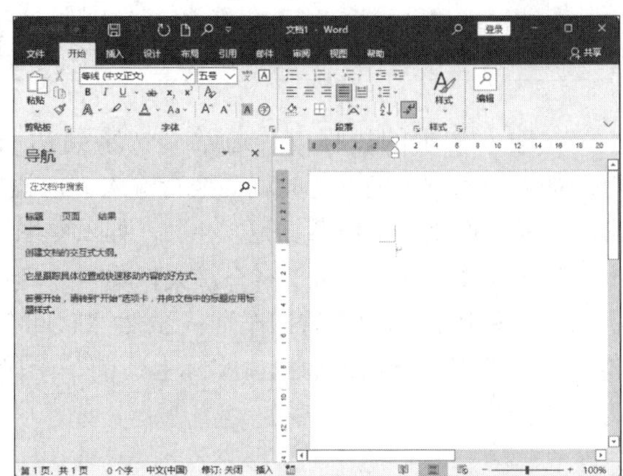

小提示

启动软件后，有以下3种方法可以创建空白文档。

（1）在【文件】选项卡下选择【新建】选项，在右侧【新建】区域选择【空白文档】选项。

（2）单击快速访问工具栏中的【新建空白文档】按钮，即可快速创建空白文档。

（3）按【Ctrl+N】组合键，也可以快速创建空白文档。

1.1.2 输入文本内容

文本的输入非常简便，只要会使用键盘打字，通常就可以在文档的编辑区域输入文本内容。当电脑桌面右下角的语言栏显示的是中文输入模式图标中时，在此状态下输入的文本即为中文文本。输入文本内容的具体操作步骤如下。

步骤 01 确定语言栏上的中文输入模式图标中，根据文本内容输入文字即可。例如这里输入“销售部季度总结”，如下图所示。

小提示

用户可以通过按【Windows+Space】组合键，切换电脑的输入法。

步骤 02 在编辑文档时，有时也需要输入英文和英文标点符号，按【Shift】键即可切换中文/英文输入法。切换至英文输入法后，直接按相应的键即可输入英文。数字内容可直接通过小键盘输入，输入效果如下图所示。

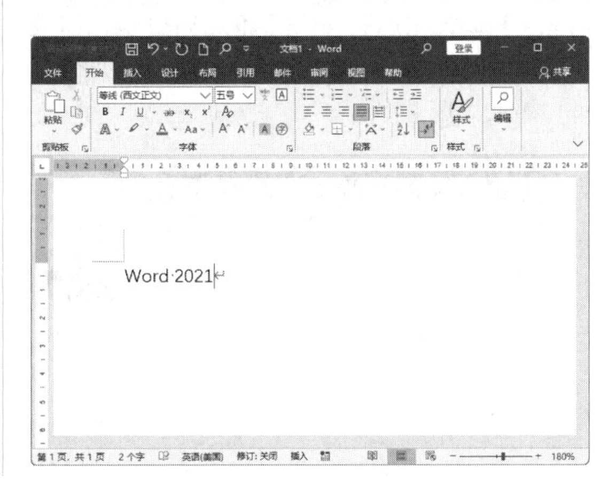

1.1.3 内容的换行——软回车与硬回车的应用

在输入文本的过程中，通常当文字到达一行的最右端时，输入的文本将自动跳转到下一行。如果在未输入完一行时就要换行输入，也就是产生新的段落，则可按【Enter】键来结束当前段落，这样会产生一个段落标记“↵”，如下左图所示。这种按【Enter】键的操作称为“硬回车”。

如果按【Shift+Enter】组合键来结束一个段落，会产生一个手动换行符标记“↓”，如下右图所示。这种操作称为“软回车”。虽然“软回车”也达到了换行输入的目的，但它并不会结束段落，只是实现换行输入而已。实际上，前一个段落和后一个段落仍为一个整体，Word仍默认它们为一个段落。

销售部季度总结↵
回顾 2022 年第 1 季度↵

销售部季度总结↵
回顾 2022 年第 1 季度↓

1.1.4 输入日期和时间

在文档中可以方便地输入当前的日期和时间，具体操作步骤如下。

步骤 01 打开“素材\ch01\工作总结.docx”文档，将其中的内容复制到“文档1”文档中，如下图所示。

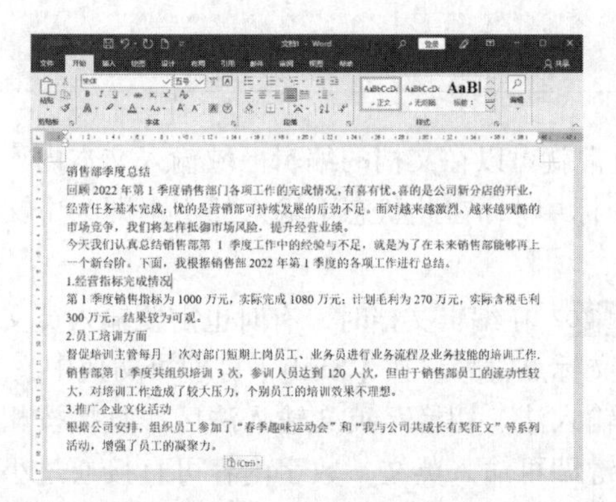

步骤 02 把光标定位到文档文本最后，按两次【Enter】键换两次行，单击【插入】选项卡下【文本】选项组（以下简称“组”）中的【日期和时间】按钮，如下图所示。

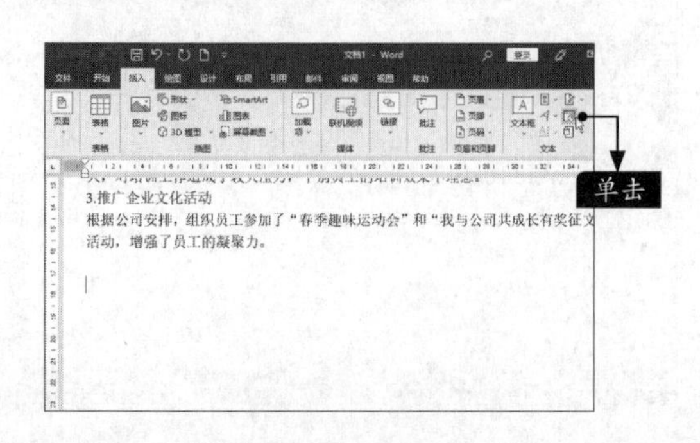

步骤 03 在弹出的【日期和时间】对话框中，设置【语言】为“中文”，然后在【可用格式】列表框中选择一种日期格式，单击【确定】按钮，如下图所示。

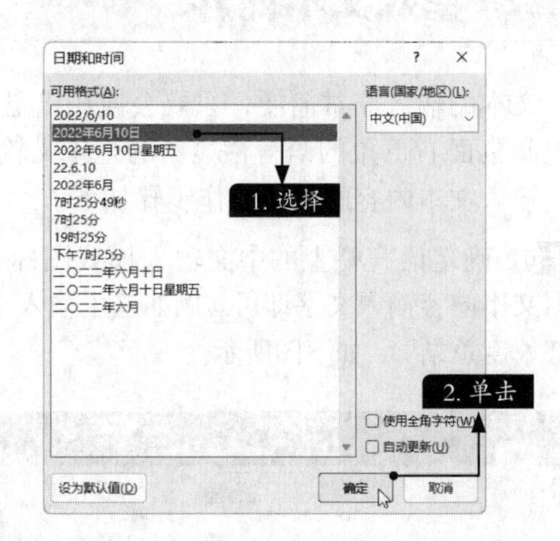

步骤 04 此时将日期插入文档的效果如下图所示。

销售部第 1 季度共组织培训 3 次，参训人员达到 120 人次，但由
大，对培训工作造成了较大压力，个别员工的培训效果不理想。
3.推广企业文化活动
根据公司安排，组织员工参加了“春季趣味运动会”和“我与公司
活动，增强了员工的凝聚力。

2022 年 6 月 10 日

步骤 05 按【Enter】键换行，单击【插入】选项卡下【文本】组中的【日期和时间】按钮。在弹出的【日期和时间】对话框的【可用格式】列表框中选择一种时间格式，选中【自动更新】复选框，单击【确定】按钮，如下图所示。

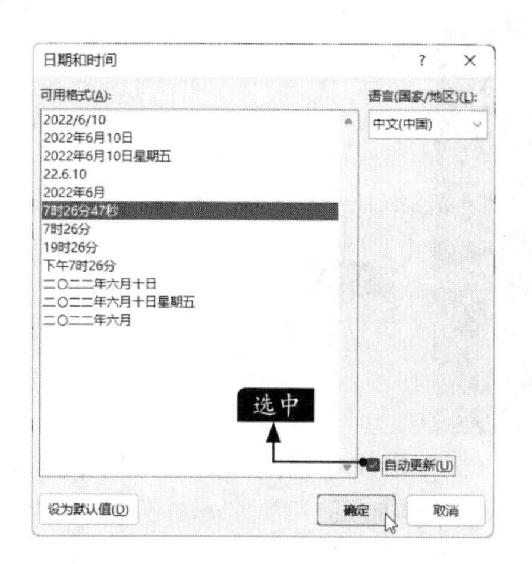

步骤 06 此时将时间插入文档的效果如下图所示。

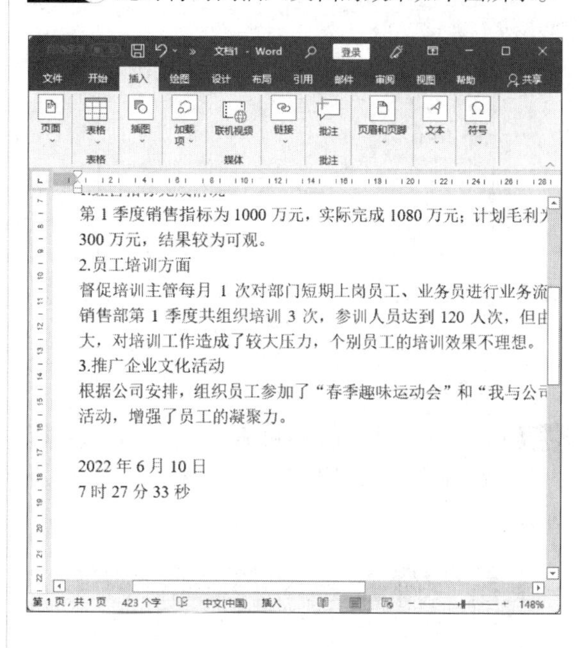

1.1.5 保存文档

文档的保存是非常重要的。在使用Word 2021编辑文档时，文档以临时文件的形式保存在电脑中，如果意外退出Word 2021，则很容易造成工作成果的丢失。可通过保存文档以确保文档的安全。

1. 保存新建文档

保存新建文档的具体操作步骤如下。

步骤 01 Word文档编辑完成后，打开【文件】选项卡，在左侧的列表中单击【保存】选项，如下图所示。

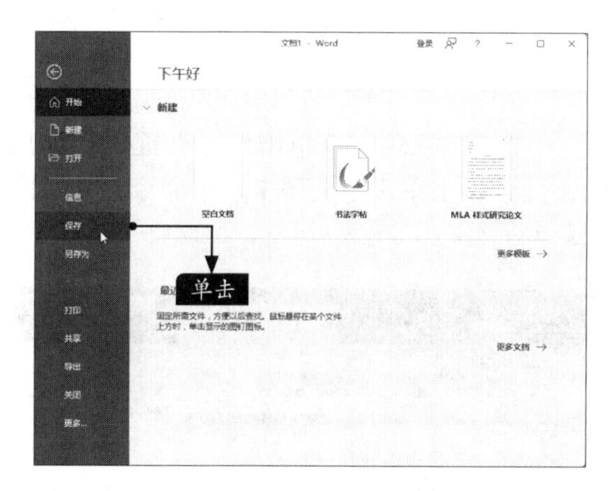

步骤 02 如果此时为第一次保存文档，系统会显示【另存为】区域，在【另存为】区域中单击【浏览】，如下图所示。

步骤 03 在打开的【另存为】对话框中，选择文档保存的位置，在【文件名】文本框中输入要保存的文档的名称，在【保存类型】下拉列表中选择【Word文档(*.docx)】选项，单击【保

存】按钮，即可完成保存文档的操作，如下图所示。

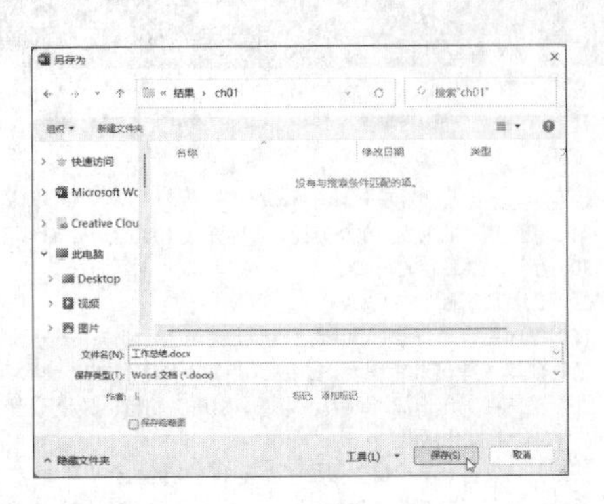

步骤 04 保存完成后，即可看到文档标题栏中的名称已经更改为“工作总结.docx”，如下图所示。

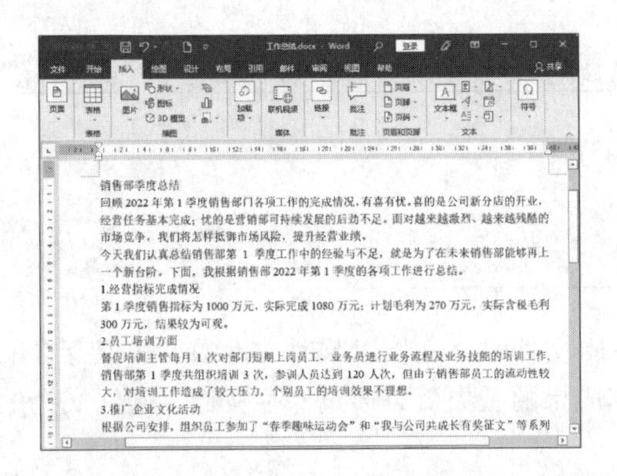

小提示

在对文档进行“另存为”操作时，可以按【F12】键，直接打开【另存为】对话框。

2. 已有文档的保存

针对已有文档，有以下3种方法可以保存更新后的文档。

（1）打开【文件】选项卡，在左侧的列表中单击【保存】选项，如下图所示。

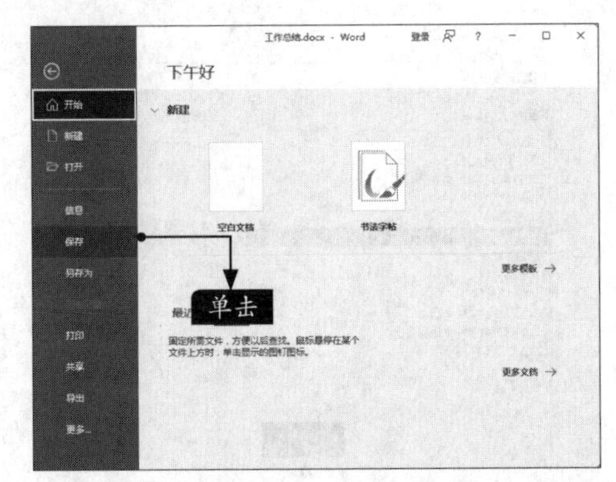

（2）单击快速访问工具栏中的【保存】按钮，如下图所示。

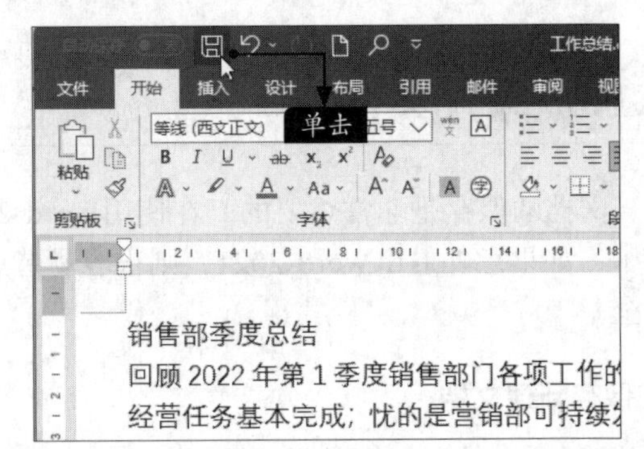

（3）按【Ctrl+S】组合键可以实现快速保存。

1.1.6 关闭文档

关闭Word 2021文档有以下几种方法。

（1）单击文档窗口右上角的【关闭】按钮，如下图所示。

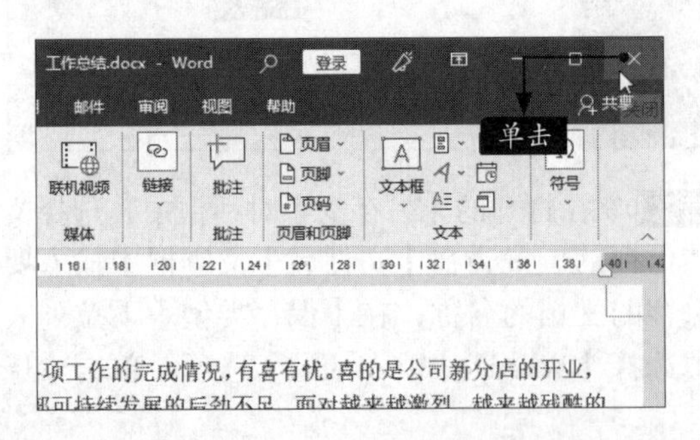

（2）在标题栏上单击鼠标右键，在弹出的快捷菜单中单击【关闭】菜单命令，如下图所示。

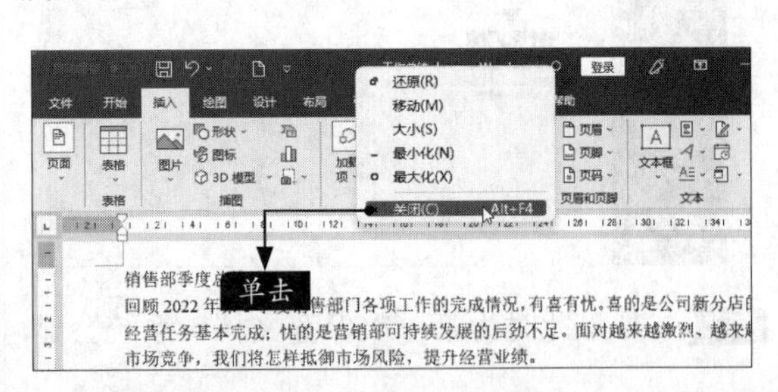

（3）单击【文件】选项卡下的【关闭】选项，如右图所示。

（4）直接按【Alt+F4】组合键。

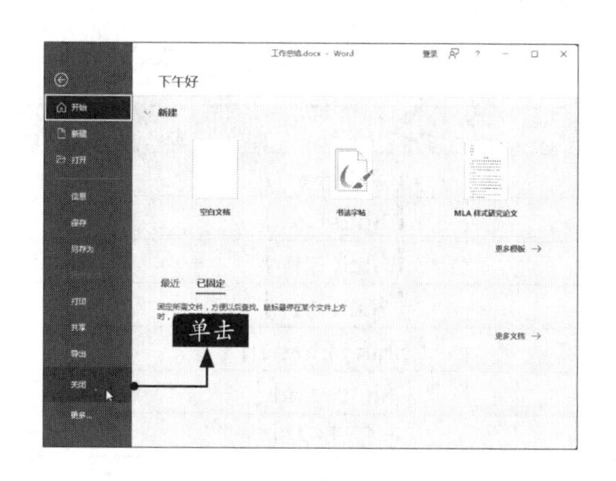

1.2 制作工作计划书

工作计划书体现的是一个单位或团体等在一定时期内的工作计划，其内容要简明扼要、具体明确，一般包括工作的目的和要求、工作的项目和指标、实施的步骤和措施等。工作计划书要根据需要与可能，确定一定时期内应完成的任务和应达到的工作指标。

本节以制作“个人工作计划书”为例，介绍如何设置文本的字体和段落格式。

1.2.1 使用鼠标和键盘选中文本

选中文本时既可以选择单个字符，也可以选择整篇文档。选中文本的方法主要有以下几种。

1. 拖曳鼠标选中文本

选中文本最常用的方法就是拖曳鼠标选中。采用这种方法可以选择文档中的任意文字，该方法是最基本和最灵活的选择方法。具体操作步骤如下。

步骤 01 打开“素材\ch01\个人工作计划书.docx”文件，将光标放在要选择的文本的开始位置，如放置在第3行的中间位置，如下图所示。

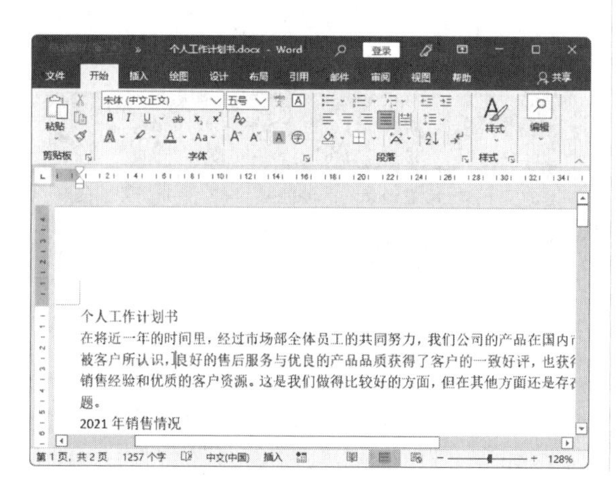

步骤 02 按住鼠标左键并拖曳，这时选中的文本会以阴影的形式显示。拖曳完成，释放鼠标左键，光标经过的文字就被选中了，如下图所示。单击文档的空白区域，即可取消文本的选择。

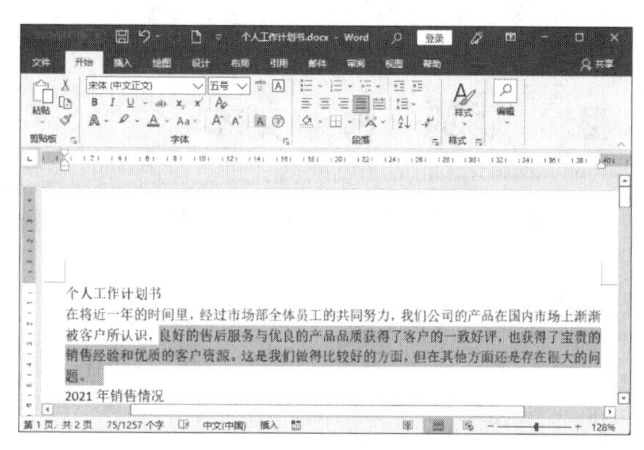

2. 用键盘选中文本

在不使用鼠标的情况下，我们可以利用键盘中的组合键来选中文本。使用键盘选中文本时，需先将光标放在待选文本的开始位置，然后根据需要按相关的组合键（见下表）即可。

组合键	功能
【Shift+←】	选中光标左边的一个字符
【Shift+→】	选中光标右边的一个字符
【Shift+↑】	选择至光标上一行同一位置之间的所有字符
【Shift+↓】	选择至光标下一行同一位置之间的所有字符
【Shift+Home】	选择至当前行的开始位置
【Shift+End】	选择至当前行的结束位置
【Ctrl+A】	选中全部文档
【Ctrl+Shift+↑】	选择至当前段落的开始位置
【Ctrl+Shift+↓】	选择至当前段落的结束位置
【Ctrl+Shift+Home】	选择至文档的开始位置
【Ctrl+Shift+End】	选择至文档的结束位置

3. 用鼠标和键盘选中文本

步骤 01 用鼠标在文本起始位置单击，然后在按住【Shift】键的同时，单击文本的终止位置，此时可以看到起始位置和终止位置之间的文本已被选中，如下图所示。

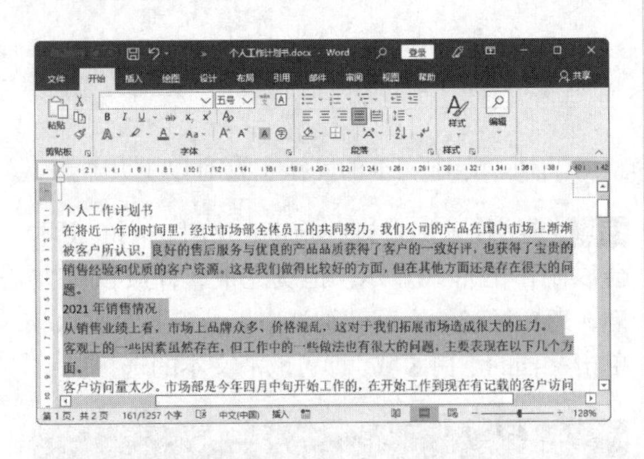

步骤 02 取消之前的文本选中，然后在按住【Ctrl】键的同时拖曳鼠标，可以选中多处不连续的文本，如下图所示。

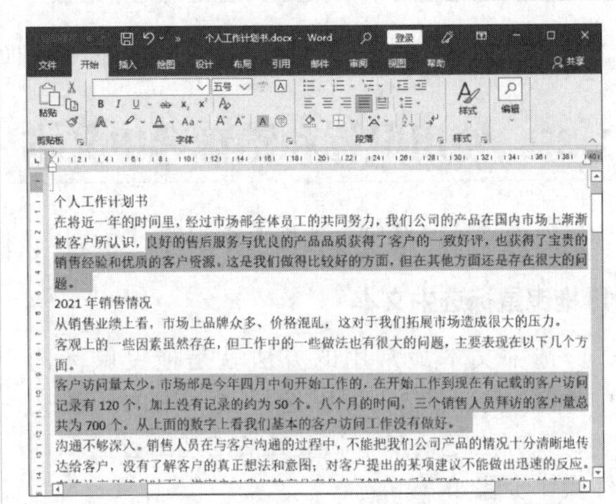

1.2.2 复制与移动文本

复制与移动文本是编辑文档过程中的常用操作。

1. 复制文本

对于需要重复输入的文本，可以使用复制功能，快速粘贴所复制的内容。具体操作步骤如下。

步骤 01 在打开的素材文件中选中第1段标题文本内容，单击【开始】选项卡下【剪贴板】组中的【复制】按钮，如右图所示。

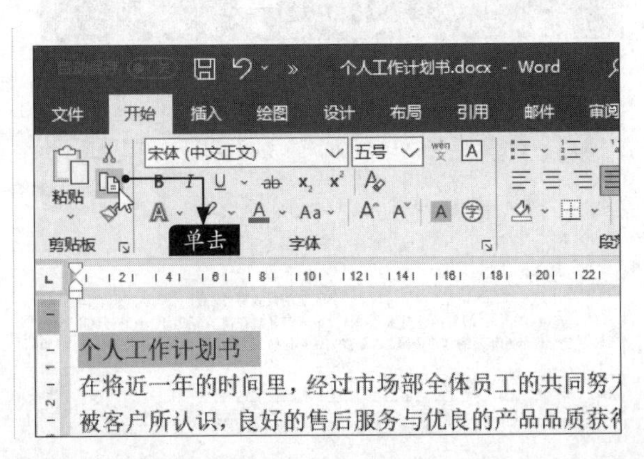

步骤02 将光标定位在文本要粘贴到的位置，单击【开始】选项卡下【剪贴板】组中的【粘贴】按钮的下拉按钮，在弹出的下拉列表中选择【保留源格式】选项，如下图所示。

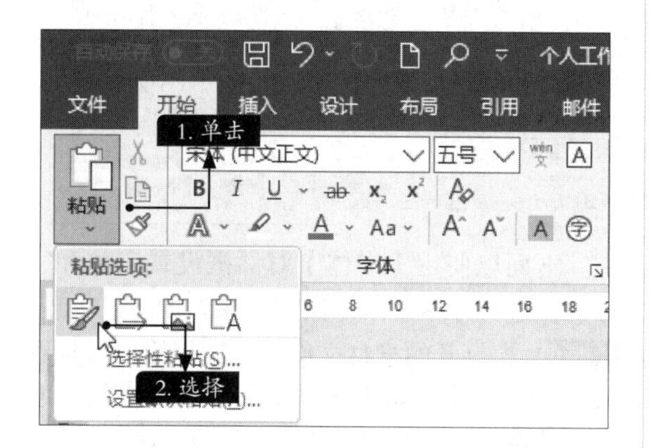

小提示

在【粘贴选项】中，用户可以根据需要选择文本格式的粘贴方式，具体各选项功能如下。

【保留源格式】选项：选择该选项后，粘贴时保留应用于复制文本的格式。

【合并格式】选项：选择该选项后，将丢弃直接应用于复制文本的大部分格式，但在仅应用于所选内容一部分时保留被视为强调效果的格式，如加粗、斜体等。

【图片】选项：选择该选项后，复制的对象将会转换为图片并粘贴该图片，文本转换为图片后将无法更改。

【只保留文本】选项：选择该选项后，复制对象的格式和非文本对象，如表格、图片、图形等，不会被复制到目标位置，仅保留文本内容。

步骤03 此时将复制的内容粘贴到目标位置，如下图所示。

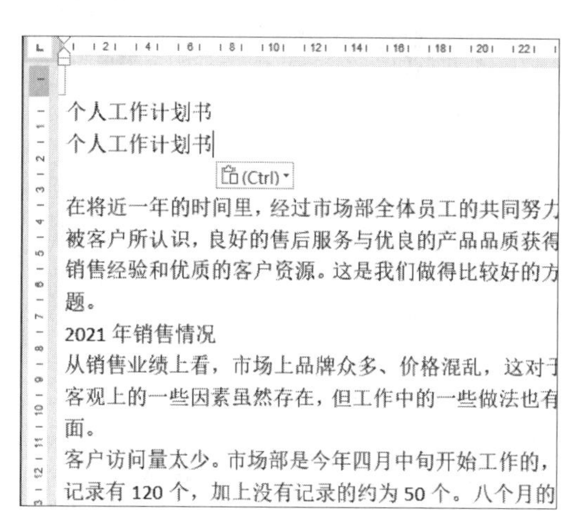

另外，用户可以按【Ctrl+C】组合键复制文本，然后在要粘贴到的位置按【Ctrl+V】组合键粘贴文本。

2. 移动文本

在输入文本内容时，使用剪切功能移动文本可以大大缩短工作时间，提高工作效率。具体操作步骤如下。

步骤01 在打开的素材文件中，选中第1段文本内容，单击【开始】选项卡下【剪贴板】组中的【剪切】按钮，或者按【Ctrl+X】组合键，如下图所示。

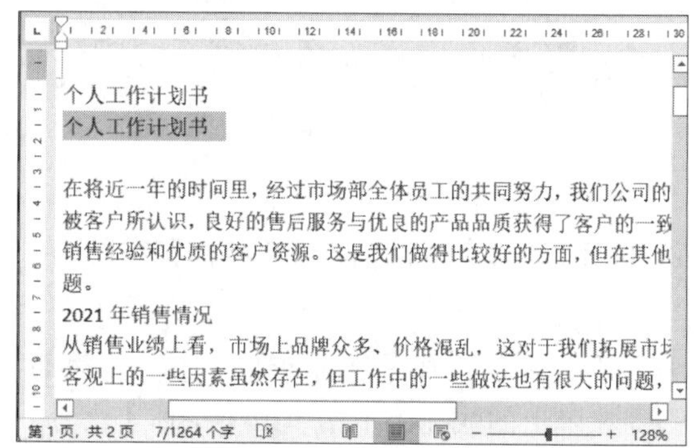

步骤02 将光标定位在文本内容最后，单击【开始】选项卡下【剪贴板】组中的【粘贴】按钮的下拉按钮，在弹出的下拉列表中选择【保留源格式】选项即可完成文本的移动操作，如下图所示。也可以按【Ctrl+V】组合键粘贴文本。

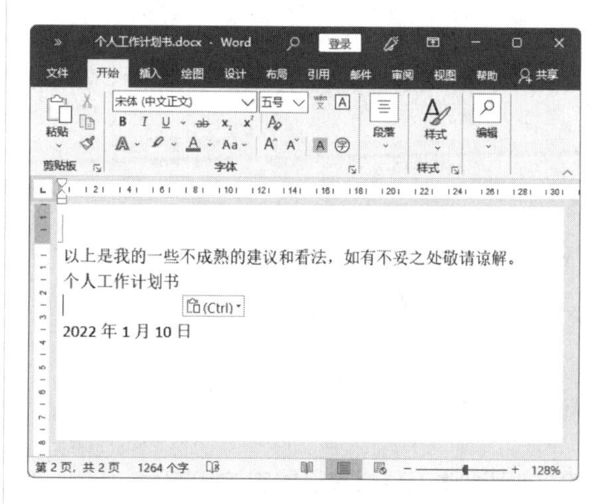

另外，选择要移动的文本，按住鼠标左键并拖曳鼠标至要移动到的位置，释放鼠标左键，就可以完成移动文本的操作。

1.2.3 设置字体和字号

在Word 2021中，文本默认为宋体、五号、黑色。用户可以根据需要对字体和字号进行设置，主要有以下3种方法。

1. 使用【字体】选项组来设置字体和字号

在【开始】选项卡下的【字体】组中单击相应的按钮来修改字体格式是最常用的字体格式设置方法，如下图所示。

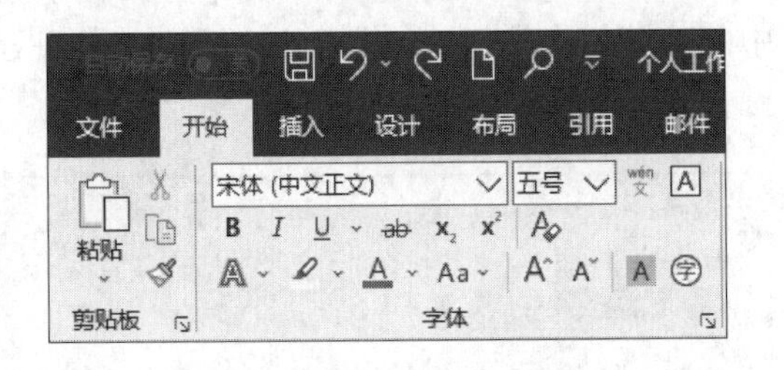

2. 使用【字体】对话框来设置字体和字号

选择要设置的文本，单击【开始】选项卡下【字体】组右下角的按钮或单击鼠标右键，在弹出的快捷菜单中单击【字体】命令，弹出【字体】对话框，在其中可以设置字体的格式，如下图所示。

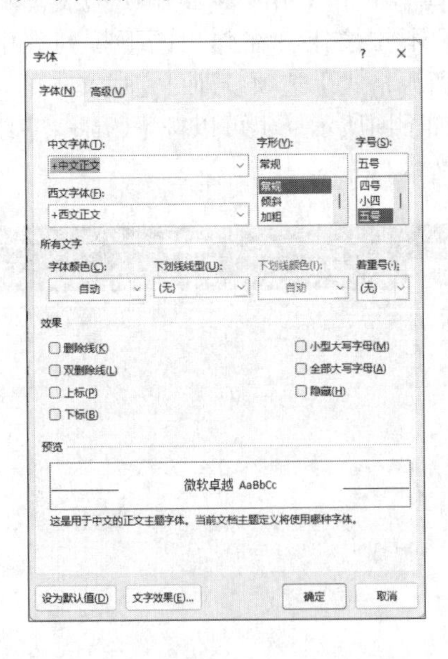

3. 使用浮动工具栏来设置字体和字号

选择要设置字体格式的文本，此时选中的文本区域右上角弹出一个浮动工具栏，单击相应的按钮即可修改字体格式，如下图所示。

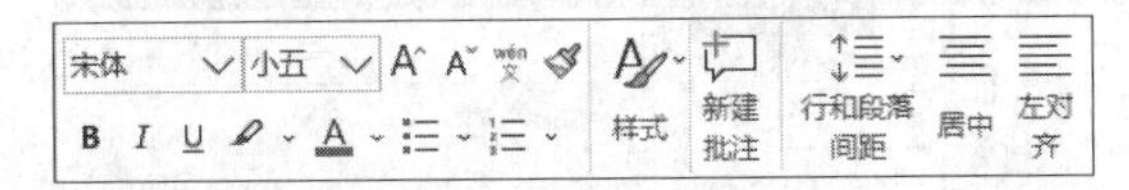

下面以使用【字体】对话框设置字体和字号为例进行介绍，具体操作步骤如下。

步骤 01 在打开的素材文件中，选择第一行标题文本，单击【开始】选项卡下【字体】组中右下角的按钮，如下图所示。

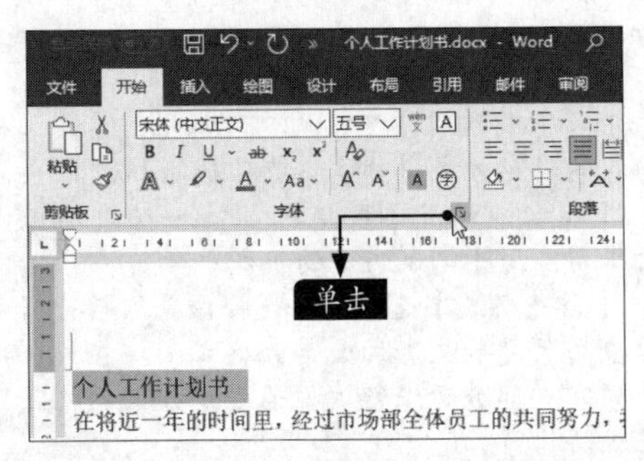

步骤 02 在打开的【字体】对话框的【字体】选项卡下单击【中文字体】下拉列表框右侧的下拉按钮，在弹出的下拉列表中选择【黑体】选项，如下图所示。

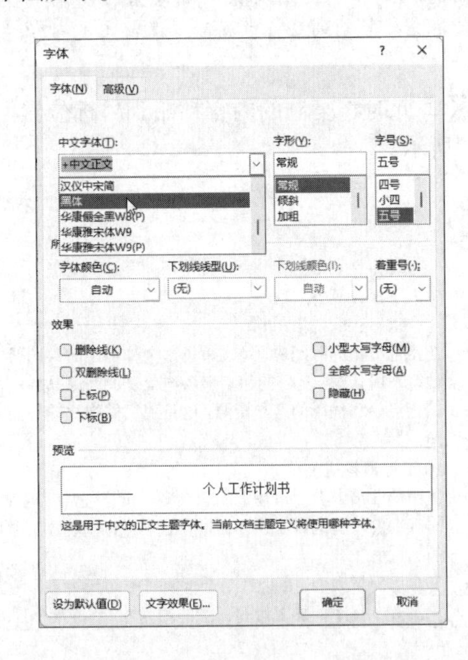

步骤03 在【字形】列表框中选择【加粗】选项，在【字号】列表框中选择【三号】选项，单击【确定】按钮，如下图所示。

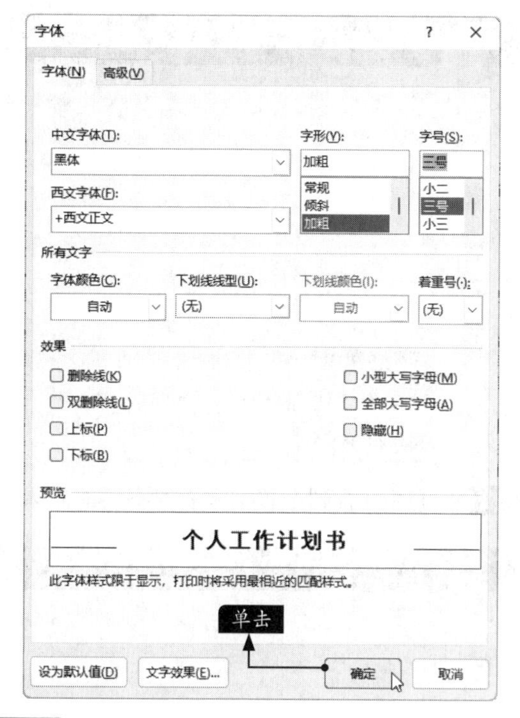

步骤04 此时可看到所选文本字体和字号设置后的效果，如下图所示。

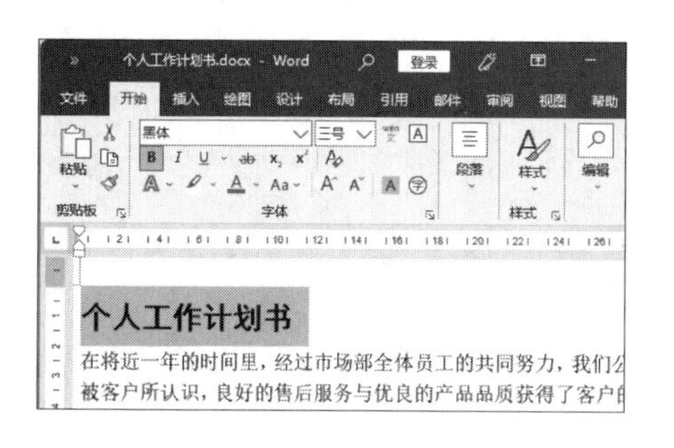

步骤05 使用同样的方法，设置其他标题的【中文字体】为“宋体”，【字号】为“四号”，【字形】为“加粗”，效果如下图所示。

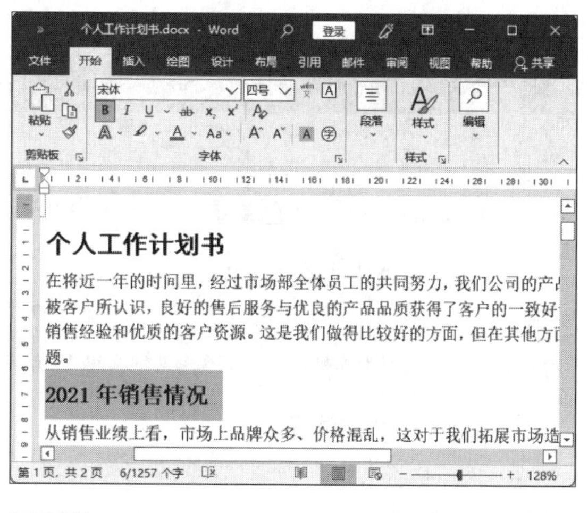

步骤06 根据需要设置正文文本的【中文字体】为“等线”，【字号】为“五号”，效果如下图所示。

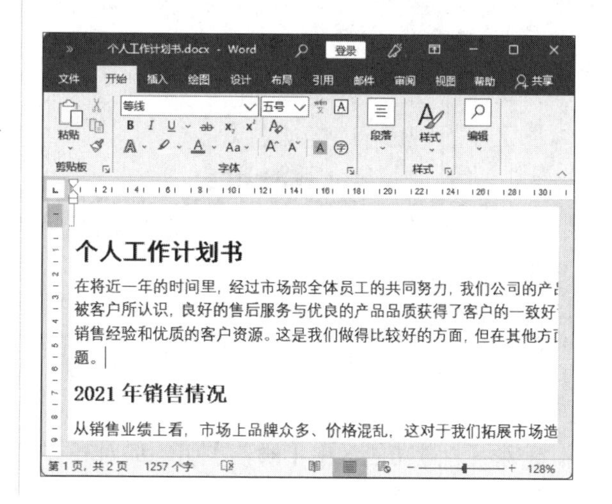

1.2.4 设置对齐方式

整齐的排版效果可以使文本更为美观，对齐方式就是段落中文本的排列方式。Word中提供了5种常用的对齐方式，分别为左对齐、居中、右对齐、分散对齐和两端对齐，如下图所示。

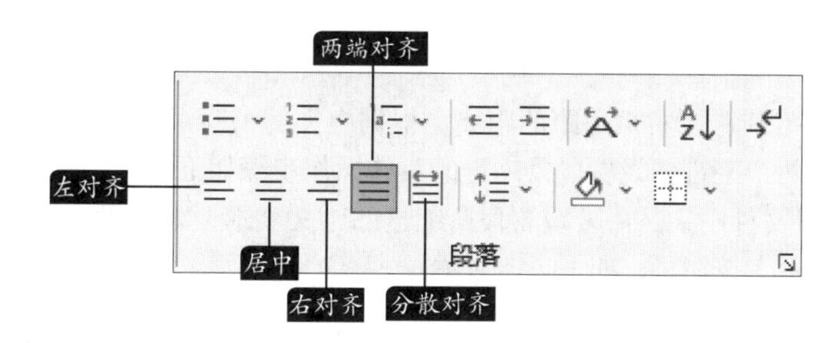

设置段落对齐方式的具体操作步骤如下。

步骤 01 选择标题文本，单击【开始】选项卡下【段落】组中的【居中】按钮☰，如下图所示。

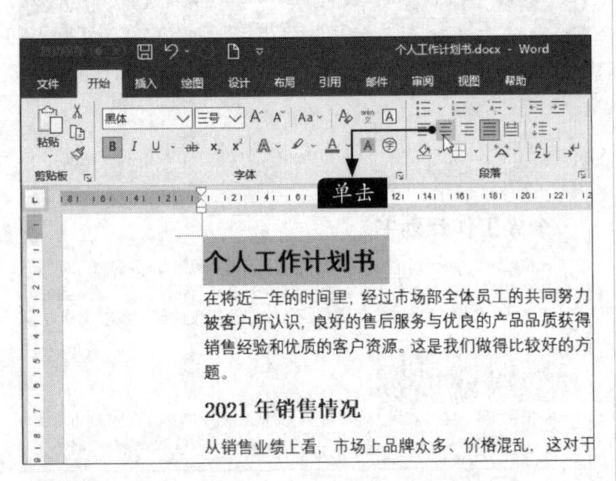

步骤 02 选择的文本即可居中显示，如下图所示。

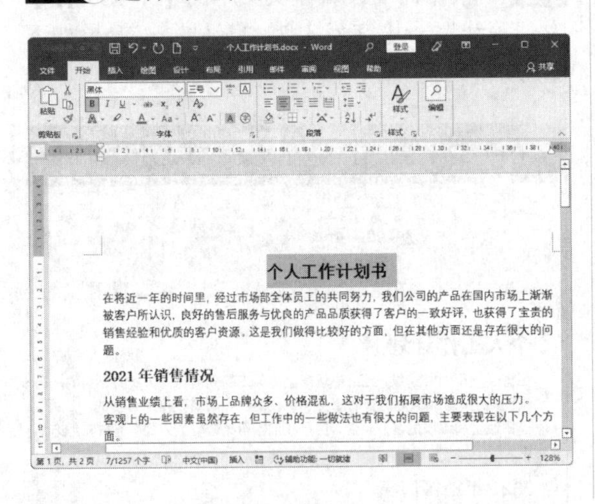

步骤 03 选择文档最后的日期文本，单击【开始】选项卡下【段落】组中的【右对齐】按钮☰，如下图所示。

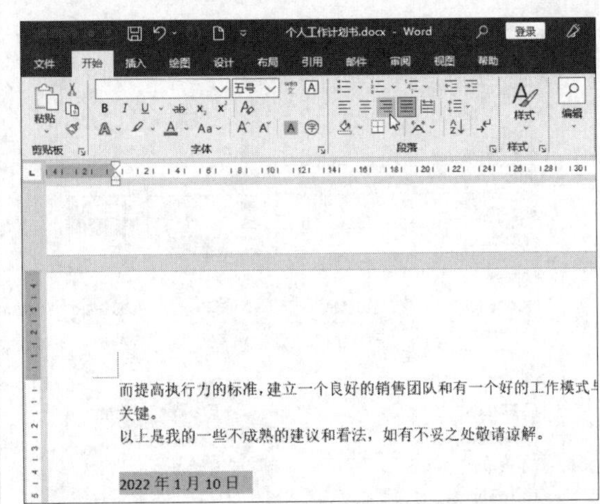

步骤 04 此时可看到设置文本右对齐后的效果。

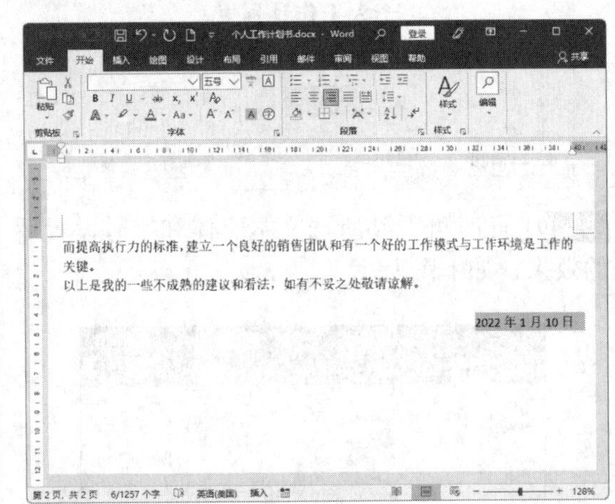

除了通过功能区中【段落】组中的对齐方式按钮来设置对齐方式外，还可以通过【段落】对话框来设置对齐方式。

1.2.5 设置段落缩进、段落间距及行距

缩进和间距是以段落为单位进行设置的。下面以“个人工作计划书”文档为例，介绍设置段落缩进、段落间距及行距的方法。

1. 设置段落缩进

段落缩进是指段落到左、右页边距的距离。根据中文的书写形式，通常情况下，正文中的每个段落都会首行缩进两个字符。设置段落缩进的具体操作步骤如下。

步骤 01 在打开的素材文件中，选中要设置段落缩进的正文文本，如这里选择第一段落，单击【段落】组右下角的【段落】按钮↘，如下页图所示。

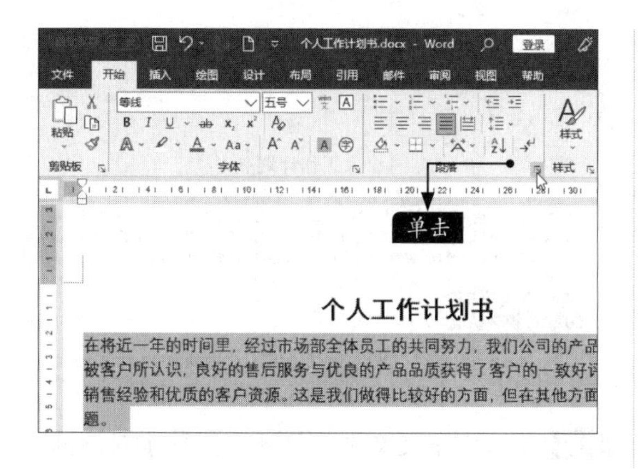

小提示

在【开始】选项卡下【段落】组中，单击【减小缩进量】按钮或【增加缩进量】按钮也可以调整段落缩进。

步骤02 在弹出的【段落】对话框中单击【特殊】下拉列表框右侧的下拉按钮，在弹出的下拉列表中选择【首行】选项，设置【缩进值】为“2字符”，单击【确定】按钮，如下图所示。

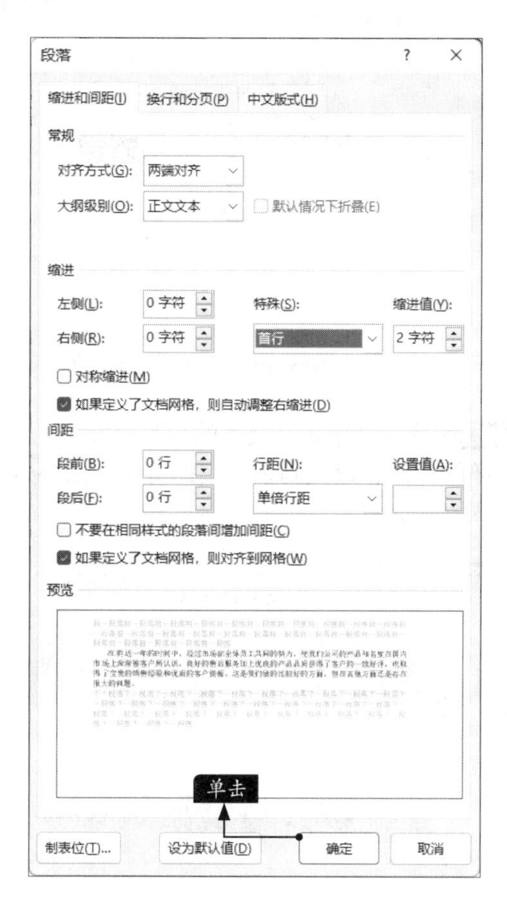

步骤03 正文文本首行缩进2字符后的效果如下图所示。

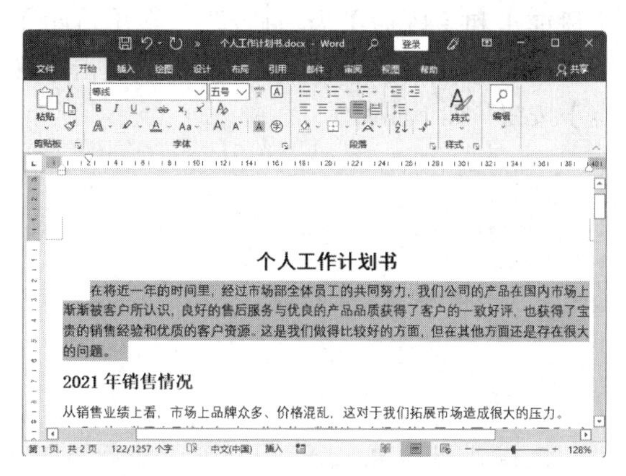

步骤04 使用同样的方法，为其他正文内容设置首行缩进2字符，如下图所示。

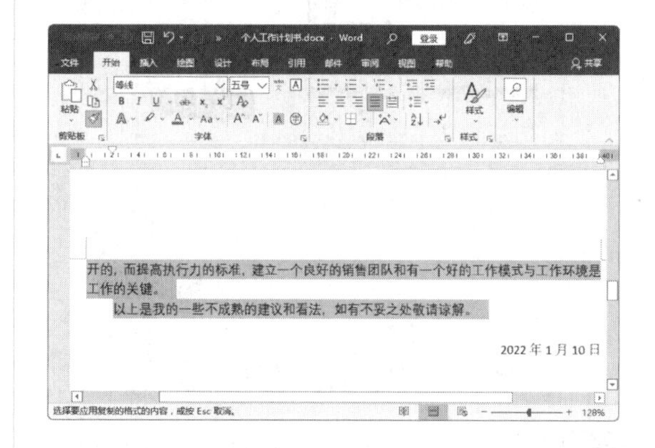

2. 设置段落间距及行距

段落间距是指文档中段落与段落之间的距离，行距是指行与行之间的距离。设置段落间距及行距的具体操作步骤如下。

步骤01 在打开的素材文件中，选中要设置段落间距及行距的文本并单击鼠标右键，在弹出的快捷菜单中单击【段落】命令，如下图所示。

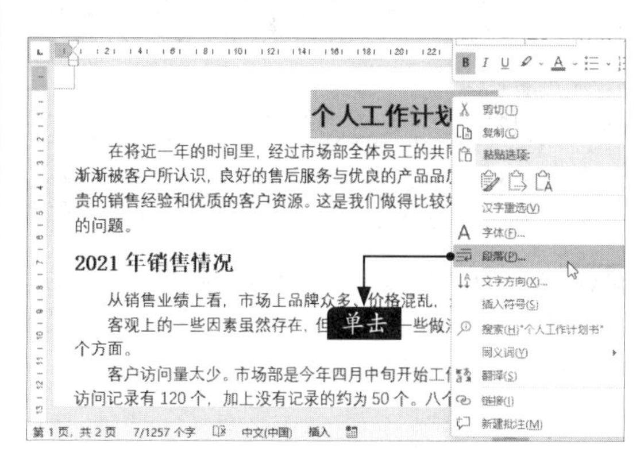

步骤 02 在弹出的【段落】对话框中，选择【缩进和间距】标签。在【间距】组中分别设置【段前】和【段后】为“1行”，在【行距】下拉列表中选择【单倍行距】选项，单击【确定】按钮，如下图所示。

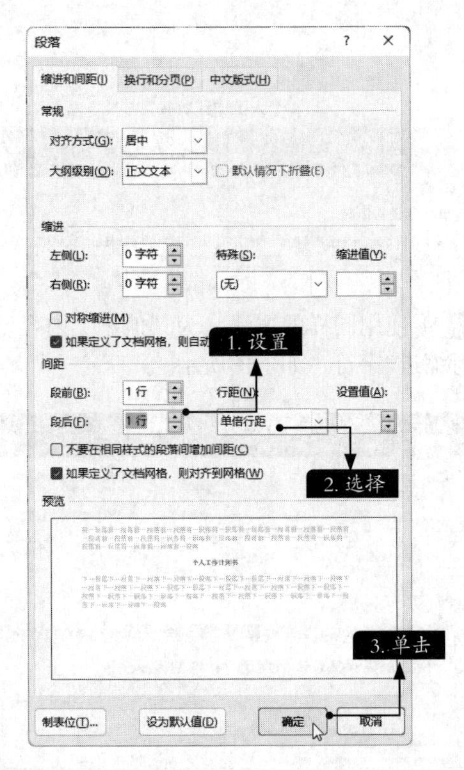

步骤 03 此时在文档中可看到段落间距及行距设置后的效果，如下图所示。

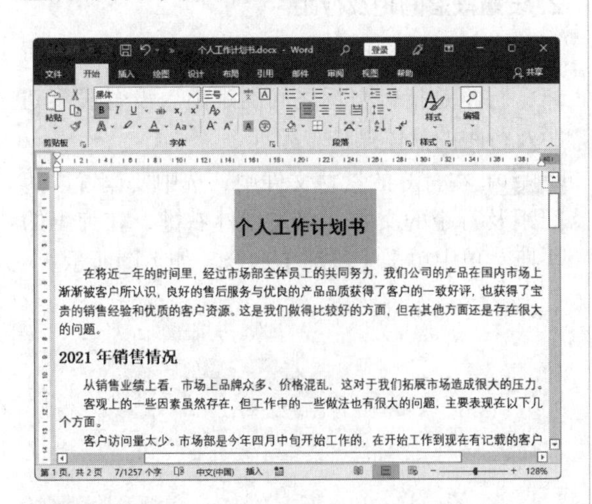

步骤 04 根据需要设置其他标题段前、段后的间距为“0.5行”，行距为“单倍行距”，效果如右上图所示。

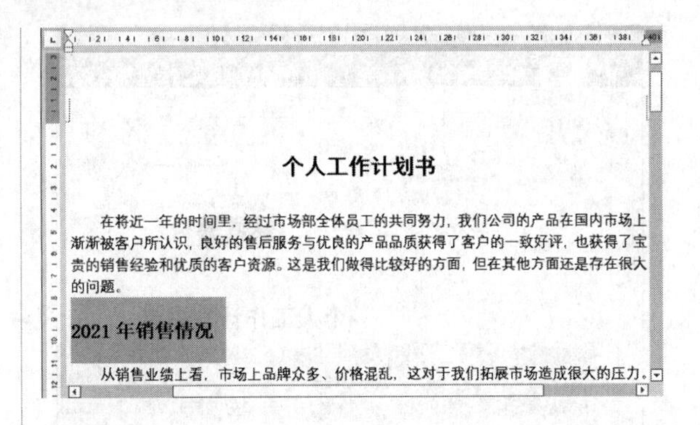

步骤 05 选中正文文本，打开【段落】对话框，选择【缩进和间距】标签。在【行距】下拉列表中选择【1.5倍行距】选项，单击【确定】按钮，如下图所示。

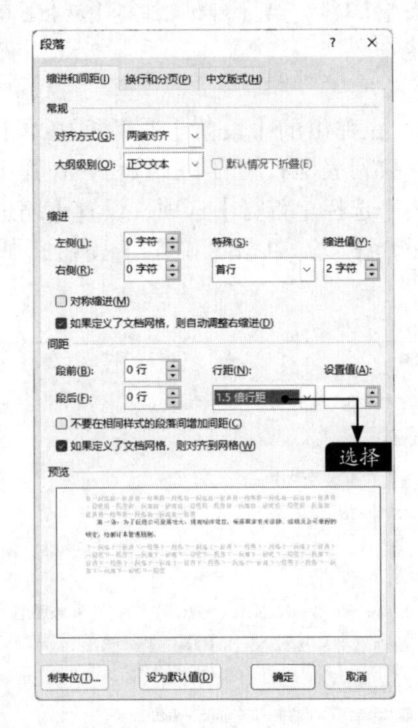

步骤 06 完成选中正文文本的行距设置后，使用同样的方法，设置剩余正文的行距，最终效果如下图所示。

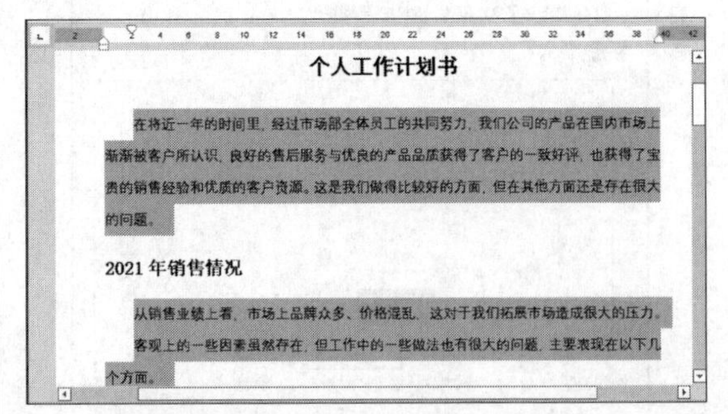

1.2.6 添加项目符号和编号

项目符号和编号可以美化文档，精美的项目符号、统一的编号样式可以使单调的文本内容变得更生动。

1. 添加项目符号

添加项目符号就是在一些段落的前面加上完全相同的符号。下面介绍如何在文档中添加项目符号，具体的操作步骤如下。

步骤01 在打开的素材文件中，选中要添加项目符号的文本内容，如下图所示。

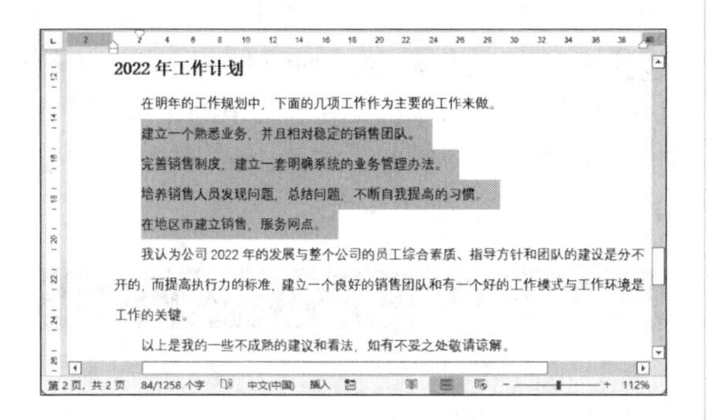

步骤02 单击【开始】选项卡的【段落】组中的【项目符号】按钮右侧的下拉按钮，在弹出的下拉列表中选择项目符号的样式，如下图所示。

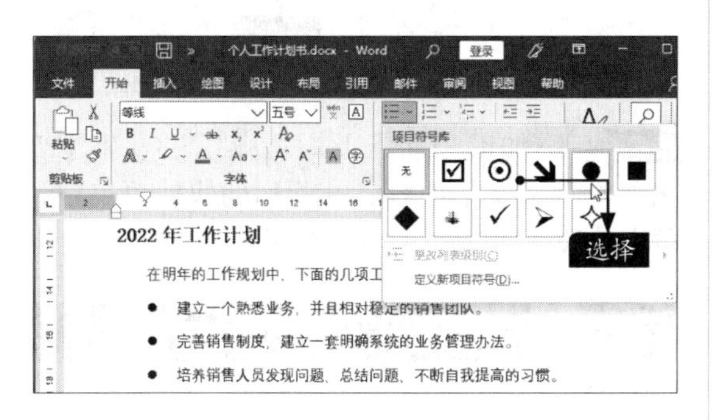

步骤03 此时即可看到为所选文本添加项目符号后的效果，如下图所示。

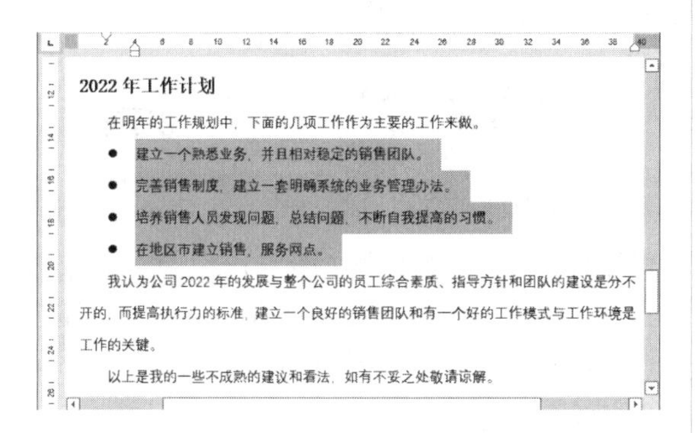

步骤04 如果要自定义项目符号，可以在【项目符号】下拉列表中选择【定义新项目符号】选项，如下图所示。

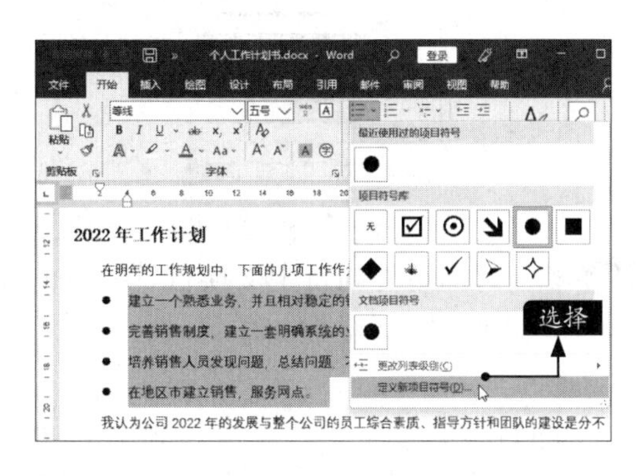

步骤05 在打开的【定义新项目符号】对话框中，单击【符号】按钮，如下图所示。

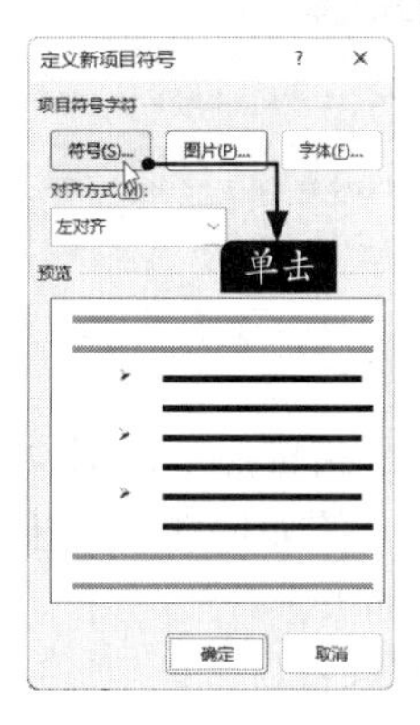

步骤06 在打开的【符号】对话框中，选择要设置为项目符号的符号，单击【确定】按钮，如下图所示。

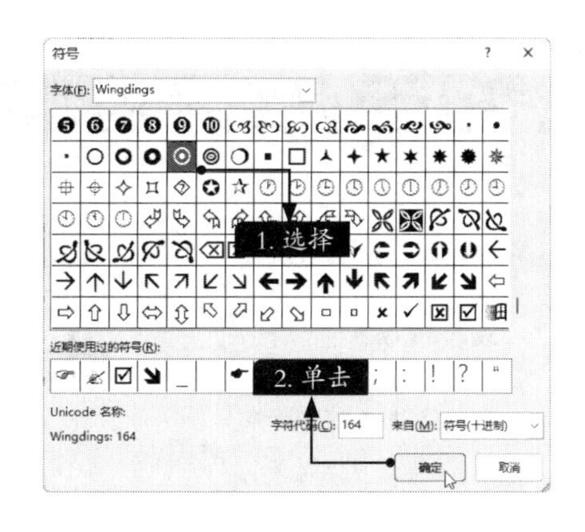

步骤07 返回至【定义新项目符号】对话框，单击【确定】按钮，如下图所示。

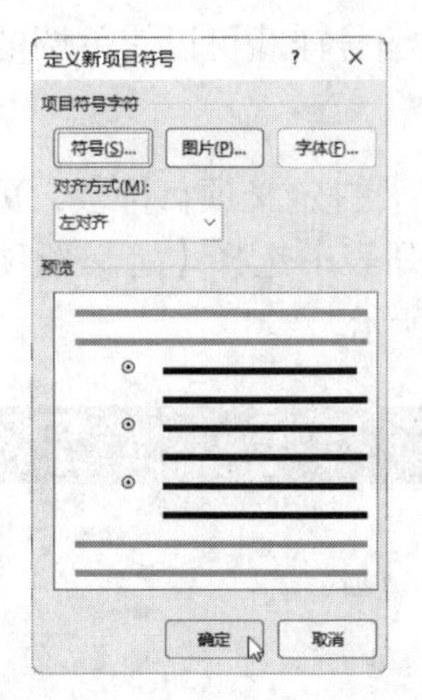

步骤08 此时即可看到自定义项目符号后的效果，如下图所示。

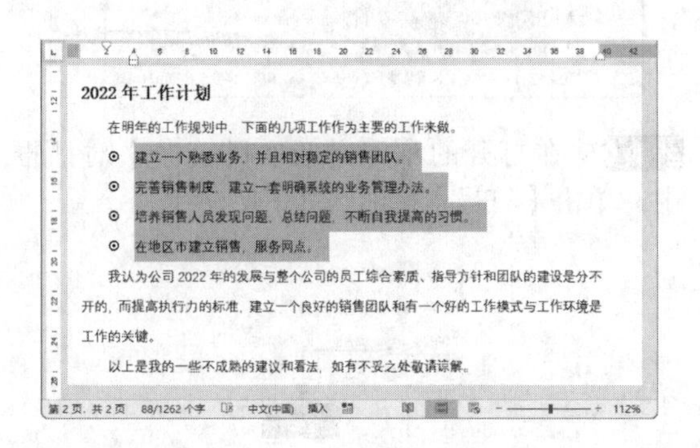

2. 添加编号

添加编号是指按照顺序对文档中的行或段落编号。下面介绍如何在文档中添加编号，具体的操作步骤如下。

步骤01 在打开的素材文件中，选中要添加编号的文本内容，单击【开始】选项卡的【段落】组中的【编号】按钮右侧的下拉按钮，在弹出的下拉列表中选择编号的样式，如下图所示。

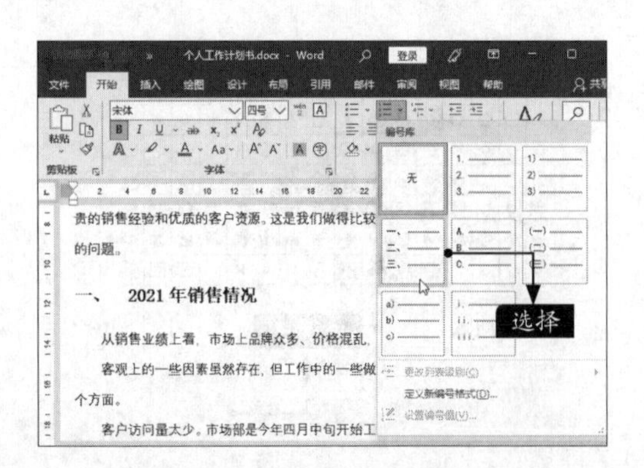

步骤02 添加编号后，效果如下图所示。

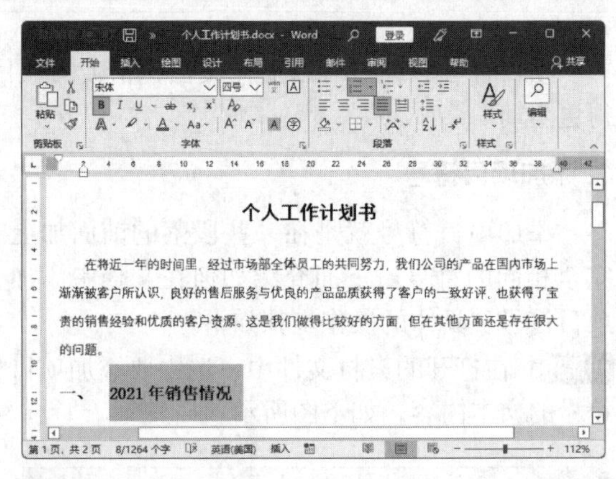

步骤03 选择其他需要添加编号的文本，单击【开始】选项卡的【段落】组中的【编号】按钮右侧的下拉按钮，在弹出的下拉列表中选择编号的样式，如下图所示。

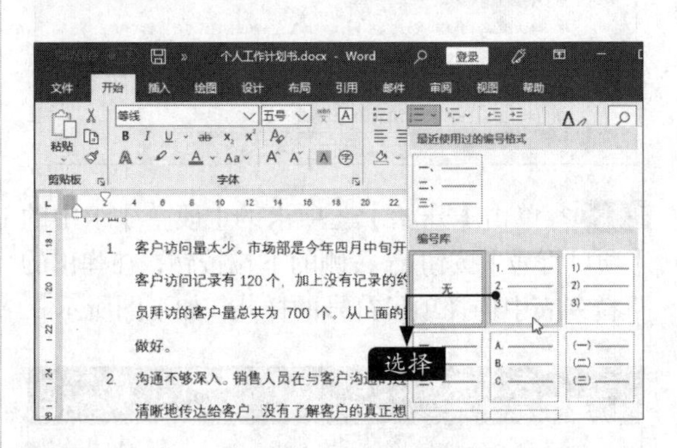

步骤04 添加编号后，此时段落缩进发生了变化，可右击文本内容，在弹出的快捷菜单中，单击【段落】命令，如下图所示。

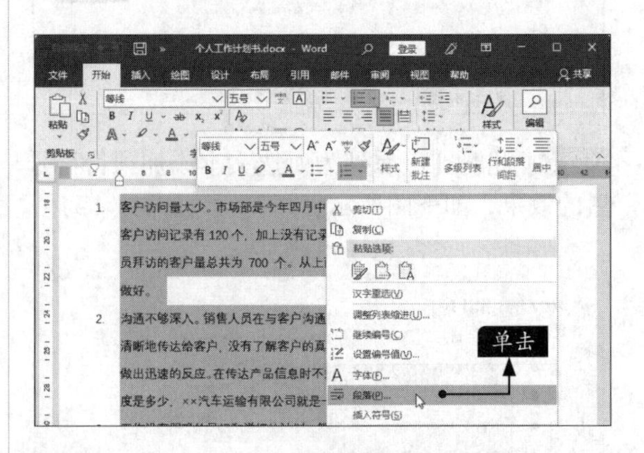

步骤05 在弹出的【段落】对话框中，根据需求设置缩进，如修改为“首行”，设置【缩进值】为“2字符”，单击【确定】按钮，如下页图所示。

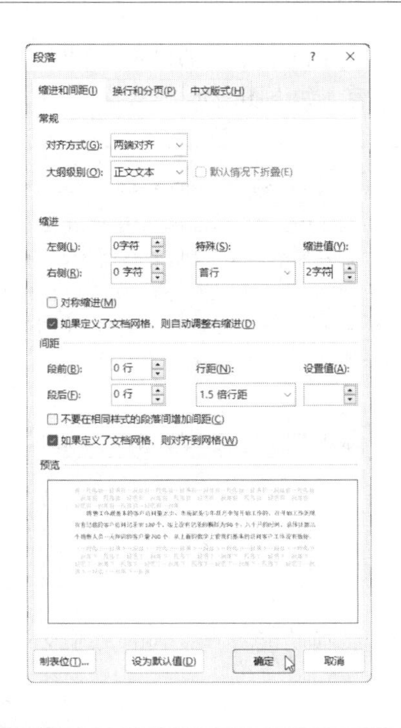

步骤06 调整后的缩进效果如下图所示。

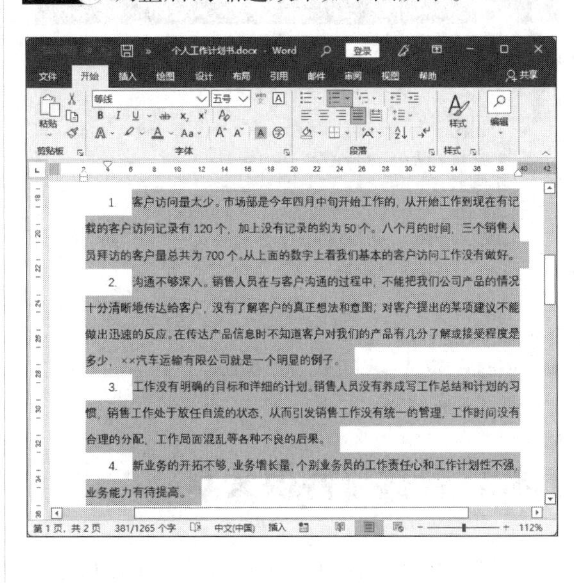

1.3 递交准确的公司年度总结报告

制作公司年度总结报告时，递交的内容必须是准确无误的。

下面以修改“公司年度总结报告”为例，介绍删除与重新输入文本、查找与替换文本以及添加批注和修订的操作。

1.3.1 删除与重新输入文本

删除错误的文本并重新输入，是文档编辑过程中的常用操作。删除文本的方法有多种。

在键盘中有两种删除键，分别为【Backspace】键和【Delete】键。【Backspace】键是退格键，它的作用是使光标左移一格，同时删除光标左边的文本或删除选中的文本。【Delete】键用于删除光标右侧的文本或选中的文本。

1. 使用【Backspace】键删除文本

将光标定位至要删除的文本右侧，或者选中要删除的文本，按【Backspace】键即可将其删除。

2. 使用【Delete】键删除文本

选中要删除的文本，然后按【Delete】键即可将其删除；或将光标定位在要删除的文本左侧，按【Delete】键即可将其删除。具体操作步骤如下。

步骤01 打开“素材\ch01\公司年度总结报告.docx”，选中要删除的文本内容，如下页图所示。

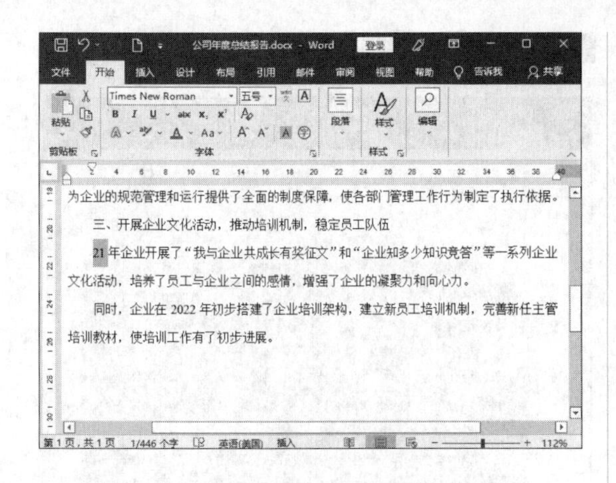

步骤02 按【Delete】键即可将其删除，然后重新输入内容，如下图所示。

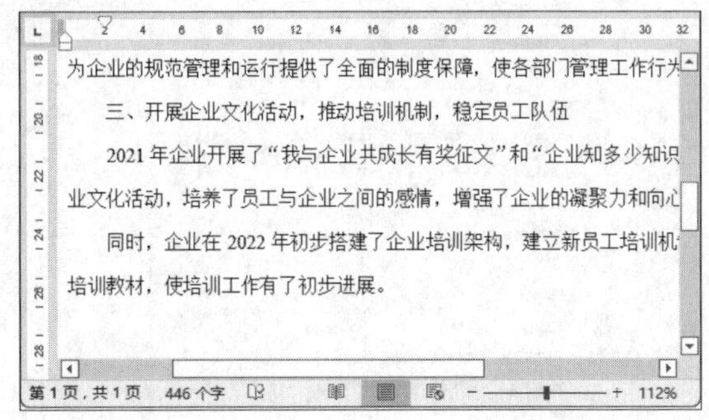

1.3.2 查找与替换文本

查找功能可以帮助用户定位所需的内容。用户可以使用替换功能将查找到的文本或文本格式替换为新的文本或文本格式。

1. 查找文本

查找分为查找和高级查找两种。

（1）查找

查找的具体操作步骤如下。

步骤01 在打开的素材文件中，单击【开始】选项卡下【编辑】组中的【查找】按钮 查找 右侧的下拉按钮，在弹出的下拉列表中单击【查找】选项，如下图所示。

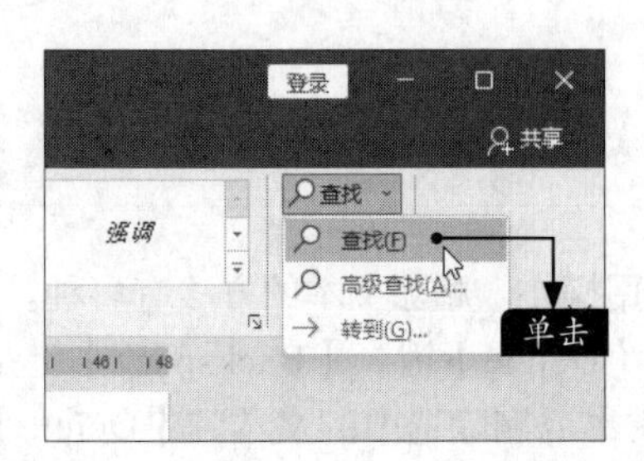

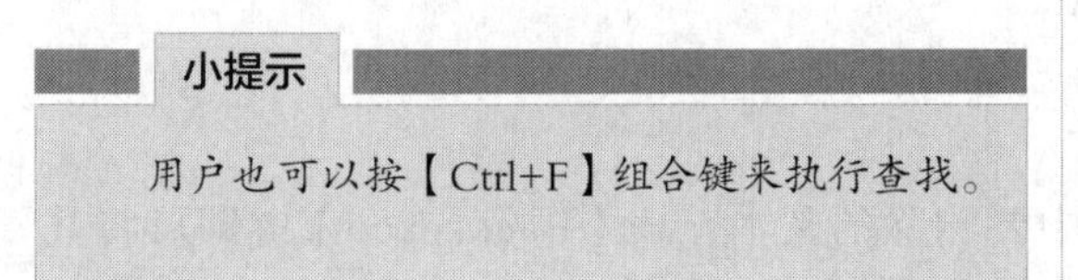

小提示

用户也可以按【Ctrl+F】组合键来执行查找。

步骤02 打开左侧【导航】任务窗格，在文本框中输入要查找的内容，这里输入“企业”，文本框的下方提示有“14个结果”，在文档中查找到的内容都会用黄色高亮显示，如右上图所示。

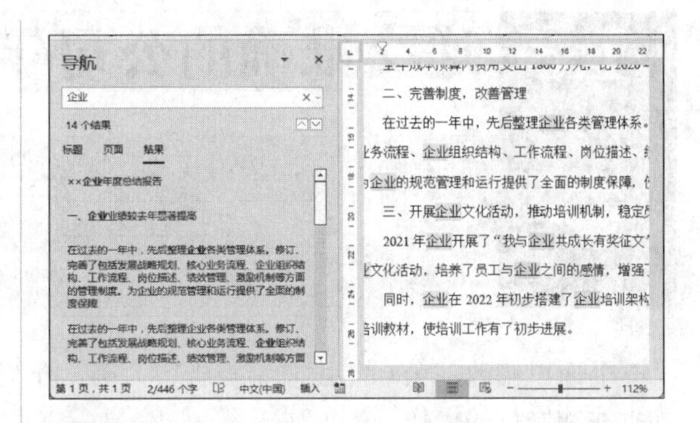

步骤03 单击【导航】任务窗格中的【下一条】按钮，则定位到下一条匹配项，如下图所示。

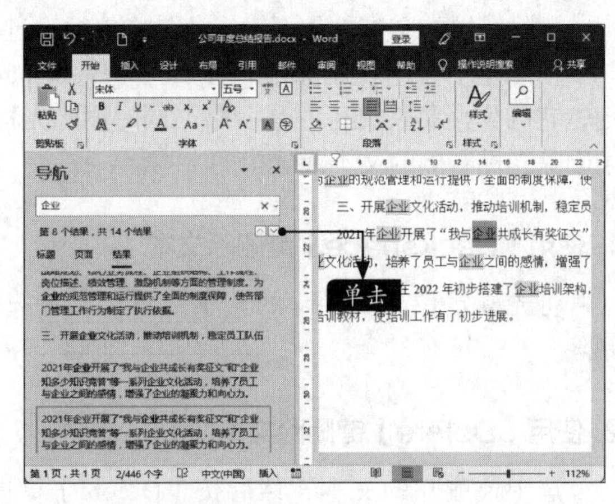

（2）高级查找

高级查找的具体操作步骤如下。

单击【开始】选项卡下【编辑】组中的【查找】按钮 查找 右侧的下拉按钮，在弹出的下拉列表中单击【高级查找】选项，弹出【查找和替换】对话框，用户可以在【查找内容】文本框中，输入要查找的内容，单击【查找下一处】按钮，查找相关内容。另外，也可以单击【更多】按钮，在弹出的【搜索选项】和【查找】区域下，设置查找内容的条件，以快速定位查找的内容，如下图所示。

2. 替换

替换功能可以帮助用户快捷地更改查找到的文本或批量修改相同的文本。替换的具体操作步骤如下。

步骤 01 在打开的素材文件中，单击【开始】选项卡下【编辑】组中的【替换】按钮 替换，或按【Ctrl+H】组合键，弹出【查找和替换】对话框，如下图所示。

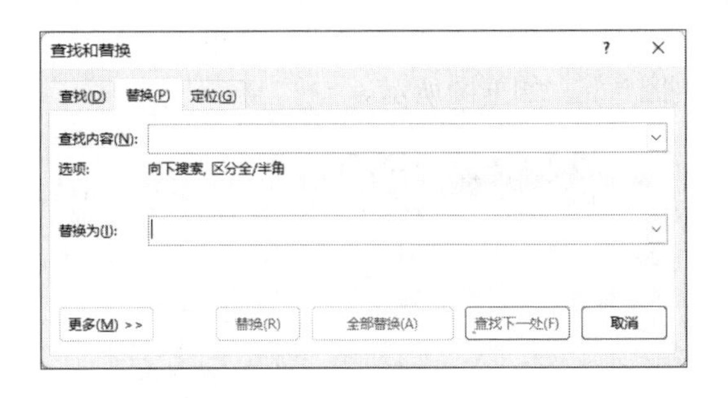

步骤 02 在【替换】选项卡中的【查找内容】文本框中输入需要被替换的内容（这里输入“企业”），在【替换为】文本框中输入要替换的新内容（这里输入“公司”），如下图所示。

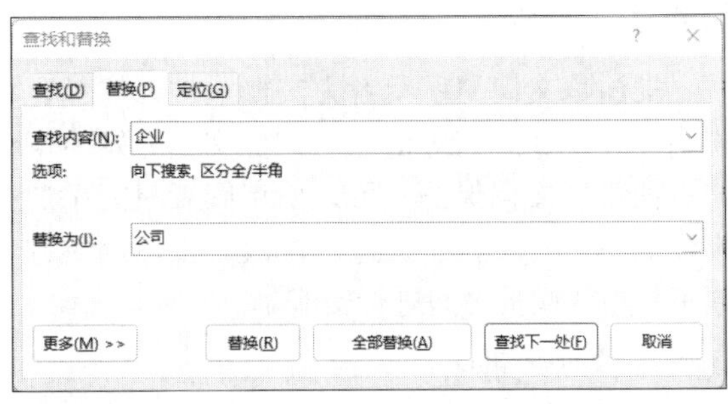

步骤 03 单击【查找下一处】按钮，定位到从当前光标所在位置起，第一个满足查找条件的文本的位置，并以灰色背景显示。单击【替换】按钮就可以将查找到的内容替换为新内容，并跳转至查找到的第二个文本的位置，如下图所示。

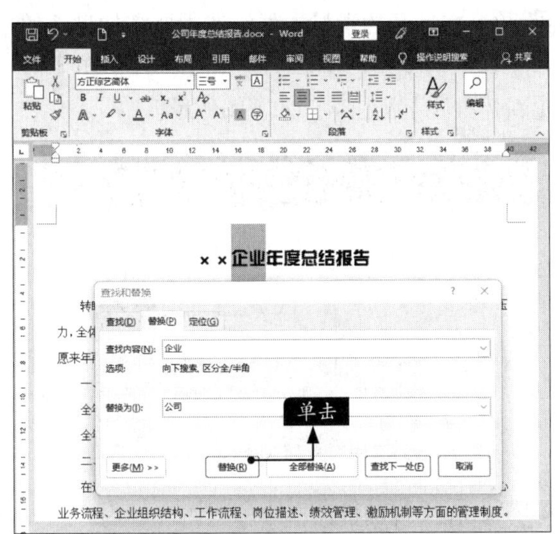

步骤 04 用户可能需要将文档中所有相同的内容都替换掉，单击【全部替换】按钮，Word就会自动将整个文档内查找到的所有内容替换为新的内容，并弹出提示框显示完成替换的数量，如下图所示。单击【确定】按钮关闭提示框。

1.3.3 添加批注和修订

批注和修订可以提示文档制作者修改文档，以改正错误或优化内容，从而使制作的文档更专业。

1. 批注

批注是文档的审阅者为文档添加的注释、说明、建议和意见等信息。在把文档分发给审阅者前设置文档保护，可以使审阅者只能添加批注而不能对文档正文进行修改。批注可以方便工作组的成员之间进行交流。

（1）添加批注

批注是对文档的特殊说明，添加批注的对象是包括文本、表格和图片在内的文档内的所有内容。Word通过有颜色的框将批注的内容框起来，背景色也将变为相同的颜色。默认情况下，批注显示在文档外的标记区，批注与被批注的文本使用与批注颜色相同的线连接。添加批注的具体操作步骤如下。

步骤01 在打开的素材文件中选中要添加批注的文本，单击【审阅】选项卡下【批注】组中的【新建批注】按钮，如下图所示。

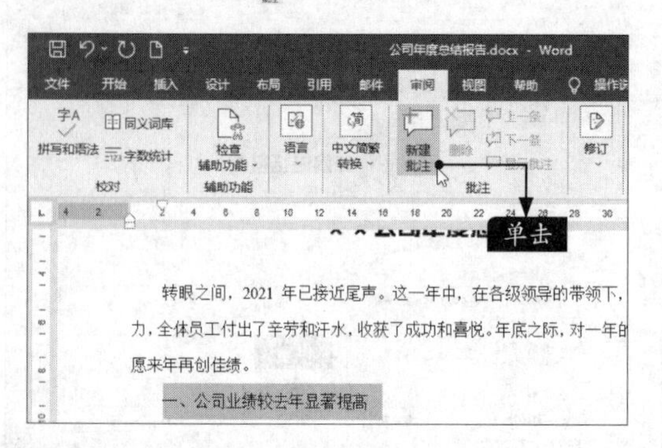

步骤02 在出现的批注框中输入批注的内容，如下图所示。单击【答复】按钮答复可以答复批注，单击【解决】按钮解决可以显示批注完成。

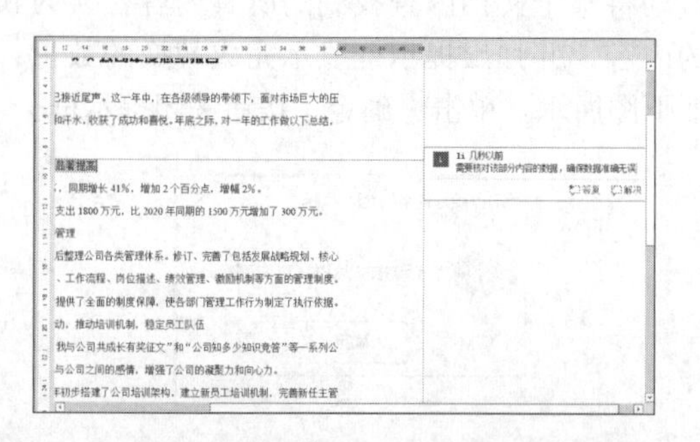

步骤03 如果要修改批注的内容，可以直接单击需要修改的批注，即可编辑该批注，如下图所示。

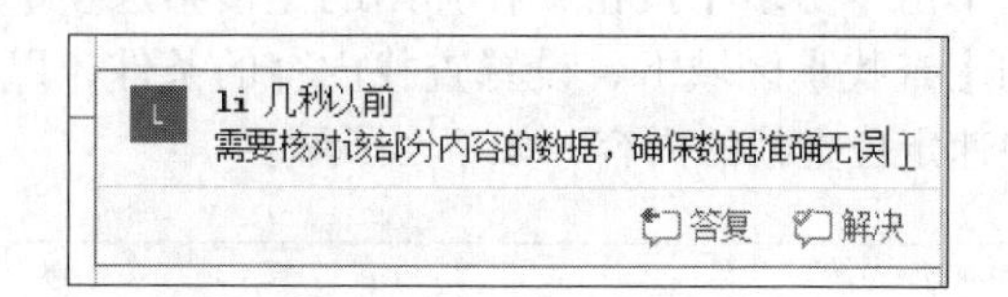

（2）删除批注

当不需要文档中的批注时，用户可以将其删除。删除批注常用的方法有以下3种。

方法1：选中要删除的批注，此时【审阅】选项卡下【批注】组的【删除】按钮处于可用状态，单击该按钮，在弹出的下拉菜单中单击【删除】选项，如下图所示。删除之后，【删除】按钮处于不可用状态。

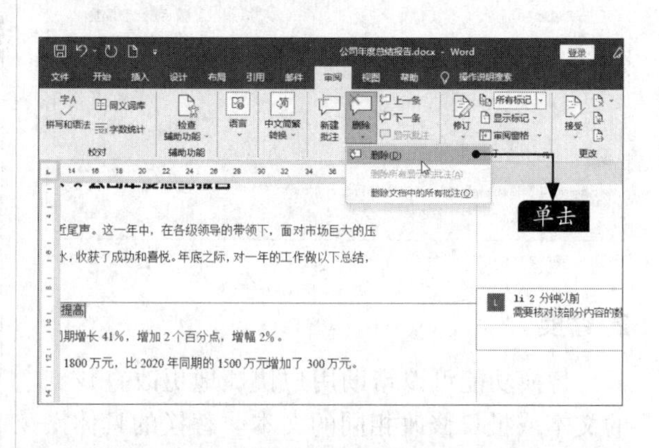

> **小提示**
>
> 单击【批注】组中的【上一条】按钮或【下一条】按钮，可查找要删除的批注。

方法2：选中需要删除的批注或批注文本，单击鼠标右键，在弹出的快捷菜单中单击【删除批注】，如下图所示。

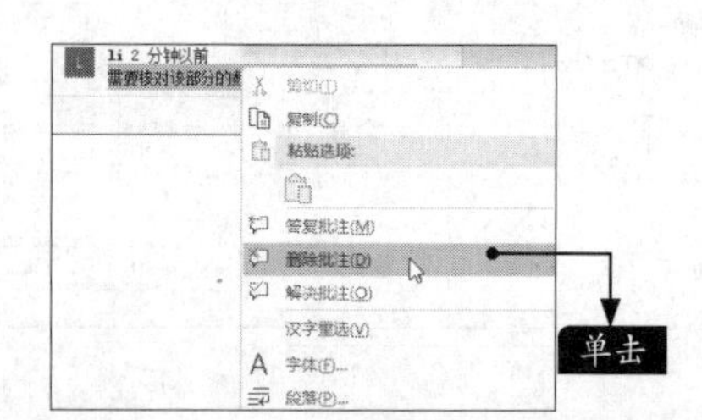

方法3：如果要删除所有批注，可以单击【审阅】选项卡下【批注】组中的【删除】按钮下方的下拉按钮，在弹出的下拉菜单中单击【删除文档中的所有批注】选项，如下图所示。

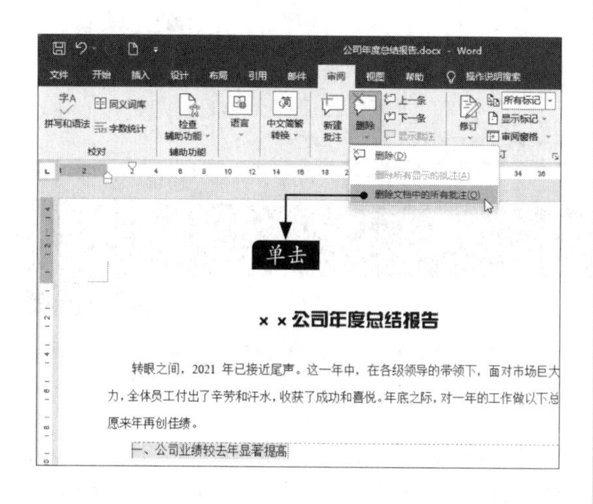

2. 修订

启用修订功能后，审阅者的每一次插入、删除或是格式更改操作都会被标记出来。这样能够让文档作者跟踪多位审阅者对文档做的修改，并可选择接受或者拒绝这些修改。

（1）修订文档

修订文档首先需要使文档处于修订状态。

步骤01 打开素材文件，单击【审阅】选项卡下【修订】组中的【修订】按钮，即可使文档处于修订状态，如下图所示。

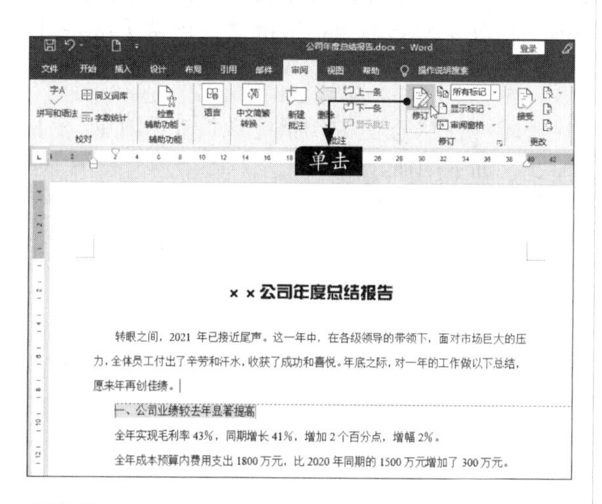

步骤02 对处于修订状态的文档所做的所有修改都将被记录下来，如右上图所示。

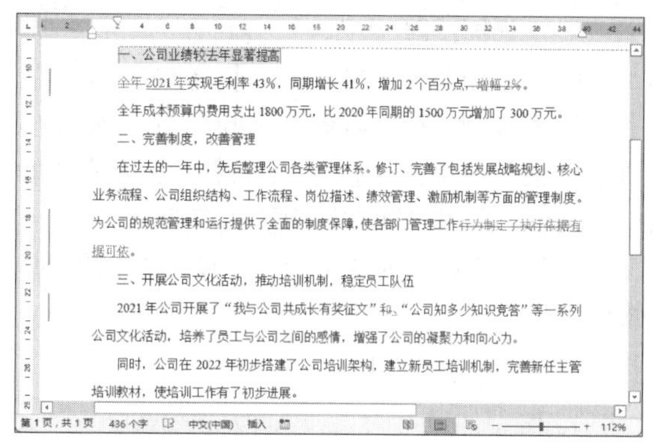

（2）接受修订

如果修订是正确的，就可以接受修订。将光标放在需要接受修订的内容处，单击【审阅】选项卡下【更改】组中的【接受】按钮，如下图所示，即可接受该修订，然后系统将选中下一条修订。

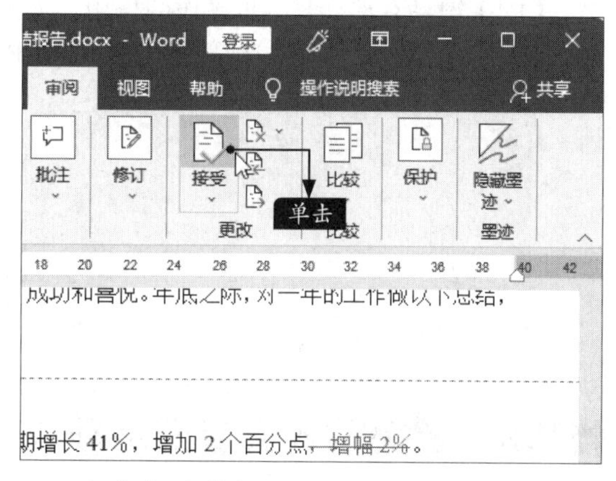

（3）拒绝修订

如果要拒绝修订，可以将光标放在需要拒绝修订的内容处，单击【审阅】选项卡下【更改】组中的【拒绝】按钮右侧的下拉按钮，在弹出的下拉列表中单击【拒绝并移到下一处】选项，如下图所示，即可拒绝修订，然后系统将选中下一条修订。

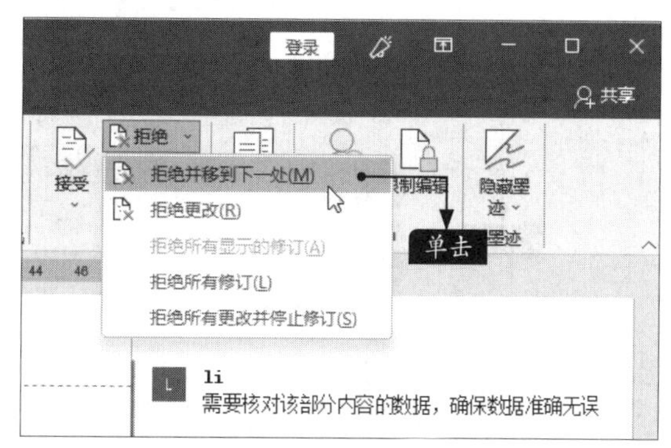

（4）删除所有修订

单击【审阅】选项卡下【更改】组中的【拒绝】按钮 拒绝 右侧的下拉按钮，在弹出的下拉菜单中单击【拒绝所有修订】选项，如右图所示，即可删除文档中的所有修订。

至此，我们就完成了公司年度总结报告的修改。

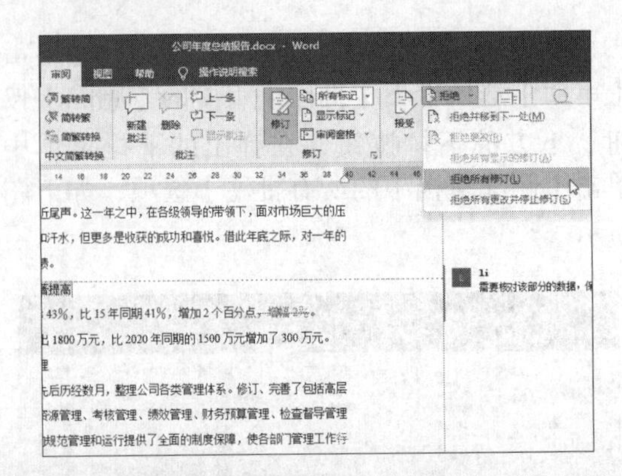

高手私房菜

技巧1：快速输入重复内容

【F4】键具有重复上一步操作的作用。如果在文档中输入“你好”，然后按【F4】键，即可重复输入“你好”，如下左图所示。连续按【F4】键，即可得到很多“你好”，如下右图所示。

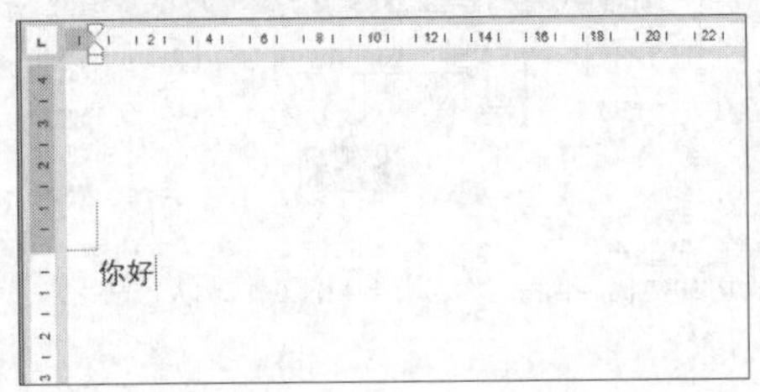

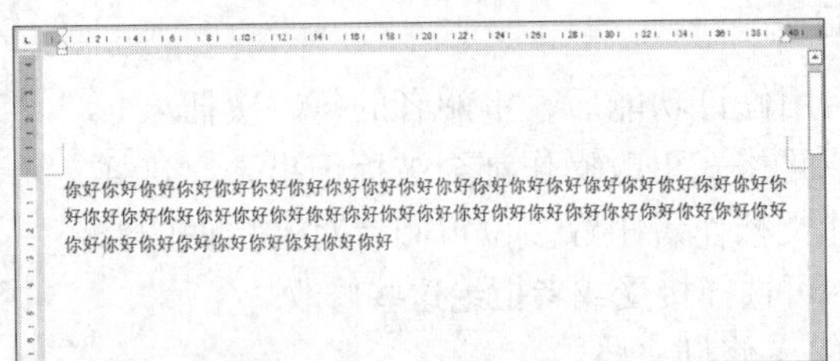

技巧2：解决输入文字时后面文字自动删除的问题

在编辑Word文档时，可能遇到输入一个字符，其后方的一个字符就会被自动删除，连续输入多个字符，则会删除多个字符的情况。这是由于当前文档处于改写模式造成的。可以按【Insert】键切换至插入模式，即可正常输入文本内容。

另外，也可以在状态栏中单击鼠标右键，在弹出的快捷菜单中，单击【改写】命令，如下图所示。

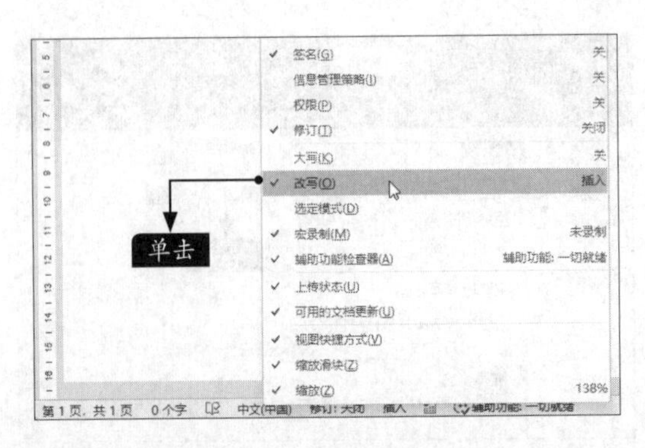

即可在状态栏中切换【改写】和【插入】模式，如下图所示。

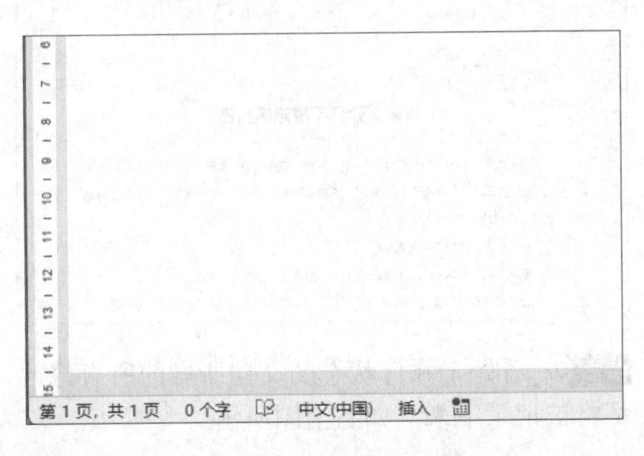

第2章

Word文档的美化处理

一篇图文并茂的文档，不仅看起来生动形象、充满活力，而且具有一定的观赏价值。本章介绍页面设置、插入艺术字、插入图片、插入形状、插入SmartArt图形及插入图表等操作。

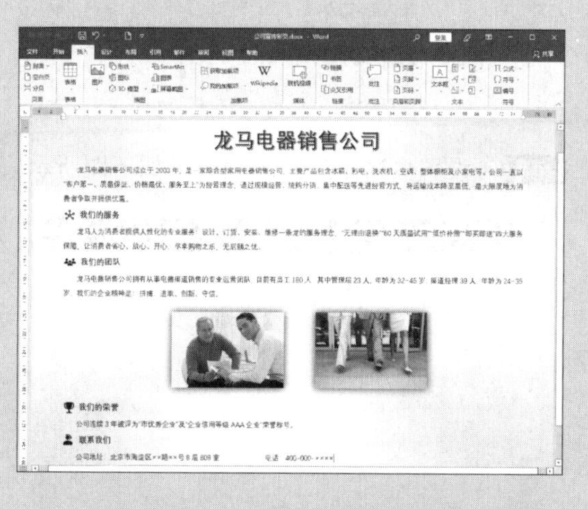

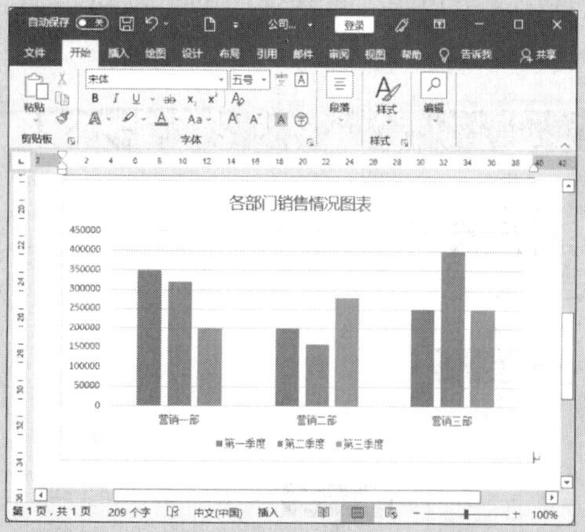

2.1 制作公司宣传彩页

宣传彩页要根据公司的特点确定主体色调和整体风格，才更能突出主题、吸引消费者。

2.1.1 设置页边距

页边距有两个作用：一是便于装订，二是可使文档更加美观。页边距包括上、下、左、右边距以及页眉和页脚距页边界的距离，使用该功能设置的页边距十分精确。设置页边距的具体操作步骤如下。

步骤 01 新建空白Word文档，并将其另存为"公司宣传彩页.docx"，如下图所示。

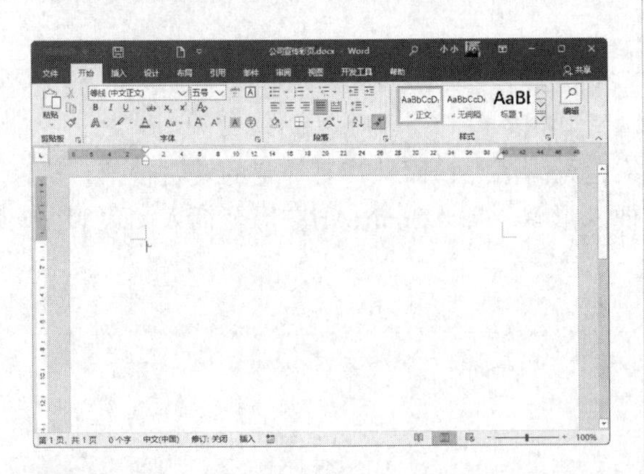

步骤 02 单击【布局】选项卡下【页面设置】组中的【页边距】按钮，在弹出的下拉列表中选择一种页边距样式，即可快速设置页边距。如果要自定义页边距，可在弹出的下拉列表中单击【自定义边距】选项，如下图所示。

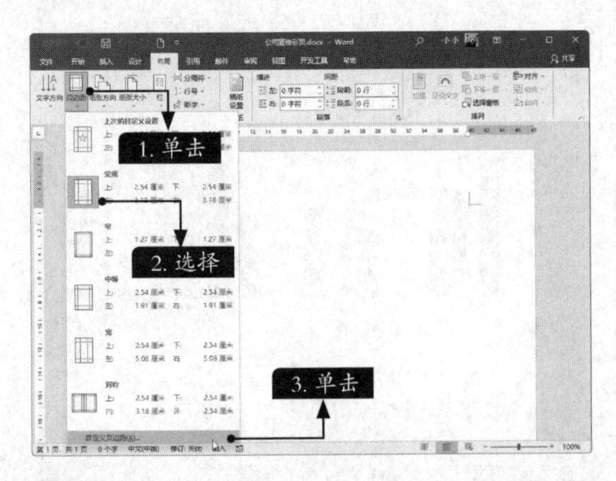

步骤 03 在弹出的【页面设置】对话框的【页边距】选项卡下的【页边距】区域可以自定义【上】、【下】、【左】、【右】的页边距，如将【上】、【下】、【左】、【右】页边距都设置为"2厘米"，单击【确定】按钮，如下图所示。

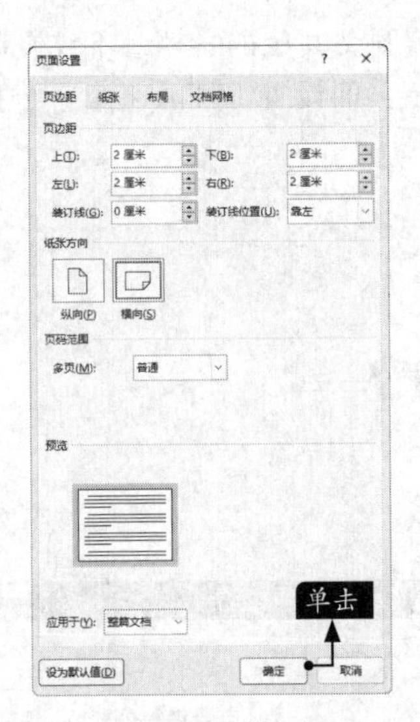

步骤 04 设置页边距后的页面效果如下图所示。

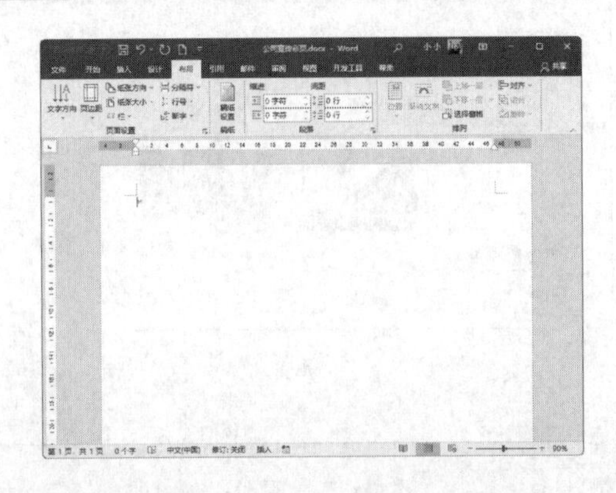

2.1.2 设置纸张的方向和大小

纸张的方向和大小，影响着文档的打印效果，因此设置合适的纸张方向和大小在Word文档制作过程中非常重要。具体操作步骤如下。

步骤 01 单击【布局】选项卡下【页面设置】组中的【纸张方向】按钮，在弹出的下拉列表中可以选择纸张方向为“横向”或“纵向”，这里选择【横向】选项，如下图所示。

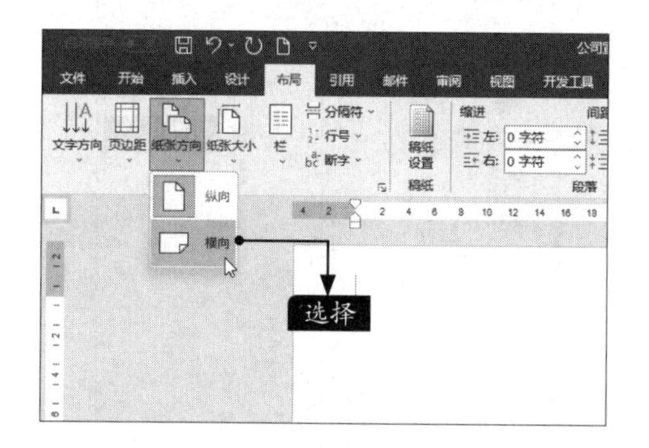

步骤 02 单击【布局】选项卡下【页面设置】组中的【纸张大小】按钮，在弹出的下拉列表中可以选择纸张的大小。如果要将纸张大小设置为其他大小，可单击【其他纸张大小】选项，如下图所示。

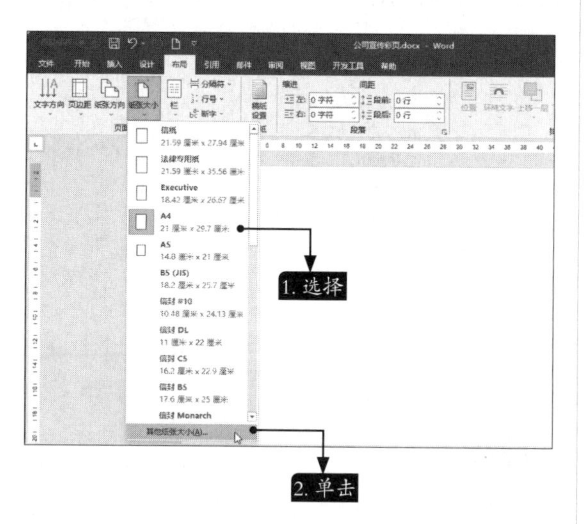

步骤 03 在弹出的【页面设置】对话框的【纸张】选项卡下的【纸张大小】区域选择【自定义大小】，并将【宽度】设置为“32厘米”，高度设置为“24厘米”，单击【确定】按钮，如下图所示。

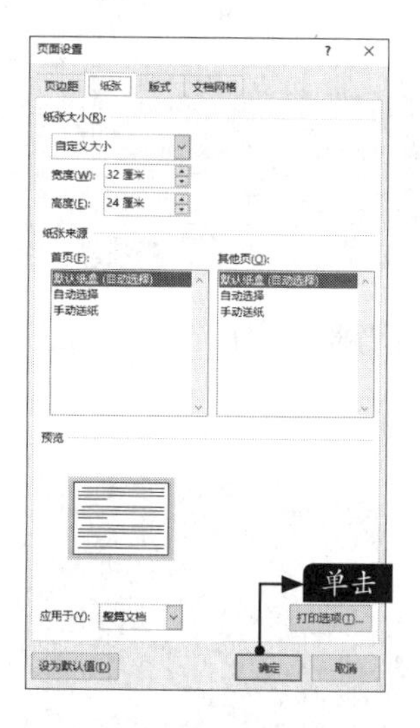

步骤 04 设置纸张方向和大小的效果如下图所示。

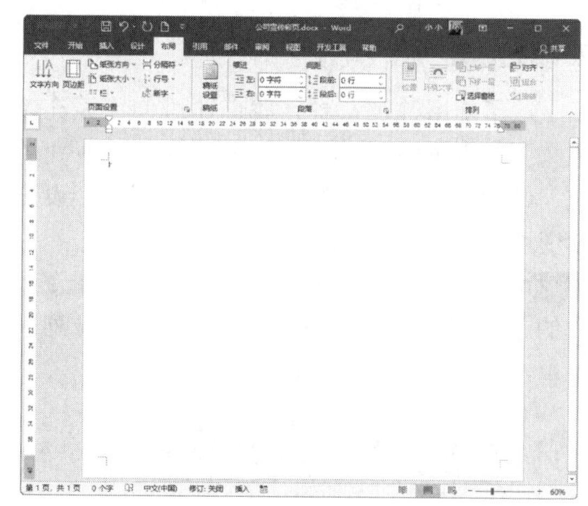

2.1.3 设置页面背景

Word 2021中可以设置页面背景，使文档更加美观，如设置纯色背景、填充效果、水印填充及图片填充等。

1. 纯色背景

下面介绍设置页面背景为纯色背景的方法，具体操作步骤如下。

步骤 01 单击【设计】选项卡下【页面背景】组中的【页面颜色】按钮，在弹出的下拉列表中选择背景颜色，这里选择“浅蓝”，如下图所示。

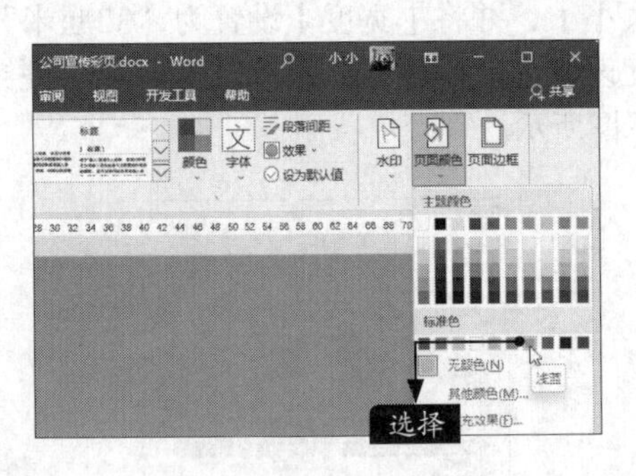

步骤 02 页面背景颜色设置为浅蓝色的效果如下图所示。

2. 填充效果

除了使用纯色背景，我们还可使用填充效果来设置页面的背景。填充效果包括渐变填充、纹理填充、图案填充和图片填充等。设置渐变填充效果的具体操作步骤如下。

步骤 01 单击【设计】选项卡下【页面背景】组中的【页面颜色】按钮，在弹出的下拉列表中单击【填充效果】选项，如下图所示。

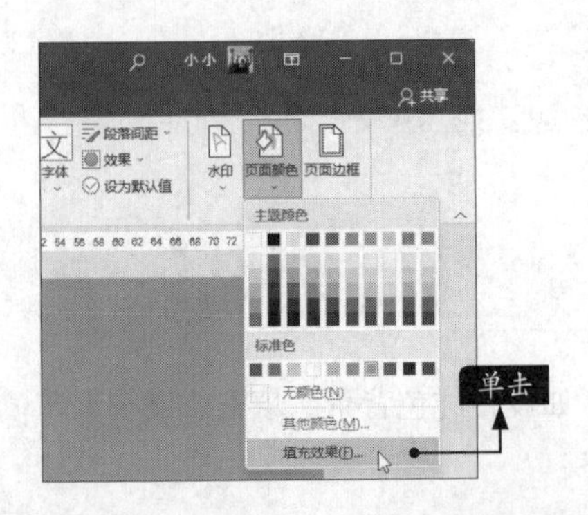

步骤 02 在弹出的【填充效果】对话框中，单击选中【双色】单选项，分别设置右侧的【颜色1】和【颜色2】，这里将【颜色1】设置为“蓝色，个性色5，淡色80%”，【颜色2】设置为“白色”，如下图所示。

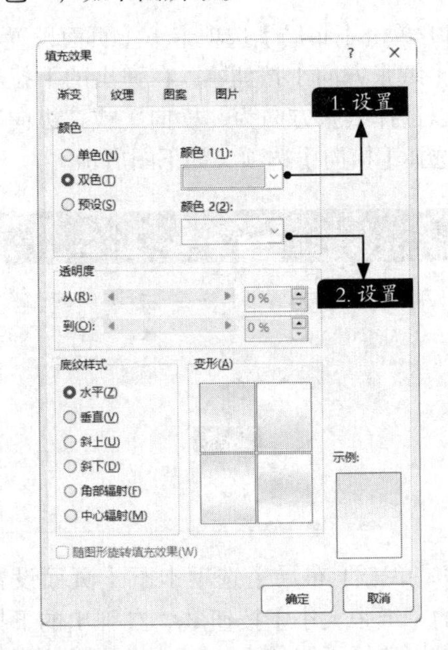

步骤 03 在【底纹样式】列表框中，单击选中【角部辐射】单选项，然后单击【确定】按钮，如下图所示。

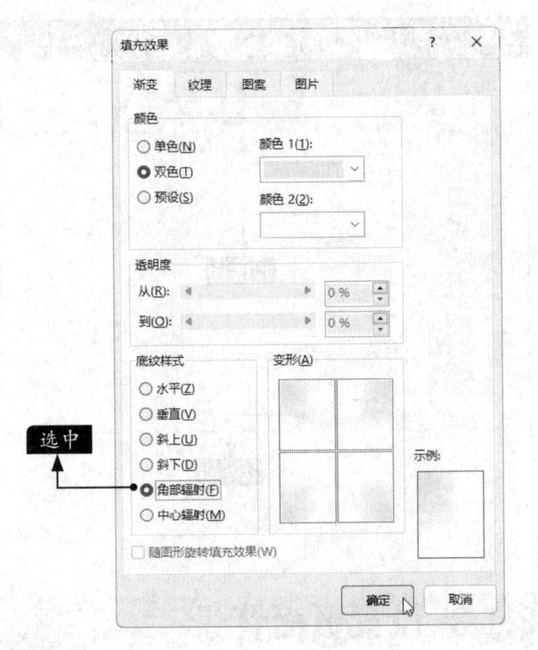

步骤 04 设置渐变填充后的页面效果如下页图所示。

小提示

设置纹理填充、图案填充和图片填充的操作与上述操作类似，这里不赘述。

2.1.4 使用艺术字美化宣传彩页

艺术字是具有特殊效果的字体。艺术字不是普通的文字，而是图形对象，用户可以像处理其他图形那样对其进行处理。通过Word 2021的插入艺术字功能可以制作出美观的艺术字，且操作非常简单。

创建艺术字的具体操作步骤如下。

步骤01 单击【插入】选项卡下【文本】组中的【艺术字】按钮，在弹出的下拉列表中选择一种艺术字样式，如下图所示。

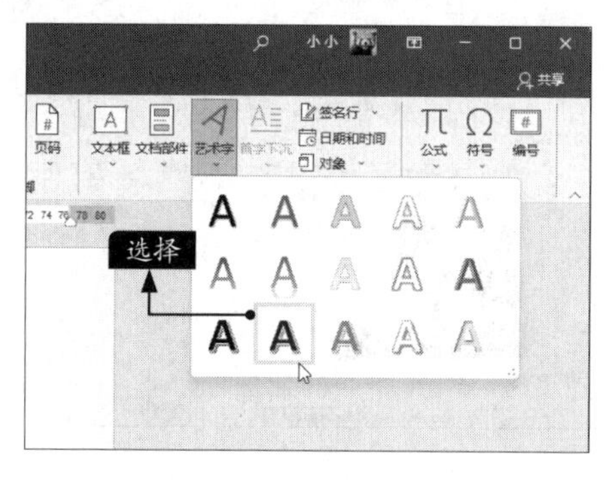

步骤02 在文档中插入【请在此放置您的文字】艺术字文本框，如下图所示。

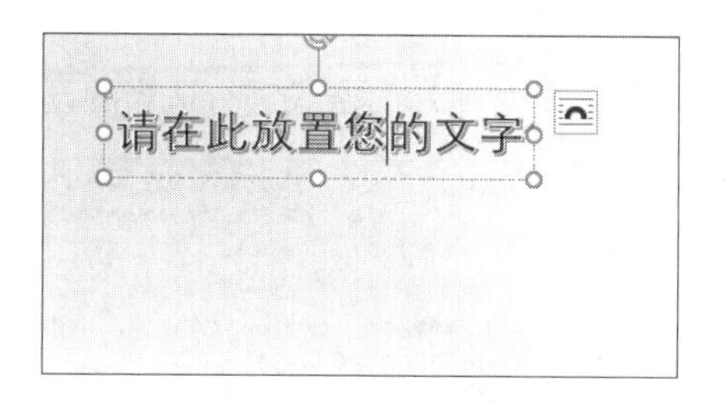

步骤03 在艺术字文本框中输入“龙马电器销售公司”，即可完成艺术字的创建，如下图所示。

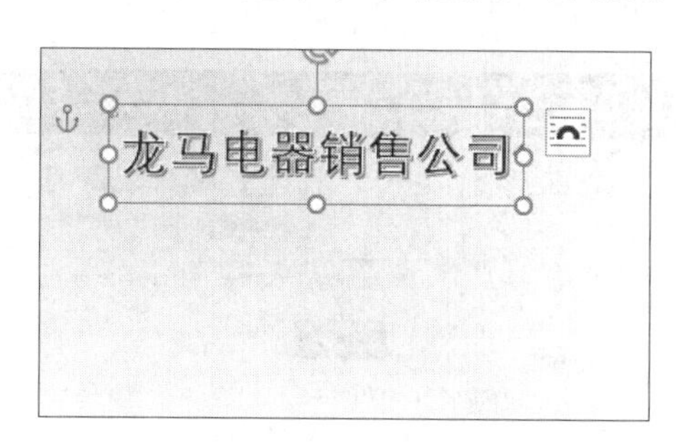

步骤04 将鼠标指针放置在艺术字文本框上，拖曳文本框，将艺术字文本框调整至合适的位置，如下图所示。

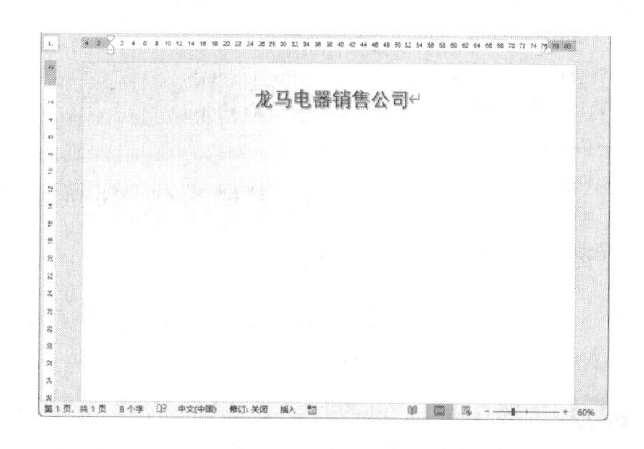

2.1.5 插入图片

图片可以使文档更加美观。在Word 2021中，用户可以在文档中插入本地图片，也可以插入联机图片。在Word中插入保存在电脑硬盘中的图片，即本地图片，其具体操作步骤如下。

步骤01 打开"素材\ch02\公司宣传彩页文本.docx"，将其中的内容粘贴至"公司宣传彩页.docx"文档中，并根据需要调整字体、段落格式，如下图所示。

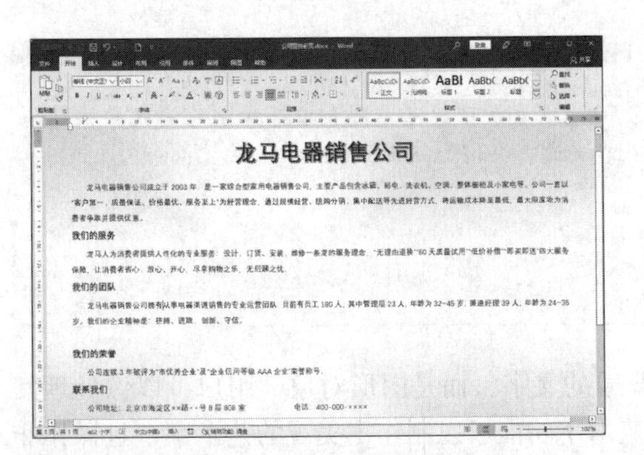

步骤02 将光标定位到要插入图片的位置，单击【插入】选项卡下【插图】组中的【图片】按钮，在弹出的下拉列表中单击【此设备】选项，如下图所示。

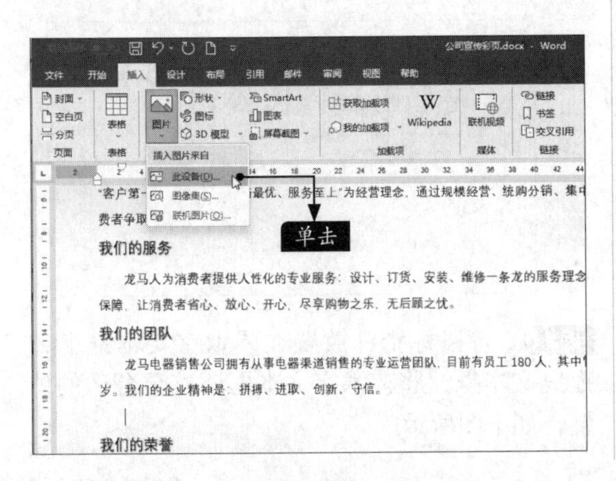

步骤03 在弹出的【插入图片】对话框中选择需要插入的"素材\ch02\01.png"，单击【插入】按钮，如下图所示。

步骤04 此时，Word文档中光标所在的位置就插入了选择的图片，如下图所示。

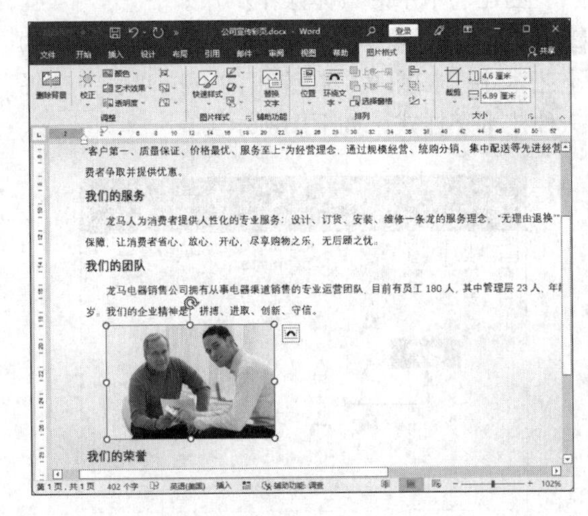

2.1.6 设置图片的格式

图片插入Word文档后，其格式不一定符合要求，这时就需要对图片的格式进行适当的设置。

1. 调整图片的大小及位置

插入图片后可以根据需要调整图片的大小及位置，具体操作步骤如下。

步骤01 选中插入的图片，将鼠标指针放在图片4个角的控制点上，当鼠标指针变为↘形状或↗形状时，拖曳控制点，以调整图片的大小，效果如右图所示。

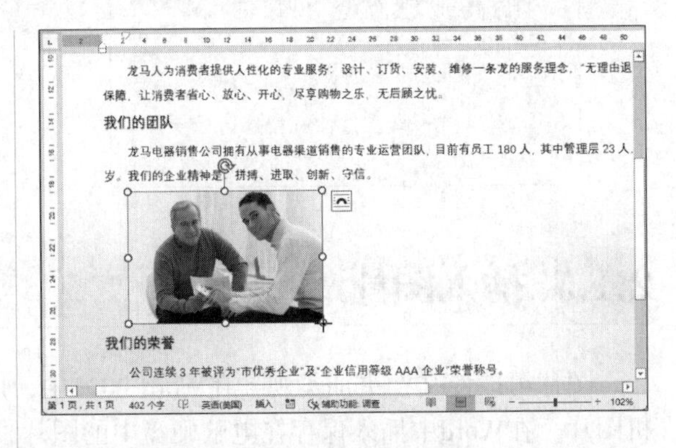

小提示

在【图片工具】→【图片格式】选项卡下的【大小】组中可以精确调整图片的大小，如下图所示。

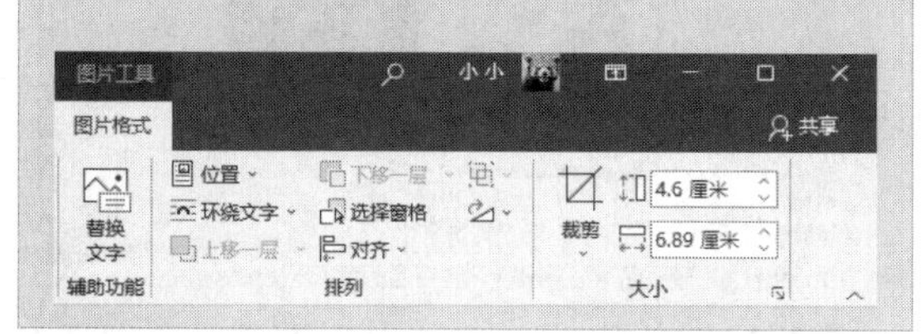

步骤02 将光标定位至该图片后面，插入“素材\ch02\02.png”，并根据上述步骤调整图片的大小，如下图所示。

步骤03 选中插入的两张图片，按【Ctrl+E】组合键，将其设置为居中，如下图所示。

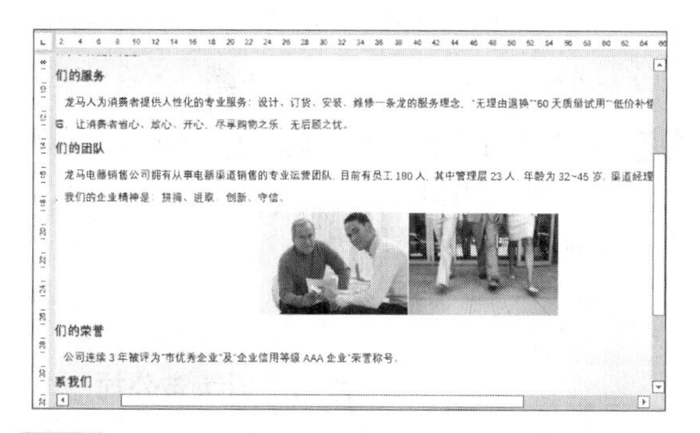

步骤04 将光标定位到两张图片之间，通过按【空格】键，可以使两张图片间留有空白，如下图所示。

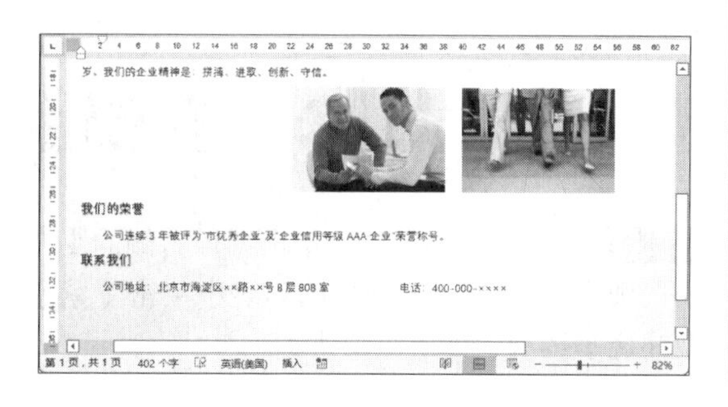

2. 美化图片

插入图片后，用户还可以调整图片的颜色、设置艺术效果、修改图片的样式，使图片更美观。美化图片的具体操作步骤如下。

步骤01 选中要美化的图片，单击【图片工具】→【图片格式】选项卡下【图片样式】组中的【其他】按钮，在弹出的下拉列表中选择一种样式，即可改变图片样式，这里选择【居中矩形阴影】，如下图所示。

步骤02 应用图片样式的效果如下图所示。

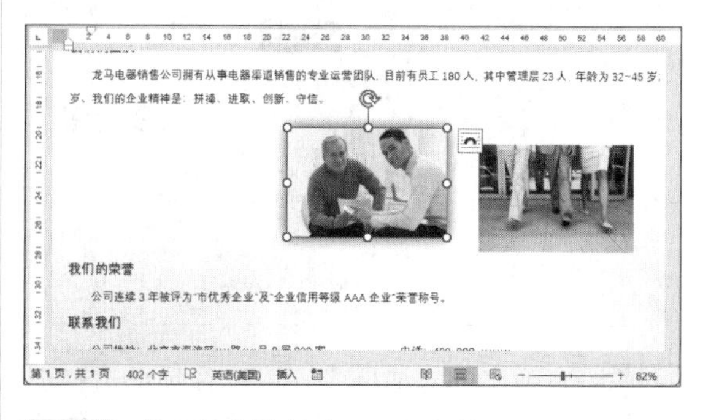

步骤03 使用同样的方法，为第2张图片应用【居中矩形阴影】效果，如下图所示。

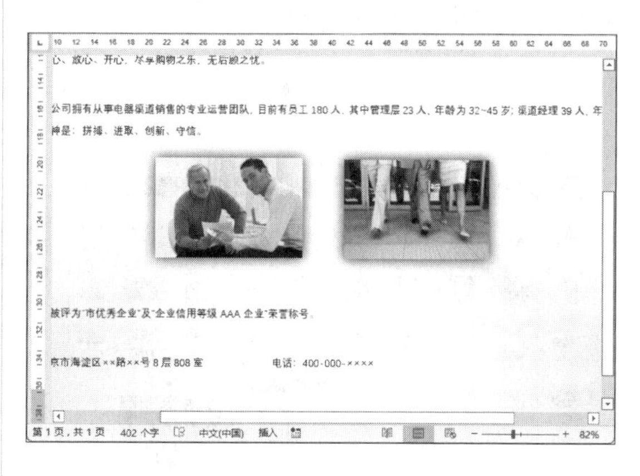

步骤04 根据情况调整图片的位置及大小，最终效果如右图所示。

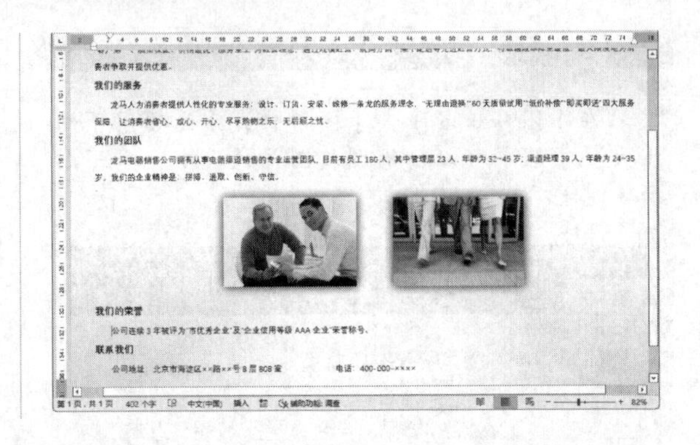

2.1.7 插入图标

在Word 2021中，用户可以根据需要在文档中插入系统自带的图标。插入图标的具体操作步骤如下。

步骤01 将光标定位在标题前的位置，单击【插入】选项卡下【插图】组中的【图标】按钮，如下图所示。

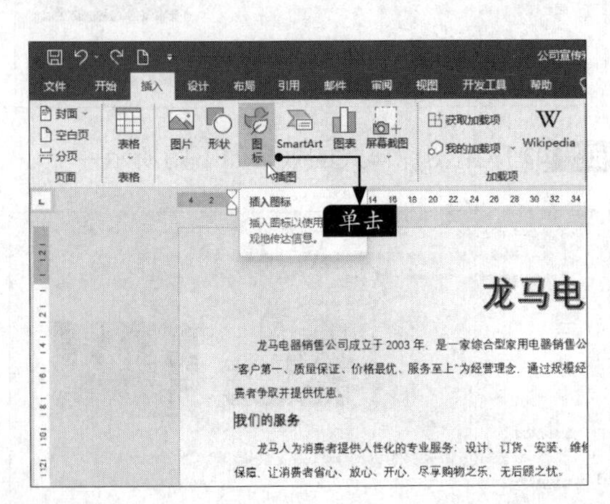

步骤02 在弹出的对话框中，可以在顶部选择图标的分类，下方则显示对应分类的图标，如这里选择【业务】分类下的一个图标，然后单击【插入】按钮，如下图所示。

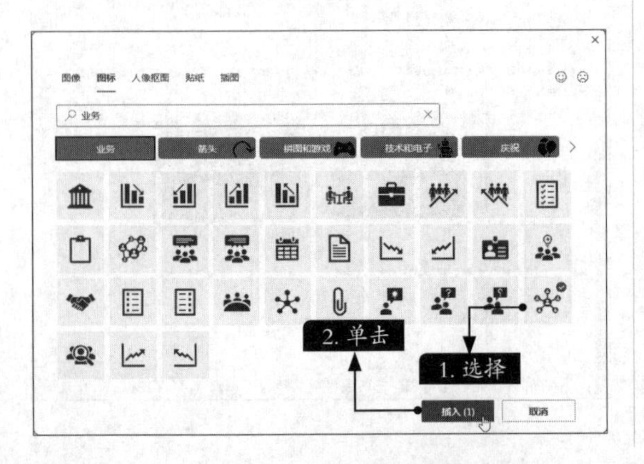

步骤03 即在光标位置插入所选图标，效果如下图所示。

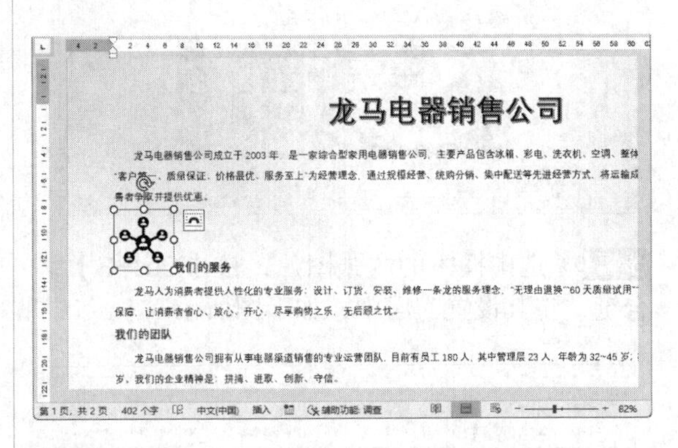

步骤04 选中插入的图标，将鼠标指针放置在图标的右下角，当鼠标指针变为形状时，拖曳调整图标大小，如下图所示。

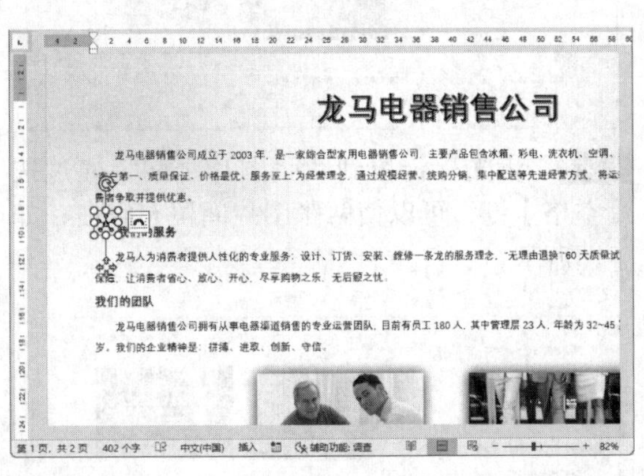

步骤05 选中插入的图标，单击图标右侧的【布局选项】按钮，在弹出的列表中单击【紧密型环绕】选项，如下页图所示。

步骤06 设置图标布局的效果如下图所示。

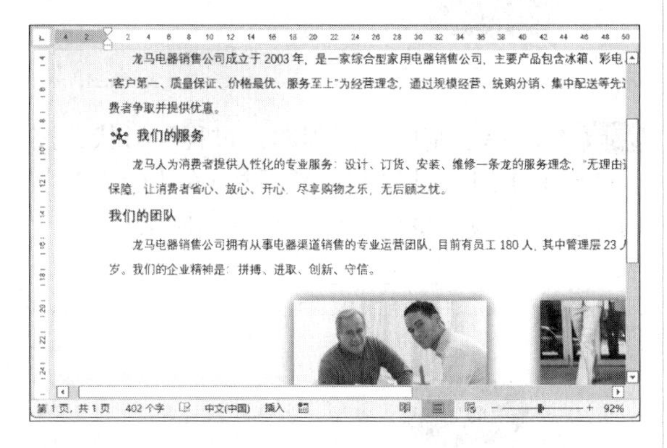

步骤07 使用同样的方法设置其他标题的图标，效果如右上图所示。

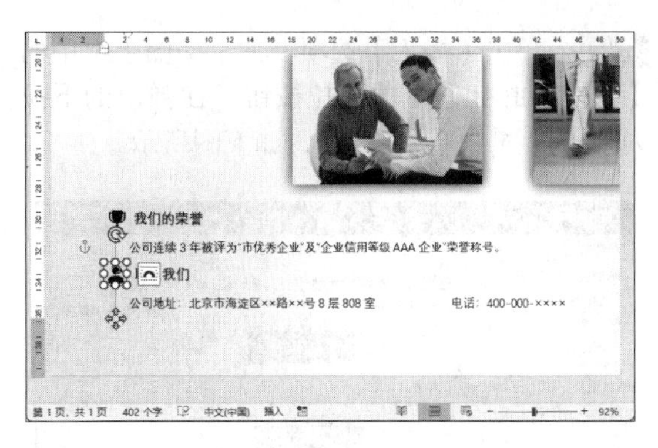

步骤08 图标设置完成后，可根据情况调整文档的细节并保存，最终效果如下图所示。

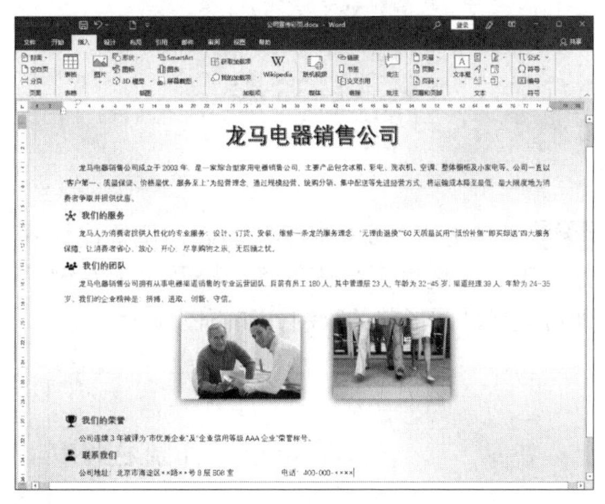

2.2 制作订单处理流程图

Word 2021提供了线条、矩形、基本形状、箭头总汇、公式形状、流程图、星与旗帜和标注等多种自选图形，用户可以根据需要从中选择合适的图形美化文档。

2.2.1 绘制流程图

流程图可以展示某一项工作的流程，比文字描述更直观、更形象。绘制流程图的具体操作步骤如下。

步骤01 新建空白Word文档，并将其另存为"工作流程图.docx"。然后输入文档标题"订单处理工作流程图"，并根据需要设置其字体和段落格式，最后输入正文内容，效果如右图所示。

订单处理工作流程图

网上订单处理工作流程图如下。

步骤02 单击【插入】选项卡下【插图】组中的【形状】按钮右侧的下拉按钮，在弹出的下拉列表中选择“椭圆”形状，如下图所示。

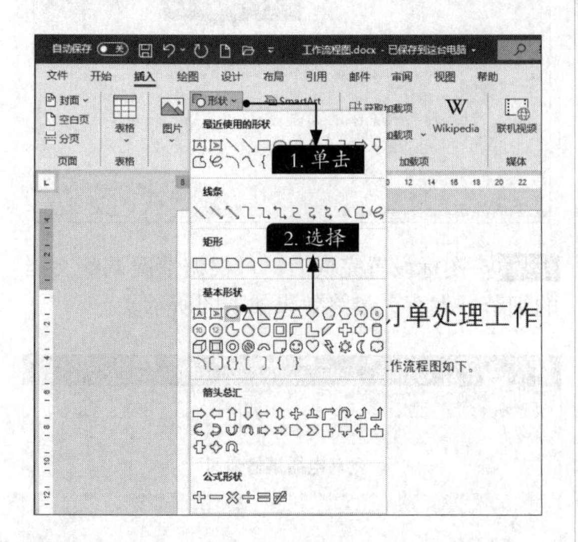

步骤03 在文档中要绘制形状的起始位置按住鼠标左键，并拖曳至合适位置，松开鼠标左键，即可完成椭圆形状的绘制，如下图所示。

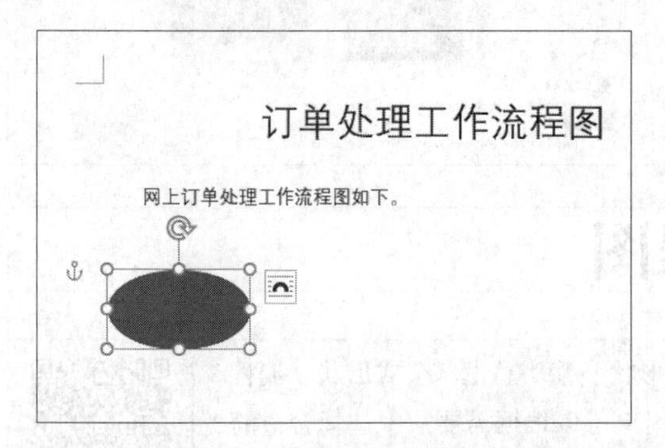

步骤04 单击【插入】选项卡下【插图】组中的【形状】按钮右侧的下拉按钮，在弹出的下拉列表中选择【流程图】组中的“流程图：过程”形状，如下图所示。

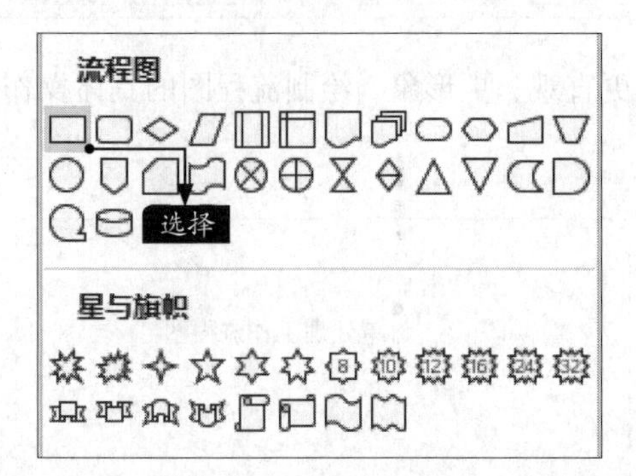

步骤05 在文档中绘制“流程图：过程”形状后的效果如下图所示。

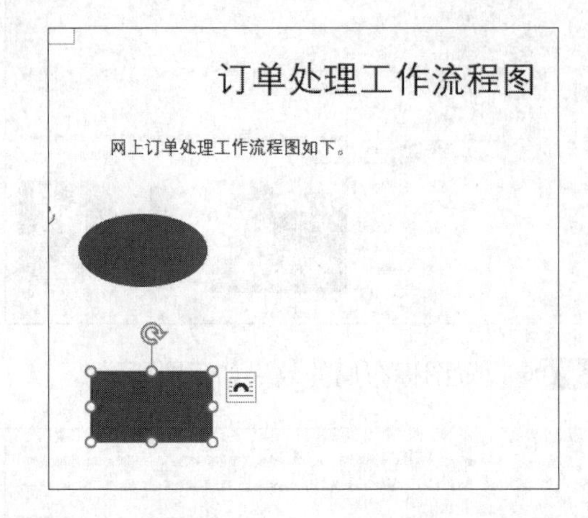

步骤06 选择绘制的“流程图：过程”形状，按【Ctrl+C】组合键复制，然后按6次【Ctrl+V】组合键，完成图形的粘贴，如下图所示。

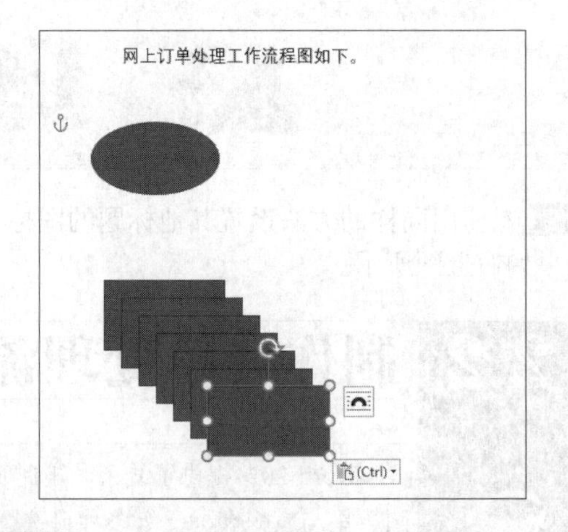

步骤07 使用同样的方法，绘制“流程图：终止”形状，效果如下图所示。

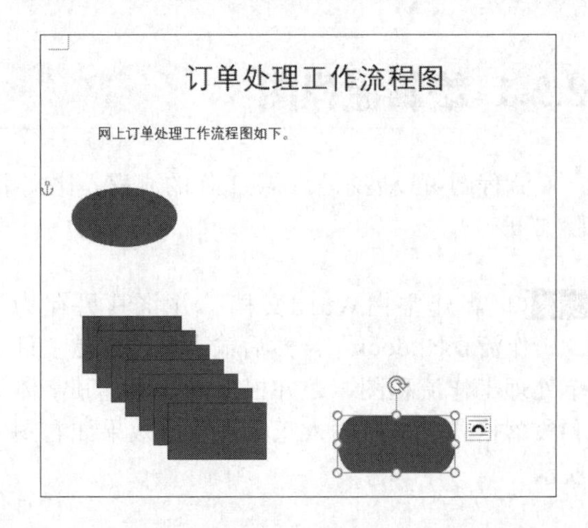

步骤08 依次选择绘制的图形，调整其位置和大小，使其合理地分布在文档中。调整自选图形大小及位置的操作与调整图片大小及位置的操作相同，这里不赘述。调整完成后，效果如右图所示。

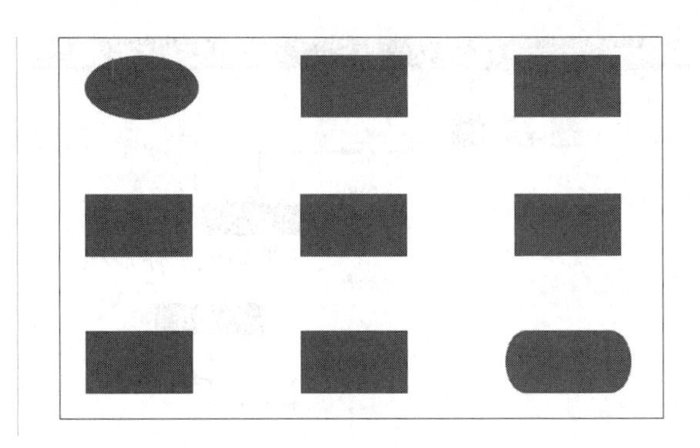

2.2.2 美化流程图

插入自选图形时，Word 2021为其应用了默认的图形效果，用户可以根据需要设置自选图形的显示效果，使其更美观。具体操作步骤如下。

步骤01 选择椭圆形状，单击【形状格式】选项卡下【形状样式】组中的【其他】按钮▾，在弹出的下拉列表中选择【中等效果-绿色，强调颜色6】样式，如下图所示。

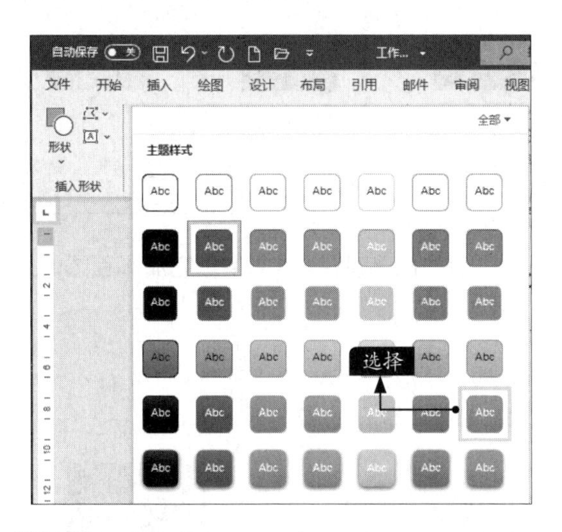

步骤02 选择的形状样式将应用到椭圆形状中，效果如下图所示。

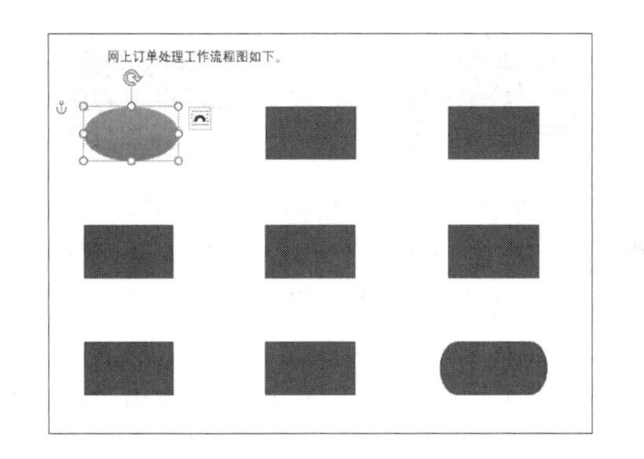

步骤03 选择椭圆形状，单击【形状格式】选项卡下【形状样式】组中的【形状轮廓】按钮形状轮廓右侧的下拉按钮，在弹出的下拉列表中选择【无轮廓】选项，如下图所示。

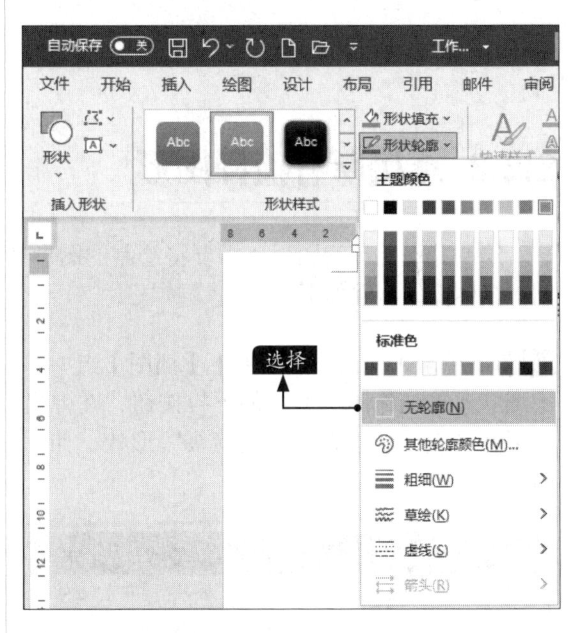

步骤04 单击【形状格式】选项卡下【形状样式】组中的【形状效果】按钮右侧的下拉按钮，在弹出的下拉列表中选择【棱台】→【棱台】选项，如下页图所示。

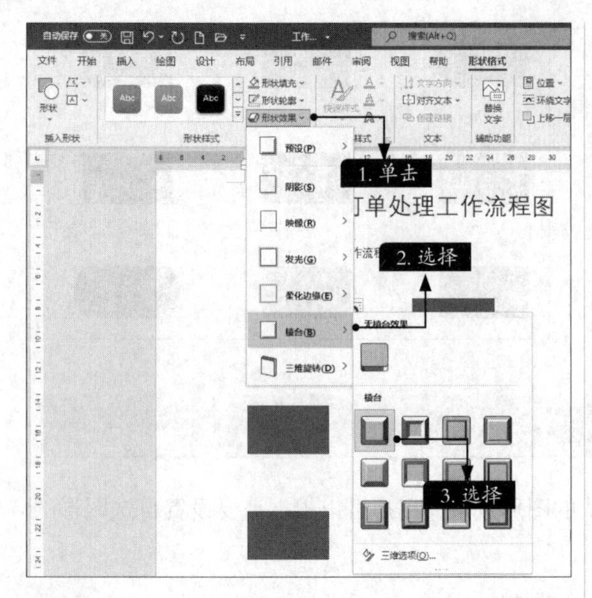

步骤 05 美化椭圆图形后的效果如右上图所示。

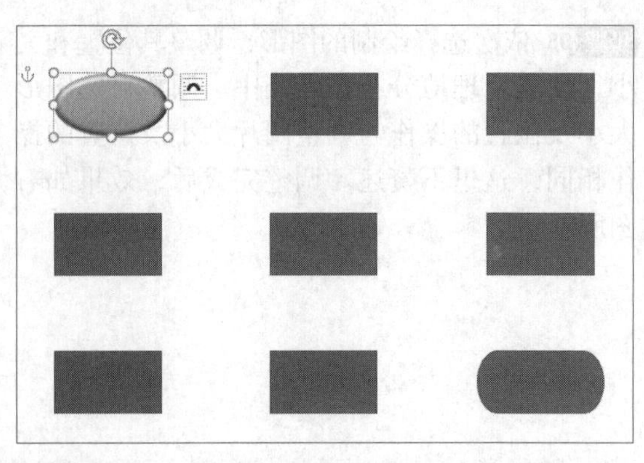

步骤 06 使用同样的方法，根据需要美化其他自选图形，最终效果如下图所示。

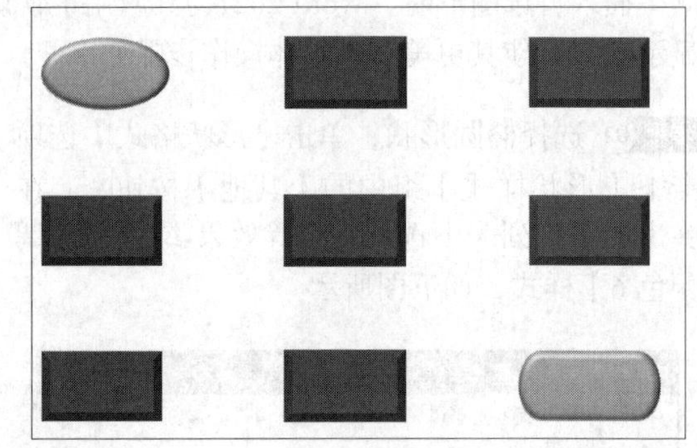

2.2.3 连接所有流程图形

绘制并美化流程图后，需要将绘制的图形连接起来，并输入流程描述文字，完成流程图的绘制。具体操作步骤如下。

步骤 01 单击【插入】选项卡下【插图】组中的【形状】按钮 形状 右侧的下拉按钮，在弹出的下拉列表中，选择“直线箭头”形状，如下图所示。

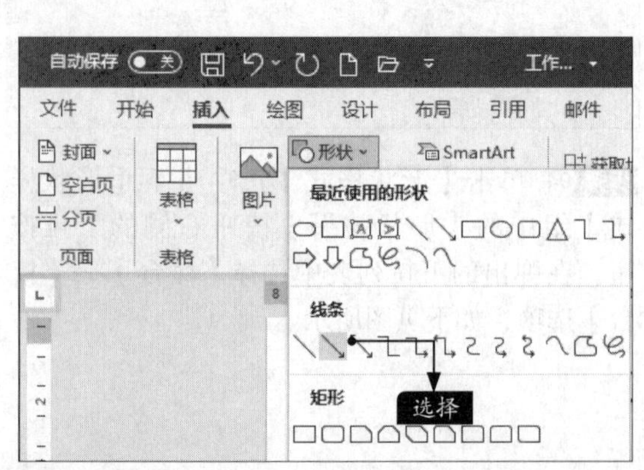

步骤 02 按住【Shift】键，在文档中绘制直线箭头，如下图所示。

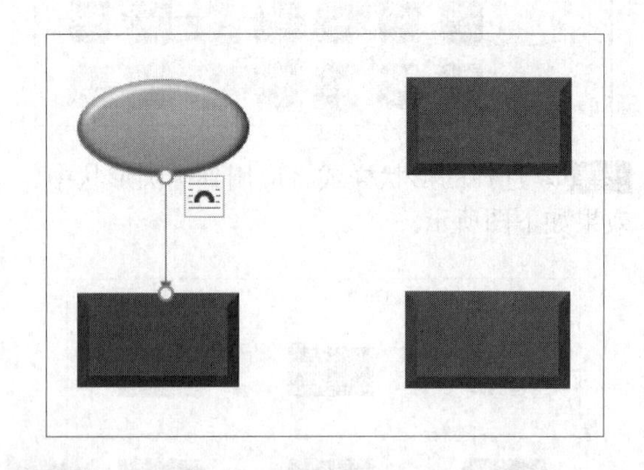

步骤 03 选择绘制的形状，单击【形状格式】选项卡下【形状样式】组中的【形状轮廓】按钮 形状轮廓 右侧的下拉按钮，在弹出的下拉列表中选择【黑色】选项，将直线箭头颜色设置为

“黑色”，粗细设置为“1.5磅”，并将【箭头】设置为“箭头样式2”，如下图所示。

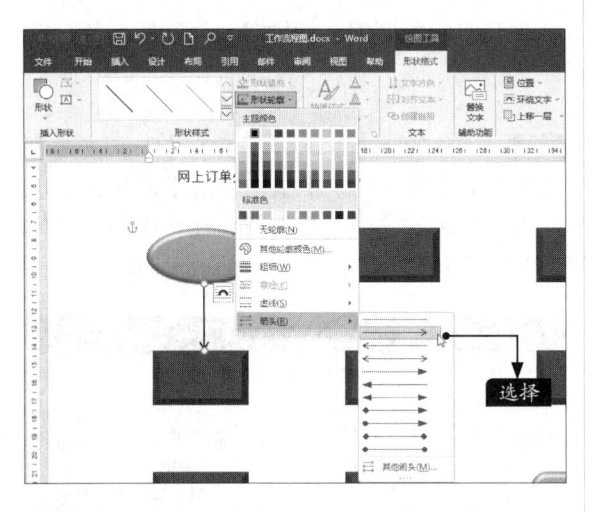

步骤04 更改箭头样式后的效果如下图所示。

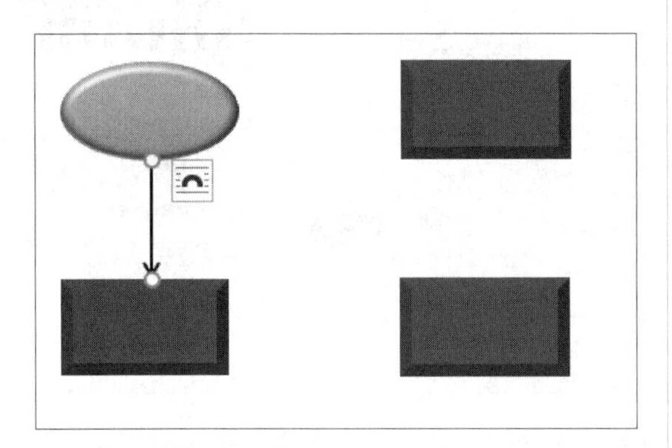

步骤05 设置直线箭头的形状后，选择并复制绘制的直线箭头，调整箭头方向，并将其移动至合适的位置，最终效果如下图所示。

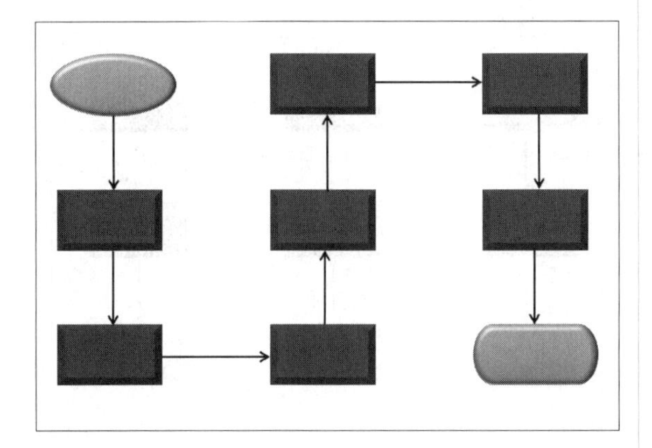

步骤06 选择第一个形状，单击鼠标右键，在弹出的快捷菜单中单击【编辑文字】命令，如右上图所示。

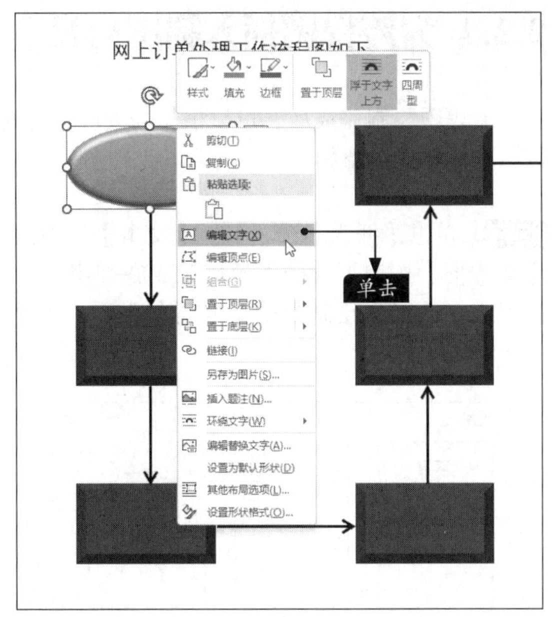

步骤07 图形中会显示光标，输入“提交订单”，并根据需要设置文字的字体样式，效果如下图所示。

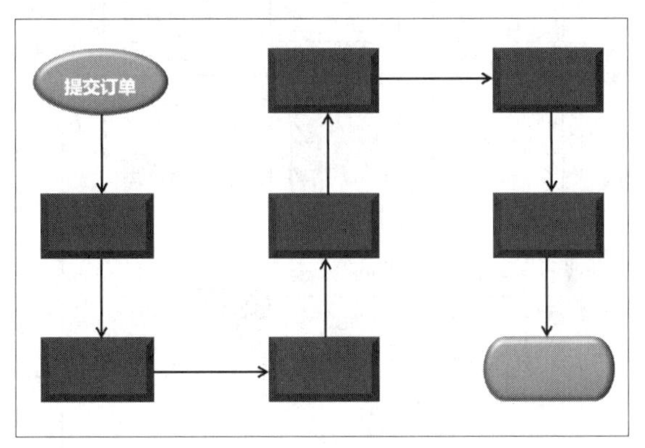

步骤08 使用同样的方法添加其他图形中的文字，就完成了流程图的制作，效果如下图所示。

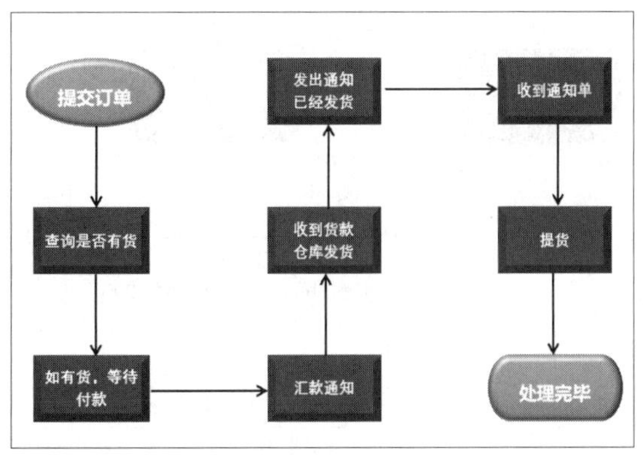

2.2.4 为流程图插入制图信息

流程图绘制完成后，可以根据需要在下方插入制图信息，如制图人的姓名、绘制图形的日期等。具体操作步骤如下。

步骤 01 单击【插入】选项卡下【文本】组中的【文本框】按钮下方的下拉按钮，在弹出的下拉列表中选择【绘制横排文本框】选项，如下图所示。

步骤 02 在流程图下方绘制出文本框，并在文本框中输入制图信息，然后根据需要设置文字样式，如下图所示。

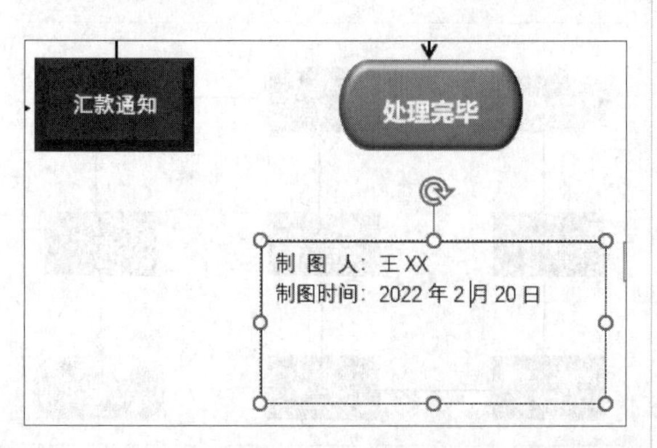

步骤 03 调整文本框的大小，并在【形状格式】选项卡下【形状样式】组中单击【形状轮廓】按钮 形状轮廓 右侧的下拉按钮，在弹出的下拉列表中选择【无轮廓】选项，如下图所示。

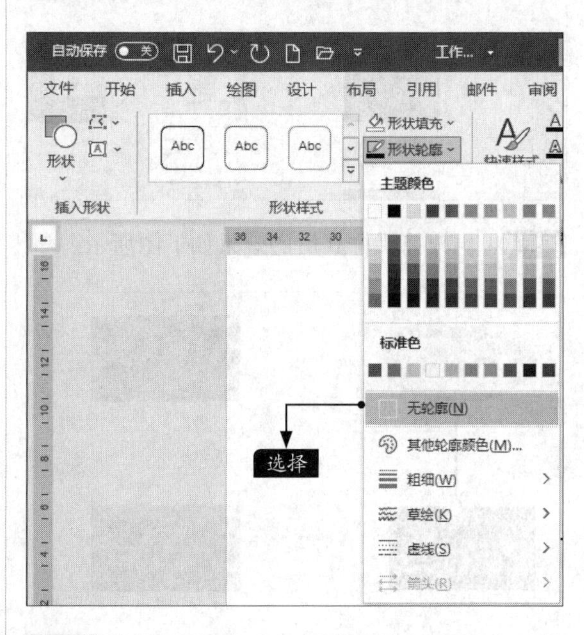

步骤 04 至此，就完成了工作流程图的制作，最终效果如下图所示。

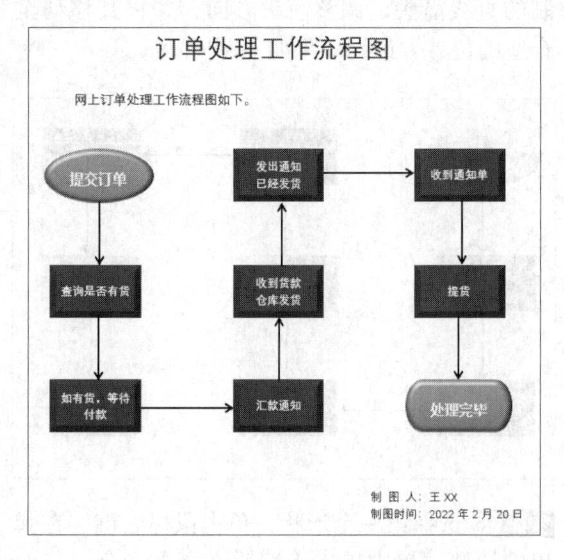

2.3 制作公司组织结构图

SmartArt图形可以形象、直观地展示重要的文本信息，吸引用户的注意。下面就使用SmartArt图形来制作公司组织结构图。

2.3.1 插入组织结构图

Word 2021提供列表、流程、循环、层次结构、关系、矩阵、棱锥图、图片等多种SmartArt图形样式，方便用户根据需要选择。插入组织结构图的具体操作步骤如下。

步骤01 新建空白Word文档，并将其另存为“公司组织结构图.docx”文件。单击【插入】选项卡下【插图】组中的【SmartArt】按钮，如下图所示。

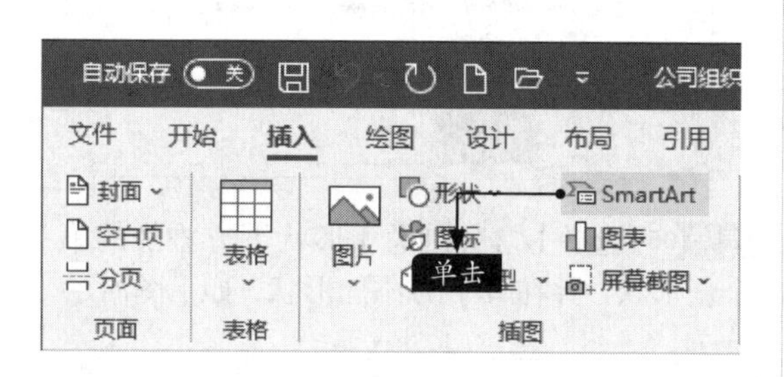

步骤02 在弹出的【选择SmartArt图形】对话框中，选择【层次结构】选项，在右侧列表框中选择【组织结构图】版式，单击【确定】按钮，如下图所示。

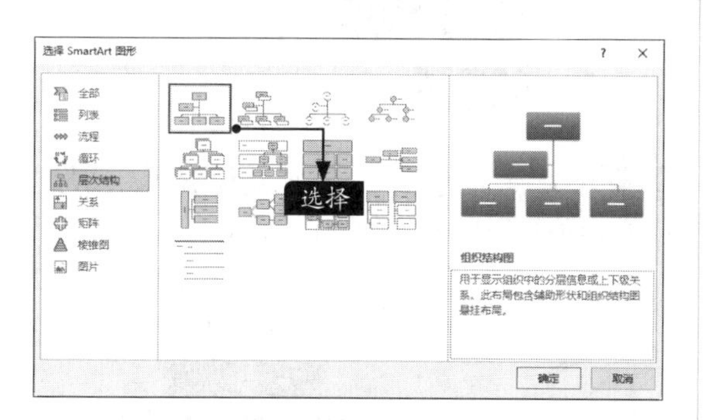

步骤03 插入的组织结构图图形，效果如下图所示。

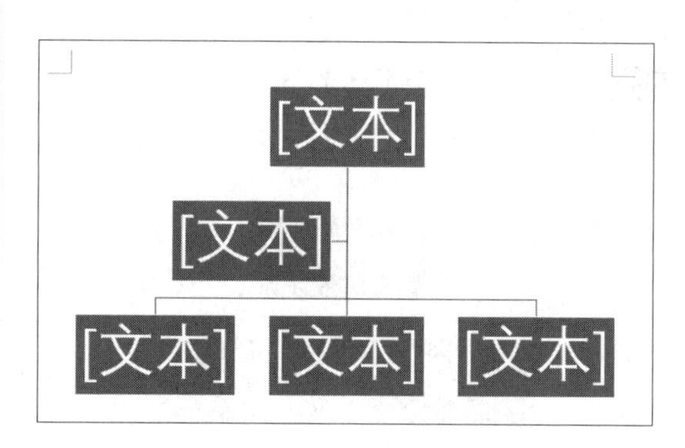

步骤04 在左侧的【在此处键入文字】窗格中输入文字，或者在图形中直接输入文字，就完成了插入公司组织结构图的操作，如下图所示。

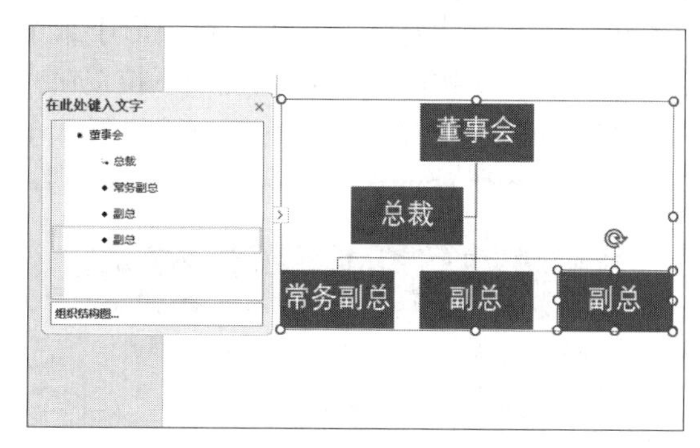

2.3.2 增加组织结构项目

插入组织结构图之后，如果图形不能完整显示公司的组织结构，还可以根据需要新增组织结构项目。具体操作步骤如下。

步骤01 选择【董事会】形状，单击【SmartArt设计】选项卡下【创建图形】组中的【添加形状】按钮 右侧的下拉按钮，在弹出的下拉列表中选择【添加助理】选项，如下图所示。

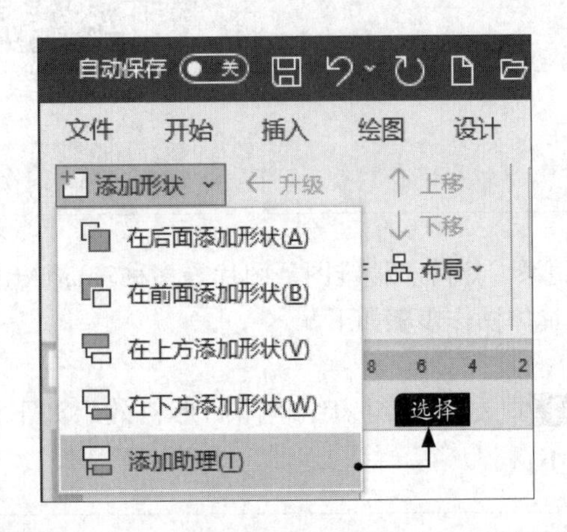

步骤02 在【董事会】图形下方添加新的形状，效果如下图所示。

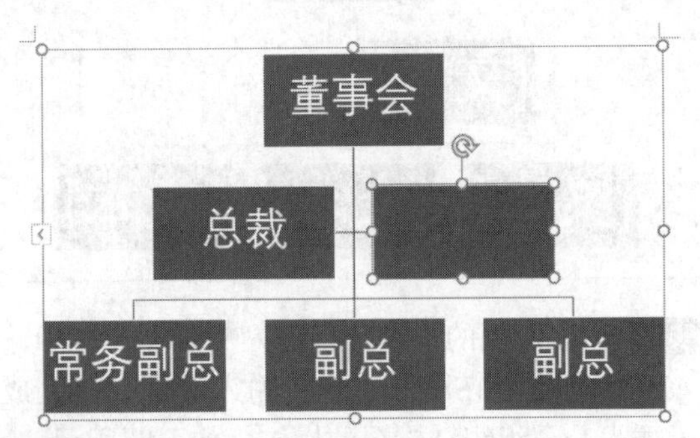

步骤03 选择【常务副总】形状，单击【SmartArt设计】选项卡下【创建图形】组中的【添加形状】按钮 右侧的下拉按钮，在弹出的下拉列表中选择【在下方添加形状】选项，如下图所示。

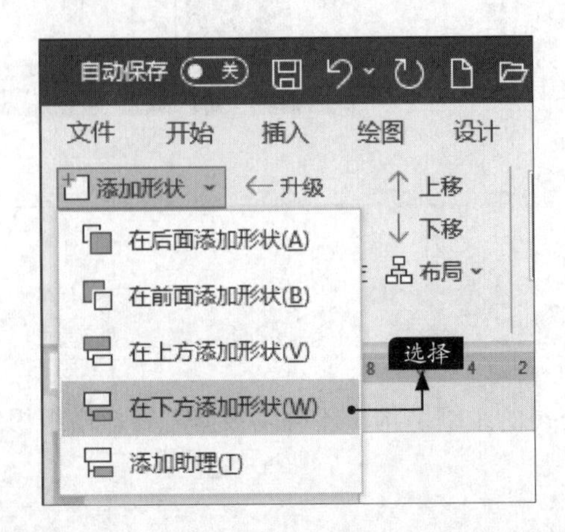

步骤04 在选择形状的下方添加新的形状，如下图所示。

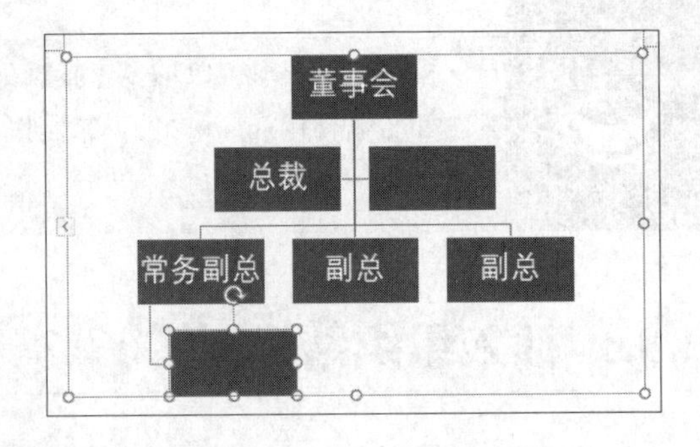

步骤05 重复步骤03的操作，在【常务副总】形状下方再次添加新形状，如下图所示。

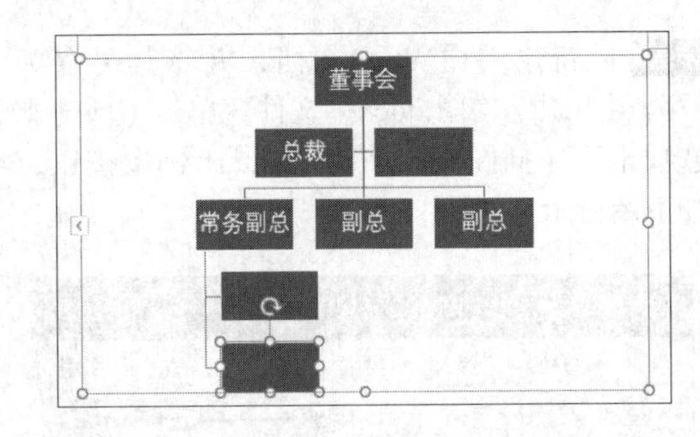

步骤06 选择【常务副总】形状下方添加的第一个新形状，并在其下方添加形状，如下图所示。

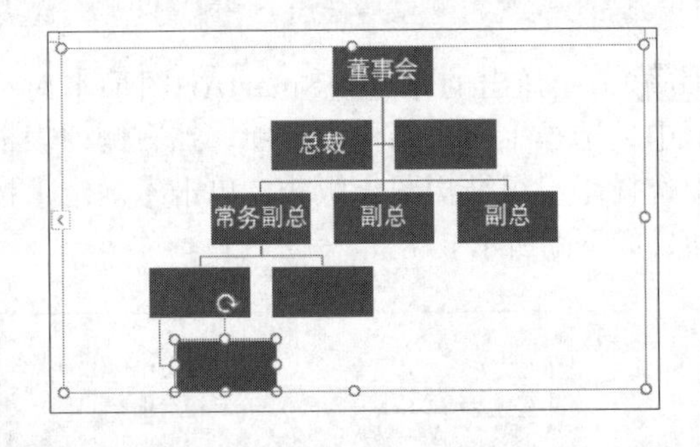

步骤07 重复上述操作，添加其他形状，增加组织结构项目后的效果如下图所示。

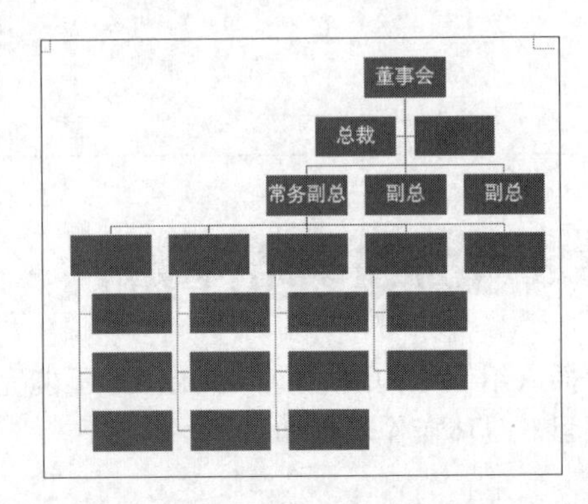

步骤08 根据需要在新添加的形状中输入相关文字内容，如右图所示。

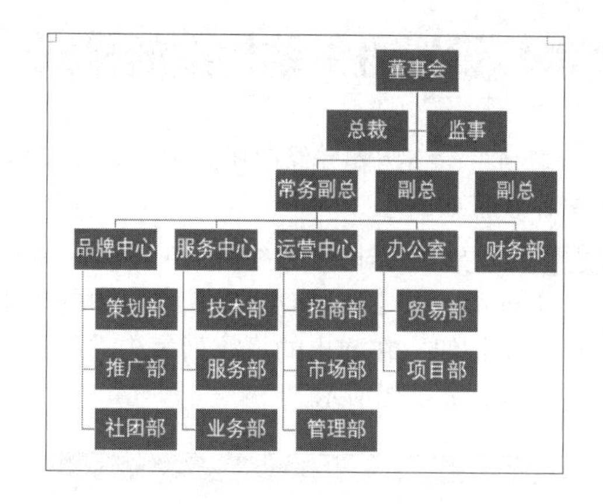

小提示

如果要删除形状，只需要选择要删除的形状，按【Delete】键即可。

2.3.3 改变组织结构图的版式

创建公司组织结构图后，还可以根据需要更改组织结构图的版式，具体操作步骤如下。

步骤01 选择创建的组织结构图，将鼠标指针放在图形边框右下角的控制点上，当鼠标指针变为形状时，按住鼠标左键并拖曳鼠标，即可调整组织结构图的大小，如下图所示。

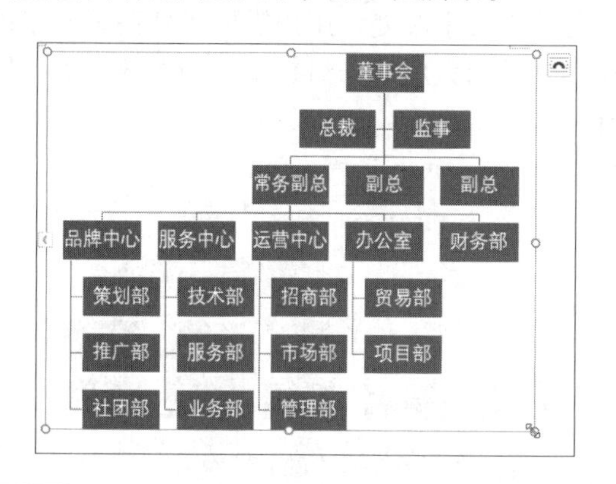

步骤02 单击【SmartArt设计】选项卡下【版式】组中的【其他】按钮，在弹出的下拉列表中选择【半圆组织结构图】版式，如下图所示。

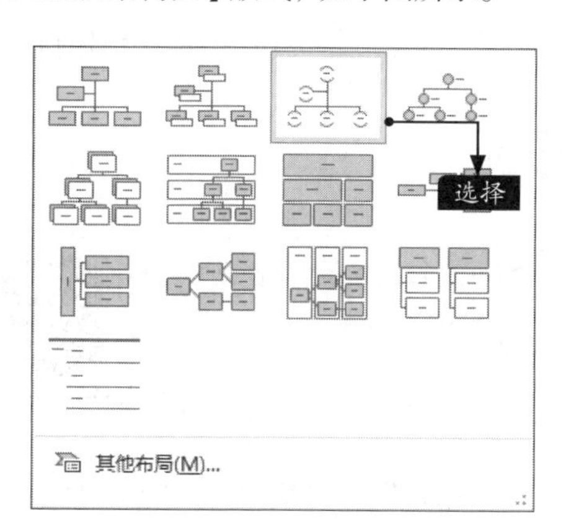

步骤03 更改组织结构图版式后的效果如下图所示。

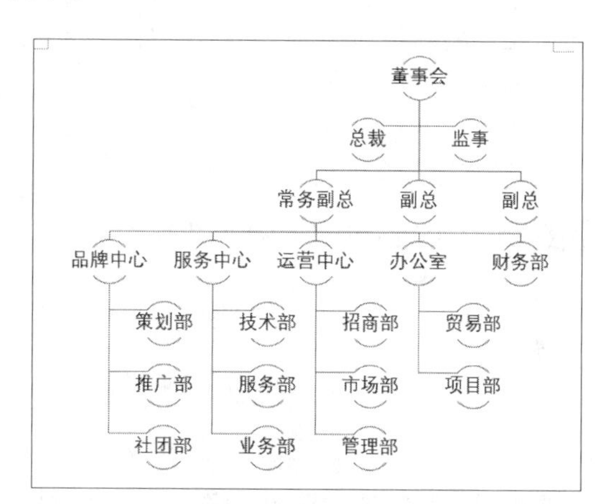

步骤04 如果对更改后的版式不满意，还可以根据需要再次改变组织结构图的版式，如下图所示。

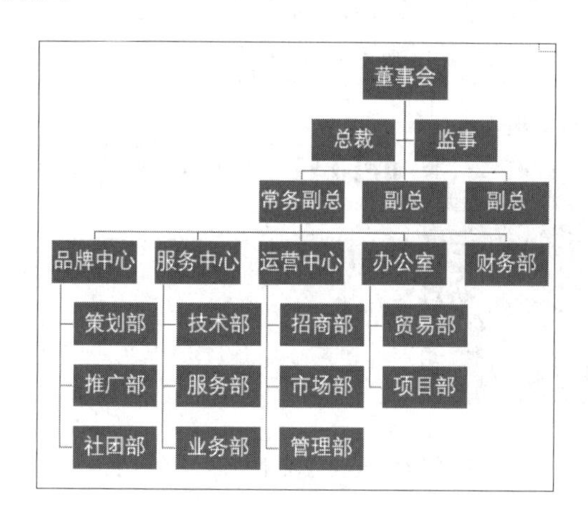

2.3.4 设置组织结构图的格式

绘制组织结构图并修改版式之后，就可以根据需要设置组织结构图的格式，使其更美观。具体操作步骤如下。

步骤01 选择组织结构图的图形，单击【SmartArt设计】选项卡下【SmartArt样式】组中的【更改颜色】按钮，在弹出的下拉列表中选择一种彩色样式，如下图所示。

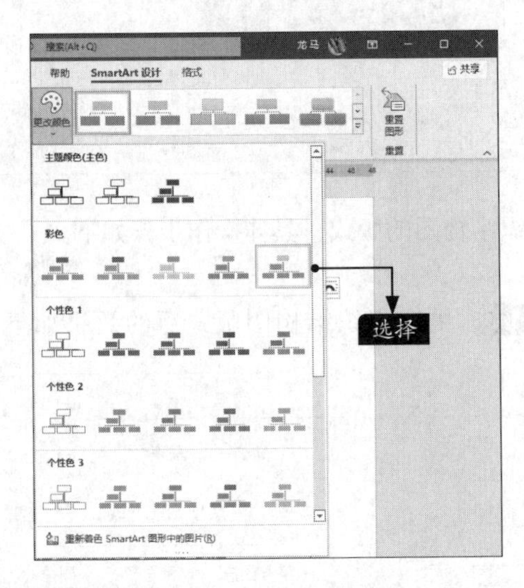

步骤02 更改颜色后的效果如下图所示。

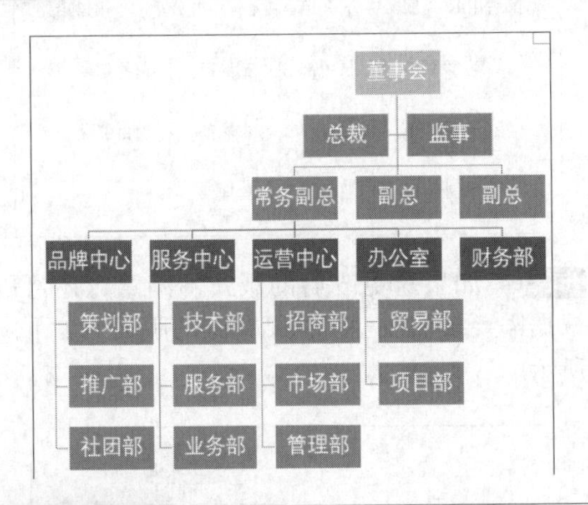

步骤03 选择组织结构图的图形，单击【SmartArt设计】选项卡下【SmartArt样式】组中的【其他】按钮，在弹出的下拉列表中选择一种SmartArt样式，如下图所示。

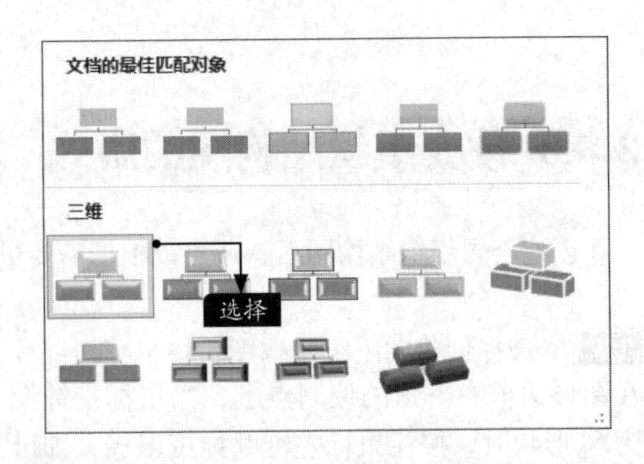

步骤04 更改SmartArt样式后，图形中文字的样式会随之发生改变，用户需要重新设置文字的样式。设置完成后，组织结构图的效果如下图所示。

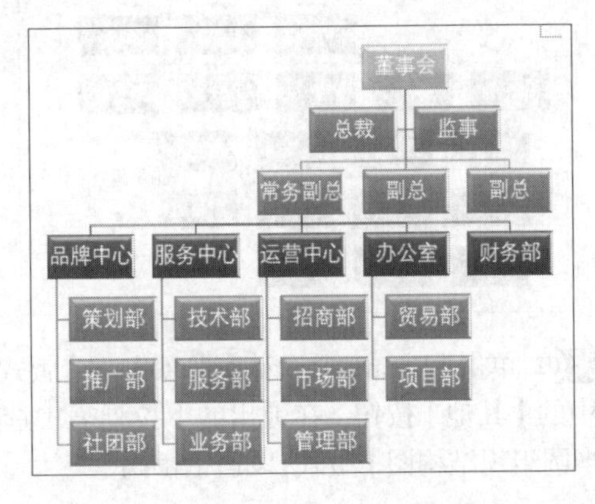

至此，就完成了公司组织结构图的制作。

2.4 制作公司销售季度图表

Word 2021提供了插入图表的功能，可以对数据进行简单的分析，从而清楚地表达数据的变化情况，分析数据的规律，以便进行预测。

本节就以在Word 2021中制作公司销售季度图表为例，介绍在Word 2021中使用图表的方法。

2.4.1 插入图表

Word 2021提供柱形图、折线图、饼图、条形图、面积图、XY散点图、地图、股价图、曲面图、雷达图、树状图、旭日图、直方图、箱形图、瀑布图、漏斗图等16种图表类型以及组合图类型，用户可以根据需要创建（插入）图表。插入图表的具体操作步骤如下。

步骤 01 打开“素材\ch02\公司销售图表.docx”素材文件，然后将光标定位至要插入图表的位置，并单击【插入】选项卡下【插图】组中的【图表】按钮图表，如下图所示。

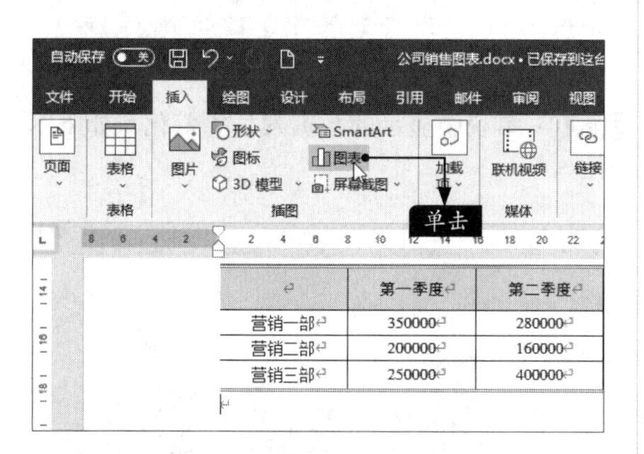

步骤 02 在弹出的【插入图表】对话框中，选择要创建的图表类型，这里选择【柱形图】下的【簇状柱形图】选项，单击【确定】按钮，如下图所示。

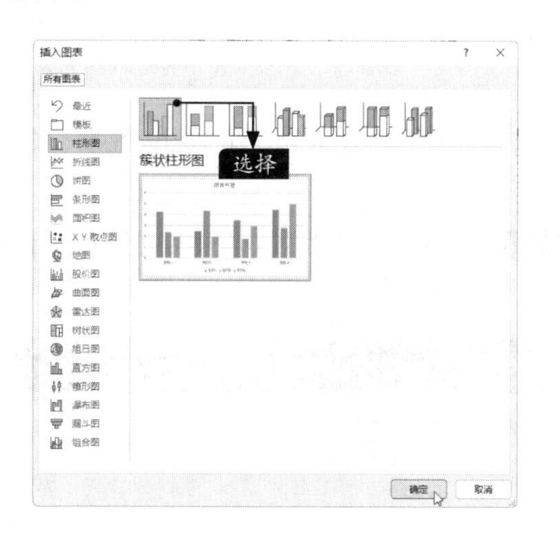

步骤 03 在弹出的“Microsoft Word中的图表”工作表中，将素材文件中的表格内容输入工作表，然后关闭“Microsoft Word中的图表”工作表窗口，如下图所示。

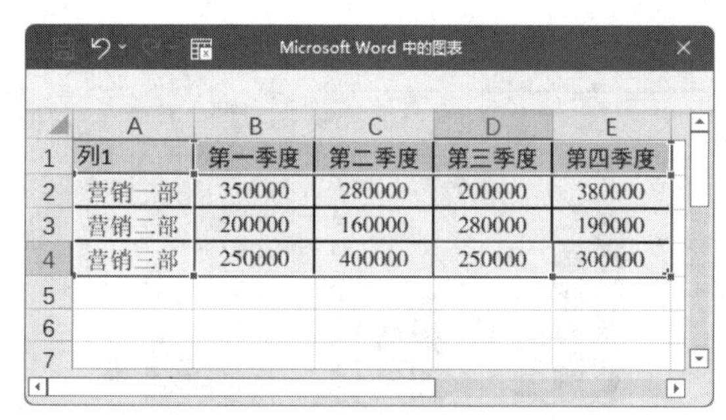

Microsoft Word 中的图表

	A	B	C	D	E
1	列1	第一季度	第二季度	第三季度	第四季度
2	营销一部	350000	280000	200000	380000
3	营销二部	200000	160000	280000	190000
4	营销三部	250000	400000	250000	300000
5					
6					
7					

步骤 04 创建图表，效果如下图所示。

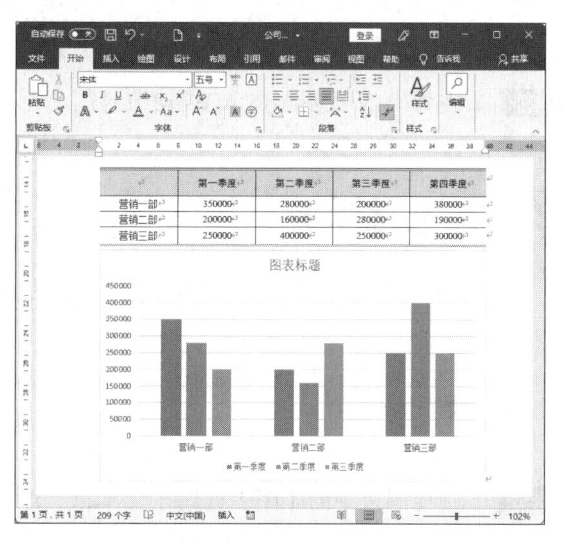

2.4.2 编辑图表中的数据

创建图表后，如果发现数据输入有误或者需要修改数据，只要对数据进行修改，图表的显示会自动发生变化。将营销一部第二季度的销量“280000”更改为“320000”的具体操作步骤如下。

步骤 01 在打开的文件的表格中选择第2行第3列单元格中的数据，删除选择的数据并输入“320000”，如下页图所示。

下表是各销售部门季度销售情况表。

	第一季度	第二季度
营销一部	350000	320000
营销二部	200000	160000
营销三部	250000	400000

步骤02 在下方创建的图表上单击鼠标右键，在弹出的快捷菜单中单击【编辑数据】命令，如下图所示。

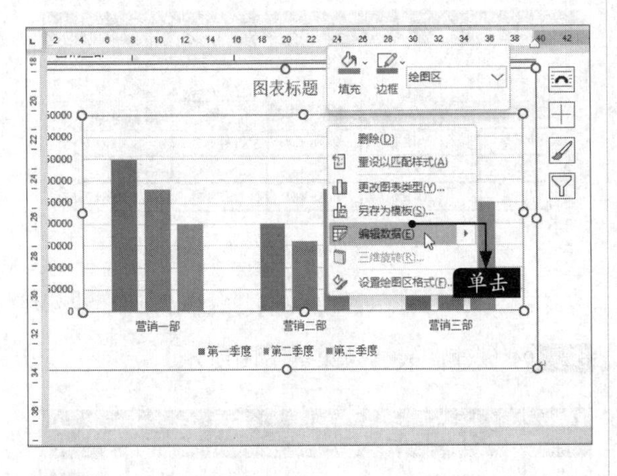

步骤03 在弹出的“Microsoft Word中的图表”工作表中，将C2单元格的数据由“280000”更改为“320000”，并关闭“Microsoft Word中的图表”工作表。修改数据后的效果如下图所示。

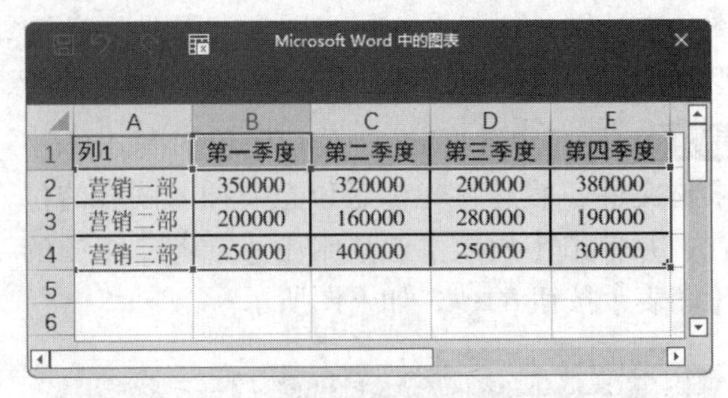
Microsoft Word 中的图表

	A	B	C	D	E
1	列1	第一季度	第二季度	第三季度	第四季度
2	营销一部	350000	320000	200000	380000
3	营销二部	200000	160000	280000	190000
4	营销三部	250000	400000	250000	300000
5					
6					

步骤04 图表中显示的数据发生了变化，如下图所示。

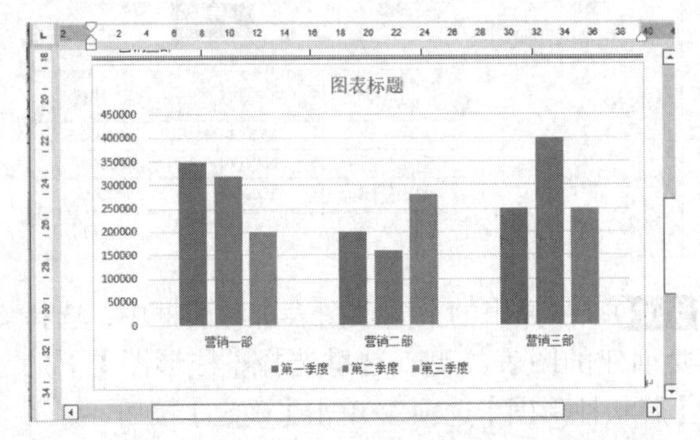

2.4.3 美化图表

完成图表的编辑后，用户可以对图表进行美化操作，如设置图表标题、添加图表元素、更改图表样式等。

1. 设置图表标题

设置图表标题的具体操作步骤如下。

步骤01 选择图表中的【图表标题】文本框，删除文本框中的内容，将其修改为“各部门销售情况图表”，如下图所示。

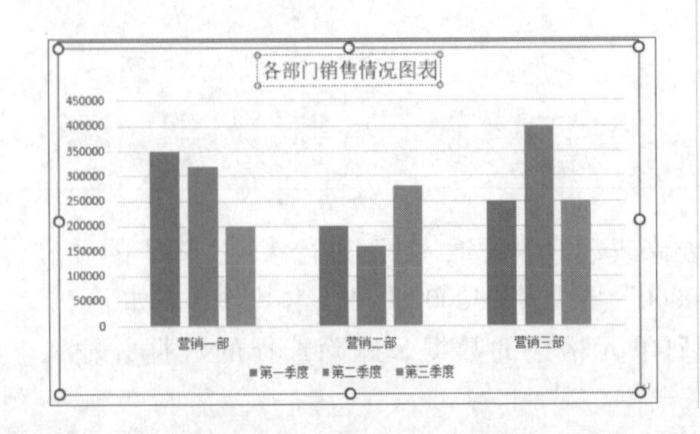

步骤02 选择输入的文本，根据需要设置其【字体】为“微软雅黑”，效果如下图所示。

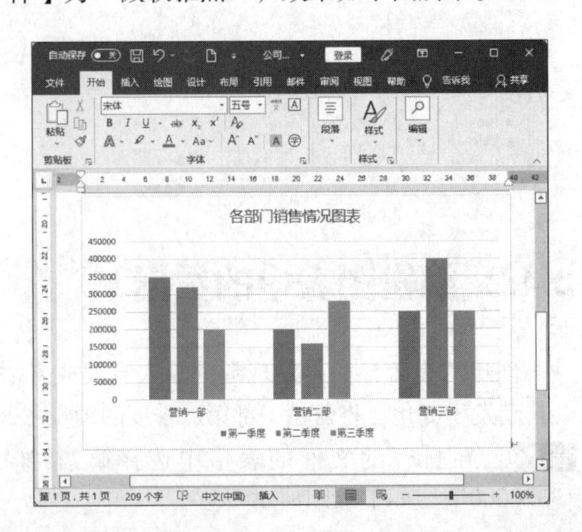

2. 添加图表元素

数据标签、数据表、图例、趋势线等图表元素均可添加至图表中，以便能更直观地查看和分析数据。添加数据标签的具体操作步骤如下。

步骤 01 选择图表，单击【图表工具】→【图表设计】选项卡下【图表布局】组中【添加图表元素】按钮的下拉按钮，在弹出的下拉列表中选择【数据标签】→【数据标签外】选项，如下图所示。

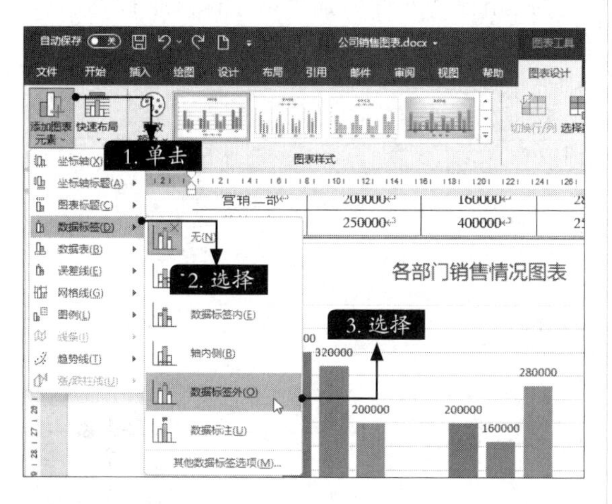

步骤 02 在图表中添加数据标签图表元素的效果如下图所示。

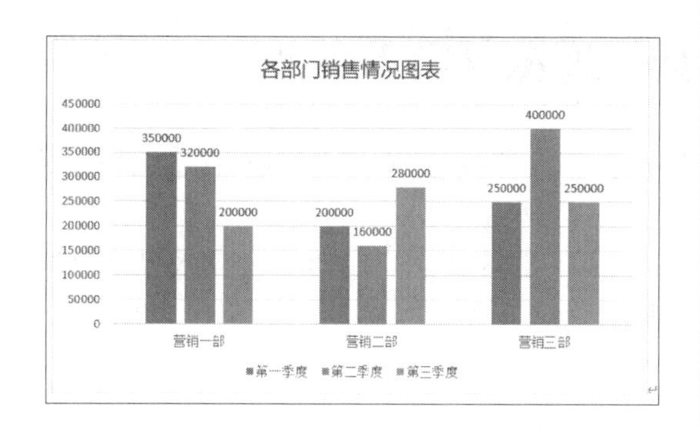

3. 更改图表样式

添加图表元素之后，就完成了创建并编辑图表的操作。如果对图表的样式不满意，还可以更改图表的样式，以美化图表。更改图表样式的具体操作步骤如下。

步骤 01 选择创建的图表，单击【图表工具】→【图表设计】选项卡下【图表样式】组中的【其他】按钮，在弹出的下拉列表中选择一种图表样式，如右上图所示。

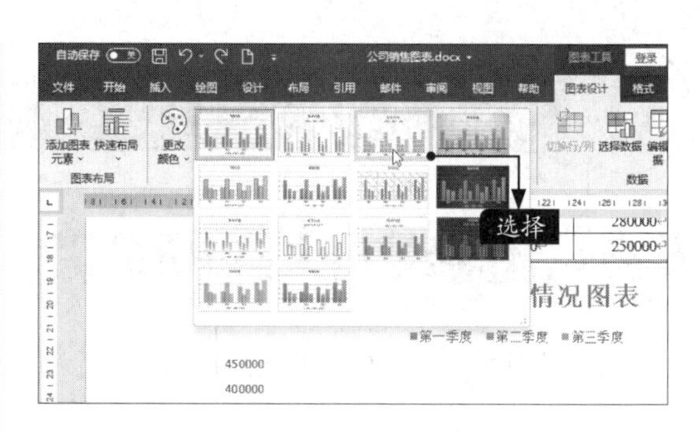

步骤 02 更改图表样式后的效果如下图所示。

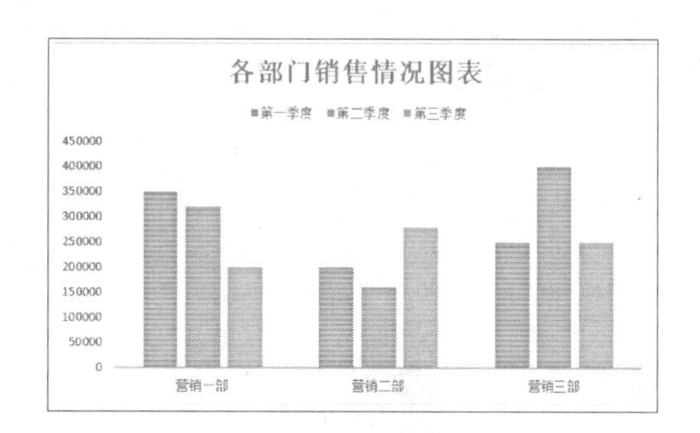

步骤 03 此外，还可以根据需要更改图表的颜色。选择图表，单击【图表工具】→【图表设计】选项卡下【图表样式】组中【更改颜色】按钮，在弹出的下拉列表中选择一种颜色样式，如下图所示。

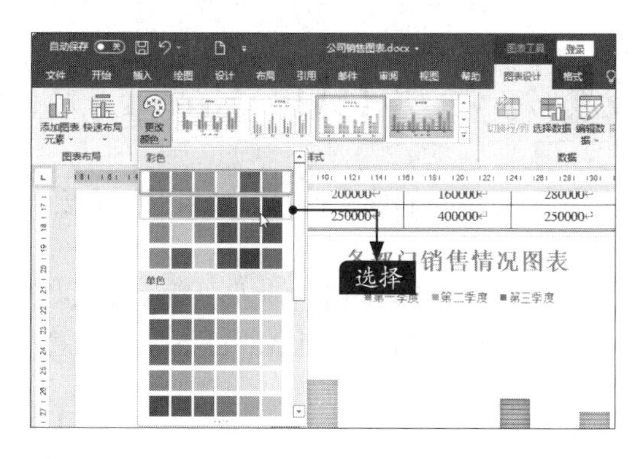

步骤 04 更改颜色后，就完成了公司销售季度图表的制作，最终效果如下图所示。

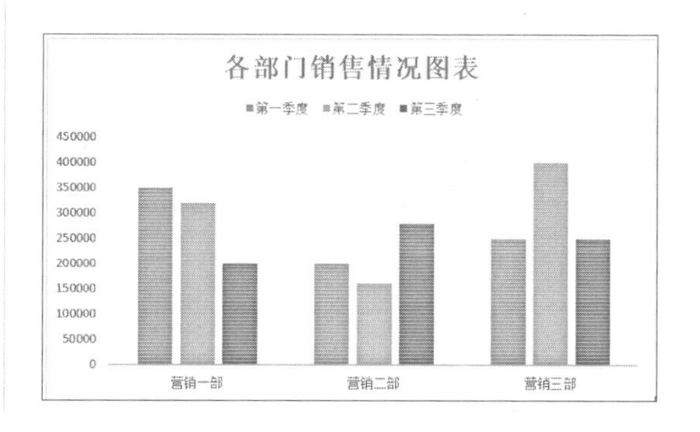

高手私房菜

技巧1：快速导出文档中的图片

如果发现某一篇文档中的图片比较好，希望得到这些图片，可将其导出，具体操作步骤如下。

步骤01 在需要导出保存的图片上单击鼠标右键，在弹出的快捷菜单中单击【另存为图片】命令，如下图所示。

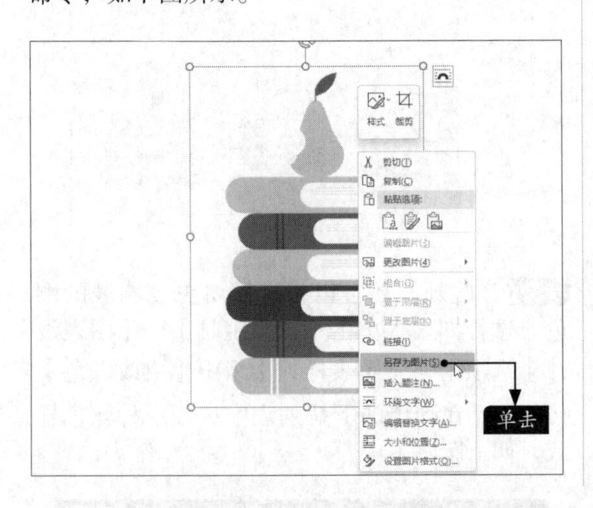

步骤02 在弹出的【另存为图片】对话框中选择保存的路径和文件名，单击【保存】按钮。在保存的路径中即可找到保存的图片文件，如下图所示。

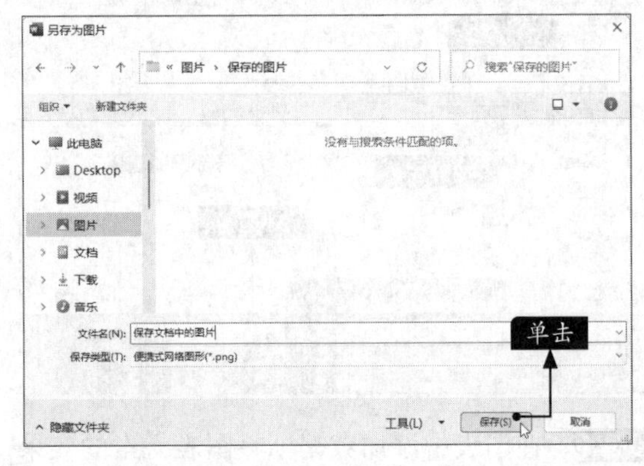

技巧2：巧用【Alt+Enter】组合键快速重复输入内容

在使用Word制作文档时，如果遇到需要输入重复的内容，除了复制，用户还可以借助快捷键来输入。

例如，在Word文档中输入“重复输入内容”文本，如左下图所示。如果希望重复输入该文本，在输入该文本后，按【Alt+Enter】组合键，可自动重复输入刚才输入的内容，如右下图所示。

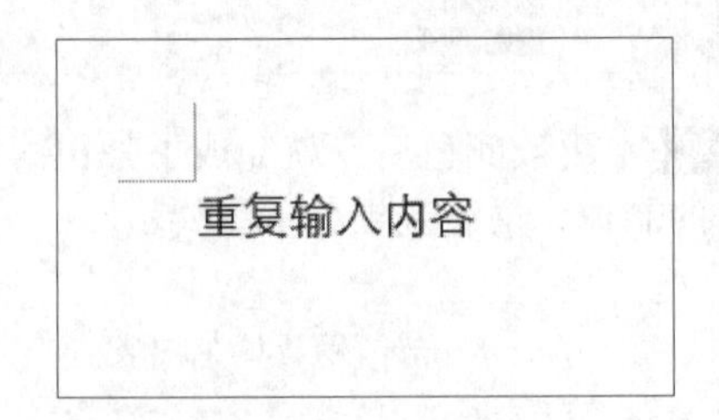

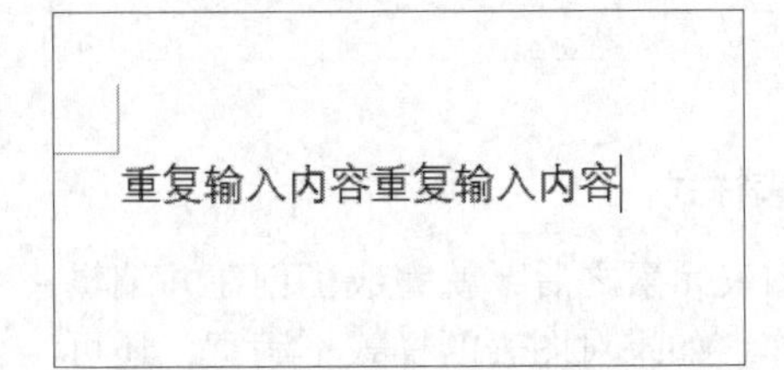

每按一次【Alt+Enter】组合键，则重复输入一次。另外，在输入内容后，按【F4】键或【Ctrl+Y】组合键（【重复键入】按钮的快捷键），也可以实现重复输入。

第3章

表格的绘制与应用

在Word 2021中，使用表格展示数据，可以使文本结构化、数据清晰化。本章将通过制作个人简历及产品销量表，介绍在Word 2021中创建表格以及对表格进行编辑的相关操作。通过本章的学习，读者可以掌握在Word中使用表格的操作。

个人简历.docx - Word
表格工具
文件 开始 插入 设计 布局 引用 邮件 审阅 视图 帮助 表设计 布局
选择 查看网格线 属性 表
绘制表格 橡皮擦 绘图
删除 在上方插入 在下方插入 在左侧插入 在右侧插入 行和列
合并单元格 拆分单元格 拆分表格 合并
0.48 厘米 2.93 厘米 自动调整 单元格大小

产品销量表

下表所示为××汽配公司2022年4月1日的产品销量情况表。

销售情况 / 产品名称	数量（套）	单价（元）	销售金额（元）
气缸	5	3300	¥16,500.00
连杆	10	680	¥6,800.00
轴瓦	10	80	¥800.00
连杆衬套	20	58	¥1,160.00
填料压盖	30	37	¥1,110.00
活气塞	50	34	¥1,700.00
连杆螺丝	50	38	¥1,900.00
护罩	500	28	¥14,000.00
十字头	500	5	¥2,500.00
橡胶圈	1000	0.28	¥280.00
合计		¥46,750.00	

3.1 制作个人简历

个人简历可以采用表格的形式，也可以采用其他形式。简明扼要、坦诚真切的简历效果更佳。

在制作简历时，可以将所有介绍内容放置在一个表格中，也可以根据实际需要将基本信息分为不同的模块，分模块绘制表格。

3.1.1 插入表格

表格是由多个行或列的单元格组成的，用户可以在单元格中添加文字或图片。下面介绍快速插入表格和精确插入表格的方法。

1. 快速插入10列8行以内的表格

在Word 2021的【表格】下拉列表中可以快速创建10列8行以内的表格，具体操作步骤如下。

步骤 01 新建Word文档，并将其另存为“个人简历.docx”，如下图所示。

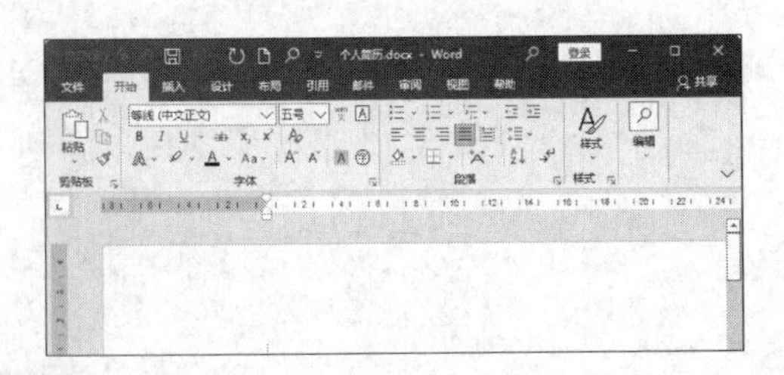

步骤 02 在文档中输入标题“个人简历”，设置其【字体】为“华文楷体”，【字号】为“小一”，并设置为“居中”对齐，然后按两次【Enter】键换行，并单击【清除所有格式】按钮，清除标题下方的格式，如下图所示。

步骤 03 将光标定位到需要插入表格的位置，单击【插入】选项卡下【表格】组中的【表格】按钮，在弹出的下拉列表的网格显示框中，将鼠标指针指向网格，向右下方拖曳鼠标，鼠标指针所掠过的单元格就会被全部选中并高亮显示。在网格顶部的提示栏中会显示被选中的表格的行数和列数，同时在鼠标指针所在区域也可以预览所要插入的表格，如下图所示。

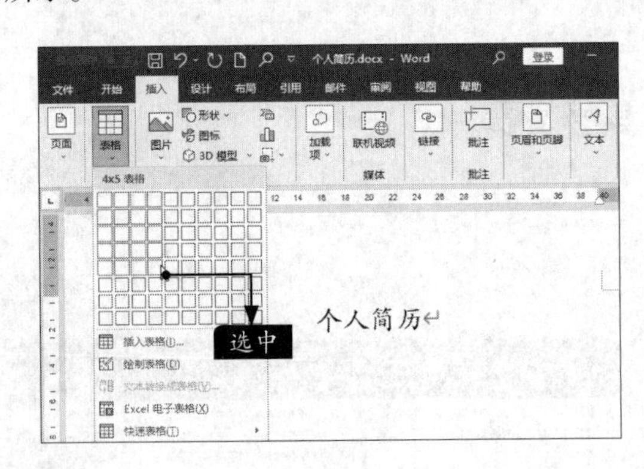

步骤 04 单击即可插入表格，如下图所示。

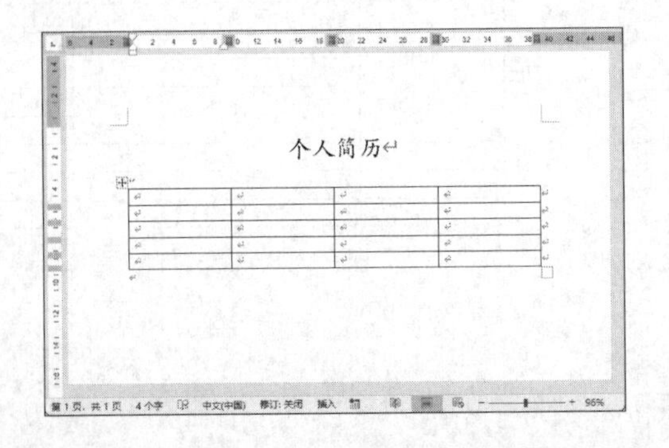

2. 精确插入指定行列表格

使用上述方法，虽然可以快速创建表格，但是只能创建10列8行以内的表格，且不方便插入指定行列数的表格。而通过【插入表格】对话框，则可不受行数和列数的限制，并且可以对表格的宽度进行调整。具体操作步骤如下。

步骤01 删除上述创建的表格，将光标定位到需要插入表格的位置，在【表格】下拉列表中选择【插入表格】选项，弹出【插入表格】对话框，在【表格尺寸】区域中设置【行数】为“9”，【列数】为“5”，其他保持默认设置，如下图所示，然后单击【确定】按钮。

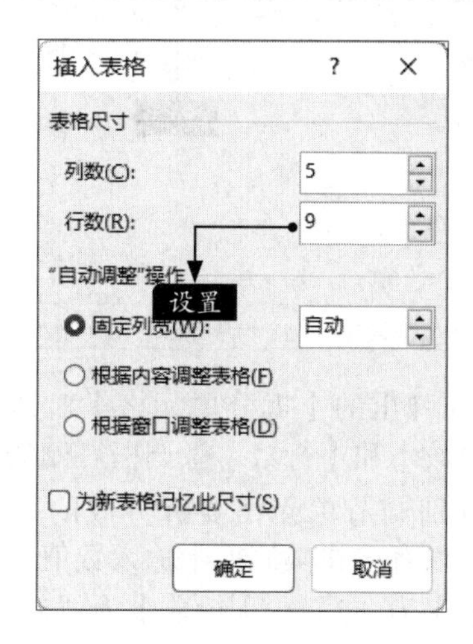

步骤02 在文档中插入一个9行5列的表格，如右上图所示。

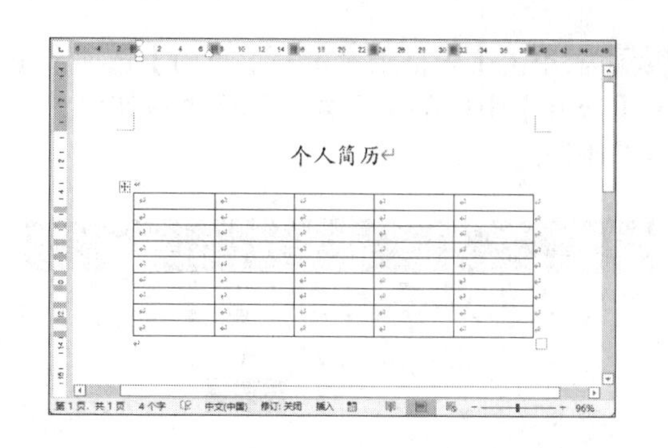

小提示

另外，当用户需要创建不规则的表格时，可以使用表格绘制工具来创建表格。单击【插入】选项卡下【表格】组中的【表格】按钮，在下拉列表中选择【绘制表格】选项，如下图所示。

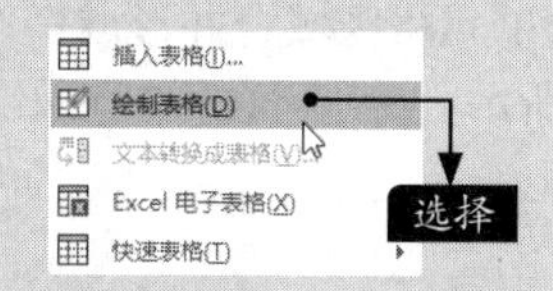

当鼠标指针变为铅笔形状时，在需要绘制表格的地方单击并拖曳鼠标绘制出表格的外边界，形状为矩形。在该矩形中绘制行线、列线（栏线）和斜线，直至满意为止。按【Esc】键退出表格绘制模式，如下图所示。

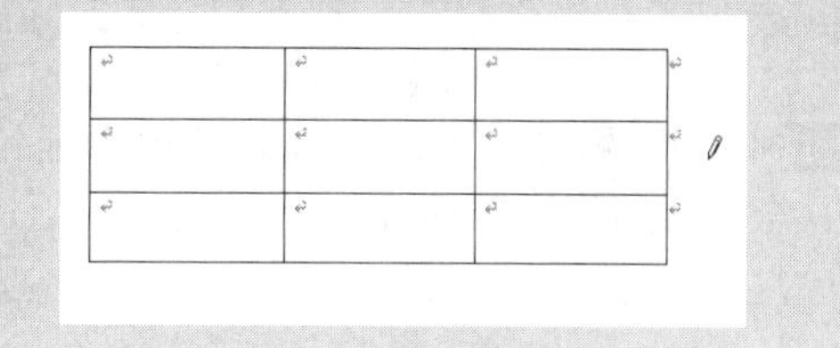

3.1.2 合并和拆分单元格

把相邻单元格之间的边线擦除，就可以将两个或两个以上单元格合并成一个大的单元格。而在一个单元格中添加一条或多条边线，就可以将一个单元格拆分成两个或两个以上小单元格，下面介绍如何合并与拆分单元格。

1. 合并单元格

实际操作中，有时需要将表格的某一行或某一列中的多个单元格合并为一个单元格。使用【合并单元格】选项可以快速地清除多余的线条，使多个单元格合并成一个单元格。具体操作步骤如下。

步骤01 在创建的表格中，选择要合并的单元格，如右图所示。

步骤02 单击【表格工具】→【布局】选项卡下的【合并】组中的【合并单元格】按钮，如下图所示。

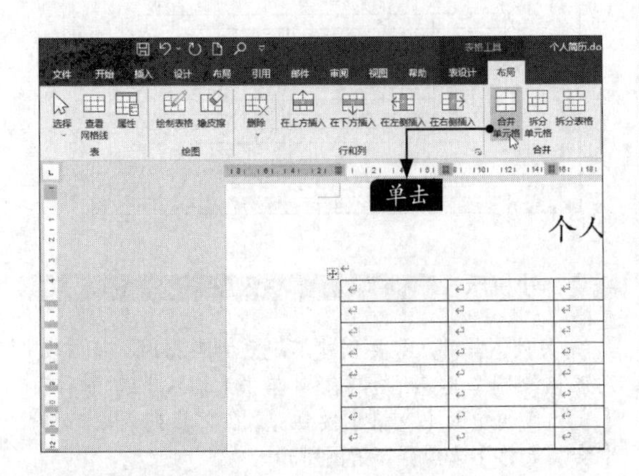

步骤03 所选单元格区域合并形成一个新的单元格，如下图所示。

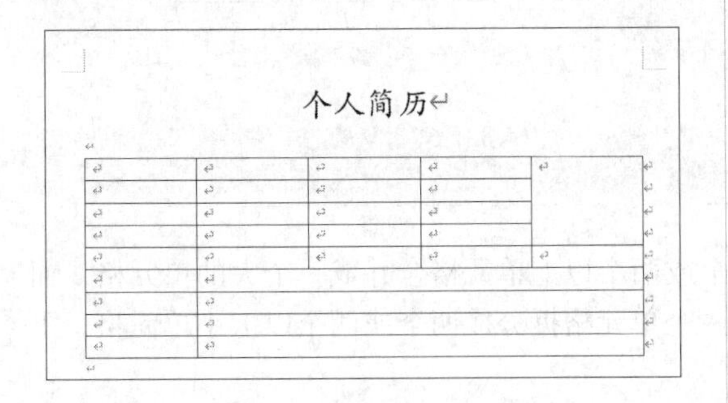

步骤04 使用同样的方法，合并其他单元格区域，合并后的效果如下图所示。

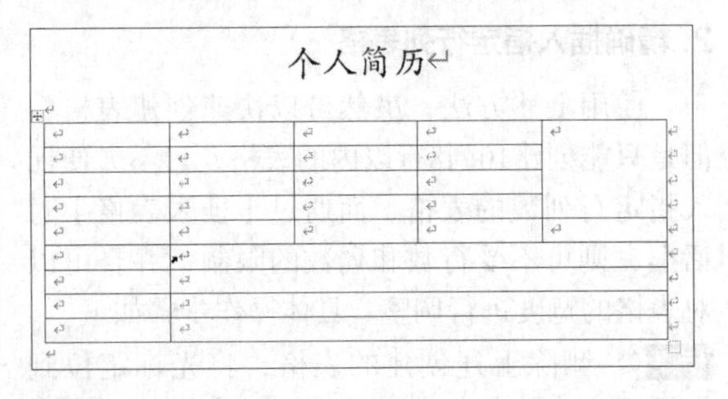

2. 拆分单元格

拆分单元格就是将选中的单元格拆分成等宽的多个小单元格。可以同时对多个单元格进行拆分。具体操作步骤如下。

步骤01 选中要拆分的单元格或者将光标移动到要拆分的单元格中，这里选择第6行第2列单元格，如右上图所示。

步骤02 单击【表格工具】→【布局】选项卡下的【合并】组中的【拆分单元格】按钮，如下图所示。

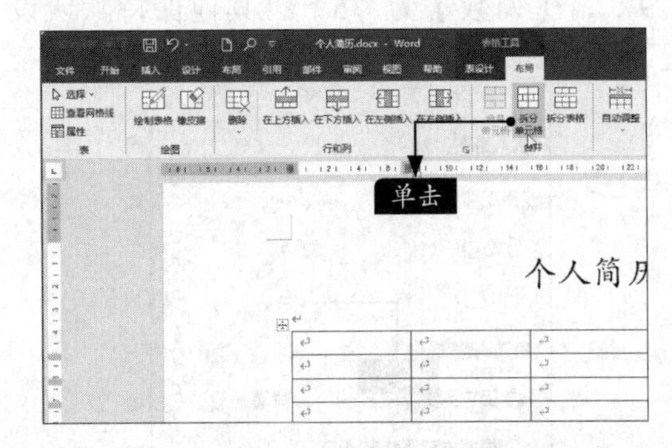

步骤03 在弹出的【拆分单元格】对话框中，单击【列数】和【行数】微调框右侧的微调按钮，分别调节单元格要拆分成的列数和行数，也可以直接在微调框中输入数值。这里设置【列数】为“2”，【行数】为“5”，如下图所示，单击【确定】按钮。

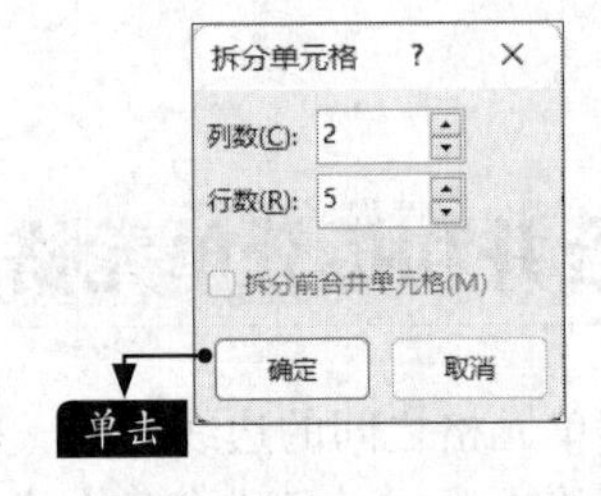

步骤04 此时，选中的单元格拆分成5行2列的单元格，效果如下图所示。

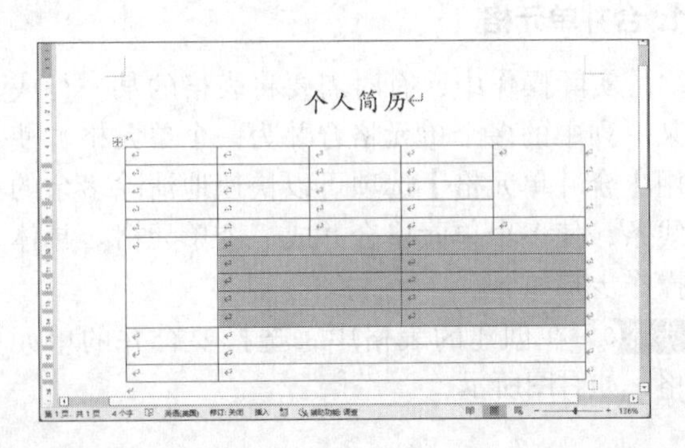

3.1.3 调整表格的行与列

在Word中插入表格后，还可以对表格进行编辑，如添加、删除行和列及设置行高和列宽等。

1. 添加、删除行和列

使用表格时，经常会出现行数、列数或单元格不够用或多余的情况。Word 2021提供了多种添加（插入）或删除行、列及单元格的方法。

（1）插入行

下面介绍如何在表格中插入整行。

步骤01 将光标定位在某个单元格中，切换到【表格工具】→【布局】选项卡，在【行和列】组中，选择相对于当前单元格将要插入的新行的位置，这里单击【在上方插入】按钮，如下图所示。

步骤02 此时即可在选择行的上方插入新行，效果如下图所示。插入列的操作与此类似。

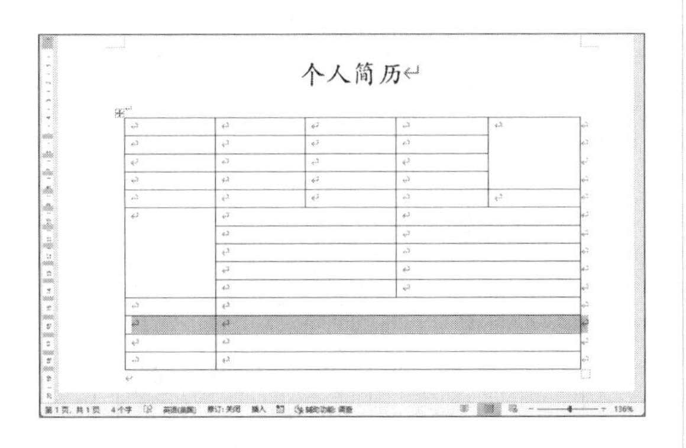

小提示

将光标定位在某行最后一个单元格的外边，按【Enter】键，即可快速添加新行。

另外，在表格的左侧或顶端，将鼠标指针指向行与行或列与列之间，将显示标记，单击标记，即可在该标记下方插入行或在该标记之间插入列。

（2）删除行或列

删除行或列有以下两种方法。

方法1：使用快捷键。

步骤01 选择需要删除的行或列，按【Backspace】键，如下图所示。

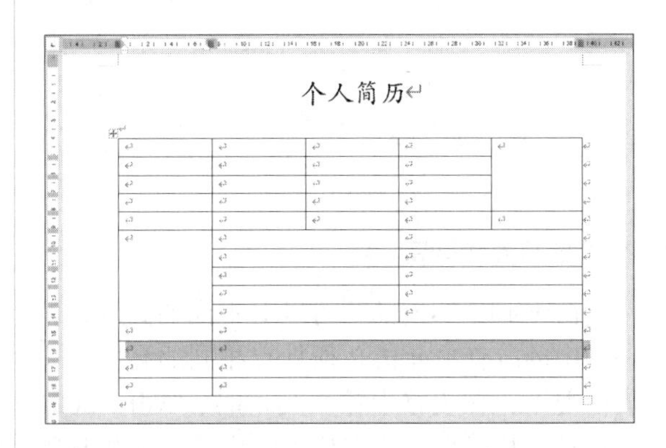

步骤02 删除选定的行或列后的效果如下图所示。

在使用该方法时，选中整行或整列，然后按【Backspace】键方可删除，否则会弹出【删除单元格】对话框，询问删除哪些单元格，如下图所示。

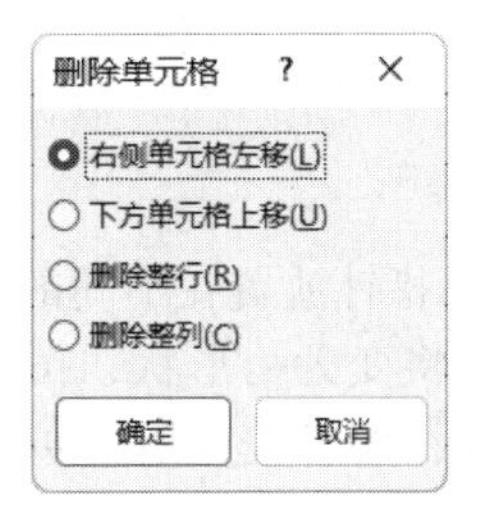

方法2：使用功能区。

选择需要删除的行或列，单击【表格工具】→【布局】选项卡下【行和列】组中的【删除】按钮，在弹出的下拉列表中选择【删除列】或【删除行】选项，即可将选择的列或行删除，如下图所示。

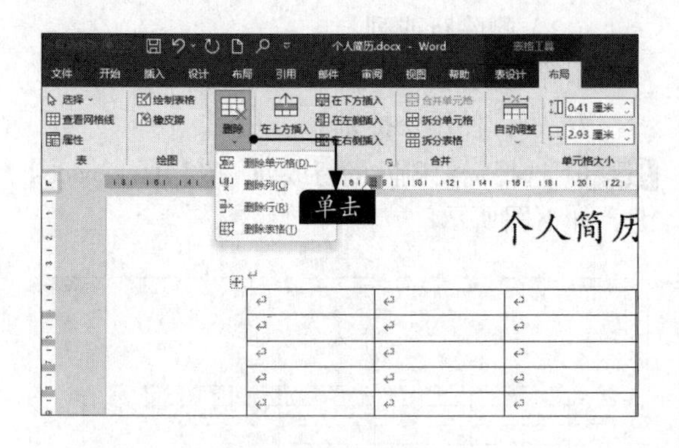

2. 设置行高和列宽

在Word中不同的行可以有不同的高度，但一行中的所有单元格必须具有相同的高度。一般情况下，在表格中输入文本时，Word 2021会自动调整行高以适应输入的内容。如果觉得列宽或行高太大或者太小，也可以手动进行调整。

拖曳鼠标手动调整表格的方法比较直观，但不够精确。具体操作步骤如下。

步骤01 将鼠标指针移动到要调整行高的行线上，鼠标指针会变为÷形状，按住鼠标左键向上或向下拖曳，此时会出现一条虚线来指示新的行高，如下图所示。

步骤02 将鼠标指针放置在中间的列线（栏线）上，鼠标指针将变为⟛形状，按住鼠标左键向左或向右拖曳，即可改变所选单元格区域的列宽，如下图所示。

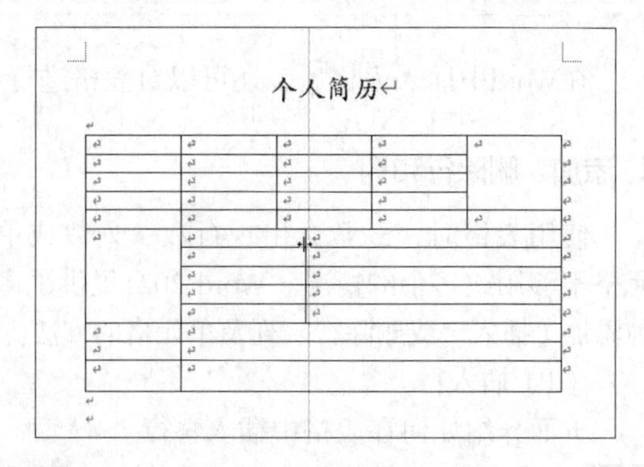

步骤03 拖曳至合适位置释放鼠标左键，即可完成调整列宽的操作，如下图所示。

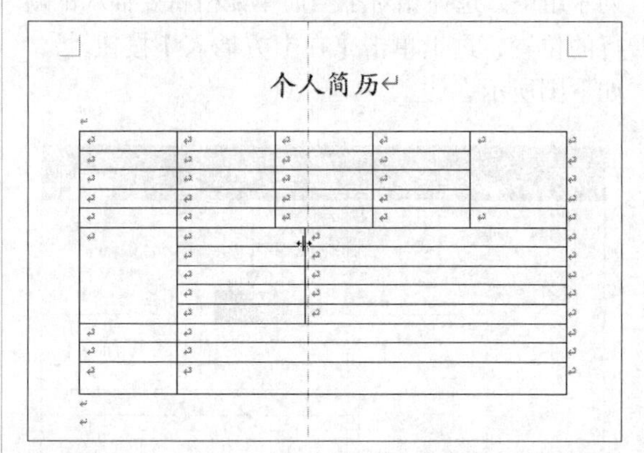

步骤04 使用同样的方法，根据需要调整文档中表格的行高及列宽，效果如下图所示。

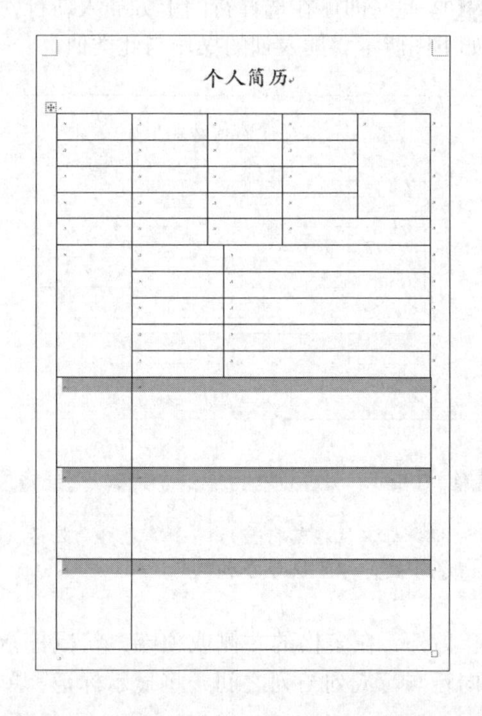

此外，在【表格工具】→【布局】选项卡下【单元格大小】组中单击【表格行高】和【表格列宽】微调框右侧的微调按钮⬍或者直接输入数值，即可精确调整行高及列宽，如右图所示。

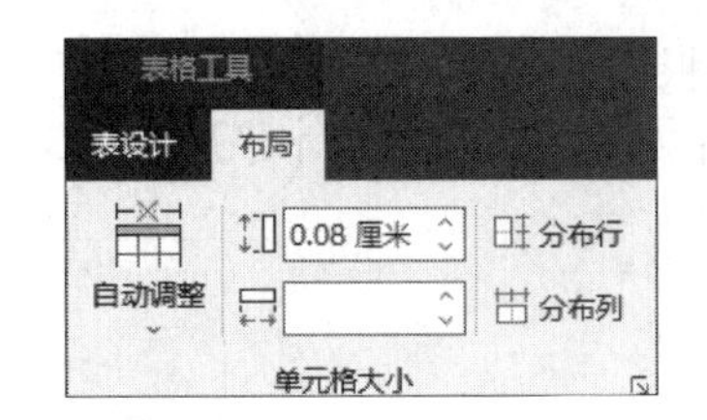

3.1.4 编辑表格内容格式

表格创建完成后，即可在表格中输入内容并设置内容的格式。具体操作步骤如下。

步骤01 根据需要在表格中输入内容，效果如下图所示。

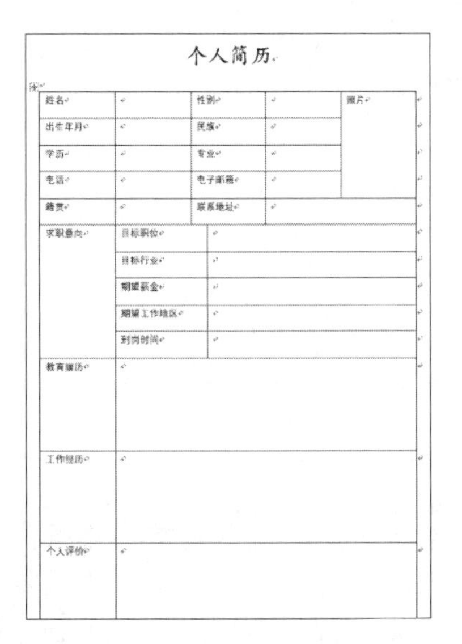

步骤02 选择前5行，设置文本【字体】为“楷体”，【字号】为“14”，效果如下图所示。

个人简历				
姓名		性别		照片
出生年月		民族		
学历		专业		
电话		电子邮箱		
籍贯		联系地址		
求职意向	目标职位			
	目标行业			
	期望薪金			
	期望工作地区			
	到岗时间			

步骤03 单击【表格工具】→【布局】选项卡下【对齐方式】组中的【水平居中】按钮⊟，如右上图所示，将文本水平居中对齐。

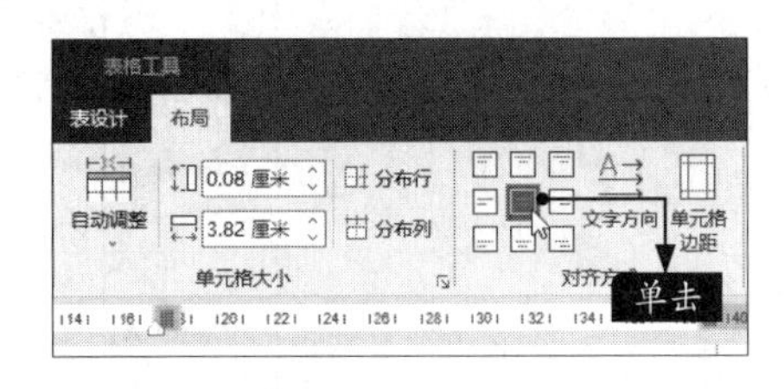

步骤04 设置对齐后的效果如下图所示。

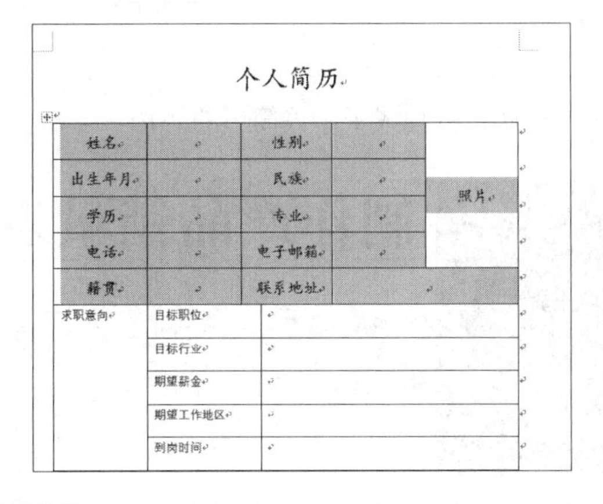

步骤05 使用同样的方法，根据需要设置“求职意向”后单元格文本的【字体】为“楷体”，【字号】为“14”，并设置【对齐方式】为“中部两端对齐”，效果如下图所示。

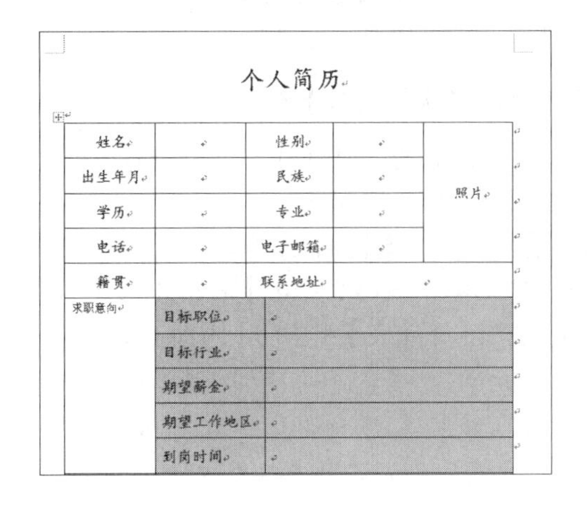

步骤 06 根据需要设置其他文本的【字体】为“楷体”，【字号】为“16”，添加【加粗】效果，并设置【对齐方式】为“水平居中”，效果如下图所示。

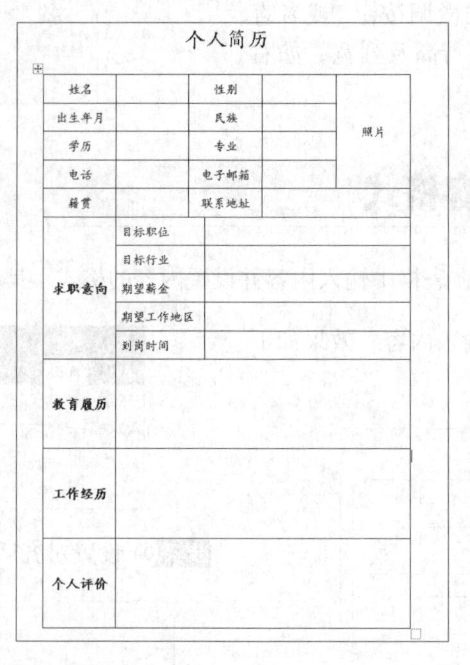

个人简历

姓名		性别		照片
出生年月		民族		
学历		专业		
电话		电子邮箱		
籍贯		联系地址		
求职意向	目标职位			
	目标行业			
	期望薪金			
	期望工作地区			
	到岗时间			
教育履历				
工作经历				
个人评价				

至此，就完成了个人简历的制作。

3.2 制作产品销量表

在Word 2021中可以使用表格制作产品销量表，还可以根据需要设置表格的样式并进行简单的计算。

3.2.1 设置表格边框线

设置表格的边框可以使表格看起来更加美观。在Word 2021中有两种方法可以设置表格边框线。

1. 使用【边框和底纹】对话框

使用【边框和底纹】对话框设置表格边框线的具体操作步骤如下。

步骤 01 打开“素材\ch03\产品销量表.docx”文件，选择整个表格，单击【表格工具】→【布局】选项卡下【表】组中的【属性】按钮属性，如右图所示。

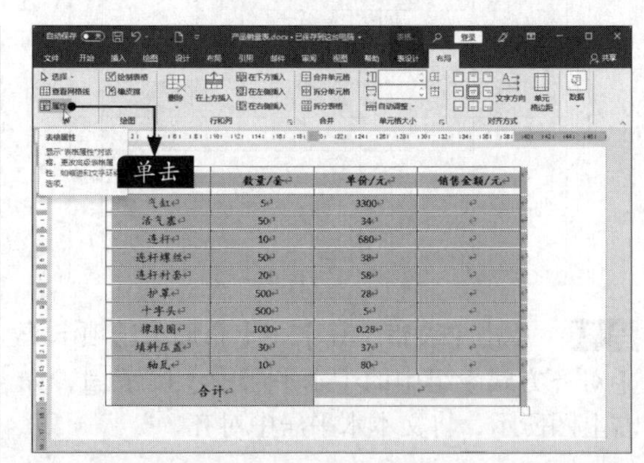

步骤02 在弹出的【表格属性】对话框中，选择【表格】标签，单击【边框和底纹】按钮，如下图所示。

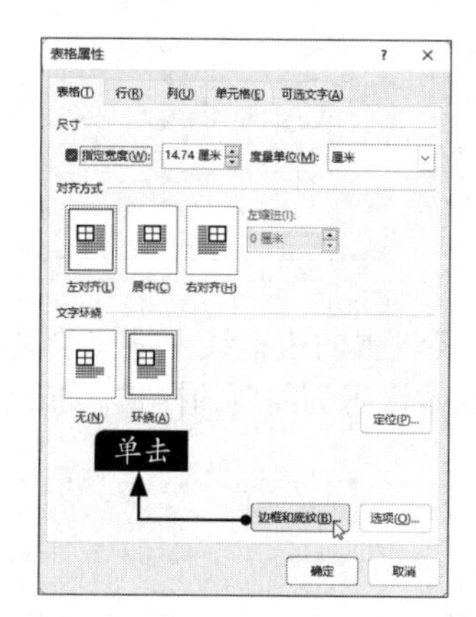

步骤03 在弹出的【边框和底纹】对话框的【边框】选项卡下选择【设置】区域中的【自定义】选项，在【样式】列表框中任意选择一种线型，设置【颜色】为"蓝色"，设置【宽度】为"1.5磅"，如下图所示。

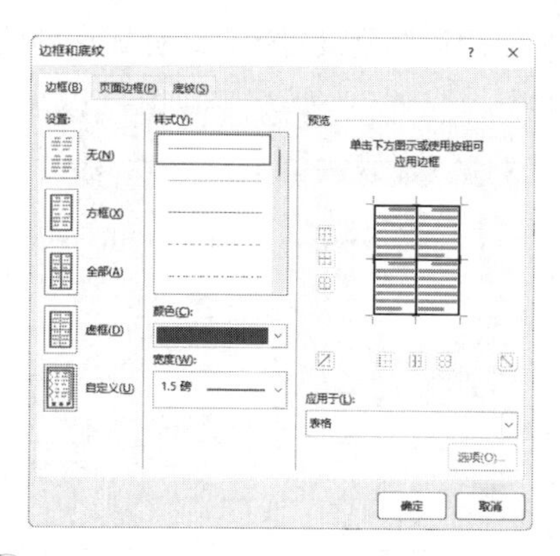

步骤04 在【预览】区域选择要设置的边框位置，如这里选择外边框四个位置，即可看到预览效果，如下图所示。

步骤05 参照上面的操作步骤，再选择一种边框样式，并设置【颜色】为"蓝色，个性色1，淡色40%"，【宽度】为"1.0 磅"。在【预览】区域单击内部框线，单击【确定】按钮，如下图所示。

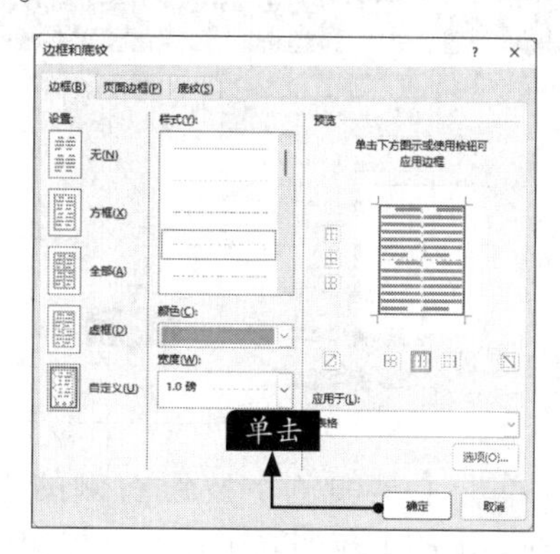

步骤06 返回【表格属性】对话框，单击【确定】按钮，即可看到设置表格边框线后的效果，如下图所示。

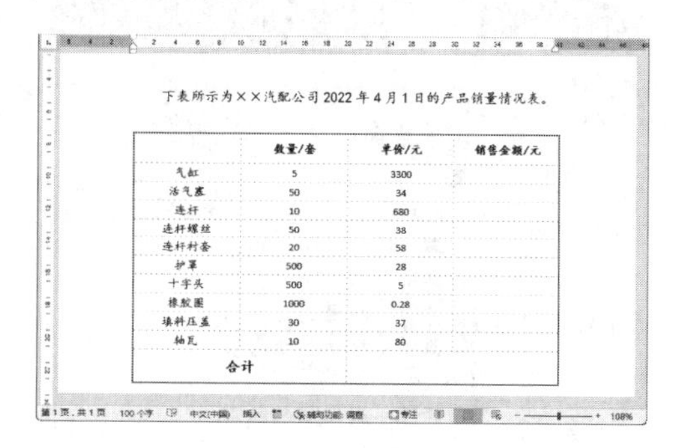

2. 使用边框刷

使用边框刷工具可以快速地为表格边框设置样式。使用边框刷之前，需要先更改要应用边框的外观。使用边框刷设置表格边框线的具体操作步骤如下。

步骤01 在【表格工具】→【表设计】选项卡的【边框】组中单击【边框样式】按钮的下拉按钮，在弹出的下拉列表中选择一种边框样式，如下图所示。

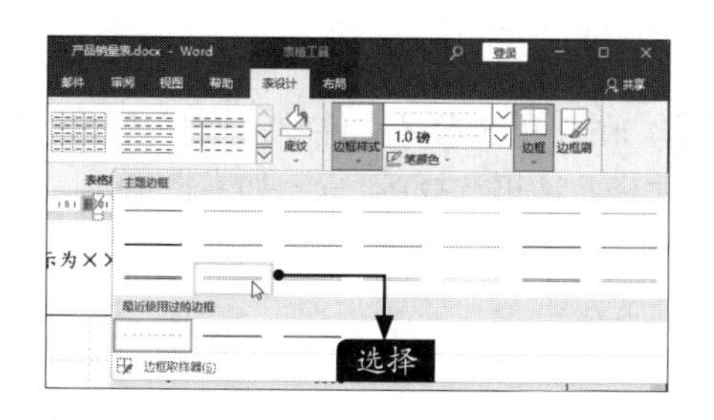

步骤 02 单击【笔画粗细】按钮右侧的下拉按钮，在弹出的下拉列表中选择“0.75磅”，如下图所示。

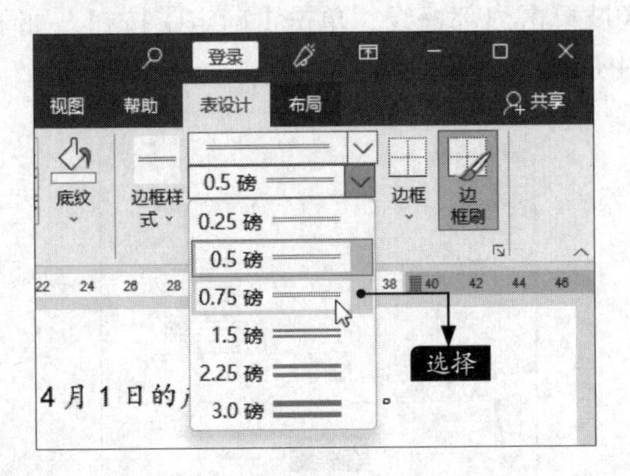

步骤 03 单击【笔颜色】按钮右侧的下拉按钮，在弹出的下拉列表中选择一种颜色，如下图所示。

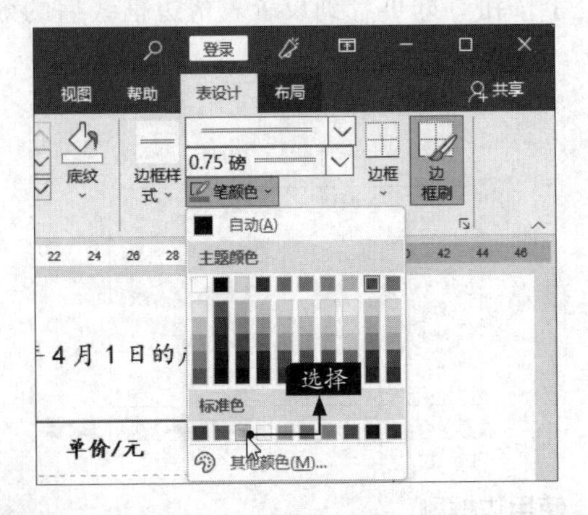

步骤 04 设置完成后，鼠标指针将变为✐形状，如右上图所示。

下表所示为××汽配公司 2022 年 4 月 1 日的产品销量情况表。

	数量/套	单价/元	销售金额/元
气缸	5	3300	
活气塞	50	34	
连杆	10	680	
连杆螺丝	50	38	
连杆衬套	20	58	
护罩	500	28	
十字头	500	5	
橡胶圈	1000	0.28	
填料压盖	30	37	
轴瓦	10	80	
合计			

步骤 05 在要设置的边框线上拖曳绘制，即可将选择的边框线设置为需要的样式，如下图所示。

下表所示为××汽配公司 2022 年 4 月 1 日的产品销量情况表。

	数量/套	单价/元	销售金额/元
气缸	5	3300	
活气塞	50	34	
连杆	10	680	
连杆螺丝	50	38	
连杆衬套	20	58	
护罩	500	28	
十字头	500	5	
橡胶圈	1000	0.28	
填料压盖	30	37	
轴瓦	10	80	
合计			

步骤 06 使用边框刷设置边框线样式后的效果如下图所示。

下表所示为××汽配公司 2022 年 4 月 1 日的产品销量情况表。

	数量/套	单价/元	销售金额/元
气缸	5	3300	
活气塞	50	34	
连杆	10	680	
连杆螺丝	50	38	
连杆衬套	20	58	
护罩	500	28	
十字头	500	5	
橡胶圈	1000	0.28	
填料压盖	30	37	
轴瓦	10	80	
合计			

3.2.2 填充表格底纹

为了突出表格内的某些内容，可以为其填充底纹，以便查阅者能够清楚地看到要突出的数据。填充表格底纹的具体操作步骤如下。

步骤 01 在打开的素材文件中，选择要填充底纹的单元格，这里选择第1行，如右图所示。

下表所示为××汽配公司 2022 年 4 月 1 日的产品销量情况表。

	数量/套	单价/元	销售金额/元
气缸	5	3300	
活气塞	50	34	
连杆	10	680	
连杆螺丝	50	38	
连杆衬套	20	58	
护罩	500	28	
十字头	500	5	
橡胶圈	1000	0.28	
填料压盖	30	37	
轴瓦	10	80	
合计			

步骤 02 单击【表格工具】→【表设计】选项卡下【表格样式】组中的【底纹】按钮的下拉按钮，在弹出的下拉列表中选择一种底纹颜色，如下图所示。

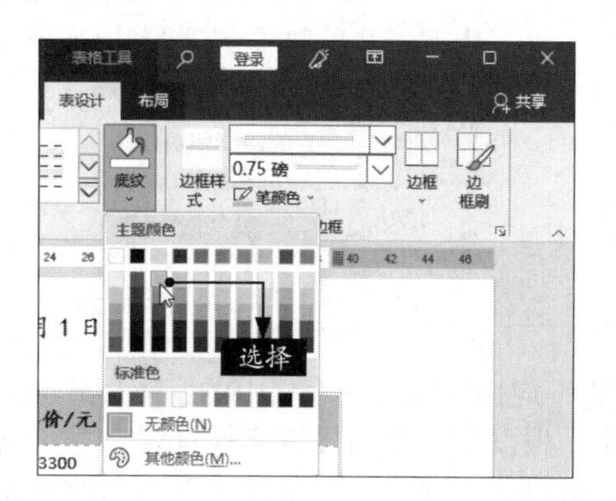

步骤 03 为第1行填充底纹后的效果如下图所示。

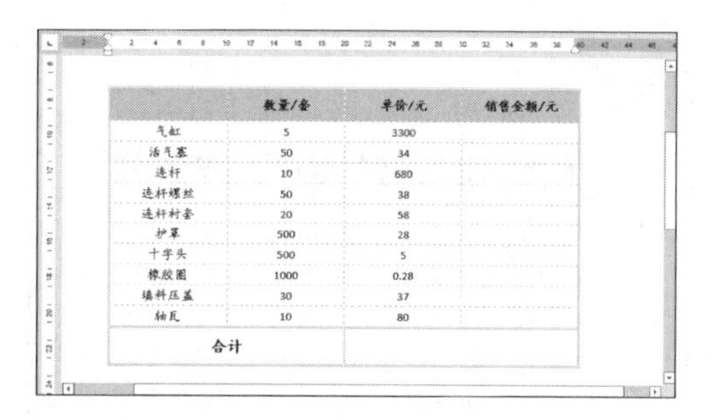

	数量/套	单价/元	销售金额/元
气缸	5	3300	
活气塞	50	34	
连杆	10	680	
连杆螺丝	50	38	
连杆衬套	20	58	
护罩	500	28	
十字头	500	5	
橡胶圈	1000	0.28	
填料压盖	30	37	
轴瓦	10	80	
合计			

步骤 04 选择最后一行，单击【表格工具】→【表设计】选项卡下【表格样式】组中【底纹】按钮的下拉按钮，在弹出的下拉列表中选择一种底纹颜色，如下图所示。

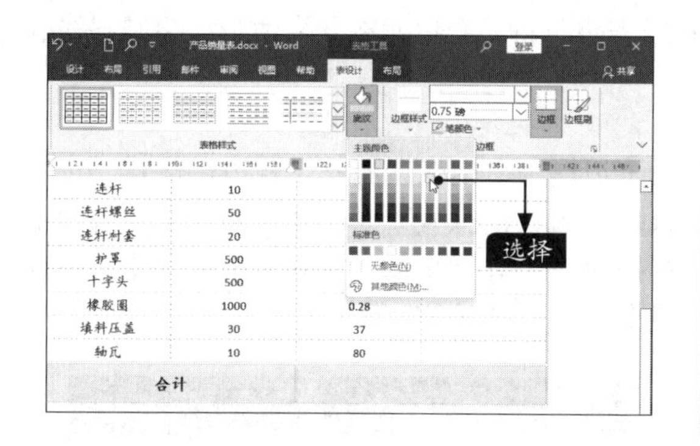

步骤 05 设置底纹后的效果如下图所示。

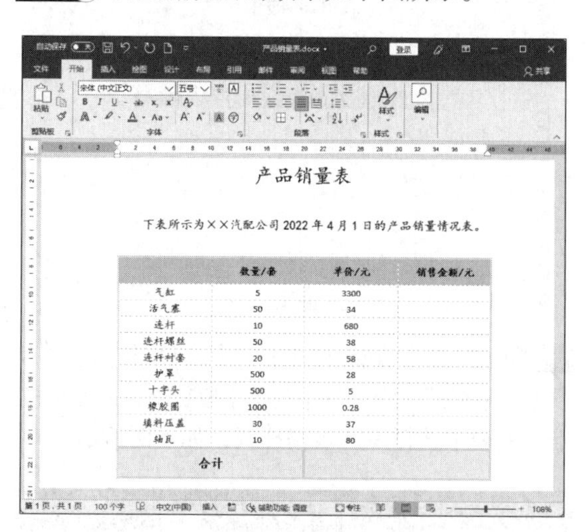

产品销量表

下表所示为××汽配公司2022年4月1日的产品销量情况表。

	数量/套	单价/元	销售金额/元
气缸	5	3300	
活气塞	50	34	
连杆	10	680	
连杆螺丝	50	38	
连杆衬套	20	58	
护罩	500	28	
十字头	500	5	
橡胶圈	1000	0.28	
填料压盖	30	37	
轴瓦	10	80	
合计			

小提示

此外，还可以通过【边框和底纹】对话框设置底纹样式。打开【边框和底纹】对话框后，在【底纹】选项卡下即可设置底纹的填充颜色和图案样式，如下图所示。

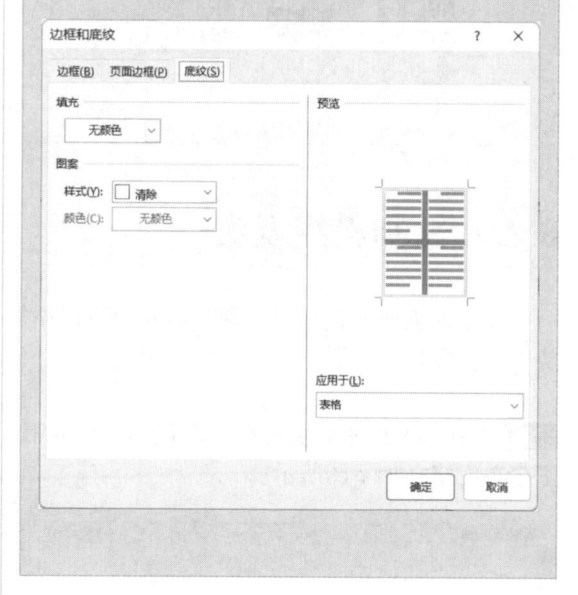

3.2.3 应用表格样式

Word 2021内置了多种表格样式，用户可以根据需要选择要设置的表格样式，将其应用到表格中。快速应用表格样式的具体操作步骤如下。

步骤 01 在打开的素材文件中，将光标置于要设置样式的表格的任意单元格内，如下页图所示。

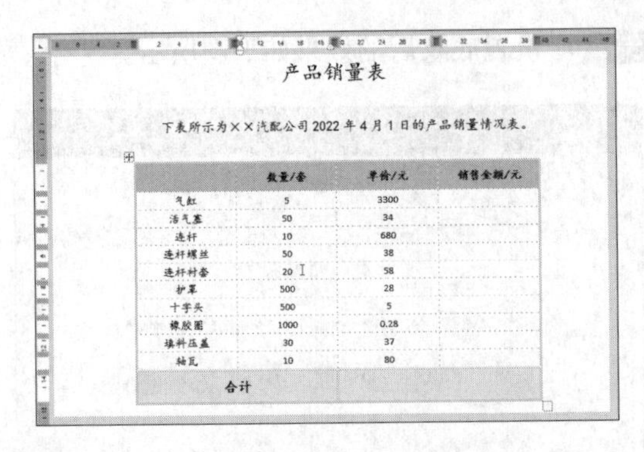

步骤02 单击【表格工具】→【表设计】选项卡下【表格样式】组中的【其他】按钮，在弹出的下拉列表中选择一种表格样式，如下图所示。

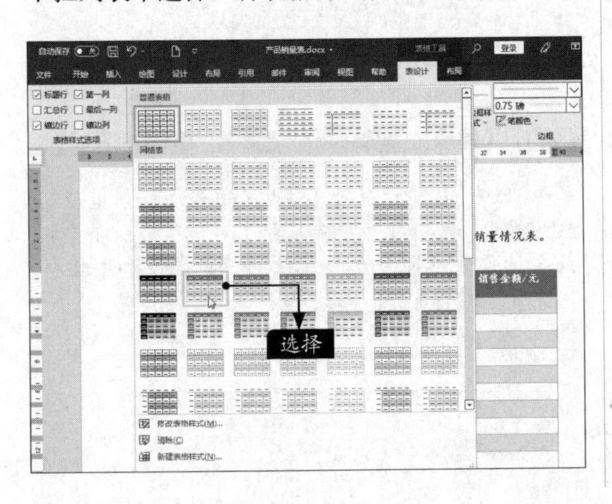

步骤03 选择的表格样式应用到表格中的效果如下图所示。

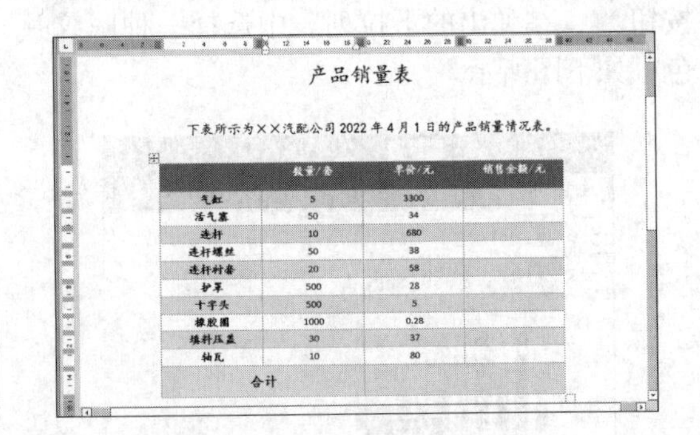

步骤04 应用样式后，表格中的字体样式会发生变化。根据需要重新设置字体样式，并设置表格文本对齐方式为“水平居中”，最终效果如下图所示。

3.2.4 绘制斜线表头

在设计表格的过程中，有时需要为表格添加斜线表头，将一个单元格分为两个。绘制斜线表头的具体操作步骤如下。

步骤01 在打开的素材文件中，选择第一行的第一个单元格，如下图所示。

步骤02 在【表格工具】→【表设计】选项卡的【边框】组中根据需要设置边框样式，也可以选择默认的样式。单击【边框】按钮的下拉按钮，在弹出的下拉列表中选择【斜下框线】选项，如下图所示。

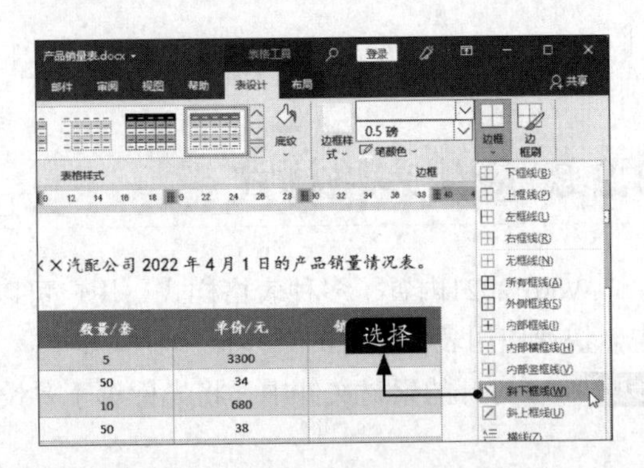

步骤03 在第一个单元格内绘制斜线表头的效果如下图所示。

下表所示为××汽配公司2022年4月1日的产品销量情况表。

	数量/套	单价/元	销售金额/元
气缸	5	3300	
活气塞	50	34	
连杆	10	680	
连杆螺丝	50	38	
连杆衬套	20	58	
护罩	500	28	
十字头	500	5	
橡胶圈	1000	0.28	
填料压盖	30	37	
轴瓦	10	80	
合计			

步骤04 根据需要在单元格内添加两行文字，设置第1行文本为右对齐，设置第2行文本为左对齐，如下图所示。

销售情况 产品名称	数量/套	单价/元	销售金额/元
气缸	5	3300	
活气塞	50	34	
连杆	10	680	
连杆螺丝	50	38	
连杆衬套	20	58	
护罩	500	28	
十字头	500	5	
橡胶圈	1000	0.28	
填料压盖	30	37	
轴瓦	10	80	
合计			

此外，还可以单击【表格工具】→【布局】选项卡下【绘图】组中的【绘制表格】按钮，使用绘制表格的方法绘制斜线表头。

3.2.5 为表格中的数据排序

在Word中，可以按照笔画、数字、拼音及日期等把表格中的数据进行升序或降序排列。具体操作步骤如下。

步骤01 在打开的素材文件中，将光标移动到表格中的任意位置或者选中要排序的行或列，这里选择“数量/套”列，如下图所示。

销售情况 产品名称	数量/套	单价/元	销售金额/元
气缸	5	3300	
活气塞	50	34	
连杆	10	680	
连杆螺丝	50	38	
连杆衬套	20	58	
护罩	500	28	
十字头	500	5	
橡胶圈	1000	0.28	
填料压盖	30	37	
轴瓦	10	80	
合计			

步骤02 单击【表格工具】→【布局】选项卡的【数据】组中的【排序】按钮，如下图所示。

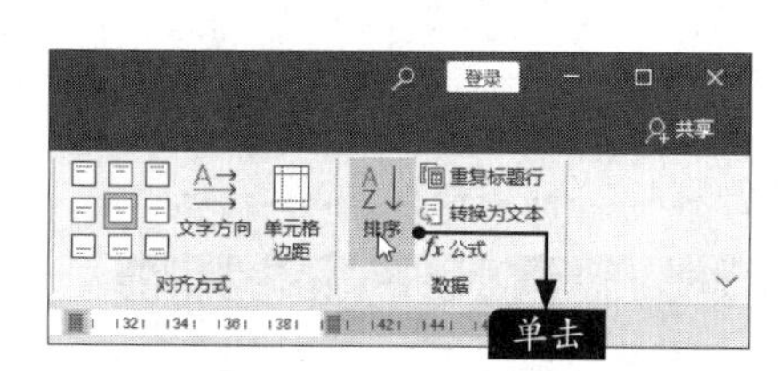

步骤03 在弹出的【排序】对话框的【主要关键字】下拉列表中选择排序依据，一般是标题行中某个单元格的内容，如这里选择“数量（套）”。在【类型】下拉列表中选择排序依据的值的类型，如选择“数字”。选中【升序】单选项，单击【确定】按钮，如下图所示。

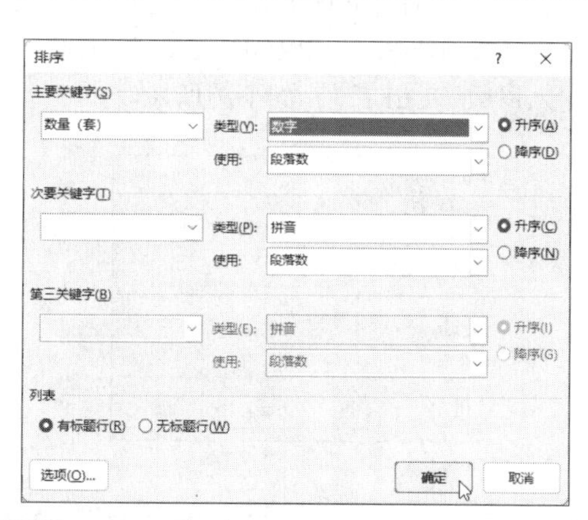

步骤04 表格中的数据按照“数量”由少到多进行升序排列的效果如下图所示。

产品销量表

下表所示为××汽配公司2022年4月1日的产品销量情况表。

销售情况 产品名称	数量/套	单价/元	销售金额/元
气缸	5	3300	
连杆	10	680	
轴瓦	10	80	
连杆衬套	20	58	
填料压盖	30	37	
活气塞	50	34	
连杆螺丝	50	38	
护罩	500	28	
十字头	500	5	
橡胶圈	1000	0.28	
合计			

3.2.6 表格乘积运算

在Word 2021中可以对表格中的数据进行简单的计算。下面就以对表格进行乘积运算为例进行介绍，具体操作步骤如下。

步骤 01 选择第2行第4列的单元格，单击【表格工具】→【布局】选项卡的【数据】组中的【公式】按钮 *fx* 公式，如下图所示。

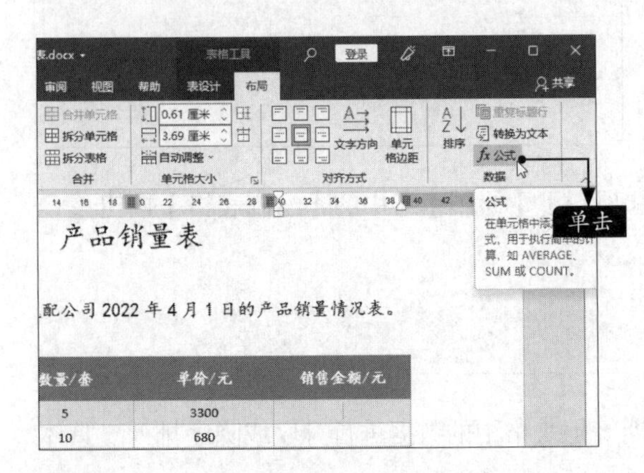

步骤 02 在弹出的【公式】对话框的【公式】文本框中输入"="，单击【粘贴函数】右侧的下拉按钮，选择【PRODUCT】选项。然后在【公式】文本框中"=PRODUCT()"的圆括号内输入参数"LEFT"，如下图所示。

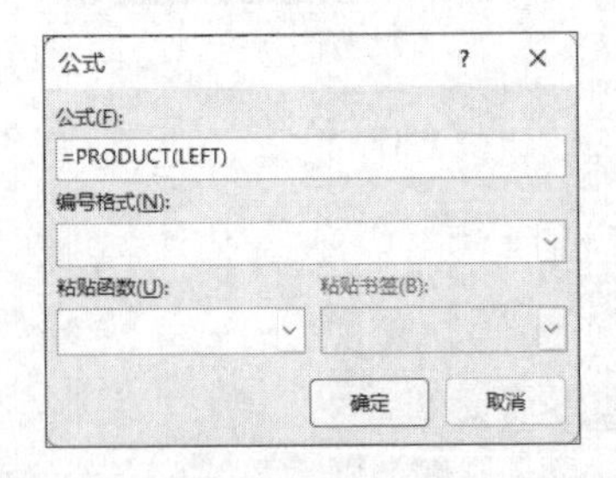

> **小提示**
>
> 【公式】文本框：用于显示输入的公式，如公式"=PRODUCT(LEFT)"，表示对左侧单元格中的数据进行乘积运算。
>
> 【编号格式】下拉列表：用于设置计算结果的数字格式。
>
> 【粘贴函数】下拉列表：可以根据需要选择函数类型。

步骤 03 单击【编号格式】右侧的下拉按钮，在弹出的下拉列表中选择一种编号，单击【确定】按钮，如右上图所示。

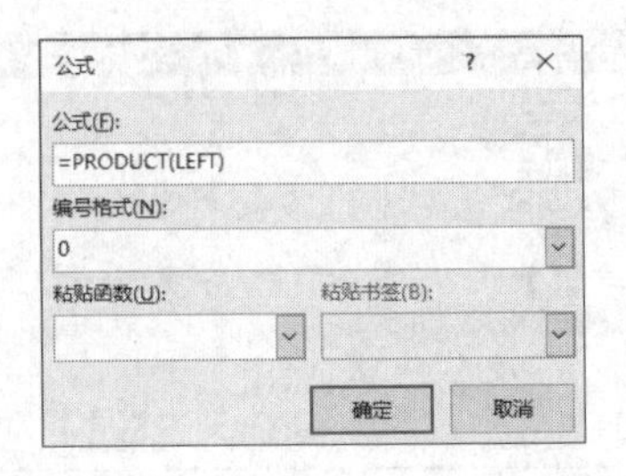

步骤 04 设置完成后，单击【确定】按钮，如下图所示。

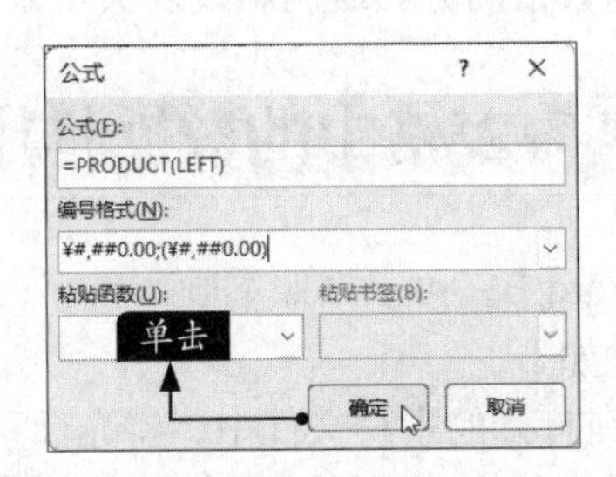

步骤 05 计算出的"气缸"的销售金额结果如下图所示。

销售情况 / 产品名称	数量/套	单价/元	销售金额/元
气缸	5	3300	¥16,500.00
连杆	10	680	
轴瓦	10	80	
连杆衬套	20	58	
填料压盖	30	37	
活气塞	50	34	
连杆螺丝	50	38	
护罩	500	28	
十字头	500	5	
橡胶圈	1000	0.28	
合计			

步骤 06 使用同样的方法，分别计算其他产品的销售金额，如下图所示。

产品销量表

下表所示为××汽配公司 2022 年 4 月 1 日的产品销量情况表。

销售情况 / 产品名称	数量/套	单价/元	销售金额/元
气缸	5	3300	¥16,500.00
连杆	10	680	¥6,800.00
轴瓦	10	80	¥800.00
连杆衬套	20	58	¥1,160.00
填料压盖	30	37	¥1,110.00
活气塞	50	34	¥1,700.00
连杆螺丝	50	38	¥1,900.00
护罩	500	28	¥14,000.00
十字头	500	5	¥2,500.00
橡胶圈	1000	0.28	¥280.00
合计			

3.2.7 自动计算总和

如果需要计算所有产品的总销售金额，可以使用求和公式，具体操作步骤如下。

步骤01 接3.2.6小节操作，将光标置于要放置计算结果的单元格中，这里选择最后一行最后一个单元格，如下图所示。

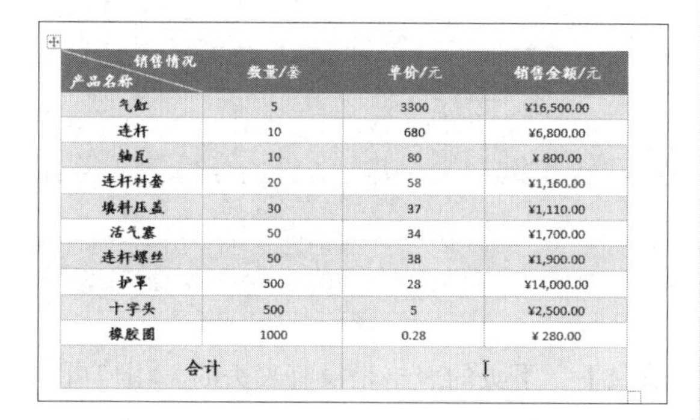

销售情况 产品名称	数量/套	单价/元	销售金额/元
气缸	5	3300	¥16,500.00
连杆	10	680	¥6,800.00
轴瓦	10	80	¥ 800.00
连杆衬套	20	58	¥1,160.00
填料压盖	30	37	¥1,110.00
活气塞	50	34	¥1,700.00
连杆螺丝	50	38	¥1,900.00
护罩	500	28	¥14,000.00
十字头	500	5	¥2,500.00
橡胶圈	1000	0.28	¥ 280.00
合计			

步骤02 单击【表格工具】→【布局】选项卡的【数据】组中的【公式】按钮 *fx* 公式，如下图所示。

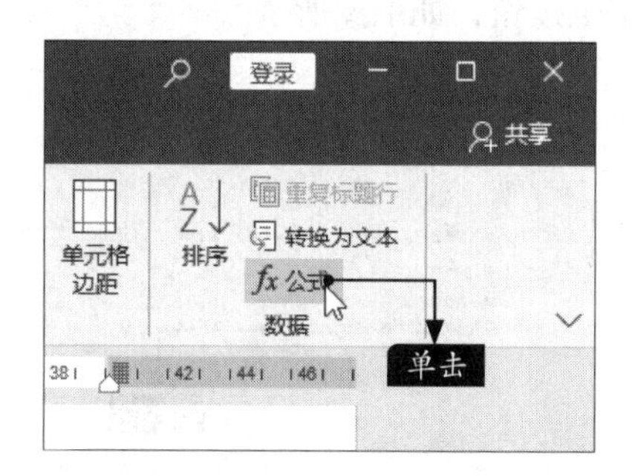

步骤03 在弹出的【公式】对话框的【公式】文本框中输入“=SUM(ABOVE)”，在【编号格式】下拉列表中选择一种格式，单击【确定】按钮，如右上图所示。

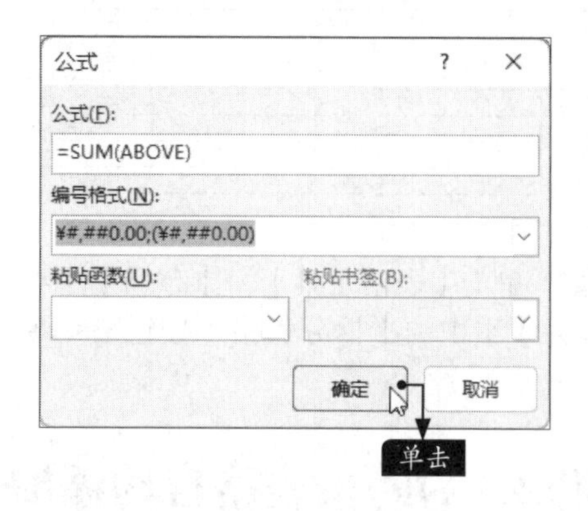

至此，就完成了产品销量表的制作。

> **小提示**
>
> 公式“=SUM(ABOVE)”，表示对表格中所选单元格的数据求和。

步骤04 计算出的结果如下图所示。

高手私房菜

技巧1：快速将表格一分为二

在Word 2021中可以将一个表格拆分为两个表格，具体操作步骤如下。

步骤01 打开“素材\ch03\拆分表格.docx”文件，如果需要从第6行截止将表格拆分为两个，那么将光标放置在第7行的任意单元格内，如下页图所示。

内地票房统计（节选）		
序号	影片名	总票房（万元）
1	长津湖	577546.20
2	战狼 2	568,874.06
3	你好，李焕英	541,329.98
4	哪吒之魔童转世	503,502.06
5	流浪地球	468,682.30
6	唐人街探案 3	452,234.60
7	长津湖之水门桥	403,010.81
8	红海行动	365,188.64
9	唐人街探案 2	339,768.81
10	美人鱼	339,717.50

步骤 02 单击【表格工具】→【布局】选项卡下【合并】组中的【拆分表格】按钮 拆分表格，即可将表格拆分为两个，如下图所示。

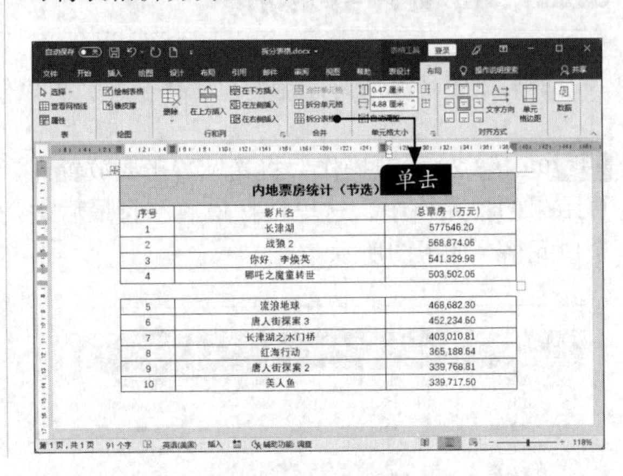

技巧2：为跨页表格自动添加表头

如果表格行较多，会自动显示在下页中，默认情况下，下页的表格是没有表头的。用户可以根据需要为跨页的表格自动添加表头，具体操作步骤如下。

步骤 01 打开“素材\ch03\跨页表格.docx”文件，可以看到第2页上方没有显示表头，如下图所示。

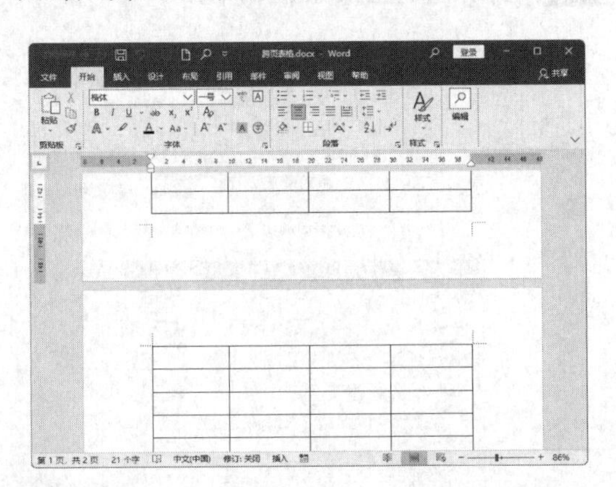

步骤 02 选择第1页的表头，并单击鼠标右键，在弹出的快捷菜单中单击【表格属性】命令，如下图所示。

步骤 03 在打开的【表格属性】对话框中，单击选中【行】选项卡下【选项】区域中的【在各页顶端以标题行形式重复出现】复选框，单击【确定】按钮，如下图所示。

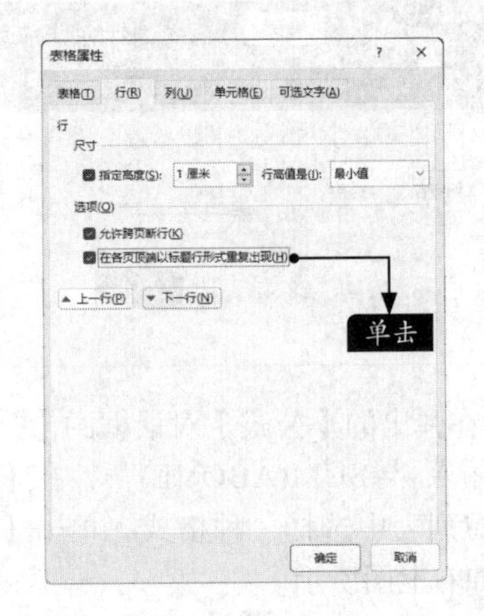

步骤 04 下页表格首行添加跨页表头的效果如下图所示。

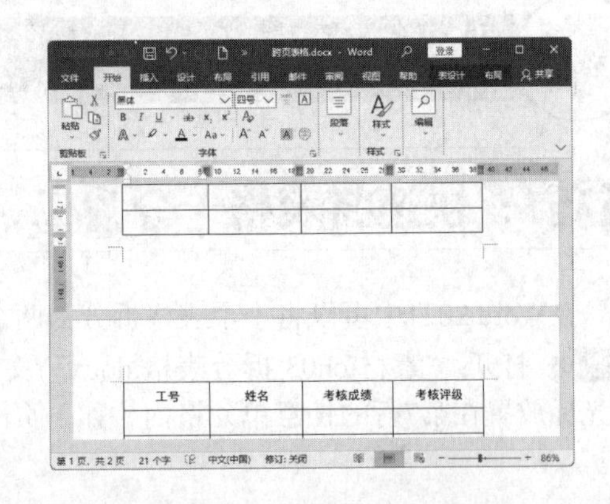

第4章

长文档的排版与处理

学习目标

Word 2021具有强大的文字排版功能，对于一些长文档，为其设置高级版式，可以使文档更规范。本章介绍样式、页眉和页脚、页码、分页符、目录，以及打印文档等的相关操作。通过本章的学习，读者可以掌握排版与处理长文档的方法。

学习效果

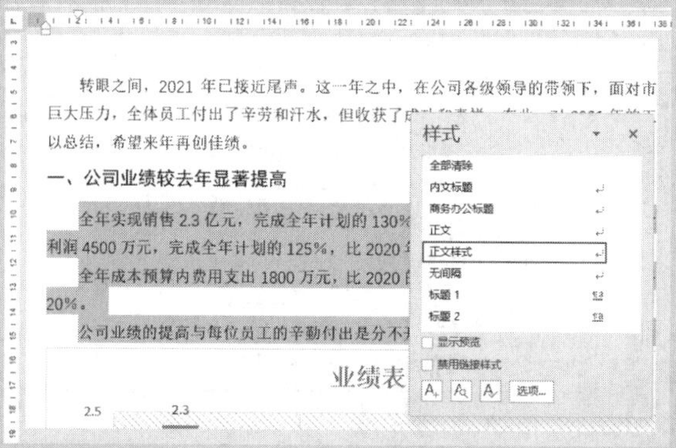

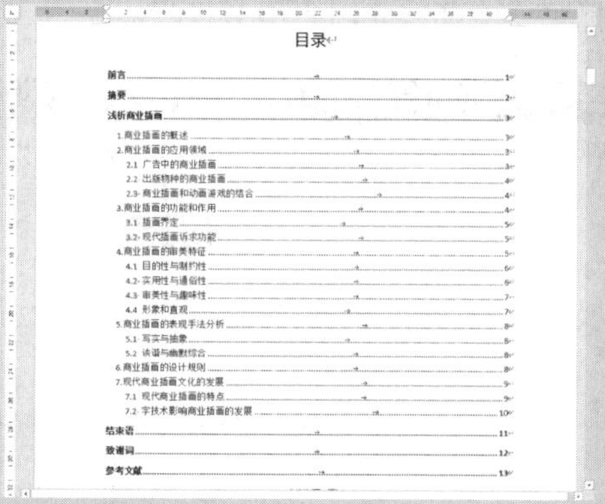

4.1 制作商务办公模板

在制作某一类格式统一的长文档时，可以先制作一份完整的文档，然后将其存储为模板形式。在制作其他文档时，就可以直接在该模板中制作，这不仅节约时间，还能减少格式错误。

4.1.1 应用内置样式

样式包含字符样式和段落样式，字符样式的设置以单个字符为单位，段落样式的设置以段落为单位。样式是特定格式的集合，它规定了文本和段落的格式，并以不同的样式名称标记。通过样式可以简化操作、节约时间，还有助于保持整篇文档的一致性。Word 2021内置了多种标题和正文样式，用户可以根据需要应用这些内置的样式。具体操作步骤如下。

步骤 01 打开"素材\ch04\公司年度报告.docx"文件，选择要应用样式的文本，或者将光标定位至要应用样式的段落内，这里将光标定位至标题段落内，如下图所示。

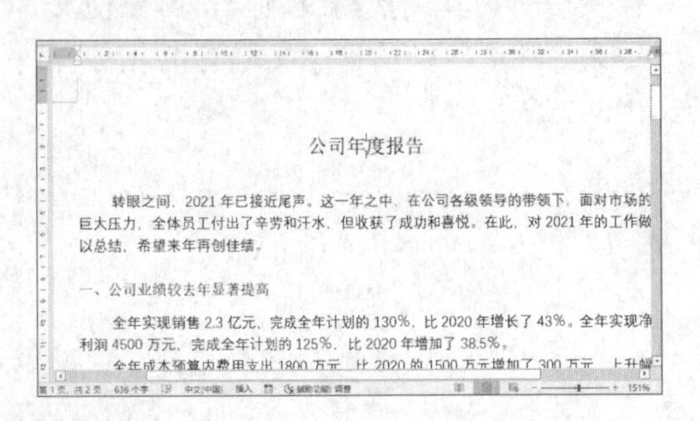

步骤 02 单击【开始】选项卡下【样式】组右下角的【其他】按钮，在弹出的下拉列表中选择"标题"样式，如下图所示。

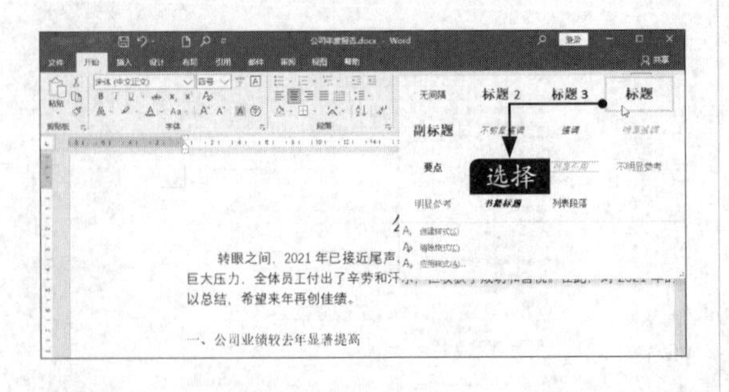

步骤 03 将"标题"样式应用至所选的段落中的效果如下图所示。

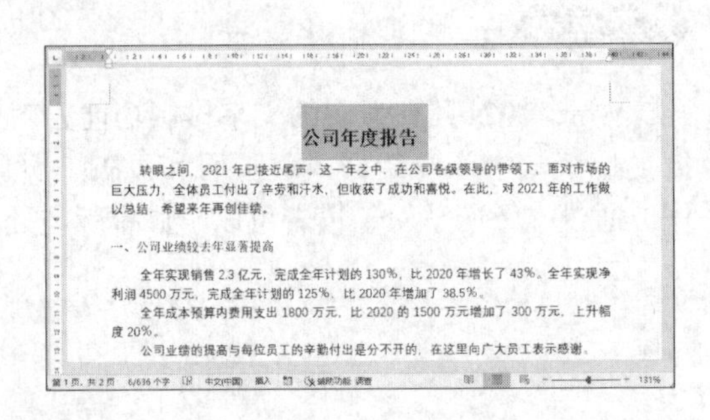

步骤 04 使用同样的方法，还可以为"一、公司业绩较去年显著提高"段落应用"要点"样式，效果如下图所示。

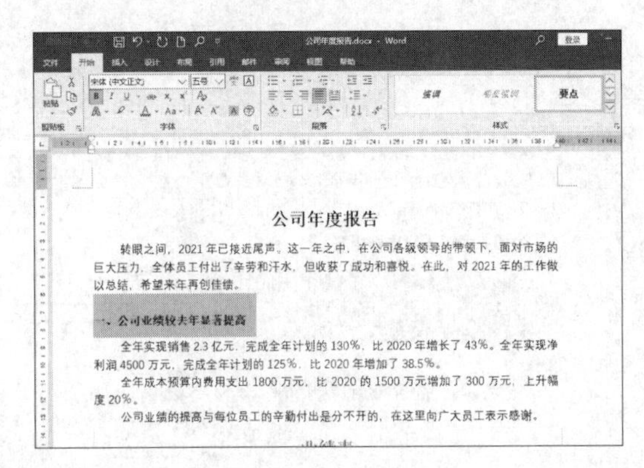

4.1.2 自定义样式

当系统内置的样式不能满足需求时，用户还可以自行创建样式，具体操作步骤如下。

1. 设置标题样式

步骤01 在打开的素材文件中，选中“公司年度报告”文本，然后在【开始】选项卡的【样式】组中单击【样式】按钮，如下图所示。

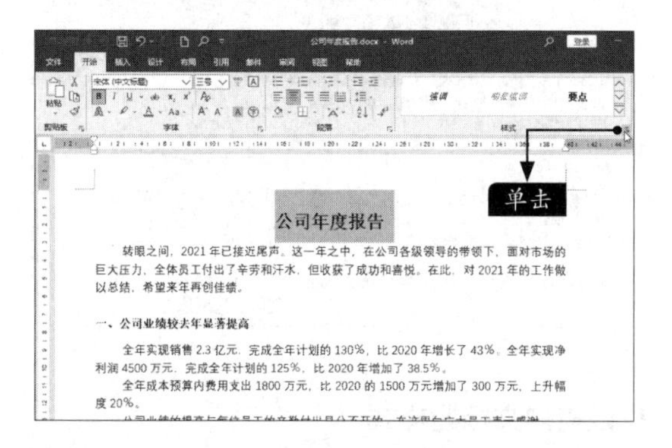

步骤02 在弹出的【样式】窗格中，单击【新建样式】按钮，如下图所示。

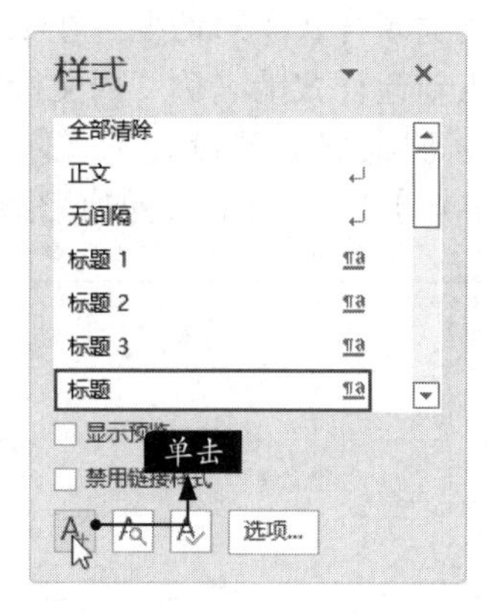

步骤03 弹出的【根据格式化创建新样式】对话框如下图所示。

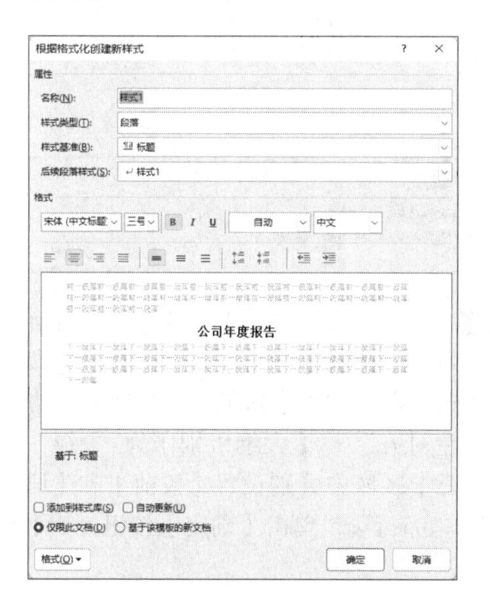

步骤04 在【名称】文本框中输入新建样式的名称“商务办公标题”，设置【样式基准】为“标题”，在【格式】区域根据需要设置【字体】为“楷体”，【字号】为“二号”，如下图所示。

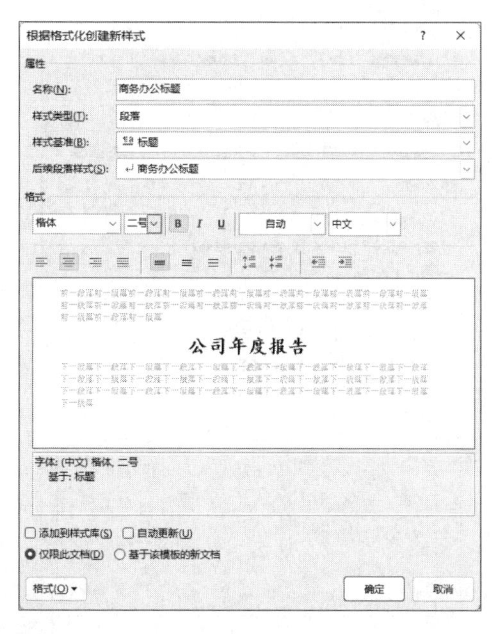

步骤05 单击左下角的【格式】按钮，在弹出的下拉列表中选择【段落】选项，如下图所示。

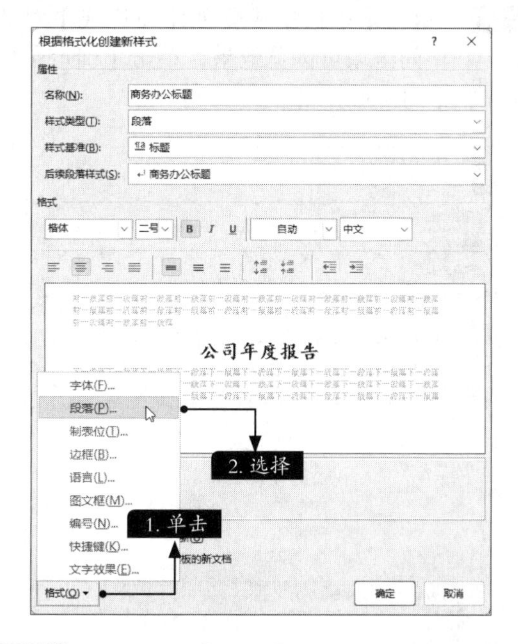

步骤06 在弹出的【段落】对话框的【常规】区域中设置【对齐方式】为“居中”，【大纲级别】为“1级”，在【间距】区域中分别设置

【段前】和【段后】均为“1行”，单击【确定】按钮，如下图所示。

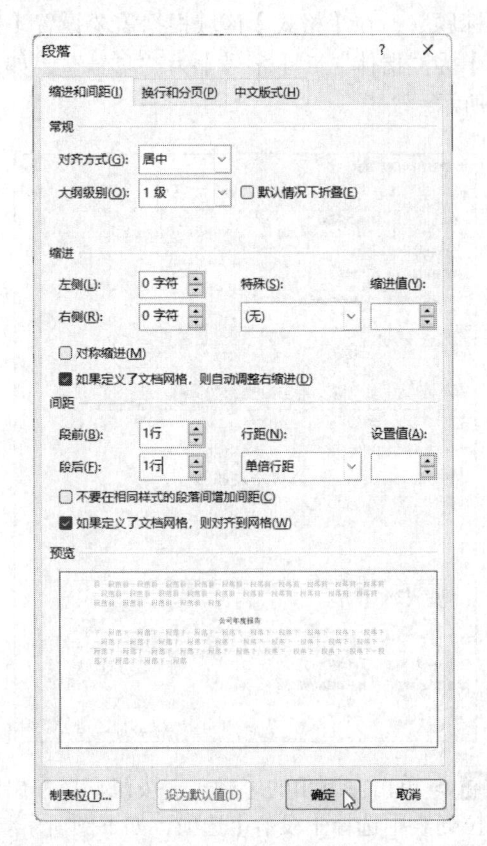

步骤 07 返回【根据格式化创建新样式】对话框，在中间区域可浏览效果，单击【确定】按钮，如下图所示。

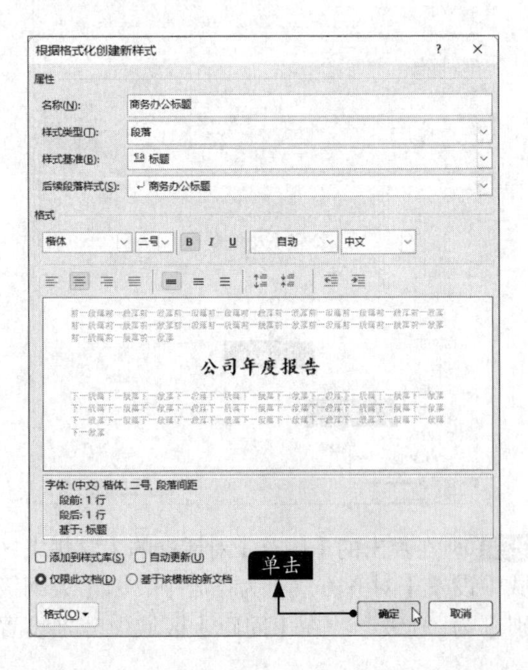

步骤 08 在【样式】窗格中可以看到创建的新样式。文档中显示设置后的效果如下图所示。

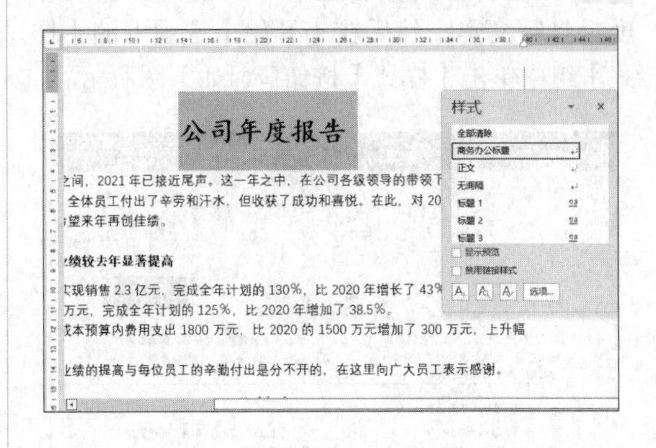

2. 设置内文标题样式

步骤 01 选中“一、公司业绩较去年显著提高”文本，单击【新建样式】按钮，弹出【根据格式化创建新样式】对话框。在【名称】文本框中输入新建样式的名称“内文标题”，在【格式】区域根据需要设置【字体】为“黑体”，【字号】为“小四”，如下图所示。

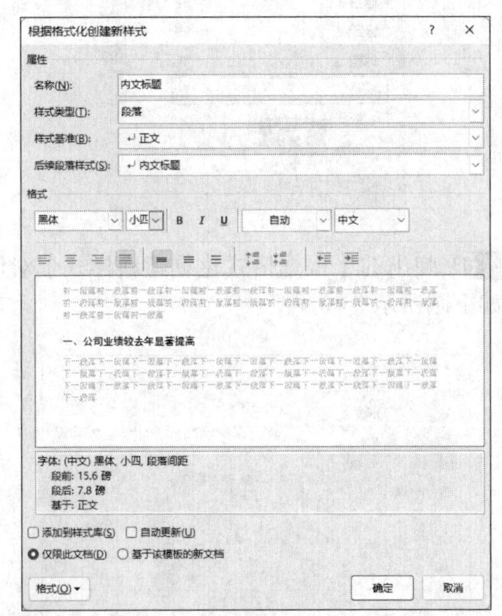

步骤 02 单击左下角的【格式】按钮，在弹出的下拉列表中选择【段落】选项。打开【段落】对话框，在【常规】区域中设置【对齐方式】为“左对齐”，【大纲级别】为“2级”，在【间距】区域中分别设置【段前】和【段后】均为“0.5行”，单击【确定】按钮，如下页图所示。

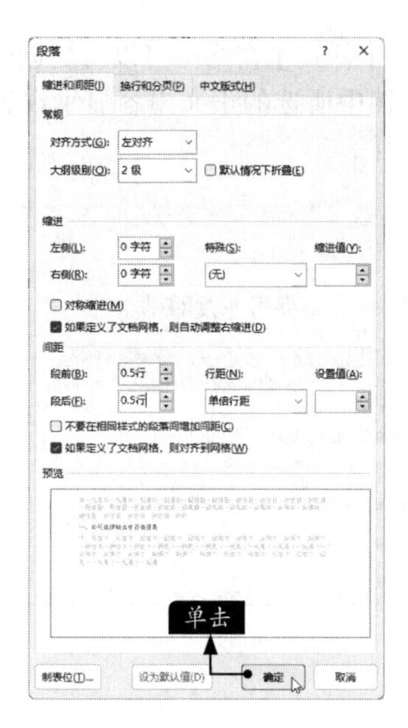

步骤03 返回【根据格式化创建新样式】对话框，单击【确定】按钮，如下图所示。

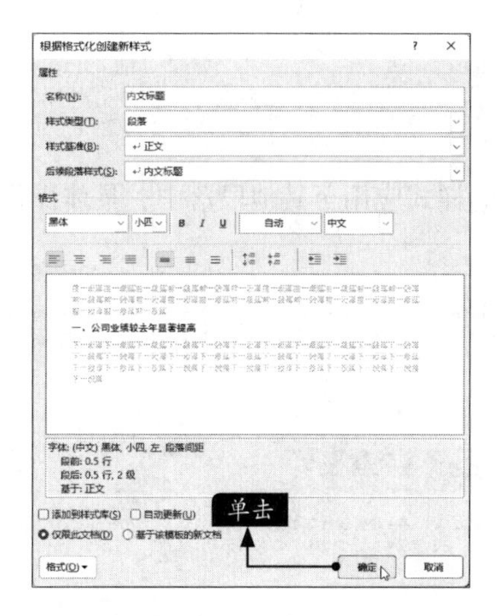

步骤04 在【样式】窗格中可以看到创建的新样式。文档中显示设置后的效果如下图所示。

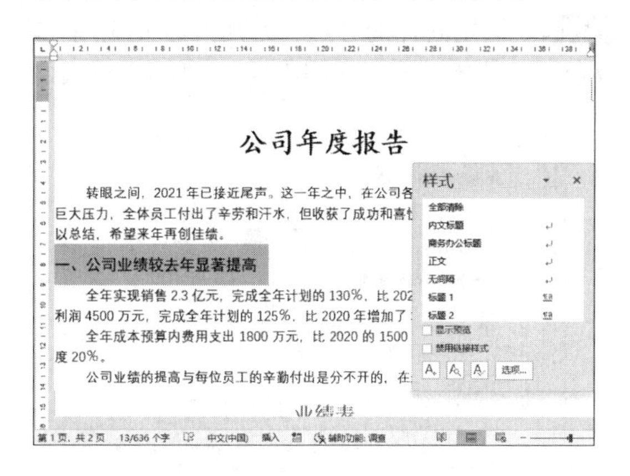

3. 设置正文样式

步骤01 选择正文文本，单击【新建样式】按钮，弹出【根据格式化创建新样式】对话框。设置【名称】为“正文样式”，【字体】为“宋体”，【字号】为“五号”，如下图所示。

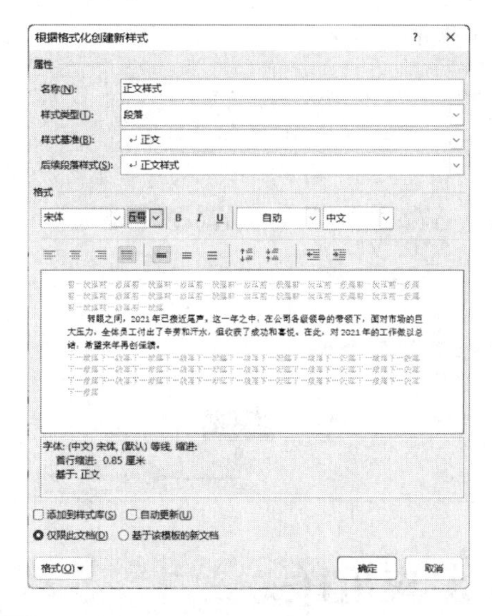

步骤02 单击左下角的【格式】按钮，在弹出的下拉列表中选择【段落】选项。打开【段落】对话框，设置“首行缩进”为“2字符”，“行距设置值”为“固定值 18磅”，单击【确定】按钮，如下图所示。

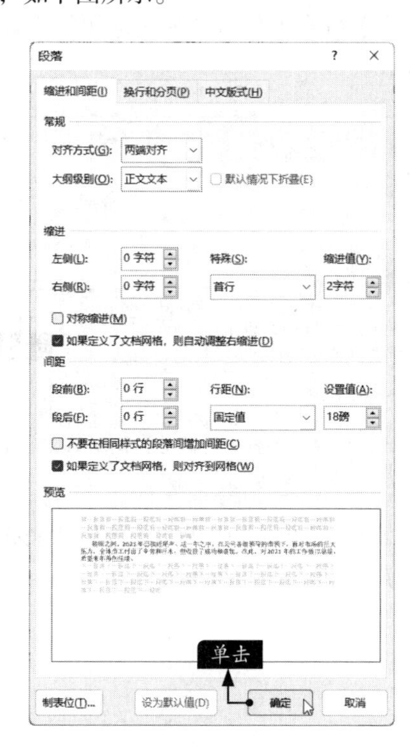

步骤 03 返回【根据格式化创建新样式】对话框，单击【确定】按钮，如下图所示。

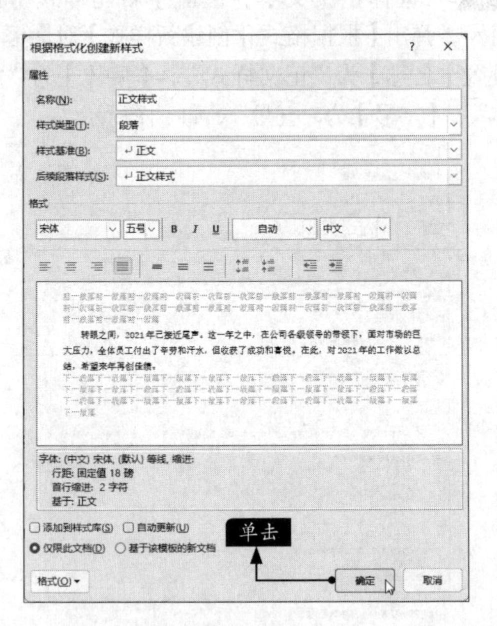

步骤 04 在【样式】窗格中可以看到创建的正文样式。文档中所选的正文内容显示设置后的效果如下图所示。

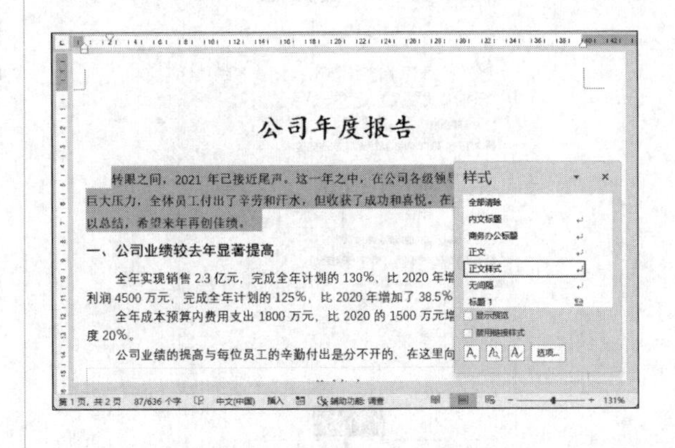

4.1.3 应用样式

创建自定义样式后，用户就可以根据需要将自定义的样式应用至其他段落中，具体操作步骤如下。

步骤 01 选择“二、举办多次促销活动”文本，在【样式】窗格中单击“内文标题”样式，如下图所示。

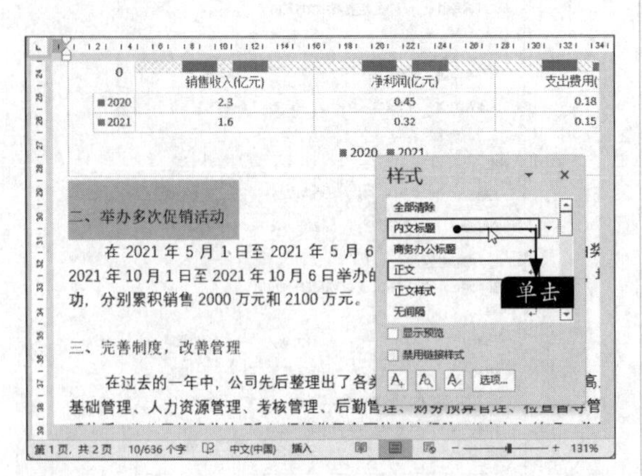

步骤 02 自定义的样式应用至所选段落的效果如右上图所示。

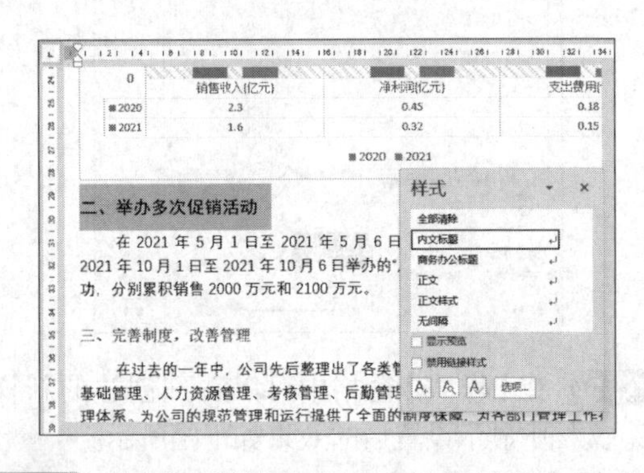

步骤 03 使用同样的方法，为其他需要应用“内文标题”样式的段落应用该样式，如下图所示。

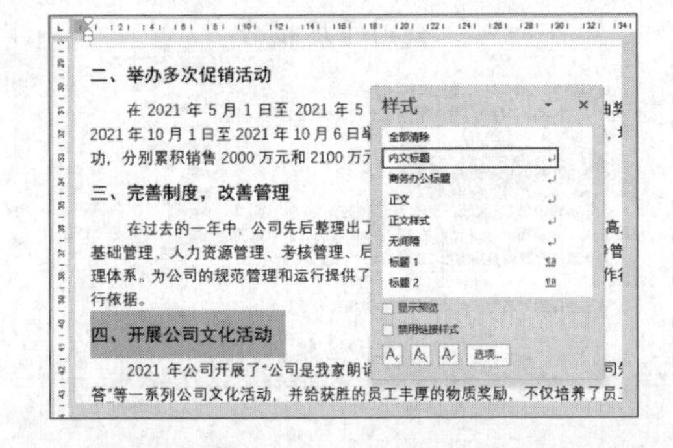

步骤04 选择正文内容，在【样式】窗格中单击“正文样式”，即可将自定义的样式应用至所选段落中，如下图所示。

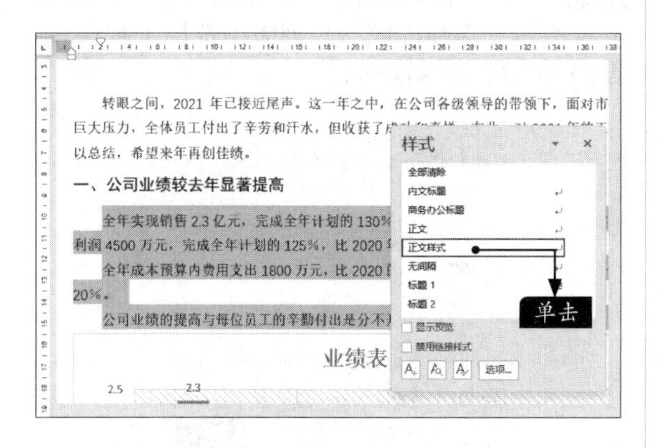

步骤05 使用同样的方法，为其他正文应用该样式，如下图所示。

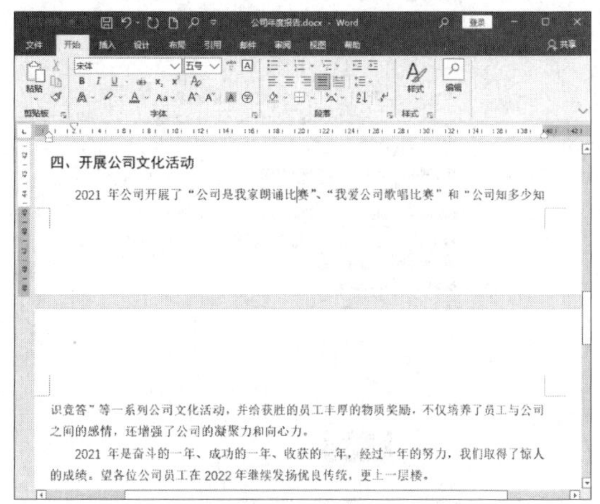

4.1.4 修改和删除样式

当样式不能满足编辑需求或者需要改变文档的样式时，则可以修改样式。如果不再需要某一个样式，可以将其删除。

1. 修改样式

修改样式的具体操作步骤如下。

步骤01 在【样式】窗格中单击所要修改的样式右侧的下拉按钮▾，这里单击“正文样式”样式右侧的下拉按钮▾，在弹出的下拉列表中选择【修改】选项，如下图所示。

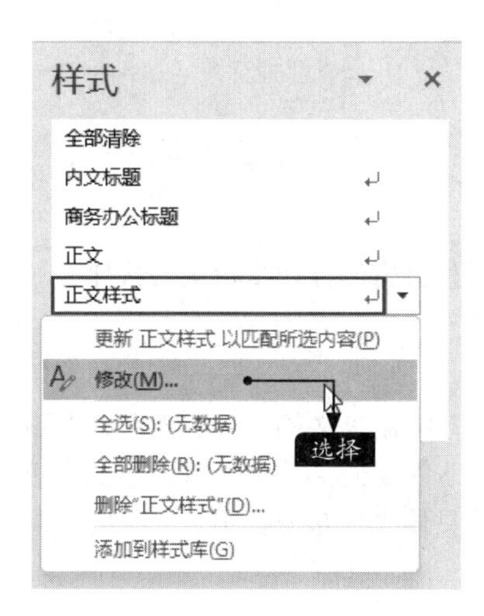

步骤02 在弹出的【修改样式】对话框中，将【字体】更改为“华文仿宋”，如右上图所示。

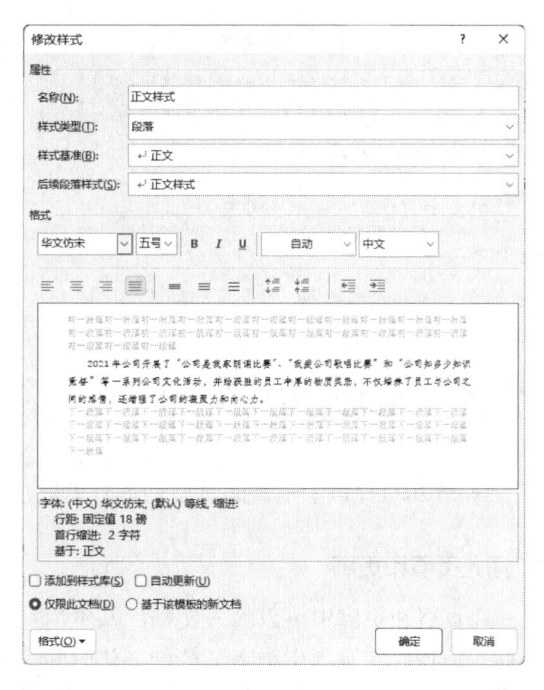

步骤03 单击左下角的【格式】按钮，在弹出的下拉列表中选择【段落】选项。打开【段落】对话框，将【行距】更改为“1.5倍行距”，单击【确定】按钮，如下页图所示。

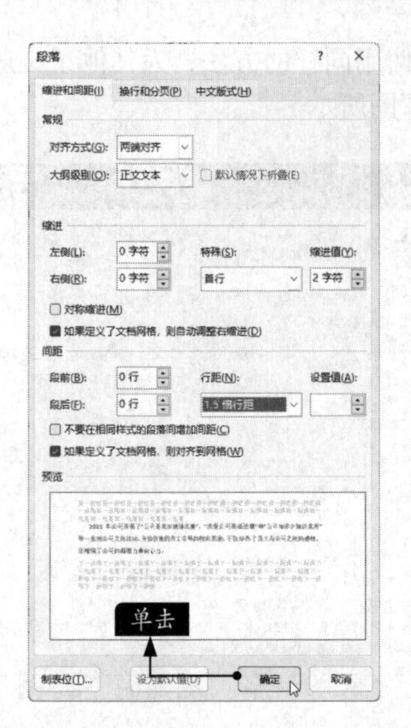

步骤04 返回至【修改样式】对话框，单击【确定】按钮，即可在文档中看到修改样式的效果，所有应用该样式的段落都将自动更改为修改后的样式，如下图所示。

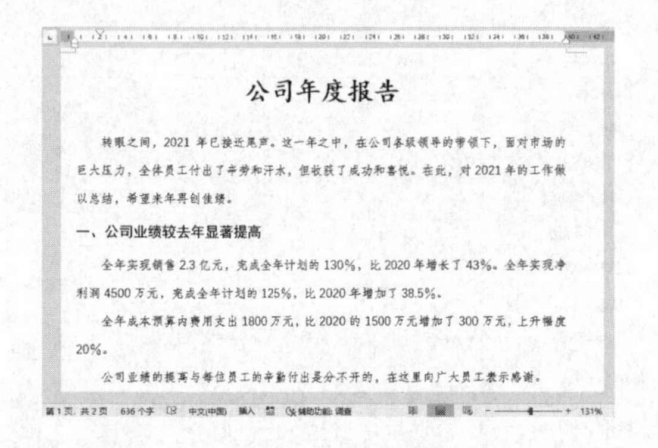

2. 删除样式

删除样式的具体操作步骤如下。

步骤01 在【样式】窗格中，单击该样式右侧的下拉按钮，在弹出的下拉列表中选择【删除"要点"】选项，如下图所示。

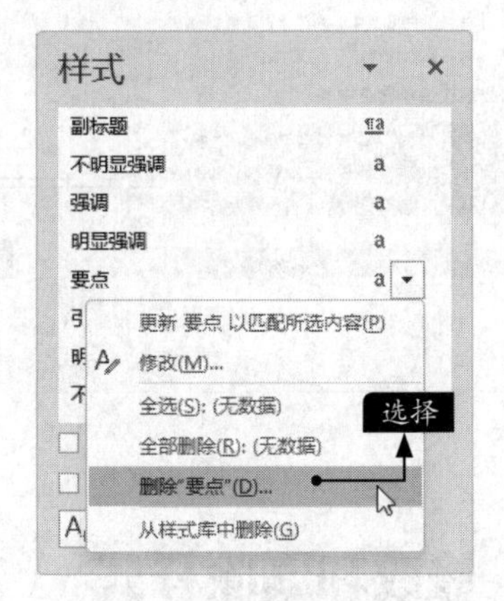

步骤02 在弹出的【Microsoft Word】对话框中，单击【是】按钮，即可将选择的样式删除，如下图所示。

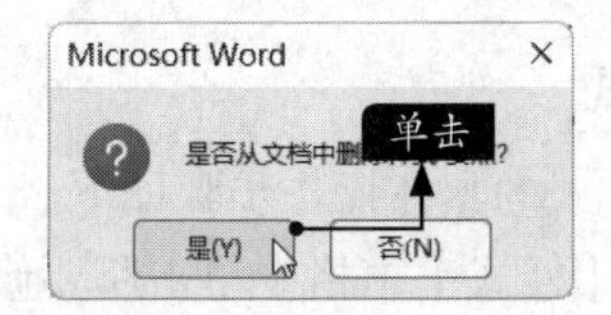

4.1.5 添加页眉和页脚

Word 2021提供了丰富的页眉和页脚模板，使插入页眉和页脚的操作变得更为快捷。

1. 插入页眉和页脚

在页眉和页脚中可以输入文档的基本信息，例如在页眉中输入文档名称、章节标题或者作者名称等信息，在页脚中输入文档的创建时间、页码等。这不仅能使文档更美观，还能向读者快速传递文档要表达的信息。在Word 2021中插入页眉和页脚的具体操作步骤如下。

（1）插入页眉

插入页眉的具体操作步骤如下。

步骤01 在打开的素材文件中，单击【插入】选项卡下【页眉和页脚】组中的【页眉】按钮，在弹出的下拉列表中，选择【边线型】页眉样式，如下页图所示。

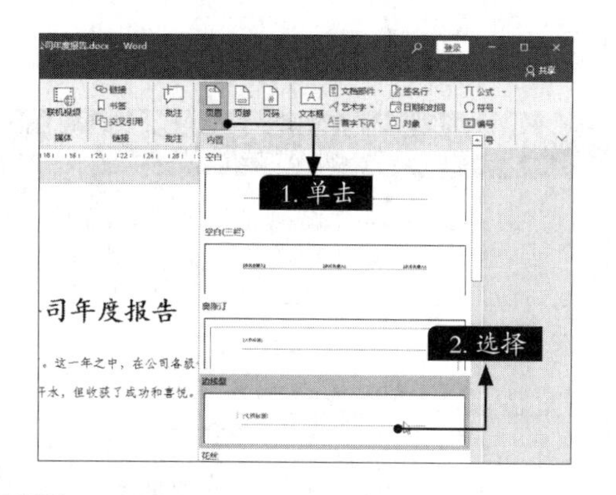

步骤 02 Word 2021会在文档每一页的顶部插入页眉，并显示【文档标题】文本域，如下图所示。

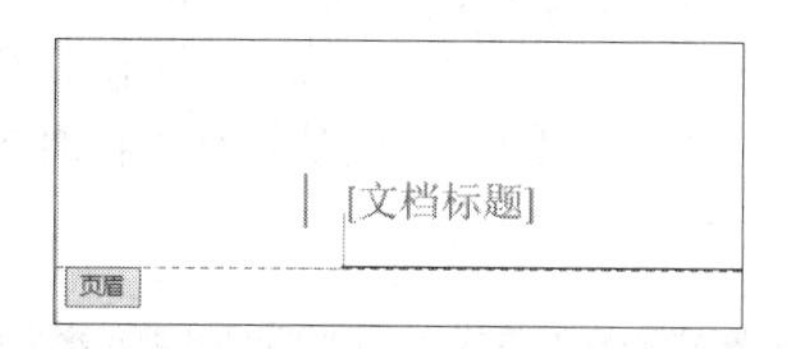

步骤 03 在页眉的【文档标题】文本域中输入文档的标题，选择输入的标题，设置其【字体】为“等线”，【字号】为“13”，如下图所示。

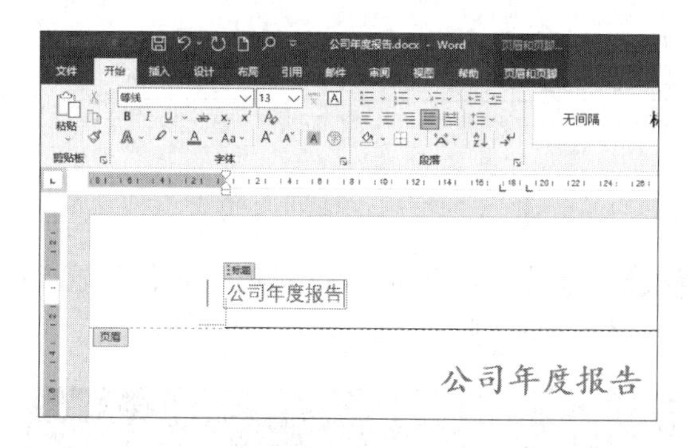

步骤 04 单击【页眉和页脚】选项卡下【关闭】组中的【关闭页眉和页脚】按钮，即可看到插入页眉的效果，如下图所示。

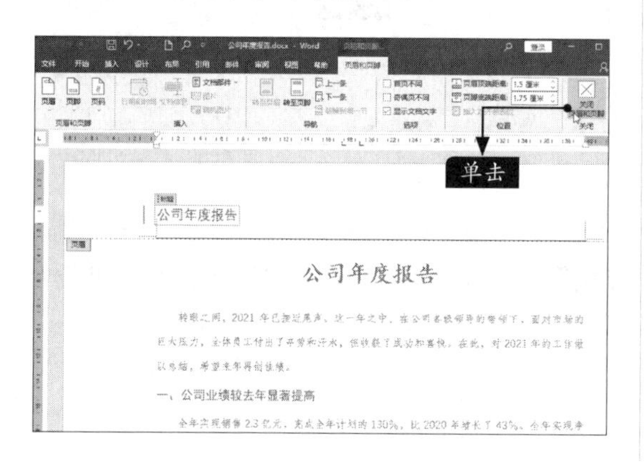

小提示

在文档版心区域任意位置双击，也可以关闭页眉和页脚的编辑状态。同样，在页眉或页脚位置双击，即可进入页眉或页脚编辑状态。

（2）插入页脚

插入页脚的具体操作步骤如下。

步骤 01 在【插入】选项卡中单击【页眉和页脚】组中的【页脚】按钮，在弹出的下拉列表中选择【边线型】选项，如下图所示。

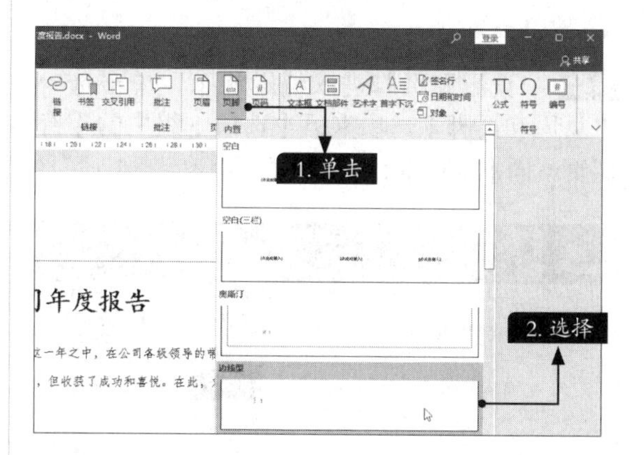

步骤 02 文档自动跳转至页脚编辑状态，可以根据需要输入页脚内容。单击【页眉和页脚】选项卡下【关闭】组中的【关闭页眉和页脚】按钮，即可看到插入页脚的效果，如下图所示。

2. 为奇偶页创建不同的页眉和页脚

文档的奇偶页可以创建不同的页眉和页脚，具体操作步骤如下。

步骤 01 单击【插入】选项卡下【页眉和页脚】组中的【页眉】按钮，在弹出的下拉列表中选择【编辑页眉】选项，如下页左上图所示。

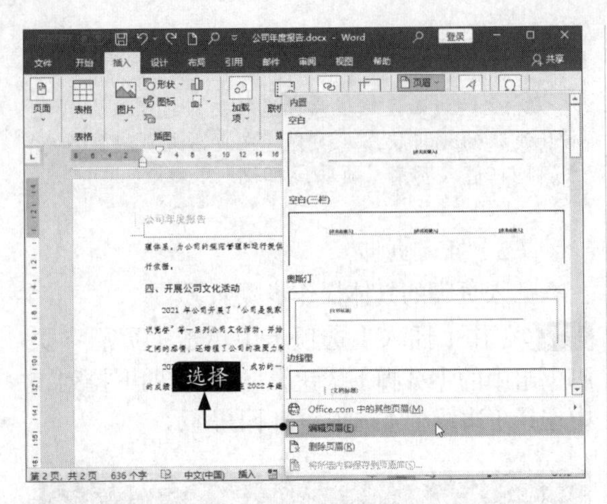

步骤 02 页眉和页脚进入编辑状态，单击选中【页眉和页脚】选项卡下【选项】组中的【奇偶页不同】复选框，如下图所示。

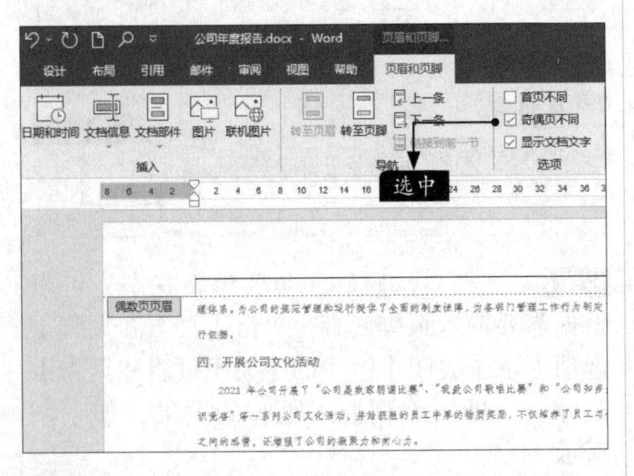

步骤 03 此时在文档中可看到偶数页页眉位置显示“偶数页页眉”字样，并且页眉位置的页眉信息也已经被清除，如下图所示。

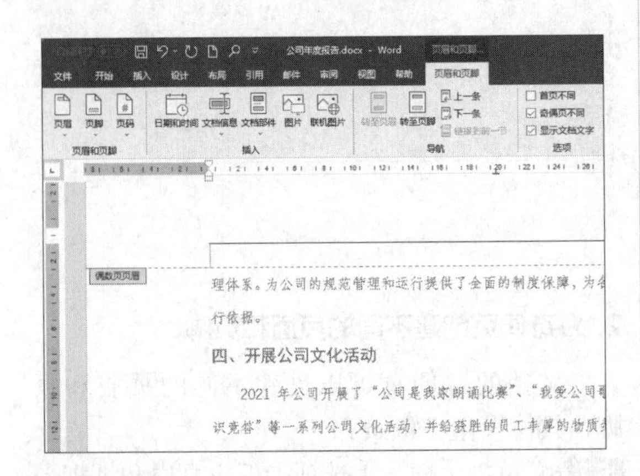

步骤 04 将光标定位至偶数页的页眉中，单击【页眉和页脚】选项卡下【页眉和页脚】组中的【页眉】按钮，在弹出的下拉列表中选择【边线型】页眉样式，如下图所示。

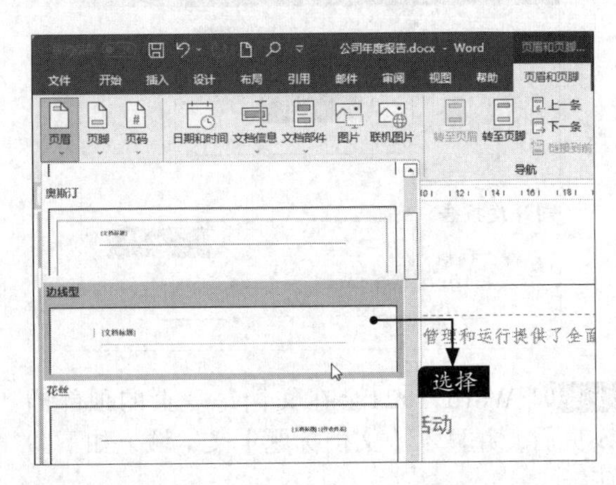

步骤 05 在偶数页页眉中输入“商务办公”文本。设置【字体】为“等线”，【字号】为“13”，并设置【对齐方式】为“右对齐”，如下图所示。

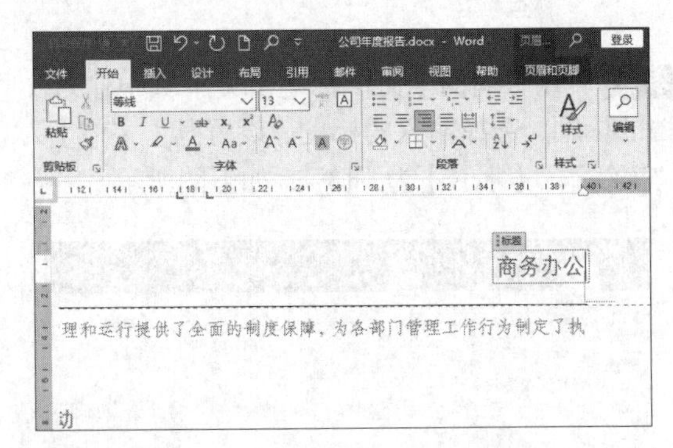

步骤 06 单击【页眉和页脚】选项卡下【导航】组中的【转至页脚】按钮，如下图所示。

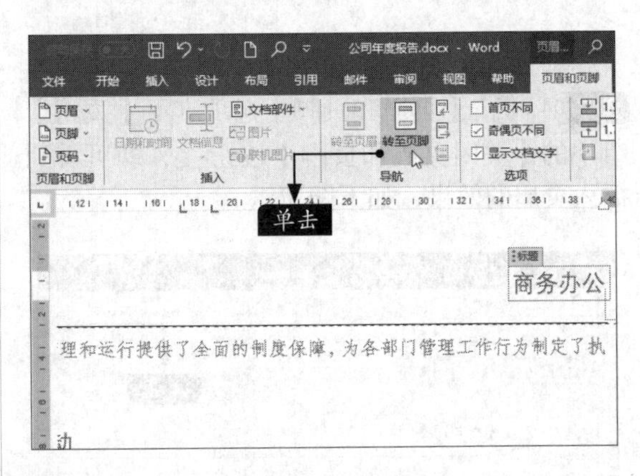

步骤 07 切换至偶数页的页脚位置，在页脚位置插入页码，并设置为右对齐，如下页图所示。

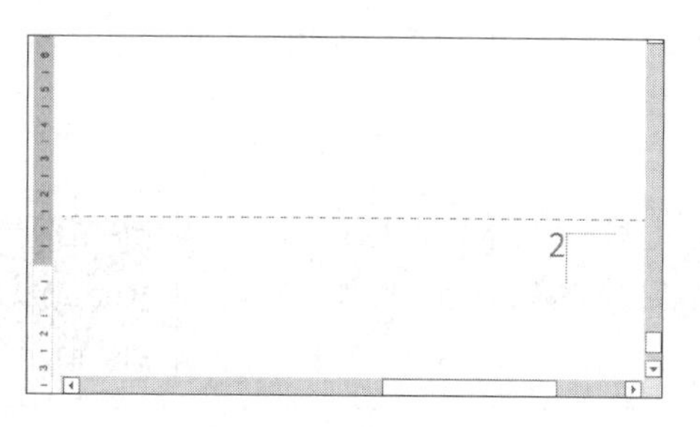

步骤08 单击【关闭页眉和页脚】按钮，就完成了创建奇偶页不同页眉和页脚的操作，如右图所示。

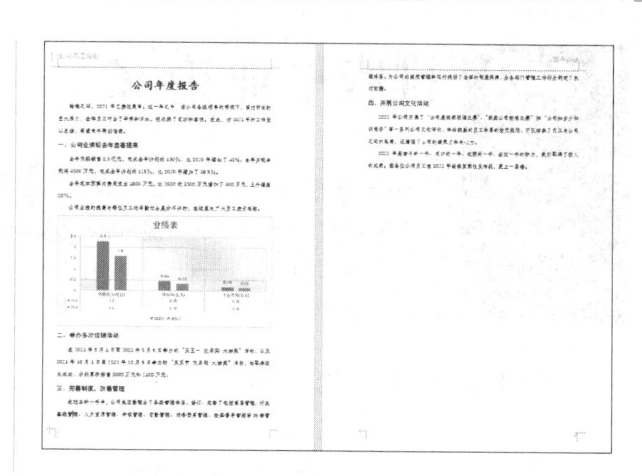

4.1.6 保存模板文档

文档制作完成之后，可以将其另存为模板。制作同类的文档时，直接打开模板、编辑文本即可，可以节约时间，提高工作效率。保存模板文档的具体操作步骤如下。

步骤01 选择【文件】选项卡，在【文件】选项卡下选择【另存为】选项，在右侧【另存为】区域单击【浏览】按钮，如下图所示。

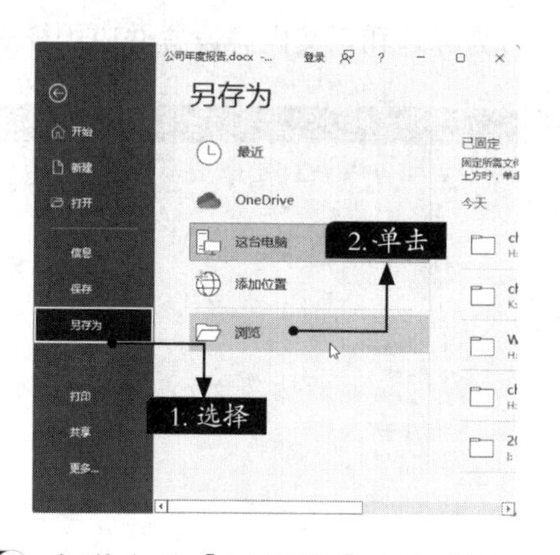

步骤02 在弹出的【另存为】对话框中，单击【保存类型】右侧的下拉按钮，选择【Word模板(*.dotx)】选项，如下图所示。

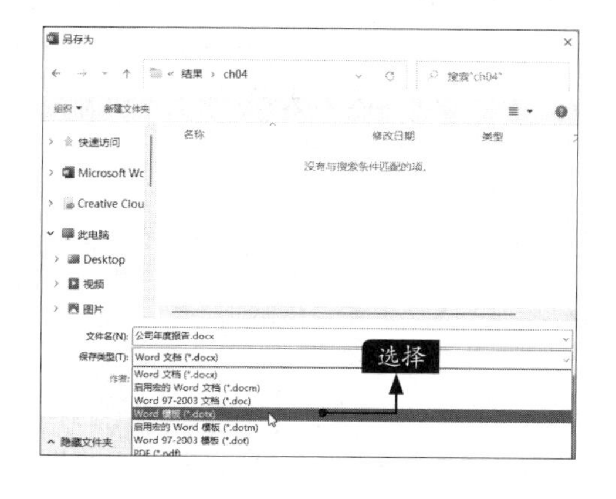

步骤03 选择模板存储的位置后，单击【保存】按钮，即可完成模板的存储，如下图所示。

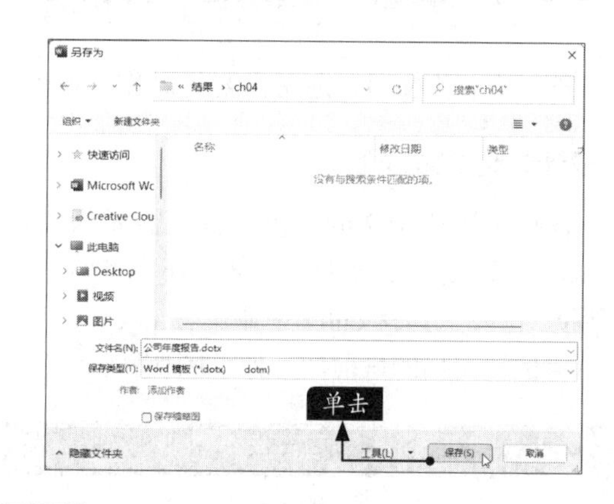

步骤04 此时，即可看到文档的标题已经更改为“公司年度报告”，这表明此时的文档格式为模板格式，如下图所示。

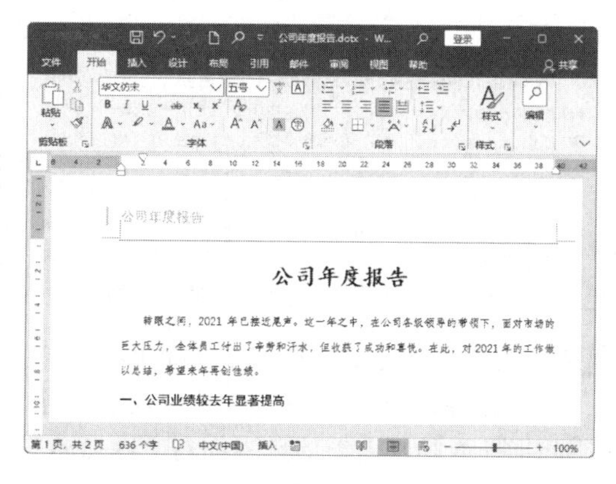

至此，就完成了商务办公模板的制作。

4.2 排版毕业论文

在排版毕业论文时需要注意，文档中同一类别的文本格式要统一，层次要明显地区分，对同一级别的段落应设置相同的大纲级别，此外某些页面还需要单独显示。

下图为常见的毕业论文结构。

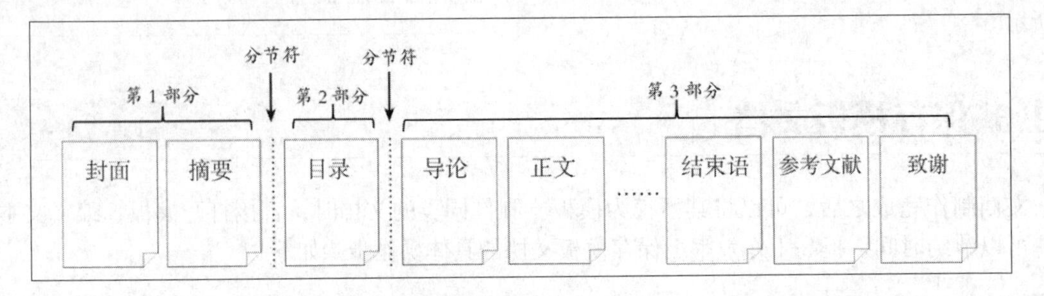

4.2.1 为标题和正文应用样式

排版毕业论文时，通常需要先制作毕业论文封面，然后为标题和正文内容设置并应用样式。

1. 设计毕业论文封面

在排版毕业论文的时候，首先需要为其设计封面，以描述个人信息。具体操作步骤如下。

步骤 01 打开“素材\ch04\毕业论文.docx”，将光标定位至文档的最前面，如下图所示。

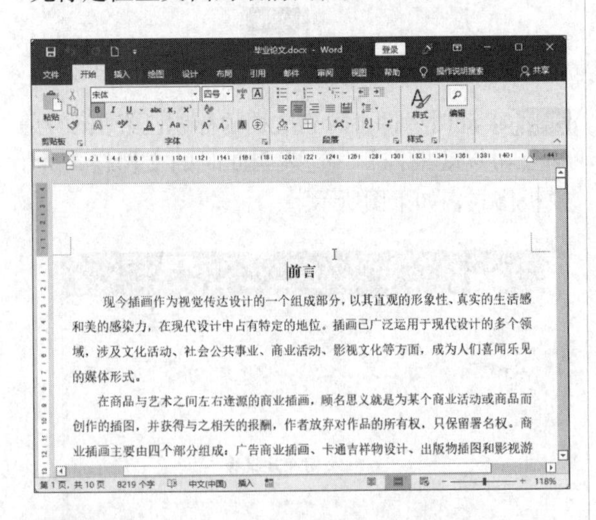

步骤 02 按【Ctrl+Enter】组合键即可插入空白页，在新创建的空白页中输入学校信息、个人介绍和指导教师姓名等信息，如右上图所示。

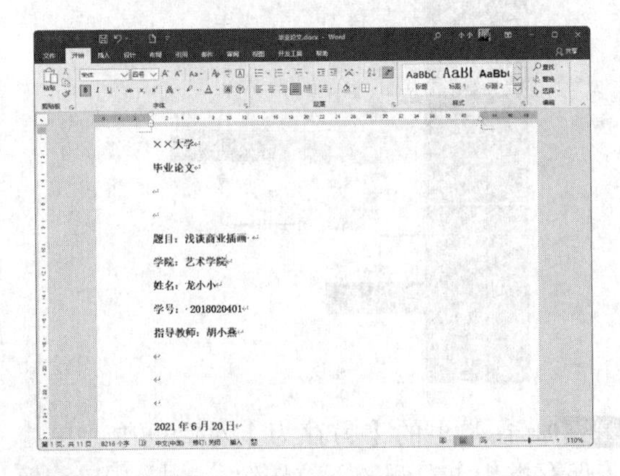

步骤 03 根据需要为不同的信息设置不同的格式，如下图所示。

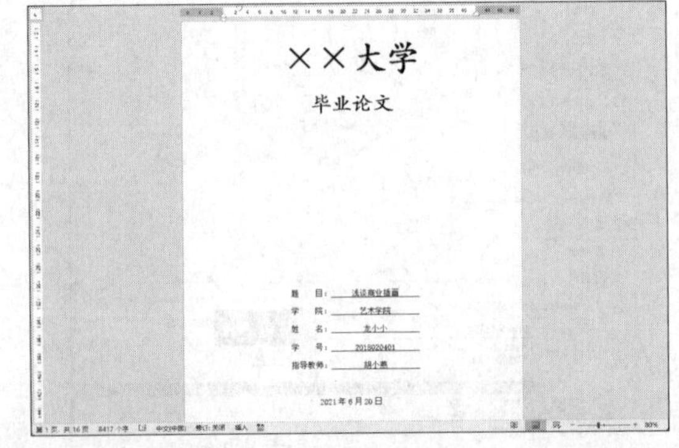

2. 设置毕业论文的样式

毕业论文通常会要求统一样式，用户需要根据学校提供的样式来统一设置。具体操作步骤如下。

步骤 01 选中需要应用样式的文本，单击【开始】选项卡下【样式】组中的【样式】按钮，如下图所示。

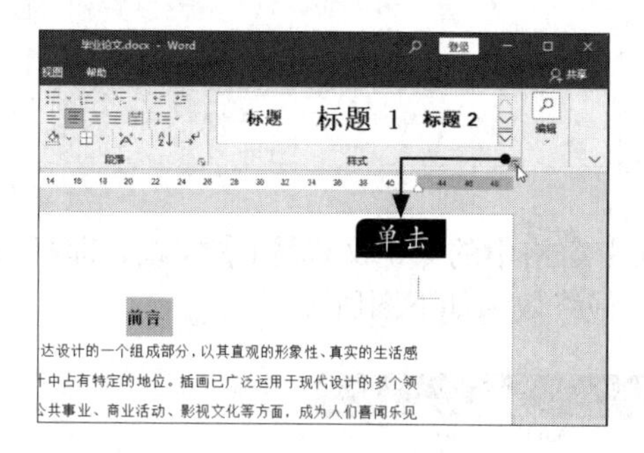

步骤 02 在弹出的【样式】窗格中，单击【新建样式】按钮，如下图所示。

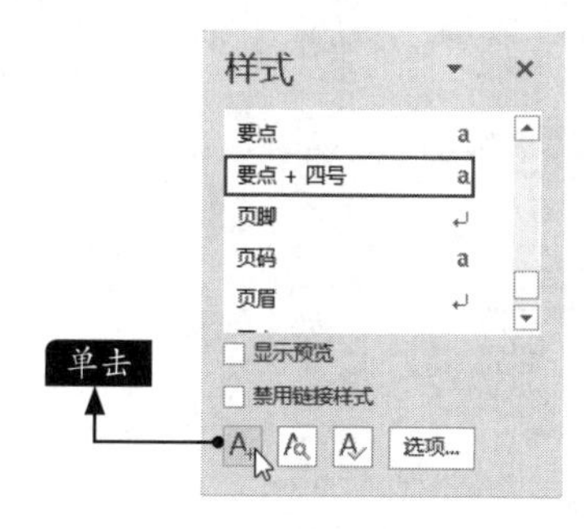

步骤 03 在弹出的【根据格式化创建新样式】对话框的【名称】文本框中输入新建样式的名称"论文标题1"，在【格式】区域中根据要求设置字体样式，如下图所示。

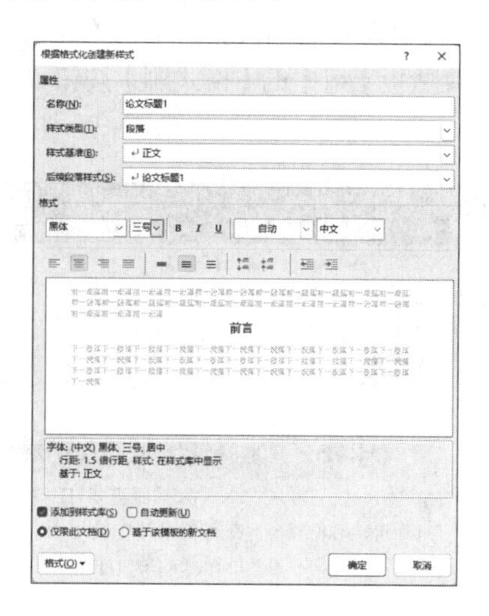

步骤 04 单击左下角的【格式】按钮，在弹出的下拉列表中单击【段落】选项，如下图所示。

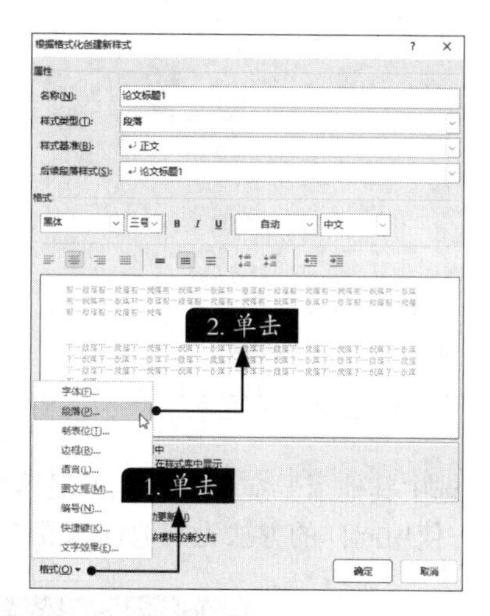

步骤 05 在打开的【段落】对话框中，根据要求设置段落样式，在【缩进和间距】选项卡下的【常规】组中单击【大纲级别】文本框右侧的下拉按钮，在弹出的下拉列表中单击【1级】选项，然后设置【间距】，设置完成后，单击【确定】按钮，如下图所示。

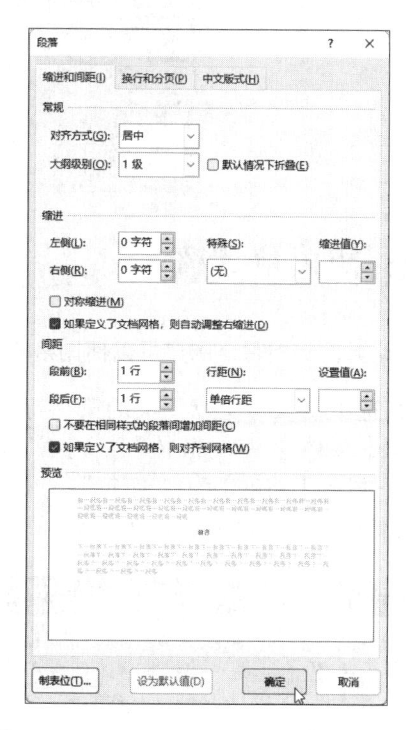

步骤 06 返回【根据格式化创建新样式】对话框，在中间区域可浏览效果，单击【确定】按钮，如下页图所示。

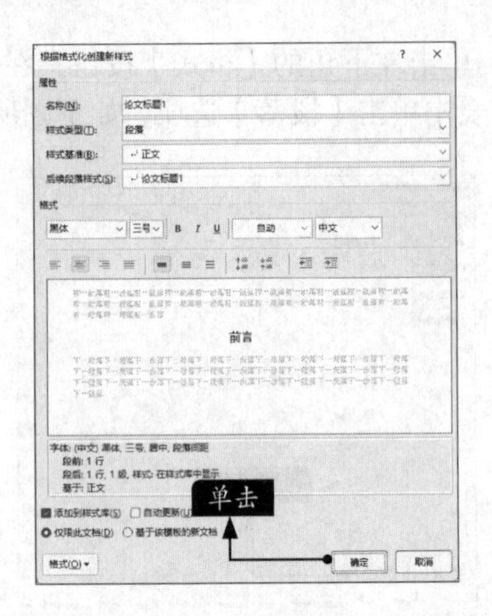

步骤07 在【样式】窗格中可以看到创建的新样式，Word文档中会显示设置后的效果，如下图所示。

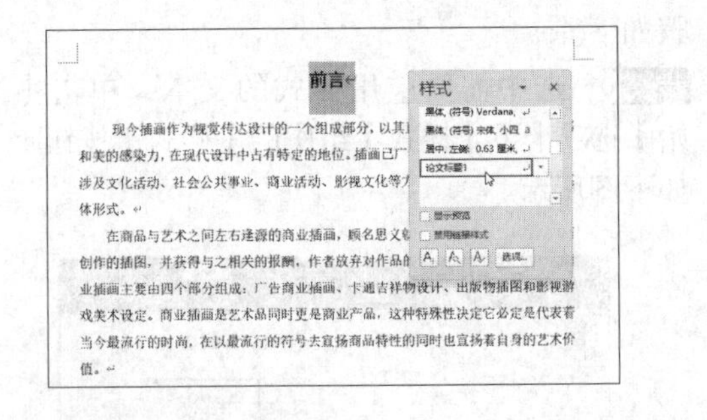

步骤08 选中其他需要应用该样式的段落，单击【样式】窗格中的【论文标题1】样式，即可应用该样式。使用同样的方法为其他标题及正文设置样式。最终效果如下图所示。

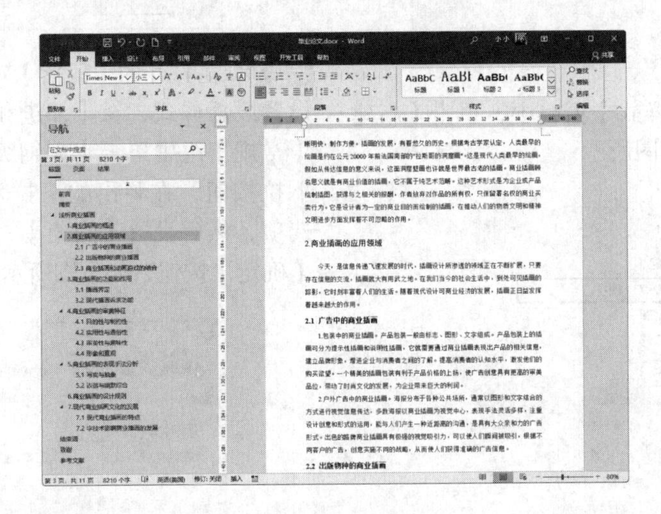

4.2.2 使用格式刷

在编辑长文档时，用户可以使用格式刷快速应用样式。具体操作步骤如下。

步骤01 选中"参考文献"下的第一行文本，设置其【字体】为"楷体"，【字号】为"12"，段落【缩进】为"2字符"，【行距】为"1.5倍行距"，效果如下图所示。

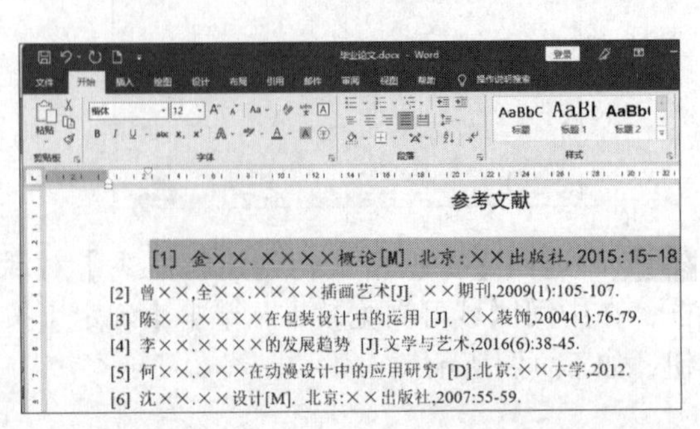

步骤02 选中设置后的段落，单击【开始】选项卡下【剪贴板】组中的【格式刷】按钮，如下图所示。

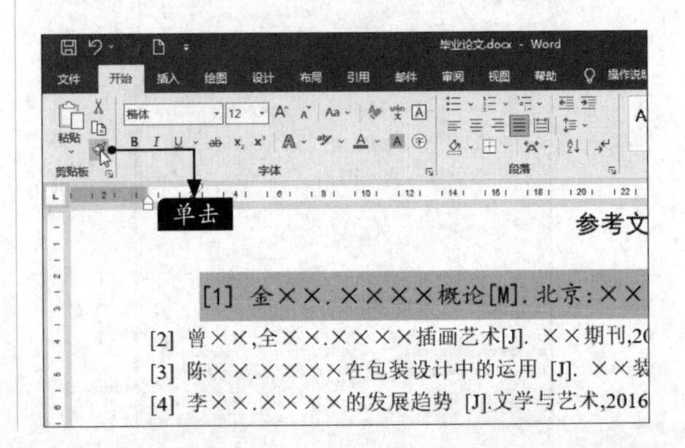

步骤03 鼠标指针变为🖌形状，选择其他要应用该样式的段落，如下图所示。

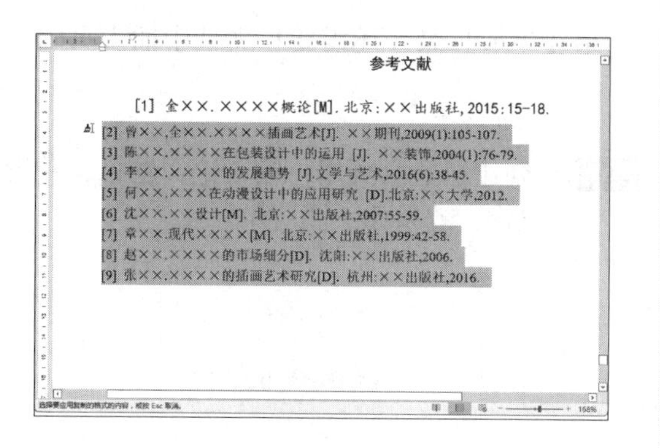

步骤04 应用该样式的其他段落的效果如下图所示。

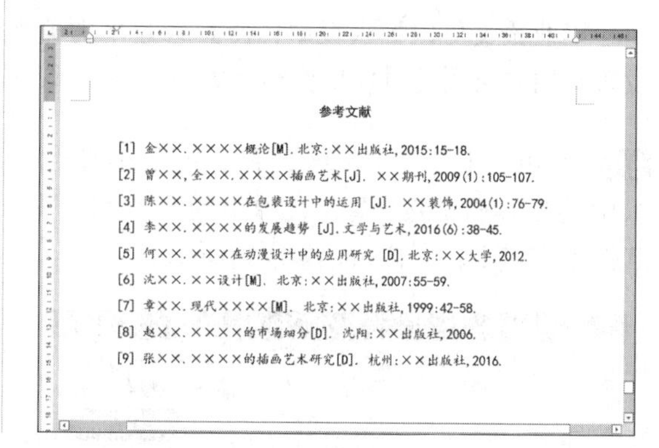

小提示

单击【格式刷】按钮，可执行一次样式复制操作；如果需要大量复制样式，则需双击该按钮，鼠标指针旁将一直存在一个小刷子图标🖌，若要取消操作，单击【格式刷】按钮或按【Esc】键即可。

4.2.3 插入分页符

在排版毕业论文时，有些内容需要另起一页显示，如摘要、结束语、致谢、参考文献等。这可以通过插入分页符的方法实现，具体操作步骤如下。

步骤01 将光标放在“参考文献”前，单击【布局】选项卡下【页面设置】组中的【分隔符】按钮 分隔符，在弹出的下拉列表中单击【分页符】选项，如下图所示。

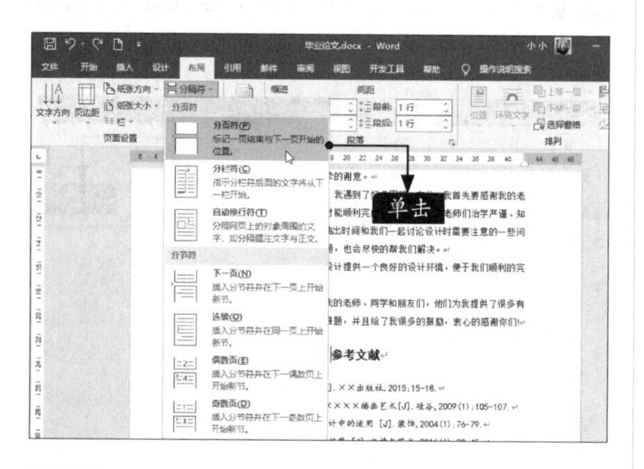

步骤02 “参考文献”及其下方的内容将另起一页显示，如右上图所示。

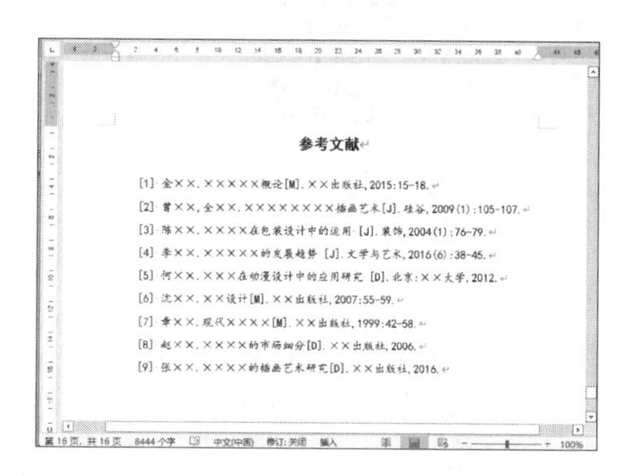

步骤03 使用同样的方法，为摘要、结束语及致谢设置分页，如下图所示。

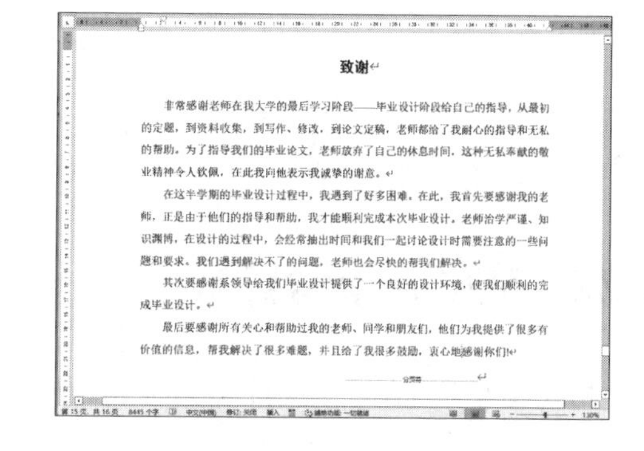

4.2.4 设置页眉和页码

毕业论文可以插入页眉，使其看起来更美观。如果要生成目录，还需要在文档中插入页码。设置页眉和页码的具体操作步骤如下。

步骤 01 单击【插入】选项卡下【页眉和页脚】组中的【页眉】按钮，在弹出的下拉列表中选择【空白】页眉样式，如下图所示。

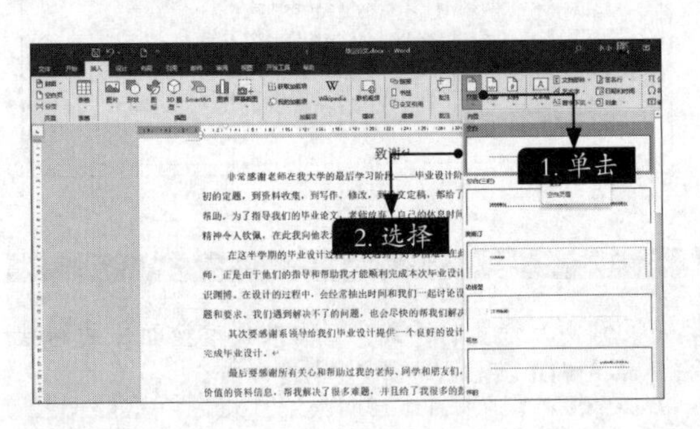

步骤 02 在【页眉和页脚】选项卡下的【选项】组中选中【首页不同】和【奇偶页不同】复选框，如下图所示。

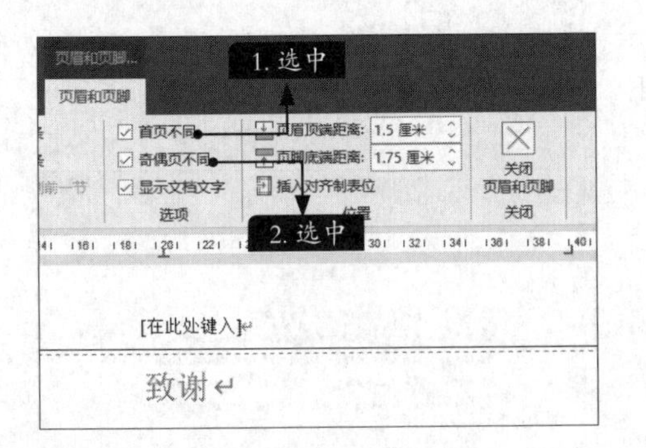

步骤 03 在奇数页页眉中输入学校信息，并根据需要设置字体样式，效果如下图所示。

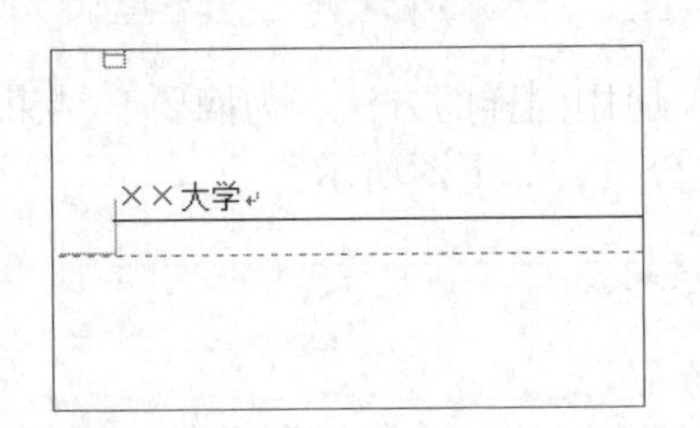

步骤 04 创建偶数页页眉，输入论文题目，并设置字体样式，效果如下图所示。

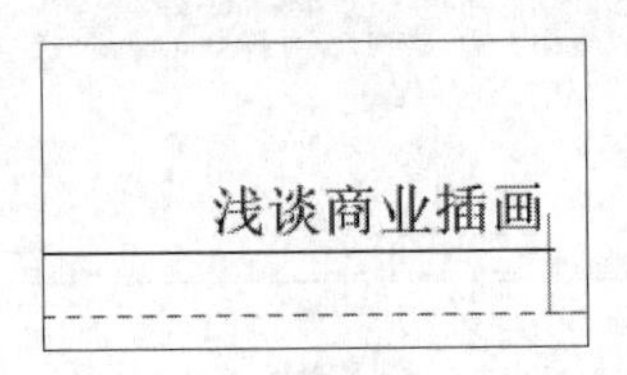

步骤 05 单击【页眉和页脚】选项卡下【页眉和页脚】组中的【页码】按钮，在弹出的下拉列表中选择一种页面底端页码格式，如下图所示。

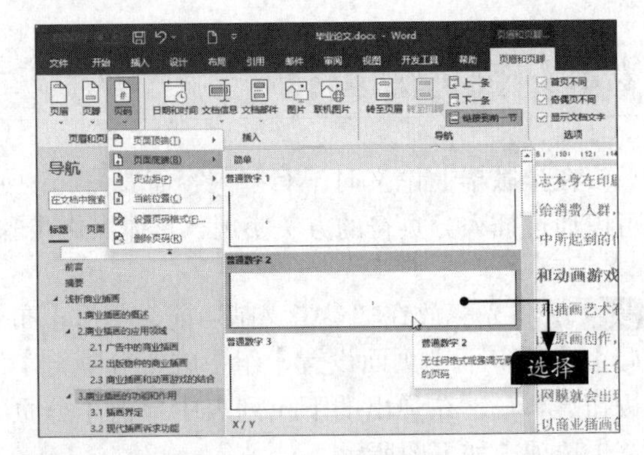

步骤 06 选择后即可在页面底端插入页码，单击【关闭页眉和页脚】按钮，如下图所示。

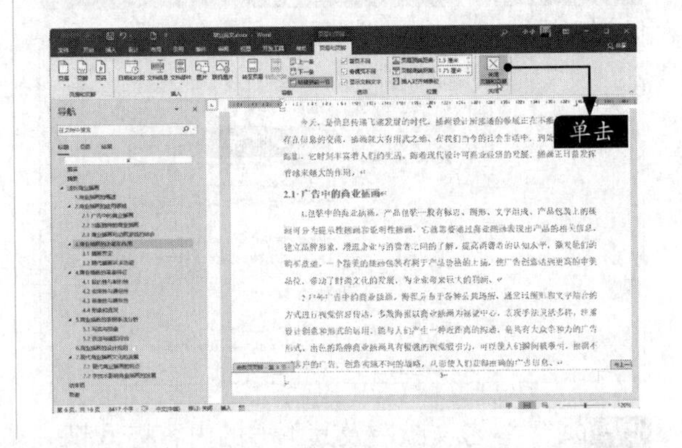

4.2.5 生成并编辑目录

格式设置完后，可生成目录，具体操作步骤如下。

步骤01 将光标定位至文档第2页最前面的位置，单击【布局】选项卡下【页面布置】组中的【分隔符】按钮 分隔符，在弹出的下拉列表中单击【下一页】选项，添加一个空白页，在空白页中输入“目录”，并根据需要设置字体样式，如下图所示。

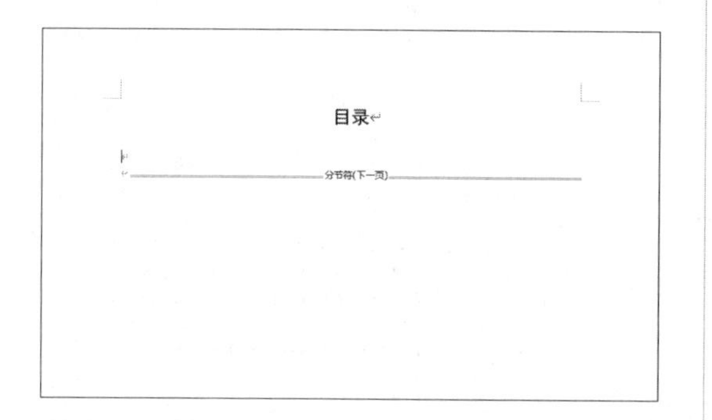

步骤02 单击【引用】选项卡下【目录】组中的【目录】按钮，在弹出的下拉列表中单击【自定义目录】选项，如下图所示。

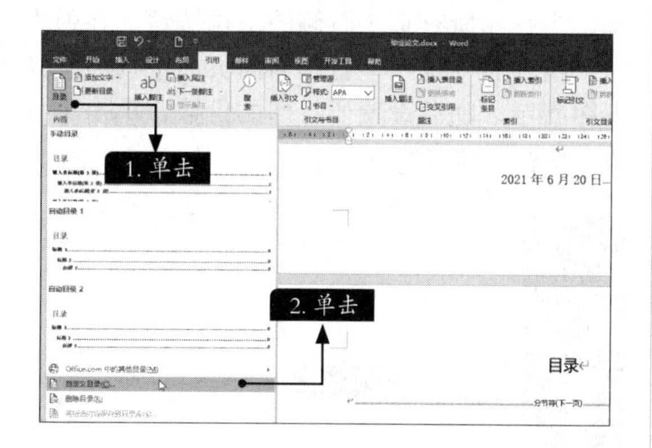

步骤03 在弹出的【目录】对话框的【格式】下拉列表中选择“正式”选项，在【显示级别】文本框中输入或调整显示级别为“3”，在预览区域可以看到设置后的效果，设置完成后，单击【确定】按钮，如下图所示。

步骤04 在光标定位的位置生成目录，效果如下图所示。

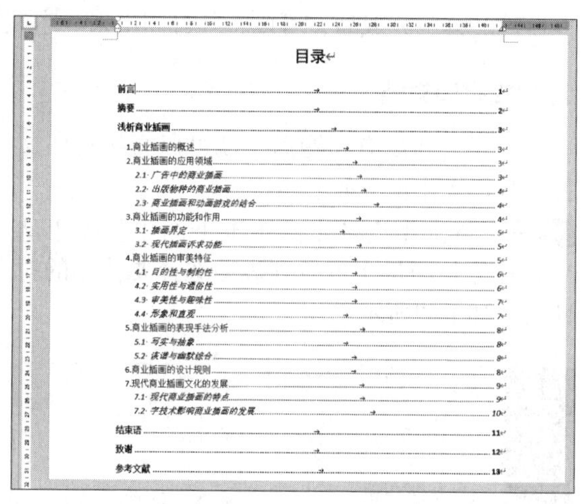

步骤05 选中目录文本，根据需要设置目录的字体格式，效果如下图所示。

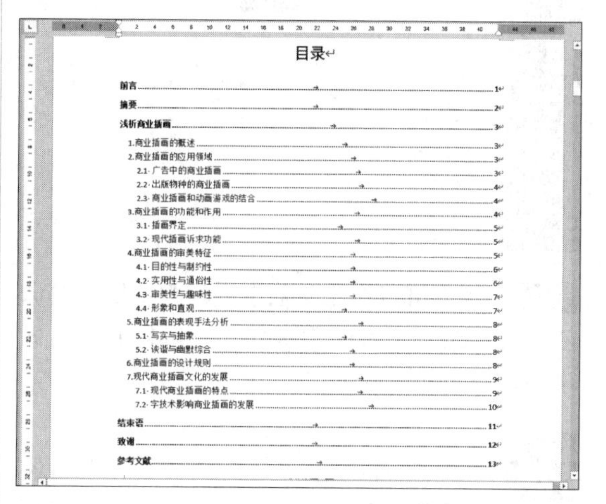

步骤06 完成排版的毕业论文最终效果如下图所示。

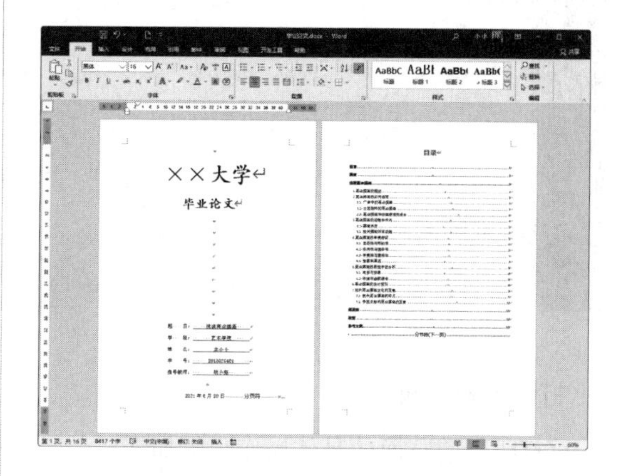

4.2.6 打印论文

论文排版完成后，可以将其打印出来。本节主要介绍Word文档的打印技巧。

1. 直接打印文档

确保文档没有问题后，就可以直接打印文档。具体操作步骤如下。

步骤 01 单击【文件】选项卡下的【打印】选项，在【打印机】下拉列表中选择要使用的打印机，如下图所示。

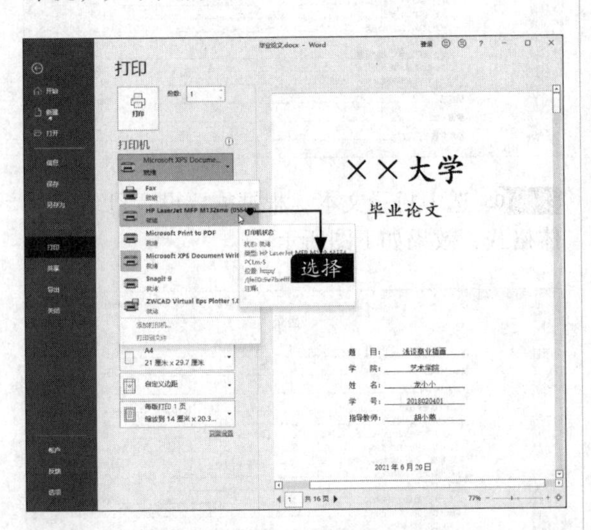

步骤 02 用户可以在【份数】微调框中输入打印的份数，单击【打印】按钮，即可开始打印文档，如下图所示。

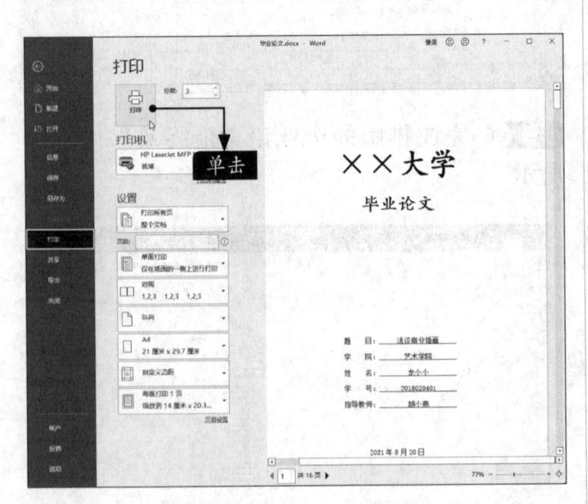

2. 打印当前页面

打印当前页面的具体操作步骤如下。

步骤 01 在打开的文档中，将光标定位至要打印的Word页面，这里定位至第4页，如下图所示。

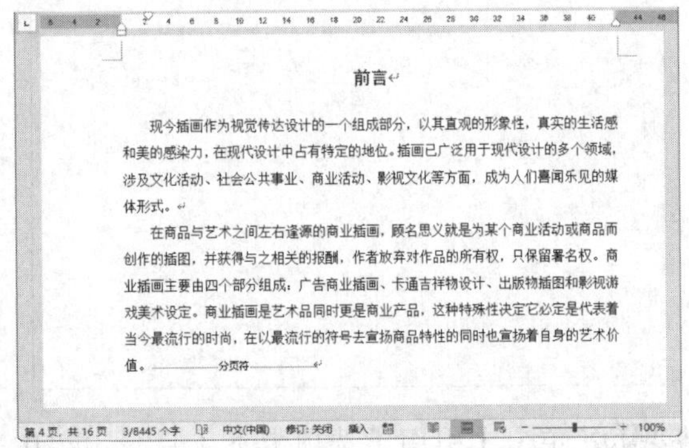

步骤 02 打开【文件】选项卡，在弹出的列表中选择【打印】选项，在右侧【设置】区域中单击【打印所有页】右侧的下拉按钮，在弹出的下拉列表中选择【打印当前页面】选项，如下图所示。随后设置要打印的份数，单击【打印】按钮即可进行打印。

3. 打印连续或不连续页面

打印连续或不连续页面的具体操作步骤如下。

步骤 01 在打开的文档中，打开【文件】选项卡，在弹出的列表中选择【打印】选项，在右侧【设置】区域中单击【打印所有页】选项右侧的下拉按钮，在弹出的下拉列表中选择【自定义打印范围】选项，如下图所示。

步骤 02 在下方的【页数】文本框中输入要打印的页码，并设置要打印的份数，单击【打印】按钮即可进行打印，如下图所示。

小提示

打印时，连续页码使用英文半角连接符，不连续的页码使用英文半角逗号分隔。

高手私房菜

技巧1：删除页眉中的分割线

在添加页眉时，经常会看到自动添加的分割线，该分割线可以删除。具体操作步骤如下。

步骤 01 双击页眉位置，进入页眉编辑状态，将光标定位在页眉处，并单击【开始】选项卡下【样式】组中的【其他】按钮，在弹出的下拉列表中选择【清除格式】选项，如下图所示。

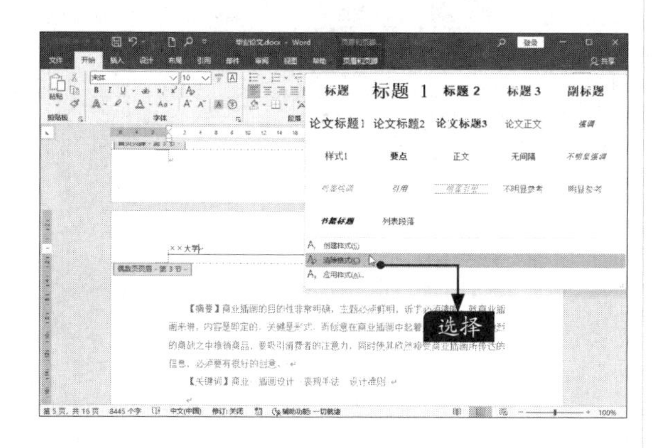

步骤 02 此时，页眉中的分割线被删除，如下图所示。

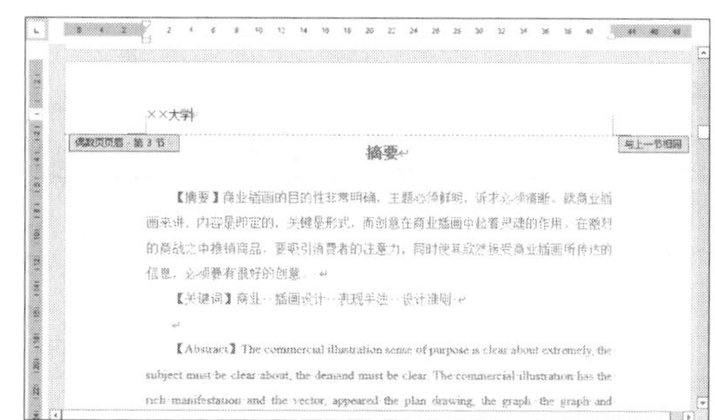

技巧2：合并多个文档

如果要将多个文档合并到一个文档中，使用复制、粘贴功能一篇一篇地合并，不仅费时，还容易出错。而使用Word 2021提供的插入文件中的文字功能，就可以快速实现将多个文档合并到一个文档中的操作，具体操作步骤如下。

步骤 01 新建空白Word文档，并将其另存为“合并多个文档.docx”，如下图所示。

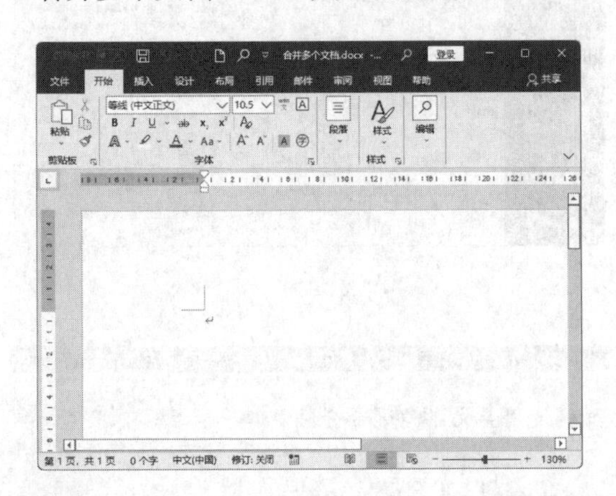

步骤 02 单击【插入】选项卡下【文本】组中【对象】按钮右侧的下拉按钮，在弹出的下拉列表中选择【文件中的文字】选项，如下图所示。

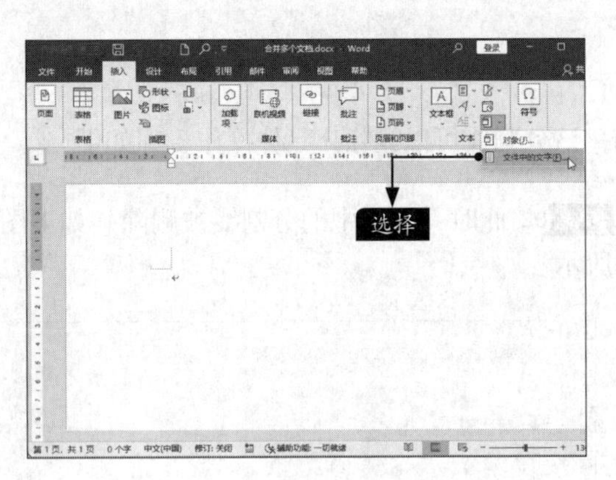

步骤 03 在打开的【插入文件】对话框中，选择要合并的文档，单击【插入】按钮，如下图所示。

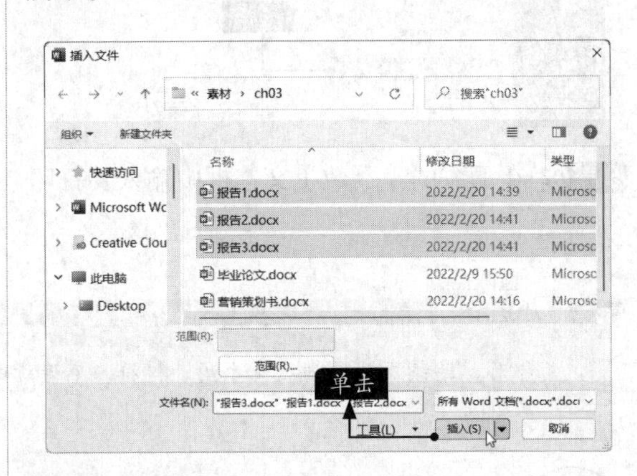

步骤 04 选择的所有文档快速合并到一个文档中，如下图所示。

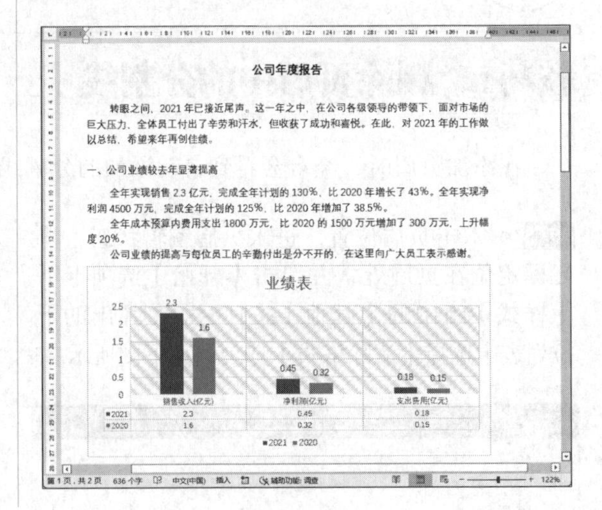

第5章

Excel工作簿和工作表的基本操作

Excel 2021主要用于电子表格的处理，可以进行复杂的数据运算。本章主要介绍工作簿和工作表的基本操作，如创建工作簿和工作表的常用操作、单元格的基本操作以及输入文本等。通过本章的学习，读者可以掌握工作簿和工作表的基本操作。

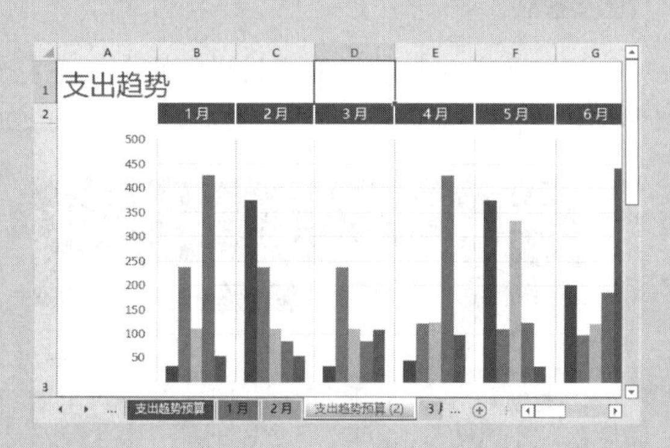

员工基本资料表

员工编号	姓名	性别	出生日期	部门	人员级别	入职时间	基本工资
001001	陈××	女	1983-08-28	市场部	部门经理	2003年2月12日	8800
001002	田××	男	1994-07-17	研发部	部门经理	2000年4月15日	7500
001003	柳××	女	1992-12-14	研发部	研发人员	2002年9月13日	4500
001004	李××	女	1980-11-11	研发部	研发人员	2018年5月15日	5100
001005	蔡××	男	1991-04-30	研发部	研发人员	2010年9月16日	4800
001006	王××	男	1985-05-28	研发部	研发人员	2009年7月28日	5400
001007	高××	男	1985-12-07	研发部	部门经理	2018年6月11日	5400
001008	胡××	女	1980-06-25	办公室	普通员工	2015年4月15日	4500
001009	张××	男	1987-08-18	办公室	部门经理	2000年8月24日	5100
001010	谢××	男	1996-07-21	办公室	普通员工	2019年9月19日	4700
001011	刘××	女	1998-02-17	办公室	普通员工	2022年1月5日	4300
001012	冯××	男	1986-05-12	测试部	测试人员	2018年5月28日	6900
001013	郑××	男	1992-09-28	测试部	部门经理	2016年9月19日	7500
001014	马××	男	1988-08-26	测试部	测试人员	2001年2月26日	4500
001015	赵××	女	1987-03-02	技术支持部	部门经理	2003年6月25日	5100
001016	朱××	男	1993-06-22	技术支持部	技术人员	2016年5月16日	4800
001017	童××	男	1983-08-15	技术支持部	技术人员	2004年6月25日	5400
001018	周××	男	1991-12-22	技术支持部	技术人员	2021年6月19日	3800
001019	林××	女	1984-10-30	技术支持部	技术人员	2010年5月16日	4500
001020	巴××	女	1999-08-30	市场部	技术人员	2019年1月12日	5100

Sheet1

5.1 创建支出趋势预算表

本节通过创建支出趋势预算表介绍工作簿及工作表的基本操作。

5.1.1 创建空白工作簿

创建空白工作簿有以下两种方法。

1. 启动Excel时创建空白工作簿

步骤 01 启动Excel 2021时，在打开的界面中单击右侧的【空白工作簿】选项，如下图所示。

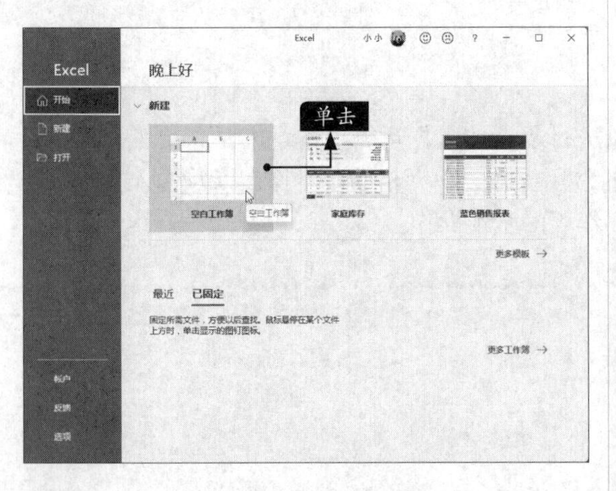

步骤 02 系统自动创建一个名称为“工作簿1”的工作簿，如下图所示。

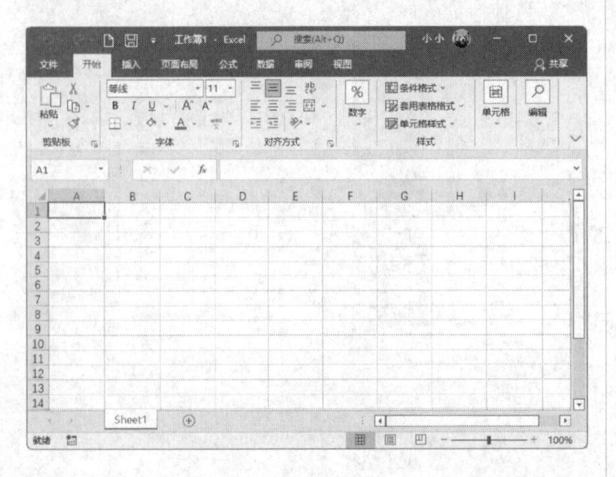

2. 启动Excel后创建空白工作簿

启动Excel 2021后可以通过以下3种方法创建空白工作簿。

（1）启动Excel 2021后，选择【文件】→【新建】→【空白工作簿】选项，即可创建空白工作簿，如下图所示。

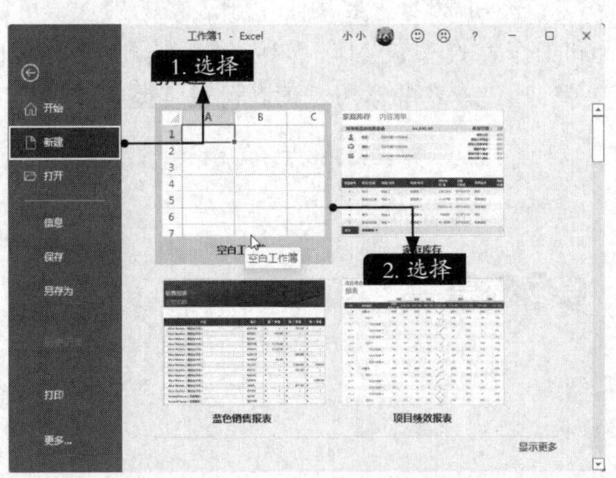

（2）单击快速访问工具栏中的【新建】按钮，如下图所示。

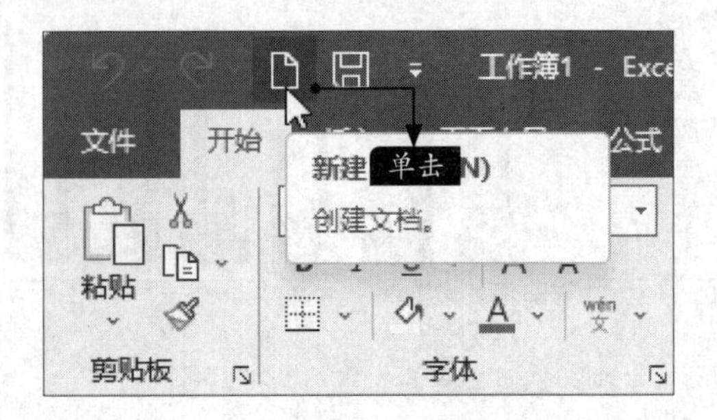

（3）按【Ctrl+N】组合键快速创建空白工作簿。

5.1.2 使用模板创建工作簿

用户可以使用系统自带的模板或搜索联机模板，在模板上进行修改以创建工作簿。例如，通过Excel模板，创建支出趋势预算表，具体的操作步骤如下。

步骤01 打开【文件】选项卡，在弹出的下拉列表中选择【新建】选项，然后在【搜索联机模板】文本框中输入“支出趋势预算”，单击【开始搜索】按钮，如下图所示。

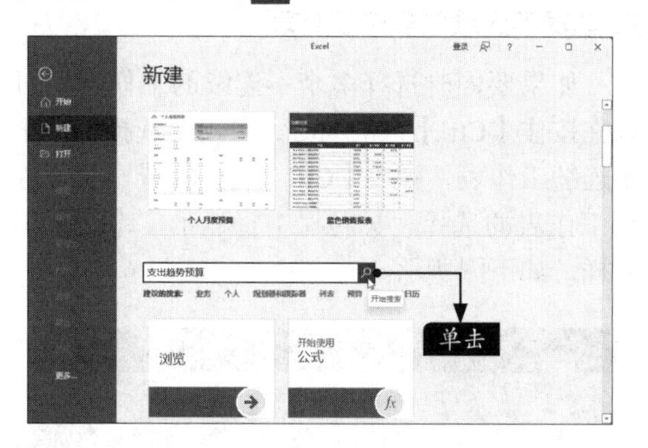

步骤02 在显示的搜索结果中，单击搜索到的【支出趋势预算】选项，如下图所示。

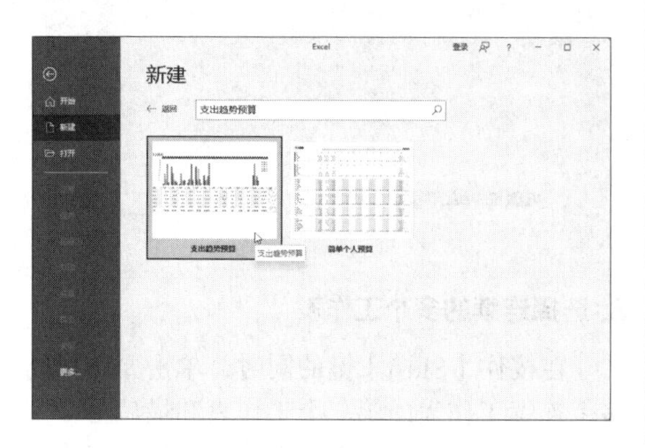

步骤03 在弹出的“支出趋势预算”预览界面中，单击【创建】按钮，即可下载该模板，如下图所示。

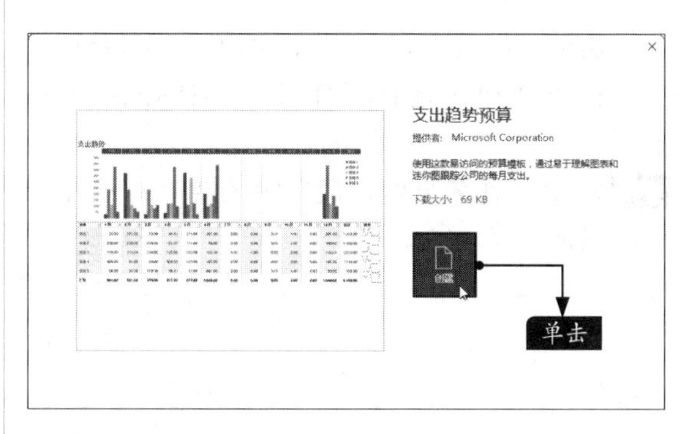

步骤04 下载完成后，系统会自动打开该模板，此时用户只需在表格中输入或修改相应的数据即可，如下图所示。

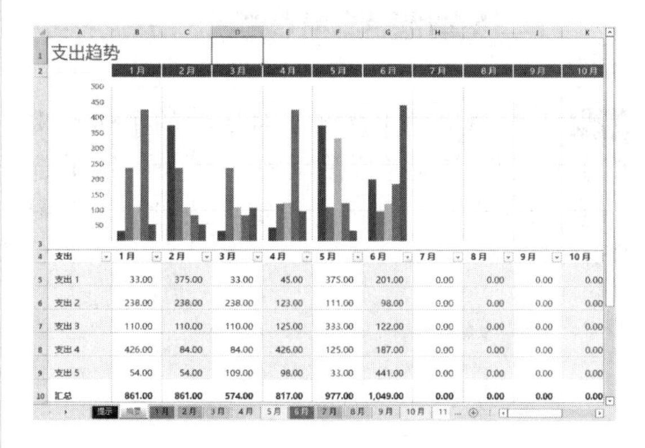

支出	1月	2月	3月	4月	5月	6月	7月	8月	9月	10月
支出 1	33.00	375.00	33.00	45.00	375.00	201.00	0.00	0.00	0.00	0.00
支出 2	238.00	238.00	238.00	123.00	111.00	98.00	0.00	0.00	0.00	0.00
支出 3	110.00	110.00	110.00	125.00	333.00	122.00	0.00	0.00	0.00	0.00
支出 4	426.00	84.00	84.00	426.00	125.00	187.00	0.00	0.00	0.00	0.00
支出 5	54.00	54.00	109.00	98.00	33.00	441.00	0.00	0.00	0.00	0.00
汇总	861.00	861.00	574.00	817.00	977.00	1,049.00	0.00	0.00	0.00	0.00

5.1.3 选择单个或多个工作表

在使用模板创建的工作簿中可以看到其中包含多个工作表，在编辑工作表之前要选择工作表，选择工作表有以下几种方法。

1. 选择单个工作表

选择单个工作表时，只需要在要选择的工作表标签上单击即可。例如，在“5月”工作表标签上单击，即可选择“5月”工作表，如下页图所示。

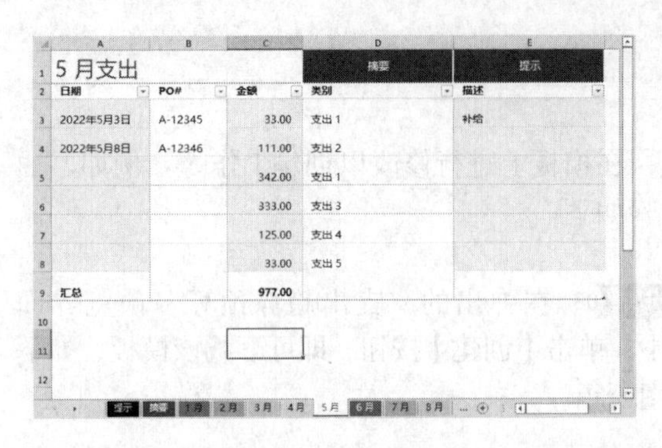

如果工作表太多，显示不完整，可以使用下面的方法快速选择工作表。具体操作步骤如下。

步骤 01 在工作表导航栏最左侧区域（见下图）单击鼠标右键。

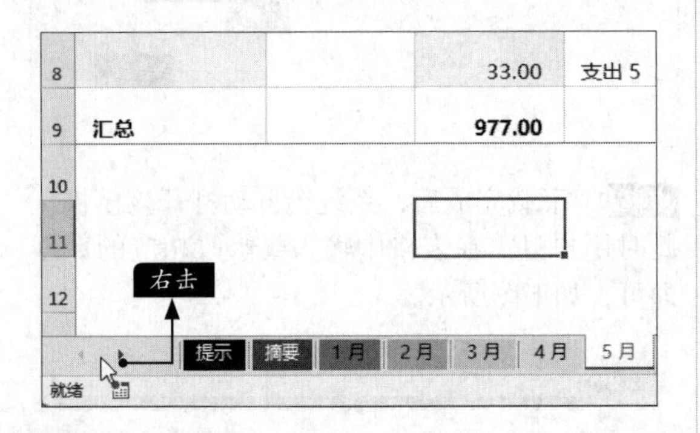

步骤 02 在弹出的【激活】对话框的【活动文档】列表框中选择要激活的工作表，这里选择【3月】选项，单击【确定】按钮，如下图所示。

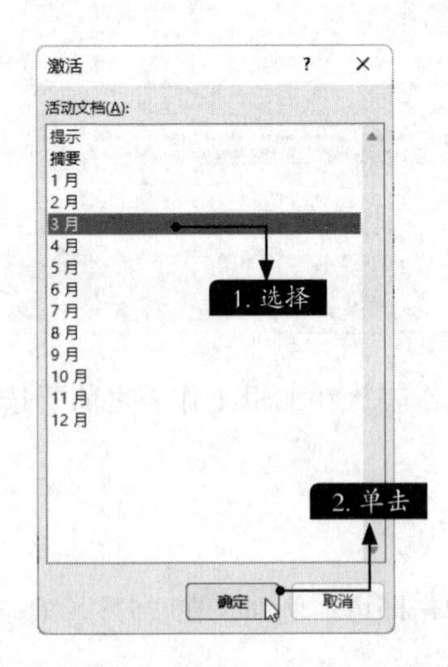

步骤 03 快速选择的“3月”工作表如右上图所示。

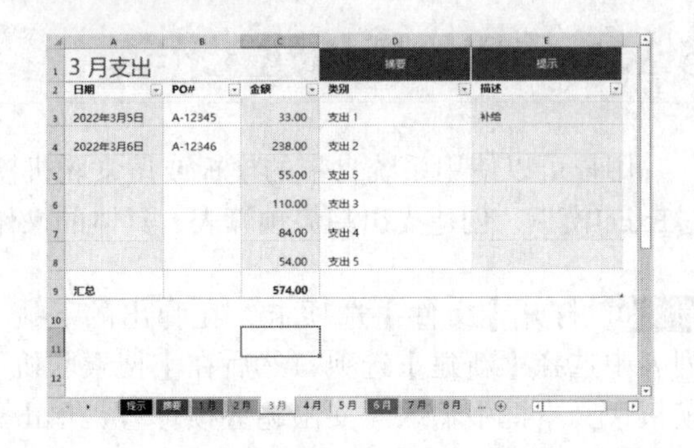

2. 选择不连续的多个工作表

如果要同时选择多个不连续的工作表，可以在按住【Ctrl】键的同时，单击要选择的多个不连续工作表，释放【Ctrl】键，完成多个不连续工作表的选择，标题栏中将显示“【组】”字样，如下图所示。

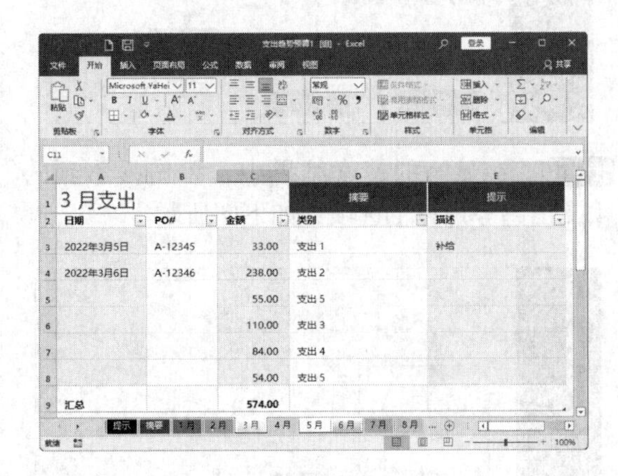

3. 选择连续的多个工作表

在按住【Shift】键的同时，单击要选择的多个连续工作表的第一个工作表和最后一个工作表，释放【Shift】键，完成多个连续工作表的选择，如下图所示。

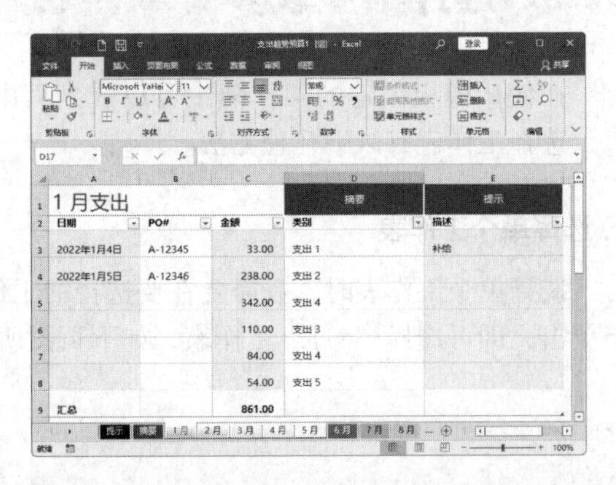

5.1.4 重命名工作表

每个工作表都有自己的名称，默认情况下以Sheet1、Sheet2、Sheet3……命名工作表。这种命名方式不便于管理工作表，因此可以对工作表重命名，以便更好地管理工作表。具体操作步骤如下。

步骤01 双击要重命名的工作表的标签“摘要”，进入可编辑状态，如下图所示。

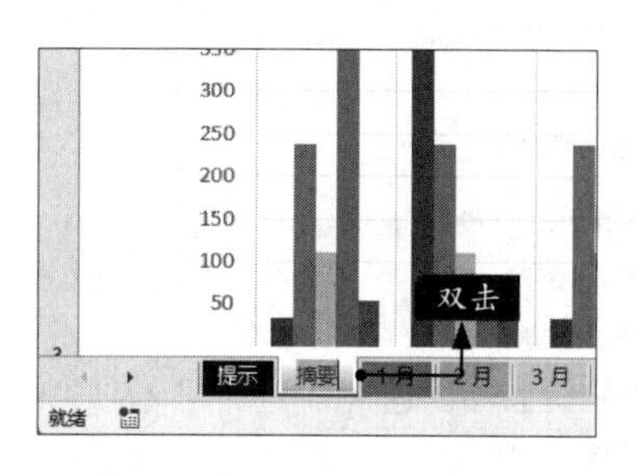

步骤02 输入新的标签名后，按【Enter】键，即可完成对该工作表进行的重命名操作，如下图所示。

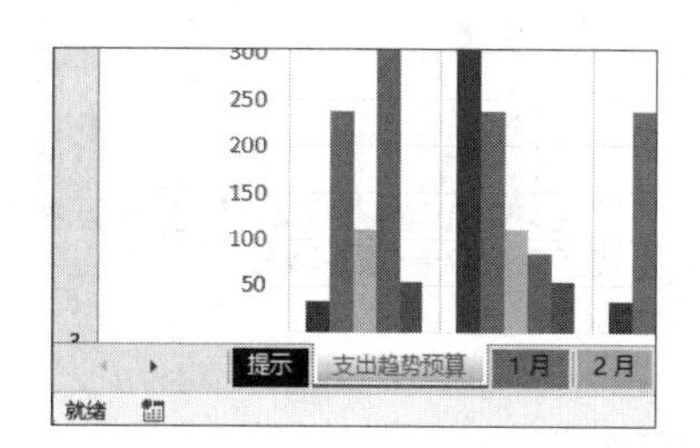

5.1.5 移动和复制工作表

移动与复制工作表是编辑工作表常用的操作。

1. 移动工作表

可以将工作表移动到同一个工作簿的指定位置。具体操作步骤如下。

步骤01 在要移动的工作表标签上单击鼠标右键，在弹出的快捷菜单中单击【移动或复制】命令，如下图所示。

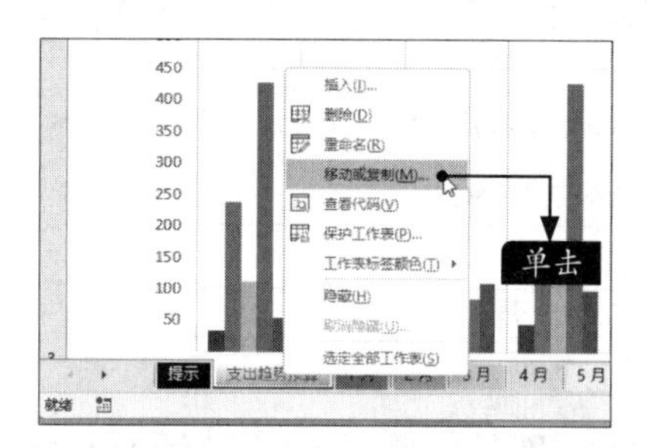

步骤02 在弹出的【移动或复制工作表】对话框中选择要移动到的位置，单击【确定】按钮，如右上图所示。

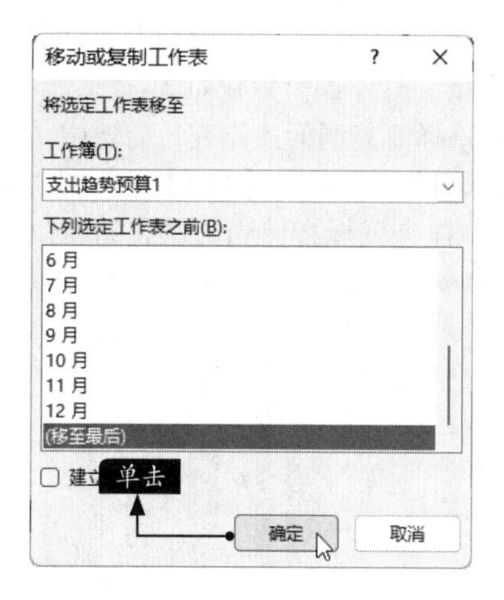

步骤03 当前工作表移动到指定的位置，如下图所示。

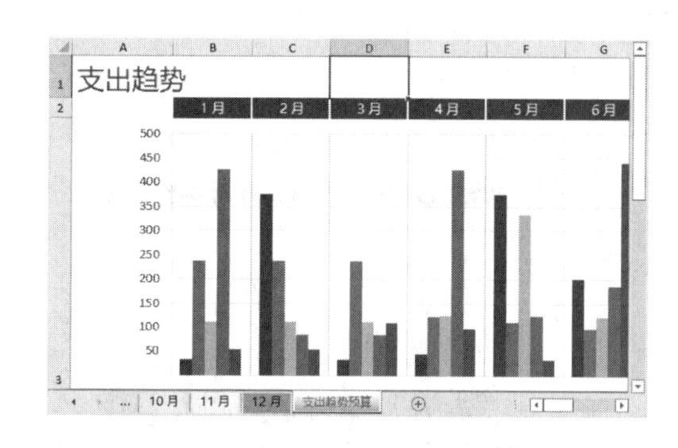

> **小提示**
>
> 如果要移动到其他工作簿中，将该工作簿打开，并在【移动或复制工作表】对话框中，单击【工作簿】下方右侧的下拉按钮，选择其他工作簿名称，然后单击【确定】按钮，即可实现跨工作簿移动工作表。

小提示

选择要移动的工作表标签，按住鼠标左键不放，拖曳鼠标，可看到一个黑色倒三角▼随鼠标指针移动而移动，如下图所示。移动黑色倒三角到目标位置，释放鼠标左键，工作表即可被移动到新的位置。

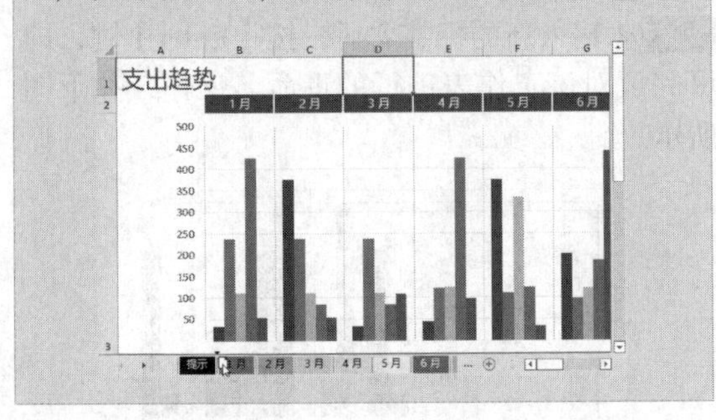

2. 复制工作表

用户在一个或多个Excel工作簿中复制工作表，有以下两种方法。

（1）使用鼠标复制

使用鼠标复制工作表的步骤与移动工作表的步骤相似，要在拖曳鼠标的同时按住【Ctrl】键。具体操作步骤如下。

步骤 01 选择要复制的工作表，如选中“支出趋势预算”工作表，按住【Ctrl】键的同时单击该工作表，拖曳鼠标指针到工作表的新位置，黑色倒三角▼会随鼠标指针移动，如下图所示。

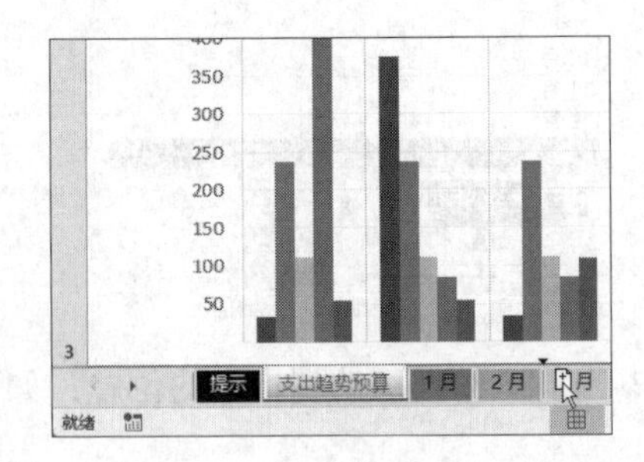

步骤 02 释放鼠标左键，工作表即被复制到新的位置，如下图所示。

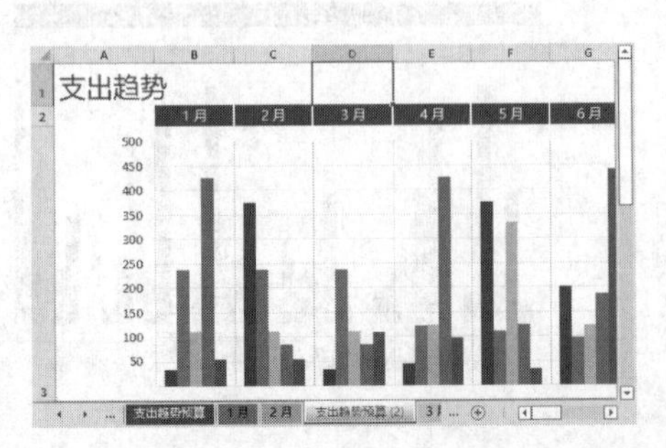

（2）使用快捷菜单复制

选择要复制的工作表，在工作表标签上单击鼠标右键，在弹出的快捷菜单中单击【移动或复制】命令。在弹出的【移动或复制工作表】对话框中选择要复制的目标工作簿和插入的位置，如这里选择【（移至最后）】选项，然后选中【建立副本】复选框，单击【确定】按钮，如下图所示。

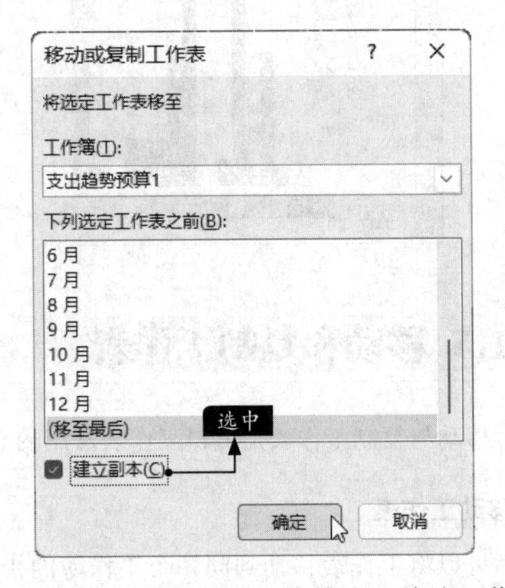

如果要复制到其他工作簿中，将该工作簿打开，在工作簿下拉列表中选择该工作簿名称，如这里选择【工作簿1】选项，选中【建立副本】复选框，如下图所示。单击【确定】按钮，即可将该工作表复制到其他工作簿中。

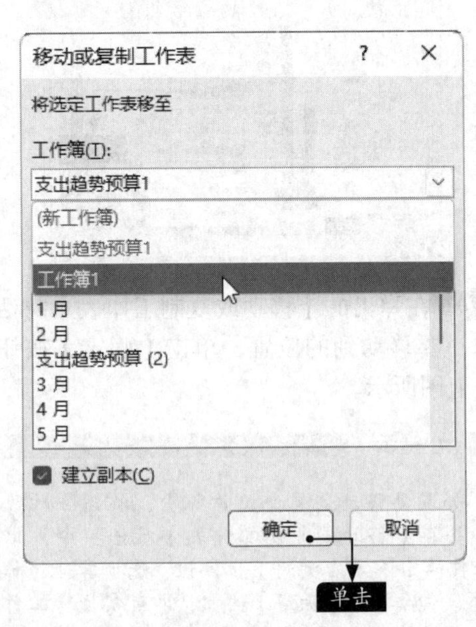

5.1.6 删除工作表

为便于对Excel表格进行管理，无用的工作表可以删除，以节省存储空间。删除工作表的方法主要有以下两种。

1. 使用【删除工作表】删除

步骤01 选择要删除的“支出趋势预算(3)”工作表，单击【开始】选项卡下【单元格】组中的【删除】按钮 删除 右侧的下拉按钮，在弹出的下拉列表中选择【删除工作表】选项，如下图所示。

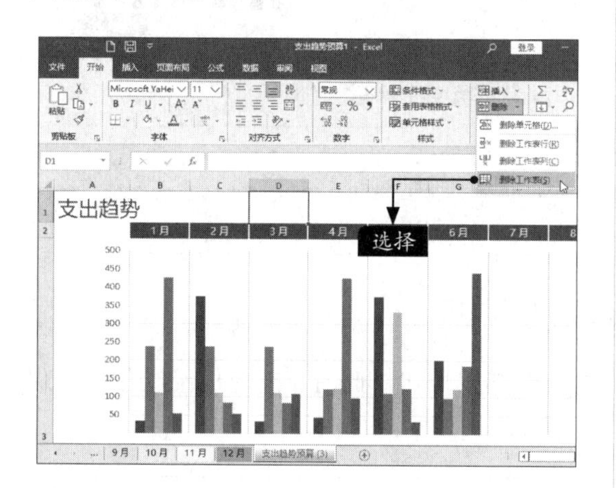

步骤02 在弹出的【Microsoft Excel】提示框中，单击【删除】按钮，如下图所示。

步骤03 所选的工作表被删除，如下图所示。

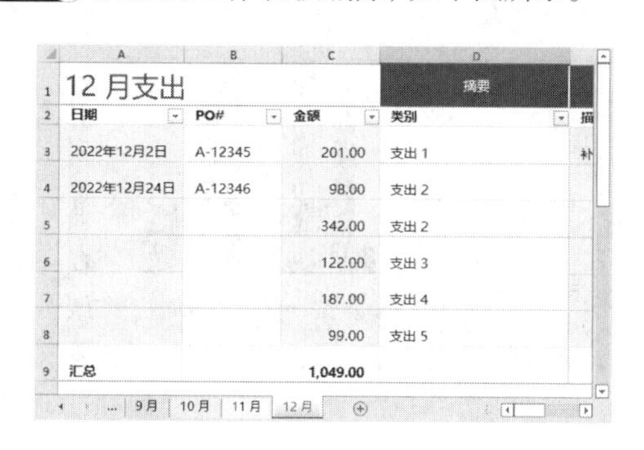

2. 使用快捷菜单删除

在要删除的工作表标签上单击鼠标右键，在弹出的快捷菜单中单击【删除】命令，在弹出的【Microsoft Excel】提示框中单击【删除】按钮，即可将当前所选工作表删除，如下图所示。

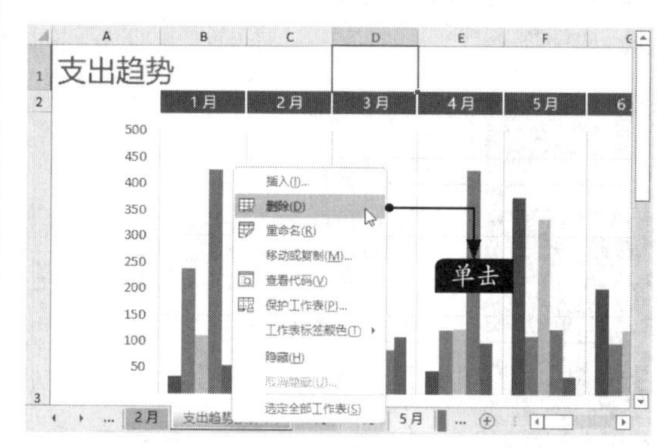

5.1.7 设置工作表标签颜色

Excel提供了工作表标签的美化功能，用户可以根据需要对标签的颜色进行设置，以便区分不同的工作表。

步骤01 右击要设置标签颜色的“支出趋势预算”工作表标签，在弹出的快捷菜单中单击【工作表标签颜色】命令，从弹出的子菜单中选择需要的颜色，这里选择“红色”，如右图所示。

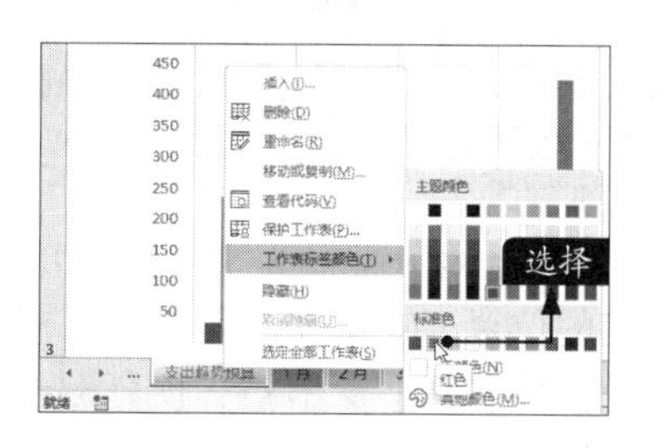

小提示

在设置工作表标签颜色时，用户也可以同时选择多个工作表，对其设置标签颜色。

步骤02 工作表标签颜色设置为“红色”后的效果如下图所示。

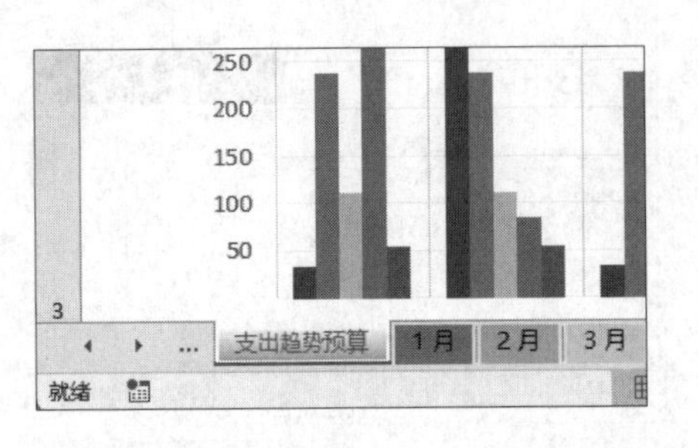

如果要更改或取消工作表标签颜色，可在工作表标签上单击鼠标右键，在弹出的快捷菜单中单击【工作表标签颜色】命令，从弹出的子菜单中选择需要更改的颜色。当单击【无颜色】选项时，将取消设置的颜色，如下图所示。

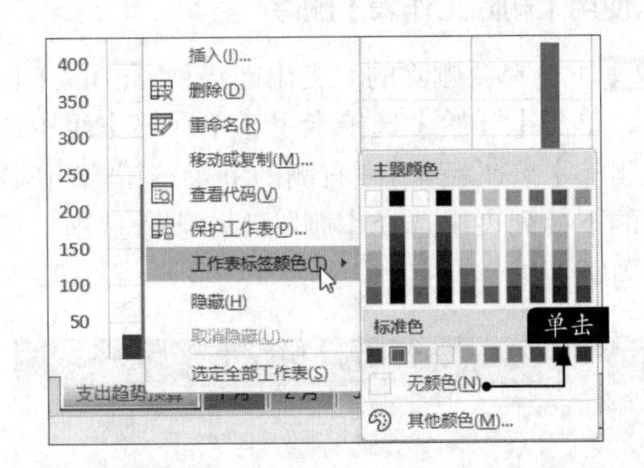

5.1.8 保存工作簿

工作表编辑完成后，需要将工作簿保存，具体操作步骤如下。

步骤01 打开【文件】选项卡，选择【保存】选项，在右侧【另存为】区域中单击【浏览】按钮，如下图所示。

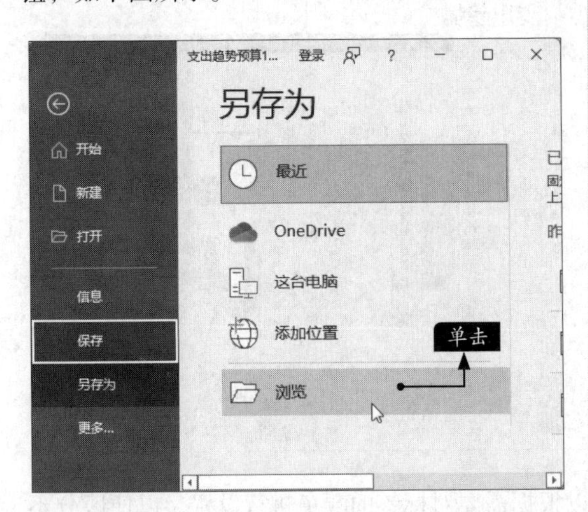

小提示

首次保存文档时，选择【保存】选项，将打开【另存为】区域。

步骤02 在弹出的【另存为】对话框中，选择文件存储的位置，在【文件名】文本框中输入要保存的文件名称“支出趋势预算.xlsx”，单击【保存】按钮。此时，就完成了工作簿的保存，如下图所示。

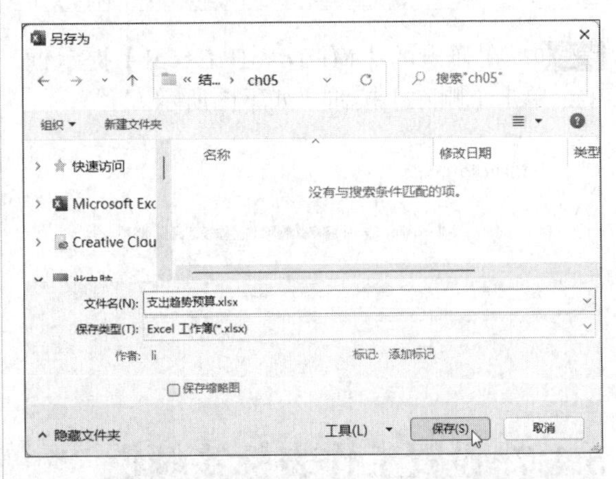

小提示

对已保存过的工作簿进行编辑后，可以通过以下方法保存。

（1）按【Ctrl+S】组合键。

（2）单击快速访问工具栏中的【保存】按钮。

（3）单击【文件】选项卡下的【保存】选项。

5.2 修改员工信息表

员工信息表主要记录企业员工的基本信息。本节以修改“员工信息表”为例，介绍工作表中单元格及行与列的基本操作。

5.2.1 选择单元格或单元格区域

对单元格进行编辑操作，首先要选择单元格或单元格区域。默认情况下，启动Excel并创建新的工作簿时，单元格A1处于自动选中状态。

1. 选择单元格

打开“素材\ch05\员工信息表.xlsx”工作簿，单击某一单元格，若单元格的边框变成绿色矩形边框，则此单元格处于选中状态。当前单元格的地址显示在名称框中，在工作表格区内，鼠标指针变成“✚”形状，如下图所示。

C3 | 女

	A	B	C	D	E	F
1	员工信息表					
2	部门	姓名	性别	内线电话	手机	办公室
3	市场部	张××	女	1100	139××××2000	101
4	市场部	王××	女	1101	139××××9652	101
5	市场部	李××	女	1102	133××××5527	101
6	市场部	赵××	男	1105	136××××2576	101
7	技术部	钱××	女	1106	132××××7328	105
8	服务部	孙××	男	1108	131××××5436	107
9	研发部	李××	女	1109	139××××1588	108
10	海外事业部	胡××	男	1110	138××××4678	109
11	海外事业部	马××	女	1111	139××××5628	109
12	技术部	刘××	女	1112	139××××4786	112
13	技术部	毛××	男	1114	139××××4787	112
14	人力资源部	周××	男	1115	139××××4788	113
15	人力资源部	冯××	男	1107	131××××7936	106
16	人力资源部	赖××	男	1113	139××××5786	113

员工信息表

在名称框中输入目标单元格的地址，如“B2”，按【Enter】键即可选中B列第2行单元格，如下图所示。

B2 | 姓名

	A	B	C
1	员工信息表		
2	部门	姓名	性别
3	市场部	张××	女
4	市场部	王××	女
5	市场部	李××	女
6	市场部	赵××	男

员工信息表
就绪 130%

2. 选择单元格区域

单元格区域是由多个单元格组成的区域。根据单元格组成区域的相互联系情况，区域分为连续区域和不连续区域。

（1）选择连续区域

在连续区域中，多个单元格之间是连续、紧密衔接的，连接的区域呈规则的矩形。连续区域的单元格地址标识一般使用“左上角单元格地址:右下角单元格地址”表示，下图即为一个连续区域，单元格地址为A1:C5，包含了从A1单元格到C5单元格共15个单元格。

	A	B	C	D	E
1	员工信息表				
2	部门	姓名	性别	内线电话	手机
3	市场部	张××	女	1100	139××××2
4	市场部	王××	女	1101	139××××9
5	市场部	李××	女	1102	133××××5
6	市场部	赵××	男	1105	136××××2
7	技术部	钱××	女	1106	132××××7
8	服务部	孙××	男	1108	131××××5
9	研发部	李××	女	1109	139××××1
10	海外事业部	胡××	男	1110	138××××4
11	海外事业部	马××	女	1111	139××××5

员工信息表

（2）选择不连续区域

不连续区域是指不相邻的单元格或单元格区域，不连续区域的单元格地址主要由单元格或单元格区域的地址组成，以“,”分隔。例如“A1:B4,C7:C9,G10”为一个不连续区域的单元格地址，表示该不连续区域包含A1:B4、C7:C9两个连续区域和G10单元格，如下页图所示。

除了选择连续和不连续单元格区域，还可以选择所有单元格，即选中整个工作表，方法有以下两种。

（1）单击工作表左上角行号与列标相交处的【选中全部】按钮，即可选中整个工作表。

（2）按【Ctrl+A】组合键也可以选中整个工作表，如下图所示。

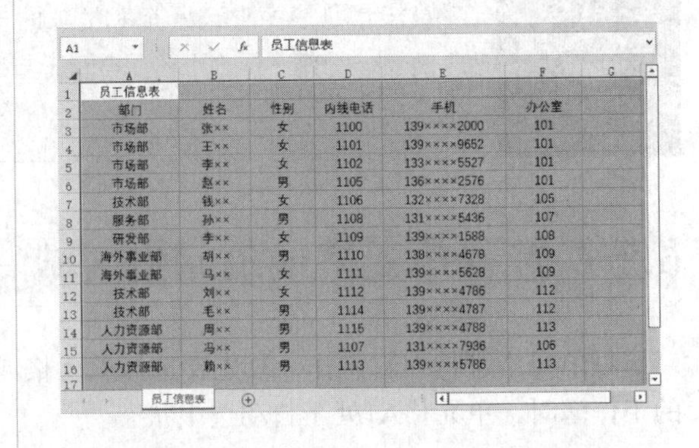

5.2.2 合并与拆分单元格

合并与拆分单元格是常用的单元格操作。该操作不仅可以满足用户编辑表格数据的需求，也可以使工作表整体更加美观。

1. 合并单元格

合并单元格是指在Excel工作表中，将两个或两个以上选定的相邻单元格合并成一个单元格。具体操作步骤如下。

步骤 01 在打开的素材文件中选择A1:F1单元格区域，单击【开始】选项卡下【对齐方式】组中的【合并后居中】按钮 合并后居中，在弹出的下拉列表中选择【合并后居中】选项，如下图所示。

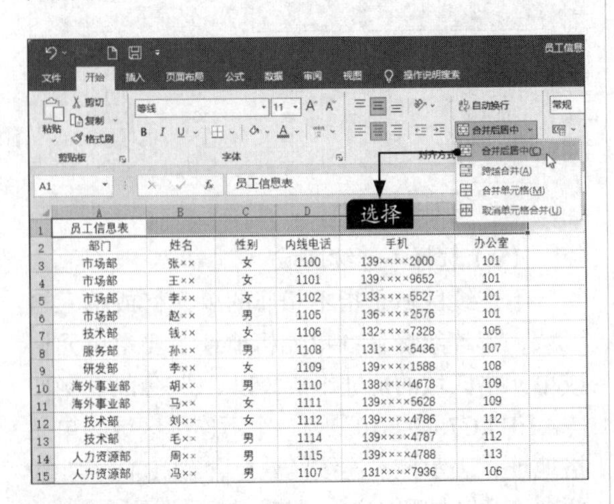

步骤 02 选择的单元格区域合并，且居中显示单元格内的文本，如右上图所示。

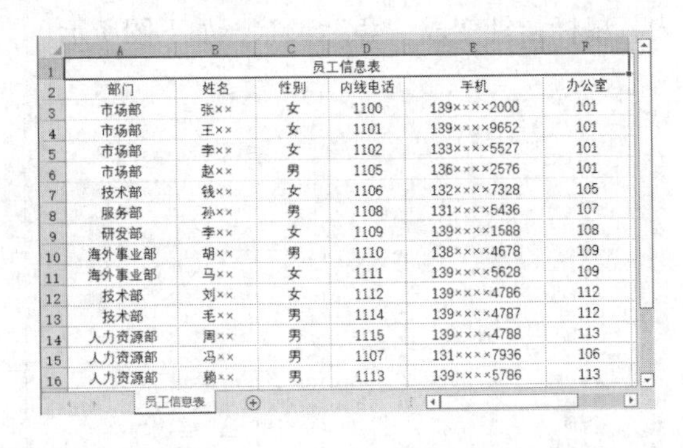

2. 拆分单元格

在Excel工作表中，还可以将合并后的单元格拆分成多个单元格。拆分单元格有以下两种方法。

（1）选择合并后的单元格，单击【开始】选项卡下【对齐方式】组中的【合并后居中】按钮 合并后居中 右侧的下拉按钮，在弹出的下拉列表中选择【取消单元格合并】选项，该单元格即被取消合并，恢复成合并前的单元格，如下图所示。

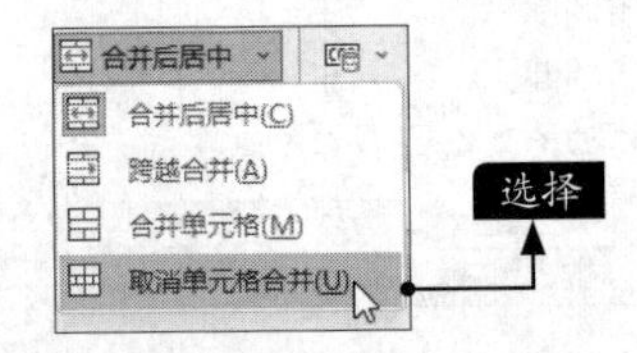

（2）在合并后的单元格上单击鼠标右键，在弹出的快捷菜单中单击【设置单元格格式】命令，弹出【设置单元格格式】对话框，在【对齐】选项卡下撤销选中【合并单元格】复选框，然后单击【确定】按钮，也可拆分合并后的单元格，如右图所示。

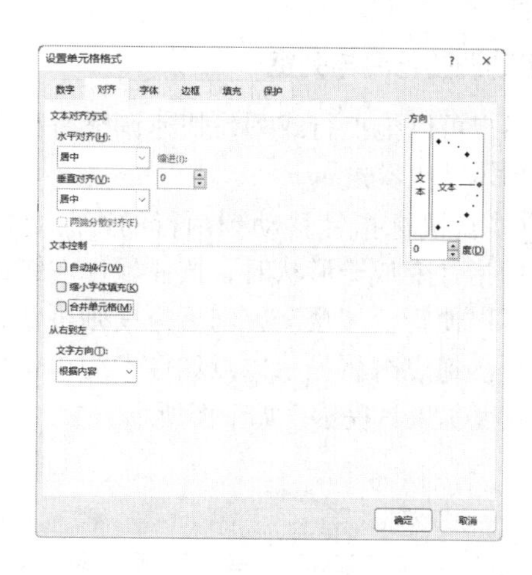

5.2.3 插入或删除行与列

在Excel工作表中，用户可以根据需要插入或删除行和列，其具体操作步骤如下。

1. 插入行与列

在工作表中插入新行，当前行则向下移动。而插入新列，当前列则向右移动。选中某行或某列后，单击鼠标右键，在弹出的快捷菜单中单击【插入】命令，即可插入行或列，如下图所示。

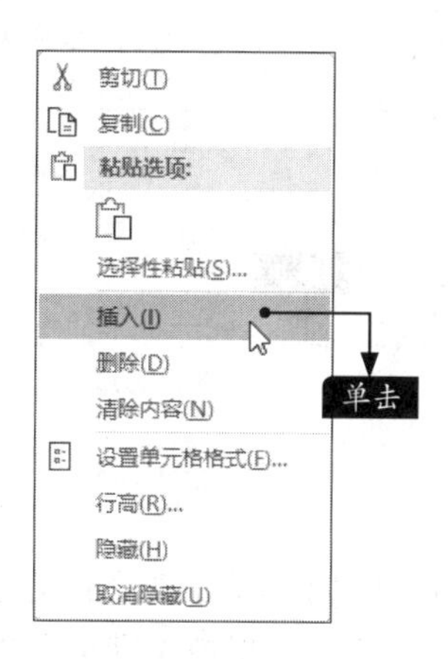

2. 删除行与列

对工作表中多余的行或列，可以将其删除。删除行和列的方法有多种，常用的有以下3种。

（1）选择要删除的行或列，单击鼠标右键，在弹出的快捷菜单中单击【删除】命令，即可将其删除。

（2）选择要删除的行或列，单击【开始】选项卡下【单元格】组中的【删除】按钮下方的下拉按钮，在弹出的下拉列表中选择【删除单元格】选项，即可将选中的行或列删除。

（3）选择要删除的行或列中的一个单元格，单击鼠标右键，在弹出的快捷菜单中单击【删除】命令，在弹出的【删除文档】对话框中选中【整行】或【整列】单选项，然后单击【确定】按钮即可，如下图所示。

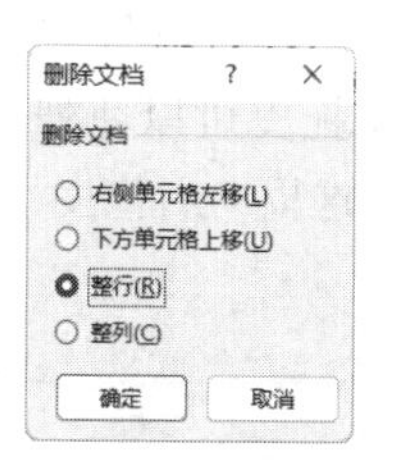

5.2.4 设置行高与列宽

在Excel工作表中，当单元格的高度或宽度不足时会导致数据显示不完整，这时就需要调整行高或列宽。

1. 手动调整行高与列宽

用户可以拖曳行或列，快速调整行高或列宽，具体操作步骤如下。

步骤01 将鼠标指针移动到两行的行号之间，当鼠标指针变成✚形状时，按住鼠标左键向上拖曳可以使行变“矮”，向下拖曳则可使行变“高”。拖曳时将显示以点和像素为单位的高度（宽度）工具提示，如下图所示。

高度: 30.00 (40 像素)

员工信息表					
部门	姓名	性别	内线电话	手机	办公室
市场部	张××	女	1100	139××××2000	101
市场部	王××	女	1101	139××××9652	101
市场部	李××	女	1102	133××××5527	101
市场部	赵××	男	1105	136××××2576	101
技术部	钱××	女	1106	132××××7328	105
服务部	孙××	男	1108	131××××5436	107
研发部	李××	女	1109	139××××1588	108
海外事业部	胡××	男	1110	138××××4678	109
海外事业部	马××	女	1111	139××××5628	109
技术部	刘××	女	1112	139××××4786	112
技术部	毛××	男	1114	139××××4787	112
人力资源部	周××	男	1115	139××××4788	113
人力资源部	冯××	男	1107	131××××7936	106
人力资源部	赖××	男	1113	139××××5786	113

步骤02 释放鼠标左键，即可完成行高的调整，效果如下图所示。

员工信息表					
部门	姓名	性别	内线电话	手机	办公室
市场部	张××	女	1100	139××××2000	101
市场部	王××	女	1101	139××××9652	101
市场部	李××	女	1102	133××××5527	101
市场部	赵××	男	1105	136××××2576	101
技术部	钱××	女	1106	132××××7328	105
服务部	孙××	男	1108	131××××5436	107
研发部	李××	女	1109	139××××1588	108
海外事业部	胡××	男	1110	138××××4678	109
海外事业部	马××	女	1111	139××××5628	109
技术部	刘××	女	1112	139××××4786	112
技术部	毛××	男	1114	139××××4787	112
人力资源部	周××	男	1115	139××××4788	113

步骤03 如果要调整列宽，将鼠标指针移动到两列的列标之间，当鼠标指针变成✚形状时，按住鼠标左键向左拖曳可以使列变窄，向右拖曳则可使列变宽。这里向右拖曳，如下图所示。

宽度: 15.25 (127 像素)

员工信息表					
部门	姓名	性别	内线电话	手机	办公室
市场部	张××	女	1100	139××××2000	101
市场部	王××	女	1101	139××××9652	101
市场部	李××	女	1102	133××××5527	101
市场部	赵××	男	1105	136××××2576	101
技术部	钱××	女	1106	132××××7328	105
服务部	孙××	男	1108	131××××5436	107
研发部	李××	女	1109	139××××1588	108
海外事业部	胡××	男	1110	138××××4678	109
海外事业部	马××	女	1111	139××××5628	109
技术部	刘××	女	1112	139××××4786	112
技术部	毛××	男	1114	139××××4787	112
人力资源部	周××	男	1115	139××××4788	113
人力资源部	冯××	男	1107	131××××7936	106

步骤04 释放鼠标左键，即可完成列宽的调整，效果如下图所示。

员工信息表					
部门	姓名	性别	内线电话	手机	办公室
市场部	张××	女	1100	139××××2000	101
市场部	王××	女	1101	139××××9652	101
市场部	李××	女	1102	133××××5527	101
市场部	赵××	男	1105	136××××2576	101
技术部	钱××	女	1106	132××××7328	105
服务部	孙××	男	1108	131××××5436	107
研发部	李××	女	1109	139××××1588	108
海外事业部	胡××	男	1110	138××××4678	109
海外事业部	马××	女	1111	139××××5628	109
技术部	刘××	女	1112	139××××4786	112
技术部	毛××	男	1114	139××××4787	112
人力资源部	周××	男	1115	139××××4788	113
人力资源部	冯××	男	1107	131××××7936	106

2. 精确调整行高与列宽

虽然使用鼠标可以快速调整行高或列宽，但是其精确度不高。如果需要调整行高或列宽为固定值，那么就需要使用【行高】或【列宽】命令进行调整。具体操作步骤如下。

步骤01 在打开的素材文件中选择第1行，在行号上单击鼠标右键，在弹出的快捷菜单中单击【行高】命令，如下图所示。

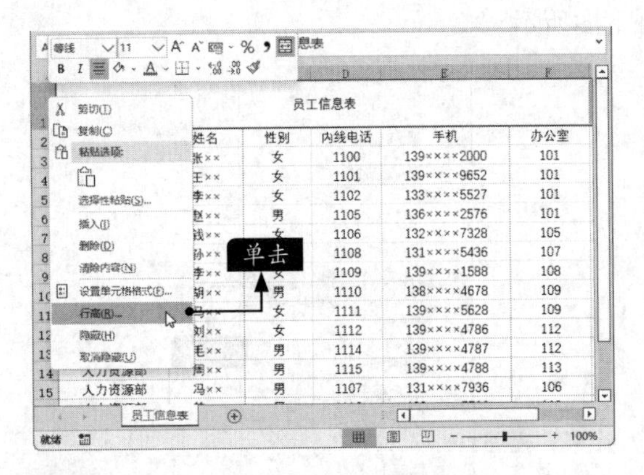

步骤02 在弹出的【行高】对话框的【行高】文本框中输入“28”，单击【确定】按钮，如下图所示。

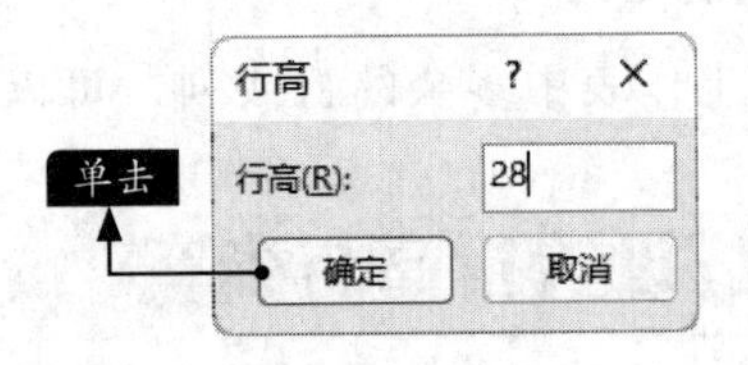

步骤03 调整后，第1行的行高被精确调整为“28”，效果如下页图所示。

员工信息表					
部门	姓名	性别	内线电话	手机	办公室
市场部	张××	女	1100	139××××2000	101
市场部	王××	女	1101	139××××9652	101
市场部	李××	女	1102	133××××5527	101
市场部	赵××	男	1105	136××××2576	101
技术部	钱××	女	1106	132××××7328	105
服务部	孙××	男	1108	131××××5436	107
研发部	李××	女	1109	139××××1588	108
海外事业部	胡××	男	1110	138××××4678	109
海外事业部	马××	女	1111	139××××5628	109
技术部	刘××	女	1112	139××××4786	112
技术部	毛××	男	1114	139××××4787	112
人力资源部	周××	男	1115	139××××4788	113
人力资源部	冯××	男	1107	131××××7936	106
人力资源部	赖××	男	1113	139××××5786	113

步骤04 使用同样的方法，设置第2行【行高】为“20”，第3行至第16行【行高】为“18”，并设置B列至D列【列宽】为“10”，效果如右图所示。

员工信息表					
部门	姓名	性别	内线电话	手机	办公室
市场部	张××	女	1100	139××××2000	101
市场部	王××	女	1101	139××××9652	101
市场部	李××	女	1102	133××××5527	101
市场部	赵××	男	1105	136××××2576	101
技术部	钱××	女	1106	132××××7328	105
服务部	孙××	男	1108	131××××5436	107
研发部	李××	女	1109	139××××1588	108
海外事业部	胡××	男	1110	138××××4678	109
海外事业部	马××	女	1111	139××××5628	109
技术部	刘××	女	1112	139××××4786	112
技术部	毛××	男	1114	139××××4787	112
人力资源部	周××	男	1115	139××××4788	113
人力资源部	冯××	男	1107	131××××7936	106
人力资源部	赖××	男	1113	139××××5786	113

至此，就完成了员工信息表的修改。

5.3 制作员工基本资料表

员工基本资料表通常需要容纳文本、数值、日期等多种类型的数据。本节以制作“员工基本资料表”为例，介绍在Excel 2021中输入和编辑数据的方法。

5.3.1 输入文本内容

对于单元格中输入的数据，Excel会自动地根据数据的特征进行处理并显示。输入文本内容的具体操作步骤如下。

步骤01 新建空白工作簿，并将其另存为“员工基本资料表.xlsx”，选择A1单元格，输入文本“员工基本资料表”，如下图所示。

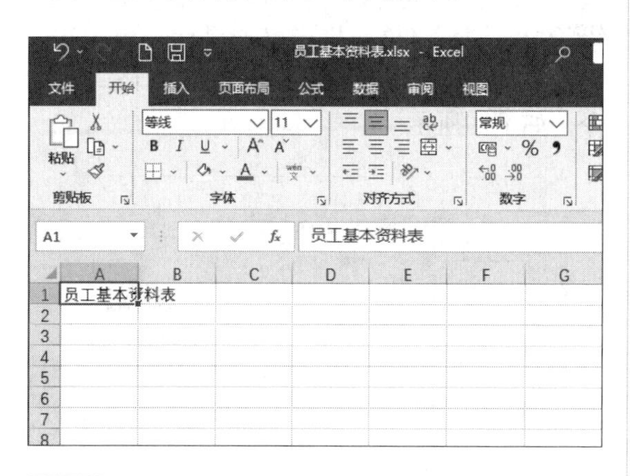

步骤02 选择A2单元格，输入“员工编号”，然后根据需要在其他单元格中输入文本内容（为了节约时间，可以打开“素材\ch05\员工基本资料.xlsx”工作簿，复制其中的内容），如下图所示。

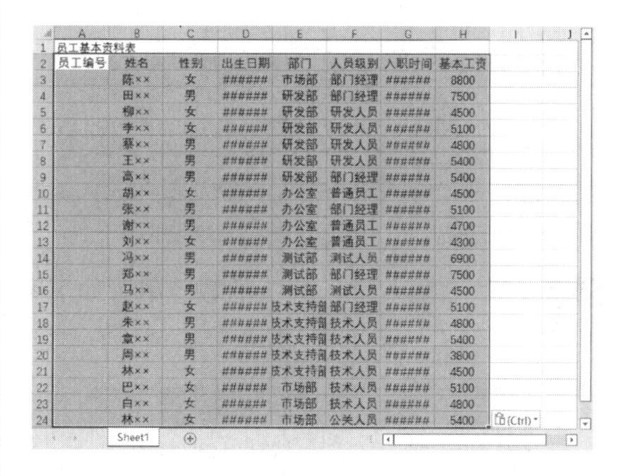

员工基本资料表							
员工编号	姓名	性别	出生日期	部门	人员级别	入职时间	基本工资
	陈××	女	######	市场部	部门经理	######	8800
	田××	男	######	研发部	部门经理	######	7500
	柳××	女	######	研发部	研发人员	######	4500
	李××	女	######	研发部	研发人员	######	5100
	蔡××	男	######	研发部	研发人员	######	4800
	王××	男	######	研发部	研发人员	######	5400
	高××	男	######	研发部	部门经理	######	5400
	胡××	女	######	办公室	普通员工	######	4500
	张××	男	######	办公室	部门经理	######	5100
	谢××	男	######	办公室	普通员工	######	4700
	刘××	女	######	办公室	普通员工	######	4300
	冯××	男	######	测试部	测试人员	######	6900
	郑××	男	######	测试部	部门经理	######	7500
	马××	男	######	测试部	测试人员	######	4500
	赵××	女	######	技术支持部	部门经理	######	5100
	朱××	男	######	技术支持部	技术人员	######	4800
	章××	男	######	技术支持部	技术人员	######	5400
	周××	男	######	技术支持部	技术人员	######	3800
	林××	女	######	技术支持部	技术人员	######	4500
	巴××	女	######	市场部	技术人员	######	5100
	白××	女	######	市场部	技术人员	######	4800
	林××	女	######	市场部	公关人员	######	5400

步骤03 选择A1:H1单元格区域，单击【开始】选项卡下【对齐方式】组中的【合并后居中】按钮，合并单元格区域，如下页图所示。

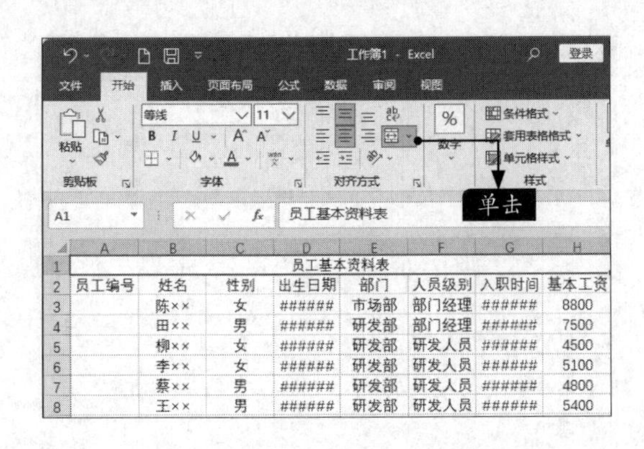

步骤 04 根据需要调整行高及列宽，效果如下图所示。

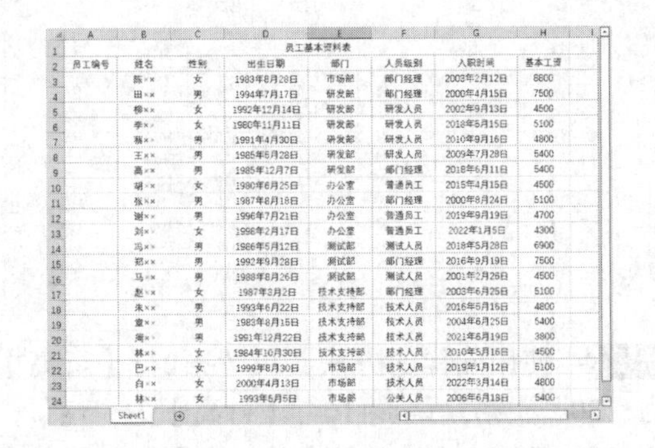

5.3.2 输入以“0”开头的员工编号

在输入以数字“0”开头的数字串时，Excel将自动省略数字“0”。可以使用下面的操作输入以“0”开头的员工编号，具体操作步骤如下。

步骤 01 选择A3单元格，输入一个英文半角单引号“'”，如下图所示。

步骤 02 输入以“0”开头的数字串，按【Enter】键确认，如下图所示。

步骤 03 输入的以“0”开头的数字串，如下图所示。

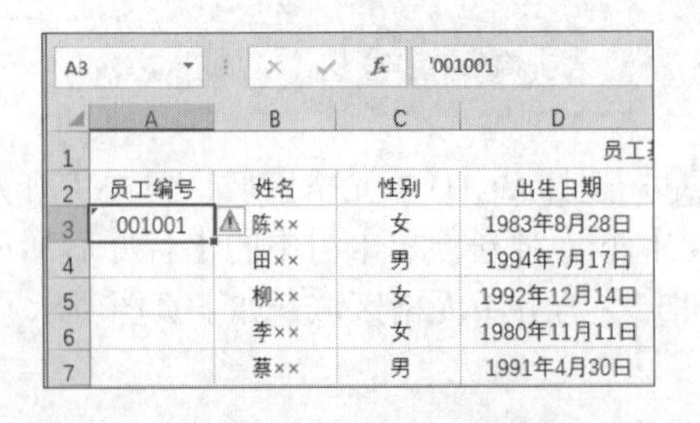

小提示

当数字为文本格式或数字前面有撇号时，单元格右侧会有⚠符号，主要起提示作用，如果单元格数据没有错误，则无须处理。单击该提示符号，弹出下拉列表，如下图所示，用户可以选择将其转换为数字或忽略错误等。

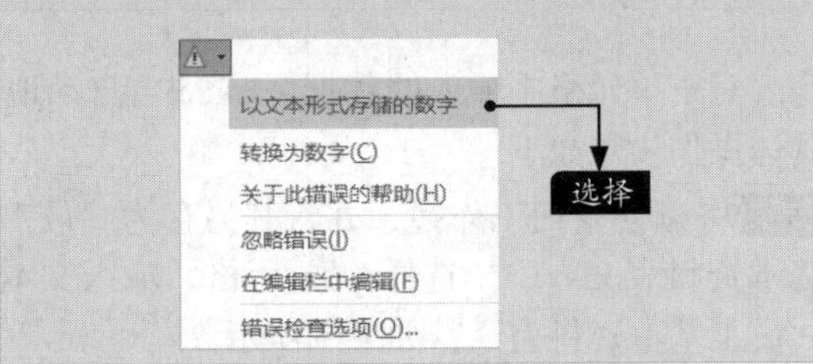

步骤 04 选择A4单元格，单击鼠标右键，在弹出的快捷菜单中单击【设置单元格格式】命令，如下图所示。

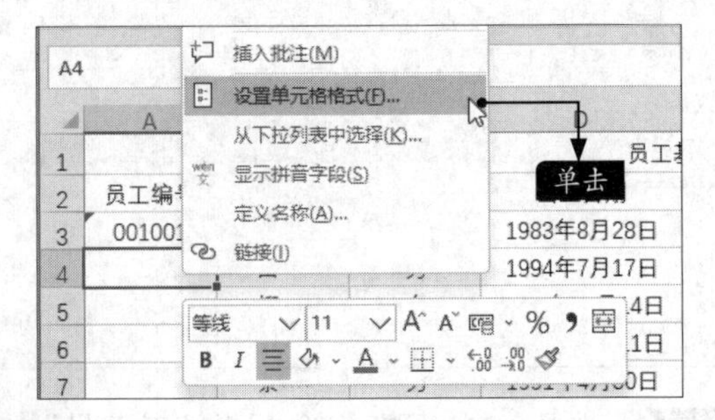

步骤 05 在弹出的【设置单元格格式】对话框中，选择【数字】标签，在【分类】列表框中选择【文本】选项，单击【确定】按钮，如下页图

所示。

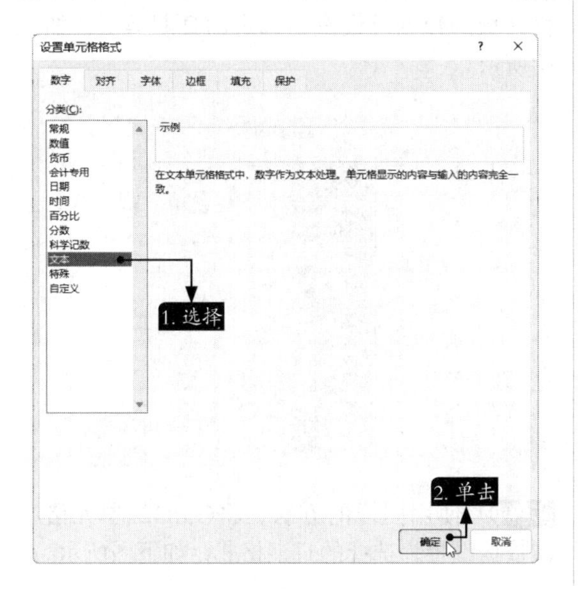

小提示

按【Ctrl+1】组合键，可以快速打开【设置单元格格式】对话框。

步骤06 此时，在A4单元格中输入以“0”开头的数字串“001002”，按【Enter】键确认，以“0”开头的数字串不会被省略，如下图所示。

A5

	A	B	C	D
1				员工
2	员工编号	姓名	性别	出生日期
3	001001	陈××	女	1983年8月28日
4	001002	田××	男	1994年7月17日
5		柳××	女	1992年12月14日
6		李××	女	1980年11月11日
7		蔡××	男	1991年4月30日

5.3.3 快速填充数据

在输入数据时，除了常规的输入，如果要输入的数据本身有关联性，用户可以使用填充功能批量输入数据。快速填充数据的具体操作步骤如下。

步骤01 选中A3:A4单元格区域，将鼠标指针放在该单元格区域右下角的填充柄上，可以看到鼠标指针变为+形状，如下图所示。

	A	B	C	D
1				员工
2	员工编号	姓名	性别	出生日期
3	001001	陈××	女	1983年8月28日
4	001002	田××	男	1994年7月17日
5		柳××	女	1992年12月14日
6		李××	女	1980年11月11日
7		蔡××	男	1991年4月30日
8		王××	男	1985年5月28日

步骤02 按住鼠标左键，并向下拖曳至A24单元格，即可完成快速填充数据的操作，如下图所示。

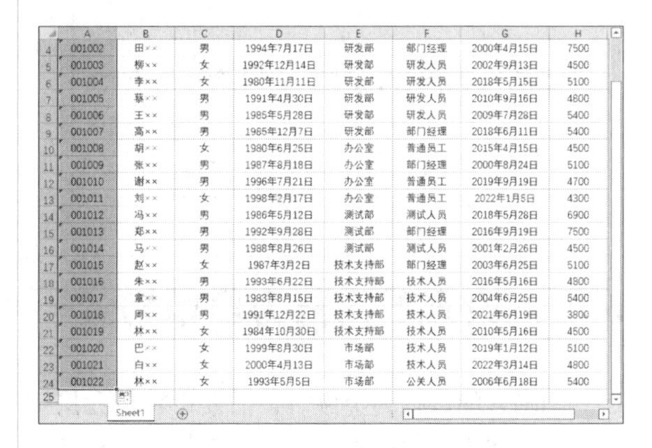

	A	B	C	D	E	F	G	H
4	001002	田××	男	1994年7月17日	研发部	部门经理	2000年4月15日	7500
5	001003	柳××	女	1992年12月14日	研发部	研发人员	2002年9月13日	4500
6	001004	李××	女	1980年11月11日	研发部	研发人员	2018年5月15日	5100
7	001005	蔡××	男	1991年4月30日	研发部	研发人员	2010年9月16日	4800
8	001006	王××	男	1985年5月28日	研发部	研发人员	2009年7月28日	5400
9	001007	高××	男	1985年12月7日	研发部	部门经理	2018年6月11日	5400
10	001008	胡××	女	1980年6月25日	办公室	普通员工	2015年4月15日	4500
11	001009	张××	男	1987年8月18日	办公室	部门经理	2000年8月24日	5100
12	001010	谢××	男	1996年7月21日	办公室	普通员工	2019年9月19日	4700
13	001011	刘××	女	1998年2月17日	办公室	普通员工	2022年1月5日	4300
14	001012	冯××	男	1986年5月12日	测试部	测试人员	2018年5月28日	6900
15	001013	郑××	男	1992年9月28日	测试部	部门经理	2016年9月19日	7500
16	001014	马××	男	1988年8月26日	测试部	测试人员	2001年2月26日	4500
17	001015	赵××	女	1987年3月2日	技术支持部	部门经理	2003年6月25日	5100
18	001016	朱××	男	1993年6月22日	技术支持部	技术人员	2016年5月16日	4800
19	001017	章××	男	1983年8月15日	技术支持部	技术人员	2004年6月25日	5400
20	001018	周××	男	1991年12月22日	技术支持部	技术人员	2021年6月19日	3800
21	001019	林××	女	1984年10月30日	技术支持部	技术人员	2010年5月16日	4500
22	001020	巴××	女	1999年8月30日	市场部	技术人员	2019年1月12日	5100
23	001021	白××	女	2000年4月13日	市场部	技术人员	2022年3月14日	4800
24	001022	林××	女	1993年5月5日	市场部	公关人员	2006年6月18日	5400
25								

Sheet1

5.3.4 设置员工出生日期格式

在工作表中输入日期或时间时，需要使用特定的格式。日期和时间也可以参加运算。Excel内置了一些日期与时间的格式，当输入的数据的格式与这些格式相匹配时，Excel会自动将它们识别为日期或时间数据。设置员工出生日期格式的具体操作步骤如下。

步骤01 选择D3:D24单元格区域，单击鼠标右键，在弹出的快捷菜单中单击【设置单元格格式】命令，如下页图所示。

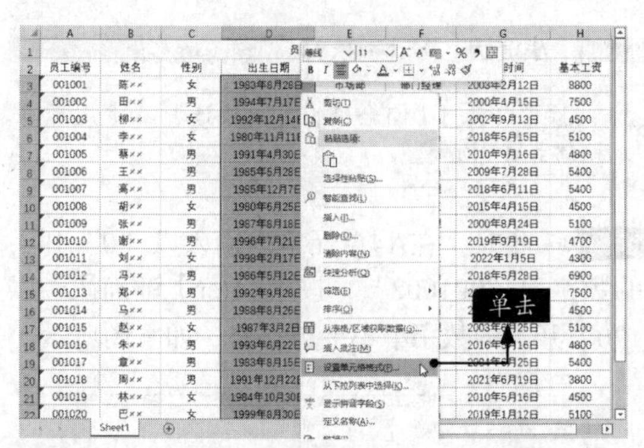

步骤 02 在弹出的【设置单元格格式】对话框中，选择【数字】标签，在【分类】列表框中选择【日期】选项，在右侧【类型】列表框中选择一种日期格式类型，单击【确定】按钮，如下图所示。

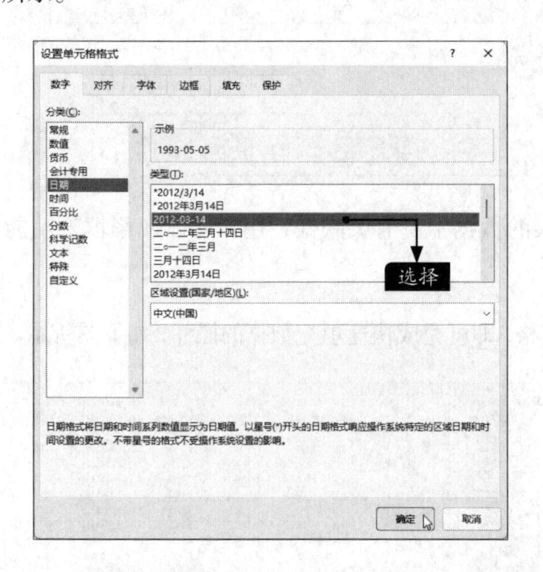

步骤 03 返回至工作表后，可看到D3:D24单元格区域的数据已设置为选定的日期类型，如下图所示。

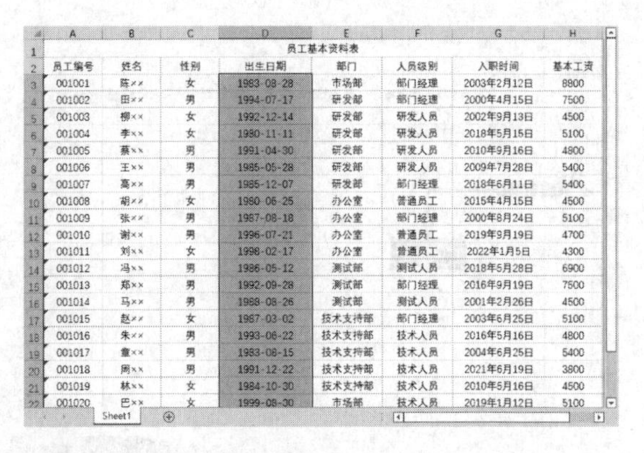

员工基本资料表							
员工编号	姓名	性别	出生日期	部门	人员级别	入职时间	基本工资
001001	陈××	女	1983-08-28	市场部	部门经理	2003年2月12日	8800
001002	田××	男	1994-07-17	研发部	部门经理	2000年4月15日	7500
001003	柳××	女	1992-12-14	研发部	研发人员	2002年9月13日	4500
001004	李××	女	1980-11-11	研发部	研发人员	2018年5月15日	5100
001005	蔡××	男	1991-04-30	研发部	研发人员	2010年9月16日	4800
001006	王××	男	1985-05-28	研发部	研发人员	2009年7月28日	5400
001007	高××	男	1985-12-07	研发部	部门经理	2018年6月11日	5400
001008	胡××	女	1980-06-25	办公室	普通员工	2015年4月15日	4500
001009	张××	男	1987-08-18	办公室	部门经理	2000年8月24日	5100
001010	谢××	男	1996-07-21	办公室	普通员工	2019年9月19日	4700
001011	刘××	女	1998-02-17	办公室	普通员工	2022年1月5日	4300
001012	冯××	男	1986-05-12	测试部	测试人员	2018年5月28日	6900
001013	郑××	男	1992-09-28	测试部	部门经理	2016年9月19日	7500
001014	马××	男	1988-08-26	测试部	测试人员	2001年2月26日	4500
001015	赵××	女	1987-03-02	技术支持部	部门经理	2003年6月25日	5100
001016	朱××	男	1993-06-22	技术支持部	技术人员	2016年5月16日	4800
001017	章××	男	1983-08-15	技术支持部	技术人员	2004年6月25日	5400
001018	周××	男	1991-12-22	技术支持部	技术人员	2021年6月19日	3800
001019	林××	女	1984-10-30	技术支持部	技术人员	2010年5月16日	4500
001020	巴××	女	1999-08-30	市场部	技术人员	2019年1月12日	5100

步骤 04 使用同样的方法，将G3:G24单元格区域数据设置为选择的日期格式，如下图所示。

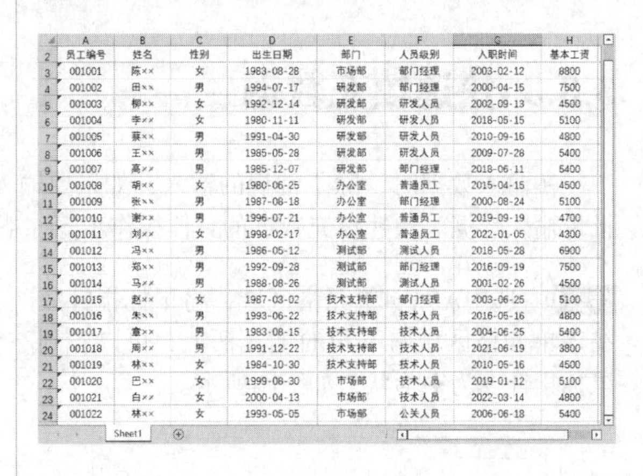

员工编号	姓名	性别	出生日期	部门	人员级别	入职时间	基本工资
001001	陈××	女	1983-08-28	市场部	部门经理	2003-02-12	8800
001002	田××	男	1994-07-17	研发部	部门经理	2000-04-15	7500
001003	柳××	女	1992-12-14	研发部	研发人员	2002-09-13	4500
001004	李××	女	1980-11-11	研发部	研发人员	2018-05-15	5100
001005	蔡××	男	1991-04-30	研发部	研发人员	2010-09-16	4800
001006	王××	男	1985-05-28	研发部	研发人员	2009-07-28	5400
001007	高××	男	1985-12-07	研发部	部门经理	2018-06-11	5400
001008	胡××	女	1980-06-25	办公室	普通员工	2015-04-15	4500
001009	张××	男	1987-08-18	办公室	部门经理	2000-08-24	5100
001010	谢××	男	1996-07-21	办公室	普通员工	2019-09-19	4700
001011	刘××	女	1998-02-17	办公室	普通员工	2022-01-05	4300
001012	冯××	男	1986-05-12	测试部	测试人员	2018-05-28	6900
001013	郑××	男	1992-09-28	测试部	部门经理	2016-09-19	7500
001014	马××	男	1988-08-26	测试部	测试人员	2001-02-26	4500
001015	赵××	女	1987-03-02	技术支持部	部门经理	2003-06-25	5100
001016	朱××	男	1993-06-22	技术支持部	技术人员	2016-05-16	4800
001017	章××	男	1983-08-15	技术支持部	技术人员	2004-06-25	5400
001018	周××	男	1991-12-22	技术支持部	技术人员	2021-06-19	3800
001019	林××	女	1984-10-30	技术支持部	技术人员	2010-05-16	4500
001020	巴××	女	1999-08-30	市场部	技术人员	2019-01-12	5100
001021	白××	女	2000-04-13	市场部	技术人员	2022-03-14	4800
001022	林××	女	1993-05-05	市场部	公关人员	2006-06-18	5400

5.3.5 设置单元格为货币格式

当输入的数据为金额时，需要设置单元格格式为“货币”。

如果输入的数据不多，可以直接按【Shift+4】组合键在单元格中输入带货币符号的金额。

小提示

这里的数字“4”为键盘中字母上方的数字键，并非小键盘中的数字键。在英文输入法下，按【Shift+4】组合键，会出现“$”符号；在中文输入法下，则出现“￥”符号。

将单元格格式设置为货币格式，具体操作步骤如下。

步骤 01 选择H3:H24单元格区域，单击【开始】选项卡下【数字】组中的【数字格式】按钮，如下页图所示。

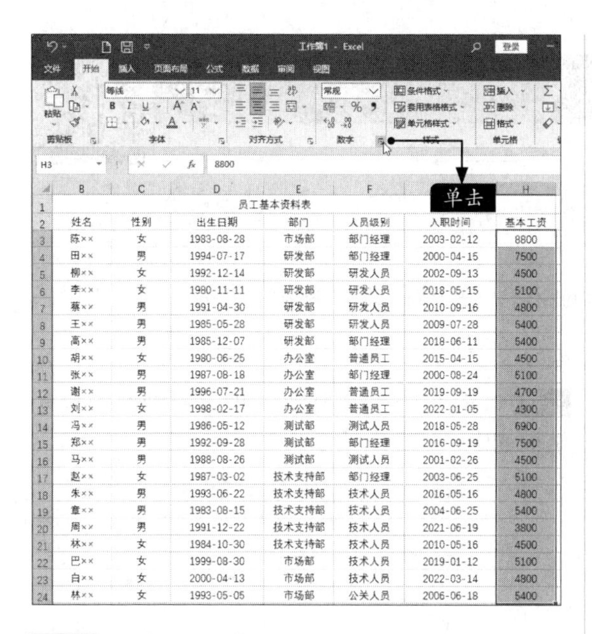

步骤02 在打开的【设置单元格格式】对话框中选择【数字】标签，在【分类】列表框中选择【货币】选项，在右侧【小数位数】微调框中输入“0”，设置【货币符号】为“¥”，单击【确定】按钮，如右上图所示。

步骤03 返回至工作表后，可看到最终效果如下图所示。

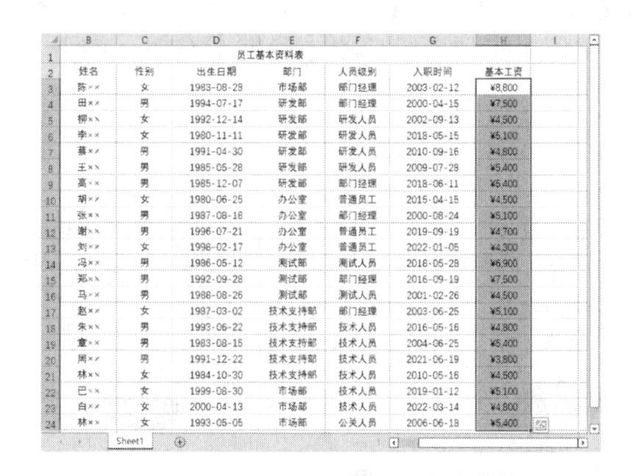

5.3.6 修改单元格中的数据

在表格中输入的数据错误或者格式不正确时，需要对数据进行修改。修改单元格中数据的具体操作步骤如下。

步骤01 选择H24单元格并单击鼠标右键，在弹出的快捷菜单中单击【清除内容】命令，如下图所示。

步骤02 单元格中的数据被清除后，重新输入正确的数据即可，如下图所示。

员工基本资料表

员工编号	姓名	性别	出生日期	部门	人员级别	入职时间	基本工资
001001	陈××	女	1983-08-26	市场部	部门经理	2003-02-12	¥8,800
001002	田××	男	1994-07-17	研发部	部门经理	2000-04-15	¥7,500
001003	柳××	女	1992-12-14	研发部	研发人员	2002-09-13	¥4,500
001004	李××	女	1980-11-11	研发部	研发人员	2018-05-15	¥5,100
001005	蔡××	男	1991-04-30	研发部	研发人员	2010-09-16	¥4,800
001006	王××	男	1985-05-28	研发部	研发人员	2009-07-28	¥5,400
001007	高××	男	1985-12-07	研发部	部门经理	2018-06-11	¥5,400
001008	胡××	女	1980-06-25	办公室	普通员工	2015-04-15	¥4,500
001009	张××	男	1987-08-18	办公室	部门经理	2000-08-24	¥5,100
001010	谢××	男	1996-07-21	办公室	普通员工	2019-09-19	¥4,700
001011	刘××	女	1998-02-17	办公室	普通员工	2022-01-05	¥4,300
001012	冯××	男	1986-05-12	测试部	测试人员	2018-05-28	¥6,900
001013	郑××	男	1992-09-28	测试部	部门经理	2016-09-19	¥7,500
001014	马××	男	1988-08-26	测试部	测试人员	2001-02-26	¥4,500
001015	赵××	女	1987-03-02	技术支持部	部门经理	2003-06-25	¥5,100
001016	朱××	男	1993-06-22	技术支持部	技术人员	2016-05-16	¥4,800
001017	童××	男	1983-08-15	技术支持部	技术人员	2004-06-25	¥5,400
001018	周××	男	1991-12-22	技术支持部	技术人员	2021-06-19	¥3,800
001019	林××	女	1984-10-30	技术支持部	技术人员	2010-05-16	¥4,500
001020	巴××	女	1999-08-30	市场部	技术人员	2019-01-12	¥5,100
001021	白××	女	2000-04-13	市场部	技术人员	2022-03-14	¥4,800
001022	林××	女	1993-05-05	市场部	公关人员	2006-06-18	¥5,860

Sheet1

至此，就完成了员工基本资料表的制作。

高手私房菜

技巧1：删除表格中的空行

在Excel工作表中，如果表格中混杂了不规则的空行，逐个删除比较麻烦。此时，用户可以采用下述方法，快速删除表格中的空行。

步骤01 打开“素材\ch05\删除空行.xlsx”工作簿，选择A列。按【Ctrl+G】组合键，打开【定位】对话框，单击【定位条件】按钮，如下左图所示。

步骤02 在弹出的【定位条件】对话框中，选择【空值】单选项，单击【确定】按钮，如下右图所示。

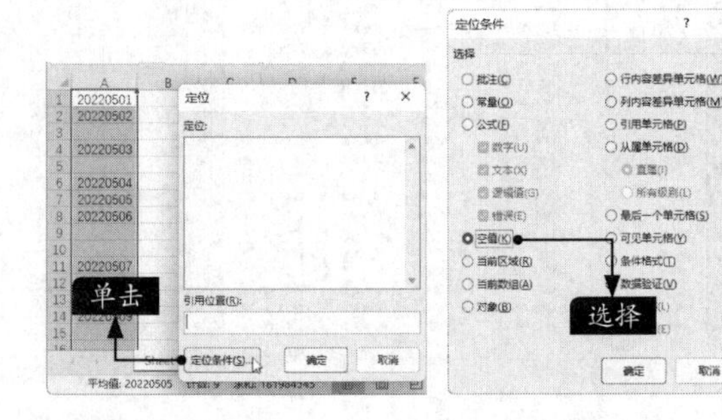

步骤03 返回Excel工作表，即可看到空值单元格被选中，如下图所示。

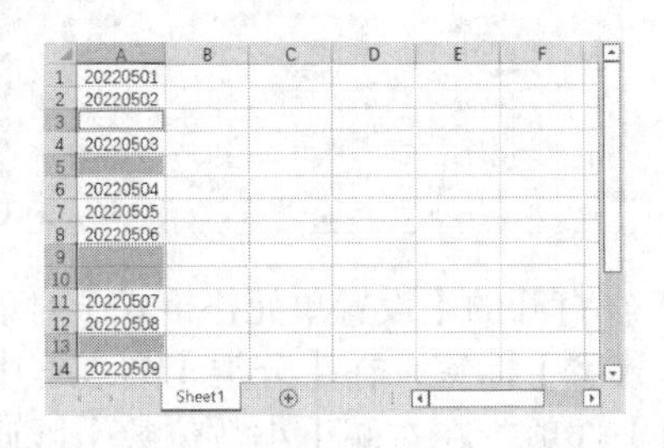

步骤04 单击【开始】→【单元格】→【删除】→【删除工作表行】选项，空行被删除，效果如下图所示。

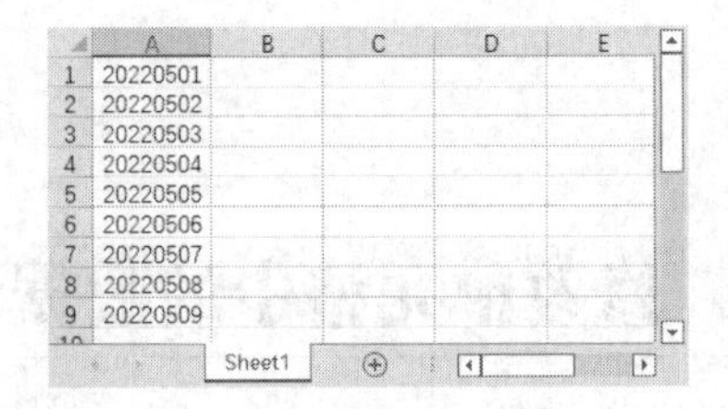

技巧2：一键快速录入多个单元格

在Excel中，如果要输入大量相同的数据，为了提高输入效率，除了使用填充功能，还可以使用下面介绍的方法，一键快速录入多个单元格。

步骤01 在Excel中，选择要输入数据的单元格，并在任选单元格中输入数据，如下图所示。

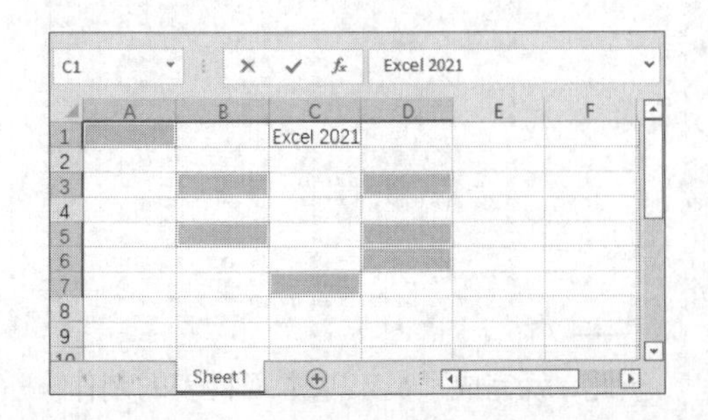

步骤02 按【Ctrl+Enter】组合键，即可在所选单元格区域输入同一数据，如下图所示。

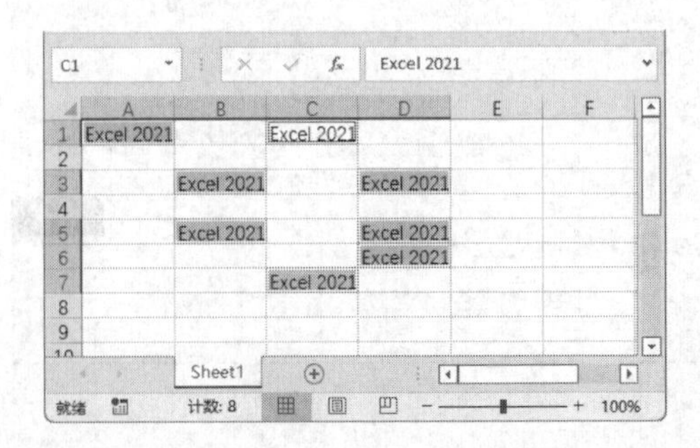

第6章

管理和美化工作表

工作表的管理和美化操作，即通过设置表格文本的样式等，可使表格层次分明、结构清晰、重点突出。本章就来介绍设置对齐方式、设置字体、设置边框、设置表格样式、套用单元格样式以及突出显示单元格效果等操作。通过本章的学习，读者可以掌握管理和美化工作表的基本操作。

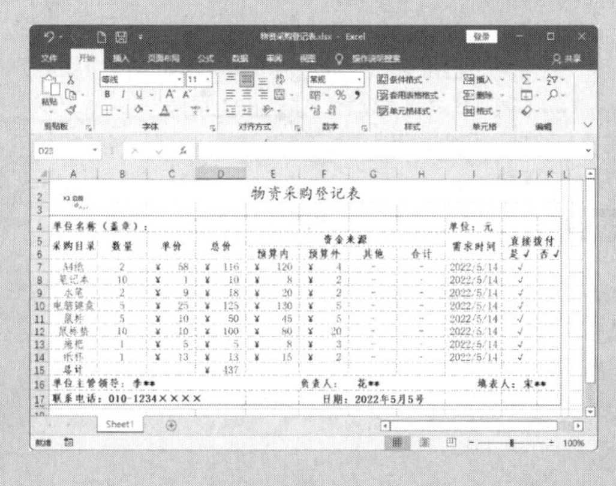

物资采购登记表

单位名称（盖章）：　　　　单位：元

采购目录	数量	单价	总价	资金来源				需求时间	直接拨付	
				预算内	预算外	其他	合计		是✓	否✓
A4纸	2	¥ 58	¥ 116	¥ 120	¥ 4	-	-	2022/5/14	√	
笔记本	10	¥ 1	¥ 10	¥ 8	¥ 2	-	-	2022/5/14	√	
水笔	2	¥ 9	¥ 18	¥ 20	¥ 2	-	-	2022/5/14	√	
电脑键盘	5	¥ 25	¥ 125	¥ 130	¥ 5	-	-	2022/5/14	√	
鼠标	5	¥ 10	¥ 50	¥ 45	¥ 5	-	-	2022/5/14	√	
鼠标垫	10	¥ 10	¥ 100	¥ 80	¥ 20	-	-	2022/5/14	√	
拖把	1	¥ 5	¥ 5	¥ 8	¥ 3	-	-	2022/5/14	√	
纸杯	1	¥ 13	¥ 13	¥ 15	¥ 2	-	-	2022/5/14	√	
总计			¥ 437							

单位主管领导：李**　　负责人：花**　　填表人：宋**

联系电话：010-1234××××　　日期：2022年5月5号

	B	C	D	E
支付的各项税费	¥120,000.00	¥119,000.00	¥121,000.00	¥178,000
支付的其他与经营活动有关的现金	¥7,800.00	¥8,000.00	¥7,000.00	¥8,900
现金流出小计		¥772,000.00	¥777,000.00	¥830,900
经营活动产生的现金流量净额			¥1,143,000.00	¥1,469,100
二、投资活动产生的现金流量:				
收回投资所收到的现金		¥980,000.00	¥1,000,000.00	¥1,200,000
取得投资收益所收到的现金		¥450,000.00	¥440,000.00	¥460,000
现金流入小计		¥1,430,000.00	¥1,440,000.00	¥1,660,000
购建固定资产、无形资产和其他长期资产所支付的现		¥1,000,000.00	¥1,000,000.00	¥1,100,000
投资所支付的现金		¥8,000.00	¥8,000.00	¥7,900
支付的其他与投资活动有关的现金		¥290,000.00	¥280,000.00	¥300
现金流出小计		¥1,298,000.00	¥1,298,000.00	¥1,108,200
投资活动产生的现金流量净额		¥132,000.00	¥152,000.00	¥551,800
三、筹资活动产生的现金流量:				
吸收投资所收到的现金		¥210,000.00	¥200,000.00	¥230,000
借款所收到的现金		¥220,000.00	¥200,000.00	¥220,000
收到的其他与筹资活动有关的现金		¥170,000.00	¥160,000.00	¥190,000
现金流入小计		¥600,000.00	¥560,000.00	¥640,000
偿还债务所支付的现金		¥124,000.00	¥120,000.00	¥130,000
分配股利、利润或偿付利息所支付现金		¥80,000.00	¥81,000.00	¥82,000
支付的其他与筹资活动有关的现金		¥11,000.00	¥9,000.00	¥11,000
现金流出小计		¥215,000.00	¥210,000.00	¥223,000
筹资活动产生的现金流量净额		¥385,000.00	¥350,000.00	¥417,000

6.1 美化物资采购登记表

在Excel 2021中通常通过设置字体格式和对齐方式、添加边框及插入图片等操作来美化工作表。本节以美化“物资采购登记表”为例介绍工作表的美化方法。

6.1.1 设置字体

在Excel 2021中，用户可以根据需要设置输入数据的字体、字号等，具体操作步骤如下。

步骤01 打开“素材\ch06\物资采购登记表.xlsx”工作簿，选择A2:K2单元格区域，单击【开始】选项卡下【对齐方式】组中【合并后居中】按钮右侧的下拉按钮，在弹出的下拉列表中选择【合并单元格】选项，将选择的单元格区域合并，如下图所示。

	A	B	C	D	E	F	G	H	I	J	K
2	物资采购登记表										
3											
4	单位名称（盖章）：								单位：元		
5	采购目录	数量	单价	总价	资金来源				需求时间	直接拨付	
6					预算内	预算外	其他	合计		是√	否√
7	A4纸	2	¥ 58	¥ 116	¥ 120	¥ 4	–	–	2022/5/14	√	
8	笔记本	10	¥ 1	¥ 10	¥ 8	¥ 2	–	–	2022/5/14	√	
9	水笔	2	¥ 9	¥ 18	¥ 20	¥ 2	–	–	2022/5/14	√	
10	电脑键盘	5	¥ 25	¥ 125	¥ 130	¥ 5	–	–	2022/5/14	√	
11	鼠标	5	¥ 10	¥ 50	¥ 45	¥ 5	–	–	2022/5/14	√	
12	鼠标垫	10	¥ 10	¥ 100	¥ 80	¥ 20	–	–	2022/5/14	√	
13	拖把	1	¥ 5	¥ 5	¥ 8	¥ 3	–	–	2022/5/14	√	
14	纸杯	1	¥ 13	¥ 13	¥ 15	¥ 2	–	–	2022/5/14	√	
15	总计			¥ 437							

步骤02 选择A2单元格，单击【开始】选项卡下【字体】组中【字体】按钮的下拉按钮，在弹出的下拉列表中，选择需要的字体，这里选择【华文楷体】选项，如下图所示。

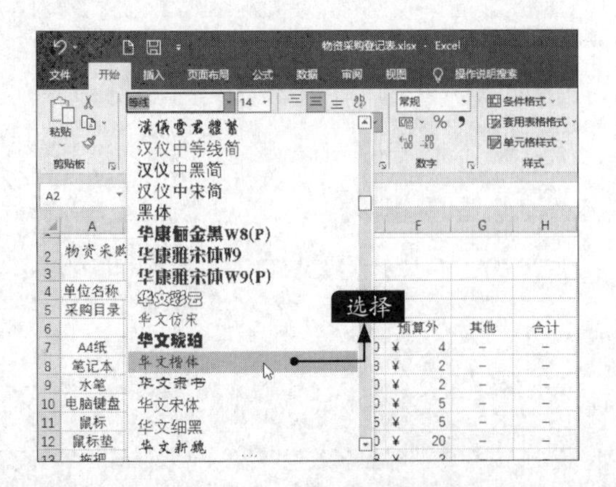

步骤03 设置字体后的效果如下图所示。

	A	B	C	D	E	F
2	物资采购登记表					
3						
4	单位名称（盖章）：					
5	采购目录	数量	单价	总价	资金来源	
6					预算内	预算外
7	A4纸	2	¥ 58	¥ 116	¥ 120	¥ 4
8	笔记本	10	¥ 1	¥ 10	¥ 8	¥ 2
9	水笔	2	¥ 9	¥ 18	¥ 20	¥ 2
10	电脑键盘	5	¥ 25	¥ 125	¥ 130	¥ 5
11	鼠标	5	¥ 10	¥ 50	¥ 45	¥ 5
12	鼠标垫	10	¥ 10	¥ 100	¥ 80	¥ 20

步骤04 选择A2单元格，单击【开始】选项卡下【字体】组中【字号】按钮的下拉按钮，在弹出的下拉列表中选择【18】选项，如下图所示。

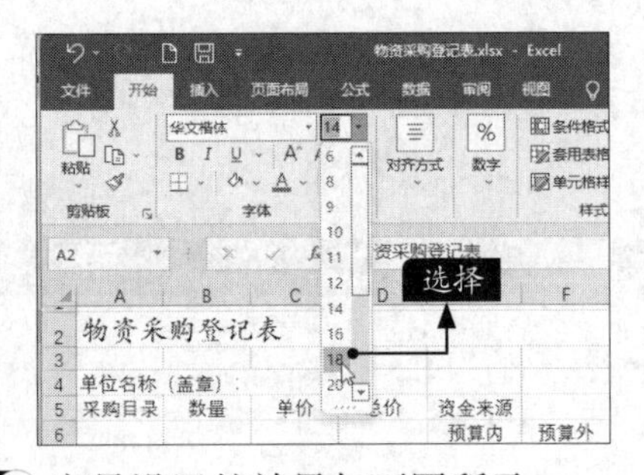

步骤05 字号设置的效果如下图所示。

	A	B	C	D	E	F	G	H
2	物资采购登记表							
3								
4	单位名称（盖章）：							
5	采购目录	数量	单价	总价	资金来源			
6					预算内	预算外	其他	合计
7	A4纸	2	¥ 58	¥ 116	¥ 120	¥ 4	–	–
8	笔记本	10	¥ 1	¥ 10	¥ 8	¥ 2	–	–
9	水笔	2	¥ 9	¥ 18	¥ 20	¥ 2	–	–
10	电脑键盘	5	¥ 25	¥ 125	¥ 130	¥ 5	–	–
11	鼠标	5	¥ 10	¥ 50	¥ 45	¥ 5	–	–
12	鼠标垫	10	¥ 10	¥ 100	¥ 80	¥ 20	–	–
13	拖把	1	¥ 5	¥ 5	¥ 8	¥ 3	–	–
14	纸杯	1	¥ 13	¥ 13	¥ 15	¥ 2	–	–
15	总计			¥ 437				

步骤06 根据需要，合并其他单元格，并设置其他单元格中的字体和字号，最终效果如右图所示。

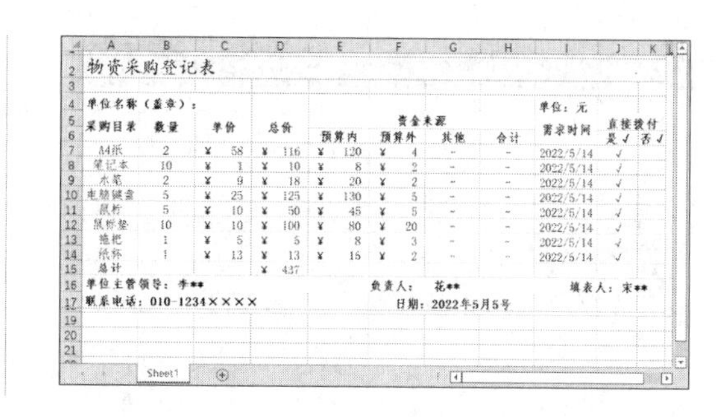

物资采购登记表

采购目录	数量	单价	总价	资金来源 预算内	预算外	其他	合计	需求时间	直接拨付 是✓	否✓
A4纸	2	¥ 58	¥ 116	¥ 120	¥ 4	-	-	2022/5/14	✓	
笔记本	10	¥ 1	¥ 10	¥ 8	¥ 2	-	-	2022/5/14	✓	
水笔	2	¥ 9	¥ 18	¥ 20	¥ 2	-	-	2022/5/14	✓	
电脑键盘	5	¥ 25	¥ 125	¥ 130	¥ 5	-	-	2022/5/14	✓	
鼠标	5	¥ 10	¥ 50	¥ 45	¥ 5	-	-	2022/5/14	✓	
鼠标垫	10	¥ 10	¥ 100	¥ 80	¥ 20	-	-	2022/5/14	✓	
拖把	1	¥ 5	¥ 5	¥ 8	¥ 3	-	-	2022/5/14	✓	
纸杯	1	¥ 13	¥ 13	¥ 15	¥ 2	-	-	2022/5/14	✓	
总计			¥ 437							

单位名称（盖章）：　单位：元

单位主管领导：李**　负责人：花**　填表人：宋**

联系电话：010-1234××××　日期：2022年5月5号

6.1.2 设置对齐方式

Excel 2021允许为单元格数据设置的对齐方式有左对齐、右对齐和合并居中对齐等。

使用功能区中的按钮设置数据对齐方式的方法有以下两种。

（1）在打开的素材文件中，选择A2单元格，分别单击【开始】选项卡下【对齐方式】组中的【垂直居中】按钮和【居中】按钮，则选择区域中的数据将居中显示，如下图所示。

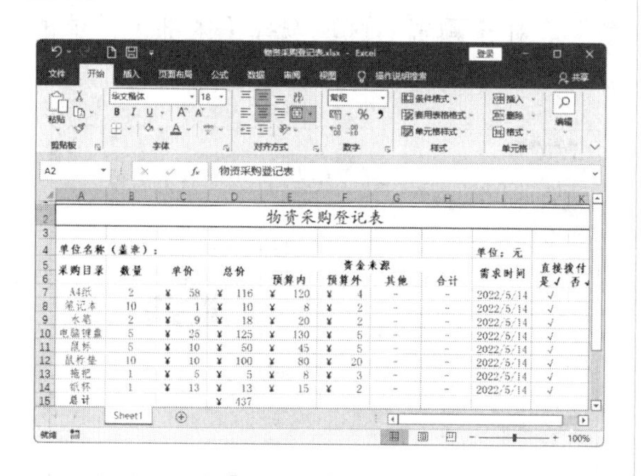

（2）通过【设置单元格格式】对话框设置对齐方式。选择要设置对齐方式的其他单元格区域，在【开始】选项卡中单击【对齐方式】组右下角的【对齐设置】按钮，在弹出的【设置单元格格式】对话框中选择【对齐】标签，在【文本对齐方式】区域下的【水平对齐】下拉列表中选择【居中】选项，在【垂直对齐】下拉列表中选择【居中】选项，单击【确定】按钮即可，如下图所示。

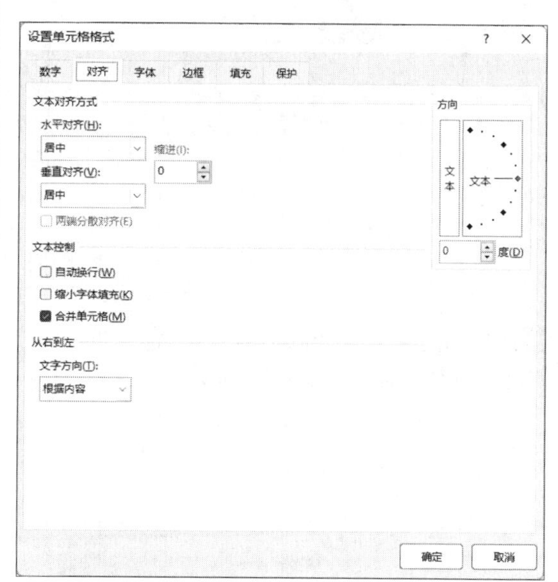

6.1.3 添加边框

在Excel 2021中，单元格四周的灰色网格线默认是不能被打印出来的。为了使表格更加规范、美观，可以为表格设置边框。使用对话框设置边框的具体操作步骤如下。

步骤01 选中要添加边框的单元格区域A4:K17，单击【开始】选项卡下【字体】组右下角的【字体设置】按钮，如下页图所示。

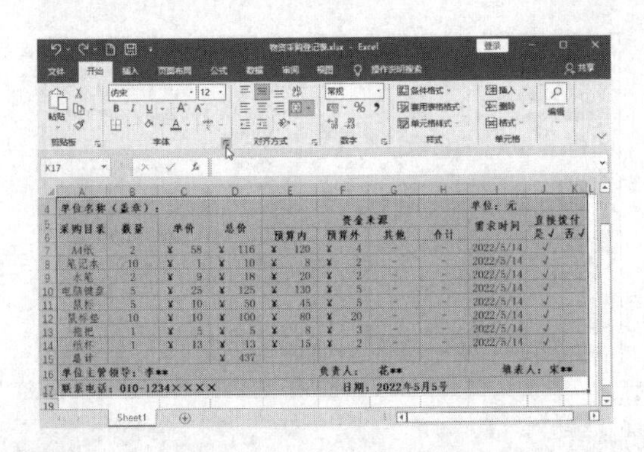

步骤 02 在弹出的【设置单元格格式】对话框中，选择【边框】标签，在【样式】列表框中选择一种样式，如下图所示。

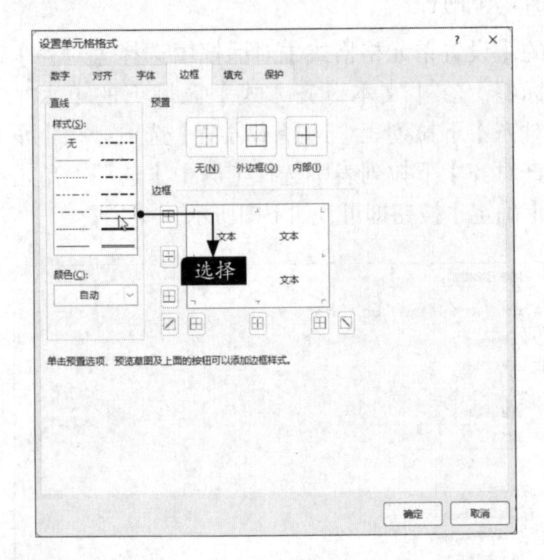

步骤 03 在【颜色】下拉列表中选择一种颜色，如这里选择“蓝色”，如下图所示。

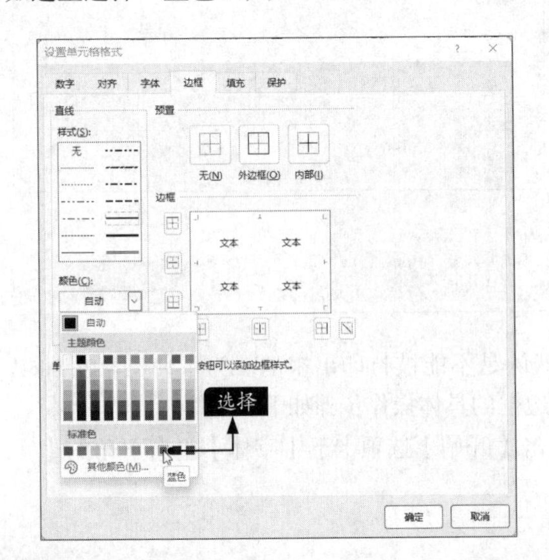

步骤 04 在【预置】区域，选择要添加的边框类型，这里选择【外边框】，如下图所示。

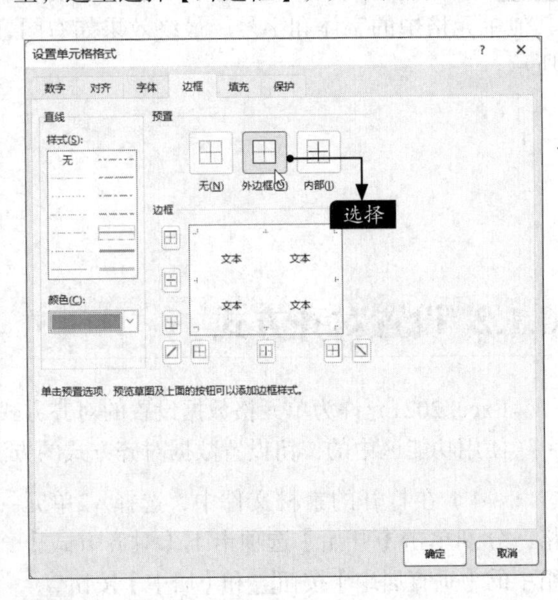

步骤 05 再次在【样式】列表框中选择一种样式，然后在【颜色】下拉列表中选择“蓝色”，在【预置】区域选择【内部】，单击【确定】按钮，如下图所示。

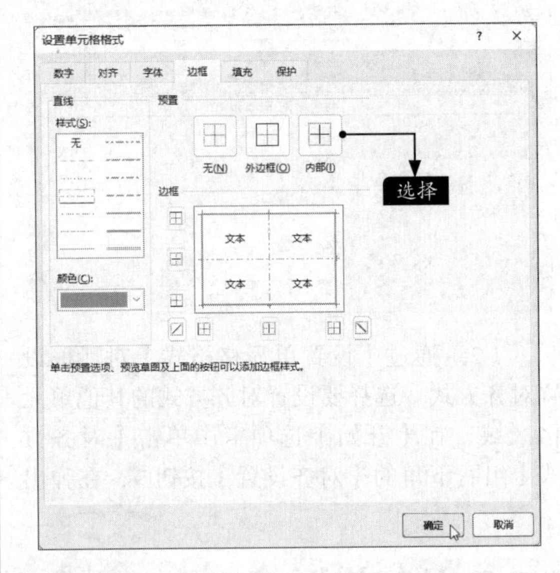

步骤 06 添加边框后的最终效果如下图所示。

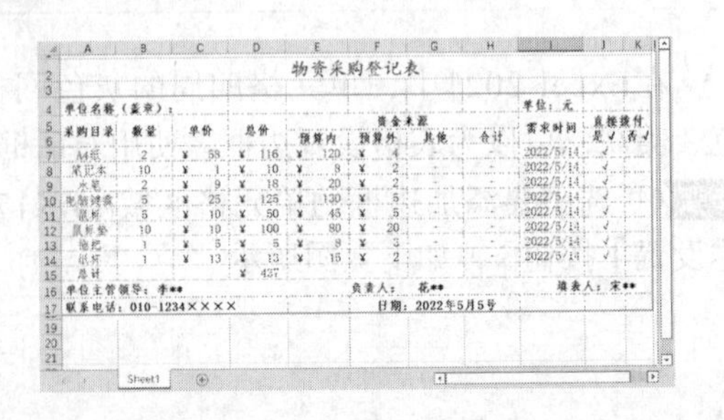

6.1.4 在Excel中插入图片

在Excel中插入图片可以使工作表更美观。下面以插入“公司logo”图片为例，介绍插入图片的方法，具体操作步骤如下。

步骤01 在打开的素材文件中，单击【插入】选项卡下【插图】组中的【图片】按钮，在弹出的下拉列表中单击【此设备】选项，如下图所示。

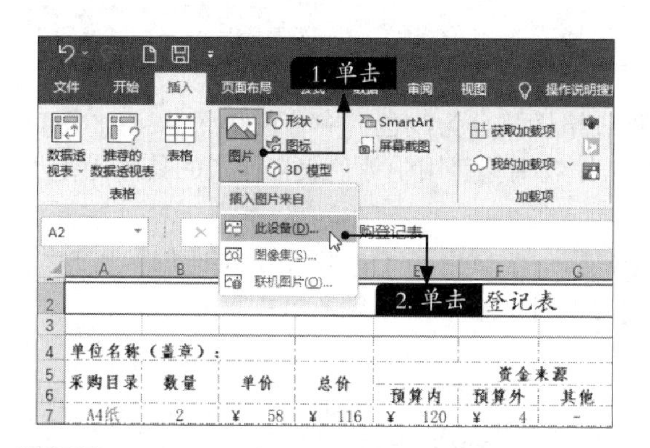

步骤02 在弹出的【插入图片】对话框中，选择插入图片存储的位置，并选择要插入的图片，单击【插入】按钮，如下图所示。

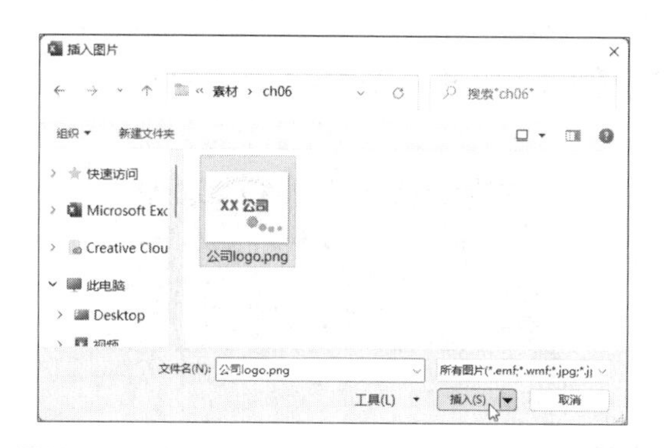

步骤03 选择的图片插入工作表的效果如下图所示。

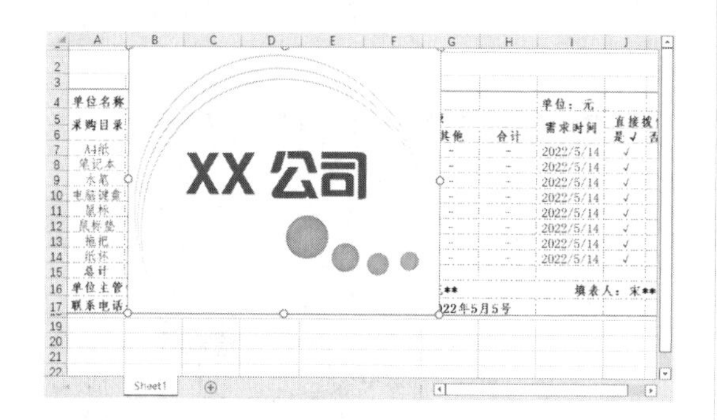

步骤04 将鼠标指针放在图片4个角任意一角的控制点上，当鼠标指针变为形状时，按住鼠标左键并拖曳鼠标，将图片调整至合适大小后释放鼠标左键即可，如下图所示。

步骤05 将鼠标指针放置在图片上，当鼠标指针变为形状时，按住鼠标左键并拖曳鼠标，将图片调整至合适位置后释放鼠标左键，如下图所示。

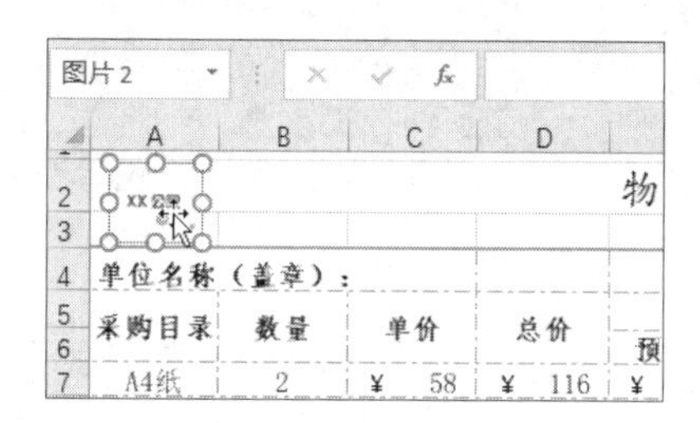

步骤06 选择插入的图片，在【图片工具】→【图片格式】选项卡下【调整】和【图片样式】组中还可以根据需要调整图片的样式，最终效果如下图所示。

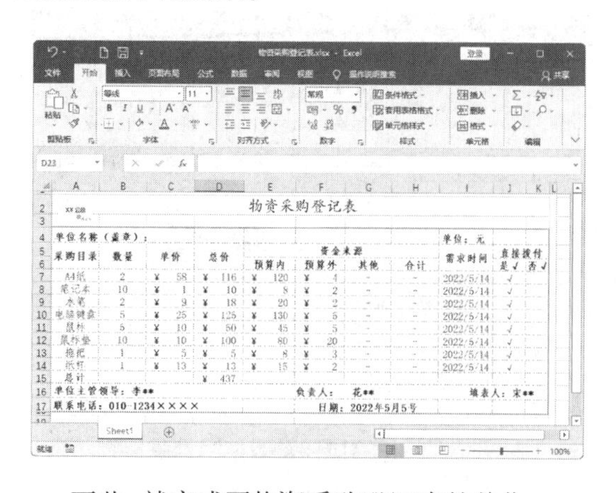

至此，就完成了物资采购登记表的美化。

6.2 美化员工工资表

Excel 2021提供自动套用表格样式和单元格样式的功能，便于用户从众多预设好的表格样式和单元格样式中选择一种样式，从而快速地套用到某一个工作表或单元格中。

本节以美化“员工工资表”为例，介绍快速设置表格样式和套用单元格样式的操作。

6.2.1 快速设置表格样式

Excel预置了60种常用的表格样式，并将这60种表格样式分为浅色、中等色和深色3组。用户可以自动套用这些预先定义好的表格样式，以提高工作效率。套用中等色表格样式的具体操作步骤如下。

步骤 01 打开“素材\ch06\员工工资表.xlsx”文件，选择单元格区域A2:G10，如下图所示。

员工工资表

工号	姓名	基本工资	生活补贴	交通补助	扣除工资	应得工资
1001	王××	¥3,500.00	¥200.00	¥80.00	¥115.60	¥3,664.40
1002	付××	¥3,600.00	¥300.00	¥80.00	¥114.80	¥3,865.20
1003	刘××	¥3,750.00	¥340.00	¥80.00	¥119.40	¥4,050.60
1004	李××	¥3,790.00	¥450.00	¥80.00	¥120.60	¥4,199.40
1005	张××	¥3,800.00	¥260.00	¥80.00	¥127.10	¥4,012.90
1006	康××	¥3,940.00	¥290.00	¥80.00	¥125.30	¥4,184.70
1007	郝××	¥3,980.00	¥320.00	¥80.00	¥184.10	¥4,195.90
1008	翟××	¥4,600.00	¥410.00	¥80.00	¥201.40	¥4,888.60

步骤 02 单击【开始】选项卡下【样式】组中的【套用表格格式】按钮 套用表格格式，在弹出的下拉列表中选择要套用的表格样式，这里选择【中等色】区域中的【蓝色,表样式中等深浅9】样式，如下图所示。

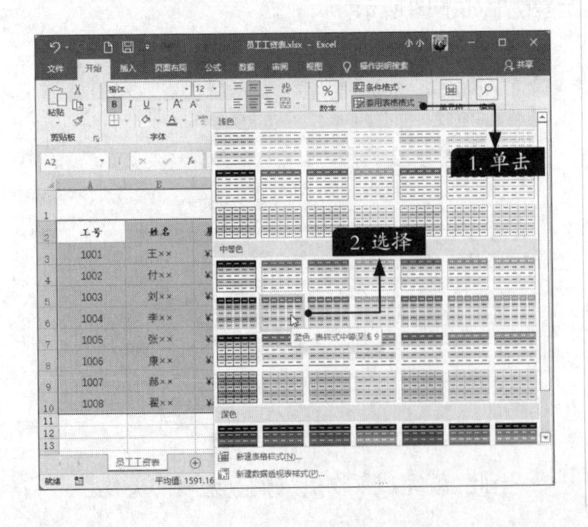

步骤 03 在弹出的【创建表】对话框中，单击【确定】按钮，如下图所示。

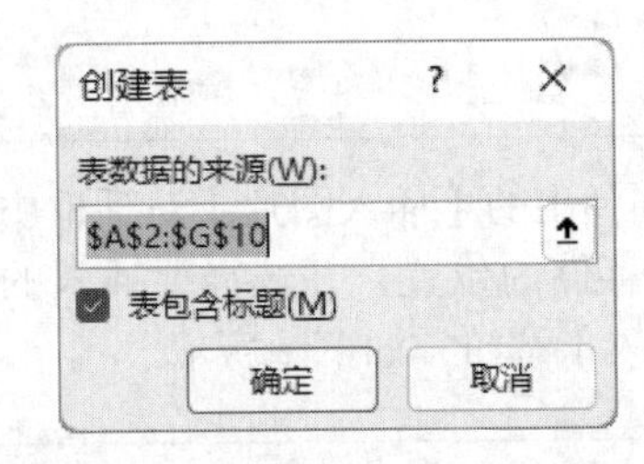

步骤 04 套用表格样式的效果如下图所示。

步骤 05 选择表格样式区域中任意单元格并单击鼠标右键，在弹出的快捷菜单中单击【表格】→【转换为区域】命令，如下图所示。

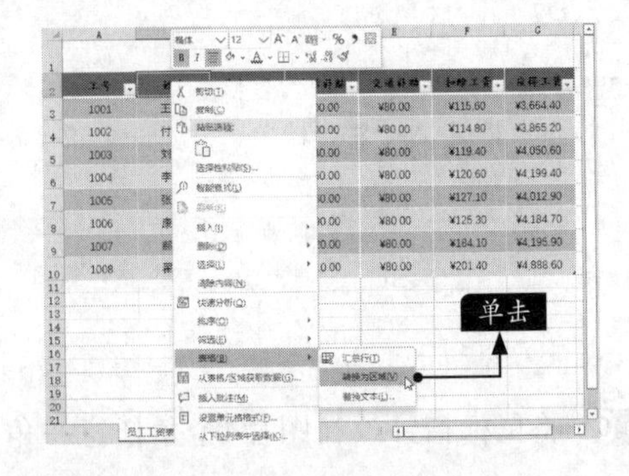

步骤 06 在弹出的提示框中单击【是】按钮，如下图所示。

步骤 07 取消表格的筛选状态后，表格的最终效果如右图所示。

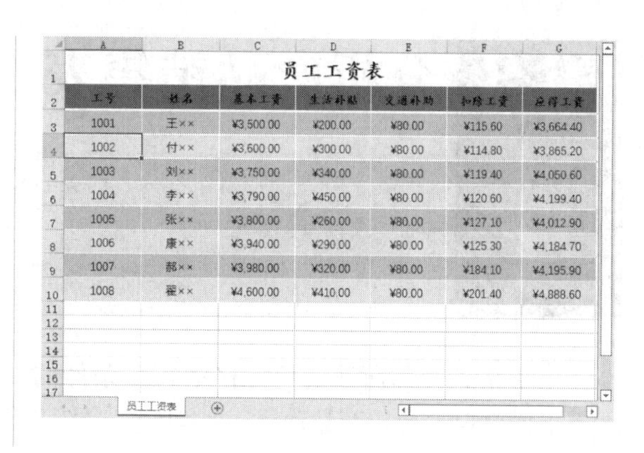

6.2.2 套用单元格样式

Excel 2021内置了“好、差和适中”“数据和模型”“标题”“主题单元格样式”“数字格式”等多种单元格样式，用户可以根据需要选择要套用的单元格样式。具体操作步骤如下。

步骤 01 在打开的素材文件中，选择A1单元格，单击【开始】选项卡下【样式】组中的【单元格样式】按钮 ，在弹出的下拉列表中选择要套用的单元格样式，这里选择【标题】→【标题1】选项，如下图所示。

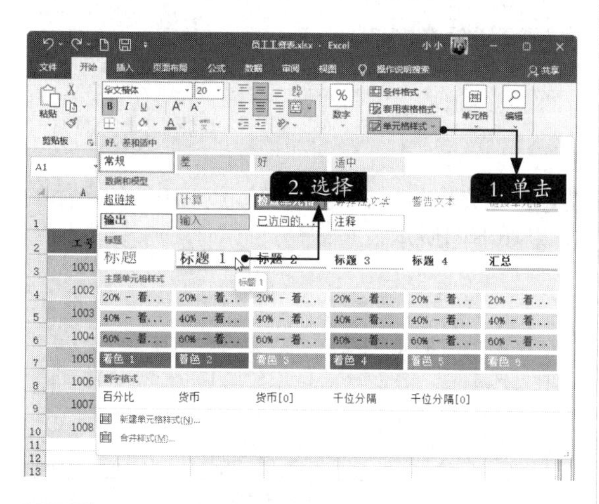

步骤 02 套用单元格样式后的效果如下图所示。

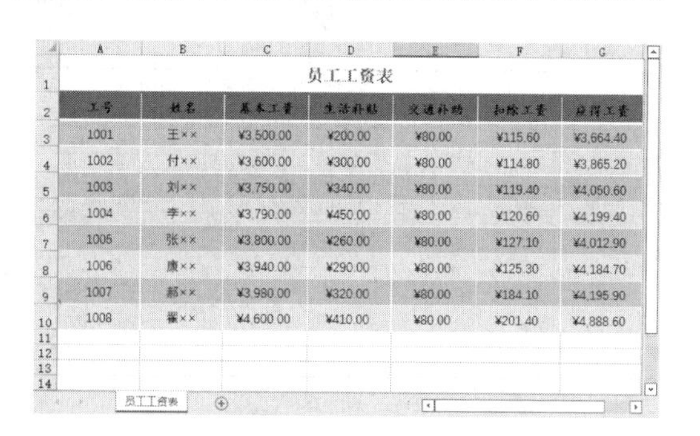

步骤 03 选择单元格区域A2:G2，按照步骤01，选择要套用的单元格样式，这里选择【主题单元格样式】→【着色1】选项，如下图所示。

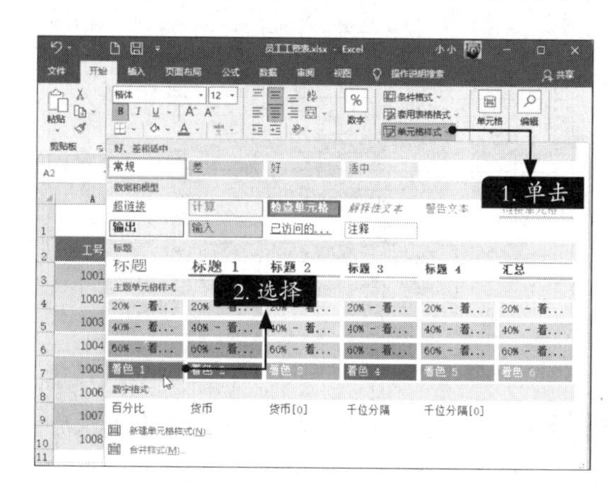

步骤 04 最终效果如下图所示。

至此，就完成了员工工资表的美化。

6.3 分析产品销售表

条件格式是指当条件为真时，自动应用于所选单元格的格式（如单元格的底纹或字体颜色）。

条件格式，即所选的单元格中符合条件的以一种格式显示，不符合条件的以另一种格式显示。下面就以“分析产品销售表”为例，介绍条件格式的相关操作。

6.3.1 突出显示单元格

使用突出显示单元格效果可以突出显示大于、小于、介于、等于、文本包含和发生日期在某一值或者值区间的单元格，也可以突出显示重复值。在产品销售表中突出显示销售数量大于10的单元格的具体操作步骤如下。

步骤01 打开“素材\ch06\分析产品销售表.xlsx”文件，选择单元格区域D3:D17，如下图所示。

产品销售表					
月份	日期	产品名称	销售数量	单价	销售额
1月份	3	产品A	6	¥ 1,050	¥ 6,300
1月份	11	产品B	18	¥ 900	¥ 16,200
1月份	15	产品C	5	¥ 1,100	¥ 5,500
1月份	23	产品D	10	¥ 1,200	¥ 12,000
1月份	26	产品E	7	¥ 1,500	¥ 10,500
2月份	3	产品A	15	¥ 1,050	¥ 15,750
2月份	9	产品B	7	¥ 900	¥ 6,300
2月份	15	产品C	8	¥ 1,100	¥ 8,800
2月份	21	产品D	8	¥ 1,200	¥ 9,600
2月份	27	产品E	9	¥ 1,500	¥ 13,500
3月份	3	产品A	5	¥ 1,050	¥ 5,250
3月份	9	产品B	9	¥ 900	¥ 8,100
3月份	15	产品C	11	¥ 1,100	¥ 12,100
3月份	21	产品D	7	¥ 1,200	¥ 8,400
3月份	27	产品E	8	¥ 1,500	¥ 12,000

产品销售表

步骤02 单击【开始】选项卡下【样式】组中的【条件格式】按钮 条件格式，在弹出的下拉列表中选择【突出显示单元格规则】→【大于】选项，如下图所示。

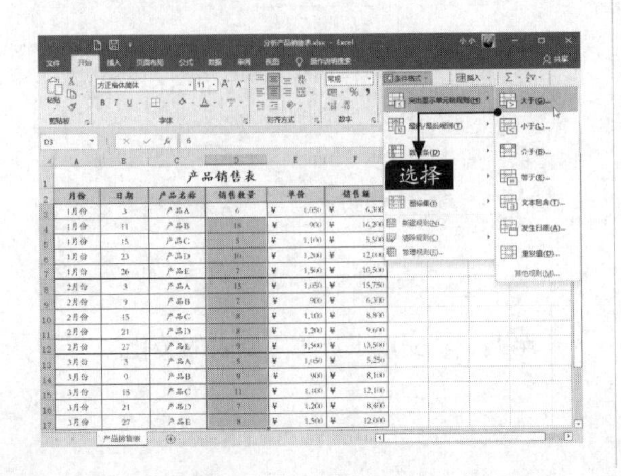

步骤03 在弹出的【大于】对话框的文本框中输入“10”，在【设置为】下拉列表中选择【绿填充色深绿色文本】选项，单击【确定】按钮，如下图所示。

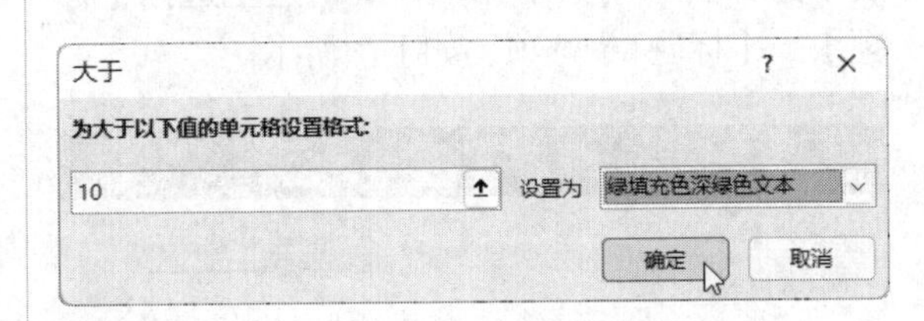

步骤04 突出显示销售数量大于“10”的产品的效果如下图所示。

产品销售表					
月份	日期	产品名称	销售数量	单价	销售额
1月份	3	产品A	6	¥ 1,050	¥ 6,300
1月份	11	产品B	18	¥ 900	¥ 16,200
1月份	15	产品C	5	¥ 1,100	¥ 5,500
1月份	23	产品D	10	¥ 1,200	¥ 12,000
1月份	26	产品E	7	¥ 1,500	¥ 10,500
2月份	3	产品A	15	¥ 1,050	¥ 15,750
2月份	9	产品B	7	¥ 900	¥ 6,300
2月份	15	产品C	8	¥ 1,100	¥ 8,800
2月份	21	产品D	8	¥ 1,200	¥ 9,600
2月份	27	产品E	9	¥ 1,500	¥ 13,500
3月份	3	产品A	5	¥ 1,050	¥ 5,250
3月份	9	产品B	9	¥ 900	¥ 8,100
3月份	15	产品C	11	¥ 1,100	¥ 12,100
3月份	21	产品D	7	¥ 1,200	¥ 8,400
3月份	27	产品E	8	¥ 1,500	¥ 12,000

产品销售表

6.3.2 使用小图标显示销售额

使用图标集，可以对数据进行注释，并且可以按阈值将数据分为3~5个类别。每个图标表示一个值的范围。使用“五向箭头”显示销售额的具体操作步骤如下。

步骤01 在打开的素材文件中，选择F3:F17单元格区域。单击【开始】选项卡下【样式】组中的【条件格式】按钮，在弹出的下拉列表中选择【图标集】→【方向】→【五向箭头(彩色)】选项，如下图所示。

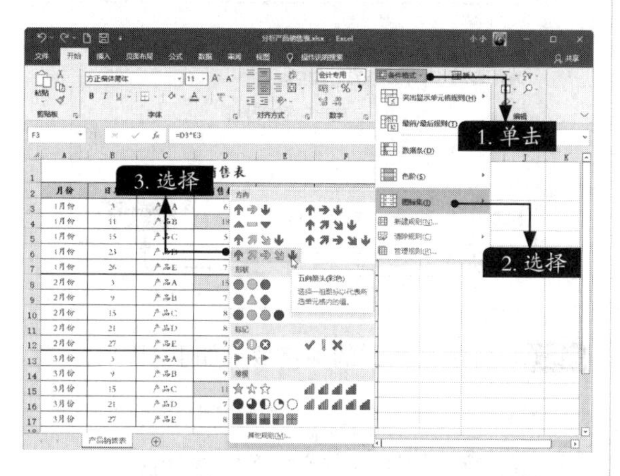

步骤02 使用小图标显示销售额的效果如下图所示。

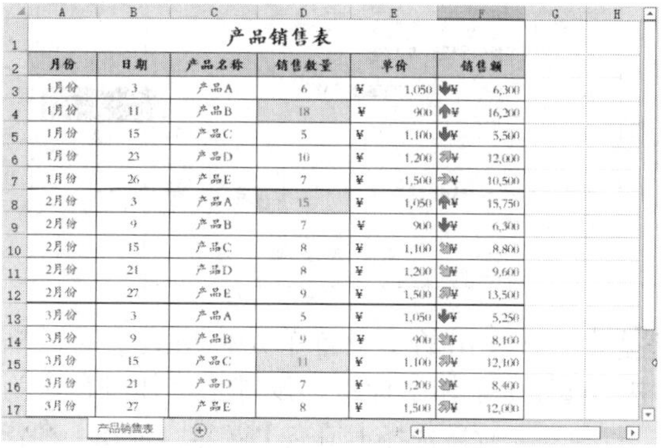

产品销售表					
月份	日期	产品名称	销售数量	单价	销售额
1月份	3	产品A	6	¥ 1,050	¥ 6,300
1月份	11	产品B	18	¥ 900	¥ 16,200
1月份	15	产品C	5	¥ 1,100	¥ 5,500
1月份	23	产品D	10	¥ 1,200	¥ 12,000
1月份	26	产品E	7	¥ 1,500	¥ 10,500
2月份	3	产品A	15	¥ 1,050	¥ 15,750
2月份	9	产品B	7	¥ 900	¥ 6,300
2月份	15	产品C	8	¥ 1,100	¥ 8,800
2月份	21	产品D	8	¥ 1,200	¥ 9,600
2月份	27	产品E	9	¥ 1,500	¥ 13,500
3月份	3	产品A	5	¥ 1,050	¥ 5,250
3月份	9	产品B	9	¥ 900	¥ 8,100
3月份	15	产品C	11	¥ 1,100	¥ 12,100
3月份	21	产品D	7	¥ 1,200	¥ 8,400
3月份	27	产品E	8	¥ 1,500	¥ 12,000

小提示

此外，还可以使用项目选取规则、数据条和色阶等突出显示数据，操作方法与使用小图标类似，这里不赘述。

6.3.3 使用自定义格式

用自定义格式分析产品销售表的具体操作步骤如下。

步骤01 在打开的素材文件中，选择E3:E17单元格区域，如下图所示。

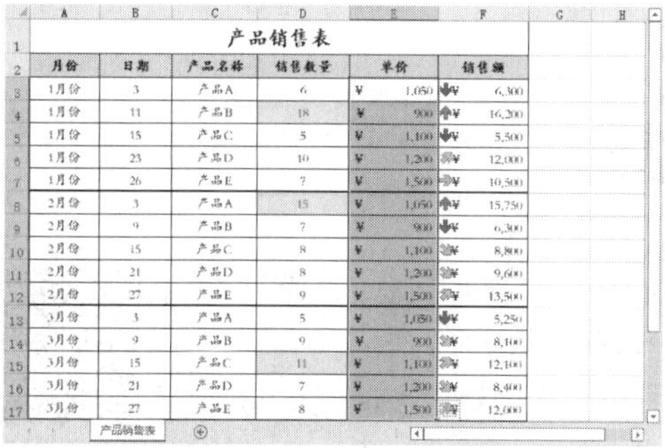

产品销售表					
月份	日期	产品名称	销售数量	单价	销售额
1月份	3	产品A	6	¥ 1,050	¥ 6,300
1月份	11	产品B	18	¥ 900	¥ 16,200
1月份	15	产品C	5	¥ 1,100	¥ 5,500
1月份	23	产品D	10	¥ 1,200	¥ 12,000
1月份	26	产品E	7	¥ 1,500	¥ 10,500
2月份	3	产品A	15	¥ 1,050	¥ 15,750
2月份	9	产品B	7	¥ 900	¥ 6,300
2月份	15	产品C	8	¥ 1,100	¥ 8,800
2月份	21	产品D	8	¥ 1,200	¥ 9,600
2月份	27	产品E	9	¥ 1,500	¥ 13,500
3月份	3	产品A	5	¥ 1,050	¥ 5,250
3月份	9	产品B	9	¥ 900	¥ 8,100
3月份	15	产品C	11	¥ 1,100	¥ 12,100
3月份	21	产品D	7	¥ 1,200	¥ 8,400
3月份	27	产品E	8	¥ 1,500	¥ 12,000

步骤02 单击【开始】选项卡下【样式】组中【条件格式】按钮 条件格式，在弹出的下拉列表中选择【新建规则】选项，如右图所示。

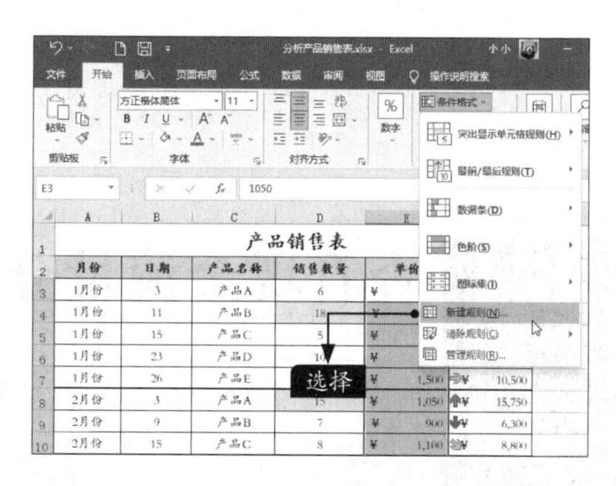

步骤03 在弹出的【新建格式规则】对话框的【选择规则类型】列表框中选择【仅对高于或低于平均值的数值设置格式】选项，在下方【编辑规则说明】区域中的【为满足以下条件的值设置格式】下拉列表中选择【高于】选

项，单击【格式】按钮，如下图所示。

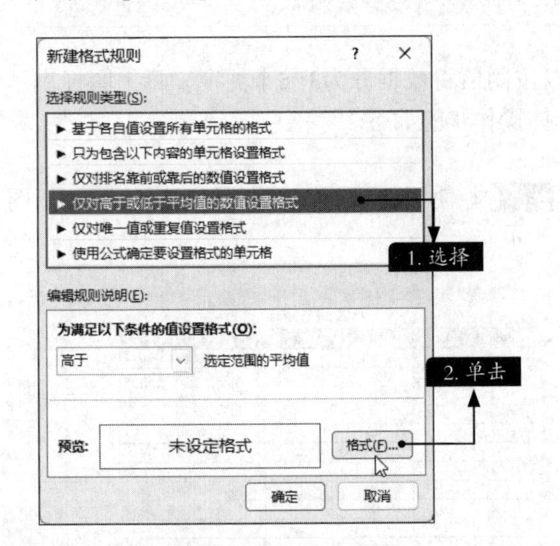

步骤04 在弹出的【设置单元格格式】对话框中，选择【字体】标签，设置【字体颜色】为“红色”。然后选择【填充】标签，选择一种背景颜色，单击【确定】按钮，如下图所示。

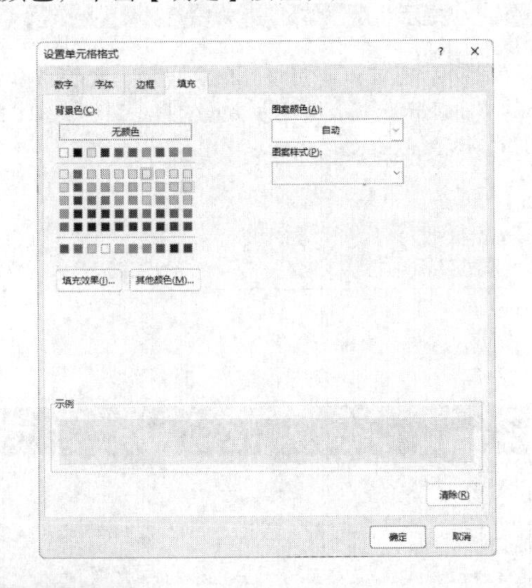

步骤05 返回至【新建格式规则】对话框，在【预览】区域即可看到预览效果，单击【确定】按钮，如下图所示。

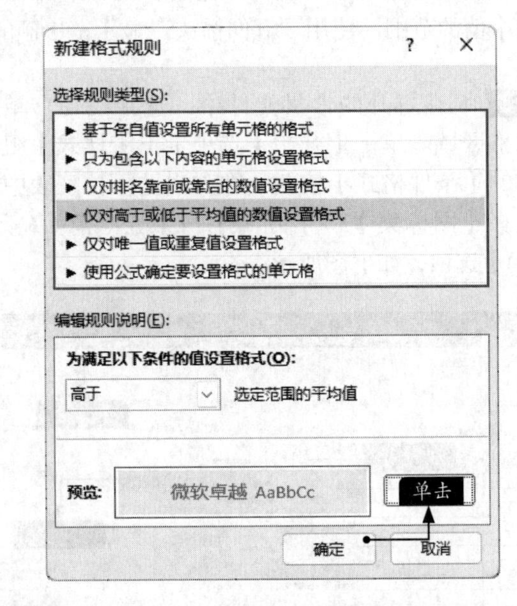

步骤06 自定义格式的最终效果如下图所示。

	A	B	C	D	E	F
1	产品销售表					
2	月份	日期	产品名称	销售数量	单价	销售额
3	1月份	3	产品A	6	¥ 1,050	¥ 6,300
4	1月份	11	产品B	18	¥ 900	¥ 16,200
5	1月份	15	产品C	5	¥ 1,100	¥ 5,500
6	1月份	23	产品D	10	¥ 1,200	¥ 12,000
7	1月份	26	产品E	7	¥ 1,500	¥ 10,500
8	2月份	3	产品A	15	¥ 1,050	¥ 15,750
9	2月份	9	产品B	7	¥ 900	¥ 6,300
10	2月份	15	产品C	8	¥ 1,100	¥ 8,800
11	2月份	21	产品D	8	¥ 1,200	¥ 9,600
12	2月份	27	产品E	9	¥ 1,500	¥ 13,500
13	3月份	3	产品A	5	¥ 1,050	¥ 5,250
14	3月份	9	产品B	9	¥ 900	¥ 8,100
15	3月份	15	产品C	11	¥ 1,100	¥ 12,100
16	3月份	21	产品D	7	¥ 1,200	¥ 8,400
17	3月份	27	产品E	8	¥ 1,500	¥ 12,000

产品销售表

6.4 查看现金流量分析表

掌握工作表的查看方式，可以快速地找到自己想要的信息。本节以查看“现金流量分析表”为例，介绍在Excel中查看工作表的方法。

6.4.1 使用视图方式查看工作表

Excel 2021提供了4种视图方式查看工作表，用户可以根据需求进行查看。

1. 普通视图

普通视图是默认的显示方式，即对工作表的视图不做任何修改。可以使用窗口右侧的垂直滚动条和下方的水平滚动条来浏览当前窗口显示不完全的数据。具体操作步骤如下。

步骤01 打开“素材\ch06\现金流量分析表.xlsx”文件，在当前的窗口中即可浏览数据，单击窗口右侧的垂直滚动条并向下拖动，即可浏览下面的数据，如下图所示。

	A	B	C	D
6	收到的其他与经营活动有关的现金	¥300,000.00	¥300,500.00	¥430,000.00
7	现金流入小计	¥1,680,000.00	¥1,658,400.00	¥1,920,000.00
8	购买商品、接受劳务支付的现金	¥350,000.00	¥345,000.00	¥349,000.00
9	支付给职工以及为职工支付的现金	¥300,000.00	¥300,000.00	¥300,000.00
10	支付的各项税费	¥120,000.00	¥119,000.00	
11	支付的其他与经营活动有关的现金	¥7,800.00	¥8,000.00	¥7,000.00
12	现金流出小计	¥777,800.00	¥772,000.00	¥777,000.00
13	经营活动产生的现金流量净额	¥902,200.00	¥886,400.00	¥1,143,000.00
14				
15	二、投资活动产生的现金流量:			
16	收回投资所收到的现金	¥1,400,000.00	¥980,000.00	¥1,000,000.00
17	取得投资收益所收到的现金	¥400,000.00	¥450,000.00	¥440,000.00
18	现金流入小计	¥1,600,000.00	¥1,430,000.00	¥1,440,000.00
19	购建固定资产、无形资产和其他长期资产所支付的现金	¥1,200,000.00	¥1,000,000.00	¥1,000,000.00
20	投资所支付的现金	¥8,000.00	¥8,000.00	¥8,000.00

步骤02 单击窗口下方的水平滚动条并向右拖动，即可浏览右侧的数据，如下图所示。

	A	B	C	D	E
6	营活动有关的现金	¥300,000.00	¥300,500.00	¥430,000.00	¥500,000.00
7	入小计	¥1,680,000.00	¥1,658,400.00	¥1,920,000.00	¥2,300,000.00
8	劳务支付的现金	¥350,000.00	¥345,000.00	¥349,000.00	¥344,000.00
9	为职工支付的现金	¥300,000.00	¥300,000.00	¥300,000.00	¥300,000.00
10	各项税费	¥120,000.00	¥119,000.00	¥121,000.00	¥178,000.00
11	营活动有关的现金	¥7,800.00	¥8,000.00	¥7,000.00	¥8,900.00
12	出小计	¥777,800.00	¥772,000.00	¥777,000.00	¥830,900.00
13	的现金流量净额	¥902,200.00	¥886,400.00	¥1,143,000.00	¥1,469,100.00
14					
15	生的现金流量:				
16	收到的现金	¥1,400,000.00	¥980,000.00	¥1,000,000.00	¥1,200,000.00
17	所收到的现金	¥400,000.00	¥450,000.00	¥440,000.00	¥460,000.00
18	入小计	¥1,800,000.00	¥1,430,000.00	¥1,440,000.00	¥1,660,000.00
19	其他长期资产所支付的现金	¥1,200,000.00	¥1,000,000.00	¥1,000,000.00	¥1,100,000.00
20	付的现金	¥8,000.00	¥8,000.00	¥8,000.00	¥7,900.00
21	营活动有关的现金	¥300,000.00	¥290,000.00	¥280,000.00	

2. 分页预览

使用分页预览可以查看打印文档时使用的分页符的位置。分页预览的操作步骤如下。

步骤01 选择【视图】选项卡下【工作簿视图】组中的【分页预览】按钮，当前视图即可切换为分页预览视图，如右上图所示。

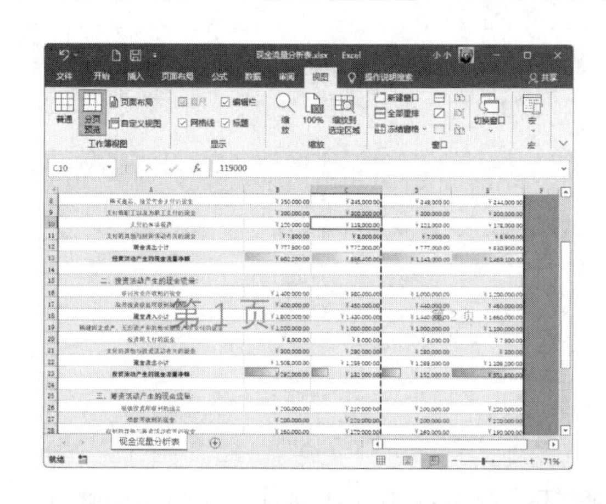

小提示

用户可以单击Excel状态栏中的【分页预览】按钮，进入分页预览视图。

步骤02 将鼠标指针放至蓝色的虚线处，当鼠标指针变为↔形状时单击并拖动，可以调整每页的范围，如下图所示。

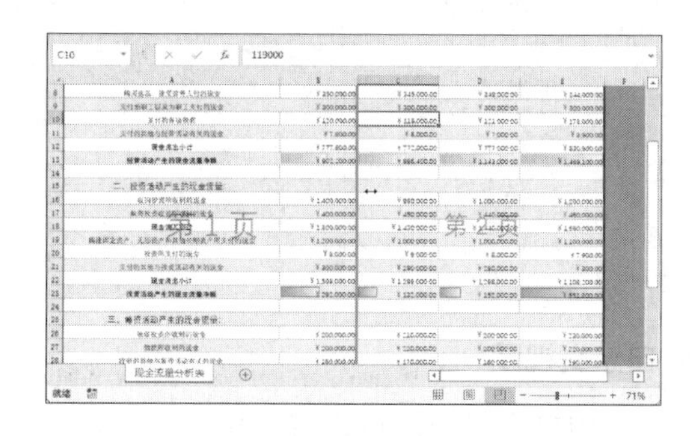

3. 页面布局

可以使用页面布局视图查看工作表。Excel提供了一个水平标尺和一个垂直标尺，因此用户可以精确测量单元格、区域、对象和页边距。标尺可以帮助用户定位对象，并直接在工作表上查看或编辑页边距。进入页面布局视图的具体操作步骤如下。

步骤01 单击【视图】选项卡下【工作簿视图】组中的【页面布局】按钮，即可进入页面布局视图，如下页图所示。

小提示

用户可以单击Excel状态栏中的【页面布局】按钮，进入页面布局视图。

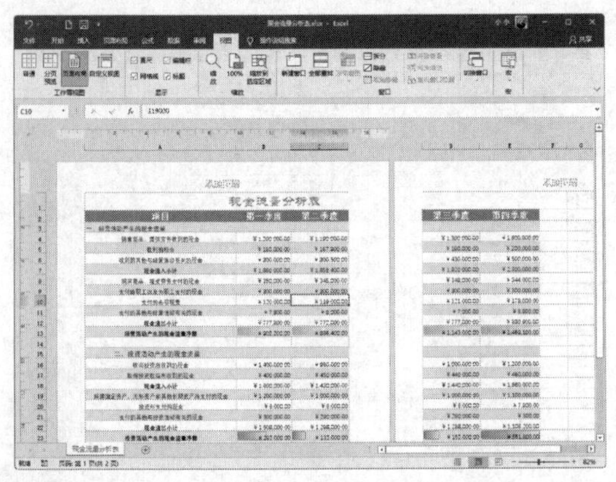

步骤 02 将鼠标指针移到页面之间的中缝处，当鼠标指针变成⇹形状时单击，即可隐藏空白区域，只显示有数据的部分。单击【工作簿视图】组中的【普通】按钮，可返回普通视图，如下图所示。

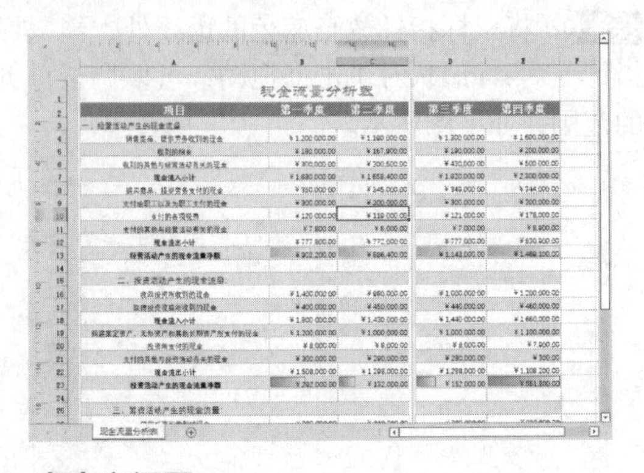

4. 自定义视图

使用自定义视图可以将工作表中特定的显示设置和打印设置保存在特定的视图中。添加自定义视图的具体操作步骤如下。

步骤 01 单击【视图】选项卡下【工作簿视图】组中的【自定义视图】按钮，如下图所示。

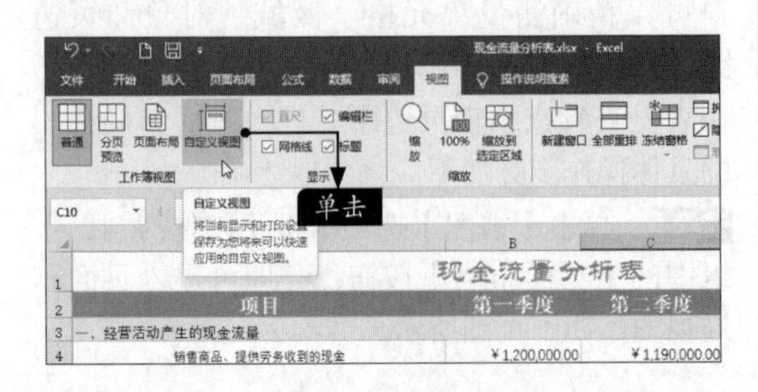

小提示

如果【自定义视图】按钮处于不可选状态，将表格“转换为区域”即可使用。

步骤 02 在弹出的【视图管理器】中单击【添加】按钮，如下图所示。

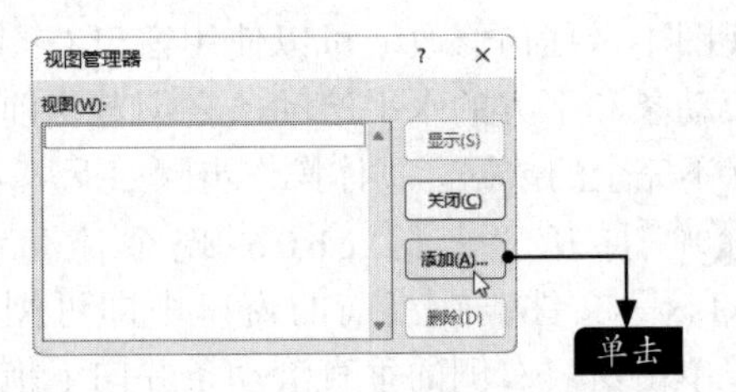

步骤 03 在弹出的【添加视图】对话框的【名称】文本框中输入自定义视图的名称“自定义视图”；默认情况下，【视图包括】组中【打印设置】和【隐藏行、列及筛选设置】复选框已选中，单击【确定】按钮即可完成【自定义视图】的添加，如下图所示。

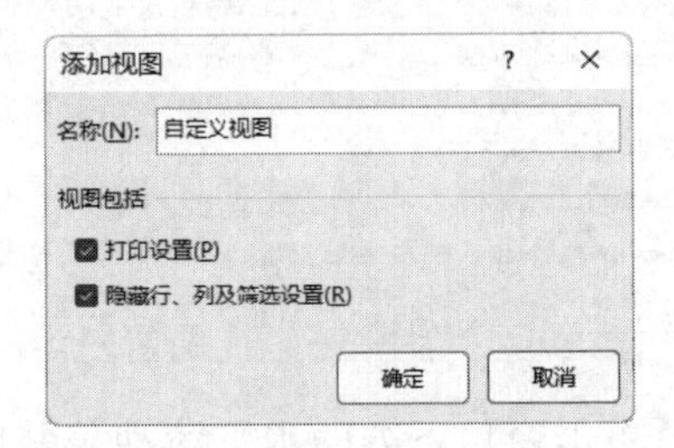

步骤 04 若要显示保存的视图状态，可单击【自定义视图】按钮，弹出【视图管理器】对话框，在其中选择需要打开的视图，单击【显示】按钮，如下图所示。

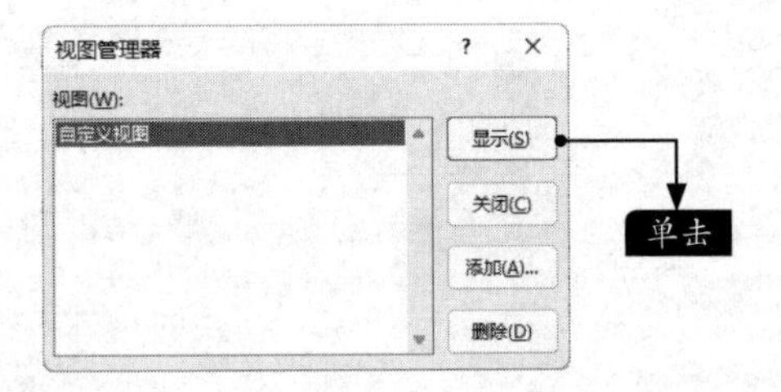

步骤 05 此时，打开该自定义视图时所打开的工作表如下图所示。

6.4.2 放大或缩小工作表以查看数据

在查看工作表时，为了方便查看，可以放大或缩小工作表。其操作的方法有很多种，用户可以根据使用习惯进行选择和操作。

1.通过状态栏调整

在打开的素材文件中，通过窗口右下角的“显示比例”滑块改变工作表的显示比例，向左拖动滑块，缩小显示工作表区域；向右拖动滑块，放大显示工作表区域。另外，单击【缩小】按钮-或【放大】按钮+，也可进行缩小或放大的操作，如下图所示。

	B	C	D	E
1	现金流量分析表			
2	第一季度	第二季度	第三季度	第四季度
3				
4	¥1,200,000.00	¥1,190,000.00	¥1,300,000.00	¥1,600,000.0
5	¥180,000.00	¥167,900.00	¥190,000.00	¥200,000.0
6	¥300,000.00	¥300,500.00	¥430,000.00	¥500,000.0
7	¥1,680,000.00	¥1,658,400.00	¥1,920,000.00	¥2,300,000.0
8	¥350,000.00	¥345,000.00	¥349,000.00	¥344,000.0
9	¥300,000.00	¥300,000.00	¥300,000.00	¥300,000.0
10	¥120,000.00	¥119,000.00	¥121,000.00	¥178,000.0
11	¥7,800.00	¥8,000.00	¥7,000.00	¥8,900.0
12	¥777,800.00	¥772,000.00	¥777,000.00	¥830,900.0
13	¥902,200.00	¥886,400.00	¥1,143,000.00	¥1,469,100.0

2.通过鼠标调整

按住【Ctrl】键，向上滑动鼠标滚轮，可以放大显示工作表；向下滚动鼠标滚轮，可以缩小显示工作表，如下图所示。

	C	D	E
2	第二季度	第三季度	第四季度
3			
4	¥1,190,000.00	¥1,300,000.00	¥1,600,000.0
5	¥167,900.00	¥190,000.00	¥200,000.0
6	¥300,500.00	¥430,000.00	¥500,000.0
7	¥1,658,400.00	¥1,920,000.00	¥2,300,000.0
8	¥345,000.00	¥349,000.00	¥344,000.0
9	¥300,000.00	¥300,000.00	¥300,000.0
10	¥119,000.00	¥121,000.00	¥178,000.0
11	¥8,000.00	¥7,000.00	¥8,900.0
12	¥772,000.00	¥777,000.00	¥830,900.0

3.使用【缩放】对话框

步骤01 如果要缩小或放大为精准的比例，则可以使用【缩放】对话框进行操作。单击【视图】→【缩放】组中的【缩放】按钮，如右上图所示。

步骤02 在【缩放】对话框中可以选择显示比例，也可以自定义显示比例，单击【确定】按钮，如下图所示。

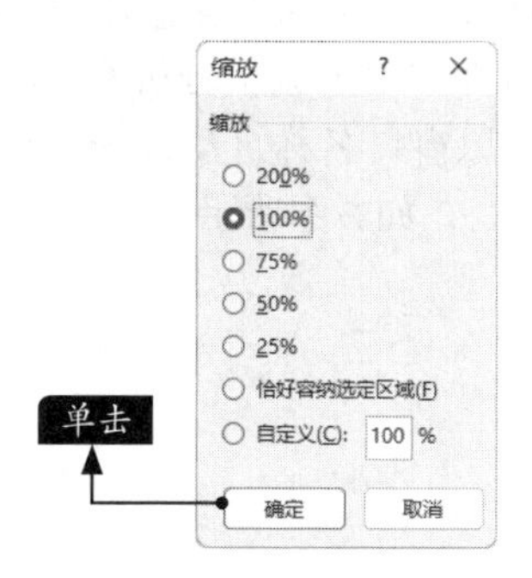

步骤03 完成调整后的表格如下图所示。

	A	B	C
1		现金流量分析表	
2	项目	第一季度	第二季度
3	一、经营活动产生的现金流量		
4	销售商品、提供劳务收到的现金	¥1,200,000.00	¥1,190,00
5	收到的租金	¥180,000.00	¥167,90
6	收到的其他与经营活动有关的现金	¥300,000.00	¥300,50
7	现金流入小计	¥1,680,000.00	¥1,658,40
8	购买商品、接受劳务支付的现金	¥350,000.00	¥345,00
9	支付给职工以及为职工支付的现金	¥300,000.00	¥300,00
10	支付的各项税费	¥120,000.00	¥119,00
11	支付的其他与经营活动有关的现金	¥7,800.00	¥8,00
12	现金流出小计	¥777,800.00	¥772,00
13	经营活动产生的现金流量净额	¥902,200.00	¥886,40
14			
15	二、投资活动产生的现金流量:		

4.缩放到选定区域

步骤01 用户可以使所选的单元格充满整个窗口，以便关注重点数据。单击【视图】选项卡下【缩放】组中的【缩放到选定区域】按钮，如下页图所示。

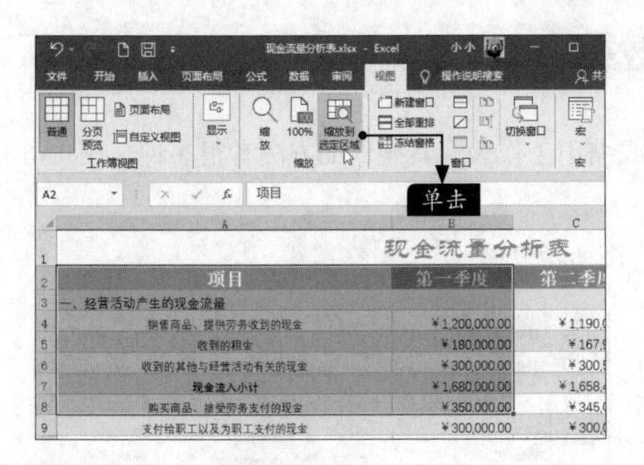

步骤 02 所选单元格放大显示，并充满整个窗口，如下图所示。如果要恢复正常显示，单击【100%】按钮即可恢复。

6.4.3 多窗口对比查看数据

如果需要对比不同区域中的数据，可以使用以下方法来查看。

步骤 01 在打开的素材文件中，单击【视图】选项卡下【窗口】组中的【新建窗口】按钮，新建一个名为“现金流量分析表.xlsx:2”的工作表窗口，原窗口名称自动改为“现金流量分析表.xlsx:1”，如右图所示。

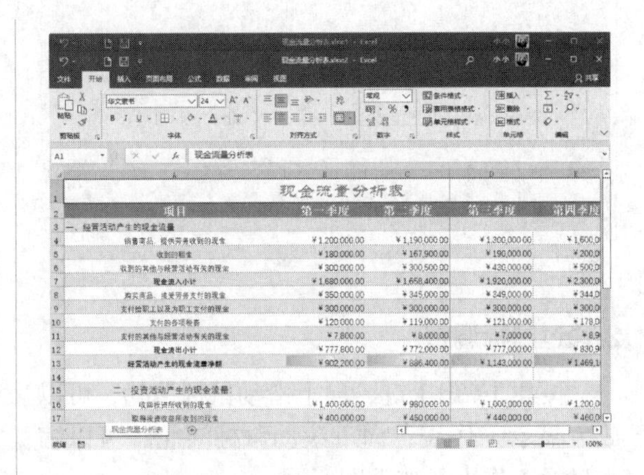

步骤 02 选择【视图】选项卡，单击【窗口】组中的【并排查看】按钮，即可将两个窗口并排放置，如下图所示。

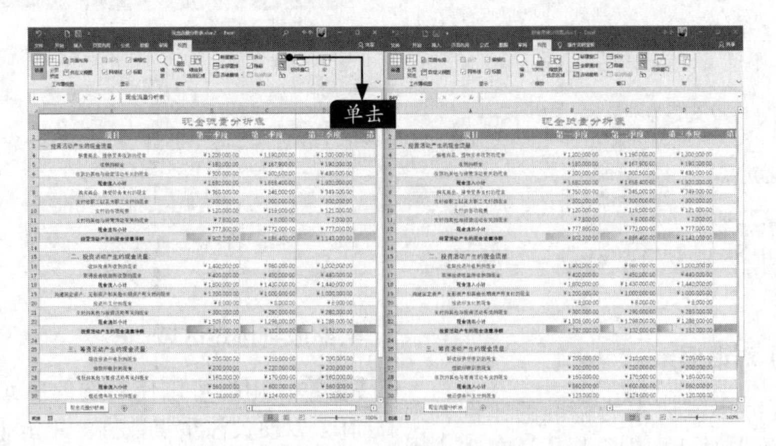

步骤 03 在“同步滚动”状态下，拖动其中一个窗口的滚动条时，另一个窗口也会同步滚动，如下页图所示。

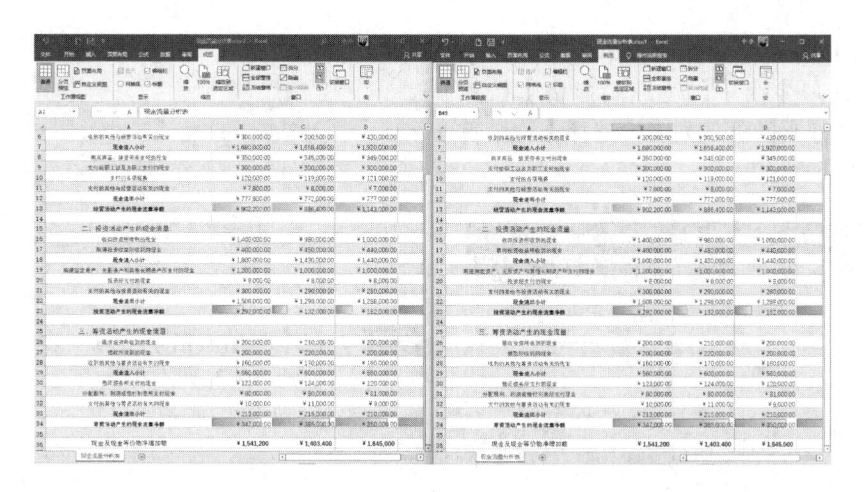

步骤04 单击“现金流量分析表.xlsx:1”工作表【视图】选项卡下的【全部重排】按钮，弹出【重排窗口】对话框，在其中可以设置窗口的排列方式，这里选中【水平并排】单选项，如下图所示。

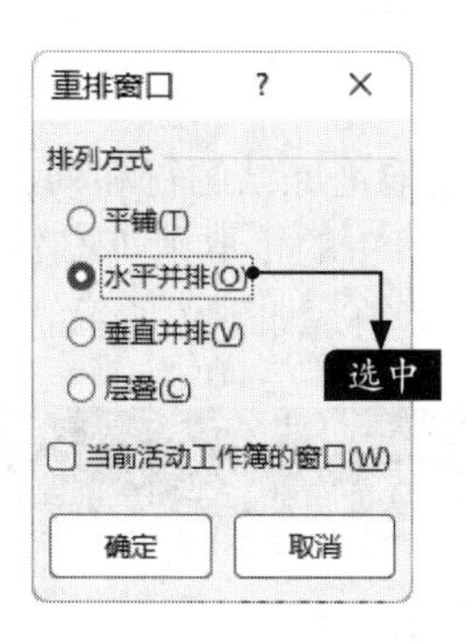

步骤05 以垂直方式排列窗口的效果如下图所示。

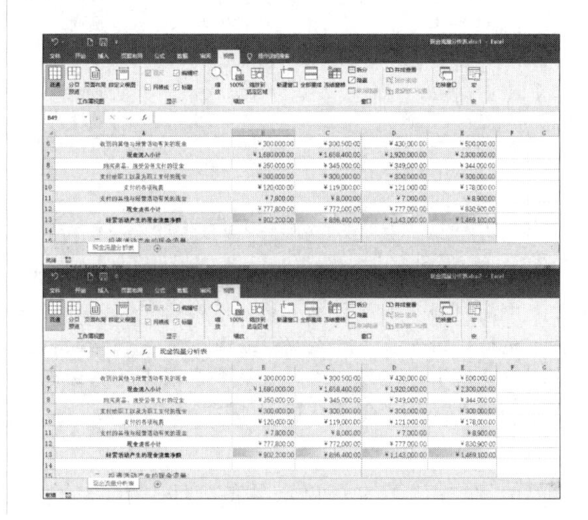

步骤06 单击【关闭】按钮，即可恢复到普通视图，如下图所示。

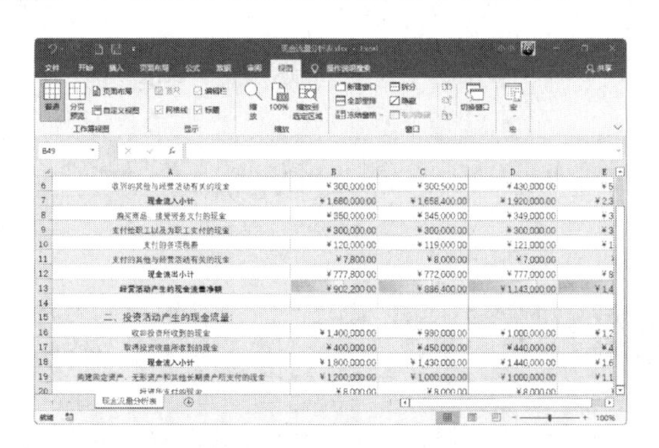

6.4.4 冻结窗格让标题始终可见

冻结指将指定区域固定，滚动条只对其他区域的数据起作用。下面我们来设置冻结窗格让标题始终可见。

步骤 01 在打开的素材文件中，单击【视图】选项卡下【窗口】组中的【冻结窗格】按钮 冻结窗格，在弹出的下拉列表中选择【冻结首行】选项，如下图所示。

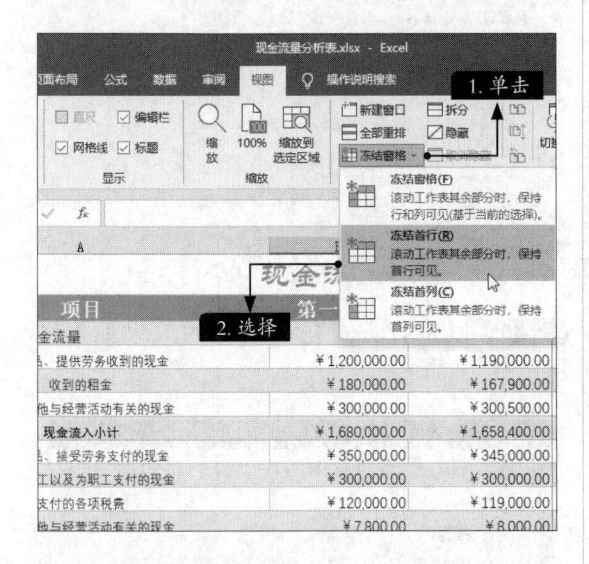

项目	第一	
金流量		
、提供劳务收到的现金	¥1,200,000.00	¥1,190,000.00
收到的租金	¥180,000.00	¥167,900.00
他与经营活动有关的现金	¥300,000.00	¥300,500.00
现金流入小计	¥1,680,000.00	¥1,658,400.00
、接受劳务支付的现金	¥350,000.00	¥345,000.00
工以及为职工支付的现金	¥300,000.00	¥300,000.00
支付的各项税费	¥120,000.00	¥119,000.00
他与经营活动有关的现金	¥7,800.00	¥8,000.00

小提示

只能冻结工作表中的首行和首列，无法冻结工作表中间的行和列。当单元格处于编辑模式（即正在单元格中输入公式或数据）或工作表受保护时，【冻结窗格】选项不可用。如果要取消单元格编辑模式，按【Enter】键或【Esc】键即可。

步骤 02 在首行下方会显示一条黑线，并固定首行。当向下拖动垂直滚动条时，首行会一直显示在当前窗口中，如右上图所示。

	A	B	C	D
1	现金流量分析表			
23	投资活动产生的现金流量净额	¥292,000.00	¥132,000.00	¥152,000.00
24				
25	三、筹资活动产生的现金流量			
26	吸收投资所收到的现金	¥200,000.00	¥210,000.00	¥200,000.00
27	借款所收到的现金	¥200,000.00	¥220,000.00	¥200,000.00
28	收到的其他与筹资活动有关的现金	¥160,000.00	¥170,000.00	¥160,000.00
29	现金流入小计	¥560,000.00	¥600,000.00	¥560,000.00
30	偿还债务所支付的现金	¥123,000.00	¥124,000.00	¥120,000.00
31	分配股利、利润或偿付利息所支付现金	¥80,000.00	¥80,000.00	¥81,000.00
32	支付的其他与筹资活动有关的现金	¥10,000.00	¥11,000.00	¥9,000.00
33	现金流出小计	¥213,000.00	¥215,000.00	¥210,000.00
34	筹资活动产生的现金流量净额	¥347,000.00	¥385,000.00	¥350,000.00
35				
36	现金及现金等价物净增加额	¥1,541,200	¥1,403,400	¥1,645,000

现金流量分析表

步骤 03 在【冻结窗格】下拉列表中选择【冻结首列】选项，在首列右侧会显示一条黑线，并固定首列，如下图所示。

	A	D	E
1			
2	项目	第三季度	第四季度
3	一、经营活动产生的现金流量		
4	销售商品、提供劳务收到的现金	¥1,300,000.00	¥1,600,000.00
5	收到的租金	¥190,000.00	¥200,000.00
6	收到的其他与经营活动有关的现金	¥430,000.00	¥500,000.00
7	现金流入小计	¥1,920,000.00	¥2,300,000.00
8	购买商品、接受劳务支付的现金	¥349,000.00	¥344,000.00
9	支付给职工以及为职工支付的现金	¥300,000.00	¥300,000.00
10	支付的各项税费	¥121,000.00	¥178,000.00
11	支付的其他与经营活动有关的现金	¥7,000.00	¥8,900.00
12	现金流出小计	¥777,000.00	¥830,900.00
13	经营活动产生的现金流量净额	¥1,143,000.00	¥1,469,100.00
14			

现金流量分析表

步骤 04 如果要取消冻结的行和列，单击【冻结窗格】下拉列表中的【取消冻结窗格】选项，即可取消窗口冻结，如下图所示。

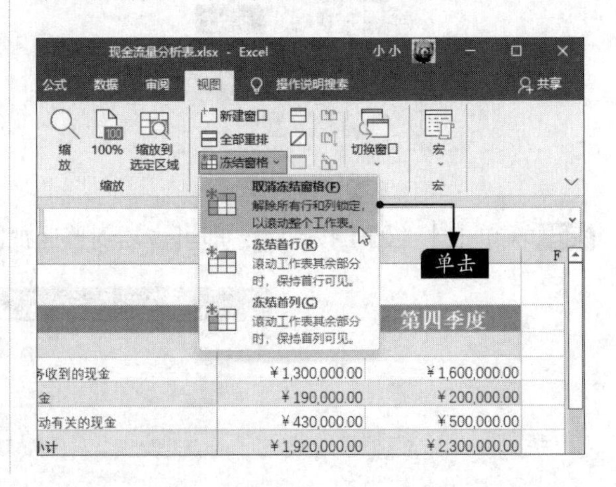

务收到的现金	¥1,300,000.00	¥1,600,000.00
金	¥190,000.00	¥200,000.00
动有关的现金	¥430,000.00	¥500,000.00
小计	¥1,920,000.00	¥2,300,000.00

6.4.5 添加和编辑批注

批注是附加在单元格中与其他单元格内容进行区分的注释。给单元格添加批注可以突出单元格中的数据，使该单元格中的信息更容易记忆。添加和编辑批注的具体操作步骤如下。

步骤 01 选择要添加批注的单元格，如A15，单击鼠标右键，在弹出的快捷菜单中，单击【插入批注】命令，如下页图所示。

步骤02 在弹出的批注文本框中输入注释文本“格式有误”，如下图所示。

	A	B	C
10	支付的各项税费	¥120,000.00	¥119,000.00
11	支付的其他与经营活动有关的现金	¥7,800.00	¥8,000.00
12	现金流出小计	¥777,800.00	¥772,000.00
13	经营活动产生的现金流量净额	¥902,200.00	¥886,400.00
14			
15	二、投资活动产生的现金流量:		
16	收回投资所收到的现金		¥980,000.00
17	取得投资收益所收到的现金		¥450,000.00
18	现金流入小计	¥1,800,000.00	¥1,430,000.00
19	购建固定资产、无形资产和其他长期资产所支付的现金	¥1,200,000.00	¥1,000,000.00
20	投资所支付的现金	¥8,000.00	¥8,000.00
21	支付的其他与投资活动有关的现金	¥300,000.00	¥290,000.00
22	现金流出小计	¥1,508,000.00	¥1,298,000.00

xiao:
格式有误

小提示

已添加批注的单元格的右上角会出现一个红色的三角符号，当鼠标指针移到该单元格时将显示批注的内容。

步骤03 当要对批注进行编辑时，可以右键单击含有批注的单元格，在弹出的快捷菜单中，单击【编辑批注】命令，如下图所示。

步骤04 此时，可对批注内容进行编辑，编辑结束之后，单击批注文本框外的其他单元格即可，如右上图所示。

7	现金流入小计	¥1,680,000.00	¥1,658,400.00
8	购买商品、接受劳务支付的现金	¥350,000.00	¥345,000.00
9	支付给职工以及为职工支付的现金	¥300,000.00	¥300,000.00
10	支付的各项税费	¥120,000.00	¥119,000.00
11	支付的其他与经营活动有关的现金	¥7,800.00	¥8,000.00
12	现金流出小计	¥777,800.00	¥772,000.00
13	经营活动产生的现金流量净额	¥902,200.00	¥886,400.00
14			
15	二、投资活动产生的现金流量		
16	收回投资所收到的现金		¥980,000.00
17	取得投资收益所收到的现金		¥450,000.00
18	现金流入小计	¥1,800,000.00	¥1,430,000.00
19	购建固定资产、无形资产和其他长期资产所支付的现金	¥1,200,000.00	¥1,000,000.00
20	投资所支付的现金	¥8,000.00	¥8,000.00
21	支付的其他与投资活动有关的现金	¥300,000.00	¥290,000.00
22	现金流出小计	¥1,508,000.00	¥1,298,000.00
23	投资活动产生的现金流量净额	¥292,000.00	¥132,000.00

xiao:
格式有误，应与A3单元格格式一致

小提示

选择批注文本框，当鼠标指针变为形状时拖曳鼠标，可调整批注文本框的位置；当鼠标指针变为形状时拖曳鼠标，可调整批注文本框的大小。

步骤05 在单元格上单击鼠标右键，在弹出的快捷菜单中单击【显示/隐藏批注】命令，可以一直在工作表中显示批注，如下图所示。如果要隐藏批注，可以再打开快捷菜单单击【隐藏批注】命令。

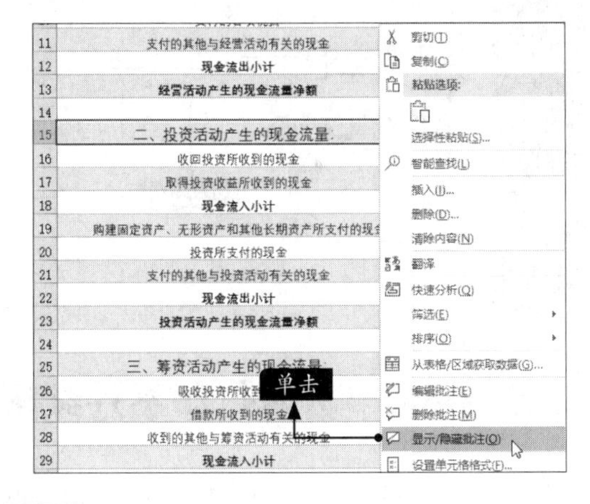

步骤06 将鼠标指针定位在包含批注的单元格中，单击鼠标右键，在弹出的快捷菜单中单击【删除批注】命令，可以删除当前批注，如下图所示。

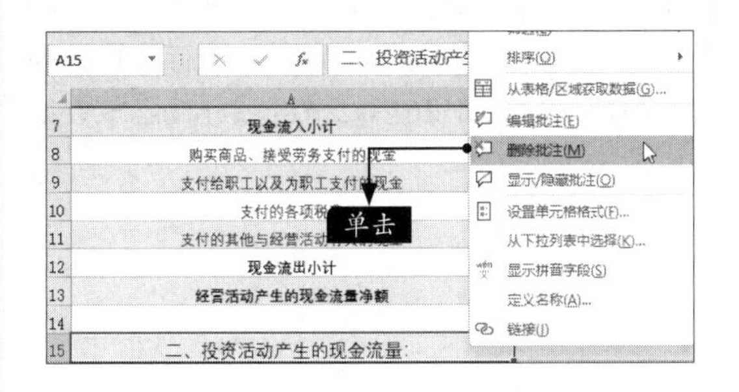

6.5 打印商品库存清单

打印Excel表格时，用户可以根据需要设置Excel表格的打印方式，如打印整张工作表、在同一页面打印不连续的区域、打印行号和列标、打印网格线等。

6.5.1 打印整张工作表

打印Excel工作表的方法与打印Word文档类似，需要选择打印机并设置打印份数。具体操作步骤如下。

步骤 01 打开“素材\ch06\商品库存清单.xlsx”文件，单击【文件】选项卡下左侧列表中的【打印】选项，在【打印】区域的【打印机】下拉列表中选择要使用的打印机，如下图所示。

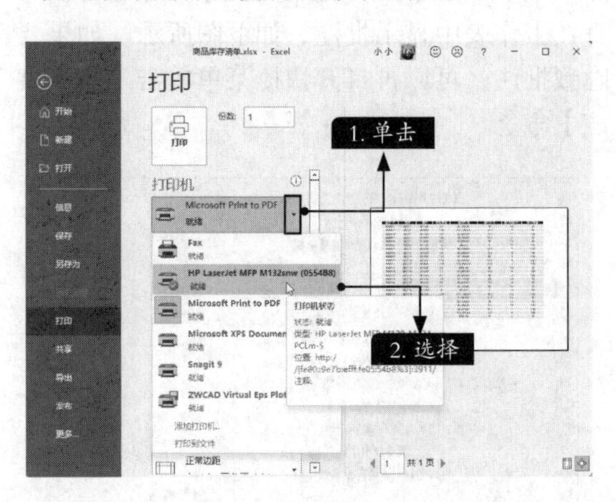

步骤 02 在【份数】微调框中输入“3”，即打印3份，单击【打印】按钮，即可开始打印Excel工作表，如下图所示。

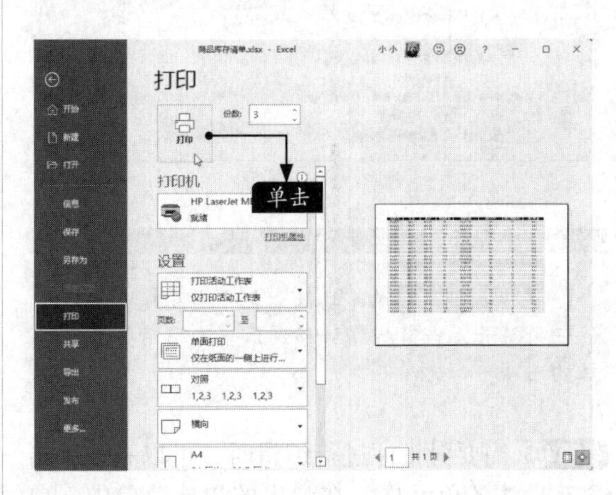

6.5.2 在同一页面打印不连续区域

如果要打印非连续的单元格区域，在打印输出时会将每个区域单独显示在不同的纸张页面。借助“隐藏”功能，可以将非连续的打印区域显示在一张纸上。在同一页面打印不连续区域的具体操作步骤如下。

步骤 01 打开的素材文件包含两个工作表，需要将工作表中的A1:H8和A15:H21单元格区域打印在同一张纸上，首先将其他区域进行隐藏，即将A9:H14和A22:H26单元格区域进行隐藏，如右图所示。

库存 ID	名称	单价	在库数量	库存价值	续订水平	续订时间(天)	续订数量
IN0001	项目 1	¥51.00	25	¥1,275.00	29	13	50
IN0002	项目 2	¥93.00	132	¥12,276.00	231	4	50
IN0003	项目 3	¥57.00	151	¥8,607.00	114	11	150
IN0004	项目 4	¥19.00	186	¥3,534.00	158	6	50
IN0005	项目 5	¥75.00	62	¥4,650.00	39	12	50
IN0006	项目 6	¥11.00	5	¥55.00	9	13	150
IN0007	项目 7	¥56.00	58	¥3,248.00	109	7	100
IN0014	项目 14	¥42.00	62	¥2,604.00	83	2	100
IN0015	项目 15	¥32.00	46	¥1,472.00	23	15	50
IN0016	项目 16	¥90.00	96	¥8,640.00	180	3	50
IN0017	项目 17	¥97.00	57	¥5,529.00	98	12	50
IN0018	项目 18	¥12.00	6	¥72.00	7	13	50
IN0019	项目 19	¥82.00	143	¥11,726.00	164	12	150
IN0020	项目 20	¥16.00	124	¥1,984.00	113	14	50
IN0021	项目 21	¥19.00	112	¥2,128.00	75	11	50

步骤 02 单击【文件】→【打印】选项，单击【打印】按钮，即可打印，如下图所示。

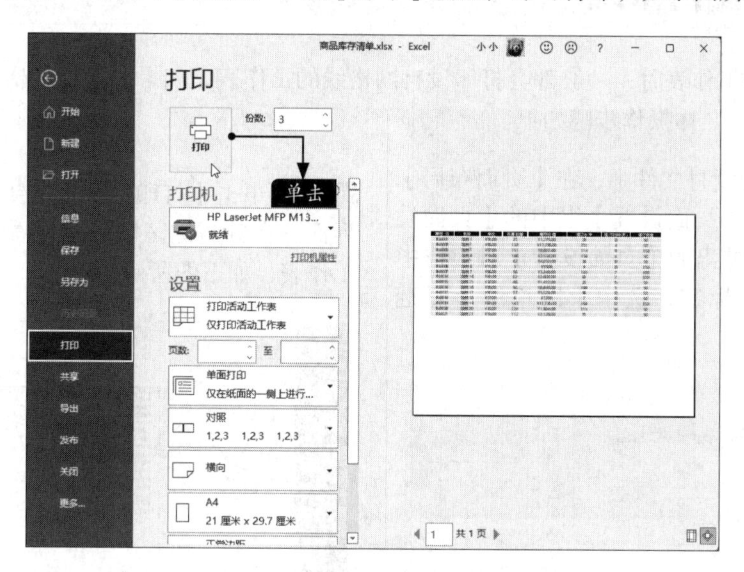

6.5.3 打印出行号和列标

在打印Excel表格时可以根据需要将行号和列标打印出来，具体操作步骤如下。

步骤 01 在打开的素材文件中，单击【页面布局】选项卡下【页面设置】组中的【打印标题】按钮，弹出【页面设置】对话框。在【工作表】选项卡下【打印】组中单击选中【行和列标题】复选框，单击【打印预览】按钮，如下图所示。

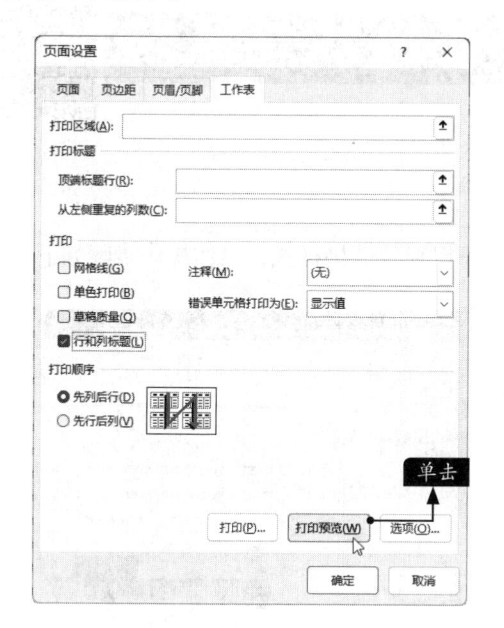

步骤 02 显示行号、列标后的打印预览效果，如下图所示。

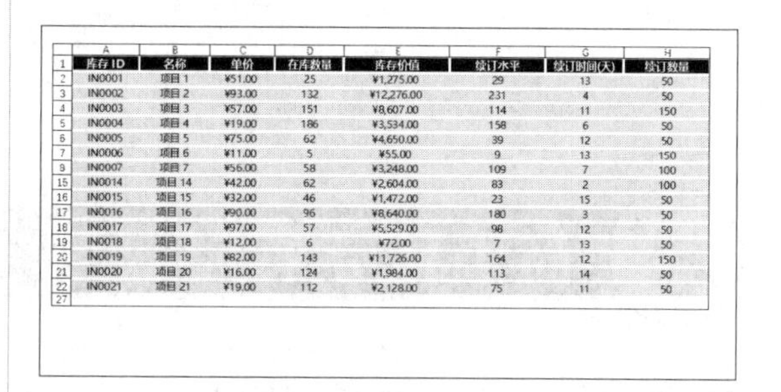

	A	B	C	D	E	F	G	H
1	库存 ID	名称	单价	在库数量	库存价值	续订水平	续订时间(天)	续订数量
2	IN0001	项目 1	¥51.00	25	¥1,275.00	29	13	50
3	IN0002	项目 2	¥93.00	132	¥12,276.00	231	4	50
4	IN0003	项目 3	¥57.00	151	¥8,607.00	114	11	150
5	IN0004	项目 4	¥19.00	186	¥3,534.00	158	6	50
6	IN0005	项目 5	¥75.00	62	¥4,650.00	39	12	50
7	IN0006	项目 6	¥11.00	5	¥55.00	9	13	150
8	IN0007	项目 7	¥56.00	58	¥3,248.00	109	7	100
15	IN0014	项目 14	¥42.00	62	¥2,604.00	83	2	100
16	IN0015	项目 15	¥32.00	46	¥1,472.00	23	15	50
17	IN0016	项目 16	¥90.00	96	¥8,640.00	180	3	50
18	IN0017	项目 17	¥97.00	57	¥5,529.00	98	12	50
19	IN0018	项目 18	¥12.00	6	¥72.00	7	13	50
20	IN0019	项目 19	¥82.00	143	¥11,726.00	164	12	150
21	IN0020	项目 20	¥16.00	124	¥1,984.00	113	14	50
22	IN0021	项目 21	¥19.00	112	¥2,128.00	75	11	50
27								

小提示

在【打印】组中，单击选中【网格线】复选框可以在打印预览界面查看网格线；单击选中【单色打印】复选框可以以灰度的形式打印工作表；单击选中【草稿质量】复选框可以节约耗材、提高打印速度，但打印质量会降低。

6.5.4 打印出网格线

在打印Excel工作表时，一般都会打印没有网格线的工作表，如果需要将网格线打印出来，可以通过设置实现。具体操作步骤如下。

步骤 01 在打开的素材文件中，在【页面布局】选项卡中，单击【页面设置】组中的【页面设置】按钮，在弹出的【页面设置】对话框中选择【工作表】标签，选中【网格线】复选框，如下图所示。

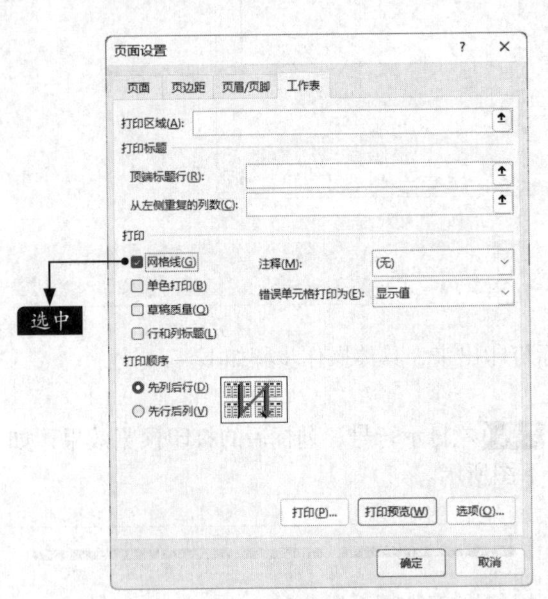

步骤 02 单击【打印预览】按钮，进入【打印】界面，在其右侧区域中即可看到带有网格线的工作表，如下图所示。

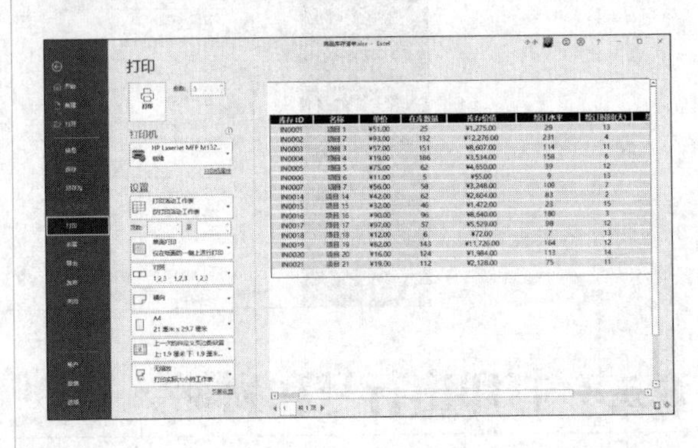

高手私房菜

技巧1：自定义表格样式

除了可以使用Excel 2021内置的表格样式，用户还可以新建表格样式，具体操作步骤如下。

步骤 01 打开“素材\ch06\技巧.xlsx”工作簿，单击【开始】选项卡下【样式】组中的【套用表格格式】按钮 套用表格格式，在弹出的下拉列表中选择【新建表格样式】选项，如右图所示。

选择

步骤02 在弹出的【新建表样式】对话框的【名称】文本框中输入名称，然后选择表元素，这里选择【整个表】，单击【格式】按钮，如下图所示。

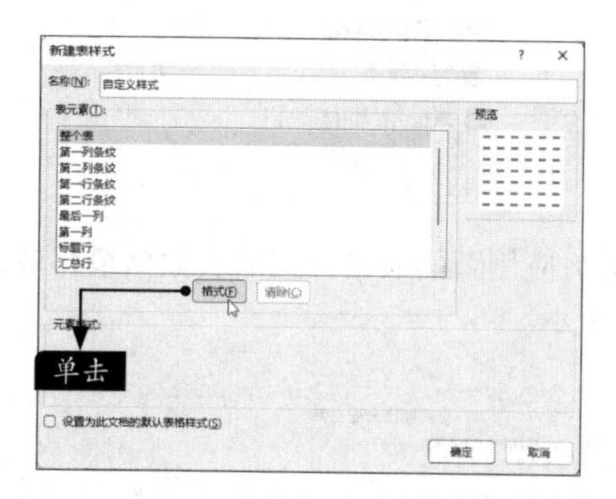

步骤03 在弹出的【设置单元格格式】对话框中，打开【字体】选项卡，在其中可以设置字形、下划线、字体颜色等，这里将字体颜色设置为"黑色"，如下图所示。

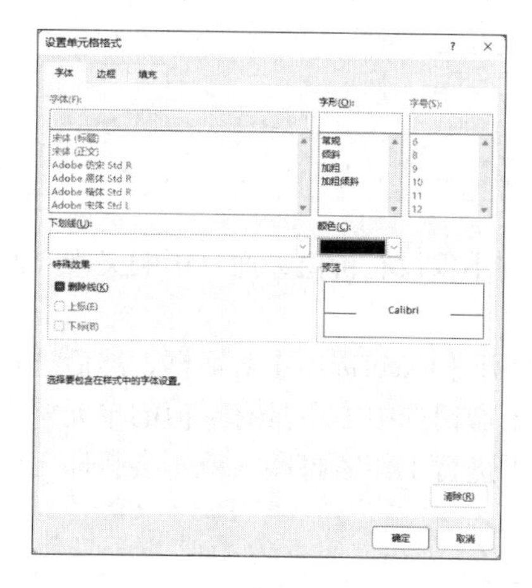

步骤04 打开【边框】选项卡，在其中可以设置边框的样式、颜色等，如下图所示。

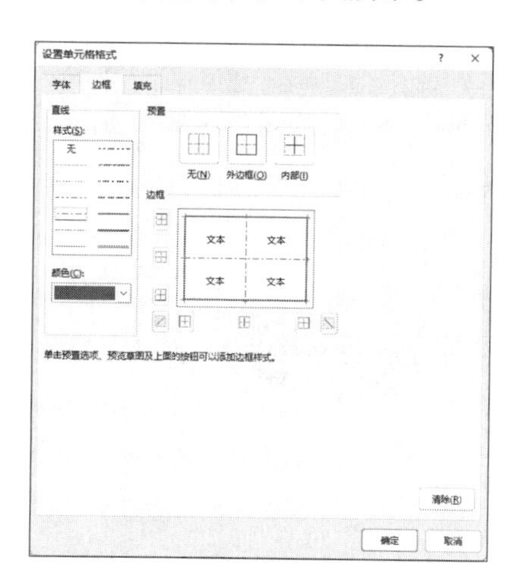

步骤05 单击【确定】按钮，返回【修改表样式】对话框，在【表元素】列表框中选择其他元素，这里选择【第一行条纹】，然后单击【格式】按钮，如下图所示。

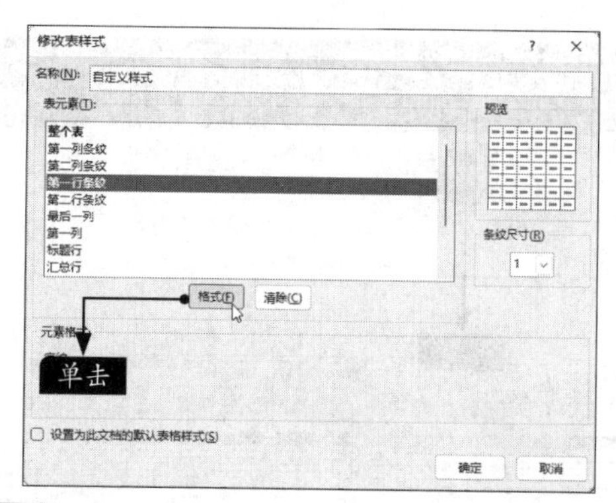

步骤06 在弹出的【设置单元格格式】对话框中，打开【填充】选项卡，在其中为条纹设置填充颜色、图案，设置完毕后，单击【确定】按钮，如下图所示。

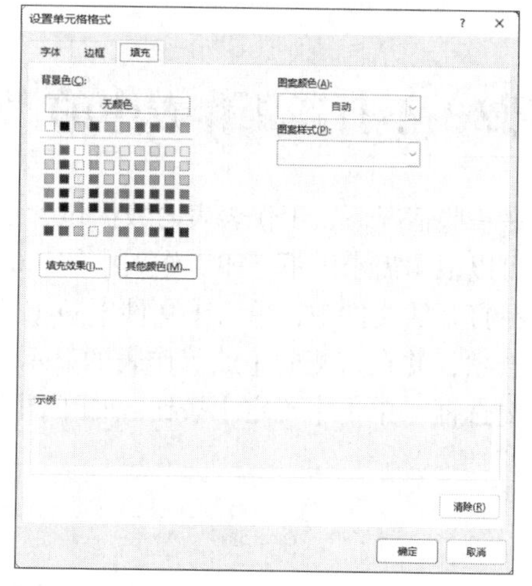

步骤07 使用同样的方法，可以为其他元素设置格式。设置完成后，返回【修改表样式】对话框，单击【确定】按钮即可，如下图所示。

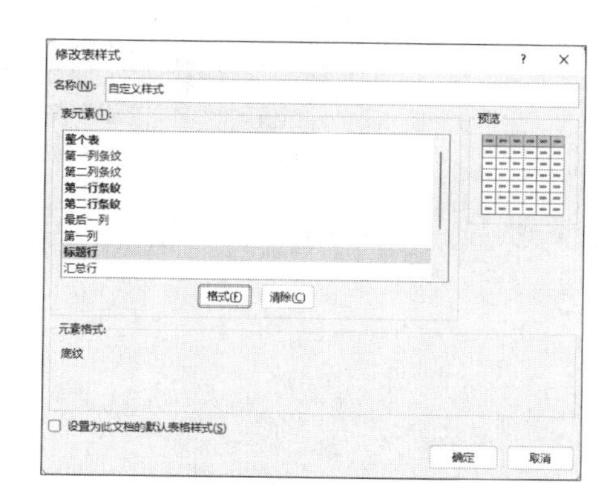

步骤 08 选择要套用表格样式的单元格区域A5:E15，单击【套用表格格式】按钮，在弹出的下拉菜单中，选择【自定义】下的【新建表格样式】，如下图所示。

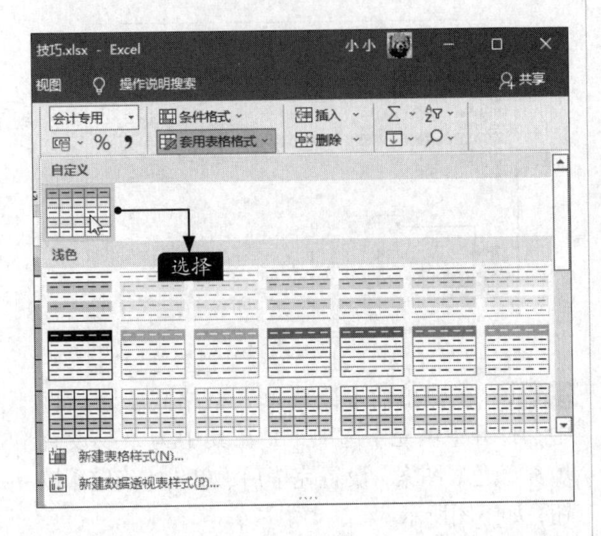

步骤 09 在弹出的【创建表】对话框中，单击【确定】按钮，如下图所示。

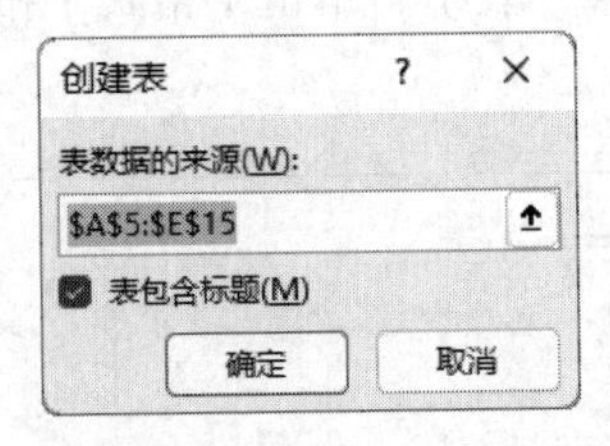

步骤 10 应用新的表格样式的表数据最终效果如下图所示。

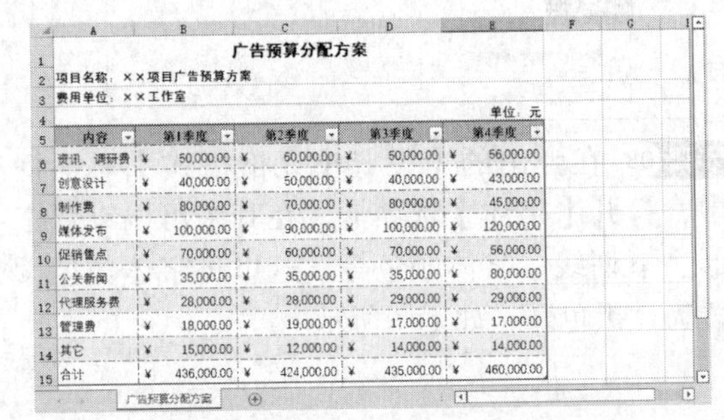

广告预算分配方案

项目名称：××项目广告预算方案

费用单位：××工作室

单位：元

内容	第1季度	第2季度	第3季度	第4季度
资讯、调研费	¥ 50,000.00	¥ 60,000.00	¥ 50,000.00	¥ 56,000.00
创意设计	¥ 40,000.00	¥ 50,000.00	¥ 40,000.00	¥ 43,000.00
制作费	¥ 80,000.00	¥ 70,000.00	¥ 80,000.00	¥ 45,000.00
媒体发布	¥ 100,000.00	¥ 90,000.00	¥ 100,000.00	¥ 120,000.00
促销售点	¥ 70,000.00	¥ 60,000.00	¥ 70,000.00	¥ 56,000.00
公关新闻	¥ 35,000.00	¥ 35,000.00	¥ 35,000.00	¥ 80,000.00
代理服务费	¥ 28,000.00	¥ 28,000.00	¥ 29,000.00	¥ 29,000.00
管理费	¥ 18,000.00	¥ 19,000.00	¥ 17,000.00	¥ 17,000.00
其它	¥ 15,000.00	¥ 12,000.00	¥ 14,000.00	¥ 14,000.00
合计	¥ 436,000.00	¥ 424,000.00	¥ 435,000.00	¥ 460,000.00

广告预算分配方案

技巧2：不打印工作表中的“0”值

在一些情况下，工作表表内数据包含“0”值，有时它不仅没有价值，而且影响美观。此时，我们可以根据需求，不打印工作表中的“0”值。

在打开的文件中，单击【文件】→【选项】选项，打开【Excel选项】对话框，然后选择【高级】选项，并在右侧的【此工作表的显示选项】列表框中撤销选中【在具有零值的单元格中显示零】复选框，单击【确定】按钮，如下图所示。此时，再进行工作表打印，就不会打印工作表中的“0”值。

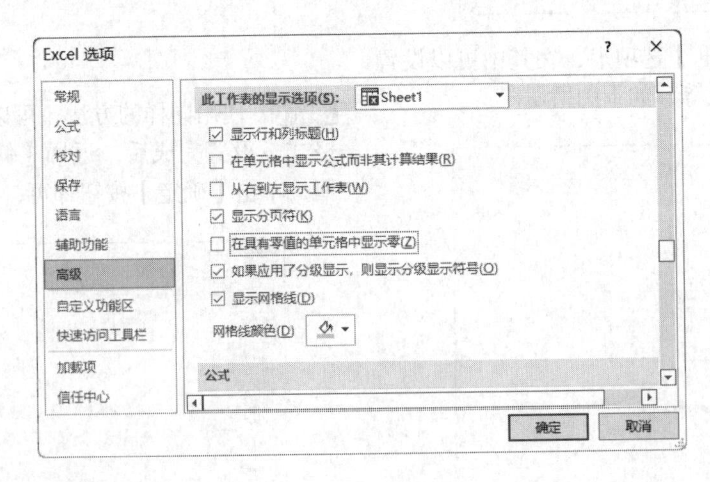

第 7 章

Excel公式和函数

公式和函数是Excel的重要组成部分，它们体现了Excel强大的计算能力，为用户分析和处理工作表中的数据提供了很大的方便。使用公式和函数可以节省处理数据的时间，降低在处理大量数据时的出错率。用好公式和函数，是在Excel中高效、便捷地处理数据的保证。

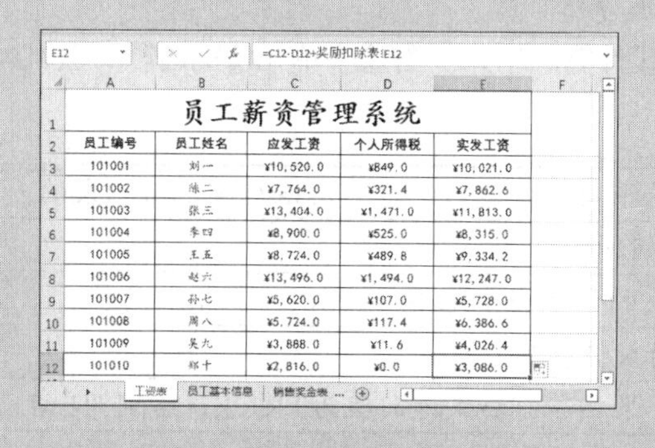
E12　=C12-D12+奖励扣除表!E12

员工薪资管理系统

员工编号	员工姓名	应发工资	个人所得税	实发工资
101001	刘一	¥10,520.0	¥849.0	¥10,021.0
101002	陈二	¥7,764.0	¥321.4	¥7,862.6
101003	张三	¥13,404.0	¥1,471.0	¥11,813.0
101004	李四	¥8,900.0	¥525.0	¥8,315.0
101005	王五	¥8,724.0	¥489.8	¥9,334.2
101006	赵六	¥13,496.0	¥1,494.0	¥12,247.0
101007	孙七	¥5,620.0	¥107.0	¥5,728.0
101008	周八	¥5,724.0	¥117.4	¥6,386.6
101009	吴九	¥3,888.0	¥11.6	¥4,026.4
101010	郑十	¥2,816.0	¥0.0	¥3,086.0

工资表　员工基本信息　销售奖金表 ...

C7　=IF(B7>=10000,2000,1000)

姓名	业绩	奖金
刘一	¥ 15,000.00	¥ 2,000.00
陈二	¥ 8,900.00	¥ 1,000.00
张三	¥ 11,200.00	¥ 2,000.00
李四	¥ 7,500.00	¥ 1,000.00
王五	¥ 6,740.00	¥ 1,000.00
赵六	¥ 10,530.00	¥ 2,000.00

Sheet1

7.1 制作公司利润表

制作公司利润表时通常需要计算公司的季度或年利润。在Excel 2021中，公式可以帮助用户分析工作表中的数据，例如对数值进行加、减、乘、除等运算。本节以制作“公司利润表”为例介绍公式的使用方法。

7.1.1 认识公式

公式是由一组数据和运算符组成的序列。使用公式时必须以等号“=”开头，后面紧接数据或运算符。下面为应用公式的几个例子。

=2022+1

=SUM（A1:A9）

=现金收入－支出

上面的例子体现了Excel公式的语法特征，即公式以等号“=”开头，后面紧接着运算数和运算符，运算数可以是常数、单元格引用、单元格名称和工作表函数等。

在单元格中输入公式，可以进行计算，然后返回结果。公式使用运算符来处理数值、文本、工作表函数及其他函数，并在一个单元格中计算出一个数值。

小提示

函数是Excel软件内置的一段程序，实现预定的计算功能，或者说是一种内置的公式。公式是用户根据数据统计、处理和分析的实际需要，将函数式、引用、常量等参数通过运算符连接起来，实现用户需要的计算功能的一种表达式。

输入单元格中的数据由下列几个元素组成。

（1）运算符，如“+”（加号）或“*”（乘号）。

（2）单元格引用（包含定义名称的单元格和区域）。

（3）数值和文本。

（4）工作表函数（如SUM函数或AVERAGE函数等）。

在单元格中输入公式后，单元格中会显示公式计算的结果。当选中单元格的时候，公式本身会出现在编辑栏里。下表给出了几个公式的例子。

=2022*0.5	公式只使用了数值且不是很有用，建议使用单元格与单元格相乘的方式
=A1+A2	把单元格A1和A2中的值相加
=Income−Expenses	用单元格Income（收入）的值减去单元格Expenses（支出）的值
=SUM(A1:A12)	A1到A12所有单元格中的数值相加
=A1=C12	比较单元格A1和C12。如果相等，公式返回值为TRUE；否则为FALSE

7.1.2 输入公式

在单元格中输入公式的方法可分为手动输入和单击输入两种。

1. 手动输入

在选定的单元格中输入“=3+5”。输入时字符会同时出现在单元格和编辑栏中，按【Enter】键后该单元格会显示出运算结果“8”。

2. 单击输入

单击输入公式更简单快捷，也不容易出错。

例如，在单元格F3中输入公式“=B3+C3+D3+E3”，可以按照以下步骤进行单击输入。

步骤 01 打开“素材\ch07\公司利润表.xlsx”工作簿，选择F3单元格，输入“=”，如下图所示。

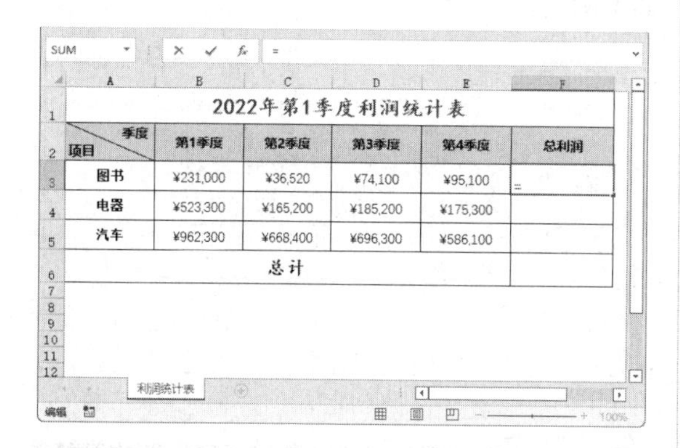

SUM　=

2022年第1季度利润统计表

项目 \ 季度	第1季度	第2季度	第3季度	第4季度	总利润
图书	¥231,000	¥36,520	¥74,100	¥95,100	=
电器	¥523,300	¥165,200	¥185,200	¥175,300	
汽车	¥962,300	¥668,400	¥696,300	¥586,100	
总计					

步骤 02 单击单元格B3，单元格周围会显示一个活动虚框，同时单元格引用会出现在单元格F3和编辑栏中，如下图所示。

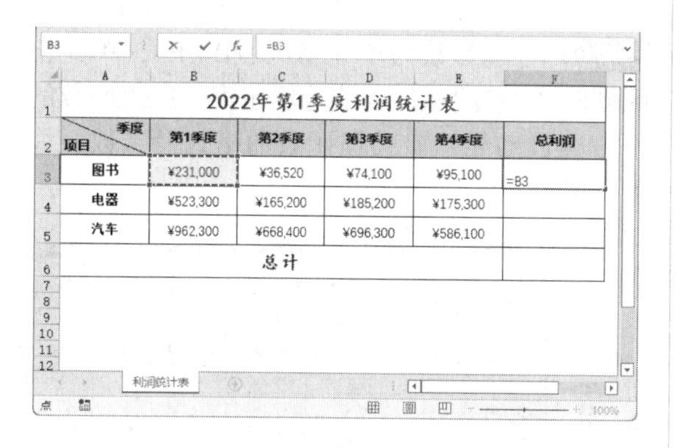

B3　=B3

2022年第1季度利润统计表

项目 \ 季度	第1季度	第2季度	第3季度	第4季度	总利润
图书	¥231,000	¥36,520	¥74,100	¥95,100	=B3
电器	¥523,300	¥165,200	¥185,200	¥175,300	
汽车	¥962,300	¥668,400	¥696,300	¥586,100	
总计					

步骤 03 输入加号“+”，单击单元格C3。单元格B3的虚线边框会变为实线边框，如下图所示。

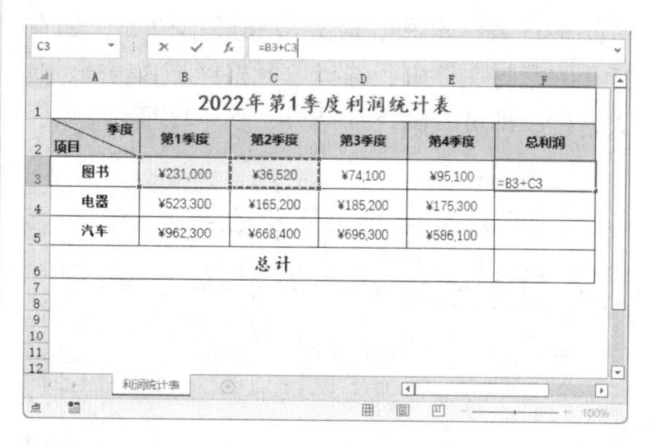

C3　=B3+C3

2022年第1季度利润统计表

项目 \ 季度	第1季度	第2季度	第3季度	第4季度	总利润
图书	¥231,000	¥36,520	¥74,100	¥95,100	=B3+C3
电器	¥523,300	¥165,200	¥185,200	¥175,300	
汽车	¥962,300	¥668,400	¥696,300	¥586,100	
总计					

步骤 04 重复步骤03，依次选择D3和E3单元格，如下图所示。

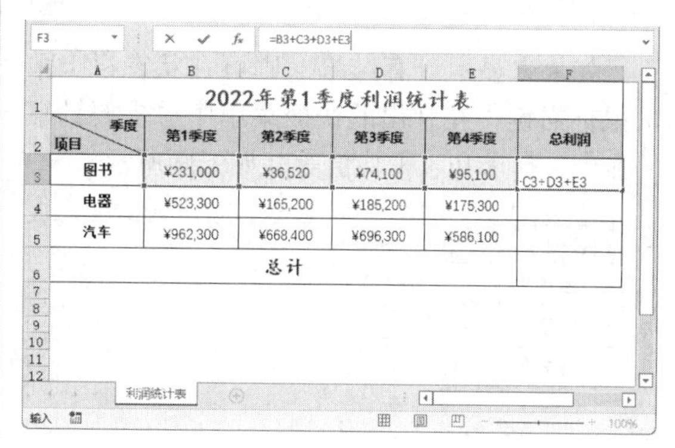

F3　=B3+C3+D3+E3

2022年第1季度利润统计表

项目 \ 季度	第1季度	第2季度	第3季度	第4季度	总利润
图书	¥231,000	¥36,520	¥74,100	¥95,100	C3+D3+E3
电器	¥523,300	¥165,200	¥185,200	¥175,300	
汽车	¥962,300	¥668,400	¥696,300	¥586,100	
总计					

步骤 05 按【Enter】键或单击【输入】按钮✓，即可计算出结果，如下图所示。

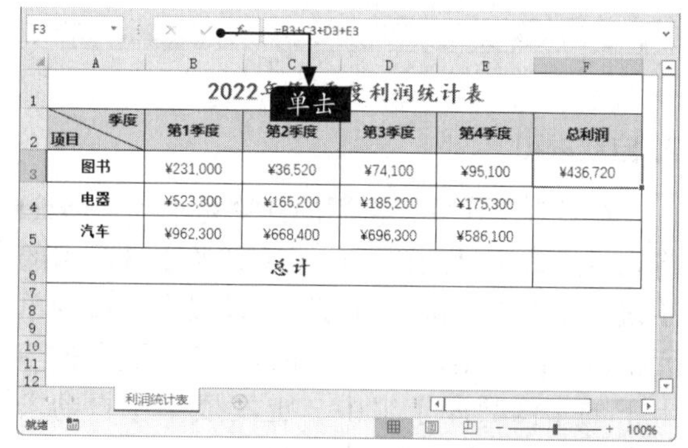

F3　=B3+C3+D3+E3

2022年第1季度利润统计表

项目 \ 季度	第1季度	第2季度	第3季度	第4季度	总利润
图书	¥231,000	¥36,520	¥74,100	¥95,100	¥436,720
电器	¥523,300	¥165,200	¥185,200	¥175,300	
汽车	¥962,300	¥668,400	¥696,300	¥586,100	
总计					

7.1.3 自动求和

在Excel 2021中不使用功能区中的选项也可以快速地完成单元格的计算。下面介绍两种方法。

1. 自动显示计算结果

自动计算的功能就是对选定的单元格区域查看各种汇总数值，包括平均值、包含数据的单元格计数、求和、最大值和最小值等。如在打开的素材文件中，选择单元格区域B4:E4，在状态栏中即可看到计算结果，如下图所示。

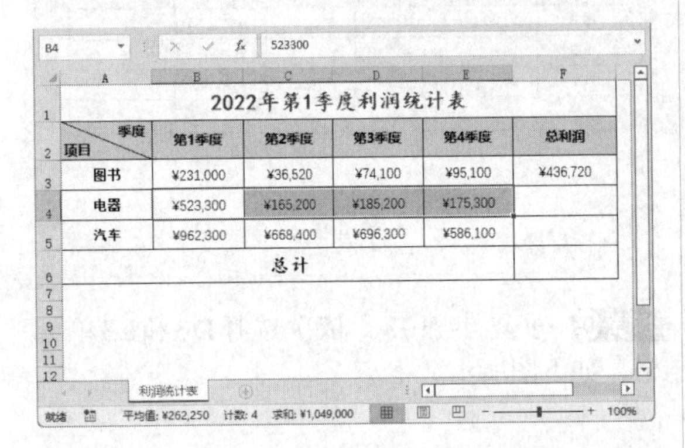

如果未显示计算结果，则可在状态栏上单击鼠标右键，在弹出的快捷菜单中单击要计算的命令，如求和、平均值等，如下图所示。

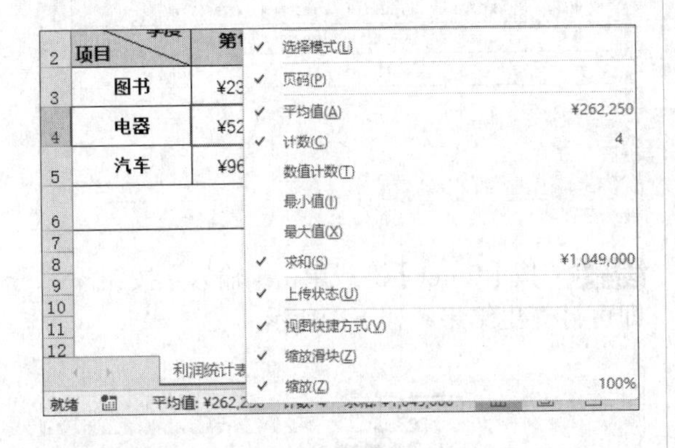

2. 自动求和

在日常工作中，常用的计算是求和，Excel将它设定成工具按钮，位于【开始】选项卡的【编辑】组中，该按钮可以自动设定对应的单元格区域的引用地址。另外，在【公式】选项卡下的【函数库】组中，也集成了【自动求和】按钮。自动求和的具体操作步骤如下。

步骤 01 在打开的素材文件中，选择单元格F4，在【公式】选项卡中，单击【函数库】组中的【自动求和】按钮，如右上图所示。

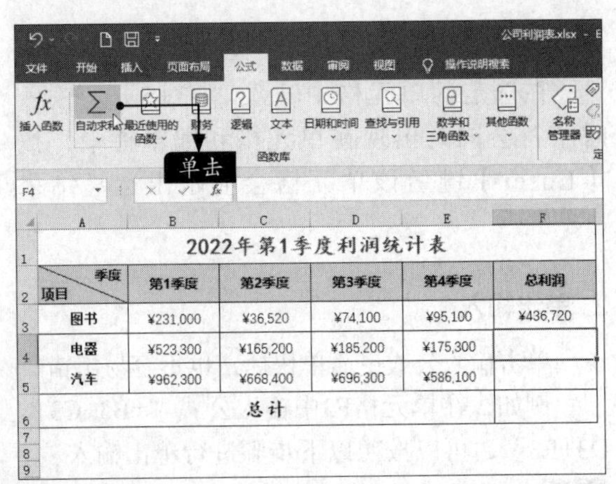

步骤 02 求和函数SUM出现在单元格F4中，并且有默认参数F3，表示求该区域的数据总和，如下图所示。

小提示

如果要求和，按【Alt+=】组合键，可快速执行求和操作。

步骤 03 更改参数为单元格区域B4:E4，单元格区域B4:E4被闪烁的虚线边框包围，在此函数的下方会自动显示有关该函数的格式及参数，如下图所示。

步骤 04 单击编辑栏上的【输入】按钮✓，或者按【Enter】键，即可在F4单元格中计算出B4:E4单元格区域中数值的和，如下页图所示。

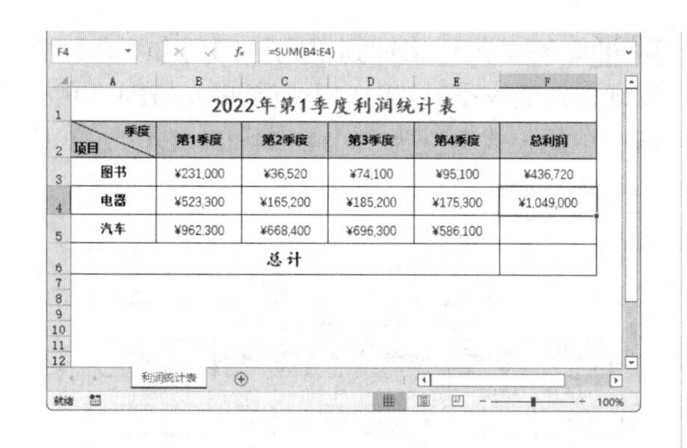

小提示

【自动求和】按钮，不仅可以一次求出一组数据的总和，而且可以在多组数据中自动求出每组数据的总和。

7.1.4 使用单元格引用计算总利润

单元格的引用就是引用单元格的地址，即把单元格的数据和公式联系起来。

1. 单元格引用与引用样式

单元格引用有不同的表示方法，既可以直接使用相应的地址表示，也可以用单元格的名称表示。用地址来表示单元格引用有两种样式：一种是A1引用样式，如左下图所示；另一种是R1C1引用样式，如右下图所示。

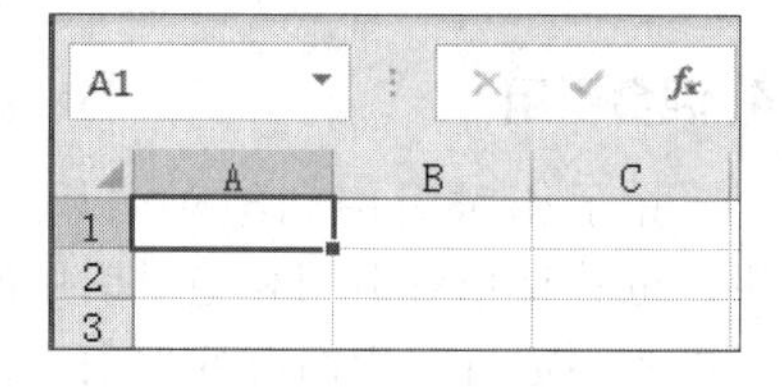

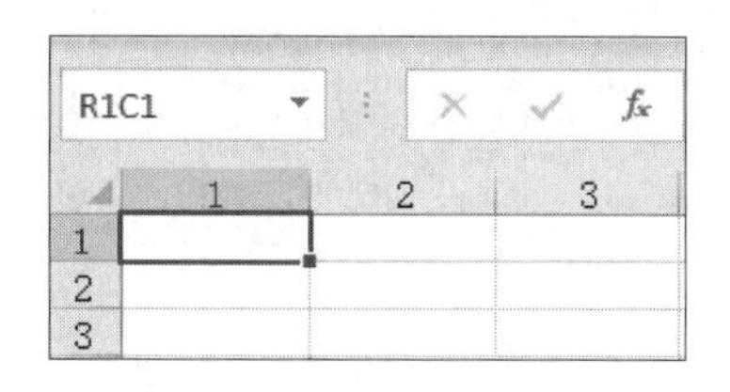

（1）A1引用样式

A1引用样式是Excel的默认引用样式。这种类型的引用是用字母表示列（从A到XFD，共16 384列），用数字表示行（从1到1 048 576）。引用的时候先写列字母，再写行数字。若要引用单元格，输入列标和行号即可。例如，B2引用了B列和2行交叉处的单元格，如下图所示。

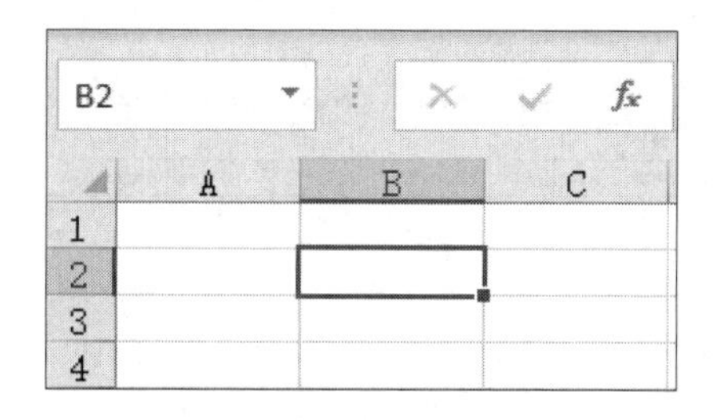

如果要引用单元格区域，可以输入该区域左上角单元格的地址、比例号（:）和该区域右下角单元格的地址。例如，在“公司利润表.xlsx”工作簿中，在单元格F4的公式中引用了单元格区域B4:E4，如下图所示。

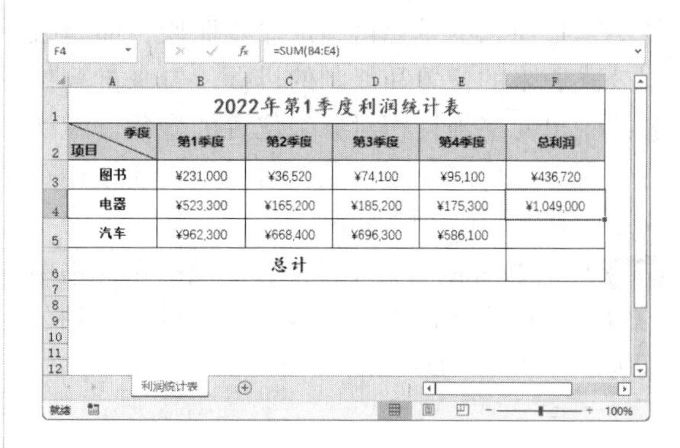

（2）R1C1引用样式

在R1C1引用样式中，用R加行数字和C加列数字来表示单元格的位置。若表示相对引用，行数字和列数字都用方括号“[]”括起来；如果不加方括号，则表示绝对引用。如果当前单元格是A1，则单元格引用为R1C1；加方括号R[1]C[1]则表示引用下面一行和右边一列的单元格，即B2。

小提示

R表示Row，是行的意思；C表示Column，是列的意思。R1C1引用样式与A1引用样式中的绝对引用等价。

如果要启用R1C1引用样式，可以在Excel 2021软件中打开【文件】选项卡，在弹出的下拉列表中选择【选项】选项，在弹出的【Excel选项】对话框的左侧选择【公式】选项，在右侧的【使用公式】组中选中【R1C1引用样式】复选框，单击【确定】按钮即可，如下图所示。

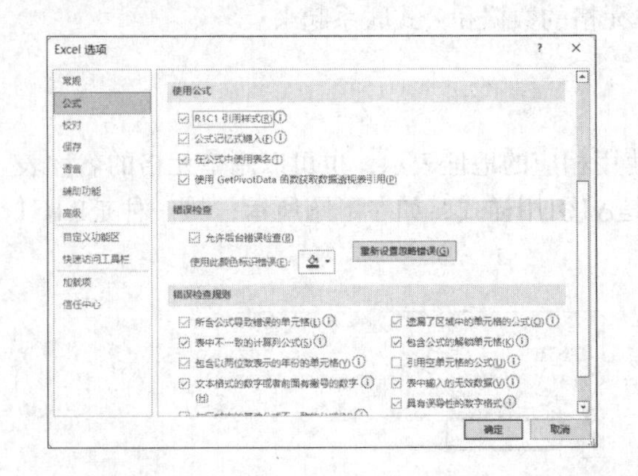

2. 相对引用

相对引用是指单元格的引用会随公式所在单元格的位置的变更而改变。复制公式时，系统不是把原来的单元格地址原样照搬，而是根据公式原来的位置和复制的目标位置来推算出公式中单元格地址相对原来位置的变化。默认的情况下，公式使用的是相对引用。使用相对引用的具体操作步骤如下。

步骤01 在打开的素材文件中，删除F4单元格中的值，选择单元格F3，在编辑栏中可以看到公式为“=B3+C3+D3+E3”，如下图所示。

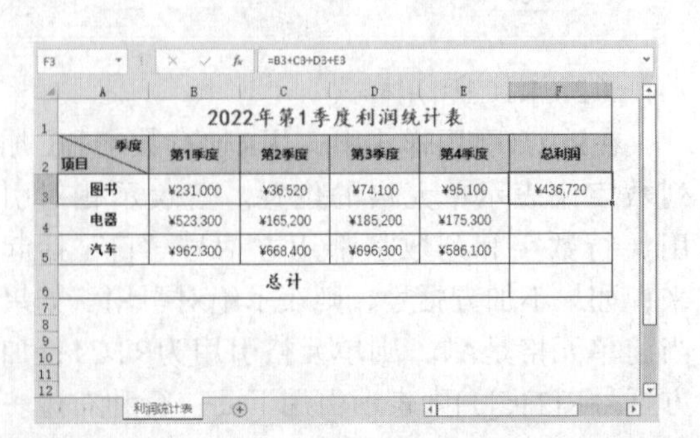

F3 =B3+C3+D3+E3

2022年第1季度利润统计表

项目\季度	第1季度	第2季度	第3季度	第4季度	总利润
图书	¥231,000	¥36,520	¥74,100	¥95,100	¥436,720
电器	¥523,300	¥165,200	¥185,200	¥175,300	
汽车	¥962,300	¥668,400	¥696,300	¥586,100	
总计					

步骤02 移动鼠标指针到单元格F3的右下角，当鼠标指针变成+形状时向下拖至单元格F4，单元格F4中的公式会变为“=B4+C4+D4+E4”，如下图所示。

F4 =B4+C4+D4+E4

2022年第1季度利润统计表

项目\季度	第1季度	第2季度	第3季度	第4季度	总利润
图书	¥231,000	¥36,520	¥74,100	¥95,100	¥436,720
电器	¥523,300	¥165,200	¥185,200	¥175,300	¥1,049,000
汽车	¥962,300	¥668,400	¥696,300	¥586,100	
总计					

3. 绝对引用

绝对引用是指在复制公式时，无论如何改变公式的位置，其引用单元格的地址都不会改变。绝对引用的表示形式是在普通地址的前面加“$”，如C1单元格的绝对引用形式为$C$1。

4. 混合引用

除了相对引用和绝对引用，还有混合引用，也就是相对引用和绝对引用的共同引用。当需要固定行引用而改变列引用，或者固定列引用而改变行引用时，就要用到混合引用，即相对引用部分发生改变，绝对引用部分不变。例如$B5、B$5都是混合引用。使用混合引用的具体操作步骤如下。

步骤01 在打开的素材文件中，选择单元格F4，修改其公式为“=$B4+$C4+$D4+$E4”，按【Enter】键，如下图所示。

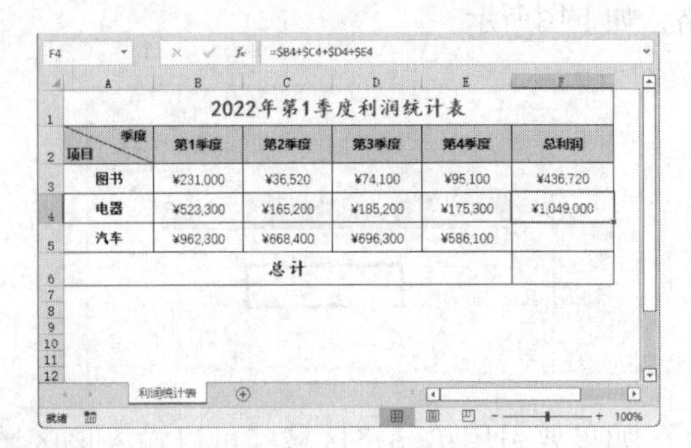

F4 =$B4+$C4+$D4+$E4

2022年第1季度利润统计表

项目\季度	第1季度	第2季度	第3季度	第4季度	总利润
图书	¥231,000	¥36,520	¥74,100	¥95,100	¥436,720
电器	¥523,300	¥165,200	¥185,200	¥175,300	¥1,049,000
汽车	¥962,300	¥668,400	¥696,300	¥586,100	
总计					

步骤02 将公式填充至F5单元格，即可看到公式显示为“=$B5+$C5+$D5+$E5”，此时的引用即为混合引用，如下页图所示。

2022年第1季度利润统计表					
项目 \ 季度	第1季度	第2季度	第3季度	第4季度	总利润
图书	¥231,000	¥36,520	¥74,100	¥95,100	¥436,720
电器	¥523,300	¥165,200	¥185,200	¥175,300	¥1,049,000
汽车	¥962,300	¥668,400	¥696,300	¥586,100	¥2,913,100
总计					

5. 三维引用

三维引用是对跨工作表或工作簿中的两个或者两个以上工作表中的单元格、单元格区域的引用。三维引用的形式为“[工作簿名]工作表名!单元格地址”。

小提示

跨工作簿引用单元格或单元格区域时，引用对象的前面必须用“!”作为工作表分隔符，用方括号作为工作簿分隔符，其一般形式为“[工作簿名]工作表名!单元格地址”。

6. 循环引用

当一个单元格内的公式直接或间接地引用了这个公式本身所在的单元格时，就称为循环引用。在工作簿中使用循环引用时，在状态栏中会显示“循环引用”字样，并显示循环引用的单元格地址。

下面就使用单元格引用的方式计算总利润，具体操作步骤如下。

步骤 01 在打开的素材文件中选择单元格F6，在编辑栏中输入公式“=SUM(F3:F5)”，如下图所示。

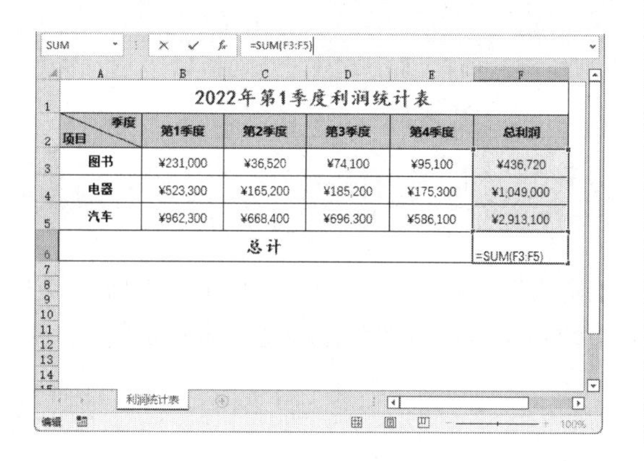

2022年第1季度利润统计表					
项目 \ 季度	第1季度	第2季度	第3季度	第4季度	总利润
图书	¥231,000	¥36,520	¥74,100	¥95,100	¥436,720
电器	¥523,300	¥165,200	¥185,200	¥175,300	¥1,049,000
汽车	¥962,300	¥668,400	¥696,300	¥586,100	¥2,913,100
总计					=SUM(F3:F5)

步骤 02 单击【输入】按钮✔或者按【Enter】键，即可使用相对引用的方式计算出总利润，如下图所示。

2022年第1季度利润统计表					
项目 \ 季度	第1季度	第2季度	第3季度	第4季度	总利润
图书	¥231,000	¥36,520	¥74,100	¥95,100	¥436,720
电器	¥523,300	¥165,200	¥185,200	¥175,300	¥1,049,000
汽车	¥962,300	¥668,400	¥696,300	¥586,100	¥2,913,100
总计					¥4,398,820

步骤 03 选择单元格F6，在编辑栏中修改公式为“=SUM($F$3:$F$5)”后，单击【输入】按钮✔，也可计算出结果，此时的引用为绝对引用，如下图所示。

2022年第1季度利润统计表					
项目 \ 季度	第1季度	第2季度	第3季度	第4季度	总利润
图书	¥231,000	¥36,520	¥74,100	¥95,100	¥436,720
电器	¥523,300	¥165,200	¥185,200	¥175,300	¥1,049,000
汽车	¥962,300	¥668,400	¥696,300	¥586,100	¥2,913,100
总计					¥4,398,820

步骤 04 再次选择单元格F6，在编辑栏中修改公式为“=$F$3+F4+$F5”后，单击【输入】按钮，即可计算出总利润，此时的引用方式为混合引用，如下图所示。

2022年第1季度利润统计表					
项目 \ 季度	第1季度	第2季度	第3季度	第4季度	总利润
图书	¥231,000	¥36,520	¥74,100	¥95,100	¥436,720
电器	¥523,300	¥165,200	¥185,200	¥175,300	¥1,049,000
汽车	¥962,300	¥668,400	¥696,300	¥586,100	¥2,913,100
总计					¥4,398,820

7.2 制作员工薪资管理系统

员工薪资管理系统由工资表、员工基本信息、销售奖金表、业绩奖金标准等组成，各个工作表之间也需要使用函数相互调用，最后由各个工作表共同组成一个“员工薪资管理系统”工作簿。

7.2.1 输入函数

输入函数的方法很多，可以根据需要进行选择。具体操作步骤如下。

步骤01 打开“素材\ch07\员工薪资管理系统.xlsx”文件，选择“员工基本信息”工作表，并选中E3单元格，输入“=”，如下图所示。

SUM　=

员工基本信息表

员工编号	员工姓名	入职日期	基本工资	五险一金
101001	刘一	2009/1/20	¥6,500.00	=
101002	陈二	2010/5/10	¥5,800.00	
101003	张三	2010/6/25	¥5,800.00	
101004	李四	2011/2/13	¥5,000.00	
101005	王五	2013/8/15	¥4,800.00	
101006	赵六	2015/4/20	¥4,200.00	
101007	孙七	2016/10/2	¥4,000.00	
101008	周八	2017/6/15	¥3,800.00	
101009	吴九	2018/5/20	¥3,600.00	
101010	郑十	2018/11/2	¥3,200.00	

工资表　员工基本信息　销售 ...

步骤02 单击D3单元格，单元格周围会显示活动的虚线边框，同时编辑栏中会显示“D3”，这就表示单元格已被引用，如下图所示。

D3　=D3

员工基本信息表

员工编号	员工姓名	入职日期	基本工资	五险一金
101001	刘一	2009/1/20	¥6,500.00	=D3
101002	陈二	2010/5/10	¥5,800.00	
101003	张三	2010/6/25	¥5,800.00	
101004	李四	2011/2/13	¥5,000.00	
101005	王五	2013/8/15	¥4,800.00	
101006	赵六	2015/4/20	¥4,200.00	
101007	孙七	2016/10/2	¥4,000.00	
101008	周八	2017/6/15	¥3,800.00	
101009	吴九	2018/5/20	¥3,600.00	
101010	郑十	2018/11/2	¥3,200.00	

工资表　员工基本信息　销售 ...

步骤03 输入乘号“*”，并输入“12%”。按【Enter】键确认，即可完成公式的输入并得出结果，如下图所示。

E3　=D3*12%

员工基本信息表

员工编号	员工姓名	入职日期	基本工资	五险一金
101001	刘一	2009/1/20	¥6,500.00	¥780.00
101002	陈二	2010/5/10	¥5,800.00	
101003	张三	2010/6/25	¥5,800.00	
101004	李四	2011/2/13	¥5,000.00	
101005	王五	2013/8/15	¥4,800.00	
101006	赵六	2015/4/20	¥4,200.00	
101007	孙七	2016/10/2	¥4,000.00	
101008	周八	2017/6/15	¥3,800.00	
101009	吴九	2018/5/20	¥3,600.00	
101010	郑十	2018/11/2	¥3,200.00	

工资表　员工基本信息　销售 ...

步骤04 使用填充功能，将公式填充至E12单元格，计算出所有员工的五险一金金额，如下图所示。

员工基本信息表

员工编号	员工姓名	入职日期	基本工资	五险一金
101001	刘一	2009/1/20	¥6,500.00	¥780.00
101002	陈二	2010/5/10	¥5,800.00	¥696.00
101003	张三	2010/6/25	¥5,800.00	¥696.00
101004	李四	2011/2/13	¥5,000.00	¥600.00
101005	王五	2013/8/15	¥4,800.00	¥576.00
101006	赵六	2015/4/20	¥4,200.00	¥504.00
101007	孙七	2016/10/2	¥4,000.00	¥480.00
101008	周八	2017/6/15	¥3,800.00	¥456.00
101009	吴九	2018/5/20	¥3,600.00	¥432.00
101010	郑十	2018/11/2	¥3,200.00	¥384.00

工资表　员工基本信息　销售 ...

7.2.2 自动更新员工基本信息

员工薪资管理系统中的最终数据都将显示在“工资表”工作表中，如果“员工基本信息”工作表中的基本信息发生改变，则“工资表”工作表中的相应数据也要随之改变。自动更新员工基本信息的具体操作步骤如下。

步骤01 选择“工资表”工作表，选中A3单元格。在编辑栏中输入公式“=TEXT(员工基本信息!A3,0)”，如下图所示。

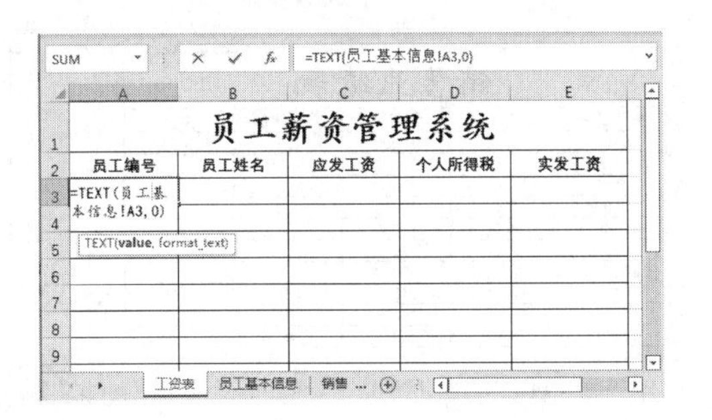

SUM　=TEXT(员工基本信息!A3,0)

员工薪资管理系统				
员工编号	员工姓名	应发工资	个人所得税	实发工资
=TEXT(员工基本信息!A3, 0)				

TEXT(value, format_text)

步骤02 按【Enter】键确认，即可将“员工基本信息”工作表相应单元格的员工编号引用在A3单元格，如下图所示。

A3　=TEXT(员工基本信息!A3,0)

员工薪资管理系统				
员工编号	员工姓名	应发工资	个人所得税	实发工资
101001				

步骤03 使用填充功能将公式填充到A4至A12单元格中，效果如下图所示。

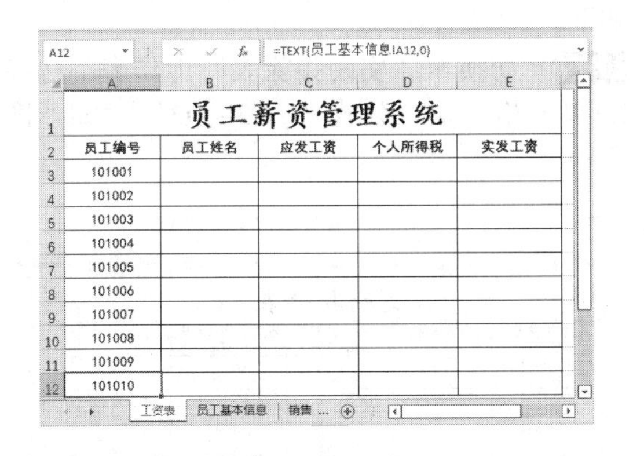

A12　=TEXT(员工基本信息!A12,0)

员工薪资管理系统				
员工编号	员工姓名	应发工资	个人所得税	实发工资
101001				
101002				
101003				
101004				
101005				
101006				
101007				
101008				
101009				
101010				

步骤04 选中B3单元格，在编辑栏中输入“=TEXT(员工基本信息!B3,0)”。按【Enter】键确认，即可在B3单元格中显示员工姓名，如下图所示。

B3　=TEXT(员工基本信息!B3,0)

员工薪资管理系统				
员工编号	员工姓名	应发工资	个人所得税	实发工资
101001	刘一			
101002				
101003				
101004				
101005				
101006				
101007				
101008				
101009				
101010				

小提示

公式“=TEXT(员工基本信息!B3,0)”用于显示“员工基本信息”工作表中B3单元格中的员工姓名。

步骤05 使用填充功能将公式填充到B4至B12单元格中，效果如下图所示。

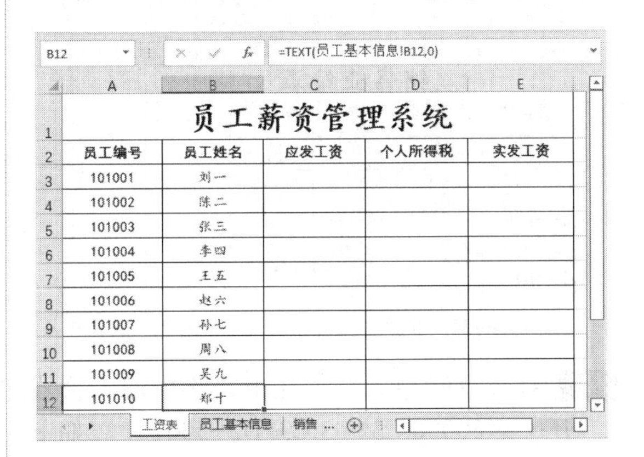

B12　=TEXT(员工基本信息!B12,0)

员工薪资管理系统				
员工编号	员工姓名	应发工资	个人所得税	实发工资
101001	刘一			
101002	陈二			
101003	张三			
101004	李四			
101005	王五			
101006	赵六			
101007	孙七			
101008	周八			
101009	吴九			
101010	郑十			

7.2.3 计算奖金及扣款数据

业绩奖金是企业员工工资的重要组成部分，业绩奖金根据员工的业绩划分为几个等级，每个等级的奖金比例也不同。具体操作步骤如下。

步骤01 切换至“销售奖金表”工作表，选中D3单元格，在单元格中输入公式“=HLOOKUP(C3,业绩奖金标准!$B$2:$F$3,2)”，如下页图所示。

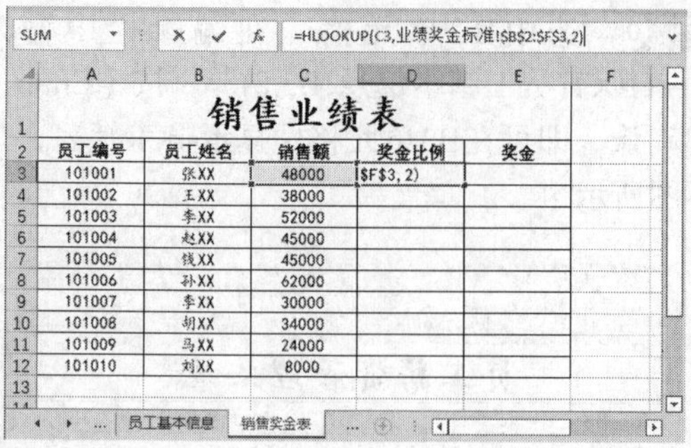

SUM | =HLOOKUP(C3,业绩奖金标准!$B$2:$F$3,2)

销售业绩表				
员工编号	员工姓名	销售额	奖金比例	奖金
101001	张XX	48000	$F$3, 2)	
101002	王XX	38000		
101003	李XX	52000		
101004	赵XX	45000		
101005	钱XX	45000		
101006	孙XX	62000		
101007	李XX	30000		
101008	胡XX	34000		
101009	马XX	24000		
101010	刘XX	8000		

员工基本信息 | 销售奖金表

步骤02 按【Enter】键确认，即可得出奖金比例，如下图所示。

D3 | =HLOOKUP(C3,业绩奖金标准!$B$2:$F$3,2)

销售业绩表				
员工编号	员工姓名	销售额	奖金比例	奖金
101001	张XX	48000	0.1	
101002	王XX	38000		
101003	李XX	52000		
101004	赵XX	45000		
101005	钱XX	45000		
101006	孙XX	62000		
101007	李XX	30000		
101008	胡XX	34000		
101009	马XX	24000		
101010	刘XX	8000		

员工基本信息 | 销售奖金表

步骤03 使用填充柄工具将公式填充到D4至D12单元格中，如下图所示。

D12 | =HLOOKUP(C12,业绩奖金标准!$B$2:$F$3,2)

销售业绩表				
员工编号	员工姓名	销售额	奖金比例	奖金
101001	张XX	48000	0.1	
101002	王XX	38000	0.07	
101003	李XX	52000	0.15	
101004	赵XX	45000	0.1	
101005	钱XX	45000	0.1	
101006	孙XX	62000	0.15	
101007	李XX	30000	0.07	
101008	胡XX	34000	0.07	
101009	马XX	24000	0.03	
101010	刘XX	8000	0	

员工基本信息 | 销售奖金表

步骤04 选中E3单元格，在单元格中输入公式“=IF(C3<50000,C3*D3,C3*D3+500)”，如下图所示。

SUM | =IF(C3<50000,C3*D3,C3*D3+500)

销售业绩表				
员工编号	员工姓名	销售额	奖金比例	奖金
101001	张XX	48000	0.1	500)
101002	王XX	38000	0.07	
101003	李XX	52000	0.15	
101004	赵XX	45000	0.1	
101005	钱XX	45000	0.1	
101006	孙XX	62000	0.15	
101007	李XX	30000	0.07	
101008	胡XX	34000	0.07	
101009	马XX	24000	0.03	
101010	刘XX	8000	0	

员工基本信息 | 销售奖金表

步骤05 按【Enter】键确认，即可计算出该员工的奖金数目，如下图所示。

E3 | =IF(C3<50000,C3*D3,C3*D3+500)

销售业绩表				
员工编号	员工姓名	销售额	奖金比例	奖金
101001	张XX	48000	0.1	4800
101002	王XX	38000	0.07	
101003	李XX	52000	0.15	
101004	赵XX	45000	0.1	
101005	钱XX	45000	0.1	
101006	孙XX	62000	0.15	
101007	李XX	30000	0.07	
101008	胡XX	34000	0.07	
101009	马XX	24000	0.03	
101010	刘XX	8000	0	

员工基本信息 | 销售奖金表

步骤06 使用填充功能得出其余员工奖金数目，效果如下图所示。

E12 | =IF(C12<50000,C12*D12,C12*D12+500)

销售业绩表				
员工编号	员工姓名	销售额	奖金比例	奖金
101001	张XX	48000	0.1	4800
101002	王XX	38000	0.07	2660
101003	李XX	52000	0.15	8300
101004	赵XX	45000	0.1	4500
101005	钱XX	45000	0.1	4500
101006	孙XX	62000	0.15	9800
101007	李XX	30000	0.07	2100
101008	胡XX	34000	0.07	2380
101009	马XX	24000	0.03	720
101010	刘XX	8000	0	0

员工基本信息 | 销售奖金表

公司对加班有相应的奖励，而迟到、请假，则会扣除部分工资。下面在“奖励扣除表”中计算奖励和扣除数据，具体操作步骤如下。

步骤01 切换至“奖励扣除表”工作表，选择E3单元格，输入公式“=C3-D3”，如下图所示。

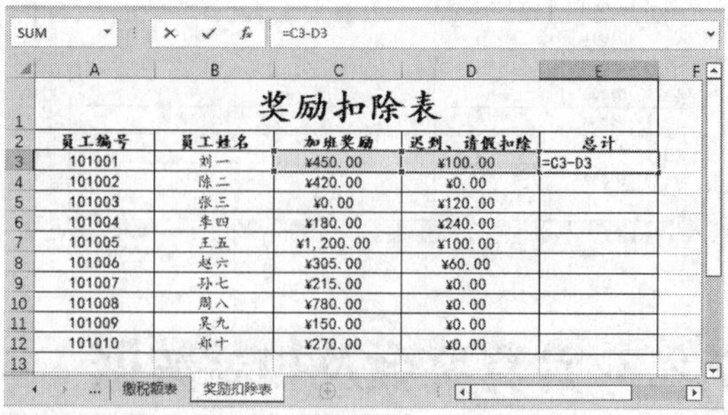

SUM | =C3-D3

奖励扣除表				
员工编号	员工姓名	加班奖励	迟到、请假扣除	总计
101001	刘一	¥450.00	¥100.00	=C3-D3
101002	陈二	¥420.00	¥0.00	
101003	张三	¥0.00	¥120.00	
101004	李四	¥180.00	¥240.00	
101005	王五	¥1,200.00	¥100.00	
101006	赵六	¥305.00	¥60.00	
101007	孙七	¥215.00	¥0.00	
101008	周八	¥780.00	¥0.00	
101009	吴九	¥150.00	¥0.00	
101010	郑十	¥270.00	¥0.00	

缴税额表 | 奖励扣除表

步骤02 按【Enter】键确认，即可得出员工“刘一”的应奖励或扣除数目，如下页图所示。

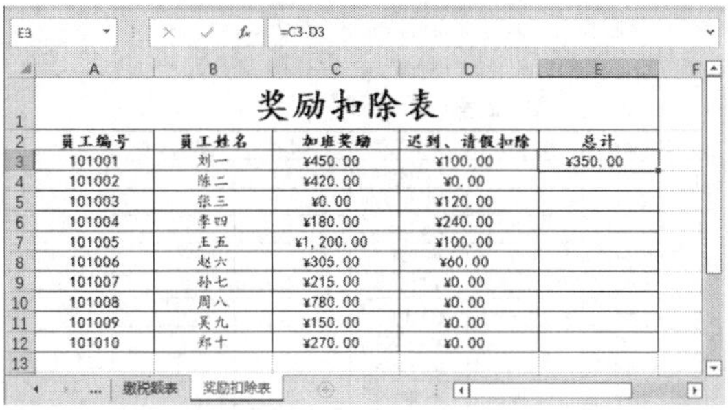

员工编号	员工姓名	加班奖励	迟到、请假扣除	总计
101001	刘一	¥450.00	¥100.00	¥350.00
101002	陈二	¥420.00	¥0.00	
101003	张三	¥0.00	¥120.00	
101004	李四	¥180.00	¥240.00	
101005	王五	¥1,200.00	¥100.00	
101006	赵六	¥305.00	¥60.00	
101007	孙七	¥215.00	¥0.00	
101008	周八	¥780.00	¥0.00	
101009	吴九	¥150.00	¥0.00	
101010	郑十	¥270.00	¥0.00	

步骤03 使用填充功能，计算出每位员工的奖励或扣除数目，如果结果中用圆括号标注数值，则表示为负值，应扣除，如下图所示。

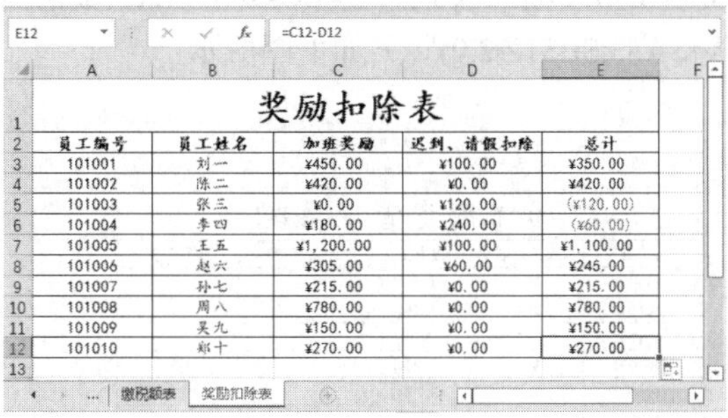

员工编号	员工姓名	加班奖励	迟到、请假扣除	总计
101001	刘一	¥450.00	¥100.00	¥350.00
101002	陈二	¥420.00	¥0.00	¥420.00
101003	张三	¥0.00	¥120.00	(¥120.00)
101004	李四	¥180.00	¥240.00	(¥60.00)
101005	王五	¥1,200.00	¥100.00	¥1,100.00
101006	赵六	¥305.00	¥60.00	¥245.00
101007	孙七	¥215.00	¥0.00	¥215.00
101008	周八	¥780.00	¥0.00	¥780.00
101009	吴九	¥150.00	¥0.00	¥150.00
101010	郑十	¥270.00	¥0.00	¥270.00

7.2.4 计算应发工资和个人所得税

个人所得税根据个人收入的不同，采用阶梯形式的征收税率，因此直接计算起来比较复杂。在本案例中，直接给出了当月应缴税额，使用函数引用即可，具体操作步骤如下。

1. 计算应发工资

步骤01 切换至“工资表”工作表，选中C3单元格，如下图所示。

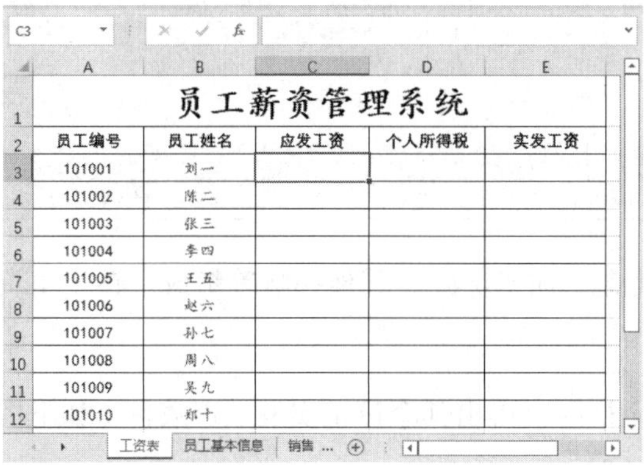

步骤02 在单元格中输入公式“=员工基本信息!D3-员工基本信息!E3+销售奖金表!E3”，如下图所示。

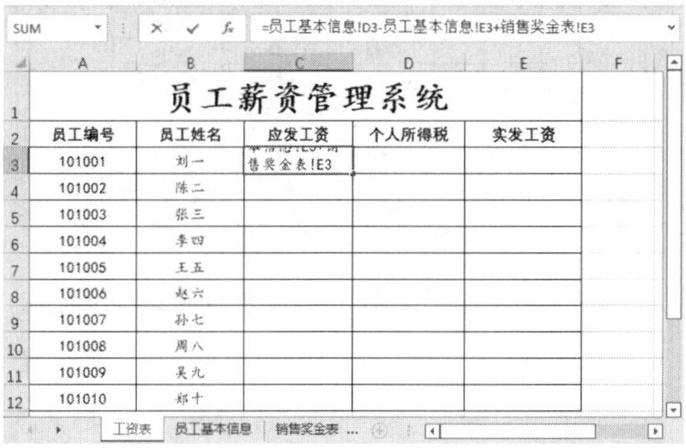

步骤03 按【Enter】键确认，即可计算出应发工资，如下图所示。

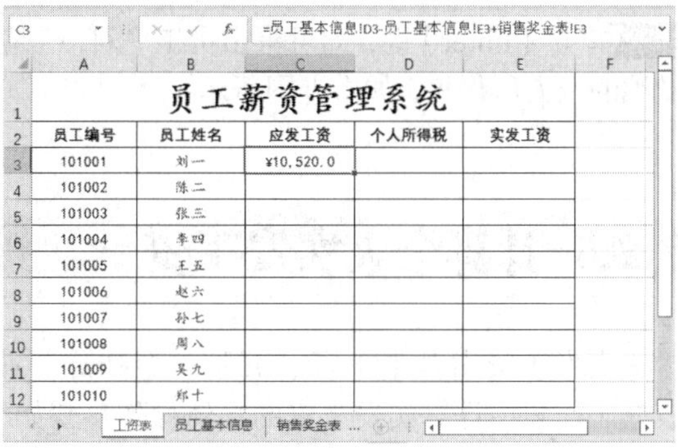

步骤04 使用填充功能得出其余员工应发工资，效果如下图所示。

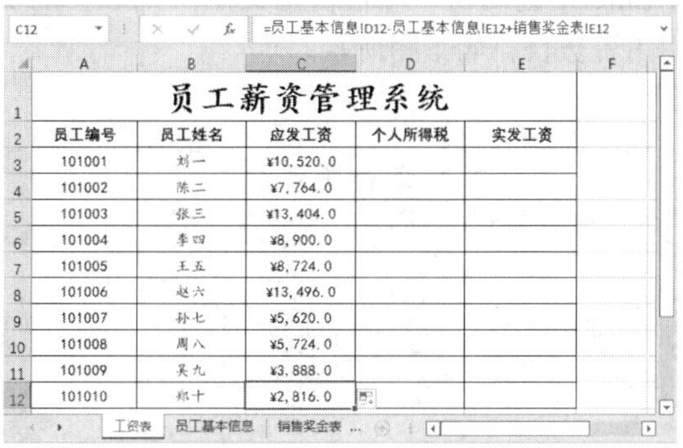

员工编号	员工姓名	应发工资	个人所得税	实发工资
101001	刘一	¥10,520.0		
101002	陈二	¥7,764.0		
101003	张三	¥13,404.0		
101004	李四	¥8,900.0		
101005	王五	¥8,724.0		
101006	赵六	¥13,496.0		
101007	孙七	¥5,620.0		
101008	周八	¥5,724.0		
101009	吴九	¥3,888.0		
101010	郑十	¥2,816.0		

2. 计算个人所得税

步骤01 计算员工“刘一”的个人所得税数

目。在“工资表”工作表中选中D3单元格，在单元格中输入公式“=VLOOKUP(A3,缴税额表!$A$3:$B$12,2,0)”，如下图所示。

SUM　=VLOOKUP(A3,缴税额表!$A$3:$B$12,2,0)

员工薪资管理系统				
员工编号	员工姓名	应发工资	个人所得税	实发工资
101001	刘一	¥10,520.0	$A$3:$B$12,2,0)	
101002	陈二	¥7,764.0		
101003	张三	¥13,404.0		
101004	李四	¥8,900.0		
101005	王五	¥8,724.0		
101006	赵六	¥13,496.0		
101007	孙七	¥5,620.0		
101008	周八	¥5,724.0		
101009	吴九	¥3,888.0		
101010	郑十	¥2,816.0		

工资表　员工基本信息　销售奖金表 ...

小提示

公式“=VLOOKUP(A3,缴税额表!$A$3:$B$12,2,0)”是指在“缴税额表”的A3:B12单元格区域中，查找与A3单元格相同的值，并返回第2列的数据，0表示精确查找。

步骤 02 按【Enter】键，即可得出员工“刘一”应缴纳的个人所得税，如右上图所示。

D3　=VLOOKUP(A3,缴税额表!$A$3:$B$12,2,0)

员工薪资管理系统				
员工编号	员工姓名	应发工资	个人所得税	实发工资
101001	刘一	¥10,520.0	¥849.0	
101002	陈二	¥7,764.0		
101003	张三	¥13,404.0		
101004	李四	¥8,900.0		
101005	王五	¥8,724.0		
101006	赵六	¥13,496.0		
101007	孙七	¥5,620.0		
101008	周八	¥5,724.0		
101009	吴九	¥3,888.0		
101010	郑十	¥2,816.0		

工资表　员工基本信息　销售奖金表 ...

步骤 03 使用填充功能填充其余单元格，计算出其余员工应缴纳的个人所得税数目，效果如下图所示。

D12　=VLOOKUP(A12,缴税额表!$A$3:$B$12,2,0)

员工薪资管理系统				
员工编号	员工姓名	应发工资	个人所得税	实发工资
101001	刘一	¥10,520.0	¥849.0	
101002	陈二	¥7,764.0	¥321.4	
101003	张三	¥13,404.0	¥1,471.0	
101004	李四	¥8,900.0	¥525.0	
101005	王五	¥8,724.0	¥489.8	
101006	赵六	¥13,496.0	¥1,494.0	
101007	孙七	¥5,620.0	¥107.0	
101008	周八	¥5,724.0	¥117.4	
101009	吴九	¥3,888.0	¥11.6	
101010	郑十	¥2,816.0	¥0.0	

工资表　员工基本信息　销售奖金表 ...

7.2.5 计算个人实发工资

实发工资由基本工资、五险一金扣除、业绩奖金、加班奖励、其他扣除等组成。在“工资表”工作表中计算实发工资的具体操作步骤如下。

步骤 01 在“工资表”工作表中单击E3单元格，输入公式“=C3-D3+奖励扣除表!E3”，按【Enter】键确认，即可得出员工“刘一”的实发工资数目，如下图所示。

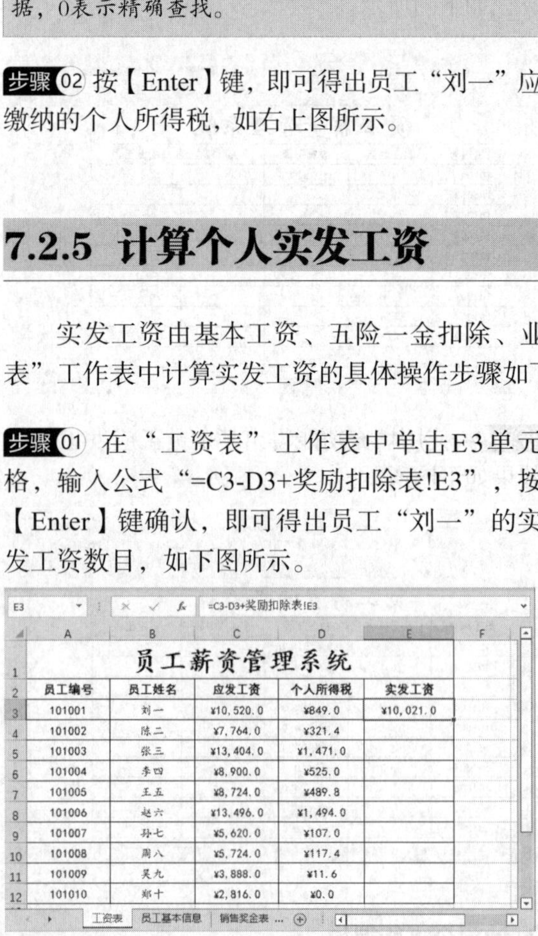

E3　=C3-D3+奖励扣除表!E3

员工薪资管理系统				
员工编号	员工姓名	应发工资	个人所得税	实发工资
101001	刘一	¥10,520.0	¥849.0	¥10,021.0
101002	陈二	¥7,764.0	¥321.4	
101003	张三	¥13,404.0	¥1,471.0	
101004	李四	¥8,900.0	¥525.0	
101005	王五	¥8,724.0	¥489.8	
101006	赵六	¥13,496.0	¥1,494.0	
101007	孙七	¥5,620.0	¥107.0	
101008	周八	¥5,724.0	¥117.4	
101009	吴九	¥3,888.0	¥11.6	
101010	郑十	¥2,816.0	¥0.0	

工资表　员工基本信息　销售奖金表 ...

步骤 02 使用填充柄工具将公式填充到其余单元格中，得出其余员工实发工资数目，如下图所示。

E12　=C12-D12+奖励扣除表!E12

员工薪资管理系统				
员工编号	员工姓名	应发工资	个人所得税	实发工资
101001	刘一	¥10,520.0	¥849.0	¥10,021.0
101002	陈二	¥7,764.0	¥321.4	¥7,862.6
101003	张三	¥13,404.0	¥1,471.0	¥11,813.0
101004	李四	¥8,900.0	¥525.0	¥8,315.0
101005	王五	¥8,724.0	¥489.8	¥9,334.2
101006	赵六	¥13,496.0	¥1,494.0	¥12,247.0
101007	孙七	¥5,620.0	¥107.0	¥5,728.0
101008	周八	¥5,724.0	¥117.4	¥6,386.6
101009	吴九	¥3,888.0	¥11.6	¥4,026.4
101010	郑十	¥2,816.0	¥0.0	¥3,086.0

工资表　员工基本信息　销售奖金表 ...

至此，就完成了员工薪资管理系统的制作。

7.3 其他常用函数

本节介绍几种常用函数的使用方法。

7.3.1 使用IF函数根据绩效判断应发的奖金

IF函数是Excel中最常用的函数之一。它允许进行逻辑值和内容之间的比较，当内容为TRUE时，则执行某些操作，否则执行其他操作。

IF函数具体的功能、格式和参数如下表所示。

IF函数	
功能	根据指定的条件来判断其“真”（TRUE）、“假”（FALSE），从而返回相应的内容
格式	IF(logical_test,value_if_true,[value_if_false])
参数	logical_test：必选参数。表示逻辑判断要测试的条件
	value_if_true：必选参数。表示当判断条件为逻辑“真”（TRUE）时，显示该处给定的内容，如果忽略，返回“TRUE”
	value_if_false：可选参数。表示当判断条件为逻辑“假”（FALSE）时，显示该处给定的内容，如果忽略，返回“FALSE”

IF函数可以嵌套64层关系式，用参数value_if_true和value_if_false构造复杂的判断条件进行综合评测。不过，在实际工作中，不建议这样做，因为多个IF语句要求大量的条件，不容易确保逻辑完全正确。

在对员工进行绩效考核评定时，可以根据员工的业绩来分配奖金。例如当业绩大于或等于10 000元时，给予奖金2 000元，否则给予奖金1 000元。具体操作步骤如下。

步骤01 打开“素材\ch07\员工业绩表.xlsx”文件，在单元格C2中输入公式“=IF(B2>=10000,2000,1000)”，按【Enter】键即可计算出该员工的奖金，如下图所示。

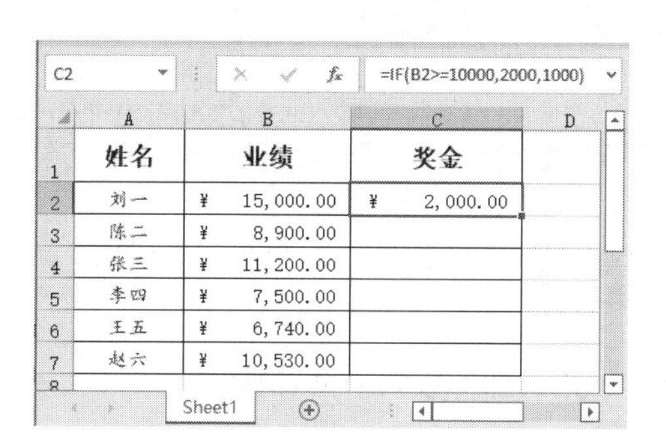

C2 =IF(B2>=10000,2000,1000)

姓名	业绩	奖金
刘一	¥ 15,000.00	¥ 2,000.00
陈二	¥ 8,900.00	
张三	¥ 11,200.00	
李四	¥ 7,500.00	
王五	¥ 6,740.00	
赵六	¥ 10,530.00	

步骤02 利用填充功能，将公式填充到其他单元格中，计算其他员工的奖金，如下图所示。

C7 =IF(B7>=10000,2000,1000)

姓名	业绩	奖金
刘一	¥ 15,000.00	¥ 2,000.00
陈二	¥ 8,900.00	¥ 1,000.00
张三	¥ 11,200.00	¥ 2,000.00
李四	¥ 7,500.00	¥ 1,000.00
王五	¥ 6,740.00	¥ 1,000.00
赵六	¥ 10,530.00	¥ 2,000.00

7.3.2 使用OR函数根据员工性别和年龄判断员工是否退休

OR函数是较为常用的逻辑函数，OR表示“或”的逻辑关系。当其中一个参数的逻辑值为真时，返回TRUE；当所有参数都为假时，返回FALSE。

OR函数具体的功能、格式、参数和说明如下表所示。

OR函数	
功能	如果任何一个参数逻辑值为TRUE，返回TRUE；所有参数的逻辑值为FALSE，返回FALSE
格式	OR(logical1, [logical2], …)
参数	logical1, [logical2],…：logical1是必选的，后续参数是可选的。这些参数表示1~255个需要进行测试的条件，测试结果为TRUE或FALSE
说明	参数为逻辑值，如 TRUE 或 FALSE，或者为包含逻辑值的数组或引用。 如果数组或引用参数中包含文本或空白单元格，则这些值将被忽略。 如果指定的区域中不包含逻辑值，则OR返回错误值 #VALUE!。 可以使用OR数组公式查看数组中是否出现了某个值。若要输入数组公式，则按【Ctrl+Shift+Enter】组合键

例如，对员工信息进行统计记录后，需要根据性别和年龄判断员工退休与否，这里可以使用OR函数结合AND函数来实现。首先根据相关规定设定退休条件为男员工60岁，女员工55岁（此处限定为女干部）。

步骤 01 打开“素材\ch07\员工退休统计表.xlsx”文件，选择D2单元格，在编辑栏中输入公式“=OR(AND(B2="男",C2>60),AND(B2="女",C2>55))”，按【Enter】键即可根据该员工的性别和年龄判断其是否退休。如果退休，则显示“TRUE”；反之，则显示“FALSE”，如下图所示。

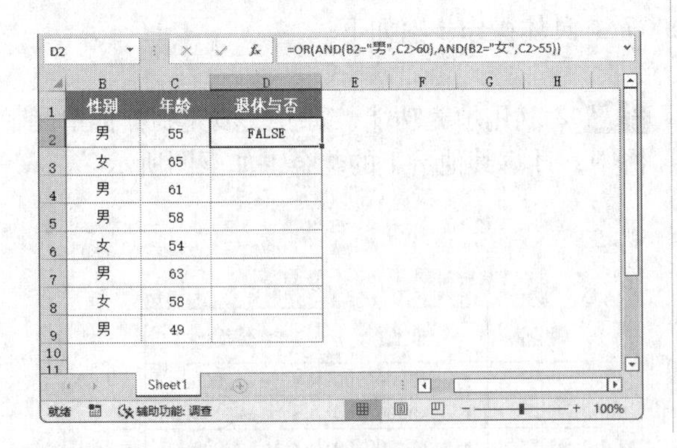

步骤 02 利用填充功能，将公式填充到其他单元格中，以判断其他员工是否退休，如下图所示。

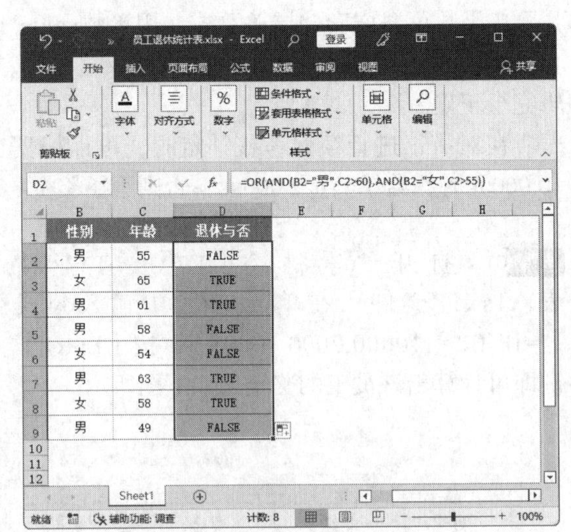

7.3.3 使用HOUR函数计算员工当日工资

HOUR函数用于返回时间值的小时数，具体的功能、格式和参数如下页表所示。

HOUR函数	
功能	计算某个时间值或者表示时间的序列编号对应的小时数，该值为0～23的整数（表示一天中某个小时）
格式	HOUR(serial_number)
参数	serial_number：表示需要计算小时数的时间。这个参数的数据格式是Excel可以识别的所有时间格式

例如，员工的工时工资是25元/小时，使用HOUR函数计算员工一天的工资（单位：元）的具体操作步骤如下。

步骤01 打开“素材\ch07\当日工资表.xlsx”文件，设置D2:D7单元格区域格式为“常规”，在D2单元格中输入公式“=HOUR(C2-B2)*25”，按【Enter】键，得出计算结果，如下图所示。

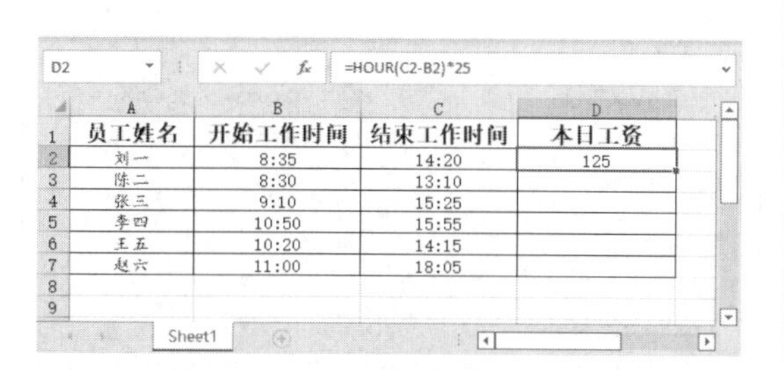

步骤02 利用填充功能，完成其他员工一天的工资计算，如下图所示。

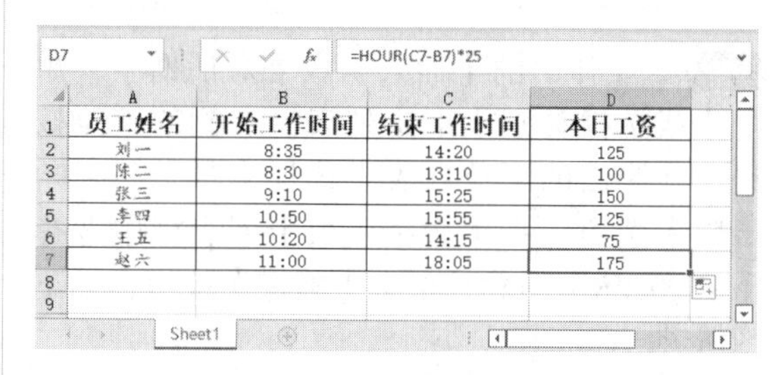

7.3.4 使用SUMIFS函数统计某日期内的销售金额

SUMIF函数仅用于对满足一个条件的值相加，而SUMIFS函数可以用于计算其满足多个条件的全部参数的总和。SUMIFS函数具体的功能、格式和参数如下表所示。

SUMIFS函数	
功能	对一组给定条件的指定的单元格求和
格式	SUMIFS(sum_range, criteria_range1, criteria1, [criteria_range2, criteria2], ...)
参数	sum_range：必选参数。表示对一个或多个单元格求和，包括数字或包含数字的名称、名称、单元格区域或单元格引用，空值和文本值将被忽略
	criteria_range1：必选参数。表示在其中计算关联条件的第一个单元格区域
	criteria1：必选参数。表示条件的形式为数字、表达式、单元格引用或文本，可用来定义对criteria_range1参数中的哪些单元格求和
	criteria_range2, criteria2, …：可选参数。附加的单元格区域及其关联条件。最多可以输入 127 个单元格区域/条件对

例如，对单元格区域 A1:A20 中的单元格的数值求和，且需符合以下条件——B1:B20 中的相应数值大于0且C1:C20 中的相应数值小于10，就可以采用如下公式。

=SUMIFS(A1:A20,B1:B20,">0",C1:C20,"<10")

如果要在销售统计表中统计出一定日期内的销售金额，可以使用SUMIFS函数来实现。例如，计算2022年2月2日到2022年2月9日的销售金额的具体操作步骤如下。

步骤 01 打开“素材\ch07\统计某日期区域的销售金额.xlsx”文件。选择B10单元格，单击【插入函数】按钮 f_x，如下图所示。

步骤 02 在弹出的【插入函数】对话框中，单击【或选择类别】下拉列表框右侧的下拉按钮，在弹出的下拉列表中选择【数学与三角函数】选项，在【选择函数】列表框中选择【SUMIFS】函数，单击【确定】按钮，如下图所示。

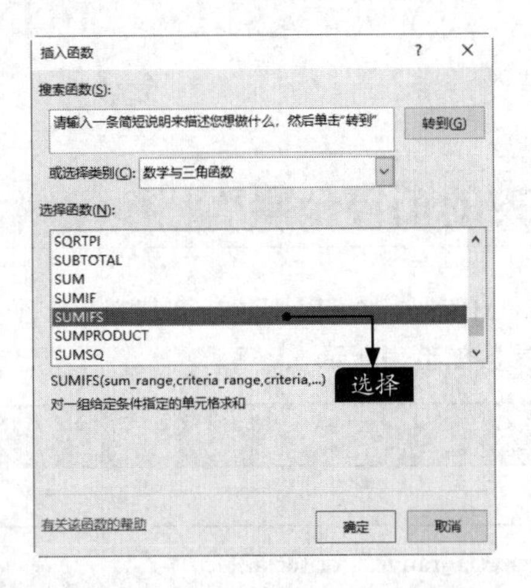

步骤 03 在弹出的【函数参数】对话框中，单击【Sum_range】下拉列表框右侧的按钮，如下图所示。

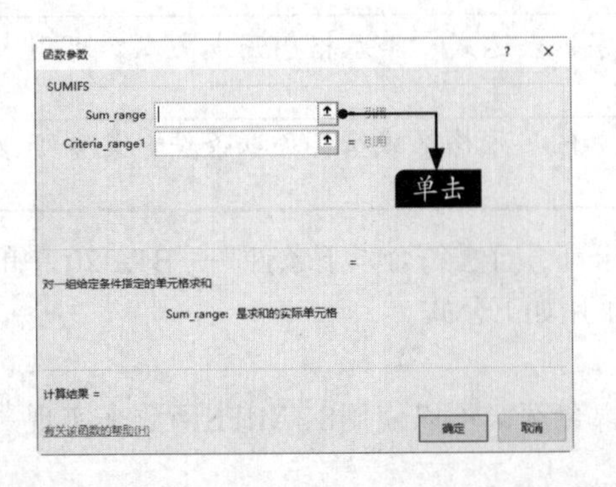

步骤 04 返回到工作表，选择E2:E8单元格区域，单击【函数参数】文本框右侧的按钮，如下图所示。

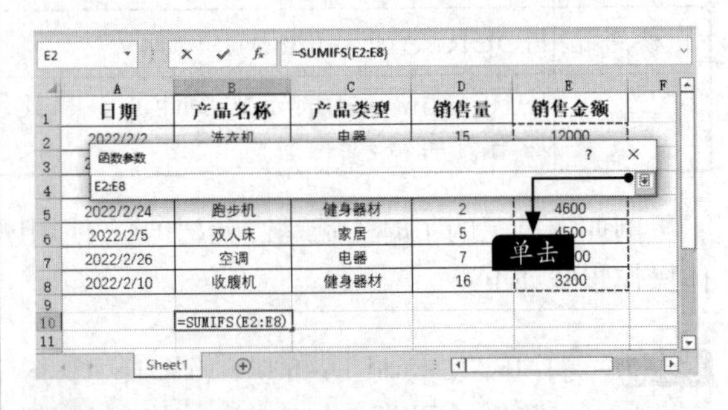

步骤 05 返回【函数参数】对话框，使用同样的方法设置【Criteria_range1】的数据区域为A2:A8单元格区域，如下图所示。

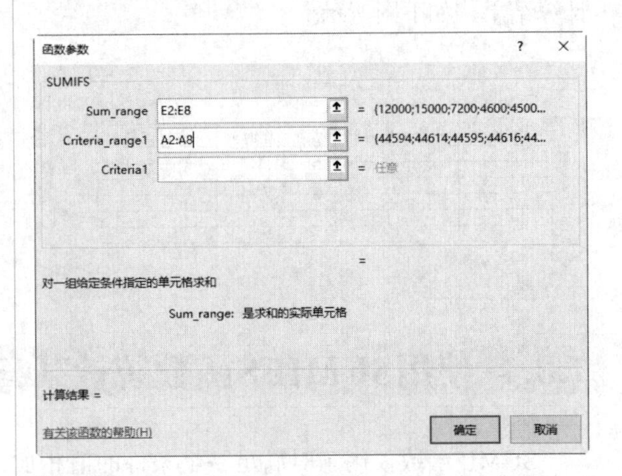

步骤 06 在【Criteria1】文本框中输入“">2022-2-1"”，即设置区域1（Criteria_range1）的条件参数为“">2022-2-1"”，如下图所示。

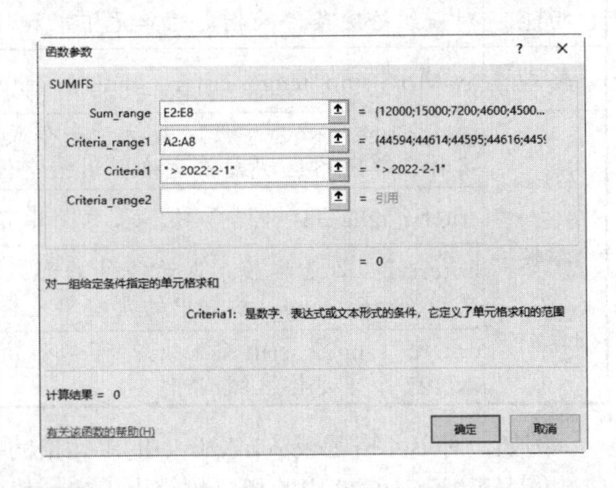

步骤 07 使用同样的方法设置区域2（Criteria_range2）为“A2:A8”、条件参数为“"<2022-2-10"”，单击【确定】按钮，如下页图所示。

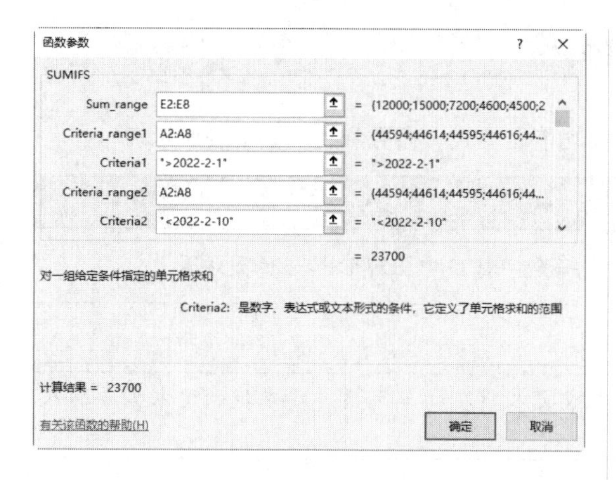

步骤08 返回工作表，即可看到2022年2月2日到2022年2月9日的销售金额，在编辑栏中显示出计算公式“=SUMIFS(E2:E8,A2:A8,">2022-2-1",A2:A8,"<2022-2-10")”，如下图所示。

B10 =SUMIFS(E2:E8,A2:A8,">2022-2-1",A2:A8,"<2022-2-10")

	A	B	C	D	E
1	日期	产品名称	产品类型	销售量	销售金额
2	2022/2/2	洗衣机	电器	15	12000
3	2022/2/22	冰箱	电器	3	15000
4	2022/2/3	衣柜	家居	8	7200
5	2022/2/24	跑步机	健身器材	2	4600
6	2022/2/5	双人床	家居	5	4500
7	2022/2/26	空调	电器	7	21000
8	2022/2/10	收腹机	健身器材	16	3200
9					
10		23700			

7.3.5 使用PRODUCT函数计算每件产品的金额

PRODUCT函数用来计算数字的乘积，具体的功能、格式和参数如下表所示。

PRODUCT函数	
功能	使所有以参数形式给出的数字相乘并返回乘积
格式	PRODUCT(number1,[number2],...)
参数	number1：必选参数。要相乘的第一个数字或单元格区域
	number2,...：可选参数。要相乘的其他数字或单元格区域，最多可以使用255个参数

例如，如果单元格A1和A2中包含数字，则可以使用公式“=PRODUCT(A1,A2)”将这两个数字相乘，也可以通过使用乘号*（如“=A1*A2”）执行相同的操作。

当需要使很多单元格中的数值相乘时，PRODUCT函数很有用。例如，公式“=PRODUCT(A1:A3,C1:C3)”等价于“=A1*A2*A3*C1*C2*C3”。

如果要在乘积后乘某个数值，如公式“=PRODUCT(A1:A2,2)”，则等价于“=A1*A2*2”。

例如，一些公司的产品会不定时做促销活动，需要根据产品的单价、数量以及折扣来计算每件产品的金额，使用PRODUCT函数可以实现这一操作。具体操作步骤如下。

步骤01 打开“素材\ch07\计算每件产品的金额.xlsx”文件，选择单元格E2，在编辑栏中输入公式“=PRODUCT(B2,C2,D2)”，按【Enter】键，即可计算出该产品的金额，如下图所示。

E2 =PRODUCT(B2,C2,D2)

	A	B	C	D	E
1	产品	单价	数量	折扣	金额
2	产品A	¥20.00	200	0.8	3200
3	产品B	¥19.00	150	0.75	
4	产品C	¥17.50	340	0.9	
5	产品D	¥21.00	170	0.65	
6	产品E	¥15.00	80	0.85	

步骤02 利用填充功能，完成其他产品金额的计算，如下图所示。

E6 =PRODUCT(B6,C6,D6)

	A	B	C	D	E
1	产品	单价	数量	折扣	金额
2	产品A	¥20.00	200	0.8	3200
3	产品B	¥19.00	150	0.75	2137.5
4	产品C	¥17.50	340	0.9	5355
5	产品D	¥21.00	170	0.65	2320.5
6	产品E	¥15.00	80	0.85	1020

7.3.6 使用FIND函数判断商品的类型

FIND函数是用于查找文本字符串的函数，具体功能、格式、参数和备注如下表所示。

FIND函数	
功能	以字符为单位，查找一个文本字符串在另一个字符串中出现的起始位置编号
格式	FIND(find_text, within_text, start_num)
参数	find_text：必选参数。表示要查找的文本或文本所在的单元格。要查找的文本需要用双引号标注
	within_text：必选参数。表示要查找的文本或文本所在的单元格
	start_num：必选参数。指定开始搜索的字符。如果省略start_num，则其值为1
备注	如果find_text为空文本("")，则会匹配搜索字符串中的首字符（即编号为start_num或1的字符）。 find_text不能包含任何通配符。 如果within_text中没有find_text，则返回错误值#VALUE!。 如果start_num不大于0，则返回错误值#VALUE!。 如果start_num大于within_text的长度，则返回错误值#VALUE!

例如，仓库中有两种商品，假设商品编号以A开头的为生活用品，以B开头的为办公用品。使用FIND函数判断商品的类型，商品编号以A开头的商品显示为“生活用品”，否则显示为“办公用品”。下面通过FIND函数来判断商品的类型。具体操作步骤如下。

步骤01 打开“素材\ch07\判断商品的类型.xlsx”文件，选择单元格B2，在其中输入公式“=IF(ISERROR(FIND("A",A2)),IF(ISERROR(FIND("B",A2)),"","办公用品"),"生活用品")”，按【Enter】键，即可显示该商品的类型，如下图所示。

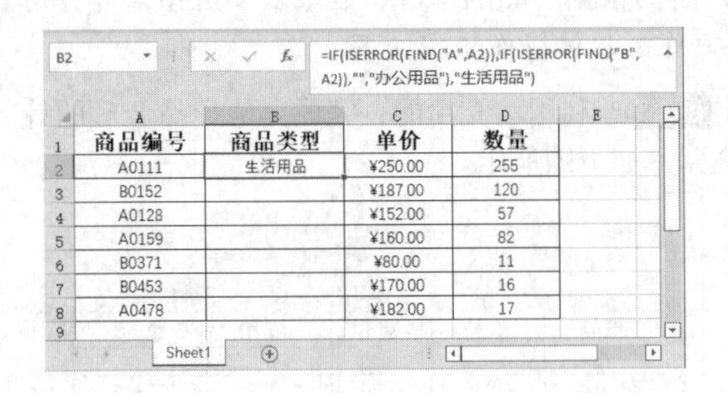

步骤02 利用填充功能，完成其他单元格的操作，如下图所示。

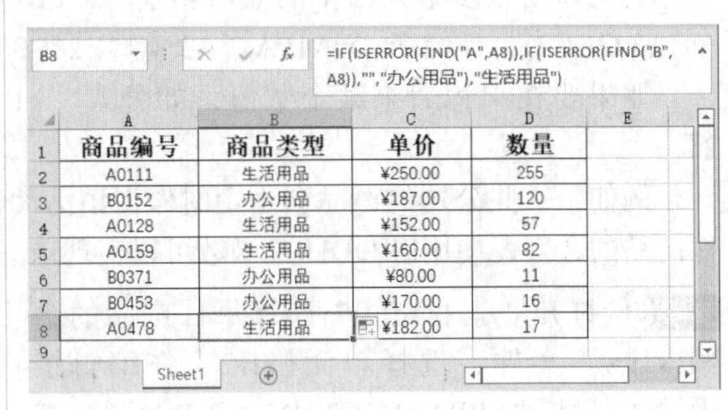

7.3.7 使用LOOKUP函数计算多人的销售业绩总和

LOOKUP函数可以从单行、单列或一个数组中返回值。LOOKUP函数有两种语法形式：向量形式和数组形式。这两种语法形式的功能和使用场景如下表所示。

语法形式	功能	使用场景
向量形式	在单行或单列（称为向量）中查找值，然后返回第二个单行或单列中相同位置的值	当要查询的值列表较大或者值可能会随时间而改变时，使用向量形式
数组形式	在数组的第一行或第一列中查找指定的值，然后返回数组的最后一行或最后一列中相同位置的值	当要查询的值列表较小或者值在一段时间内保持不变时，使用数组形式

1. 向量形式

向量是指只含一行或一列的区域。LOOKUP函数的向量形式在单行或单列（称为向量）中查找值，然后返回第二个单行或单列中相同位置的值。当用户指定包含要匹配的值的区域时，请使用LOOKUP函数的向量形式。LOOKUP函数的数组形式将自动在第一行或第一列中进行查找。

LOOKUP函数：向量形式	
功能	从单行、单列或者一个数组中返回值
格式	LOOKUP(lookup_value, lookup_vector, [result_vector])
参数	lookup_value：必选参数。在第一个向量中搜索的值。lookup_value可以是数字、文本、逻辑值、名称或对值的引用
	lookup_vector：必选参数。只包含一行或一列的区域。lookup_vector的值可以是文本、数字或逻辑值
	result_vector：可选参数。只包含一行或一列的区域。result_vector必须与lookup_vector大小相同
说明	如果找不到lookup_value，则与lookup_vector中小于或等于lookup_value的最大值进行匹配。 如果lookup_value小于lookup_vector中的最小值，则返回#N/A错误值

2. 数组形式

LOOKUP函数的数组形式是在数组的第一行或第一列中查找指定的值，并返回数组最后一行或最后一列中同一位置的值。当要匹配的值位于数组的第一行或第一列中时，请使用LOOKUP的数组形式。当要指定列或行的位置时，请使用LOOKUP的向量形式。

LOOKUP函数的数组形式与HLOOKUP函数和VLOOKUP函数非常相似，区别在于：HLOOKUP函数在第一行中搜索lookup_value的值，VLOOKUP函数在第一列中搜索，而LOOKUP函数根据数组维度进行搜索。一般情况下，建议使用HLOOKUP函数或VLOOKUP函数，而不是LOOKUP函数的数组形式。LOOKUP函数的数组形式是为了与其他电子表格程序兼容而提供的。

LOOKUP函数：数组形式	
功能	在数组的第一行或第一列中查找指定的值，并返回数组最后一行或最后一列内同一位置的值
格式	LOOKUP(lookup_value,array)
参数	lookup_value：必选参数。在数组中搜索的值。lookup_value可以是数字、文本、逻辑值、名称或对值的引用
	array：必选参数。包含要与lookup_value进行比较的数字、文本或逻辑值的单元格区域
说明	如果数组包含宽度比高度大的区域（列数多于行数），则在第一行中搜索lookup_value的值。 如果数组是“正方”（行数等于列数）的或者高度大于宽度（行数多于列数），则在第一列中进行搜索。 使用HLOOKUP函数和VLOOKUP函数时，可以通过索引以向下或遍历的方式搜索，但是LOOKUP函数始终选择行或列中的最后一个值

使用LOOKUP函数，在选中区域处于升序条件下可查找多个值。具体操作步骤如下。

步骤 01 打开 “素材\ch07\销售业绩总和.xlsx” 文件，选中A3:A8单元格区域，单击【数据】选项卡下【排序和筛选】组中的【升序】按钮进行排序，如下图所示。

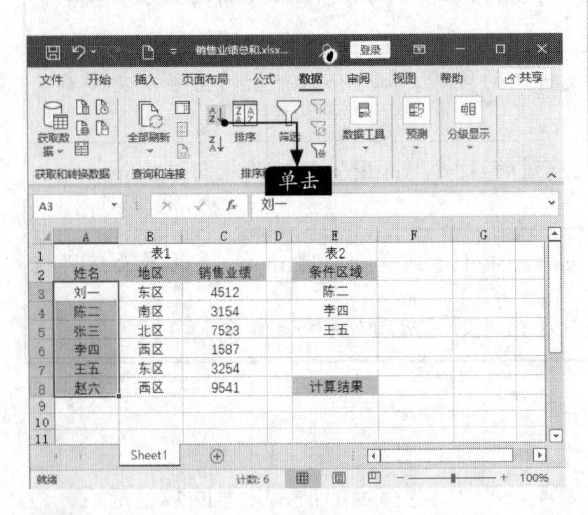

步骤 02 在弹出的【排序提醒】对话框中，选择【扩展选定区域】单选项，单击【排序】按钮，如下图所示。

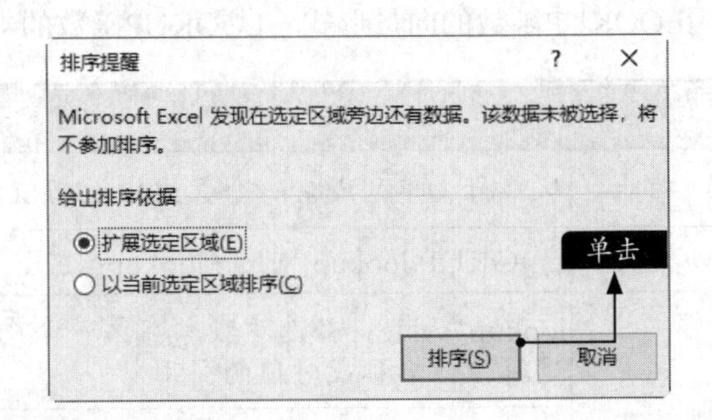

步骤 03 排序结果如下图所示。

	A	B	C	D	E
1		表1			表2
2	姓名	地区	销售业绩		条件区域
3	陈二	南区	3154		陈二
4	李四	西区	1587		李四
5	刘一	东区	4512		王五
6	王五	东区	3254		
7	张三	北区	7523		
8	赵六	西区	9541		计算结果

步骤 04 选中单元格F8，输入公式 “=SUM(LOOKUP(E3:E5,A3:C8))”，按【Ctrl+Shift+Enter】组合键，即可计算出结果，如下图所示。

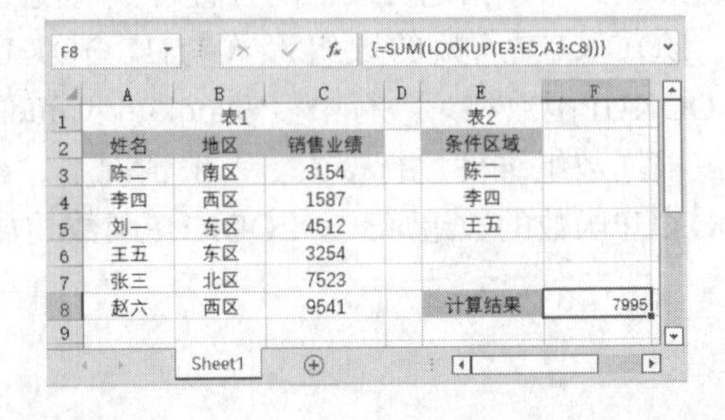

7.3.8 使用COUNTIF函数查询重复的电话记录

COUNTIF函数是一个统计函数，用于统计满足某个条件的单元格的数量。COUNTIF函数的具体功能、格式及参数如下表所示。

COUNTIF函数	
功能	对区域中满足单个指定条件的单元格进行计数
格式	COTNTIF(range,criteria)
参数	range：必选参数。要对其进行计数的一个或多个单元格，其中包括数字或名称、数组或包含数字的引用，空值或文本值将被忽略
	criteria：必选参数。用来确定将对哪些单元格进行计数的条件，可以是数字、表达式、单元格引用或文本字符串

通过IF函数和COUNTIF函数，可以轻松统计出重复数据，具体的操作步骤如下。

步骤01 打开“素材\ch07\来电记录表.xlsx”文件，在D3单元格中输入公式“=IF((COUNTIF($C$3:$C$10,C3))>1,"重复","")”，按【Enter】键，即可返回是否存在重复的结果，如下图所示。

步骤02 使用填充柄快速填充单元格区域D4:D10，最终计算结果如下图所示。

D4 =IF((COUNTIF($C$3:$C$10,C4))>1,"重复","")

开始时间	结束时间	电话来电	重复
8:00	8:30	123456	
9:00	9:30	456123	重复
10:00	10:30	456321	
11:00	11:30	456123	重复
12:00	12:30	123789	
13:00	13:30	987654	
14:00	14:30	456789	
15:00	15:38	321789	

高手私房菜

技巧1：同时计算多个单元格数值

在Excel 2021中，当对某行或某列进行相同公式计算时，除了计算某个单元格数值，然后对其他单元格进行填充外，还有一种快捷的计算方法，可以同时计算多个单元格数值。具体操作步骤如下。

步骤01 打开“素材\ch07\计算每件产品的金额.xlsx”文件，选择要计算的单元格区域E2:E6，然后在编辑栏中输入公式“=PRODUCT(B2,C2,D2)”，如下页图所示。

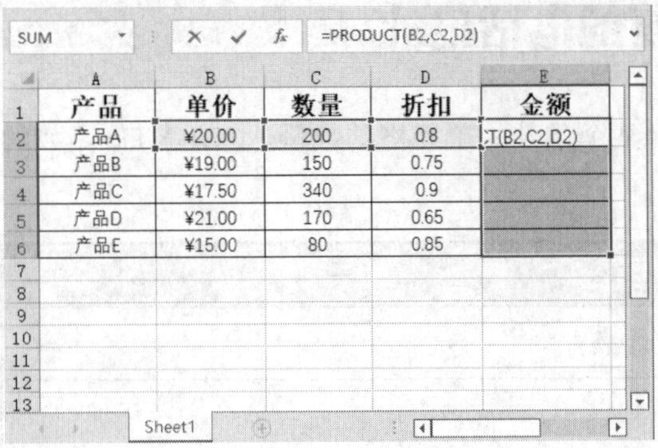

步骤02 按【Ctrl+Enter】组合键，即可计算出所选单元格区域的数值，如下图所示。

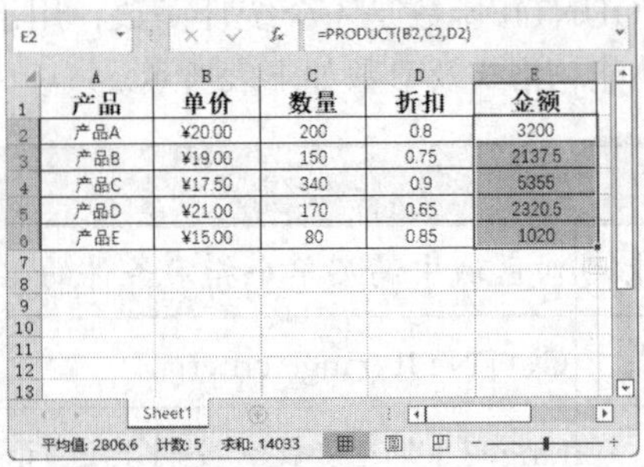

技巧2：使用LET函数将计算结果分配给名称

LET函数能够将计算结果分配给名称，这样可以存储中间计算结果、值或定义公式中的名称。若要在Excel中使用LET函数，需定义名称/关联值对，再定义一个使用所有这些项的计算。需要注意的是，至少定义一对名称/关联值（变量），最多支持126对。其公式如下。

=LET(name1,name_value1,calculation_or_name2,[name_value2, calculation_or_name3...])

其参数和说明如下表所示。

参数	说明
name1（必选）	要分配关联值的第一个名称，必须以字母开头
name_value1（必选）	分配给name1的关联值
calculation_or_name2（必选）	下列任一项： 使用LET函数中的所有名称的计算结果。必须是LET函数中的最后一个参数。 分配给name_value2的名称。如果指定了名称，则 name_value2 和 calculation_or_name3 是必选的
name_value2（可选）	分配给 calculation_or_name2的关联值
calculation_or_name3（可选）	下列任一项： 使用LET函数中的所有名称的计算结果。LET函数中的最后一个参数必须是一个计算结果。 分配给name_value3的名称。如果指定了名称，则 name_value3 和 calculation_or_name4 是必选的

使用LET函数的具体操作步骤如下。

步骤01 选择A1单元格，输入公式“=LET(x,2,y,3,x*y)”，如下图所示。

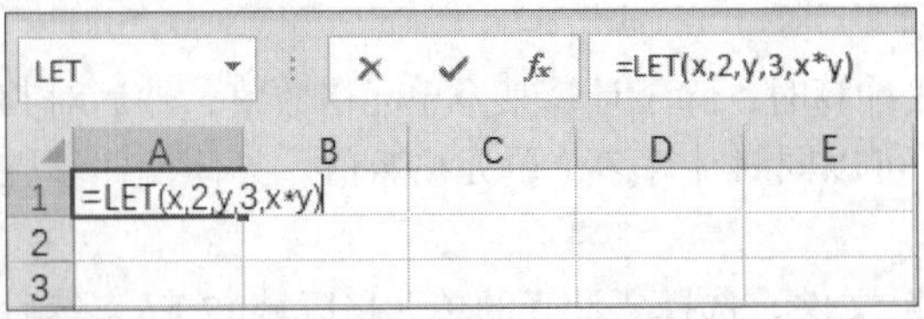

步骤02 按【Enter】键，即可显示计算结果为“6”，如下图所示。

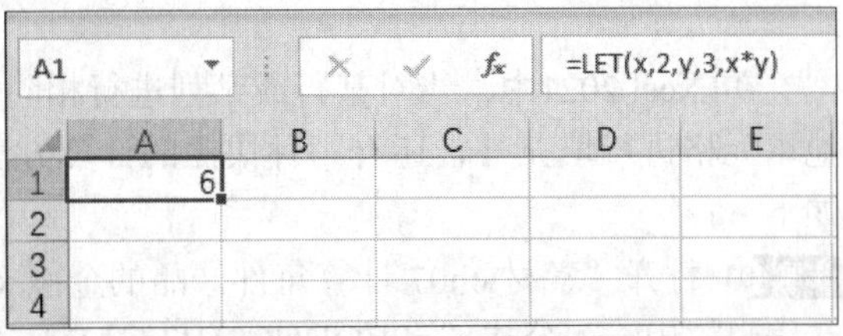

第8章

数据的基本分析

数据分析是Excel的重要功能。使用Excel的排序功能可以将数据按照特定的规则排序，便于用户观察数据的规律；使用筛选功能可以对数据进行“过滤”，将满足用户设置条件的数据单独显示；使用分类显示和分类汇总功能可以对数据进行分类；使用合并计算功能可以汇总单独区域中的数据，在单个输出区域中合并计算结果等。

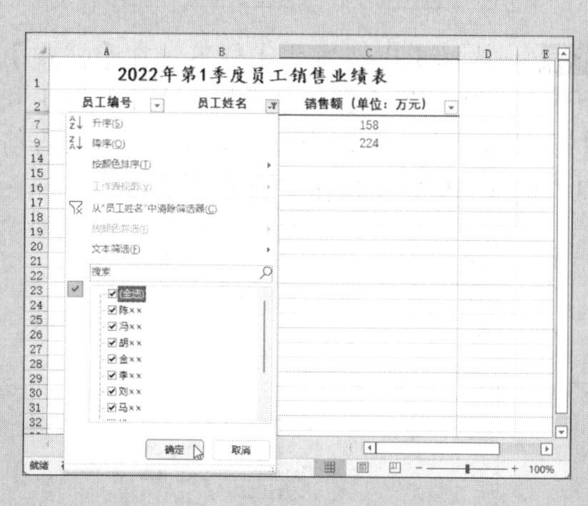

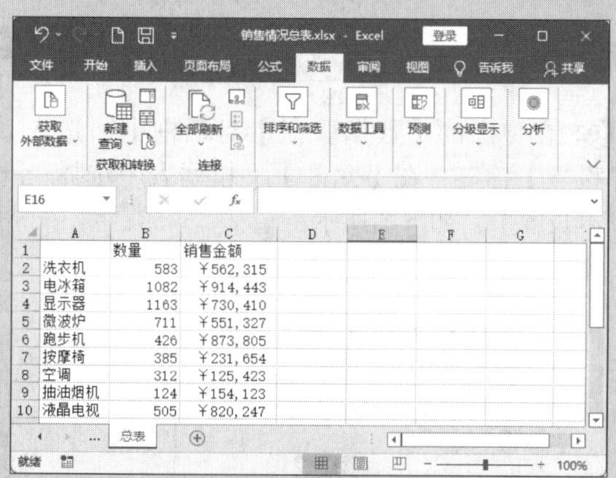

8.1 制作员工销售业绩表

制作员工销售业绩表时可以使用Excel表格统计公司员工的销售业绩数据。

在Excel 2021中，设置数据的有效性可以帮助分析工作表中的数据，例如对数值进行有效性的设置、排序、筛选等。本节以制作“员工销售业绩表”为例介绍数据的基本分析方法。

8.1.1 设置数据的有效性

在向工作表中输入数据时，为了防止输入错误的数据，可以为单元格设置有效的数据范围，限制用户只能输入指定范围内的数据，这样可以极大地减小数据处理操作的复杂性。具体操作步骤如下。

步骤 01 打开“素材\ch08\员工销售业绩表.xlsx”工作簿，选择A3:A13单元格区域，在【数据】选项卡中，单击【数据工具】组中的【数据验证】按钮 数据验证，如下图所示。

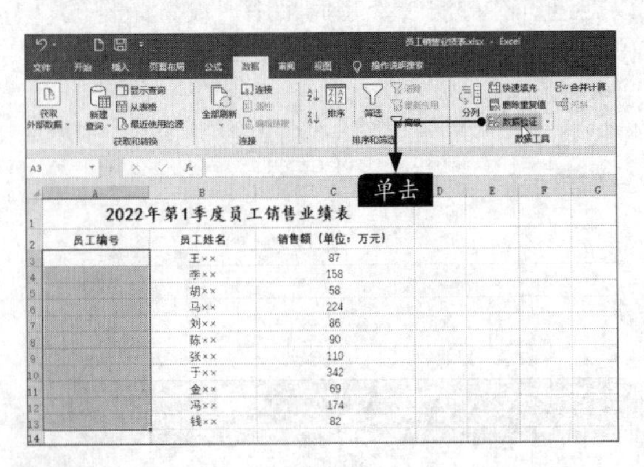

步骤 02 在弹出的【数据验证】对话框中，选择【设置】标签，在【允许】下拉列表中选择【文本长度】，如下图所示。

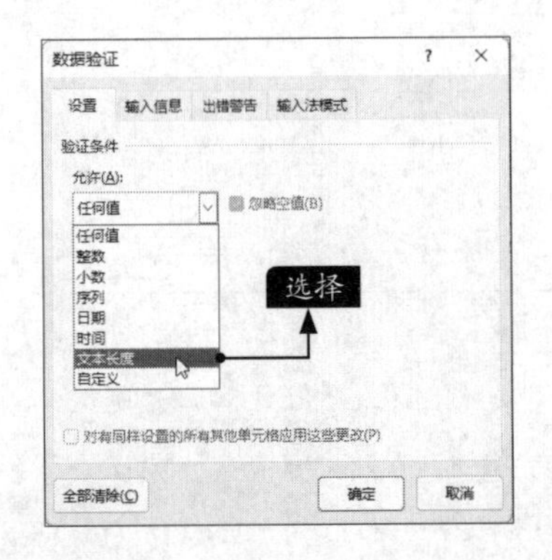

步骤 03 在【数据】下拉列表中选择【等于】，在【长度】文本框中输入“5”，如下图所示。

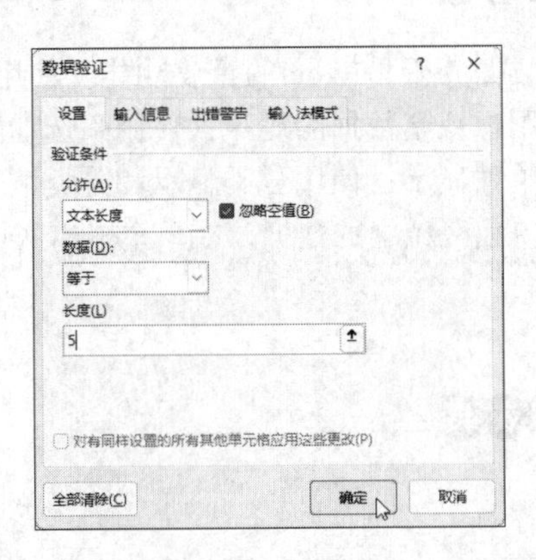

步骤 04 选择【出错警告】标签，在【样式】下拉列表中选择【警告】选项，在【标题】和【错误信息】文本框中分别输入标题和警告信息，单击【确定】按钮，如下图所示。

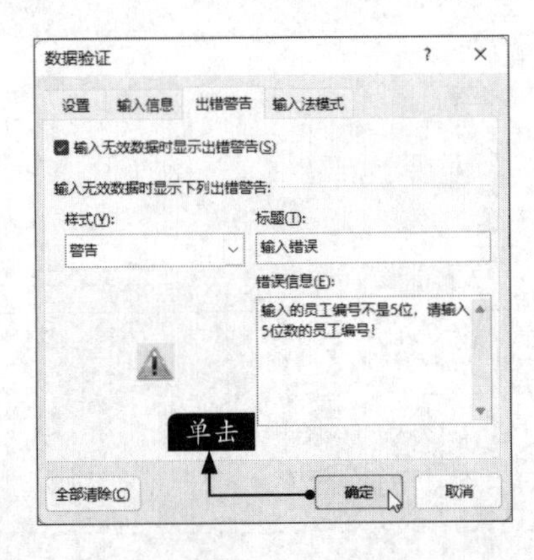

步骤05 返回工作表，在A3:A13单元格中输入不符合要求的数字时，会提示如下警告信息，单击【否】按钮，如下图所示。

步骤06 返回到工作表中，然后输入正确的员工编号，如下图所示。

2022年第1季度员工销售业绩表		
员工编号	员工姓名	销售额（单位：万元）
16001	王××	87
16002	李××	158
16003	胡××	58
16004	马××	224
16005	刘××	86
84520	陈××	90
16007	张××	110
16008	于××	342
58456	金××	69
16010	冯××	174
16011	钱××	82

8.1.2 对销售额进行排序

用户可以对销售额进行排序。下面介绍自动排序和自定义排序的操作。

1. 自动排序

Excel 2021提供了多种排序方法，用户可以在员工销售业绩表中根据销售额进行单条件排序。具体操作步骤如下。

步骤01 接8.1.1小节的操作，按照销售额由高到低进行排序，选择销售额所在的C列的任意一个单元格，如下图所示。

2022年第1季度员工销售业绩表		
员工编号	员工姓名	销售额（单位：万元）
16001	王××	87
16002	李××	158
16003	胡××	58
16004	马××	224
16005	刘××	86
84520	陈××	90
16007	张××	110
16008	于××	342
58456	金××	69
16010	冯××	174
16011	钱××	82

步骤02 单击【数据】选项卡下【排序和筛选】组中的【降序】按钮，如下图所示。

步骤03 按照员工销售额由高到低进行排列的效果如下图所示。

2022年第1季度员工销售业绩表		
员工编号	员工姓名	销售额（单位：万元）
16008	于××	342
16004	马××	224
16010	冯××	174
16002	李××	158
16007	张××	110
84520	陈××	90
16001	王××	87
16005	刘××	86
16011	钱××	82
58456	金××	69
16003	胡××	58

步骤04 单击【数据】选项卡下【排序和筛选】组中的【升序】按钮，即可按照员工销售额由低到高的顺序显示数据，如下图所示。

2022年第1季度员工销售业绩表		
员工编号	员工姓名	销售额（单位：万元）
16003	胡××	58
58456	金××	69
16011	钱××	82
16005	刘××	86
16001	王××	87
84520	陈××	90
16007	张××	110
16002	李××	158
16010	冯××	174
16004	马××	224
16008	于××	342

2. 自定义排序

在“员工销售业绩表.xlsx”工作簿中，用户可以根据需要设置自定义排序，如按照员工的姓名进行排序时就可以使用自定义排序的方式，具体操作步骤如下。

步骤 01 接上述操作，按照员工的姓名进行排序。选择B列的任意一个单元格，单击【数据】选项卡下【排序和筛选】组中的【排序】按钮，如下图所示。

步骤 02 在弹出的【排序】对话框的【主要关键字】下拉列表中选择【员工姓名】选项，在【次序】下拉列表中选择【自定义序列】选项，如下图所示。

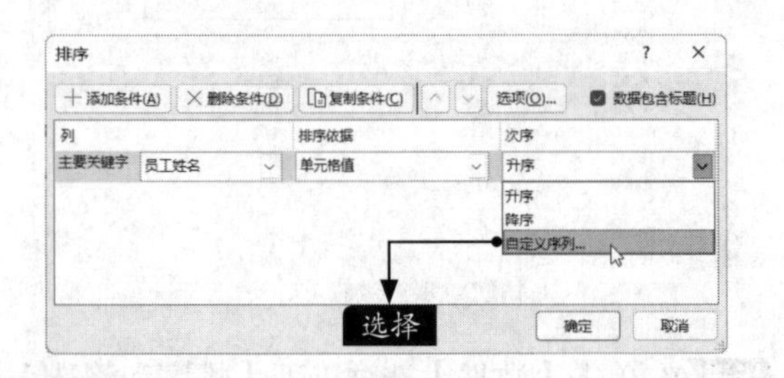

步骤 03 在弹出的【自定义序列】对话框的【输入序列】列表框中输入排序文本，单击【添加】按钮，将自定义序列添加至【自定义序列】列表框中，单击【确定】按钮，如下图所示。

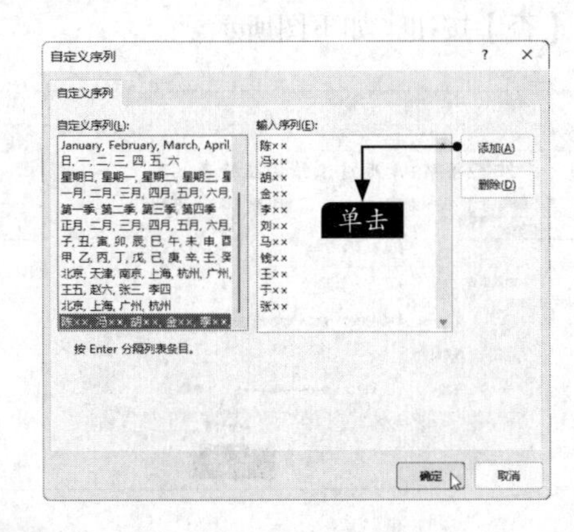

步骤 04 返回至【排序】对话框，即可看到【次序】文本框中显示的为自定义的序列，单击【确定】按钮，如下图所示。

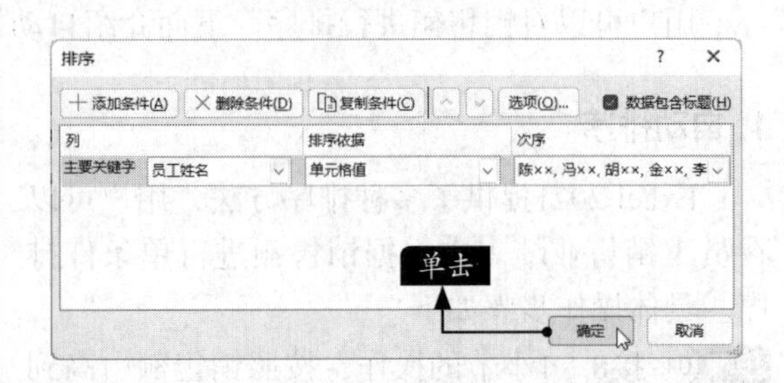

步骤 05 自定义排序后的结果如下图所示。

	A	B	C
1	2022年第1季度员工销售业绩表		
2	员工编号	员工姓名	销售额（单位：万元）
3	84520	陈××	90
4	16010	冯××	174
5	16003	胡××	58
6	58456	金××	69
7	16002	李××	158
8	16005	刘××	86
9	16004	马××	224
10	16011	钱××	82
11	16001	王××	87
12	16008	于××	342
13	16007	张××	110

8.1.3 对数据进行筛选

Excel提供了数据的筛选功能，可以用于准确、方便地找出符合要求的数据。

1. 单条件筛选

Excel 2021中的单条件筛选，就是将符合一种条件的数据筛选出来，具体操作步骤如下。

步骤 01 接8.1.2小节的操作，在打开的“员工销售业绩表.xlsx”工作簿中，选择数据区域内的任意一个单元格，在【数据】选项卡中，单击【排序和筛选】组中的【筛选】按钮，如下页图所示。

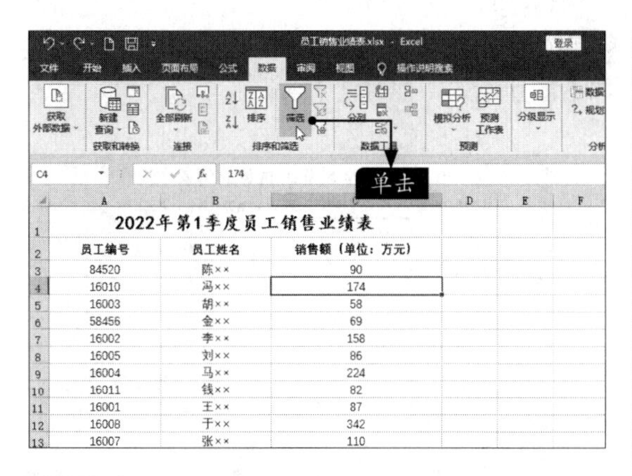

步骤 02 在【自动筛选】状态下，标题行每列的右侧出现一个下拉按钮，如下图所示。

	A	B	C
1	2022年第1季度员工销售业绩表		
2	员工编号	员工姓名	销售额（单位：万元）
3	84520	陈××	90
4	16010	冯××	174
5	16003	胡××	58
6	58456	金××	69
7	16002	李××	158
8	16005	刘××	86
9	16004	马××	224
10	16011	钱××	82
11	16001	王××	87
12	16008	于××	342
13	16007	张××	110

步骤 03 单击【员工姓名】列右侧的下拉按钮，在弹出的下拉列表中取消选中【(全选)】复选框，选中【李××】和【马××】复选框，单击【确定】按钮，如下图所示。

步骤 04 经过筛选后的数据清单如右上图所示，可以看出仅显示了“李××”“马××”的员工销售情况，其他记录则被隐藏。

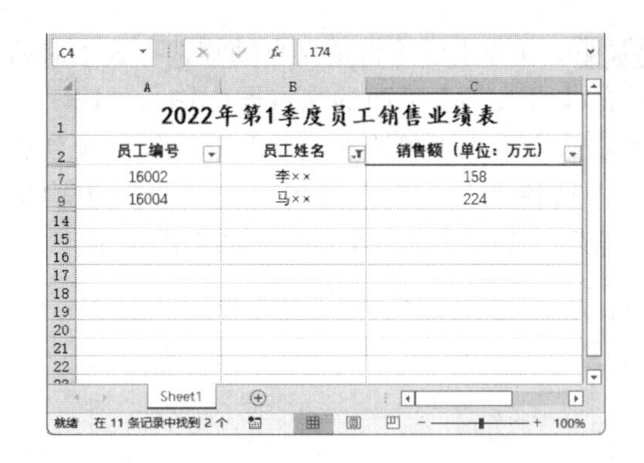

2. 按文本筛选

在工作簿中，可以根据文本进行筛选，如在“员工销售业绩表.xlsx”工作簿中筛选出姓“冯”和姓“金”的员工的销售情况，具体操作步骤如下。

步骤 01 接上述操作，单击【员工姓名】列右侧的下拉按钮，在弹出的下拉列表中单击选中【全选】复选框，单击【确定】按钮，使所有员工的销售额显示出来，如下图所示。

步骤 02 单击【员工姓名】列右侧的下拉按钮，在弹出的下拉列表中选择【文本筛选】→【开头是】选项，如下图所示。

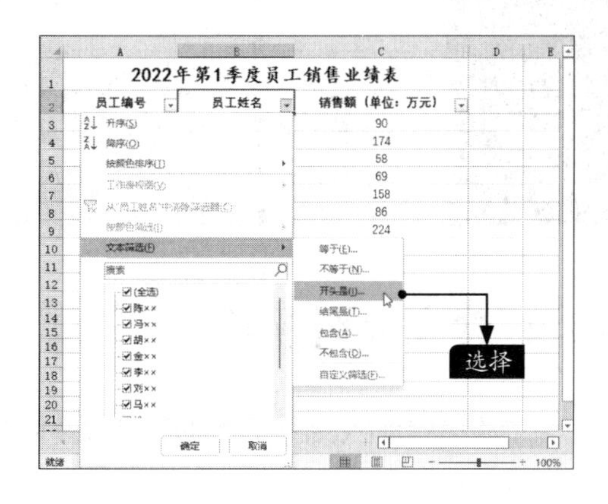

步骤 03 在弹出的【自定义自动筛选方式】对话框的【开头是】后面的文本框中输入“冯”，单击选中【或】单选项，并在下方的下拉列表框中选择【开头是】选项，在文本框中输入“金”，单击【确定】按钮，如下图所示。

步骤 04 姓“冯”和姓“金”的员工的销售情况如下图所示。

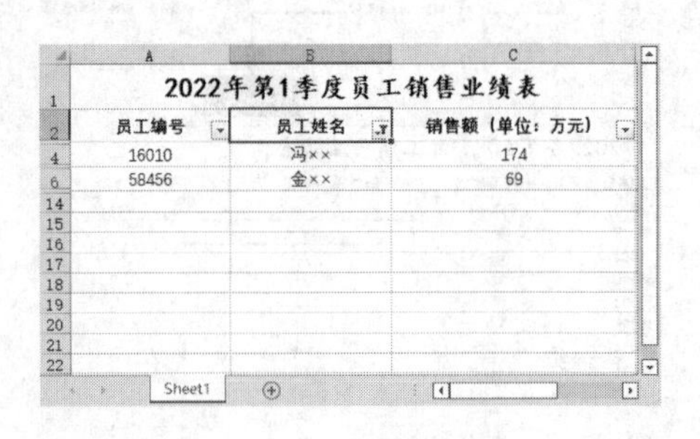

8.1.4 筛选销售额高于平均值的员工

如果要查看哪些员工的销售额高于平均值，可以使用Excel 2021的自动筛选功能。该功能不用计算平均值，即可筛选出销售额高于平均销售额的员工。

步骤 01 接8.1.3小节的操作，取消当前筛选，单击【销售额】列右侧的下拉按钮，在弹出的下拉列表中选择【数字筛选】→【高于平均值】选项，如下图所示。

步骤 02 销售额高于平均销售额的员工如下图所示。

8.2 制作汇总销售记录表

汇总销售记录表主要是使用分类汇总功能，将大量的数据分类后进行汇总计算，并显示各级别的汇总信息。本节以制作“汇总销售记录表”为例介绍分类汇总功能的使用方法。

8.2.1 建立分级显示

为了便于管理Excel中的数据，可以建立分级显示，分级最多为8个级别，每组为一级。每个内部级别在分级显示符号中由较大的数字表示，它们分别显示其前一外部级别的明细数据，这些外部级别在分级显示符号中均由较小的数字表示。使用分级显示可以对数据进行分组并快速显示汇总行或汇总列，或者显示每组的明细数据。可创建行的分级显示（如本节示例所示）、列的分级显示或者行和列的分级显示。创建行的分级显示的具体操作步骤如下。

步骤01 打开“素材\ch08\汇总销售记录表.xlsx”工作簿，选择A2:E2单元格区域，如下图所示。

汇总销售记录表				
客户代码	所属地区	发货额	回款额	回款率
K-009	河南	¥53,200.00	¥52,400.00	98.50%
K-010	河南	¥62,540.00	¥58,630.00	93.75%
K-003	山东	¥48,520.00	¥36,520.00	75.27%
K-008	山东	¥45,000.00	¥32,400.00	72.00%
K-011	山东	¥32,000.00	¥25,600.00	80.00%
K-002	湖北	¥36,520.00	¥23,510.00	64.38%
K-004	湖北	¥56,800.00	¥54,200.00	95.42%
K-005	湖北	¥76,203.00	¥62,000.00	81.36%
K-012	湖北	¥45,203.00	¥43,200.00	95.57%
K-013	湖北	¥20,054.00	¥19,000.00	94.74%
K-001	安徽	¥75,620.00	¥65,340.00	86.41%
K-006	安徽	¥75,621.00	¥75,000.00	99.18%
K-007	安徽	¥85,230.00	¥45,060.00	52.87%
K-014	安徽	¥75,264.00	¥75,000.00	99.65%

步骤02 单击【数据】选项卡下【分级显示】组中的【组合】按钮的下拉按钮，在弹出的下拉列表中选择【组合】选项，如下图所示。

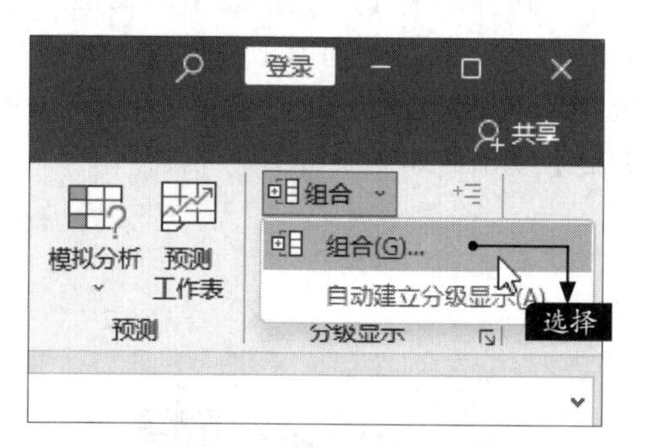

步骤03 在弹出的【组合】对话框中，单击选中【行】单选项，单击【确定】按钮，如下图所示。

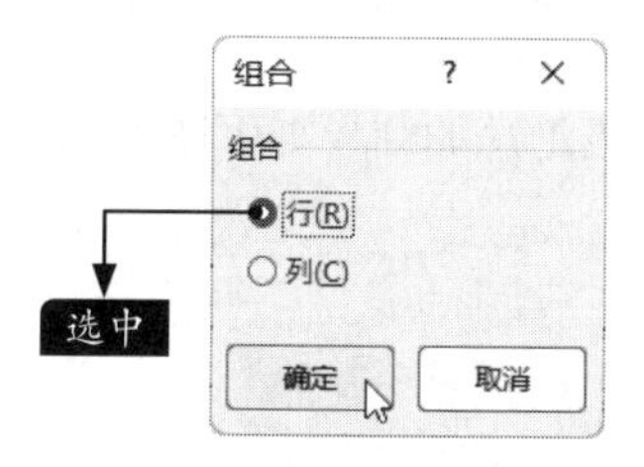

步骤04 单元格区域A2:E2设置为一个组类的效果如下图所示。

汇总销售记录表				
客户代码	所属地区	发货额	回款额	回款率
K-009	河南	¥53,200.00	¥52,400.00	98.50%
K-010	河南	¥62,540.00	¥58,630.00	93.75%
K-003	山东	¥48,520.00	¥36,520.00	75.27%
K-008	山东	¥45,000.00	¥32,400.00	72.00%
K-011	山东	¥32,000.00	¥25,600.00	80.00%
K-002	湖北	¥36,520.00	¥23,510.00	64.38%
K-004	湖北	¥56,800.00	¥54,200.00	95.42%
K-005	湖北	¥76,203.00	¥62,000.00	81.36%
K-012	湖北	¥45,203.00	¥43,200.00	95.57%
K-013	湖北	¥20,054.00	¥19,000.00	94.74%
K-001	安徽	¥75,620.00	¥65,340.00	86.41%
K-006	安徽	¥75,621.00	¥75,000.00	99.18%
K-007	安徽	¥85,230.00	¥45,060.00	52.87%
K-014	安徽	¥75,264.00	¥75,000.00	99.65%

步骤05 使用同样的方法设置单元格区域A3:E16，如下图所示。

汇总销售记录表				
客户代码	所属地区	发货额	回款额	回款率
K-009	河南	¥53,200.00	¥52,400.00	98.50%
K-010	河南	¥62,540.00	¥58,630.00	93.75%
K-003	山东	¥48,520.00	¥36,520.00	75.27%
K-008	山东	¥45,000.00	¥32,400.00	72.00%
K-011	山东	¥32,000.00	¥25,600.00	80.00%
K-002	湖北	¥36,520.00	¥23,510.00	64.38%
K-004	湖北	¥56,800.00	¥54,200.00	95.42%
K-005	湖北	¥76,203.00	¥62,000.00	81.36%
K-012	湖北	¥45,203.00	¥43,200.00	95.57%
K-013	湖北	¥20,054.00	¥19,000.00	94.74%
K-001	安徽	¥75,620.00	¥65,340.00	86.41%
K-006	安徽	¥75,621.00	¥75,000.00	99.18%
K-007	安徽	¥85,230.00	¥45,060.00	52.87%
K-014	安徽	¥75,264.00	¥75,000.00	99.65%

步骤06 单击1按钮，可以将分组后的区域折叠后显示，如下图所示。当再次单击该按钮时，可以展开折叠的内容。

汇总销售记录表				
客户代码	所属地区	发货额	回款额	回款率

8.2.2 创建分类汇总

使用分类汇总的数据列表，每一列数据都要有列标题。Excel使用列标题来决定如何创建数据组以及如何计算总和。在“汇总销售记录表”中，创建分类汇总的具体操作步骤如下。

步骤 01 打开“素材\ch08\汇总销售记录表.xlsx”工作簿，单击B列数据区域内任意一个单元格，单击【数据】选项卡下【排序和筛选】组中的【升序】按钮，如下图所示。

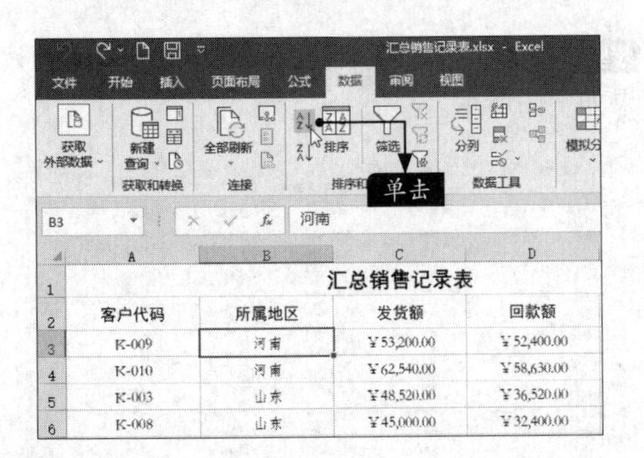

步骤 02 表格中数据的排序效果如下图所示。

汇总销售记录表				
客户代码	所属地区	发货额	回款额	回款率
K-001	安徽	¥75,620.00	¥65,340.00	86.41%
K-006	安徽	¥75,621.00	¥75,000.00	99.18%
K-007	安徽	¥85,230.00	¥45,060.00	52.87%
K-014	安徽	¥75,264.00	¥75,000.00	99.65%
K-009	河南	¥53,200.00	¥52,400.00	98.50%
K-010	河南	¥62,540.00	¥58,630.00	93.75%
K-002	湖北	¥36,520.00	¥23,510.00	64.38%
K-004	湖北	¥56,800.00	¥54,200.00	95.42%
K-005	湖北	¥76,203.00	¥62,000.00	81.36%
K-012	湖北	¥45,203.00	¥43,200.00	95.57%
K-013	湖北	¥20,054.00	¥19,000.00	94.74%
K-003	山东	¥48,520.00	¥36,520.00	75.27%
K-008	山东	¥45,000.00	¥32,400.00	72.00%
K-011	山东	¥32,000.00	¥25,600.00	80.00%

步骤 03 在【数据】选项卡中，单击【分级显示】组中的【分类汇总】按钮，如下图所示。

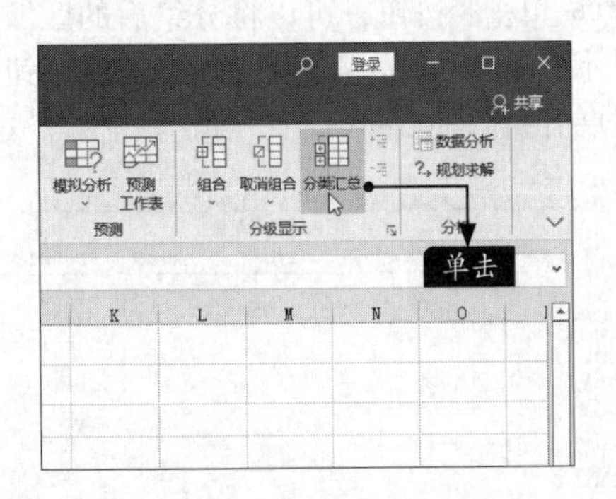

步骤 04 在弹出的【分类汇总】对话框的【分类字段】下拉列表中选择【所属地区】选项，表示以“所属地区”字段进行分类汇总；在【汇总方式】下拉列表中选择【求和】选项；在【选定汇总项】列表框中选择【发货额】和【回款额】复选框，并取消选择【回款率】复选框，单击【确定】按钮，如右上图所示。

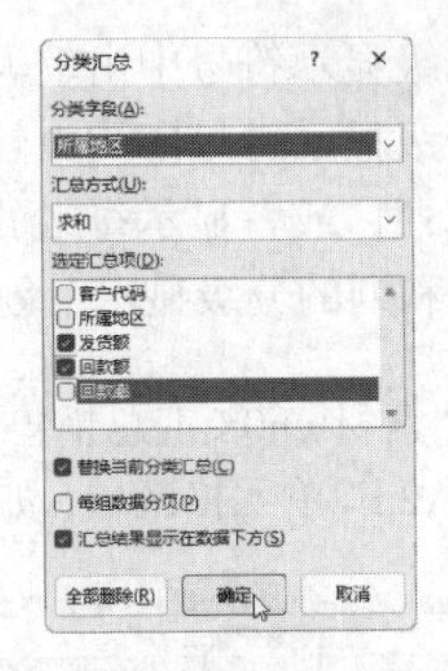

步骤 05 进行分类汇总后的效果如下图所示。

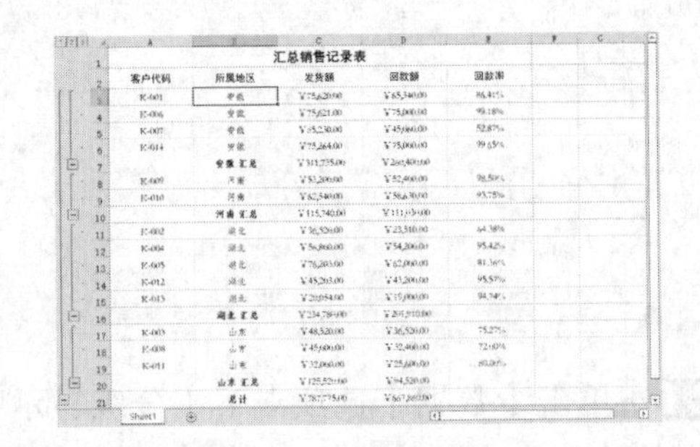

步骤 06 选择任意一个单元格，在【数据】选项卡中，单击【分级显示】组中的【分类汇总】按钮。在弹出的【分类汇总】对话框的【汇总方式】下拉列表中选择【平均值】选项，取消选择【替换当前分类汇总】复选框，单击【确定】按钮，如下图所示。

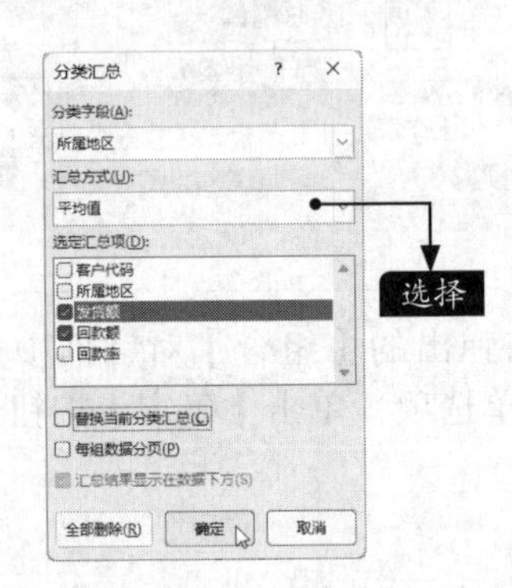

步骤 07 多级汇总的结果如下图所示。

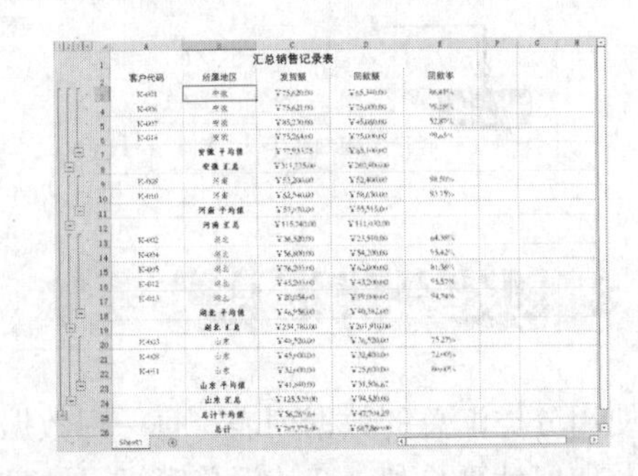

8.2.3 分级显示数据

在建立的分类汇总工作表中，数据是分级显示的，并在左侧显示级别。如多重分类汇总后的汇总销售记录表的左侧就显示了4级分类。分级显示数据的具体操作步骤如下。

步骤01 单击按钮1，则显示一级数据，即汇总项的总和，如下图所示。

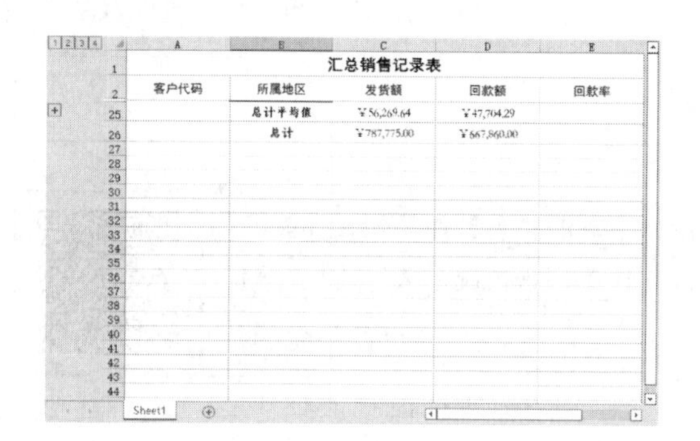

步骤02 单击按钮2，则显示一级和二级数据，即总计和所属地区汇总，如下图所示。

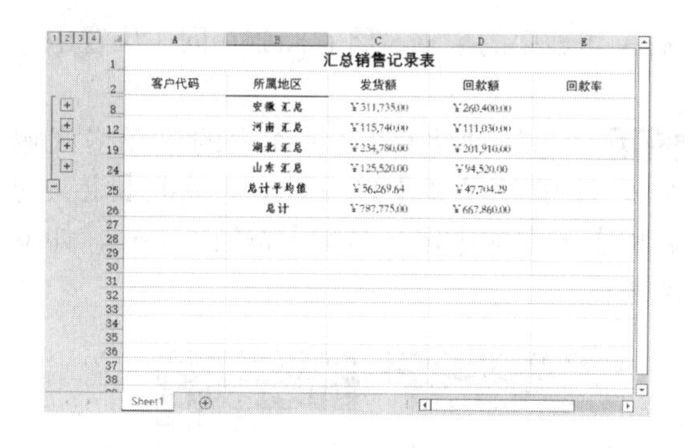

步骤03 单击按钮3，则显示一、二、三级数据，即总计、所属地区平均值和地区汇总，如下图所示。

步骤04 单击按钮4，则显示所有汇总的详细信息，如下图所示。

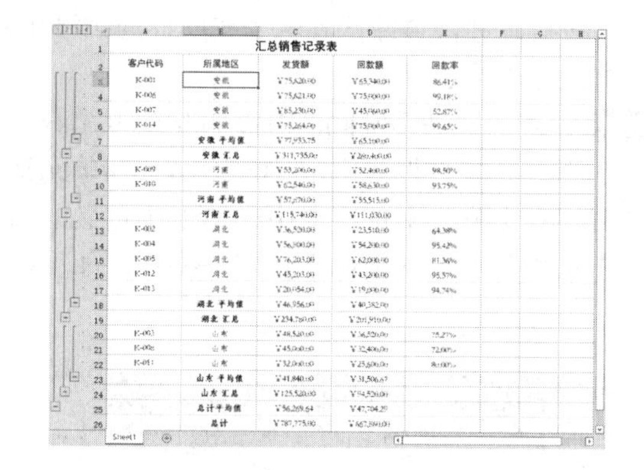

8.2.4 清除分类汇总

如果不再需要分类汇总，可以将其清除，其操作步骤如下。

步骤01 接8.2.3小节的操作，选择分类汇总后工作表数据区域内的任意一个单元格。在【数据】选项卡中，单击【分级显示】组中的【分类汇总】按钮，弹出【分类汇总】对话框，如右图所示。

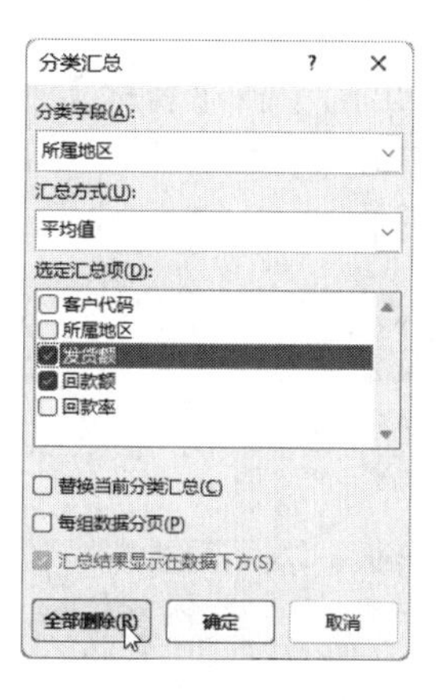

步骤02 在【分类汇总】对话框中，单击【全部删除】按钮即可清除分类汇总。效果如右图所示。

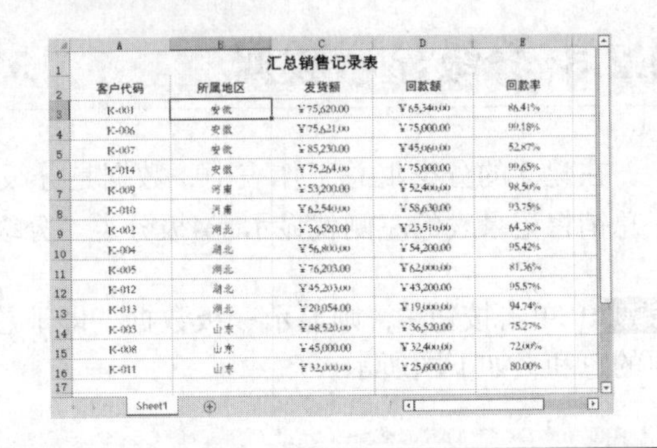

汇总销售记录表				
客户代码	所属地区	发货额	回款额	回款率
K-001	安徽	¥75,620.00	¥65,340.00	86.41%
K-006	安徽	¥75,621.00	¥75,000.00	99.18%
K-007	安徽	¥85,230.00	¥45,060.00	52.87%
K-014	安徽	¥75,264.00	¥75,000.00	99.65%
K-009	河南	¥53,200.00	¥52,400.00	98.50%
K-010	河南	¥62,540.00	¥58,630.00	93.75%
K-002	湖北	¥36,520.00	¥23,510.00	64.38%
K-004	湖北	¥56,800.00	¥54,200.00	95.42%
K-005	湖北	¥76,203.00	¥62,000.00	81.36%
K-012	湖北	¥45,203.00	¥43,200.00	95.57%
K-013	湖北	¥20,054.00	¥19,000.00	94.74%
K-003	山东	¥48,520.00	¥36,520.00	75.27%
K-008	山东	¥45,000.00	¥32,400.00	72.00%
K-011	山东	¥32,000.00	¥25,600.00	80.00%

8.3 制作销售情况总表

制作销售情况总表时主要使用合并计算生成汇总表，使公司领导能够快速浏览多个表格中的重要内容。本节以制作“销售情况总表”为例介绍合并计算的使用方法。

8.3.1 按照位置合并计算

按位置进行合并计算就是按同样的顺序排列所有工作表中的数据，将它们放在同一位置中。具体操作步骤如下。

步骤01 打开“素材\ch08\销售情况总表.xlsx”工作簿，选择“北京1”工作表的A1:C4单元格区域，在【公式】选项卡中，单击【定义的名称】组中的【定义名称】按钮 定义名称 ，如下图所示。

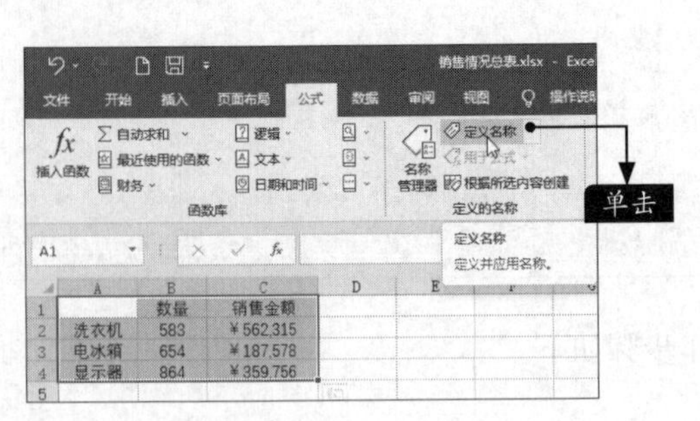

步骤02 在弹出的【新建名称】对话框的【名称】文本框中输入“北京1”，单击【确定】按钮，如下图所示。

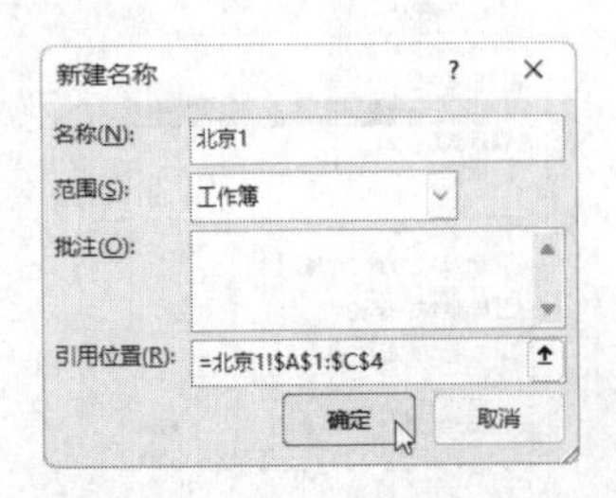

步骤03 选择“北京2”工作表的单元格区域A1:C3，在【公式】选项卡中，单击【定义的名称】组中的【定义名称】按钮 定义名称 ，如下图所示。

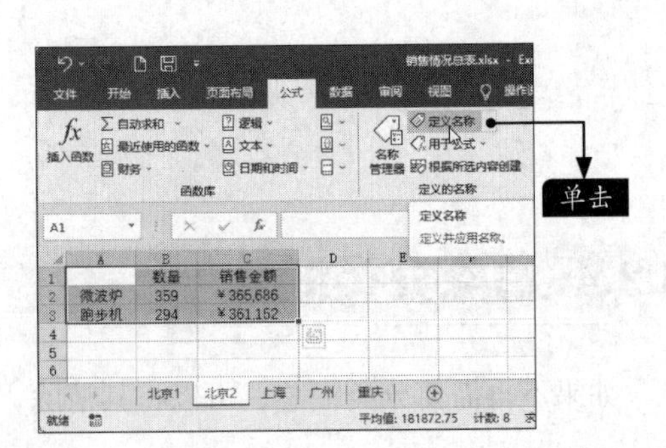

步骤04 在弹出的【新建名称】对话框的【名称】文本框中输入“北京2”，单击【确定】按钮，如下图所示。

步骤05 选择“北京1”工作表中的单元格A5，在【数据】选项卡中，单击【数据工具】组中的【合并计算】按钮 合并计算，如下图所示。

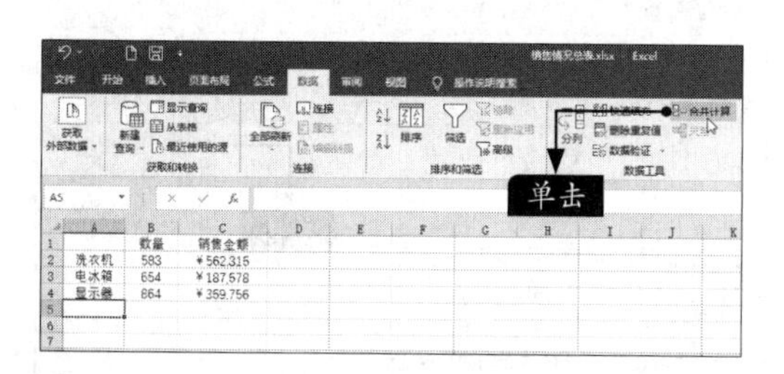

步骤06 在弹出的【合并计算】对话框的【引用位置】文本框中输入“北京2”，单击【添加】按钮，如下图所示。

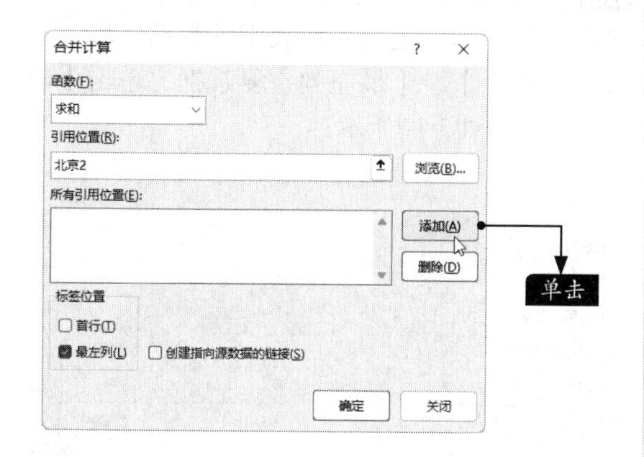

步骤07 可看到“北京2”已添加到【所有引用位置】列表框中，单击【确定】按钮，如下图所示。

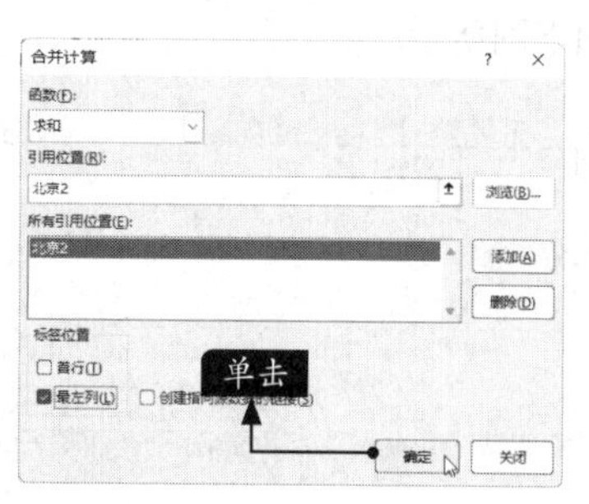

步骤08 可看到“北京2”工作表中的单元格区域已合并到“北京1”工作表中。根据需要调整列宽后，效果如下图所示。

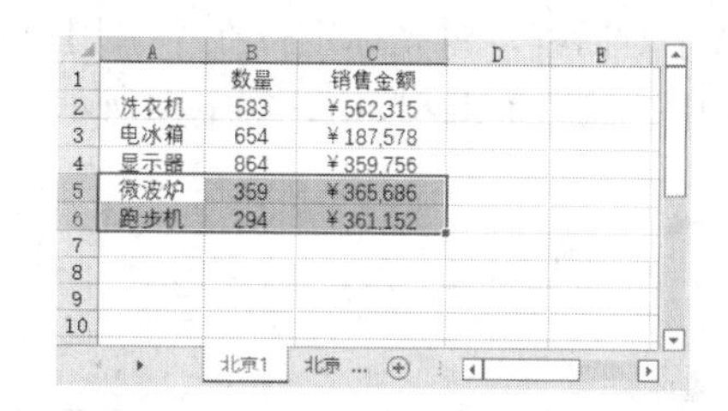

	A	B	C
1		数量	销售金额
2	洗衣机	583	¥562,315
3	电冰箱	654	¥187,578
4	显示器	864	¥359,756
5	微波炉	359	¥365,686
6	跑步机	294	¥361,152

小提示

合并前要确保每个数据区域都采用列表格式，即第一行中的每列都具有标签，同一列中包含相似的数据，并且在列表中没有空行或空列。

8.3.2 由多个明细表快速生成汇总表

如果数据分散在各个明细表中，当需要将这些数据汇总到一个总表中时，也可以使用合并计算。具体操作步骤如下。

步骤01 接8.3.1小节的操作，北京地区的销售情况已进行合并计算，那么工作簿中包含了4个地区的销售情况，如下图所示。需要将这4个地区的数据合并到“总表”中，并将同类产品的数量和销售金额相加。

北京1

	A	B	C
1		数量	销售金额
2	洗衣机	583	¥562,315
3	电冰箱	654	¥187,578
4	显示器	864	¥359,756
5	微波炉	359	¥365,686
6	跑步机	294	¥361,152

上海

	A	B	C
1		数量	销售金额
2	电冰箱	123	¥659,765
3	微波炉	352	¥185,641
4	显示器	103	¥262,154
5	液晶电视	231	¥324,565

广州

	A	B	C
1		数量	销售金额
2	跑步机	52	¥56,423
3	按摩椅	385	¥231,654
4	空调	312	¥125,423
5	抽油烟机	124	¥154,123

重庆

	A	B	C
1		数量	销售金额
2	电冰箱	305	¥67,100
3	显示器	196	¥108,500
4	液晶电视	274	¥495,682
5	跑步机	80	¥456,230

步骤02 在“重庆”工作表后单击【新工作表】按钮⊕，新建一个工作表，并命名为“总表”，如下图所示。

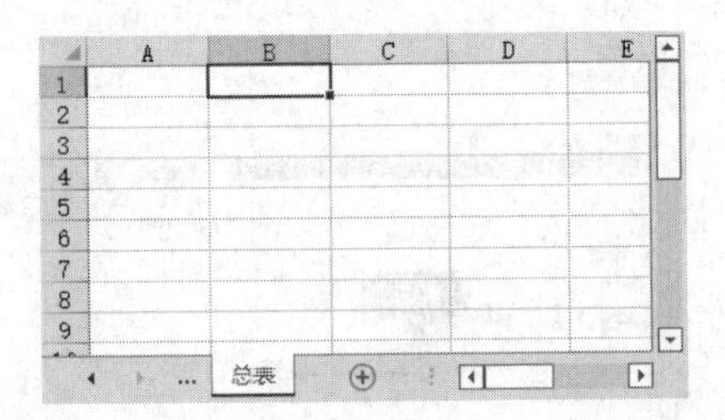

步骤03 在“总表”工作表中，选择单元格A1，在【数据】选项卡中，单击【数据工具】组中的【合并计算】按钮，弹出【合并计算】对话框。将光标定位在【引用位置】文本框中，然后单击按钮，如下图所示。

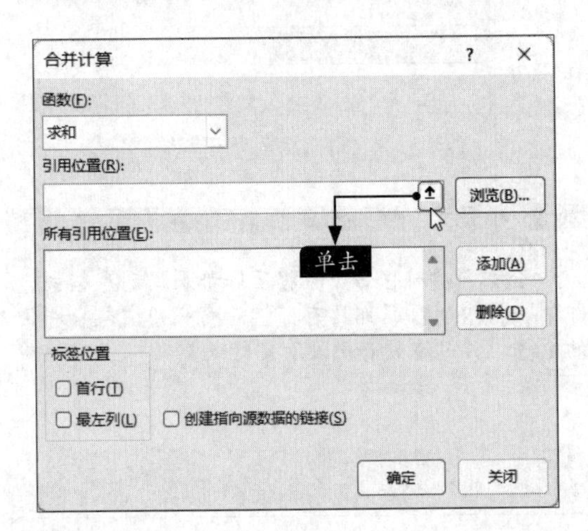

步骤04 选择“北京1”工作表中的A1:C6，然后单击【合并计算-引用位置:】对话框中的按钮，如下图所示。

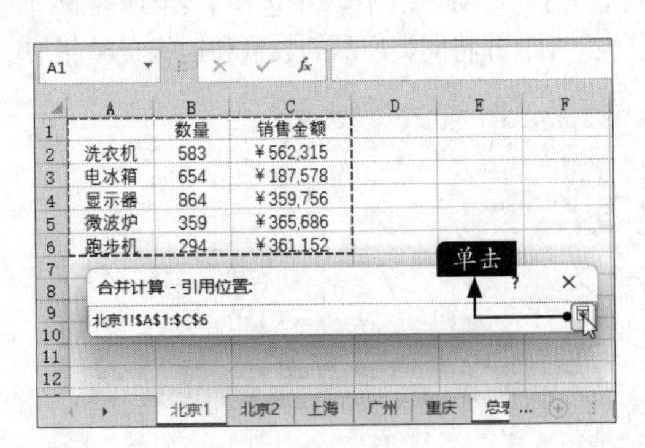

步骤05 返回【合并计算】对话框，单击【添加】按钮，如右上图所示。

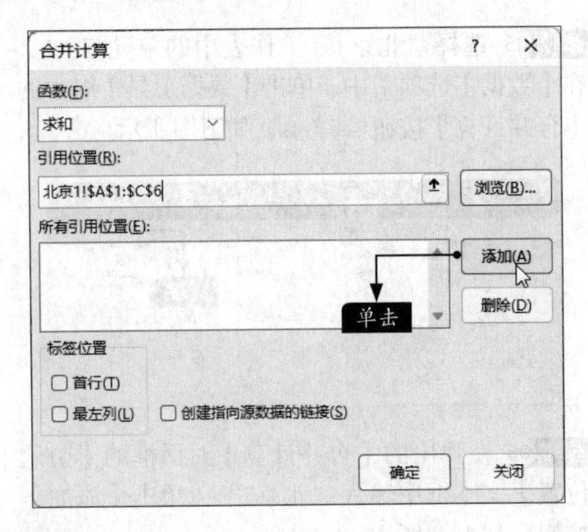

步骤06 重复步骤04、步骤05的操作，依次添加广州、上海、重庆工作表中的数据区域，并选中【首行】、【最左列】复选框，单击【确定】按钮，如下图所示。

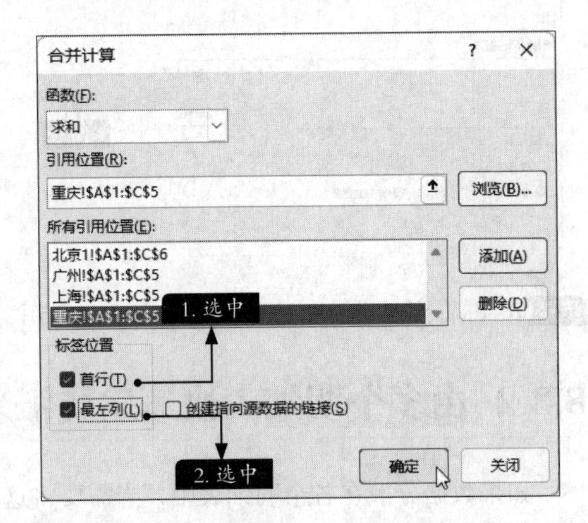

步骤07 合并计算后的数据如下图所示。

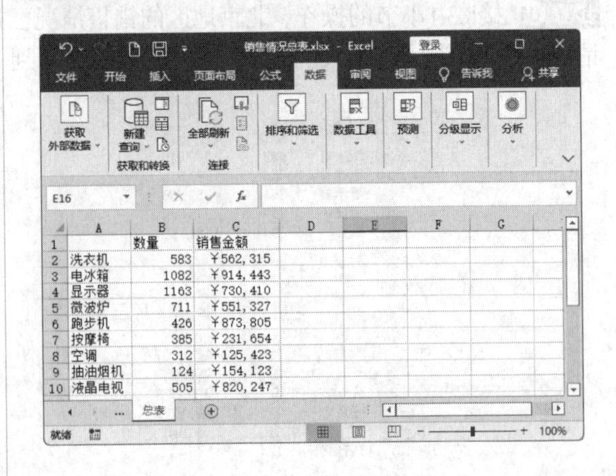

	数量	销售金额
洗衣机	583	￥562, 315
电冰箱	1082	￥914, 443
显示器	1163	￥730, 410
微波炉	711	￥551, 327
跑步机	426	￥873, 805
按摩椅	385	￥231, 654
空调	312	￥125, 423
抽油烟机	124	￥154, 123
液晶电视	505	￥820, 247

高手私房菜

技巧1：复制数据有效性

反复设置数据有效性不免有些麻烦，为了节省时间，可以选择只复制数据有效性的设置，具体操作步骤如下。

步骤 01 打开8.1节“员工销售业绩表.xlsx”的结果文件，选中设置有数据有效性的单元格或单元格区域，按【Ctrl+C】组合键进行复制，如下图所示。

2022年第1季度员工销售业绩表		
员工编号	员工姓名	销售额（单位：万元）
16010	冯××	174
16002	李××	158
16004	马××	224
16008	于××	342

步骤 02 选中需要设置数据有效性的目标单元格或单元格区域，单击鼠标右键，在弹出的快捷菜单中单击【选择性粘贴】命令，如下图所示。

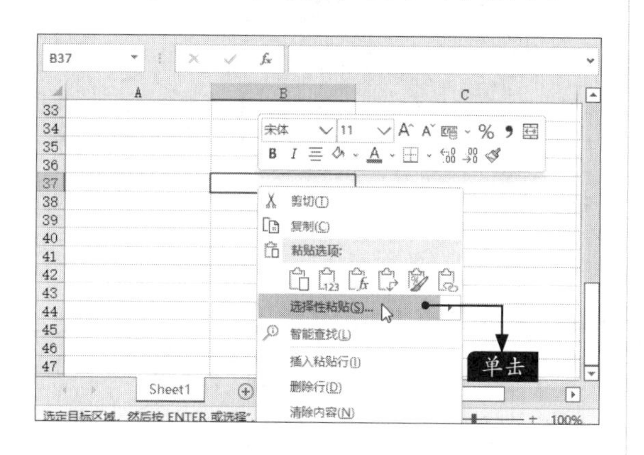

步骤 03 在弹出的【选择性粘贴】对话框的【粘贴】区域选中【验证】单选项，单击【确定】按钮，如下图所示。

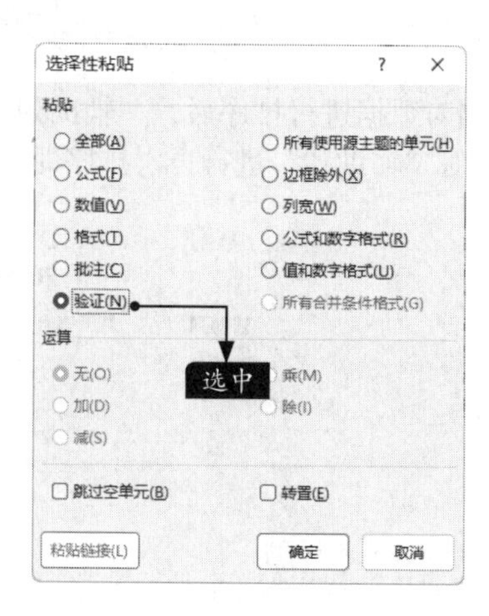

步骤 04 在目标单元格中输入不符合要求的数字时，会提示警告信息，如下图所示。

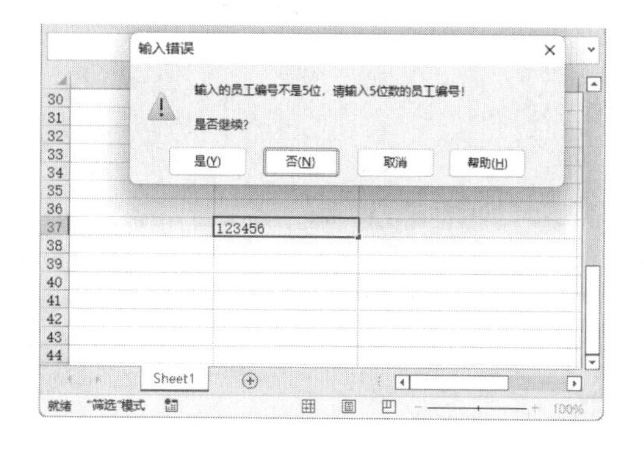

技巧2：通过辅助列返回排序前的状态

对表格中的数据进行排序后，表格的顺序将被打乱。使用撤销功能虽然可以方便地取消最近操作，但是撤销操作在执行某些功能后会失效。此时，就可以借助辅助列来记录原有的数据次序。通过辅助列返回排序前的状态的具体操作步骤如下。

步骤01 在表格的左侧或右侧添加“辅助列”，并填充一组连续的数字，如下图所示。

	A	B	C	D
1	2022年第1季度员工销售业绩表			
2	辅助列	员工编号	员工姓名	销售额（单位：万元）
3	1		王××	87
4	2		李××	158
5	3		胡××	58
6	4		马××	224
7	5		刘××	86
8	6		陈××	90
9	7		张××	110
10	8		于××	342
11	9		金××	69
12	10		冯××	174
13	11		钱××	82
14				

Sheet1

步骤02 当对数据进行排序后，“辅助列”序号也会发生变化，如下图所示。如果需要恢复排序前的状态，对“辅助列”进行再次排序即可。

	A	B	C	D
1	2022年第1季度员工销售业绩表			
2	辅助列	员工编号	员工姓名	销售额（单位：万元）
3	8		于××	342
4	4		马××	224
5	10		冯××	174
6	2		李××	158
7	7		张××	110
8	6		陈××	90
9	1		王××	87
10	5		刘××	86
11	11		钱××	82
12	9		金××	69
13	3		胡××	58
14				

Sheet1

数据的高级分析

数据透视表和数据透视图可以清晰地展示出数据的汇总情况，对于数据的分析、决策起到至关重要的作用。通过本章的学习，读者可以掌握数据透视表与数据透视图的使用方法。

学习效果

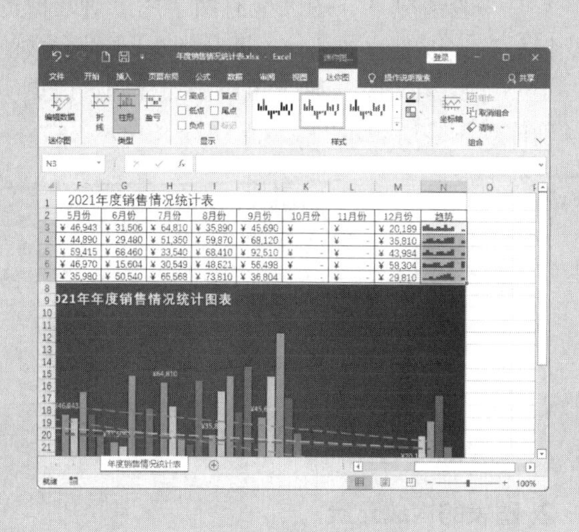

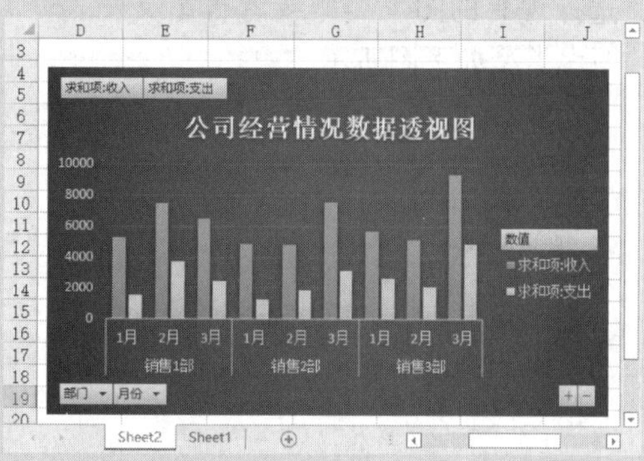

9.1 制作年度销售情况统计表

年度销售情况统计表用于计算和展示公司的年利润。在Excel 2021中，通过创建图表可以帮助分析工作表中的数据。本节以制作“年度销售情况统计表”为例介绍图表的创建方法。

9.1.1 认识图表的特点及其构成

图表可以非常直观地反映工作表中数据之间的关系，可以方便地对比与分析数据。用图表表示数据，可以更加清晰、直观和易懂，为用户使用数据提供便利。

1. 图表的特点

在Excel中，图表具有以下4种特点。

（1）直观形象

利用图表可以非常直观地显示全国及各省城镇和农村收入的对比，如下图所示。

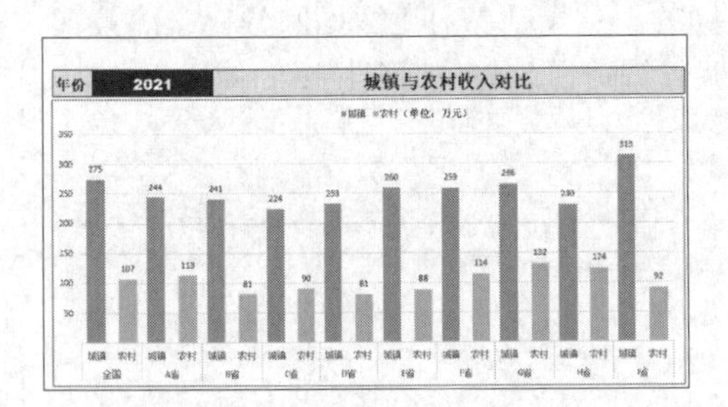

（2）种类丰富

Excel 2021提供了16种图表类型，每一种图表类型又有多种子类型。除此之外还可以使用组合图表自定义图表组合。用户可以根据实际情况，选择现有的图表类型或者自定义图表，现有的图表类型如下图所示。

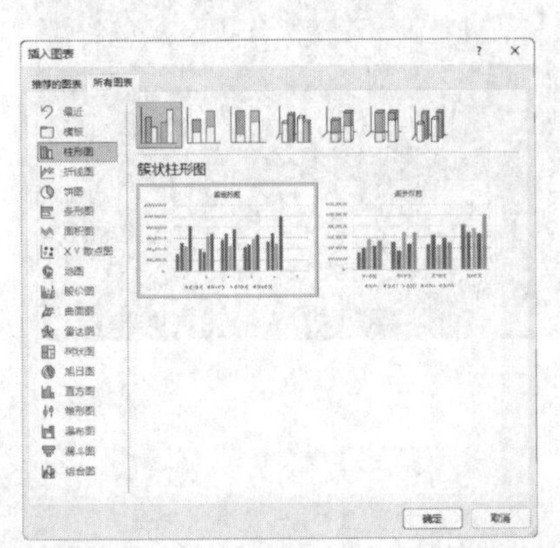

（3）双向联动

在图表上可以增加数据源，使图表和表格双向结合，更直观地表示丰富的含义，如下图所示。

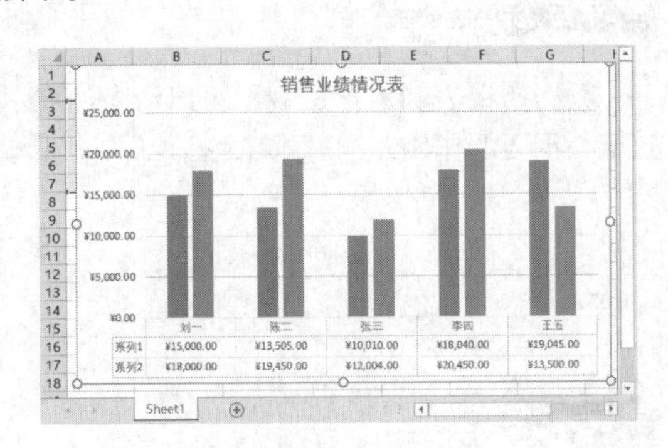

（4）二维坐标

一般情况下，图表上有两个用于对数据进行分类和量度的坐标轴，即分类（x）轴和数值（y）轴。在x轴、y轴上可以添加标题，以更明确体现图表所表示的含义，如下图所示。

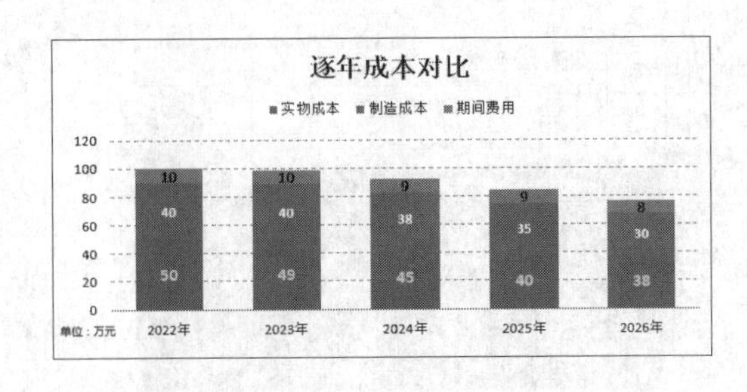

2. 图表的构成元素

图表主要由图表区、绘图区、图表标题、数据标签、坐标轴、图例、数据表和背景组成，如下图所示。

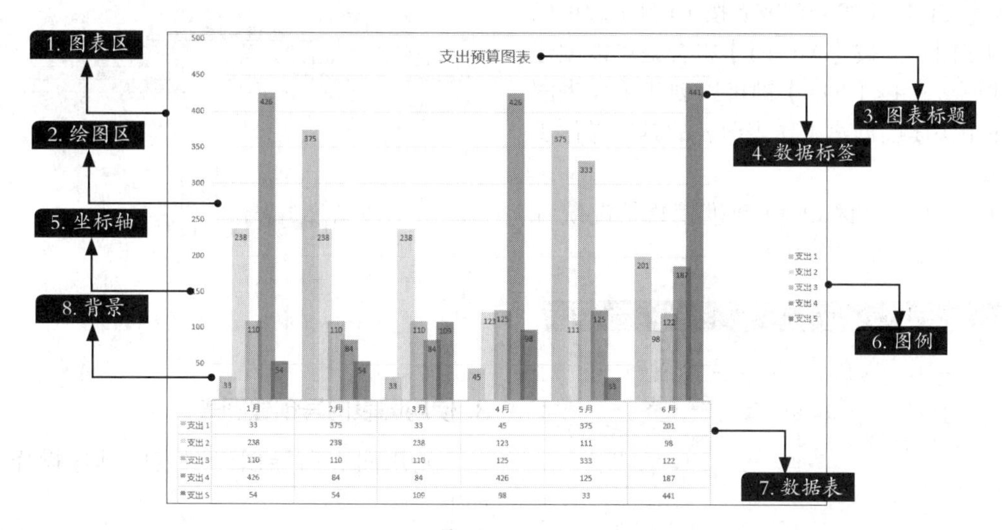

（1）图表区

图表区包括整个图表。在图表区中，当鼠标指针停留在图表元素上方时，Excel 会显示图表元素的名称，从而方便用户查找图表元素。

（2）绘图区

绘图区主要显示数据表中的数据，数据随着数据表中数据的更新而更新。

（3）图表标题

创建图表后，图表中会自动创建标题文本框，只需在文本框中输入标题即可。

（4）数据标签

图表中绘制的相关数据点的数据来自数据表中的行和列。如果要快速标识图表中的数据，可以为图表中的数据添加数据标签，在数据标签中可以显示系列名称、类别名称和百分比等。

（5）坐标轴

默认情况下，Excel会自动确定图表坐标轴中图表的刻度值，用户也可以自定义刻度，以满足使用需要。当在图表中绘制的数值范围较大时，可以将垂直坐标轴的刻度改为对数刻度。

（6）图例

图例用方框表示，用于标识图表中的数据系列所指定的颜色或图案。创建图表后，图例以默认的颜色来显示图表中的数据系列。

（7）数据表

数据表是反映图表中源数据的表格，默认的图表一般都不显示数据表。单击【图表工具】→【图表设计】选项卡下【图表布局】组中的【添加图表元素】按钮，在弹出的下拉列表中选择【数据表】选项，在其子菜单中选择相应的选项即可显示数据表。

（8）背景

背景主要用于衬托图表，可以使图表更加美观。

9.1.2 创建图表的3种方法

创建图表的方法有3种，分别是使用快捷键创建图表、使用功能区创建图表和使用图表向导创建图表。

1. 使用快捷键创建图表

按【Alt+F1】组合键或者按【F11】键可以快速创建图表。按【Alt+F1】组合键可以创建嵌入式图表；按【F11】键可以创建工作表图表。使用快捷键创建工作表图表的具体操作步骤如下。

步骤 01 打开“素材\ch09\年度销售情况统计表.xlsx”文件，如下图所示。

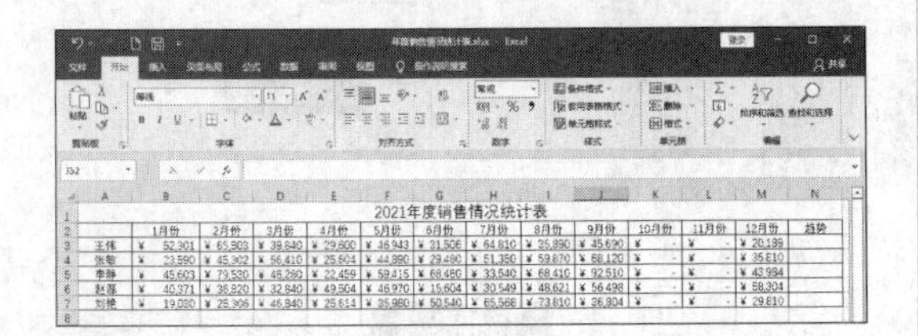

步骤 02 选中单元格区域A2:M7，按【F11】键，即可插入一个名为“Chart1”的工作表，并根据所选区域的数据创建图表，如下图所示。

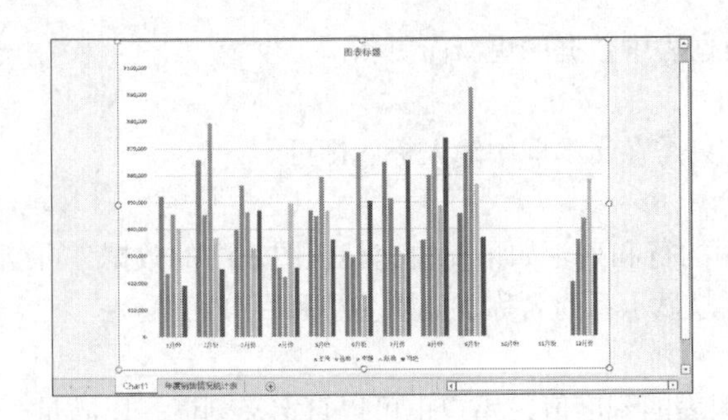

2. 使用功能区创建图表

使用功能区创建图表的具体操作步骤如下。

步骤 01 打开素材文件，选中单元格区域A2:M7，单击【插入】选项卡下【图表】组中的【插入柱形图或条形图】按钮，在弹出的下拉列表中选择【二维柱形图】区域内的【簇状柱形图】选项，如下图所示。

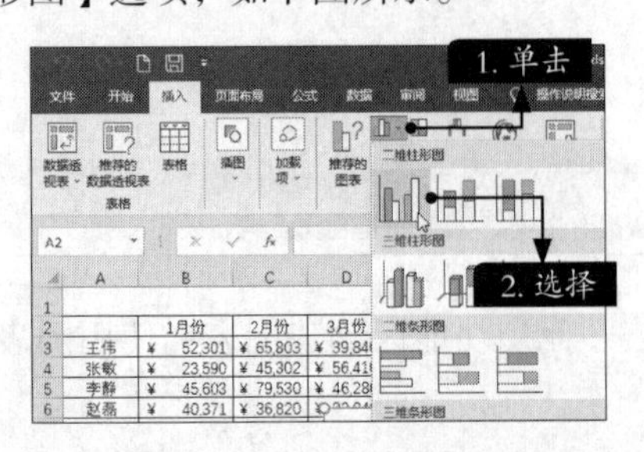

步骤 02 该工作表中生成的柱形图表如下图所示。

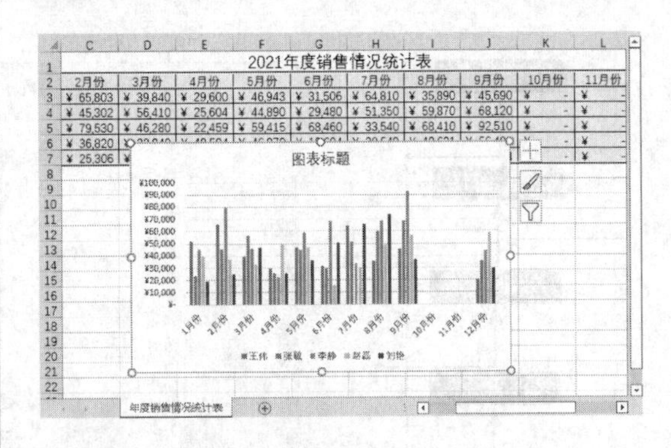

3. 使用图表向导创建图表

使用图表向导创建图表的具体操作步骤如下。

步骤 01 打开素材文件，单击【插入】选项卡下【图表】组中的【查看所有图表】按钮。在打开的【插入图表】对话框中，默认显示为【推荐的图表】选项卡，选择【簇状柱形图】选项，单击【确定】按钮，如下图所示。

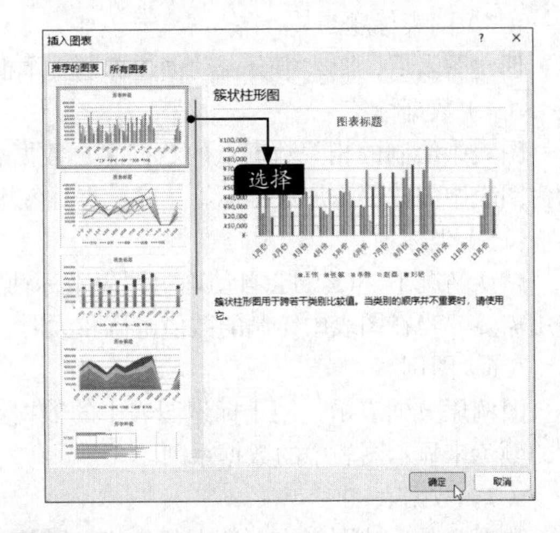

步骤 02 调整图表的位置，即可完成图表的创建，如下图所示。

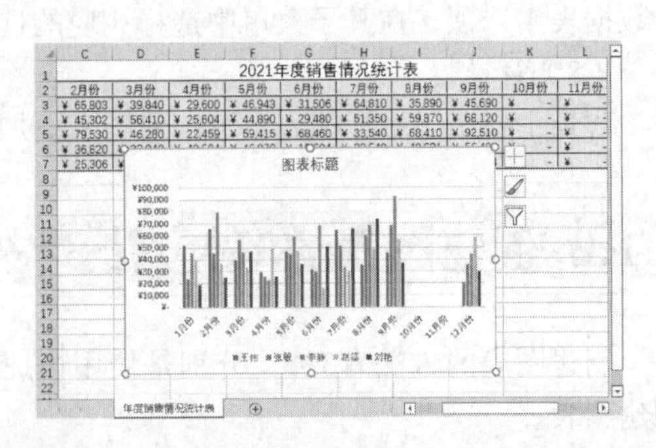

9.1.3 编辑图表

如果用户对创建的图表不满意，在Excel 2021中还可以对图表进行相应的修改。本小节介绍编辑图表的方法。具体操作步骤如下。

步骤 01 打开“素材\ch09\年度销售情况统计表.xlsx”工作簿，选择A2:M7单元格区域，并创建柱形图，如下图所示。

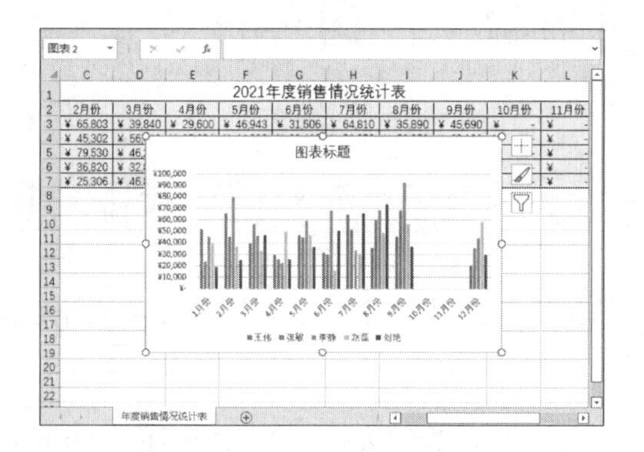

步骤 02 将鼠标指针移至柱形图的控制点上，鼠标指针变为↘形状，如下图所示。

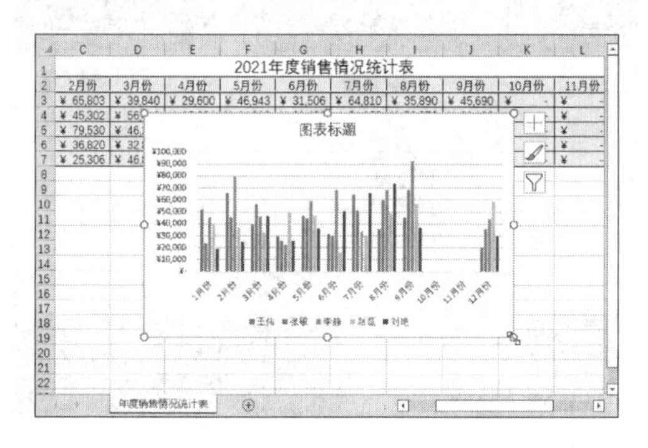

步骤 03 向下拖曳柱形图，对其大小进行调整，然后调整图表位置，效果如下图所示。

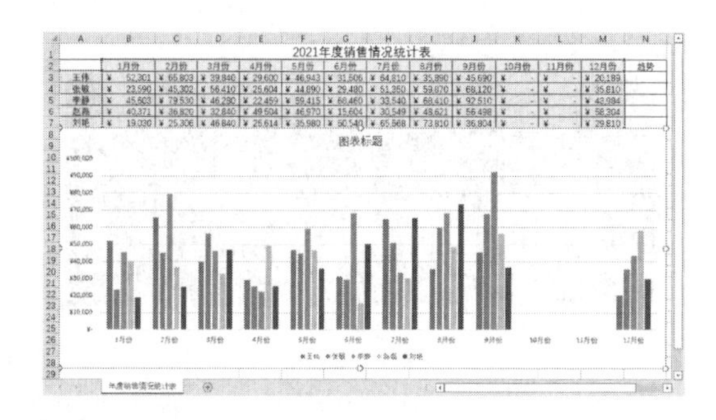

步骤 04 选择图表，在【图表工具】→【图表设计】选项卡中，单击【图表布局】组中的【添加图表元素】按钮，在弹出的下拉列表中选择【网格线】→【主轴主要垂直网格线】选项，如下图所示。

步骤 05 在图表中插入网格线后，在“图表标题”文本处将标题修改为“2021年年度销售情况统计图表”，如下图所示。

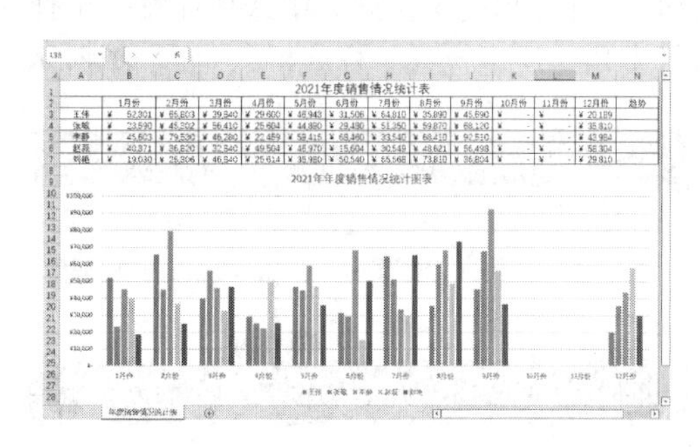

步骤 06 添加数据标签。选择要添加数据标签的分类，这里选择“王伟”柱体。单击【图表工具】→【图表设计】选项卡下【图表布局】组中的【添加图表元素】按钮，在弹出的下拉列表中选择【数据标签】→【数据标签外】选项，如下图所示。

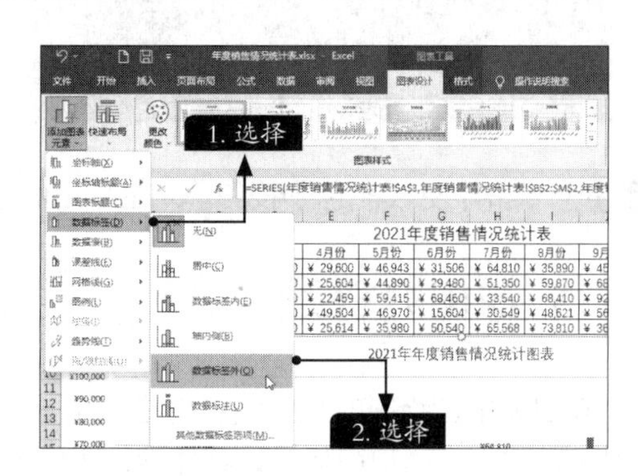

步骤 07 图表添加数据标签后，效果如下图所示。

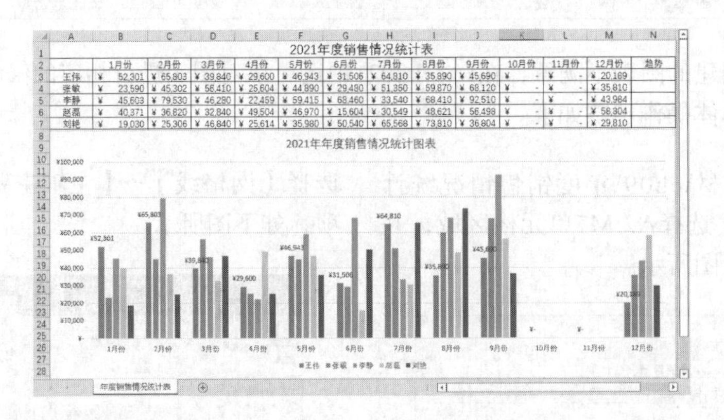

	1月份	2月份	3月份	4月份	5月份	6月份	7月份	8月份	9月份	10月份	11月份	12月份	趋势
王伟	¥ 52,301	¥ 65,803	¥ 39,840	¥ 29,600	¥ 46,943	¥ 31,506	¥ 64,810	¥ 35,890	¥ 45,690	¥ -	¥ -	¥ 20,169	
张敏	¥ 23,590	¥ 45,302	¥ 56,410	¥ 25,604	¥ 44,890	¥ 29,480	¥ 51,350	¥ 59,870	¥ 68,120	¥ -	¥ -	¥ 35,810	
李静	¥ 45,603	¥ 79,530	¥ 46,280	¥ 22,459	¥ 59,415	¥ 68,460	¥ 33,540	¥ 68,410	¥ 92,510	¥ -	¥ -	¥ 43,984	
赵磊	¥ 40,371	¥ 36,820	¥ 32,840	¥ 49,504	¥ 46,970	¥ 15,604	¥ 30,549	¥ 48,621	¥ 56,498	¥ -	¥ -	¥ 58,304	
刘艳	¥ 19,030	¥ 25,306	¥ 46,840	¥ 25,614	¥ 35,980	¥ 50,540	¥ 65,568	¥ 73,810	¥ 36,804	¥ -	¥ -	¥ 29,810	

9.1.4 美化图表

在Excel 2021中创建图表后，系统会根据创建的图表提供多种图表样式，对图表可以起到美化的作用。美化图表的具体操作步骤如下。

步骤 01 选中图表，在【图标工具】→【图表设计】选项卡下，单击【图表样式】组中的【其他】按钮，在弹出的下拉列表中选择任意一个样式即可套用，这里选择“样式8”，如下图所示。

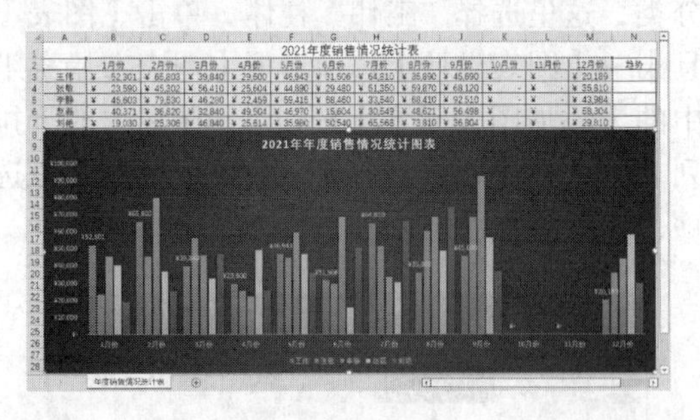

步骤 02 应用图表样式的效果如下图所示。

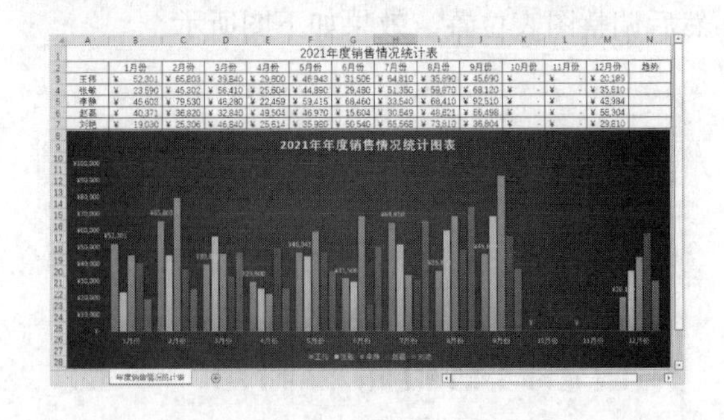

步骤 03 单击【更改颜色】按钮，在弹出的下拉列表中可以为图表选择不同的颜色，如下图所示。

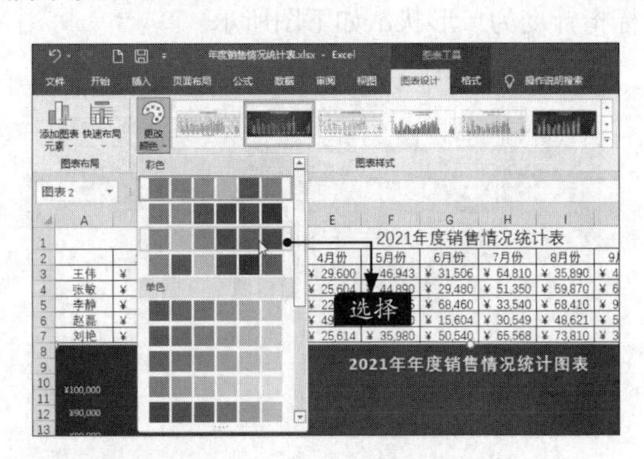

步骤 04 最终修改后的图表如下图所示。

9.1.5 添加趋势线

在图表中，绘制的趋势线可以指示出数据的发展趋势。在一些情况下，可以通过趋势线预测出其他的数据。添加趋势线的具体操作步骤如下。

步骤01 在打开的工作表中，右键单击要添加趋势线的柱体，这里选择“王伟”的柱体，在弹出的快捷菜单中单击【添加趋势线】命令，如下图所示。

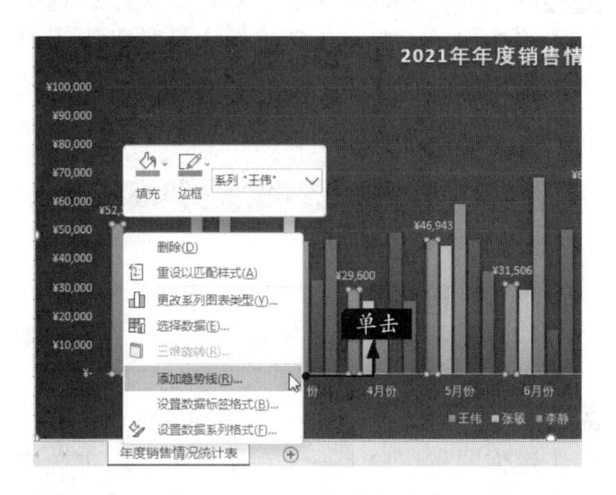

步骤02 添加趋势线的同时，会显示【设置趋势线格式】窗格，在【填充与线条】选项卡下将【短划线类型】设置为“长划线”，如下图所示。

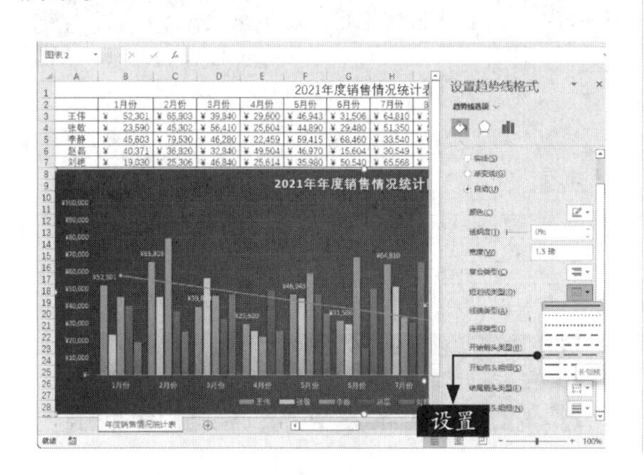

步骤03 “王伟”的趋势线效果如下图所示。

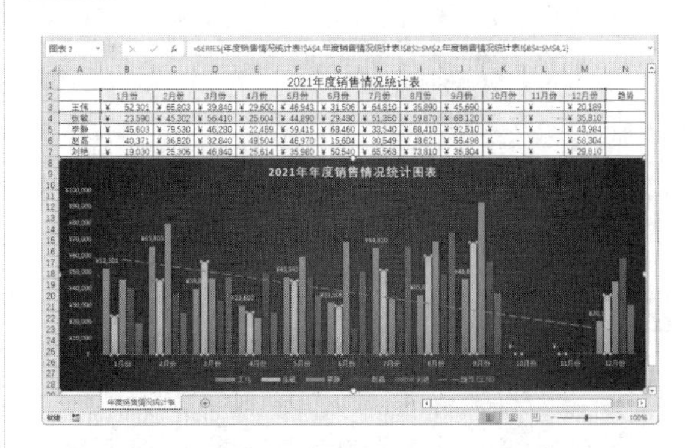

步骤04 使用同样的方法，为其他柱体添加趋势线，效果如下图所示。

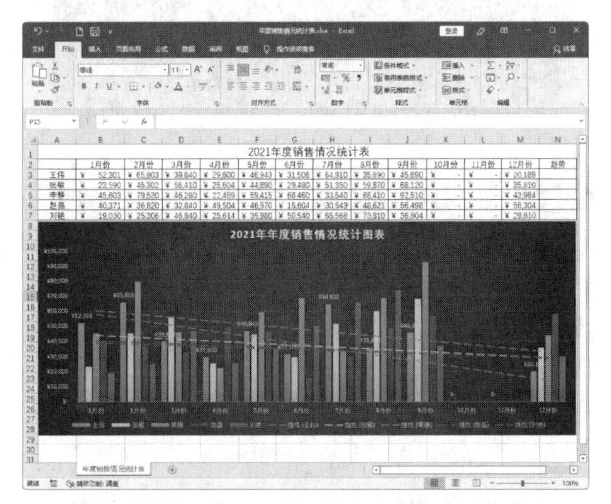

9.1.6 创建和编辑迷你图

迷你图是一种小型图表，可放在工作表内的单个单元格中。由于其尺寸已经过压缩，因此迷你图能够以简明且非常直观的方式显示由大量数据制作的图案。使用迷你图可以显示一系列数值的趋势，如季节性增长或降低、经济周期或突出显示最大值和最小值等。将迷你图放在它所表示的数据附近时会明显地展示数据的趋势变化。

1. 创建迷你图

在单元格中创建折线迷你图的具体操作步骤如下。

步骤01 在打开的素材文件中，选择单元格N3，单击【插入】选项卡下【迷你图】组中的【折线】按钮，弹出【创建迷你图】对话框。在对话框的【数据范围】文本框中设置要引用的单元格，在【位置范围】文本框中设置插入折线迷你图的目标单元格，然后单击【确定】按钮，如下图所示。

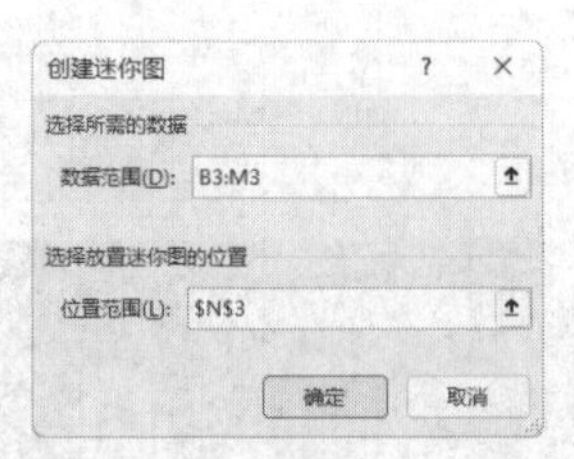

步骤02 此时创建的折线迷你图如下图所示。

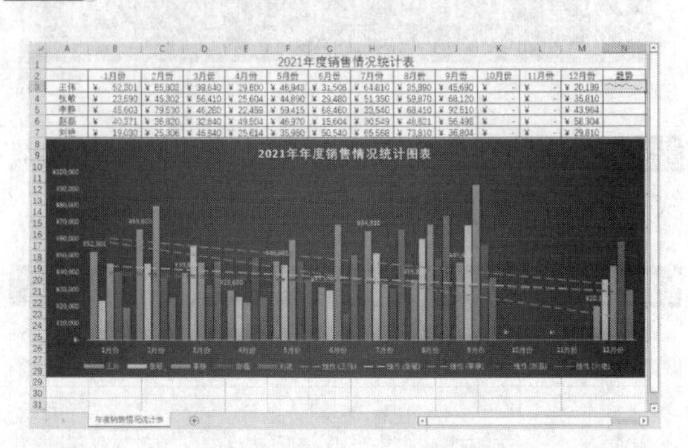

步骤03 使用同样的方法，创建其他员工的折线迷你图。另外，可以把鼠标指针放在创建好的折线迷你图的单元格右下角，待鼠标指针变为+形状时，拖曳鼠标创建其他员工的折线迷你图，如下图所示。

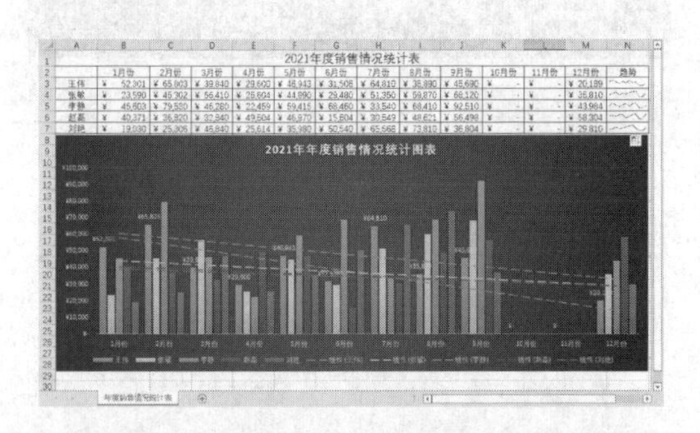

小提示

如果使用填充方式创建迷你图，修改其中一个迷你图时，其他迷你图也随之改变。

2. 编辑迷你图

创建迷你图后还可以对迷你图进行编辑，具体操作步骤如下。

步骤01 更改迷你图类型。接上述操作，选中插入的迷你图，单击【迷你图】选项卡下【类型】组中的【柱形】按钮，即可快速更改为柱形图，如下图所示。

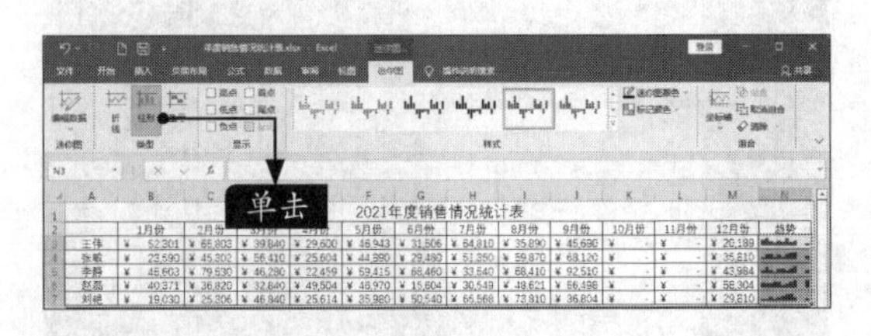

步骤02 标注显示迷你图。选中插入的迷你图，在【迷你图】选项卡下，在【显示】组中选中要突出显示的点的复选框，这里单击选中【高点】复选框，以红色突出显示迷你图的最高点，如下图所示。

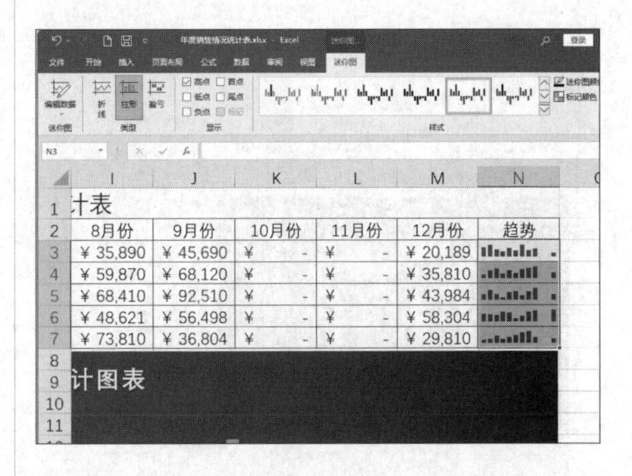

小提示

用户也可以单击【标记颜色】按钮，在弹出的下拉列表中设置标记的颜色。

9.2 制作销售业绩透视表

销售业绩透视表可以清晰地展示出数据的汇总情况，对于数据的分析、决策起着至关重要的作用。

在Excel 2021中，使用数据透视表可以深入分析数值数据。创建数据透视表以后，就可以对

它进行编辑了。对数据透视表的编辑包括修改布局、添加或删除字段、格式化表中的数据，以及对数据透视表进行复制和删除等操作。本节以制作“销售业绩透视表”为例介绍数据透视表的相关操作。

9.2.1 认识数据透视表

数据透视表是一种对大量数据快速汇总和建立交叉列表的交互式动态表格，能帮助用户分析、组织既有数据，是Excel中的数据分析利器。如下图所示为数据透视表。

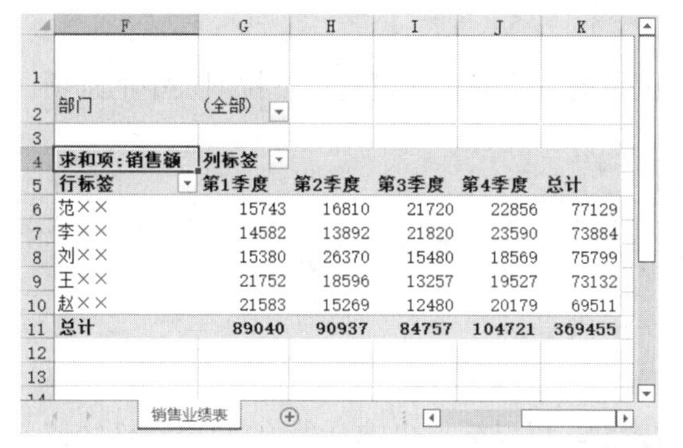

部门	(全部)				
求和项:销售额	列标签				
行标签	第1季度	第2季度	第3季度	第4季度	总计
范××	15743	16810	21720	22856	77129
李××	14582	13892	21820	23590	73884
刘××	15380	26370	15480	18569	75799
王××	21752	18596	13257	19527	73132
赵××	21583	15269	12480	20179	69511
总计	89040	90937	84757	104721	369455

销售业绩表

数据透视表的主要用途是从数据库的大量数据中生成动态的数据报告，对数据进行分类汇总和聚合，以帮助用户分析和组织数据。另外，它还可以对记录数量较多、结构复杂的工作表进行筛选、排序、分组和有条件地设置格式，显示数据中的规律。具体包含以下6个方面。

（1）可以使用多种方式查询大量数据。

（2）按分类和子分类对数据进行分类汇总和计算。

（3）展开或折叠要关注结果的数据级别，查看部分区域汇总数据的明细。

（4）将行移动到列或将列移动到行，以查看源数据的不同汇总方式。

（5）对最有用和最关注的数据子集进行筛选、排序、分组和有条件地设置格式，使用户能够关注所需的信息。

（6）提供简明、有吸引力并且带有批注的联机报表或打印报表。

9.2.2 数据透视表的组成结构

对于任何一个数据透视表来说，可以将其整体结构划分为四大区域，分别是行区域、列区域、值区域和筛选器，如下图所示。

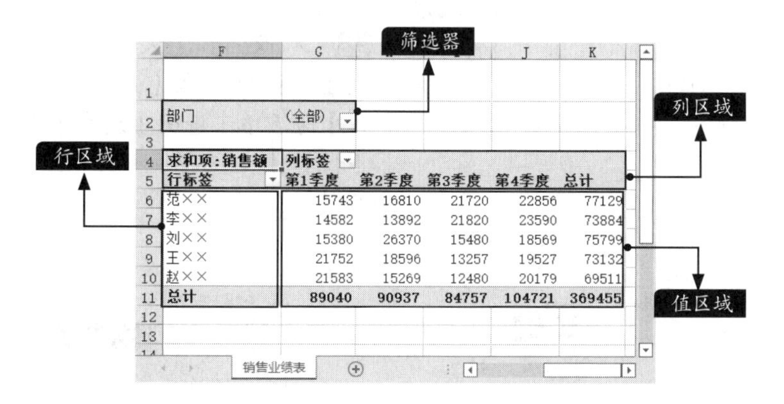

部门	(全部)				
求和项:销售额	列标签				
行标签	第1季度	第2季度	第3季度	第4季度	总计
范××	15743	16810	21720	22856	77129
李××	14582	13892	21820	23590	73884
刘××	15380	26370	15480	18569	75799
王××	21752	18596	13257	19527	73132
赵××	21583	15269	12480	20179	69511
总计	89040	90937	84757	104721	369455

销售业绩表

（1）行区域

行区域位于数据透视表的左侧，它是拥有行方向的字段，此字段中的每项占据一行。如上图中，“范××”“李××”等位于行区域。通常在行区域中放置一些可用于进行分组或分类的内容，如产品、名称和地点等。

（2）列区域

列区域位于数据透视表的顶部，它是具有列方向的字段，此字段中的每个项占用一列。如上页图中，第1季度至第4季度的项（元素）水平放置在列区域，从而形成透视表中的列字段。通常放在列区域的字段常见的是显示趋势的日期时间字段类型，如月份、季度、年份、周期等，此外也可以存放分组或分类的字段。

（3）值区域

在数据透视表中，包含数值的大面积区域就是值区域。值区域中的数据是对数据透视表中行字段和列字段数据的计算和汇总，该区域中的数据一般都是可以进行运算的。默认情况下，Excel对值区域中的数值型数据进行求和，对文本型数据进行计数。

（4）筛选器

筛选器位于数据透视表的上方，由一个或多个下拉列表组成，通过选择下拉列表中的选项，可以一次性对整个数据透视表中的数据进行筛选。

9.2.3 创建数据透视表

创建数据透视表的具体操作步骤如下。

步骤01 打开“素材\ch09\销售业绩透视表.xlsx”文件，单击【插入】选项卡下【表格】组中的【数据透视表】按钮，如下图所示。

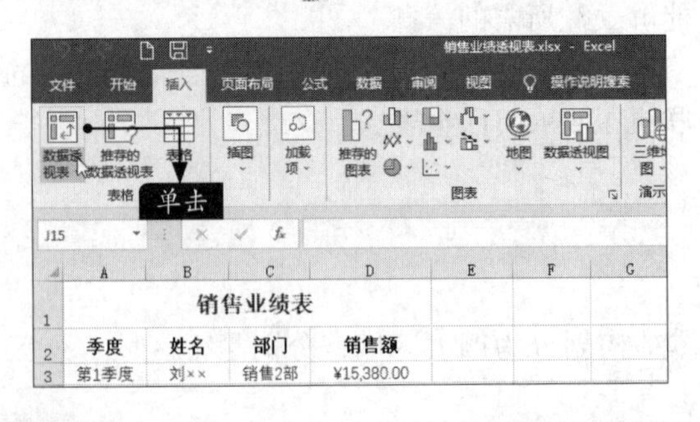

步骤02 在弹出的【来自表格或区域的数据透视表】对话框的【表/区域】文本框中设置数据透视表的数据源，单击其后的按钮，如下图所示。

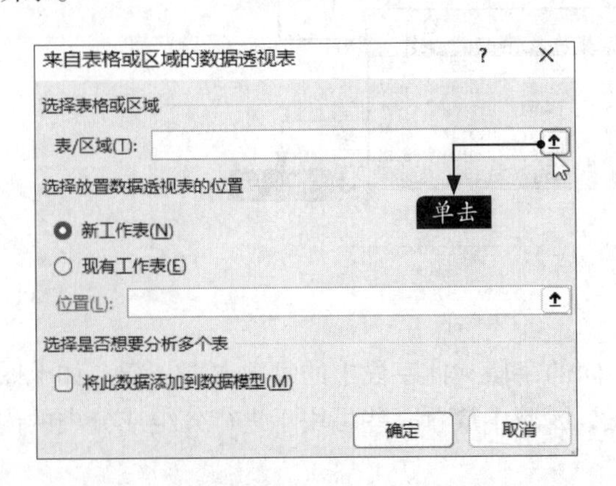

步骤03 用鼠标拖曳选择A2:D22单元格区域，然后单击按钮，如下图所示。

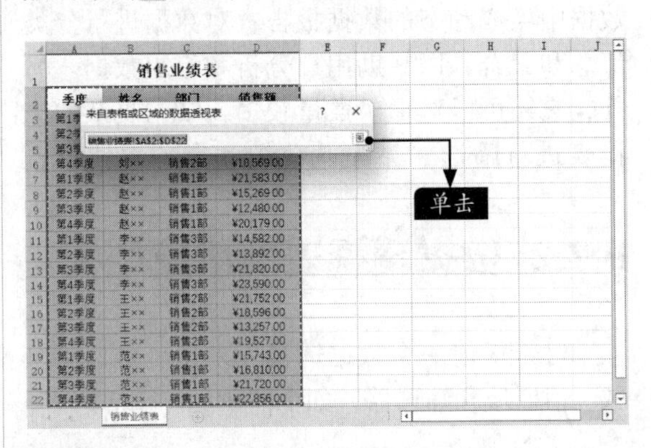

步骤04 返回到【来自表格或区域的数据透视表】对话框，在【选择放置数据透视表的位置】区域单击选中【现有工作表】单选项，在【位置】中选择一个单元格，单击【确定】按钮。

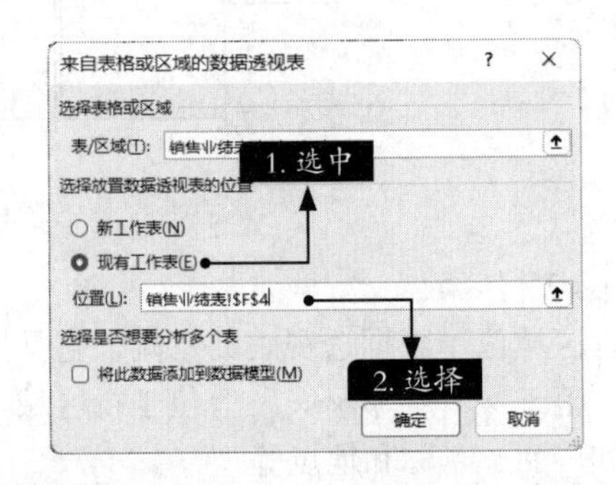

步骤05 弹出数据透视表的编辑界面，工作表中会出现数据透视表，在其右侧是【数据透视表字段】窗格。在【数据透视表字段】窗格中选择要添加到报表中的字段，即可完成数据透视表的创建。此外，在功能区会出现【数据透视表工具】的【数据透视表分析】和【设计】两个选项卡，如下图所示。

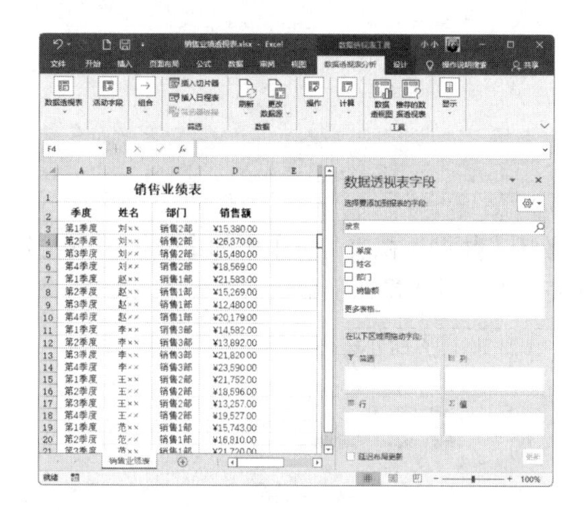

步骤06 将“销售额”字段拖曳到【Σ值】区域中，将“季度”拖曳至【列】区域中，将“姓名”拖曳至【行】区域中，将“部门”拖曳至【筛选】区域中，如下图所示。

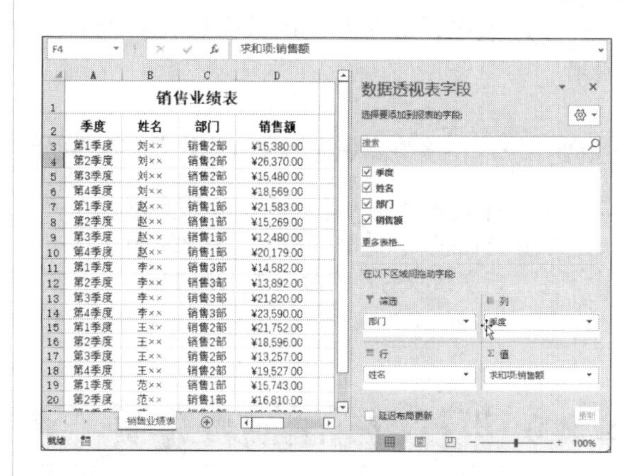

步骤07 创建的数据透视表如下图所示。

9.2.4 修改数据透视表

创建数据透视表后可以对数据透视表的行和列进行互换，从而修改数据透视表的布局，重组数据透视表。

步骤01 在打开的【数据透视表字段】窗格的【列】区域中单击“季度”并将其拖曳到【行】区域中，如下图所示。

步骤02 此时左侧的数据透视表如下图所示。

步骤03 将【行】区域中的“姓名”拖曳到【列】区域中，此时左侧的数据透视表如右图所示。

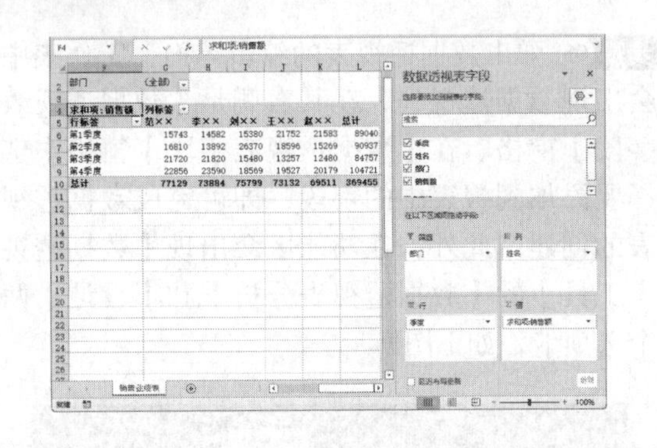

小提示

如果【数据透视表字段】窗格已关闭，可通过【数据透视表工具】→【数据透视表分析】选项卡下【显示】组中的【字段列表】按钮，打开该窗格。

9.2.5 设置数据透视表选项

选择创建的数据透视表，Excel在功能区将自动激活【数据透视表工具】中的【数据透视表分析】选项卡，用户可以在该选项卡中设置数据透视表选项，具体操作步骤如下。

步骤01 接9.2.4小节的操作，单击【数据透视表分析】选项卡下的【数据透视表】组中【选项】按钮 选项 右侧的下拉按钮，在弹出的下拉菜单中，选择【选项】选项，如下图所示。

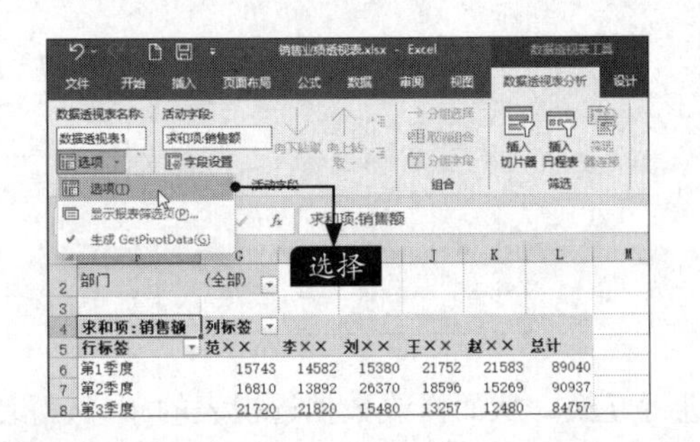

步骤02 在弹出的【数据透视表选项】对话框中可以设置数据透视表的布局和格式、汇总和筛选、显示等。设置完成后，单击【确定】按钮即可，如下图所示。

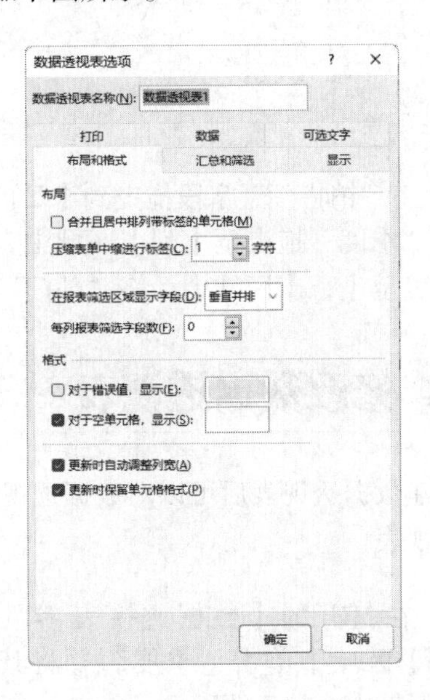

9.2.6 改变数据透视表的布局

改变数据透视表的布局包括设置分类汇总、总计、报表布局和空行等。下面介绍改变数据透视表的布局的具体操作步骤。

步骤01 选择9.2.5小节创建的数据透视表，单击【设计】选项卡下【布局】组中的【报表布局】按钮，在弹出的下拉列表中选择【以表格形式显示】选项，如右图所示。

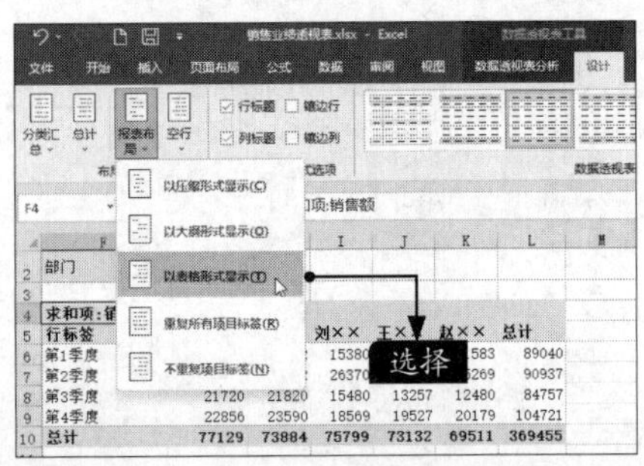

步骤02 该数据透视表以表格形式显示的效果如右图所示。

部门	(全部)					
求和项:销售额	姓名					
季度	范××	李××	刘××	王××	赵××	总计
第1季度	15743	14582	15380	21752	21583	89040
第2季度	16810	13892	26370	18596	15269	90937
第3季度	21720	21820	15480	13257	12480	84757
第4季度	22856	23590	18569	19527	20179	104721
总计	77129	73884	75799	73132	69511	369455

小提示

此外，还可以在下拉列表中选择【以压缩形式显示】、【以大纲形式显示】、【重复所有项目标签】和【不重复项目标签】等选项。

9.2.7 设置数据透视表的样式

创建数据透视表后，还可以对其样式进行设置，使数据透视表更加美观。具体操作步骤如下。

步骤01 接9.2.6小节的操作，选择数据透视表区域，单击【设计】选项卡下【数据透视表样式】组中的【其他】按钮，在弹出的下拉列表中选择一种样式，如下图所示。

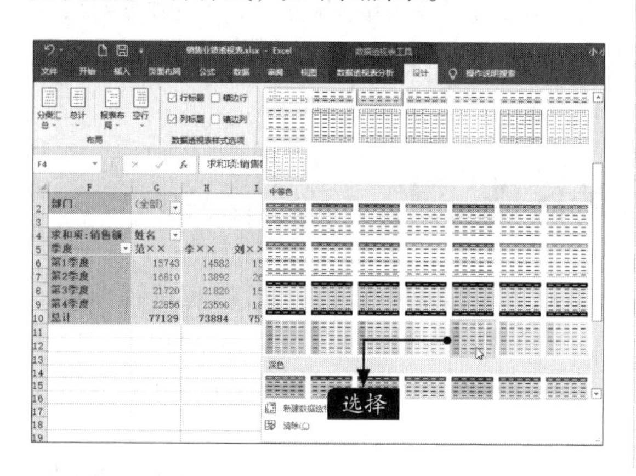

步骤02 更改数据透视表的样式的效果如下图所示。

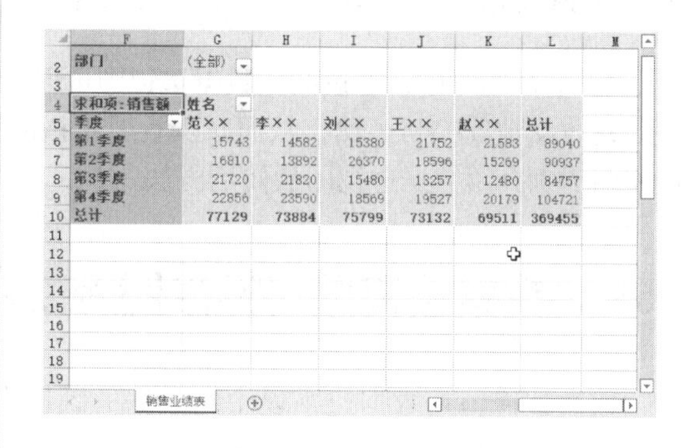

部门	(全部)					
求和项:销售额	姓名					
季度	范××	李××	刘××	王××	赵××	总计
第1季度	15743	14582	15380	21752	21583	89040
第2季度	16810	13892	26370	18596	15269	90937
第3季度	21720	21820	15480	13257	12480	84757
第4季度	22856	23590	18569	19527	20179	104721
总计	77129	73884	75799	73132	69511	369455

9.2.8 数据透视表中的数据操作

用户修改数据源中的数据时，数据透视表不会自动更新，用户需要执行数据操作才能刷新数据透视表。刷新数据透视表有两种方法。

方法1：单击【数据透视表分析】选项卡下【数据】组中的【刷新】按钮，在弹出的下拉菜单中选择【刷新】或【全部刷新】选项，如右图所示。

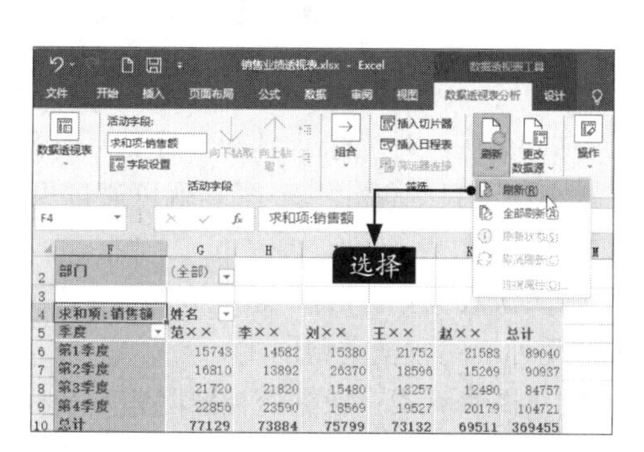

方法2：在数据透视表值区域中的任意一个单元格上单击鼠标右键，在弹出的快捷菜单中单击【刷新】命令，如右图所示。

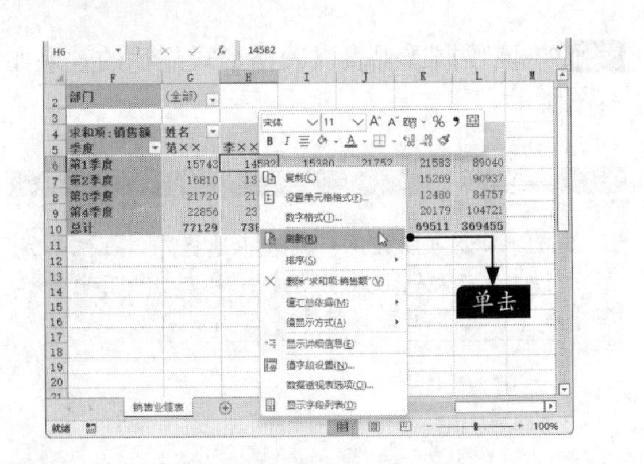

9.3 制作公司经营情况明细表数据透视图

公司经营情况明细表主要用于呈现、计算公司的经营情况明细。

在Excel 2021中，通过制作数据透视图可以帮助用户分析工作表中的明细，让公司领导对公司的经营收支情况一目了然，从而减少查看表格的时间。本节以制作“公司经营情况明细表”数据透视图为例介绍数据透视图的使用方法。

9.3.1 数据透视图与标准图表之间的区别

数据透视图是数据透视表中的数据的图形表示形式。与数据透视表一样，数据透视图也是交互式的。相关联的数据透视表中的任何字段布局更改和数据更改将立即在数据透视图中反映出来。数据透视图中的大多数操作和标准图表中的一样，但是二者之间也存在以下差别，如下图所示。

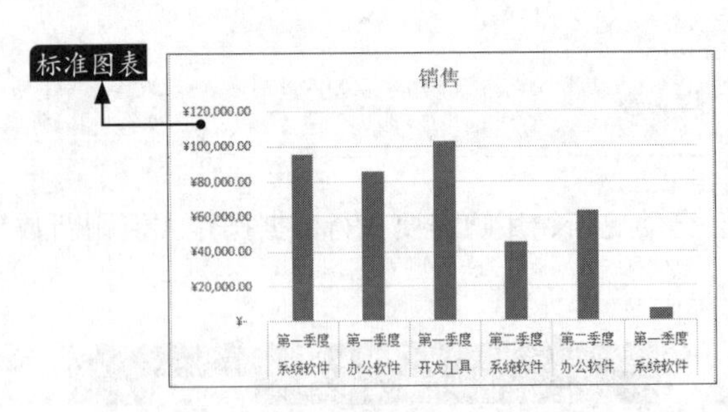

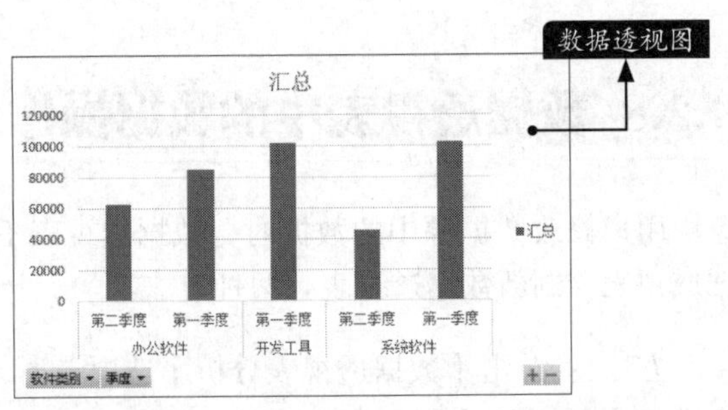

（1）交互：对于标准图表，需要为查看的每个数据视图创建一张图表，它们不交互；而对于数据透视图，只要创建一个图表就可通过更改报表布局或显示的明细数据以不同的方式交互查看数据。

（2）源数据：标准图表可直接链接到工作表单元格中，数据透视图可基于相关联的数据透视表中的几种不同数据类型创建。

（3）图表元素：数据透视图除包含与标准图表相同的元素外，还包括字段和项，以及报表筛选。可以通过添加、旋转或删除字段和项来显示数据的不同视图；标准图表中的分类、系列和数据分别对应数据透视图中的分类字段、系列字段和值字段，而这些字段中都包含项，这些项在标准图表中显示为图例中的分类标签或系列名称。

（4）图表类型：标准图表的默认图表类型为簇状柱形图，它按分类比较值；数据透视图的默认图表类型为堆积柱形图，它比较各个值在整个分类总计中所占的比例。用户可以将数据透视图的类型更改为柱形图、折线图、饼图、条形图、面积图和雷达图等。

（5）格式：刷新数据透视图时，会保留大多数格式（包括元素、布局和样式等），但是不保留趋势线、数据标签、误差线，以及对数据系列的其他更改；标准图表只要应用了这些格式，就不会消失。

（6）移动或调整项的大小：在数据透视图中，即使可为图例选择一个预设位置并可更改标题的字体大小，也无法移动或重新调整绘图区、图例、图表标题或坐标轴标题的大小；而在标准图表中，可移动和重新调整这些元素的大小。

（7）图表位置：默认情况下，标准图表是嵌在工作表中的；而数据透视图默认情况下是创建在工作表上的，数据透视图创建后，还可将其重新定位到工作表上。

9.3.2 创建数据透视图

在工作簿中，用户可以使用两种方法创建数据透视图：一种是直接通过数据表中的数据创建数据透视图，另一种是通过已有的数据透视表创建数据透视图。

1. 通过数据区域创建数据透视图

在工作簿中，通过数据区域创建数据透视图的具体操作步骤如下。

步骤01 打开“素材\ch09\公司经营情况明细表.xlsx”文件，选择数据区域中的任意一个单元格，单击【插入】选项卡下【图表】组中的【数据透视图】按钮，在弹出的下拉列表中选择【数据透视图】选项，如下图所示。

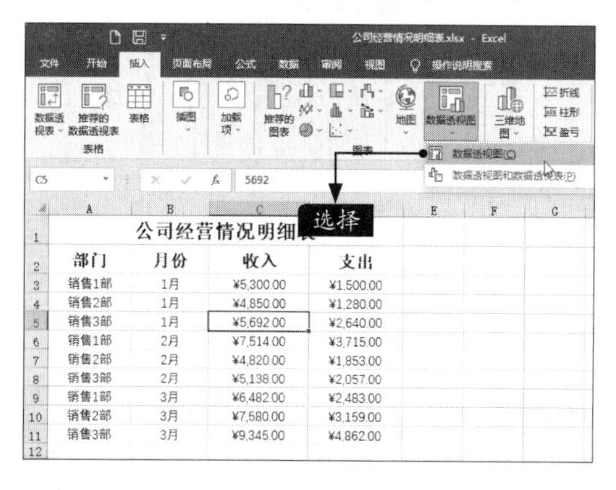

步骤02 在弹出的【创建数据透视图】对话框中，设置数据区域和图表位置，单击【确定】按钮，如右上图所示。

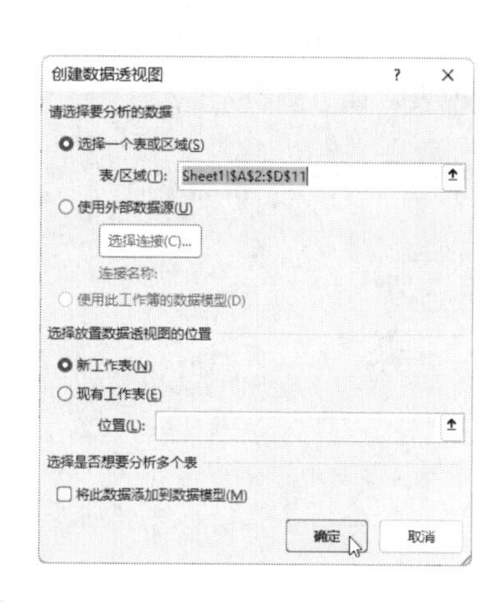

步骤03 弹出数据透视表的编辑界面，工作表中会出现数据透视表和图表，在其右侧出现的是【数据透视表字段】窗格，如下图所示。

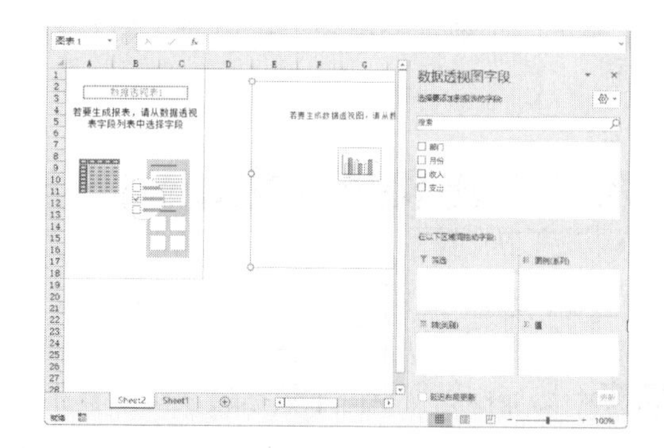

步骤04 在【数据透视表字段】中选择要添加到数据透视图中的字段，即可完成数据透视图的创建，如下图所示。

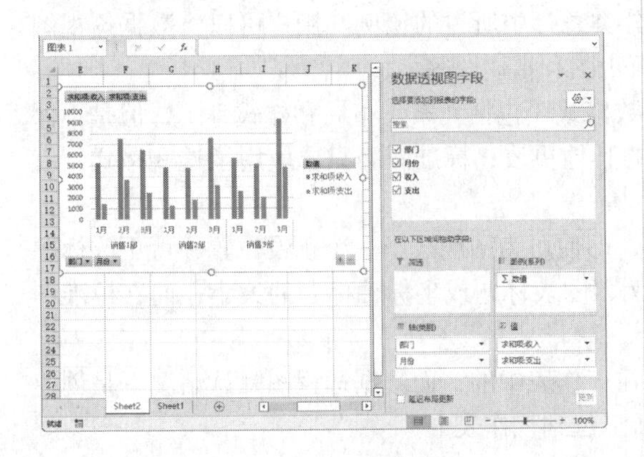

2. 通过数据透视表创建数据透视图

在工作簿中，用户可以先创建数据透视表，再根据数据透视表创建数据透视图，具体操作步骤如下。

步骤01 打开"素材\ch09\公司经营情况明细表.xlsx"文件，并根据9.2.3小节的内容创建一个数据透视表，如下图所示。

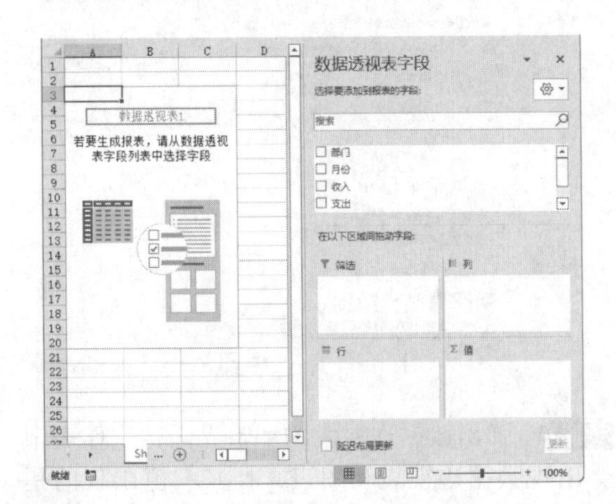

步骤02 单击【数据透视表分析】选项卡下【工具】组中的【数据透视图】按钮，如右上图所示。

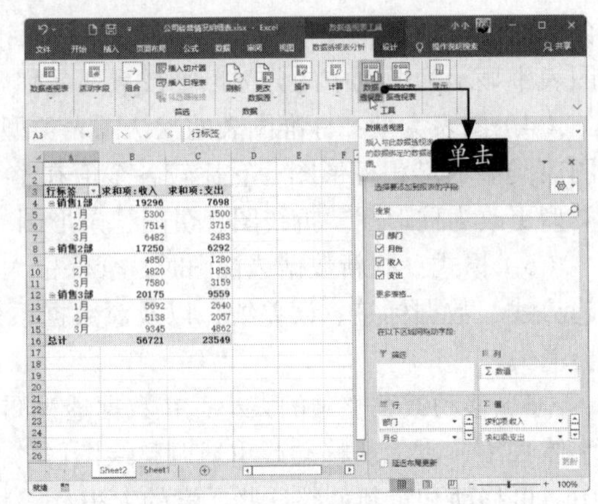

步骤03 在弹出的【插入图表】对话框中，选择一种图表类型，单击【确定】按钮，如下图所示。

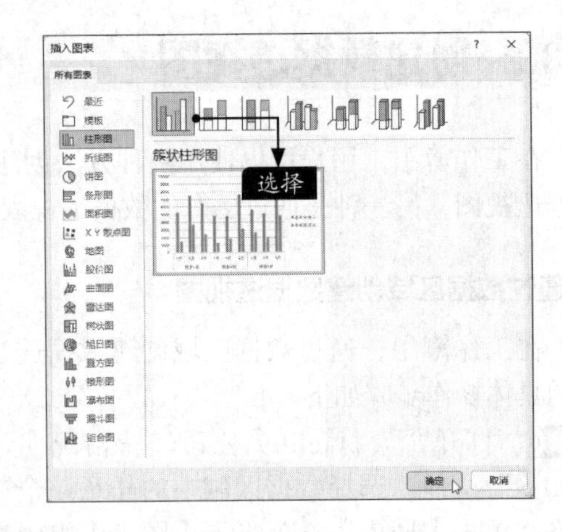

步骤04 完成的数据透视图如下图所示。

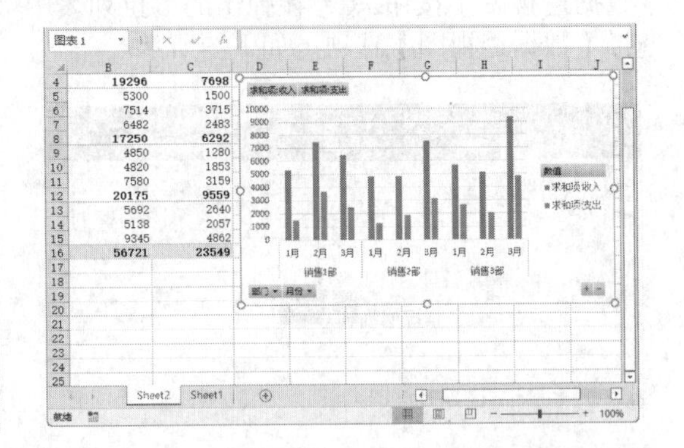

9.3.3 美化数据透视图

数据透视图和图表一样，都可以对其进行美化，使其呈现出更好的效果，如添加元素、应用布局、更改颜色及应用图表样式等。

步骤01 添加标题。单击【数据透视图工具】→【设计】→【图表布局】组中的【添加图表元素】按钮，在弹出的下拉列表中选择【图表标题】→【图表上方】选项，如下页图所示。

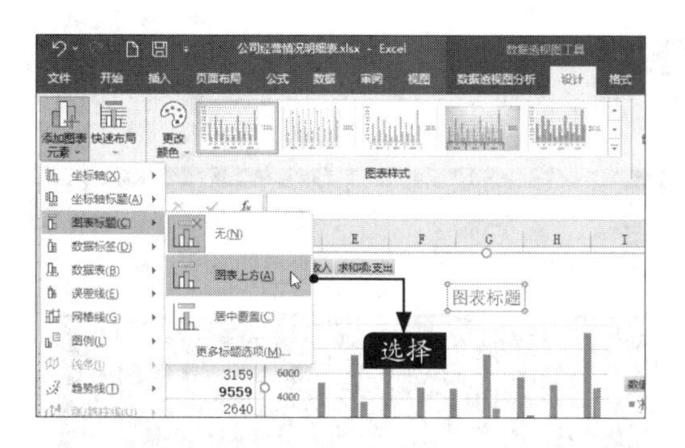

步骤 02 此时，即可添加标题，也可以对标题文本设置艺术字样式，如下图所示。

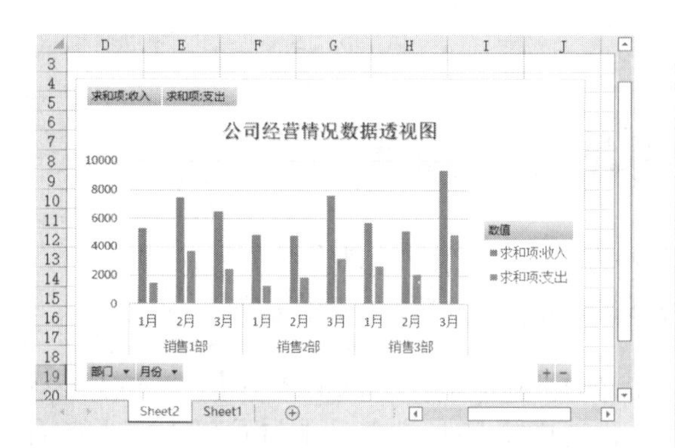

步骤 03 更改图表颜色。单击【数据透视图工具】→【设计】→【图表样式】组中的【更改颜色】按钮，在弹出的下拉列表中选择要应用的颜色，如下图所示。

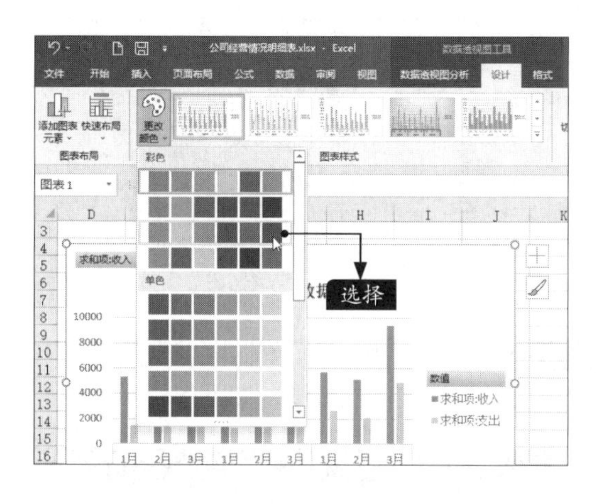

步骤 04 更改图表颜色的效果如下图所示。

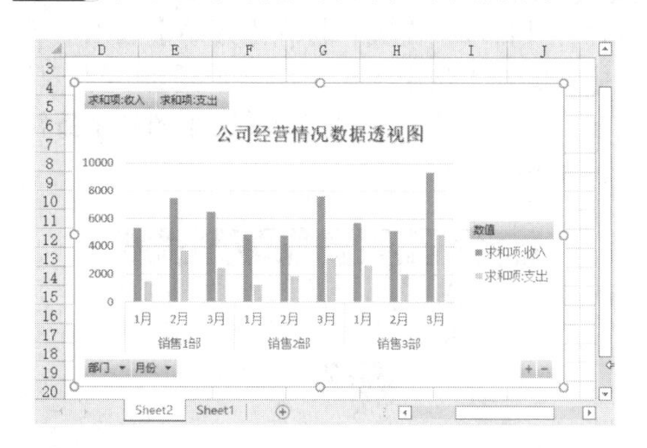

步骤 05 更改图表样式。单击【数据透视图工具】→【设计】→【图表样式】组中的【其他】按钮，在弹出的样式列表中选择一种样式，如下图所示。

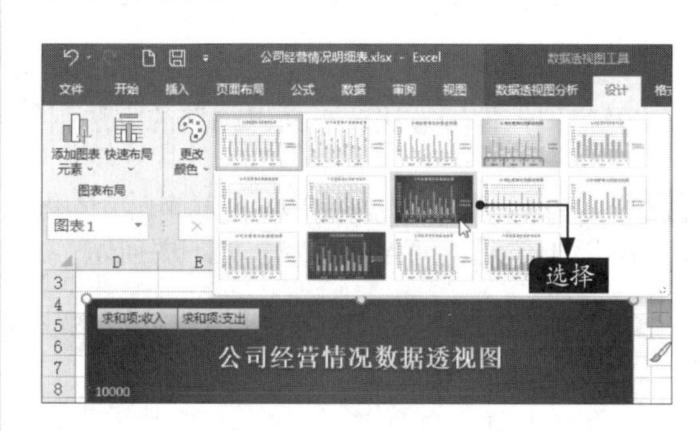

步骤 06 数据透视图应用新样式后的效果如下图所示。

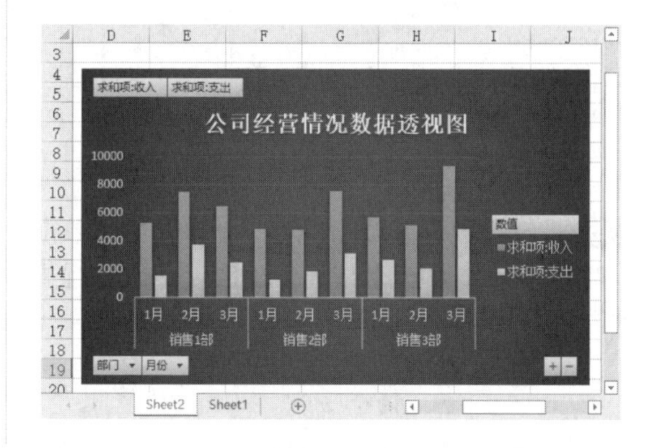

高手私房菜

技巧1：将图表变为图片

在实际应用中，用户有时需要将图表变为图片，将其发布到网上或粘贴到PPT中等。

步骤 01 选中图表，按【Ctrl+C】组合键复制图表，打开目标工作表，打开【开始】选项卡，在【剪贴板】组中单击【粘贴】按钮的下拉按钮，在弹出的下拉列表中单击【图片】按钮，如下图所示。

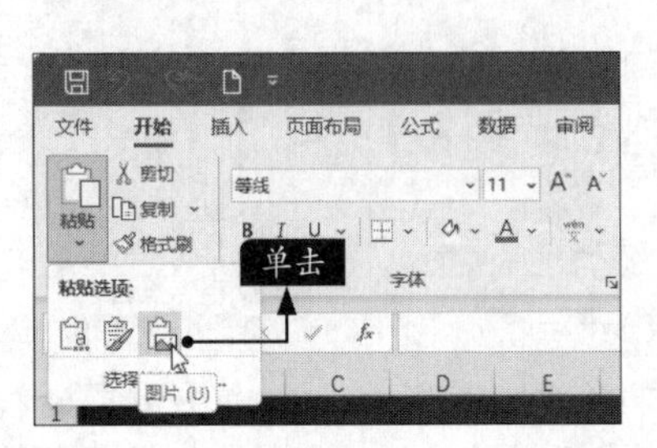

步骤 02 图表以图片的形式粘贴到目标工作表中，如下图所示。

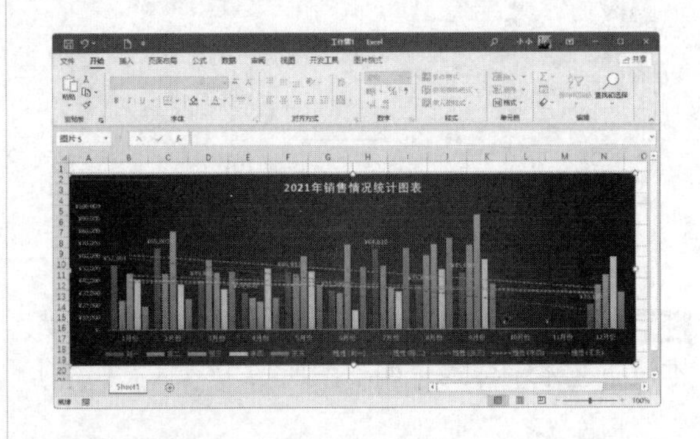

技巧2：如何在Excel中制作动态图表

动态图表可以根据选项的变化，显示不同数据源的图表。一般制作动态图表主要采用筛选、公式及窗体控件等方法，下面以筛选的方法制作动态图表为例，介绍具体操作步骤。

步骤 01 打开“素材\ch09\产品销售情况表.xlsx”工作簿，插入柱形图，如下图所示。

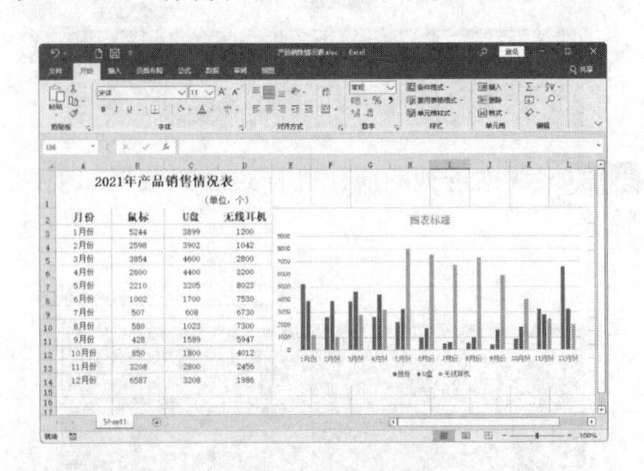

步骤 02 选择数据区域的任意一个单元格，单击【数据】→【筛选】按钮，此时在标题行每列的右侧出现一个下拉按钮，即表示进入筛选。

步骤 03 单击A2单元格右侧的下拉按钮，在弹出的下拉列表中，取消选中【(全选)】复选框，选中【10月份】、【11月份】、【12月份】和【1月份】复选框，单击【确定】按钮，如下图所示。

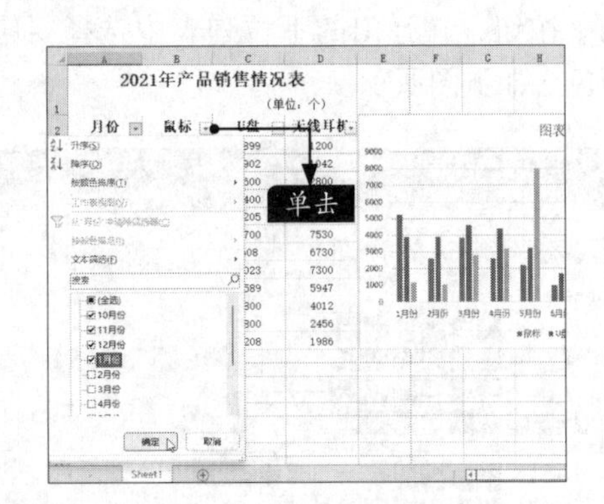

步骤 04 数据区域则只显示筛选的数据，图表区域自动显示筛选的柱形图，如下图所示。

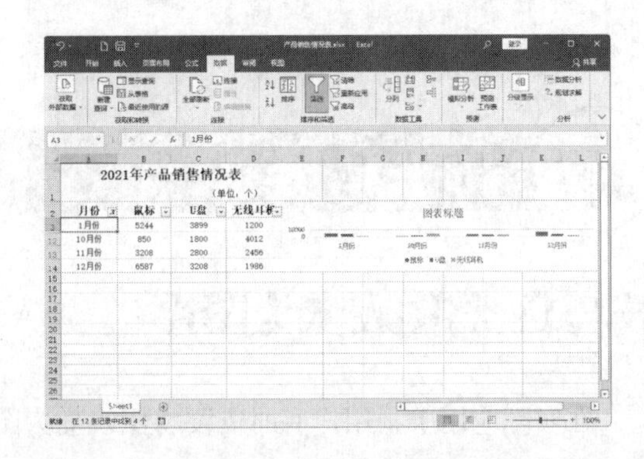

第10章

PowerPoint基本幻灯片的制作

学习目标

在PowerPoint 2021中制作幻灯片，可以使演示文稿图文并茂、有声有色，从而提升演示文稿的现场效果。此外，对文字与图片的适当编辑也可以突出演示文稿的重点内容，使公司同事和领导快速浏览演示文稿，提高工作效率。通过本章的学习，读者可以掌握幻灯片的基本制作方法。

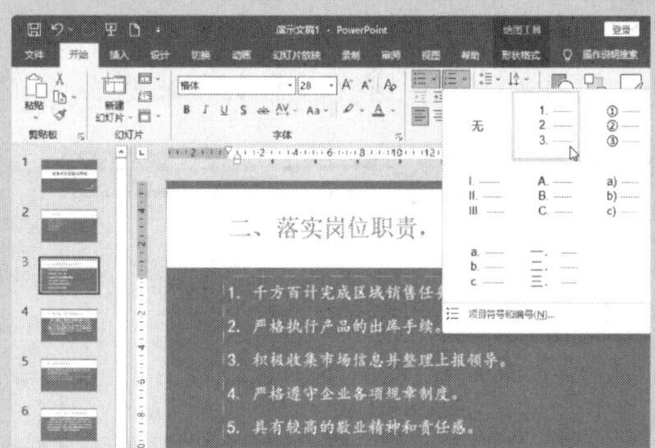

10.1 制作销售策划演示文稿

销售策划演示文稿主要用于展示公司的销售策划方案。在PowerPoint 2021中，可以使用多种方法创建演示文稿，还可以修改幻灯片的主题并编辑幻灯片的母版等。

本节以制作“销售策划”演示文稿为例，介绍基本幻灯片的制作方法。

10.1.1 创建演示文稿

PowerPoint 2021中，不仅可以创建空白演示文稿，还可以使用联机模板创建演示文稿。

1. 创建空白演示文稿

创建空白演示文稿的具体操作步骤如下。

步骤 01 启动PowerPoint 2021，弹出下图所示的PowerPoint界面，单击【空白演示文稿】选项，如下图所示。

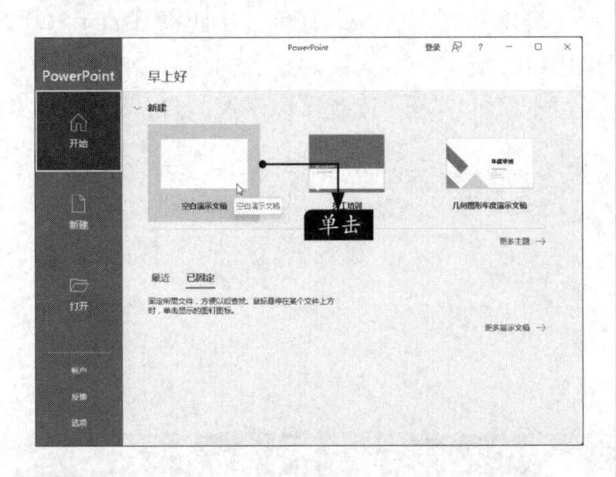

步骤 02 新建的一个空白演示文稿如下图所示。

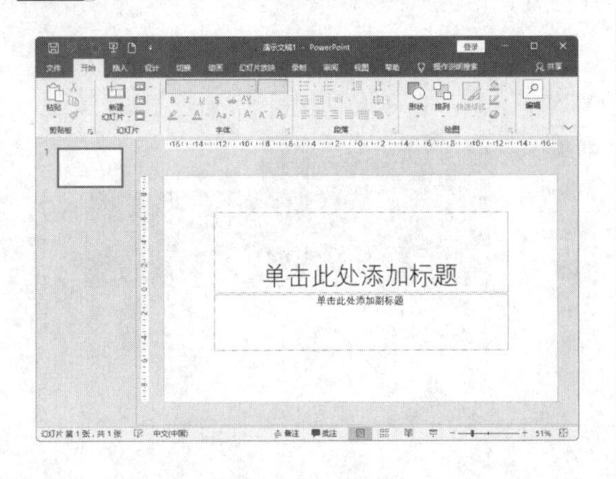

2. 使用联机模板创建演示文稿

PowerPoint 2021内置了大量的联机模板，可在设计不同类别的演示文稿时选择使用，既美观漂亮，又能节省大量时间。具体操作步骤如下。

步骤 01 在【文件】选项卡下，单击【新建】选项，在右侧【新建】区域显示了多种PowerPoint 2021的联机模板样式，如下图所示。

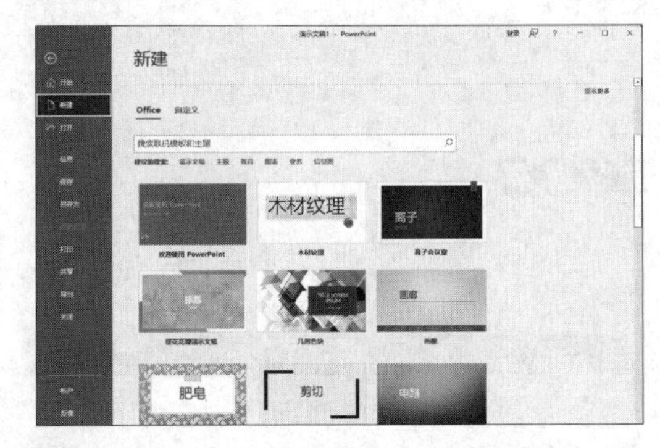

步骤 02 在【搜索联机模板和主题】文本框中输入联机模板或主题名称，然后单击【开始搜索】按钮，如下图所示。

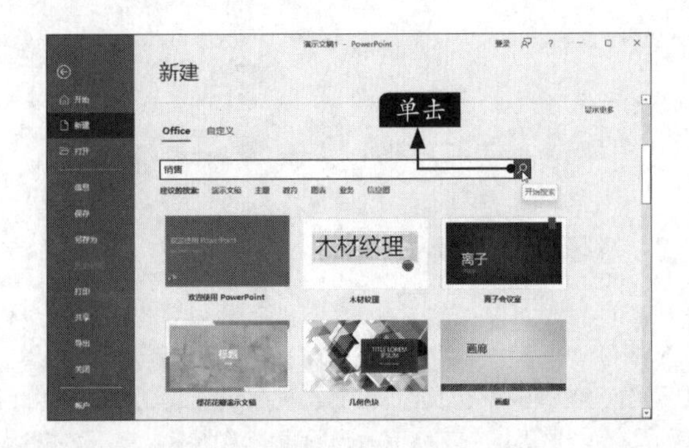

步骤 03 单击要应用的模板，如下图所示。

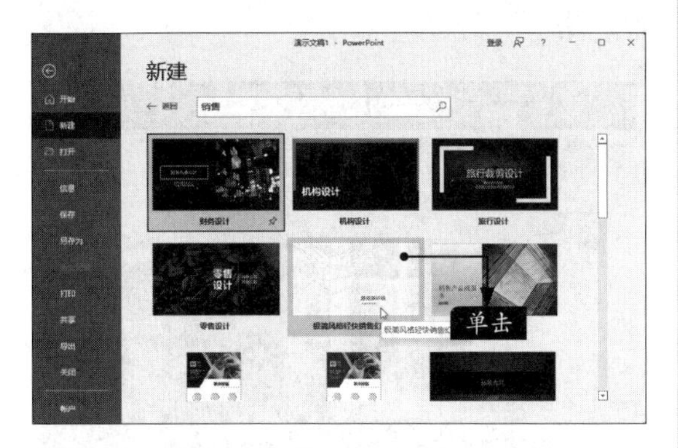

步骤 04 在模板预览界面左侧的预览框中可查看预览效果，单击【创建】按钮，如下图所示。

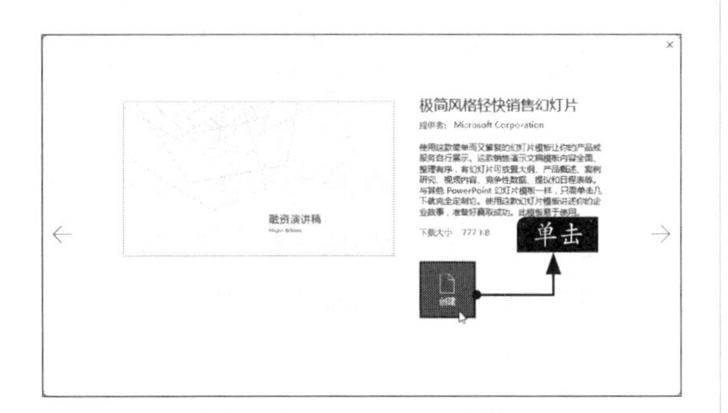

步骤 05 使用联机模板创建演示文稿的效果如下图所示。

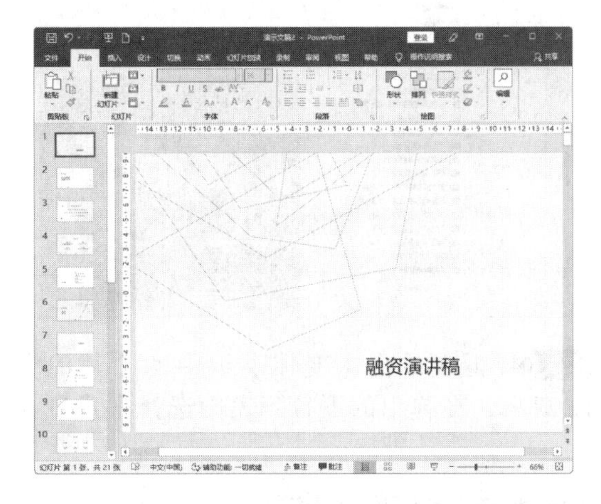

小提示

也可以从网络中下载模板或者使用本书赠送资源中的模板创建演示文稿。

10.1.2 修改幻灯片的主题

创建演示文稿后，用户可以对幻灯片的主题进行修改。具体操作步骤如下。

步骤 01 使用模板创建演示文稿后，单击【设计】选项卡下【主题】组中的【其他】按钮，在弹出的下拉列表中，可以对幻灯片的主题进行修改，如下图所示。

步骤 02 在【设计】选项卡下【变体】组中，可以直接更换不同颜色效果的主题，如下图所示。

步骤 03 也可以单击【变体】组中的【其他】按钮，在弹出的下拉列表中选择【颜色】→【中性】选项，如下页图所示。

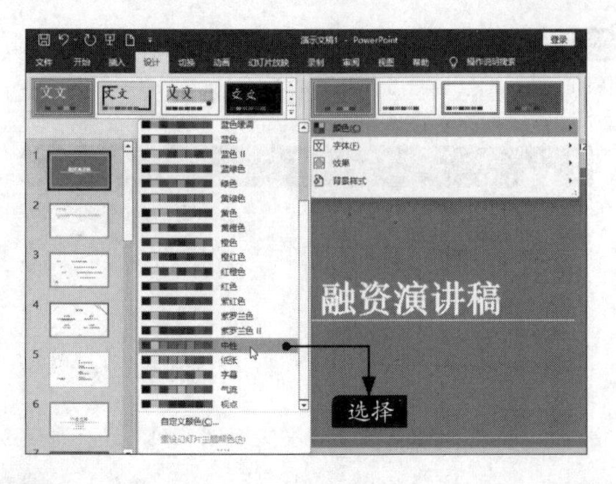

步骤04 再次单击【变体】组中的【其他】按钮，在弹出的下拉列表中选择【背景样式】→【样式5】选项，修改幻灯片的主题效果如下图所示。

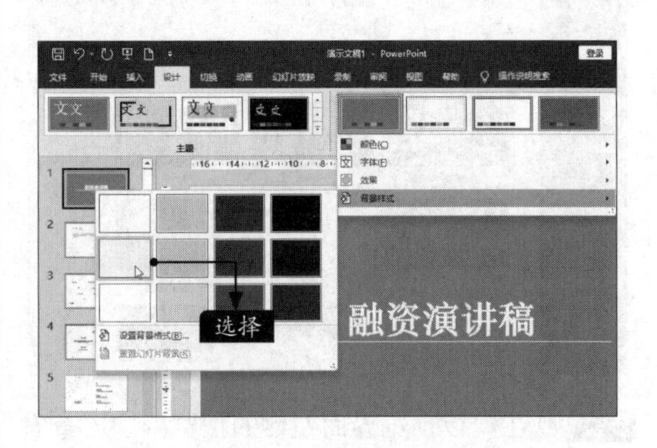

10.1.3 编辑母版

在幻灯片母版视图下可以为整个演示文稿设置相同的颜色、字体、背景和效果等。具体操作步骤如下。

步骤01 接10.1.2小节的操作，单击【视图】选项卡下【母版视图】组中的【幻灯片母版】按钮，如下图所示。

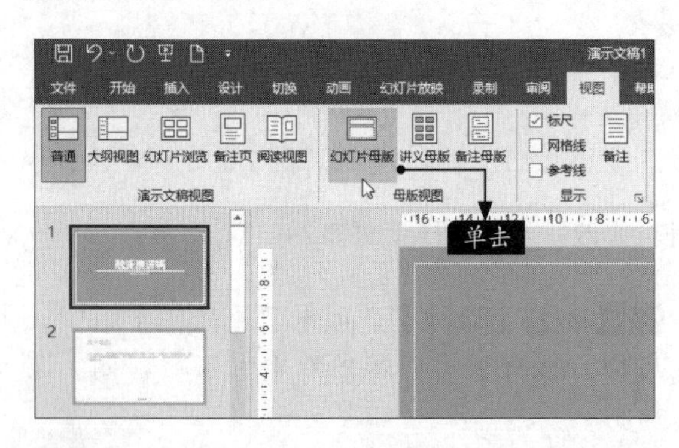

步骤02 打开的【幻灯片母版】选项卡如下图所示。

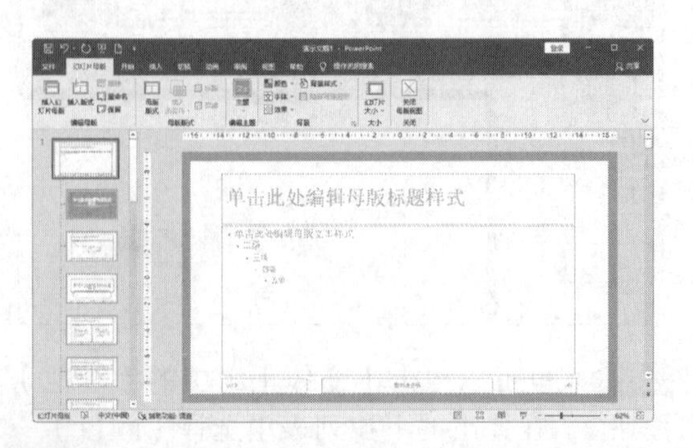

步骤03 在左侧缩略图窗格中，第1张幻灯片为基础幻灯片母版，选择幻灯片中的文本占位符，如下图所示。

步骤04 单击【开始】选项卡下【字体】组中的字体框右侧的下拉按钮，在弹出的下拉列表中，选择要应用的字体，如下图所示。

步骤 05 设置的字体大小和效果如下图所示。

步骤 06 另外，也可以删除多余的文本占位符，这里删除页脚的文本占位符，删除后的效果如下图所示。

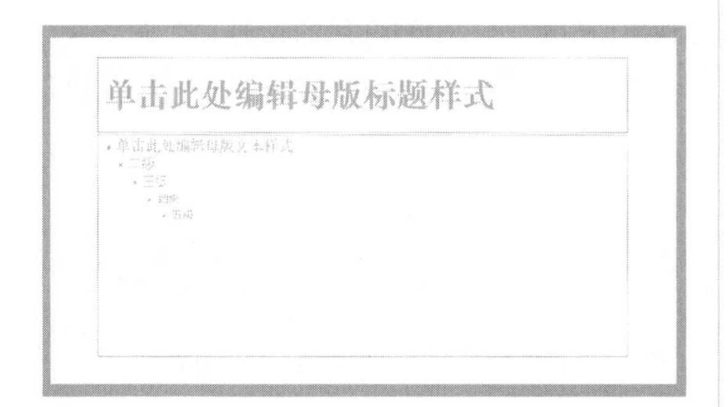

步骤 07 选择标题幻灯片，设置其字体效果，完成后，单击【幻灯片母版】选项卡下【关闭】组中的【关闭母版视图】按钮，如下图所示。

步骤 08 关闭母版视图后，返回普通视图，效果如下图所示。

10.1.4 保存演示文稿

编辑完成后，需要将演示文稿保存起来，以便以后使用。保存演示文稿的具体操作步骤如下。

步骤 01 编辑母版视图后，制作“销售策划”演示文稿，单击快速访问工具栏上的【保存】按钮，或打开【文件】选项卡，在打开的列表中选择【另存为】选项，在右侧的【另存为】区域中，单击【浏览】按钮，如下图所示。

步骤 02 在弹出的【另存为】对话框中，选择演示文稿的保存位置，在【文件名】文本框中输入演示文稿的名称，单击【保存】按钮即可，如下图所示。

小提示

如果用户需要为当前演示文稿重命名、更换保存位置或改变演示文稿类型，则可以选择【文件】→【另存为】选项，在【另存为】区域中单击【浏览】按钮，将弹出【另存为】对话框。在【另存为】对话框中选择演示文稿的保存位置、文件名和保存类型后，单击【保存】按钮即可另存演示文稿。

10.2 制作会议简报

会议简报主要是为反映会议进展情况、会议发言中的意见和建议、会议议决事项等内容而编写的文件。

在PowerPoint 2021中，制作会议简报主要涉及制作幻灯片、应用幻灯片的布局、编辑文本并设置字体和段落格式、添加项目编号等操作。本节以制作“会议简报”为例，介绍幻灯片的制作方法。

10.2.1 制作幻灯片首页

制作会议简报演示文稿时，首先要制作幻灯片首页。首页主要显示演示文稿的标题与制作单位、时间等，具体操作步骤如下。

步骤01 打开PowerPoint 2021，新建一个演示文稿，如下图所示。

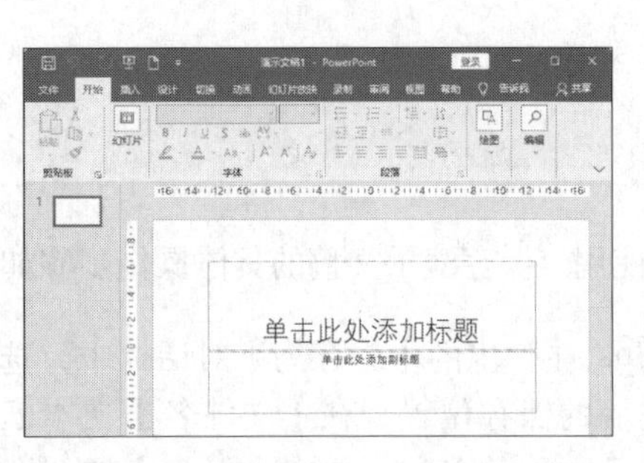

步骤02 单击【设计】选项卡下【主题】组中的【其他】按钮，在弹出的下拉列表中选择一种主题样式，如下图所示。

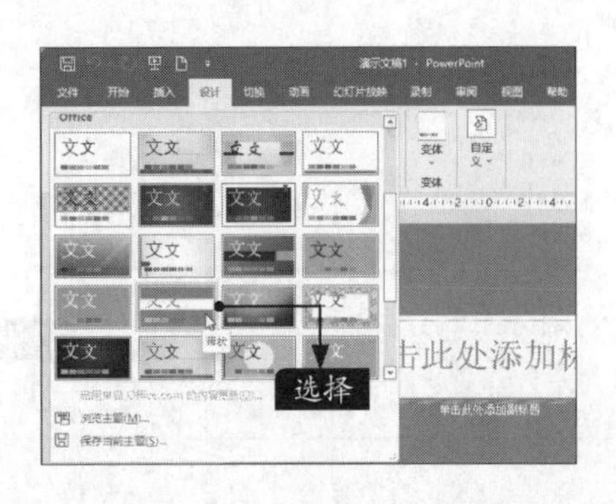

步骤03 为幻灯片设计的主题效果如下图所示。

步骤04 单击幻灯片中的文本占位符，添加幻灯片标题“销售部总结会议简报”，如下图所示。

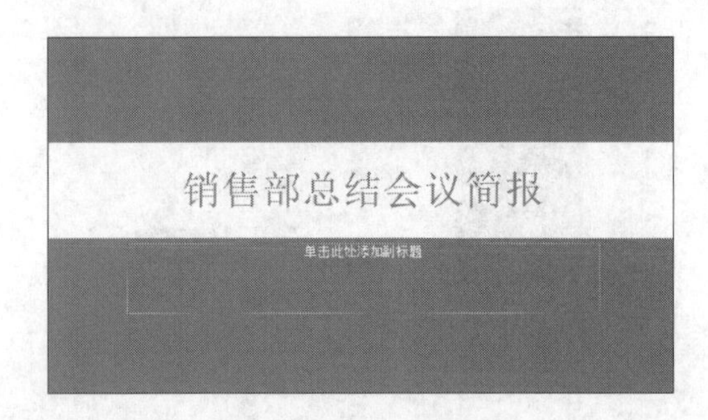

步骤05 在【开始】选项卡下【字体】组中设置标题文本的【字体】为“楷体”，【字号】为“66”号，“加粗”效果，并调整标题文本框的位置，如下图所示。

步骤06 在副标题文本框中输入“销售部 2022年4月20日”文本，并设置文本格式，调整文本框的位置，最终效果如下图所示。

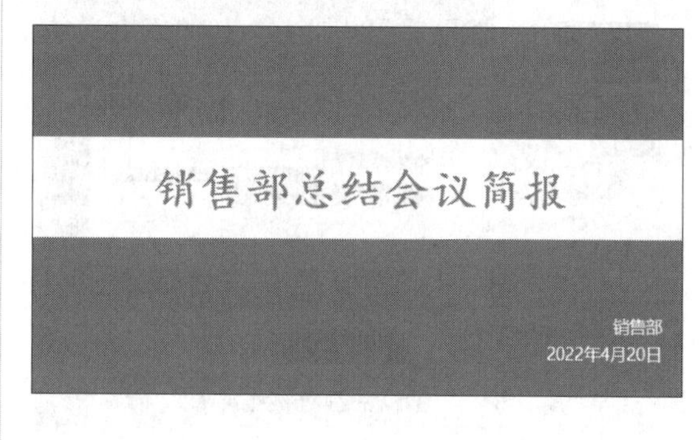

10.2.2 新建幻灯片

幻灯片首页制作完成后，需要新建幻灯片完成会议简报的主要内容设置，具体操作步骤如下。

步骤01 单击【开始】选项卡下【幻灯片】组中的【新建幻灯片】按钮，在弹出的下拉列表中选择【空白】选项，如下图所示。

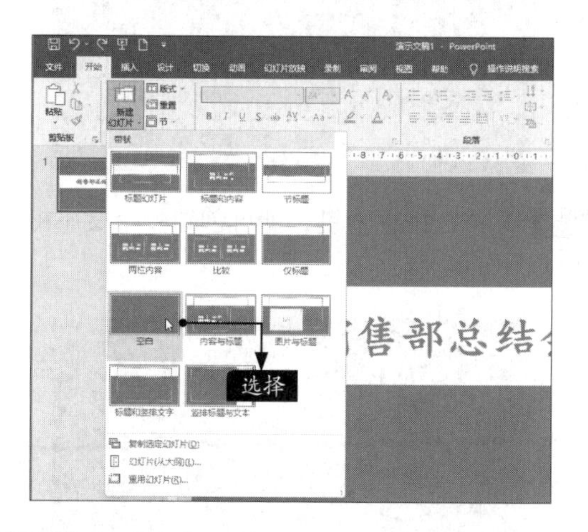

步骤02 新建的幻灯片显示在左侧的【幻灯片】窗格中，如下图所示。

步骤03 在【幻灯片】窗格中单击鼠标右键，在弹出的快捷菜单中单击【新建幻灯片】命令，如下图所示。

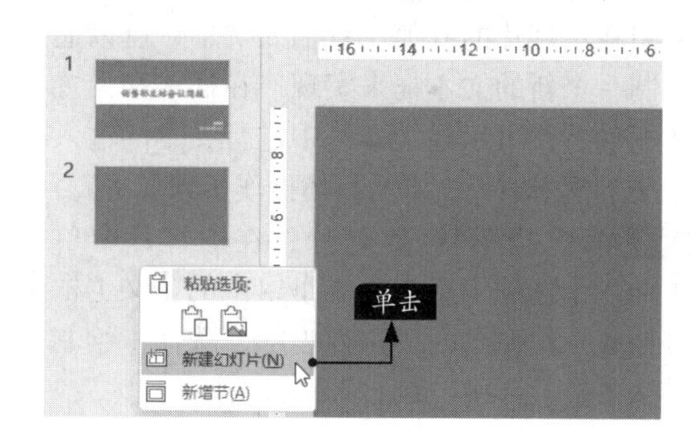

步骤04 新建的幻灯片如下图所示。

步骤05 在第2张幻灯片上单击鼠标右键，在弹出的快捷菜单中，单击【版式】命令，在右侧弹出的子菜单中可以选择要更改的版式，这里

选择【标题和内容】版式，如下图所示。

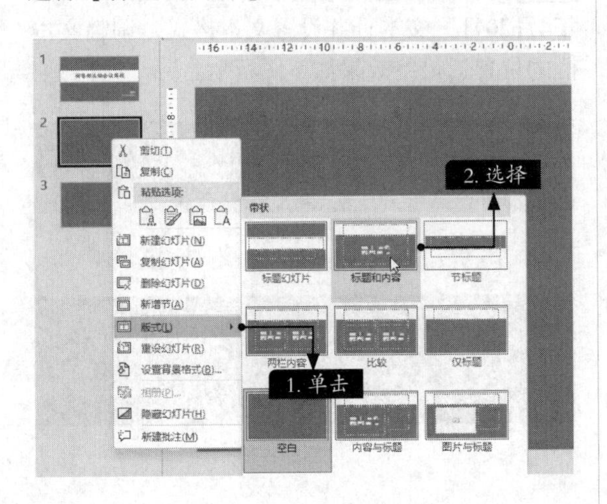

小提示

在弹出的子菜单中，单击【删除幻灯片】命令，可删除该幻灯片，也可以按【Backspace】或【Delete】键快速删除该幻灯片。

步骤 06 更改该幻灯片的版式后的效果如下图所示。

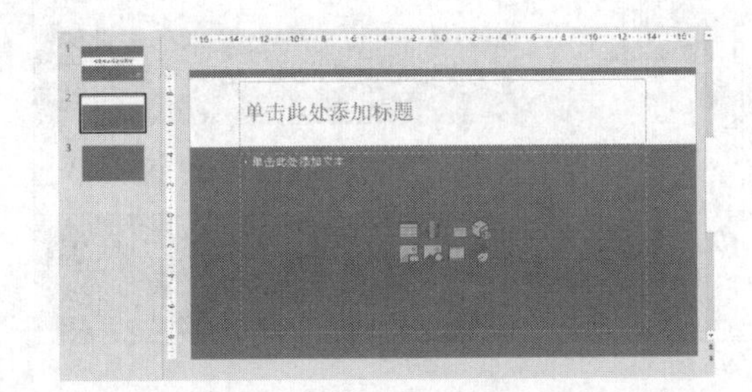

10.2.3 为内容页添加和编辑文本

本小节主要介绍在PowerPoint 2021中添加和编辑文本内容的方法。

1. 使用文本框添加文本

幻灯片中文本占位符的位置是固定的，如果想在幻灯片的其他位置输入文本，可以通过绘制一个新的文本框来实现。在插入和设置文本框后，就可以在文本框中进行文本的输入。在文本框中输入文本的具体操作步骤如下。

步骤 01 选择第3张幻灯片，在幻灯片中单击【插入】选项卡下【文本】组中的【文本框】按钮，在弹出的下拉列表中，选择【绘制横排文本框】选项，如下图所示。

步骤 02 将鼠标指针移至幻灯片中，当鼠标指针变为↓形状时，按住鼠标左键并拖曳，如右上图所示。

步骤 03 释放鼠标左键，即可创建一个文本框，如下图所示。

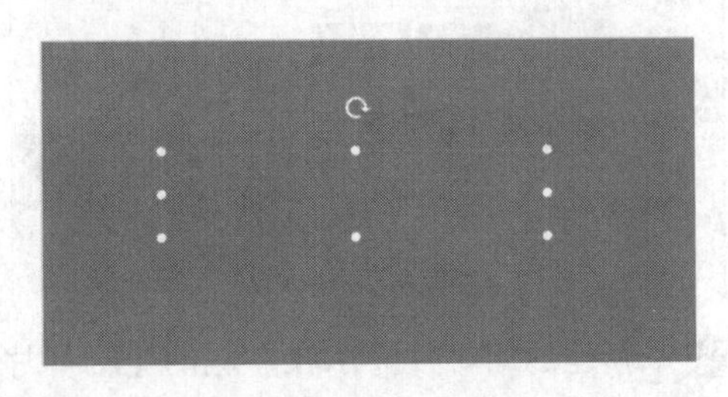

步骤 04 单击文本框，在框内输入文本内容，如下图所示。

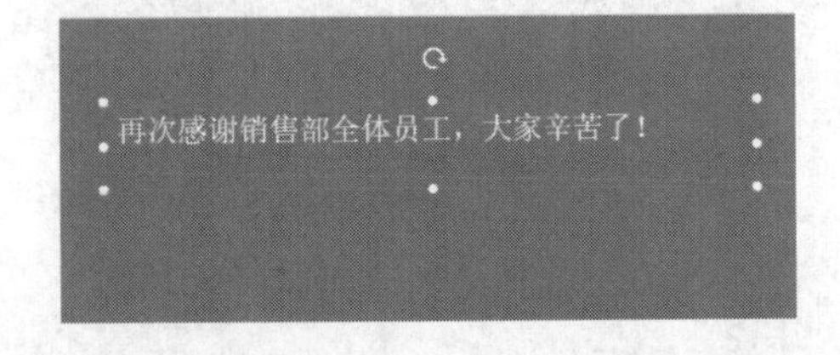

2. 使用文本占位符添加文本

在普通视图中，幻灯片会出现“单击此处添加标题”或“单击此处添加副标题”等提示文本框。这种文本框统称为文本占位符。

在文本占位符中输入文本是最基本、最方便的一种输入方式。在文本占位符上单击即可输入文本。同时，输入的文本会自动替换文本占位符中的提示性文字。具体操作步骤如下。

步骤01 选择第2张幻灯片，在标题文本框中输入标题“一、会议概况”，如下图所示。

步骤02 在【单击此处添加文本】中单击，然后可直接输入文字，例如将“素材\ch10\会议简报.txt”中的内容复制到幻灯片中，如下图所示。

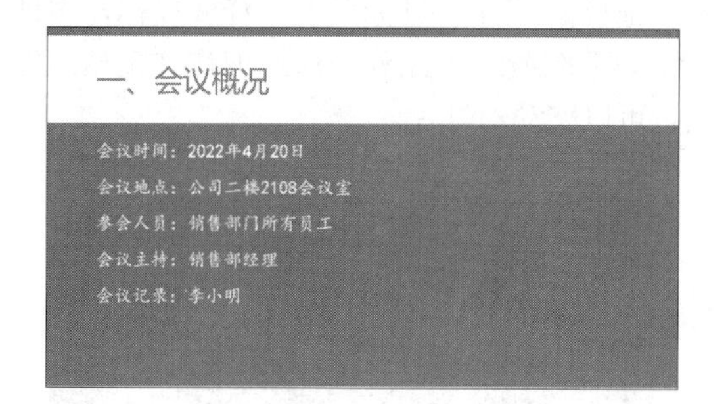

步骤03 单击【开始】选项卡下【幻灯片】组中的【新建幻灯片】按钮，在弹出的下拉列表中选择【标题和内容】选项，如下图所示。

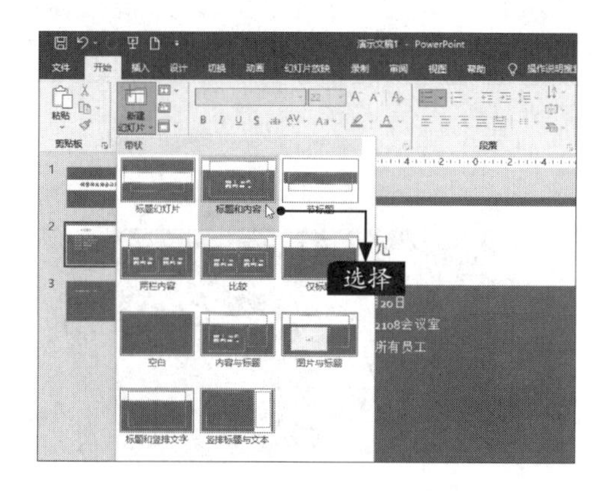

步骤04 在新建的“标题和内容”幻灯片中，输入标题后，将“素材\ch10\会议简报.txt”中的内容复制到该幻灯片中，如下图所示。

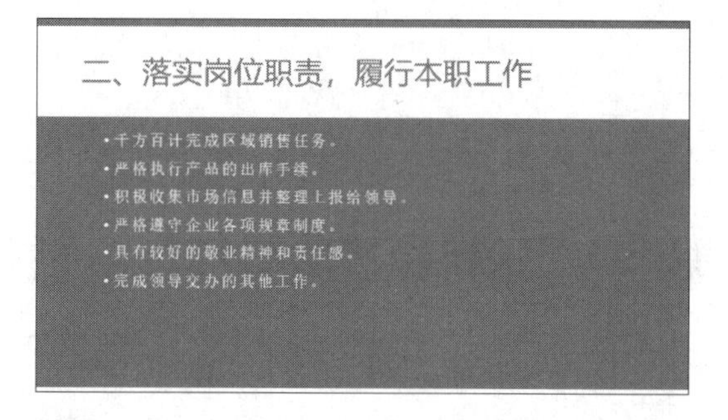

步骤05 使用同样的方法，新建其他幻灯片并输入相关内容，如下图所示。

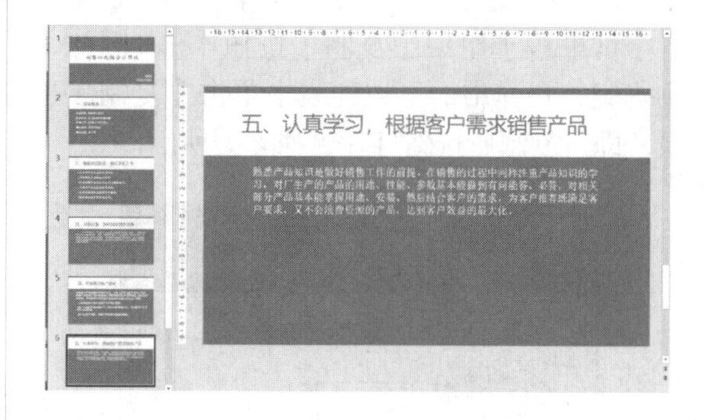

3. 选择文本

如果要更改文本或者设置文本的字体样式，可以选择文本，将光标定位至要选择的文本的起始位置，按住鼠标左键并拖曳鼠标，选择完成后，释放鼠标左键即可，如下图所示。

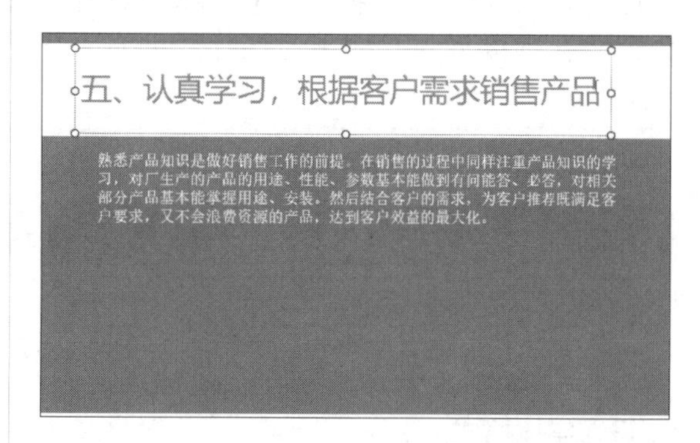

4. 移动文本

在PowerPoint 2021中的文本都是在文本占位符或者文本框中显示的，可以根据需要移动文本的位置。选择要移动文本的文本占位符或文本框，按住鼠标左键并拖曳，至合适位置释放鼠标左键，即可完成移动文本的操作，如右图所示。

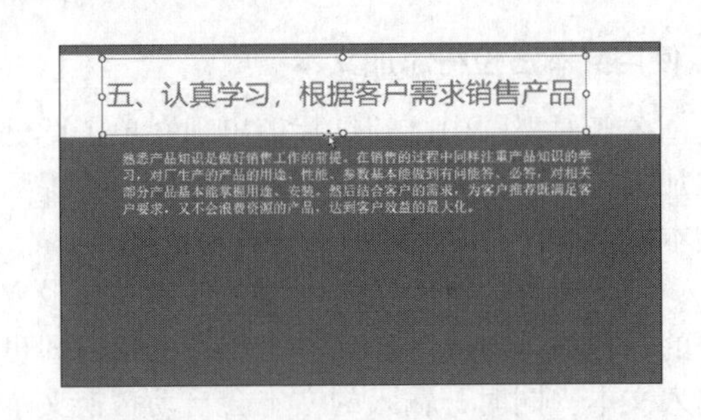

10.2.4 复制和移动幻灯片

用户可以在演示文稿中复制和移动幻灯片，复制和移动幻灯片的具体操作步骤如下。

1. 复制幻灯片

方法1：选中幻灯片，单击【开始】选项卡下【剪贴板】组中【复制】按钮右侧的下拉按钮，在弹出的下拉列表中单击【复制】选项，即可复制所选幻灯片，如下图所示。

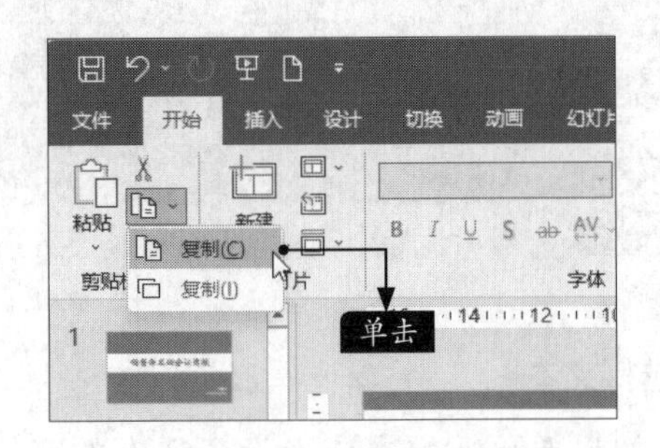

方法2：在要复制的幻灯片上单击鼠标右键，在弹出的快捷菜单中单击【复制】命令，即可复制所选幻灯片到剪贴板上，在目标位置进行粘贴即可。如果选择【复制幻灯片】命令，会直接复制并插入幻灯片，如右上图所示。

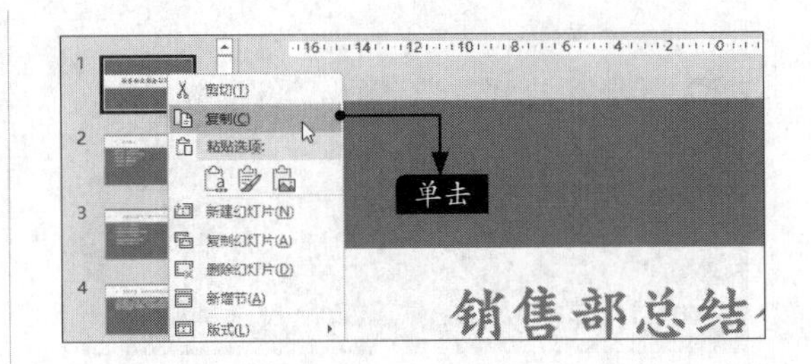

2. 移动幻灯片

单击选择需要移动的幻灯片并按住鼠标左键，拖曳幻灯片至目标位置，释放鼠标左键即可，如下图所示。此外，通过剪切并粘贴的方式也可以移动幻灯片。

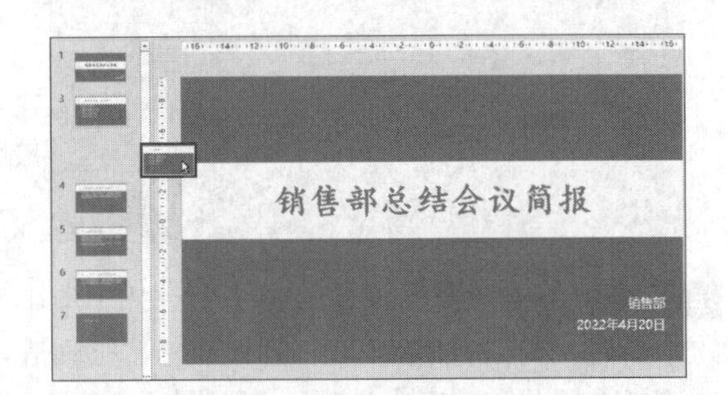

10.2.5 设置字体格式和段落格式

本小节主要介绍字体和段落格式的设置方法。

1. 设置字体格式

用户可以根据需要设置字体的样式及大小。具体操作步骤如下。

步骤 01 选择第7张幻灯片中要设置字体样式的文本，如右图所示。

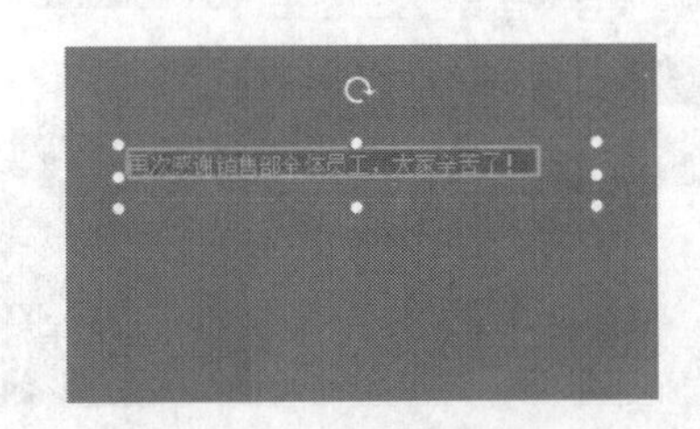

步骤02 单击【开始】选项卡下【字体】组中的【字体】按钮，打开【字体】对话框，在【西文字体】下拉列表中选择一种字体，在【中文字体】下拉列表中选择“楷体”，如下图所示。

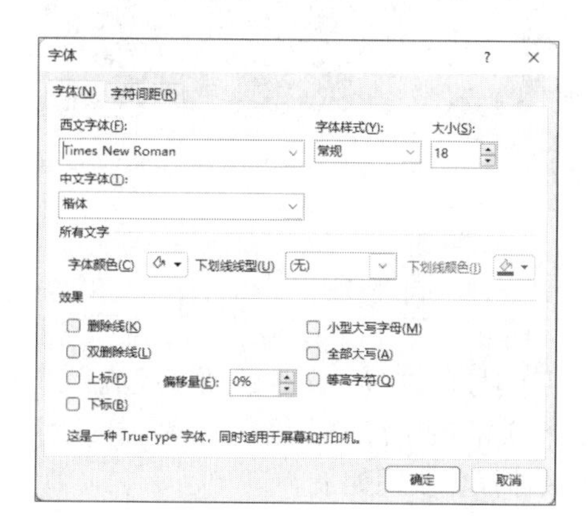

步骤03 在【字体样式】下拉列表中设置字体样式，如常规、倾斜、加粗、倾斜加粗等，根据需要选择相应选项；在【大小】微调框中设置字体的字号，可以直接输入字体字号，也可以单击微调按钮调整，如下图所示。

步骤04 为选中的文字设置字体的效果如下图所示。同样，可以使用上述操作方法，对其他幻灯片进行字体格式设置。

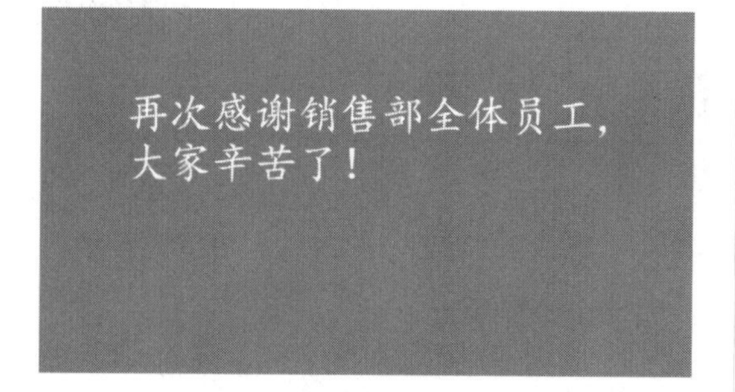

> **小提示**
>
> 在【开始】选项卡下的【字体】组中也可以直接设置字体样式。

2. 设置段落格式

段落格式主要包括缩进、间距与行距等。对段落格式的设置主要是通过【开始】选项卡下【段落】组中的各按钮来实现的。具体操作步骤如下。

步骤01 选择第4张幻灯片，选中要设置的段落，单击【开始】选项卡下【段落】组右下角的【段落】按钮，如下图所示。

步骤02 在弹出的【段落】对话框的【缩进和间距】选项卡中，设置“首行缩进”为“1.8厘米”，“行距固定值”为“42磅”，单击【确定】按钮，如下图所示。

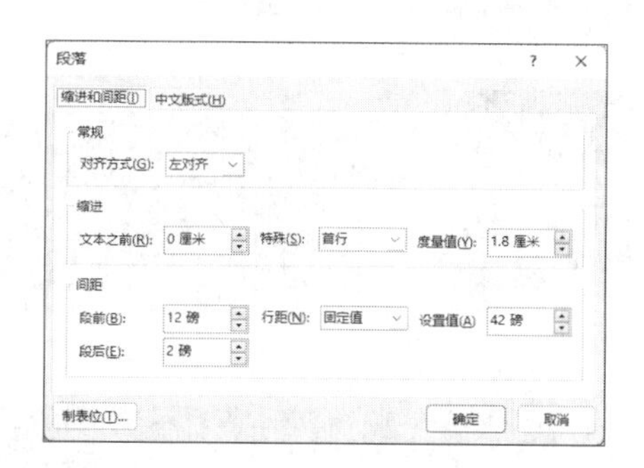

步骤03 设置后的效果如下图所示。

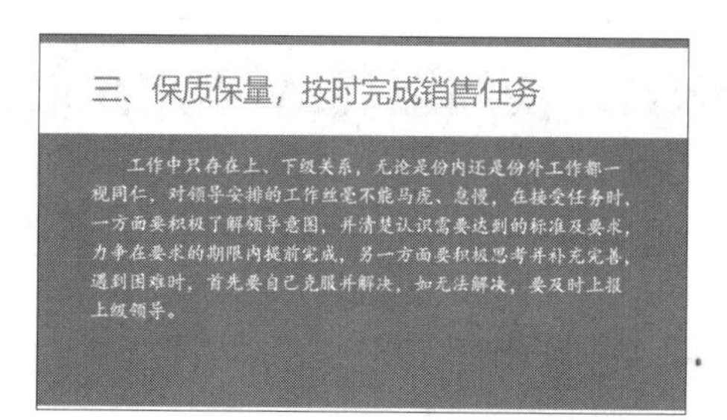

步骤 04 使用同样的方法，设置其他幻灯片的段落格式，如首行缩进、间距及居中方式等，如右图所示。

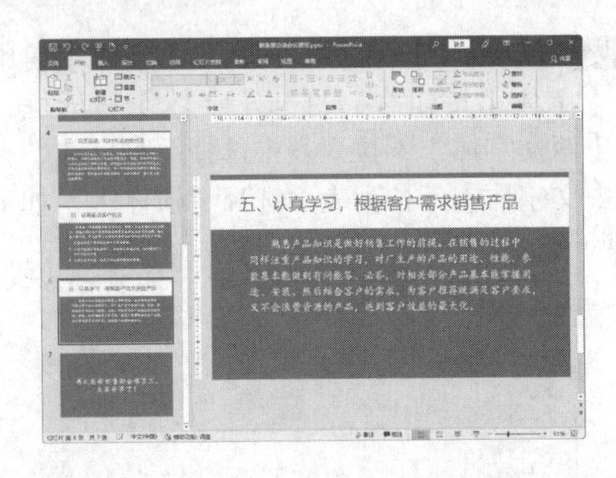

10.2.6 添加项目编号

在PowerPoint 2021演示文稿中，使用项目符号或项目编号可以演示文本的顺序或流程。添加项目符号或项目编号也是美化幻灯片的一个重要手段，精美的项目符号、统一的编号样式可以使单调的文本内容变得更生动、更专业。添加项目编号的具体操作步骤如下。

步骤 01 选中第3张幻灯片需要添加项目编号的文本内容，单击【开始】选项卡下【段落】组中的【编号】按钮 右侧的下拉按钮，弹出项目编号下拉列表，选择相应的项目编号，即可将其添加到文本中，如下图所示。

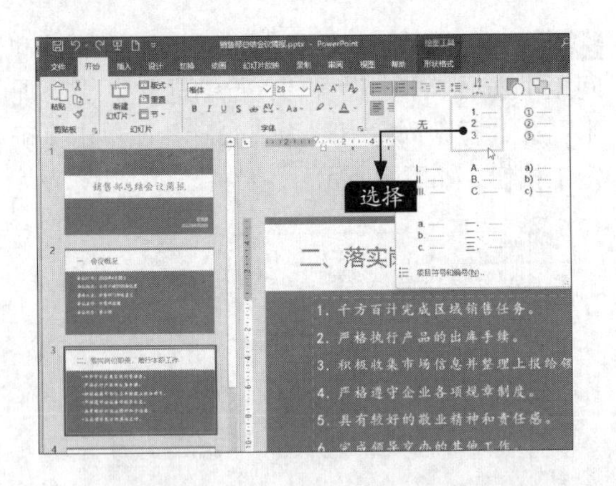

步骤 02 添加项目编号后的效果如下图所示。使用同样的方法，为其他幻灯片添加项目编号后，保存演示文稿即可。

二、落实岗位职责，履行本职工作

1. 千方百计完成区域销售任务。
2. 严格执行产品的出库手续。
3. 积极收集市场信息并整理上报给领导。
4. 严格遵守企业各项规章制度。
5. 具有较好的敬业精神和责任感。
6. 完成领导交办的其他工作。

高手私房菜

技巧1：使用取色器为演示文稿配色

PowerPoint 2021可以对图片的任何颜色进行取色，以更好地为演示文稿配色。具体操作步骤如下。

步骤 01 打开PowerPoint 2021，并应用任意一种主题，如下页图所示。

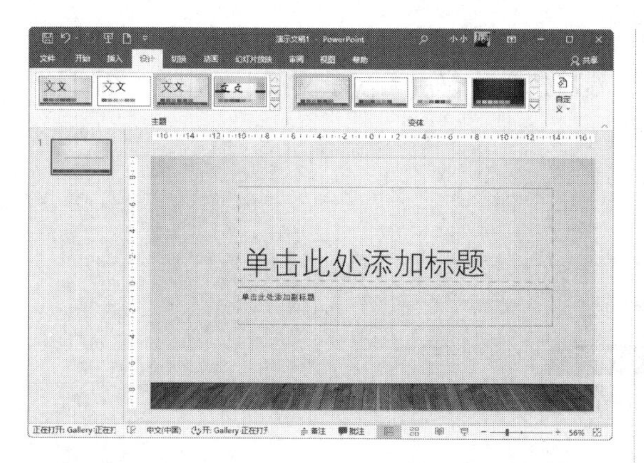

步骤02 在标题文本框中输入任意文字，然后单击【开始】选项卡下【字体】组中的【字体颜色】按钮A·，在弹出的下拉列表中单击【取色器】选项，如下图所示。

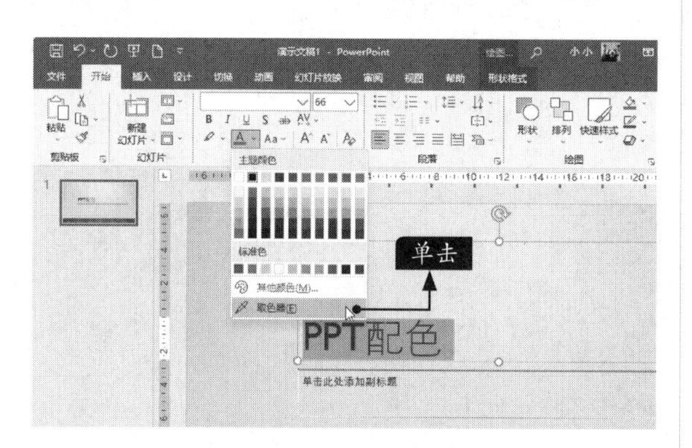

步骤03 在幻灯片上任意位置单击即可拾取颜色，并显示其颜色值，如下图所示。

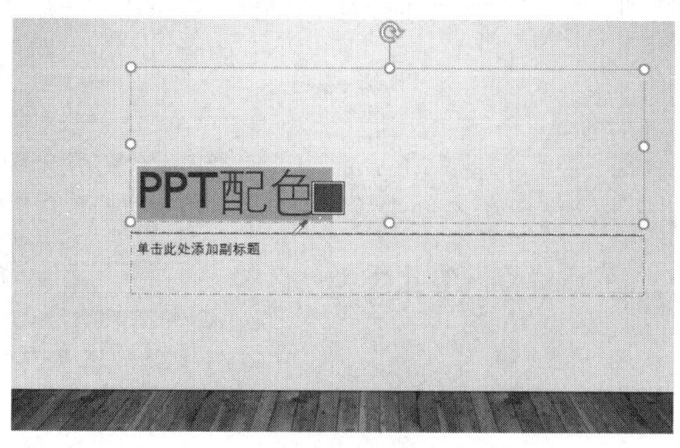

步骤04 应用选中的颜色后的效果如下图所示。

另外，在演示文稿制作中，添加幻灯片的背景、图形填充时也可以使用取色器进行配色。

技巧2：保存幻灯片中的特殊字体

为了获得好的效果，人们通常会在幻灯片中使用一些非常漂亮的字体，可是将幻灯片复制到演示现场进行播放时，这些字体可能会变成普通字体，甚至还可能因字体而导致格式变得不整齐，严重影响演示效果。可以通过下面的操作步骤保存幻灯片中的特殊字体。

步骤01 在PowerPoint 2021中，单击【文件】选项卡下的【另存为】选项，选择文件存储位置，并单击【浏览】按钮，弹出【另存为】对话框。在对话框中单击【工具】按钮后的下拉按钮，在弹出的下拉列表中选择【保存选项】选项，如下图所示。

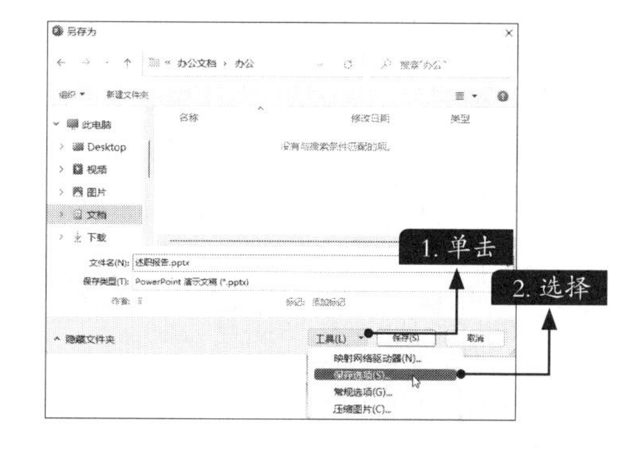

步骤02 在弹出的【PowerPoint选项】对话框中，单击【保存】选项，选中【共享此演示文稿时保持保真度】区域下的【将字体嵌入文件】复选框，然后选中【仅嵌入演示文稿中使用的字符】单选项，单击【确定】按钮，再保存该演示文稿即可。

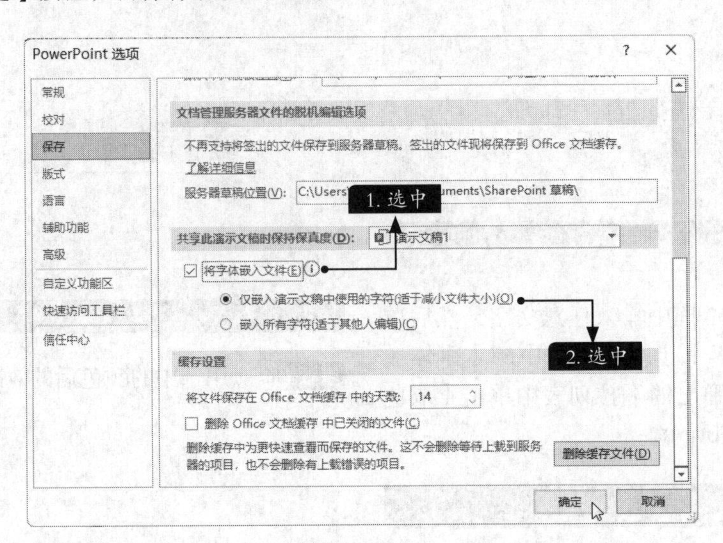

第 11 章

设计图文并茂的演示文稿

学习目标

美化幻灯片是PowerPoint 2021的重要功能之一。图文并茂的演示文稿可以使演示的内容更加具有吸引力。本章介绍在演示文稿中创建表格，以及插入图片、形状、SmartArt 图形、绘制形状等操作的方法。通过本章的学习，读者可以掌握在演示文稿中应用图形图像的方法。

学习效果

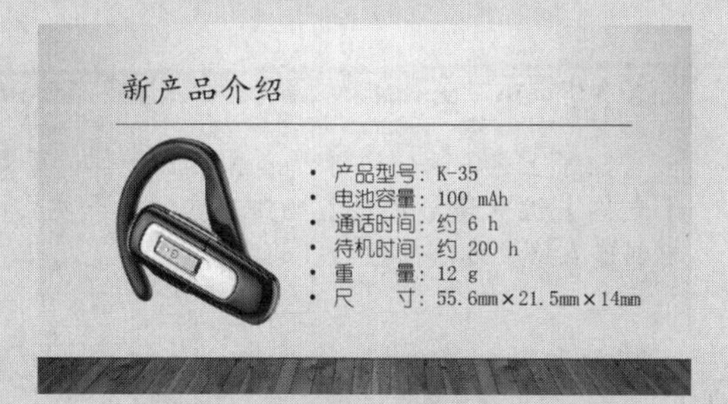

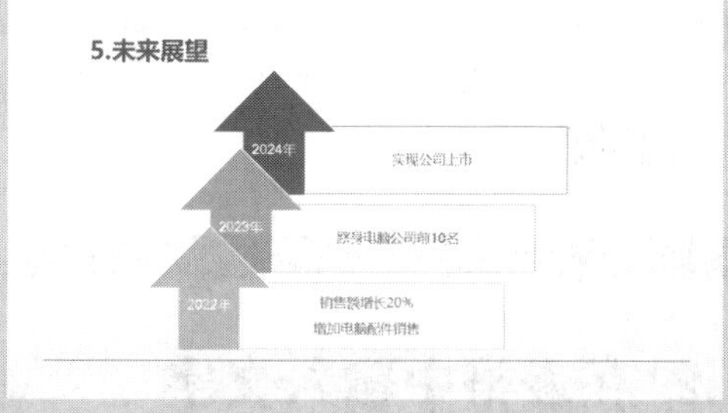

11.1 制作公司文化宣传演示文稿

公司文化宣传演示文稿主要用于介绍公司的主营业务、产品、规模及人文历史，用于提高公司知名度。本节以制作“公司文化宣传”演示文稿为例，介绍在演示文稿中插入表格与图片的方法。

11.1.1 在演示文稿中创建表格

在PowerPoint 2021中可以通过表格来组织幻灯片的内容。在演示文稿中创建表格的具体操作步骤如下。

步骤01 打开“素材\ch11\公司文化宣传.pptx”演示文稿，新建“标题和内容”幻灯片，然后输入该幻灯片的标题“1月份各渠道销售情况表”，并设置标题字体格式，如下图所示。

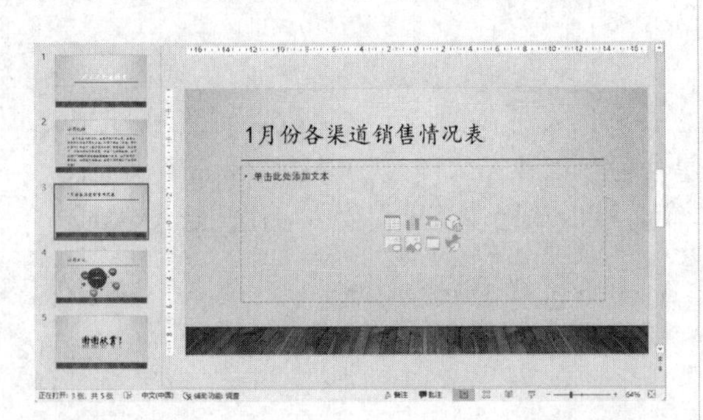

步骤02 单击幻灯片中的【插入表格】按钮，如下图所示。

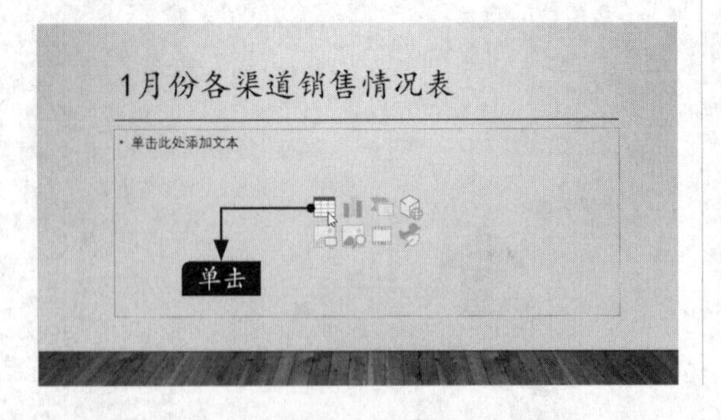

步骤03 在弹出的【插入表格】对话框中，分别在【行数】和【列数】文本框中输入行数和列数，单击【确定】按钮，如下图所示。

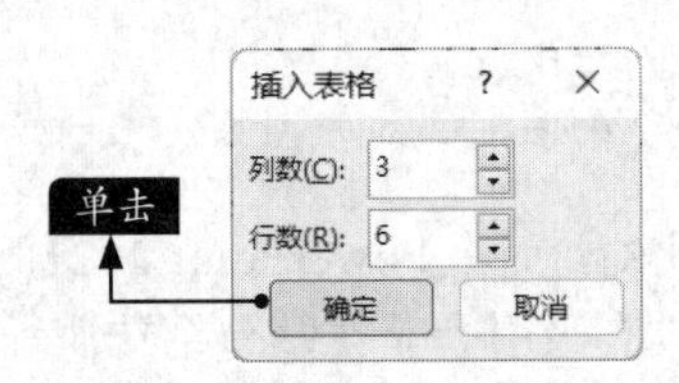

步骤04 创建的一个表格如下图所示。

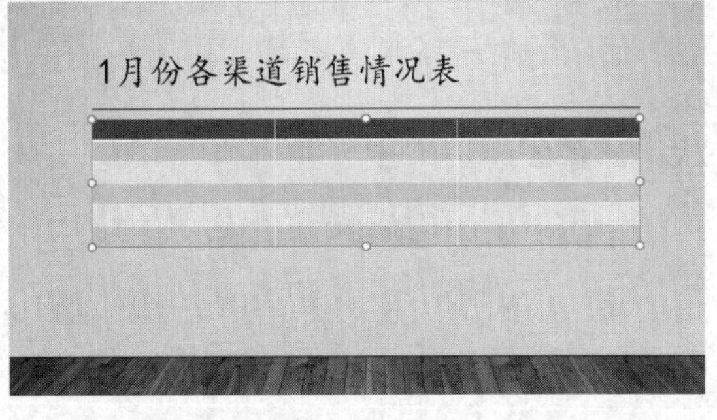

小提示

除了上述方法，还可以单击【插入】选项卡下【表格】组中的【表格】按钮，其方法和在Word中创建表格的方法一致，在此不赘述。

11.1.2 在表格中输入文字

创建表格后，需要在表格中输入文字，具体操作步骤如下。

步骤01 选中要输入文字的单元格，在单元格中输入相应的内容。最终的效果如下页图所示。

步骤02 选中第一列第二行～第四行的单元格，并单击鼠标右键，在弹出的快捷菜单中单击【合并单元格】命令，如下图所示。

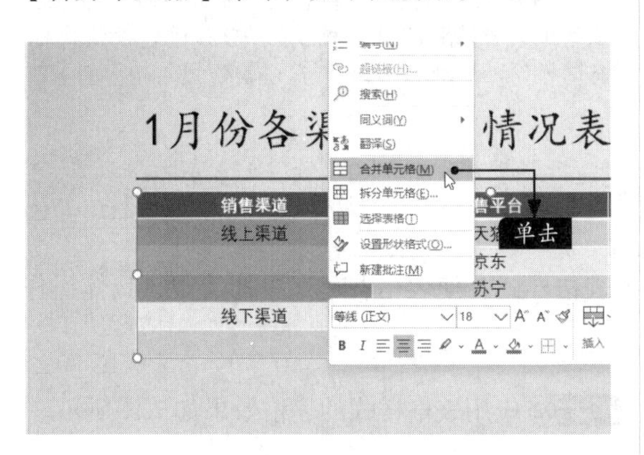

步骤03 将合并后的单元格设置为“垂直居中”显示，效果如下图所示。

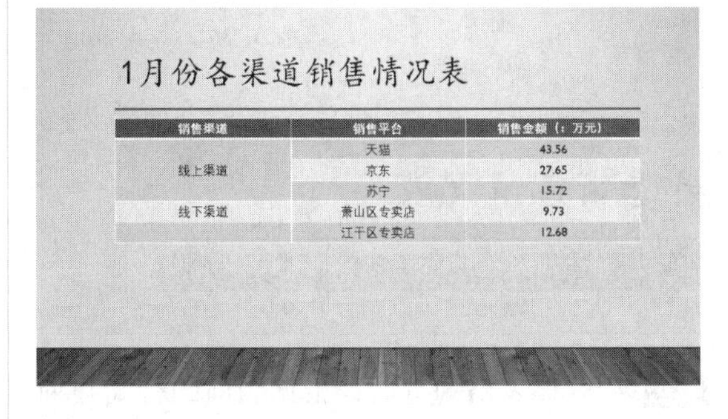

步骤04 使用同样的方法，合并需要合并的单元格，最终效果如下图所示。

11.1.3 调整表格的行高与列宽

在表格中输入文字后，我们可以调整表格的行高与列宽，以满足表格中文字的需要，具体操作步骤如下。

步骤01 选择表格，单击【表格工具】→【布局】选项卡下【表格尺寸】组中的【高度】文本框后的调整按钮，或直接在【高度】文本框中输入新的高度值，如下图所示。

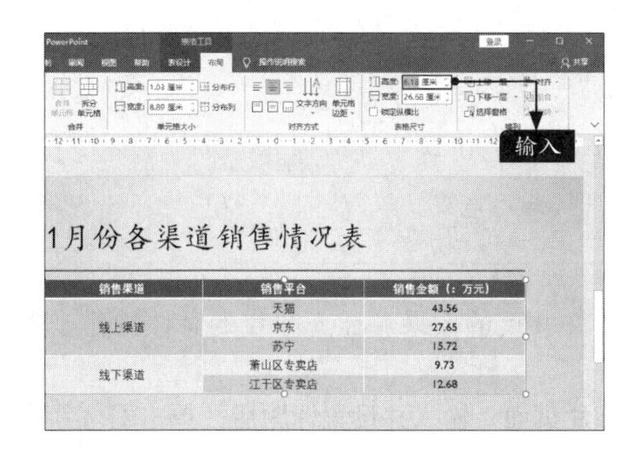

步骤02 设置高度为“9厘米”，调整表格行高的效果如下图所示。

步骤03 单击【表格工具】→【布局】选项卡下【表格尺寸】组中的【宽度】文本框后的调整按钮，或直接在【宽度】文本框中输入新的宽度值，如下页图所示。

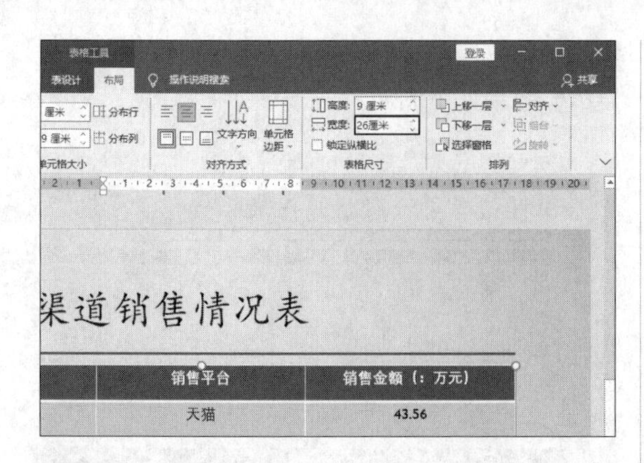

步骤04 调整表格列宽后，根据当前的行高与列宽设置字体和段落格式，效果如右图所示。

1月份各渠道销售情况表

销售渠道	销售平台	销售金额（：万元）
线上渠道	天猫	43.56
	京东	27.65
	苏宁	15.72
线下渠道	萧山区专卖店	9.73
	江干区专卖店	12.68

小提示

用户也可以把鼠标指针放在要调整的单元格边框线上，当鼠标指针变成÷或+形状时，按住鼠标左键拖曳，即可调整表格的行高或列宽。

11.1.4 设置表格样式

调整表格的行高与列宽之后，用户还可以设置表格样式，使表格看起来更加美观，具体操作步骤如下。

步骤01 选中表格，单击【表格工具】→【表设计】选项卡下【表格样式】组中的【其他】按钮▾，在弹出的下拉列表中选择一种表格样式，如下图所示。

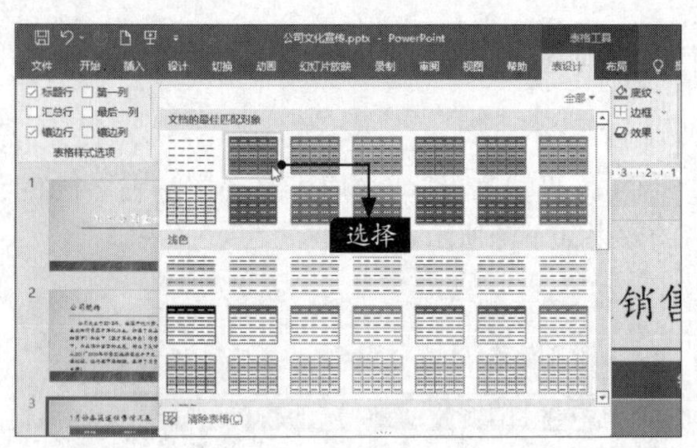

步骤02 应用表格样式的表格效果如下图所示。

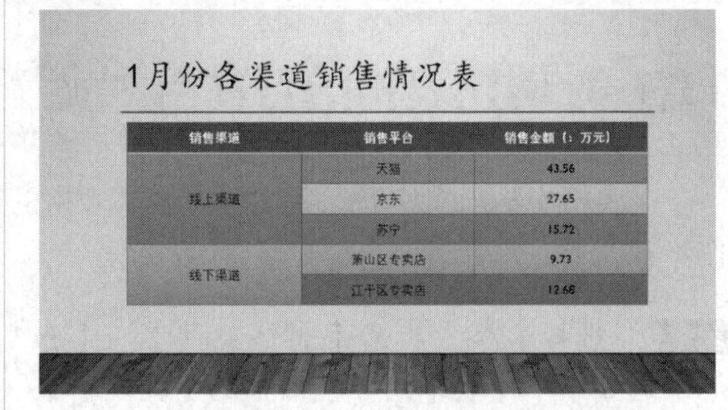

小提示

另外，还可以在【表格样式】组中设置表格的效果样式。

11.1.5 插入图片

在制作幻灯片时插入适当的图片，可以达到图文并茂的效果。插入图片的具体操作步骤如下。

步骤01 在第3张幻灯片后，新建“标题和内容”幻灯片页面，输入并设置标题后，单击幻灯片中的【图片】按钮，如下页图所示。

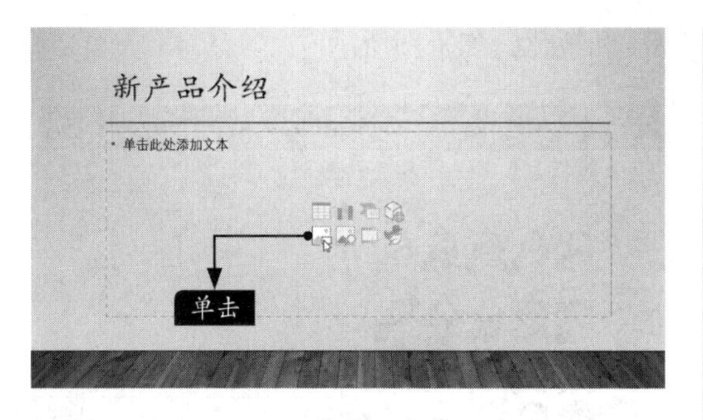

步骤02 在弹出的【插入图片】对话框的【查找范围】下拉列表中选择图片所在的位置，选择要插入幻灯片的图片，单击【插入】按钮，如下图所示。

步骤03 将图片插入幻灯片的效果如下图所示。

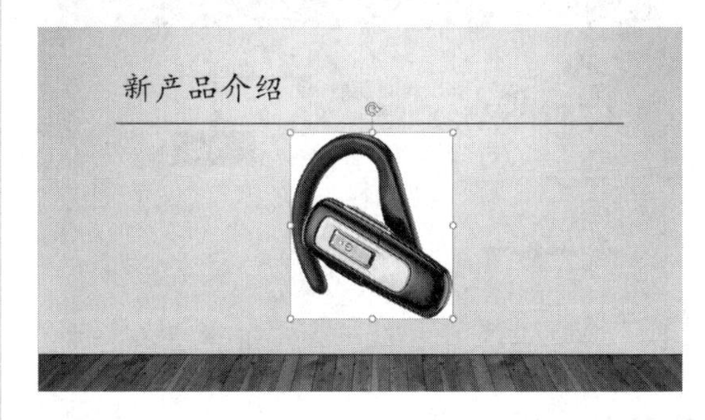

步骤04 单击图片，并移动图片到合适位置，如下图所示。

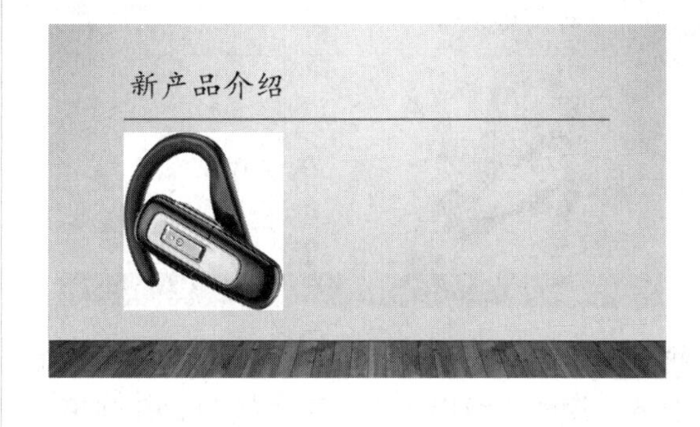

11.1.6 编辑图片

插入图片后，用户可以对图片进行编辑，使图片满足相应的需要，具体操作步骤如下。

步骤01 选中插入的图片，单击【图片工具】→【图片格式】选项卡下的【删除背景】按钮，如下图所示。

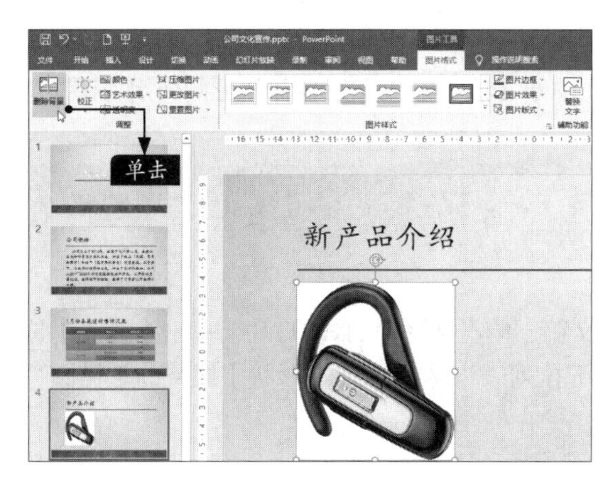

步骤02 在【背景消除】选项卡中，分别单击【标记要保留的区域】按钮和【标记要删除的区域】按钮，对要保留的区域和删除的区域进行修改，如下图所示。

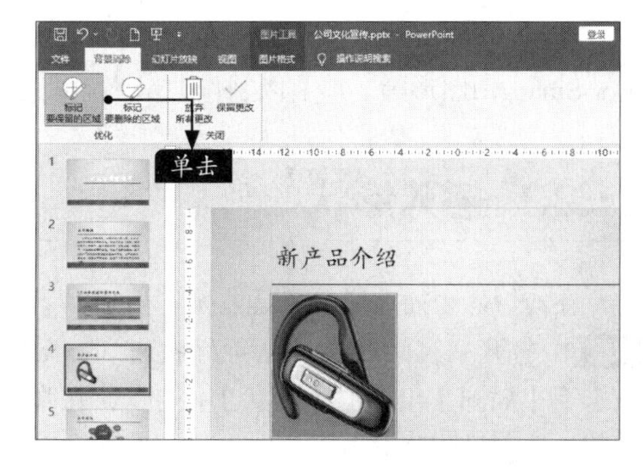

步骤03 修改完成后，单击【保留更改】按钮，如下页图所示。

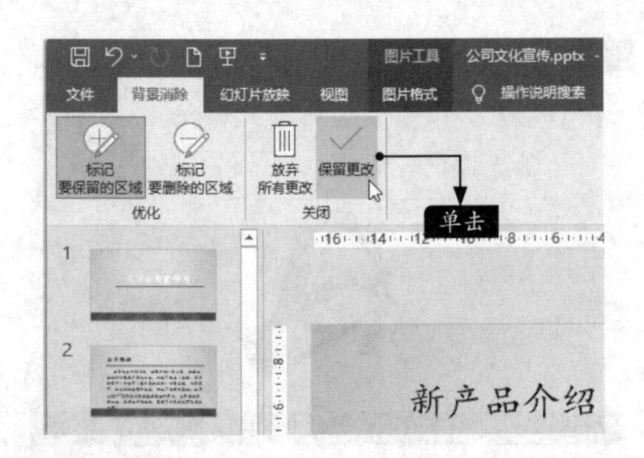

步骤 04 删除背景后的效果如下图所示。

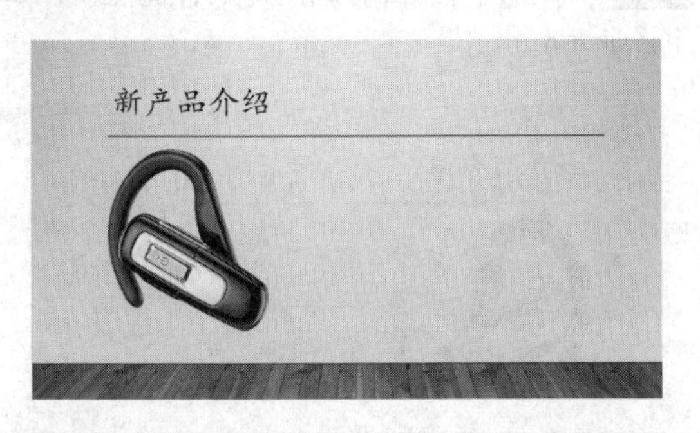

步骤 05 单击【图片工具】→【图片格式】选项卡下【调整】组中的【校正】按钮，在弹出的下拉列表中选择相应的选项，可以校正图片的亮度和锐化，如下图所示。

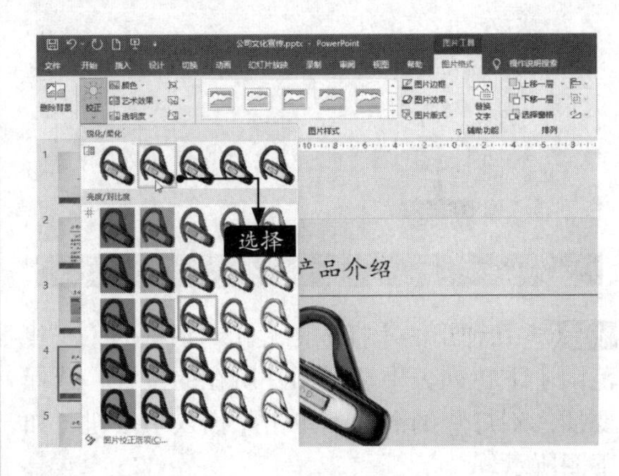

步骤 06 调整后，根据需求在图片右侧添加文字，最终效果如下图所示。

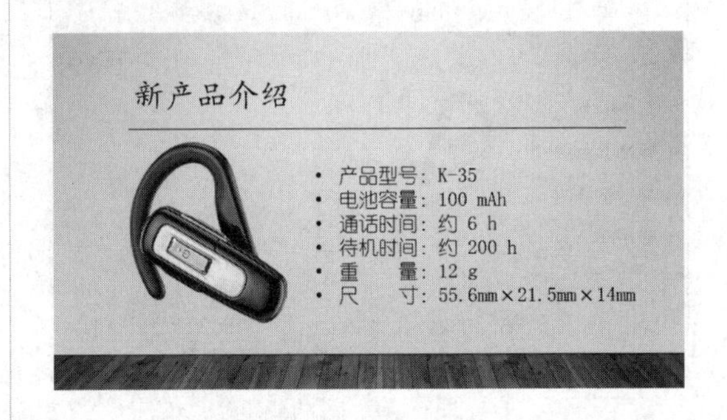

11.2 制作销售业绩报告演示文稿

销售业绩报告演示文稿主要用于展示公司的销售业绩情况。

在PowerPoint 2021中，可以使用图形图表来表现公司的销售业绩，例如在演示文稿中插入图形、SmartArt图形等。本节以制作“销售业绩报告”演示文稿为例，介绍各种图形的使用方法。

11.2.1 插入形状

在幻灯片中插入形状的具体操作步骤如下。

步骤 01 打开“素材\ch11\销售业绩报告.pptx”演示文稿，单击选择第2张幻灯片。单击【插入】选项卡下【插图】组中的【形状】按钮，在弹出的下拉列表中选择【基本形状】区域的“椭圆”形状，如下页图所示。

步骤02 此时鼠标指针在幻灯片中的形状显示为“+”，按住【Shift】键，按住鼠标左键不放并拖曳到适当位置后释放鼠标左键，绘制的圆形形状如下图所示。

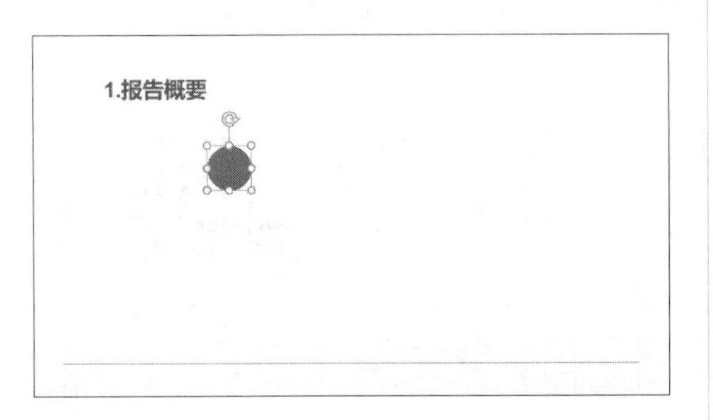

步骤03 单击【绘图工具】→【形状格式】选项卡下【形状样式】组中的【形状填充】按钮，在弹出的下拉列表中选择一种颜色，如下图所示。

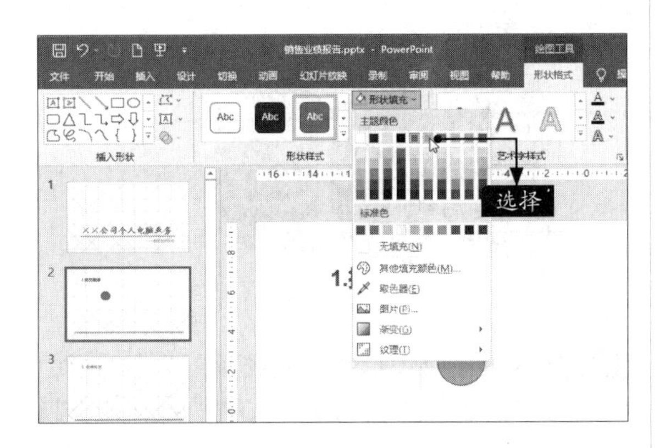

步骤04 单击【形状样式】组中的【形状轮廓】按钮，在弹出的下拉列表中选择一种轮廓颜色，如右上图所示。

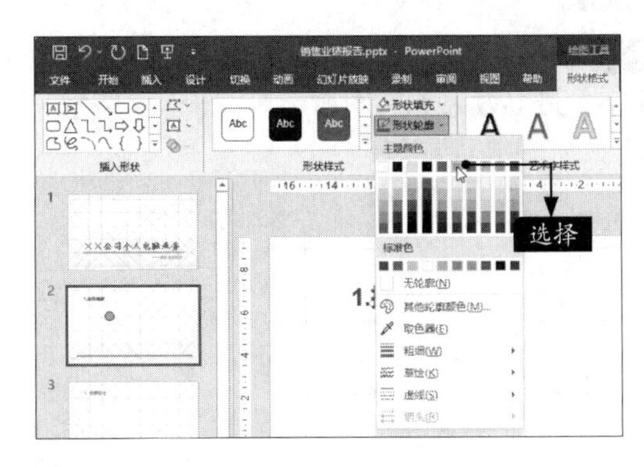

步骤05 使用同样的方法，插入一个“直线”形状，并设置形状样式，效果如下图所示。

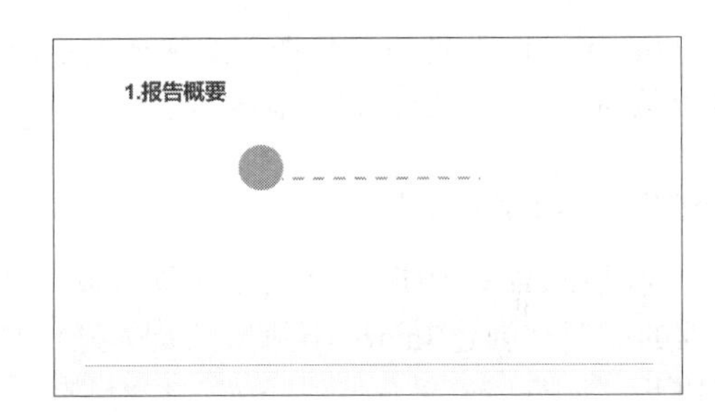

步骤06 单击【插入】选项卡下【文本】组中的【文本框】按钮，在幻灯片中绘制出文本框的位置，输入文本“业绩综述”并调整文本与形状的大小，然后在圆形形状中输入数字“1”，如下图所示。

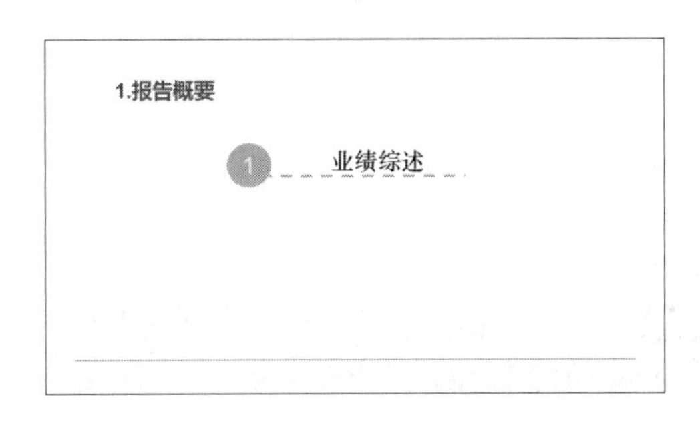

步骤07 选择插入的图形及文字，并按【Ctrl+C】组合键，然后按【Ctrl+V】组合键粘贴3次后，调整其位置，如下图所示。

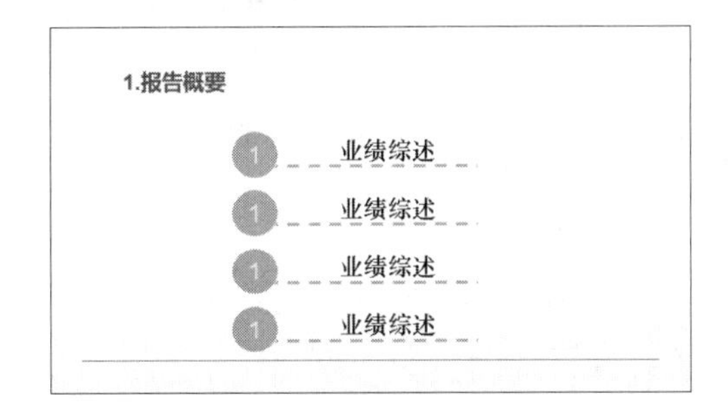

步骤 08 为复制出的形状设置形状格式，并编辑文字，最终效果如右图所示。

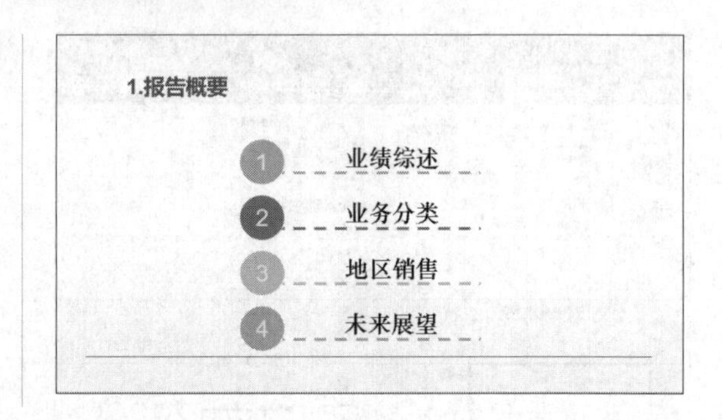

11.2.2 插入SmartArt图形

SmartArt图形是信息和观点的视觉表示形式。用户可以选择多种不同布局来创建SmartArt图形，从而快速、轻松和有效地传达信息。

1. 创建SmartArt图形

利用SmartArt图形，可以创建具有设计师水准的插图。创建SmartArt图形的具体操作步骤如下。

步骤 01 接11.2.1小节的操作，选择“业务种类”幻灯片，如下图所示。

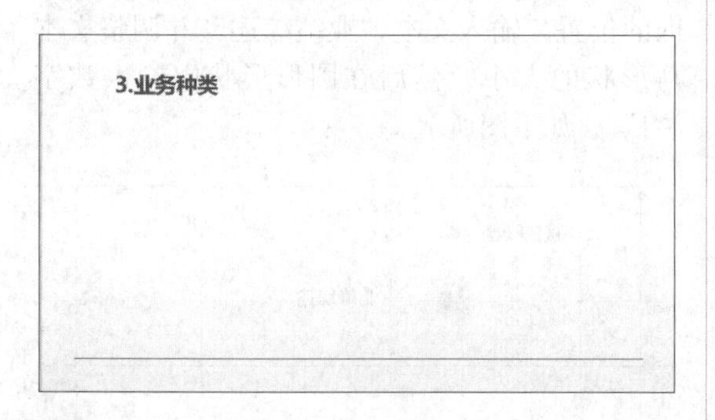

步骤 02 单击【插入】选项卡下【插图】组中的【SmartArt】按钮，如下图所示。

步骤 03 在弹出的【选择SmartArt图形】对话框中，单击【列表】区域的【梯形列表】图样，然后单击【确定】按钮，如下图所示。

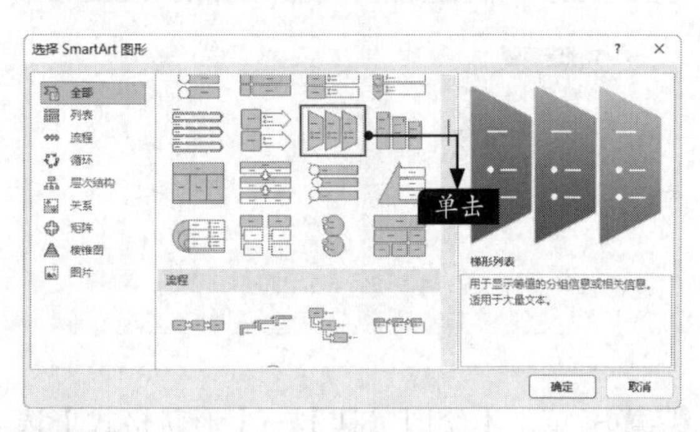

步骤 04 在幻灯片中创建一个列表图，适当调整其大小，如下图所示。

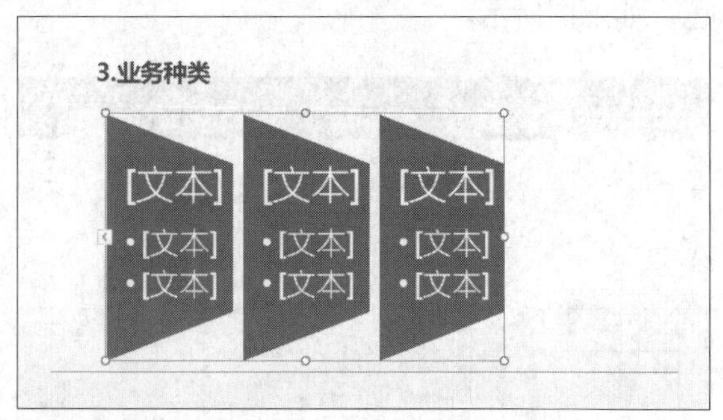

步骤 05 SmartArt图形创建完成后，单击图形中的“文本”字样可直接输入文字内容，如下页图所示。

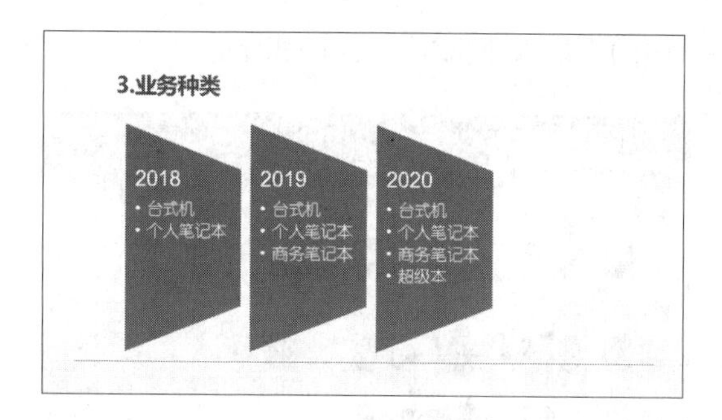

步骤06 单击【SmartArt工具】→【SmartArt设计】选项卡下【创建图形】组中的【添加形状】按钮右侧的下拉按钮，在弹出的下拉列表中选择【在后面添加形状】选项，如下图所示。

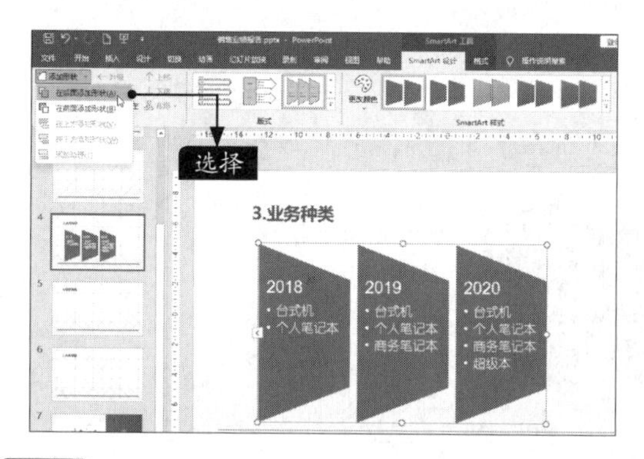

步骤07 在插入的SmartArt图形中添加一个形状，调整其大小，效果如下图所示。

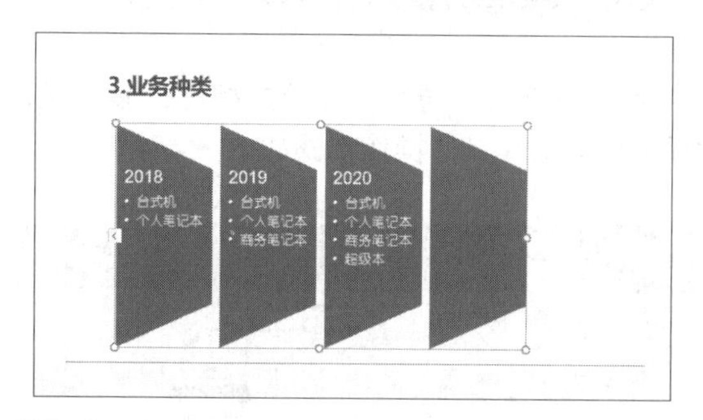

步骤08 单击【SmartArt工具】→【SmartArt设计】选项卡下【创建图形】组中的【文本窗格】按钮 文本窗格，如下图所示。

步骤09 在弹出的【在此处键入文字】窗格中输入文字，右侧的形状中会同时显示输入的文字，如下图所示。

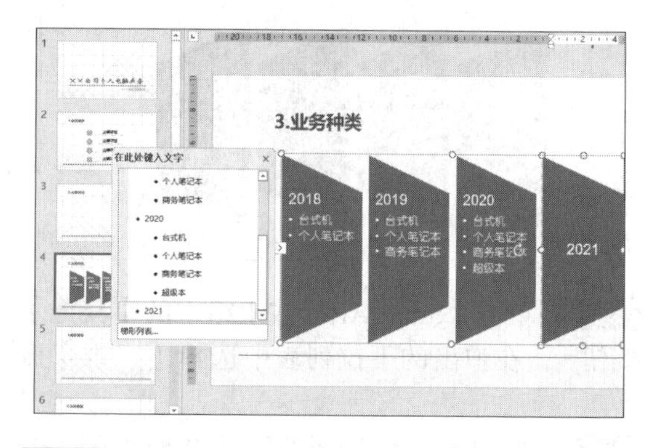

步骤10 在形状中输入文字后的效果如下图所示。

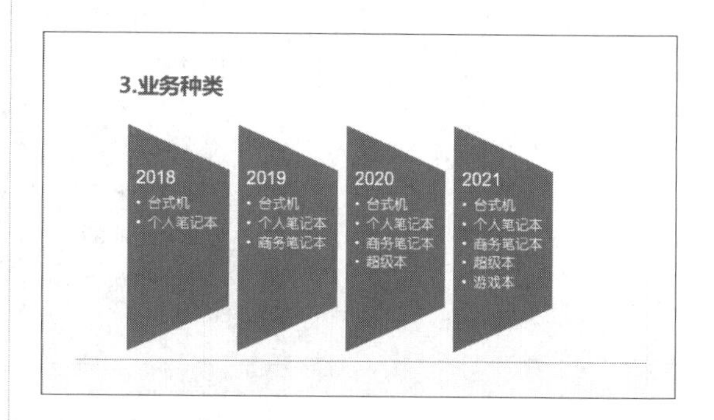

2. 美化SmartArt图形

创建SmartArt图形后，可以更改图形中的一个或多个形状的颜色和轮廓等，使SmartArt图形看起来更美观。具体操作步骤如下。

步骤01 单击选择SmartArt图形边框，然后单击【SmartArt工具】→【SmartArt设计】选项卡下【SmartArt样式】组中的【更改颜色】按钮，在弹出的下拉列表中选择【彩色】区域的【彩色-个性色】选项，如下图所示。

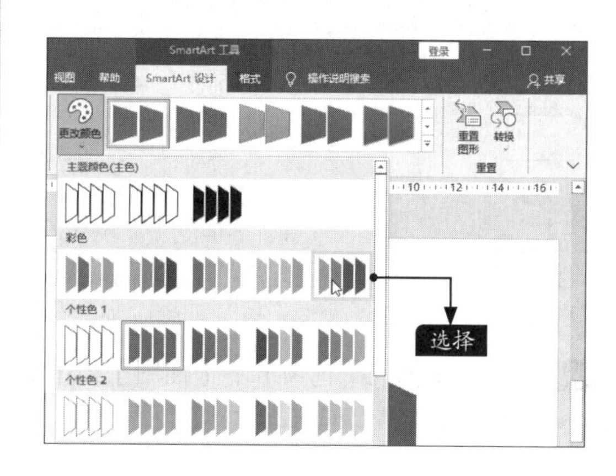

步骤 02 更改颜色后的效果如下图所示。

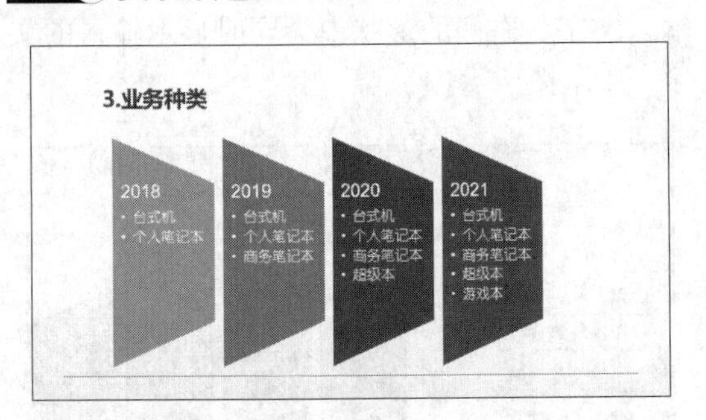

步骤 03 单击【SmartArt样式】组中的【其他】按钮，在弹出的下拉列表中选择【三维】区域中的【嵌入】选项，如下图所示。

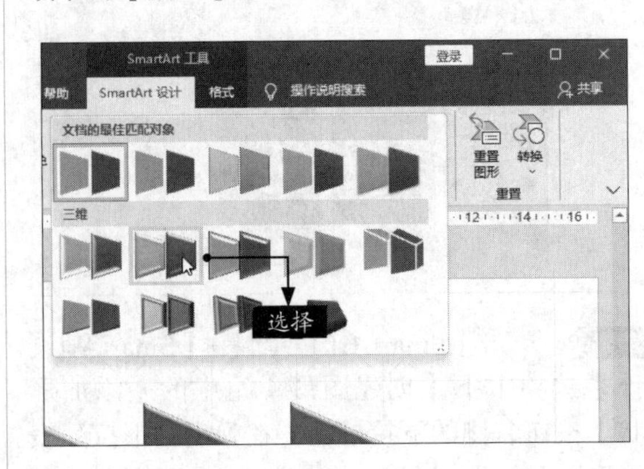

步骤 04 美化SmartArt图形的效果如下图所示。

11.2.3 使用图表设计“业绩综述”和“地区销售”幻灯片

在幻灯片中加入图表或图形，可以使幻灯片的内容更为丰富。与文字和数据相比，形象直观的图表更容易让人理解，也可以使幻灯片的显示效果更加清晰。具体操作步骤如下。

步骤 01 选择“业绩综述”幻灯片页面，如下图所示。

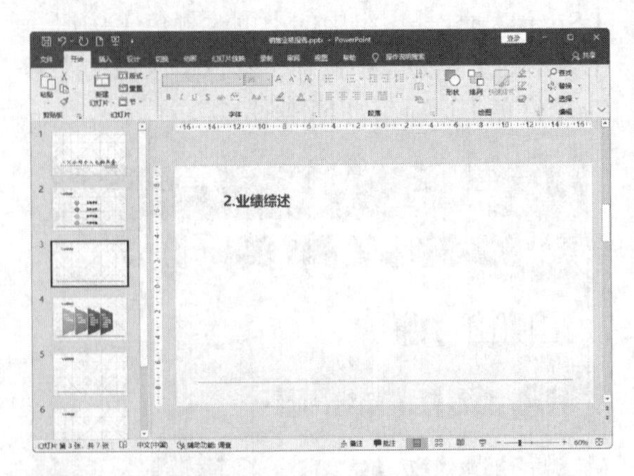

步骤 02 单击【插入】选项卡下【插图】组中的【图表】按钮，如右图所示。

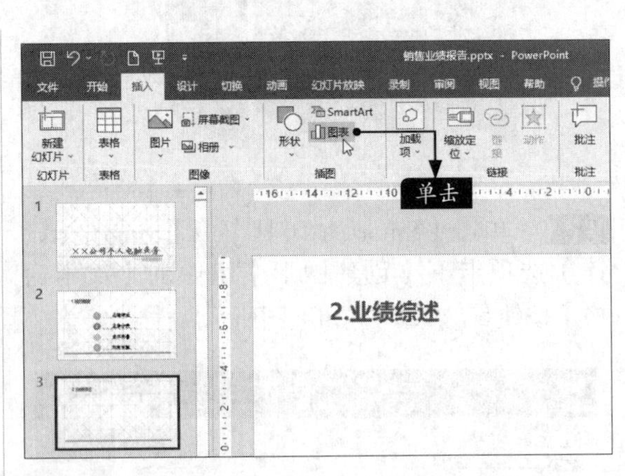

步骤 03 在弹出的【插入图表】对话框的【所有图表】选项卡中，选择【柱形图】中的【簇状柱形图】选项，单击【确定】按钮，如下页图所示。

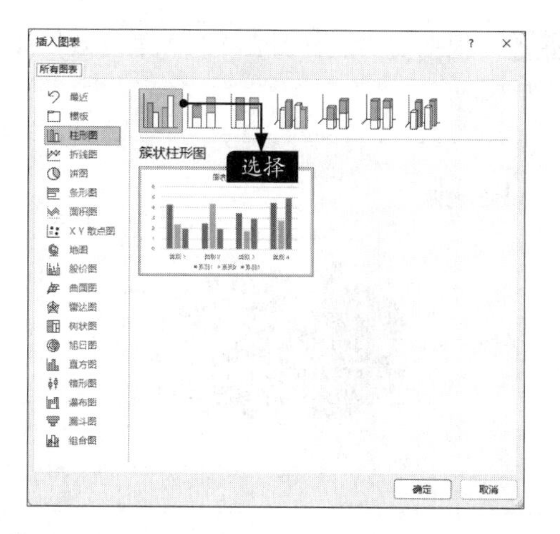

步骤04 在弹出的Excel工作表表格中，输入需要显示的数据，输入完毕后，关闭Excel表格，如下图所示。

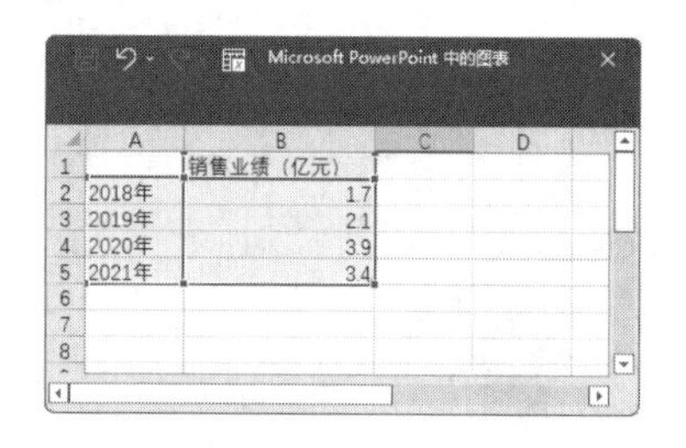

步骤05 在演示文稿中插入一个图表，调整图表的大小，如下图所示。

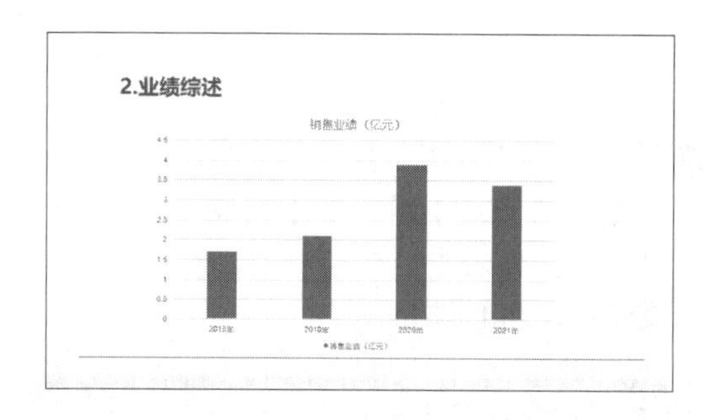

步骤06 选择插入的图表，单击【图表工具】→【图表设计】选项卡下【图表样式】组中的【其他】按钮，在弹出的下拉列表中选择【样式13】选项，如下图所示。

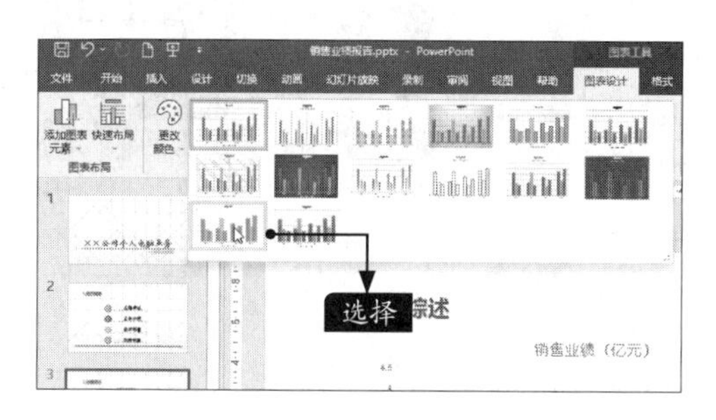

步骤07 此时应用图表样式，并调整图表标题后的效果如下图所示。

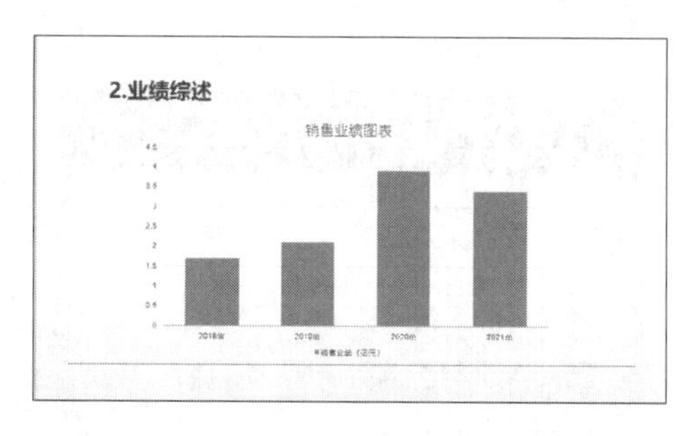

步骤08 单击【图表工具】→【图表设计】选项卡下【图表布局】组中的【添加图表元素】按钮，在弹出的下拉列表中选择【数据标签】→【数据标签外】选项，如下图所示。

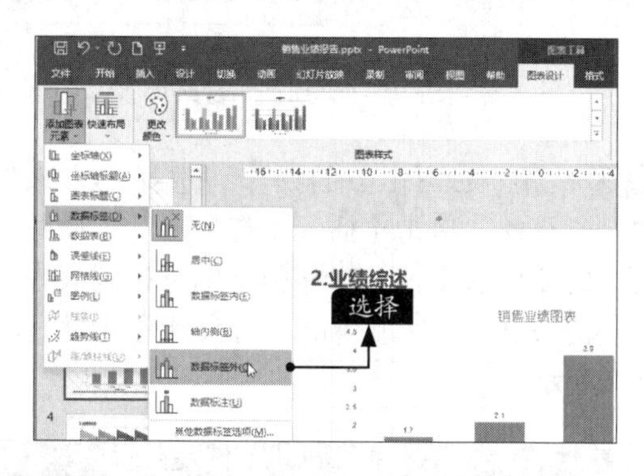

步骤09 插入数据标签后，效果如下图所示。

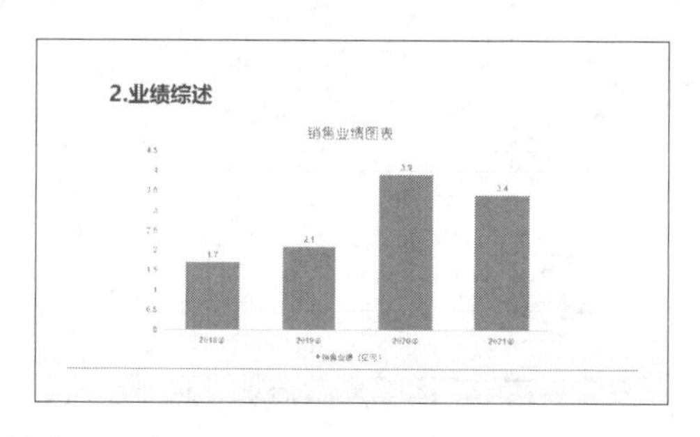

步骤10 使用同样的方法，在“地区销售”幻灯片中插入一个饼图类型的图表，如下图所示。

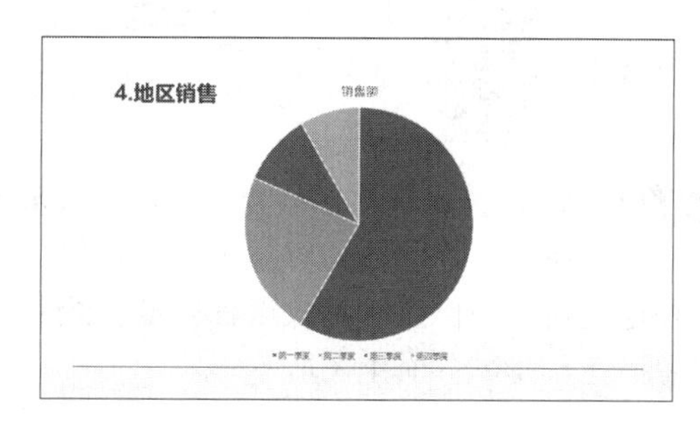

步骤11 在弹出的Excel工作表表格中，输入需要显示的数据，输入完毕后，关闭Excel表格，如下图所示。

Microsoft PowerPoint 中的图表

	A	B
1		销售组成
2	华北	9.9%
3	华南	14.4%
4	华中	13.5%
5	华东	16.2%
6	东北	17.1%
7	西南	11.7%
8	西北	4.5%
9	中南	12.6%

步骤12 根据需要设置图表样式，最终效果如下图所示。

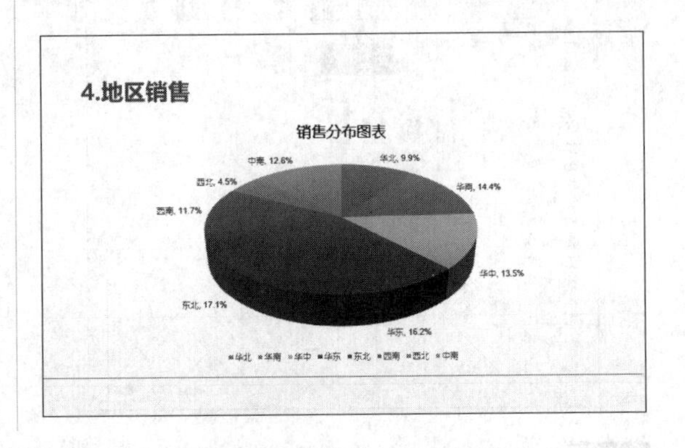

11.2.4 设计“未来展望”幻灯片

设计“未来展望”幻灯片的具体操作步骤如下。

步骤01 接11.2.3小节的操作，选择“未来展望”幻灯片，单击【插入】选项卡下【插图】组中的【形状】按钮，在弹出的下拉列表中选择【箭头总汇】区域中的“箭头:上”形状，如下图所示。

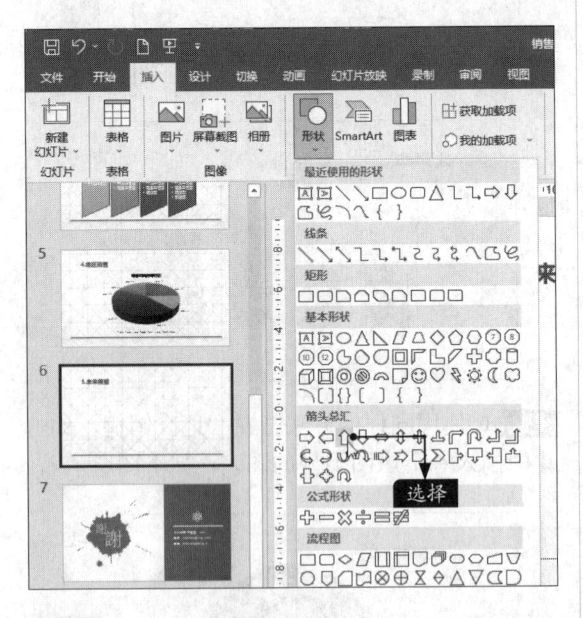

步骤02 此时鼠标指针在幻灯片中的形状显示为“+”，在幻灯片空白位置单击，按住鼠标左键并拖曳到适当位置后释放鼠标左键，绘制的“箭头:上”形状如右上图所示。

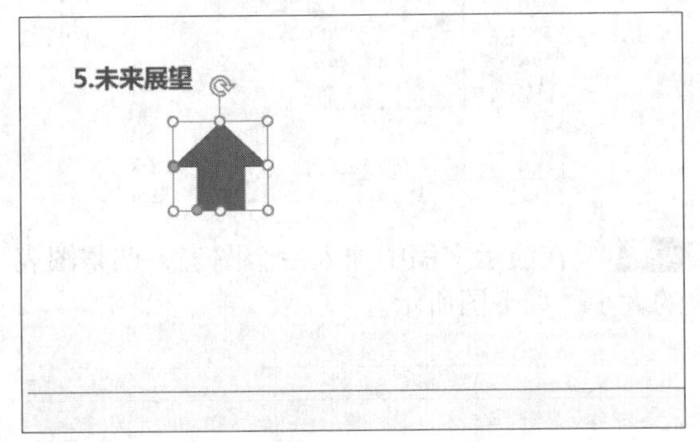

步骤03 单击【绘图工具】→【形状格式】选项卡下【形状样式】组中的【其他】按钮，在弹出的下拉列表中选择一种主题样式，即可应用该样式，如下图所示。

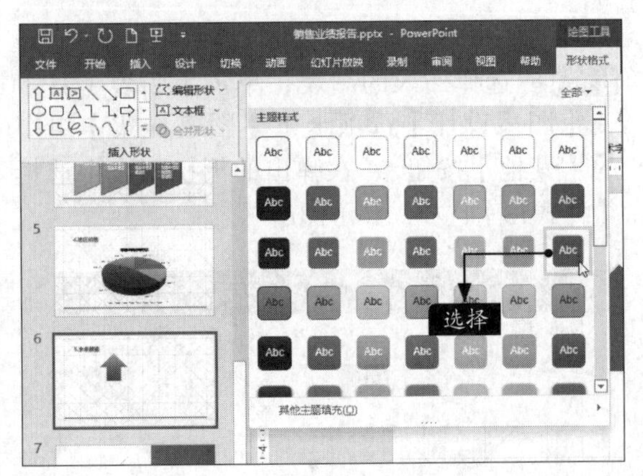

步骤04 使用同样的方法，插入矩形形状，并设置形状格式，如下图所示。

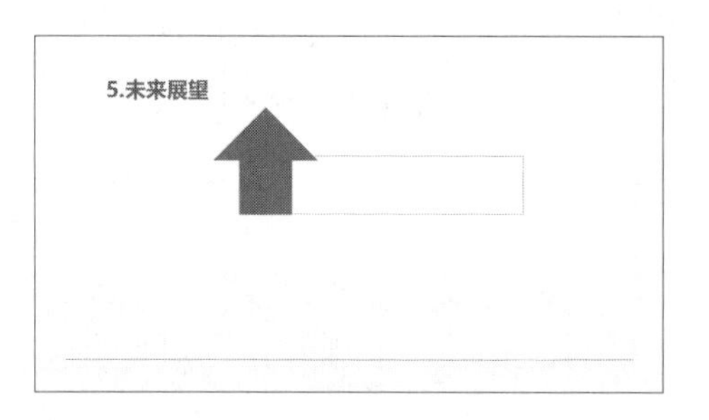

步骤05 选择插入的形状并复制粘贴2次，然后调整形状的位置，分别设置两个形状的轮廓颜色，如右上图所示。

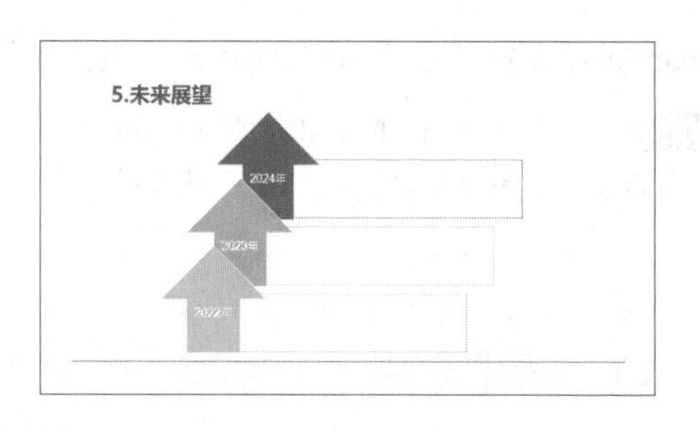

步骤06 在形状中输入文字，并根据需要设置文字样式即可，最终效果如下图所示。

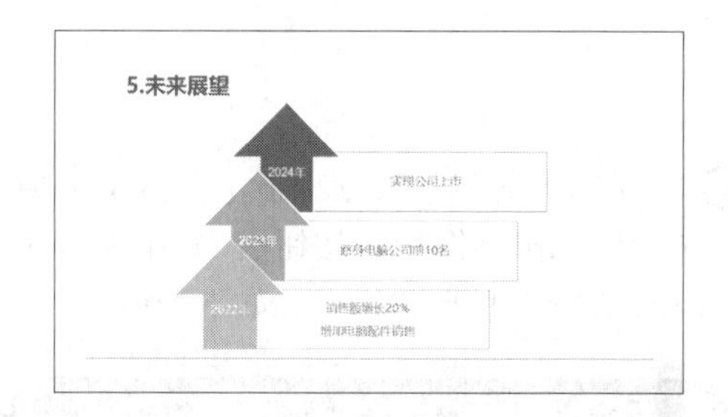

高手私房菜

技巧1：统一替换幻灯片中使用的字体

在制作演示文稿时，如果希望将演示文稿中的某种字体替换为其他字体，不需要逐一替换，可统一替换，具体操作步骤如下。

步骤01 单击【开始】选项卡下【编辑】组中的【替换】按钮右侧的下拉按钮，在弹出的下拉列表中选择【替换字体】选项，如下图所示。

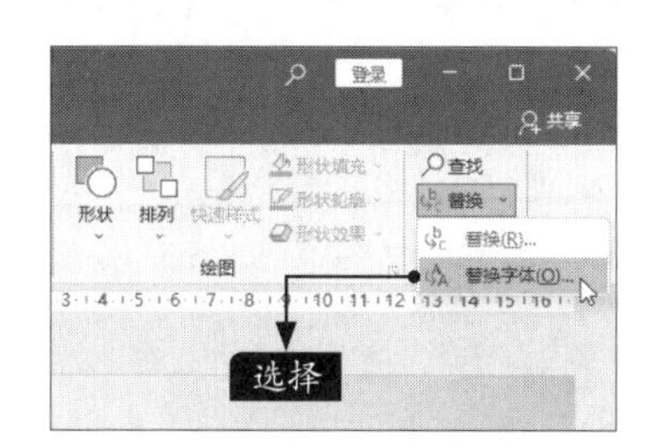

步骤02 在弹出的【替换字体】对话框的【替换】下拉列表中选择要替换掉的字体“黑体”，在【替换为】下拉列表中选择要替换为的字体“方正中雅宋简体”，单击【替换】按钮，即可将演示文稿中的所有“黑体”字体替换为“方正中雅宋简体”，如下图所示。

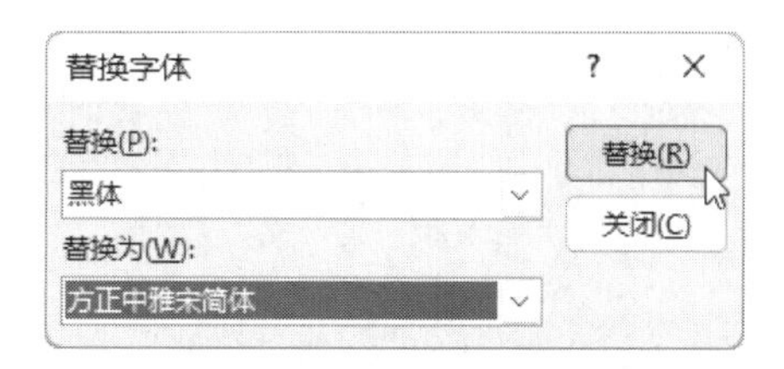

技巧2：将文本转换为SmartArt图形

在演示文稿中，我们可以将幻灯片中的文本转换为SmartArt图形，以便在PowerPoint 2021中可视化数据，而且可以对其布局进行设置。我们还可以更改SmartArt图形的颜色或向其添加

SmartArt样式来自定义SmartArt图形。具体操作步骤如下。

步骤 01 打开“素材\ch11\报到流程.pptx”，单击内容文字占位符的边框，如下图所示。

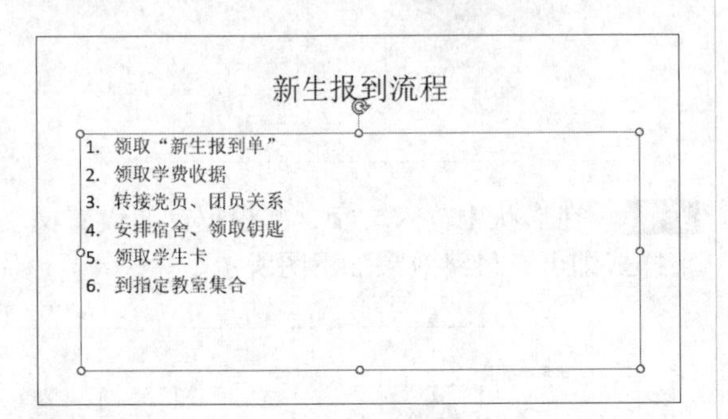

步骤 02 单击【开始】选项卡下【段落】组中的【转换为SmartArt图形】按钮，在弹出的下拉列表中选择一种形状样式，如下图所示。

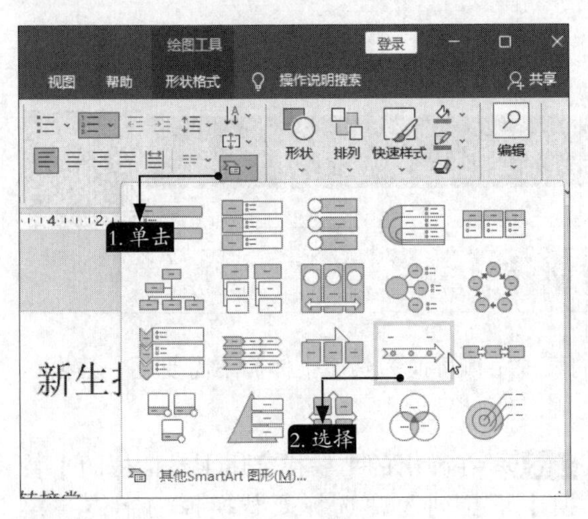

步骤 03 此时，将文本转换为SmartArt图形，如下图所示。

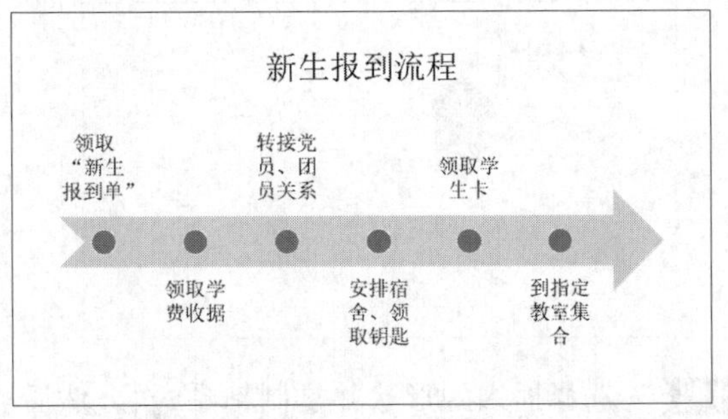

小提示

也可单击【转换为SmartArt图形】下拉菜单中的【其他SmartArt图形】选项，从弹出的【选择SmartArt图形】对话框中选择所要转换的图形。

步骤 04 在【SmartArt工具】→【SmartArt设计】选项卡下，将其【版式】更改为【重复蛇形流程】，调整其颜色效果，最终效果如下图所示。

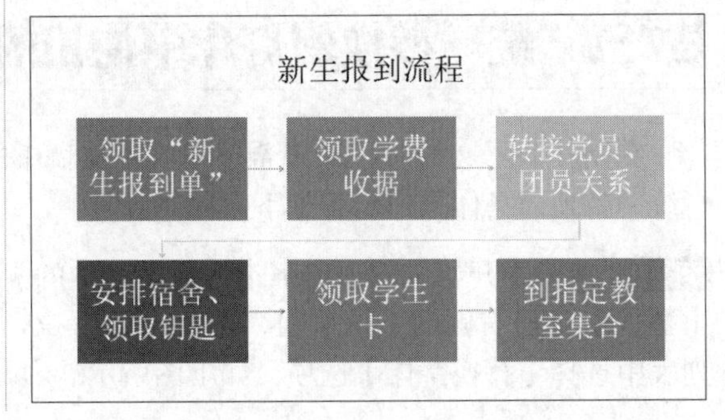

第12章

动画及放映的设置

动画及放映的效果设置是PowerPoint 2021的重要功能，可以使幻灯片的过渡和显示给观众绚丽多彩的视觉享受。通过本章的学习，读者可以掌握动画及放映效果的设置方法。

12.1 修饰市场季度报告演示文稿

修饰市场季度报告演示文稿的主要工作是对公司的市场季度报告演示文稿进行动画修饰。

在PowerPoint 2021中，创建并设置动画可以有效加深观众对幻灯片的印象。本节以修饰“市场季度报告”演示文稿为例，介绍动画的创建和设置方法。

12.1.1 创建动画

在幻灯片中，可以为对象创建进入动画。例如，可以使对象逐渐淡入焦点、从边缘飞入幻灯片或者跳入视图中。创建进入动画的具体操作步骤如下。

步骤 01 打开“素材\ch12\市场季度报告.pptx”演示文稿，选择幻灯片中要创建进入动画效果的文字，如下图所示。

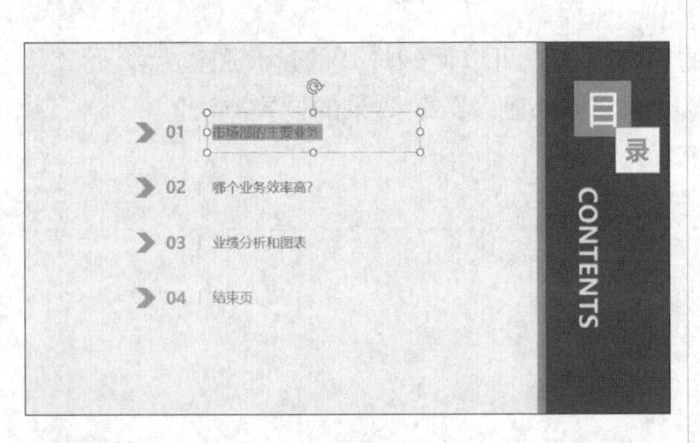

步骤 02 单击【动画】选项卡下【动画】组中的【其他】按钮，在弹出的下拉列表的【进入】区域中选择【劈裂】选项，创建动画，如下图所示。

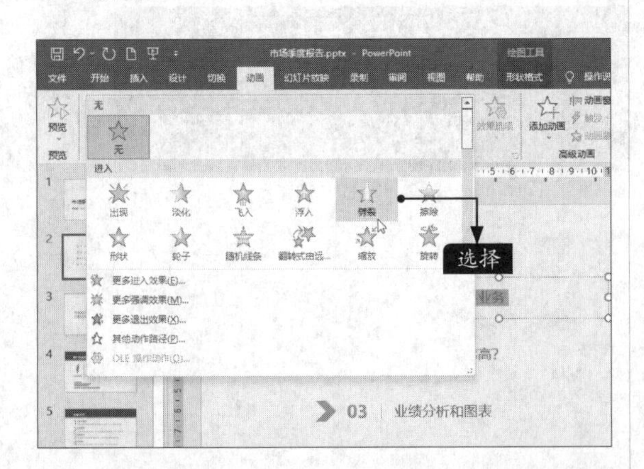

步骤 03 添加动画效果后，文字对象前面将显示一个动画编号标记 1，如下图所示。

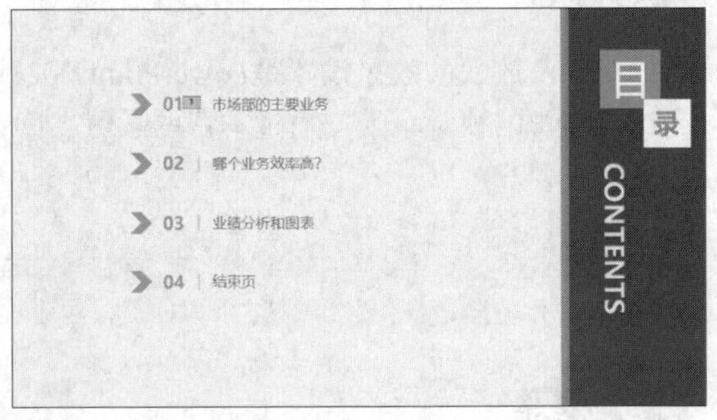

步骤 04 使用同样的方法，为其他需要设置动画的幻灯片创建动画，如下图所示。

> **小提示**
>
> 创建动画后，幻灯片中的动画编号标记在打印时不会被打印出来。

12.1.2 设置动画

在幻灯片中创建动画后，可以对动画进行设置，包括调整动画顺序、设置动画计时等。

1. 调整动画顺序

在放映幻灯片的过程中，可以对动画播放的顺序进行调整。具体操作步骤如下。

步骤 01 选择已经创建动画的幻灯片，可以看到设置的动画序号，如下图所示。

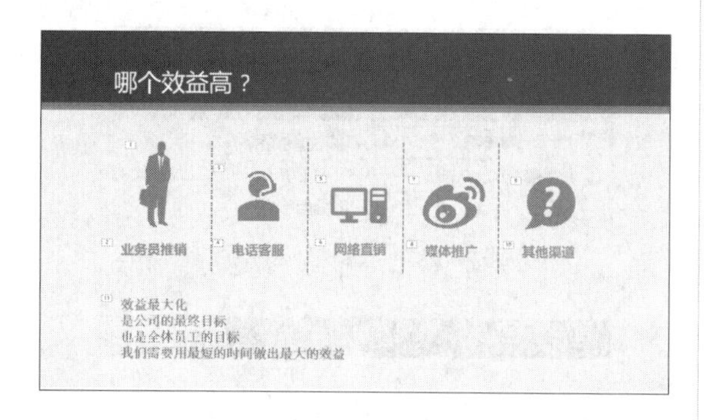

步骤 02 单击【动画】选项卡下【高级动画】组中的【动画窗格】按钮，弹出【动画窗格】，如下图所示。

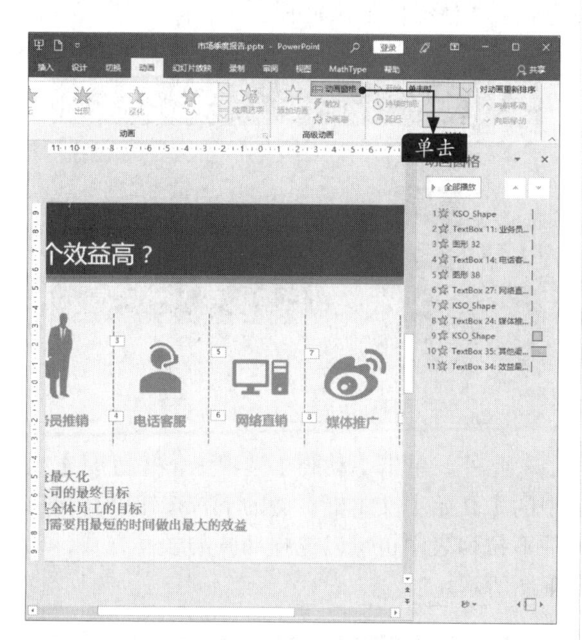

步骤 03 选择【动画窗格】中需要调整顺序的动画，这里选择动画2，然后单击【动画窗格】上方的向上按钮或向下按钮进行调整，如右上图所示。

步骤 04 调整后的效果如下图所示。

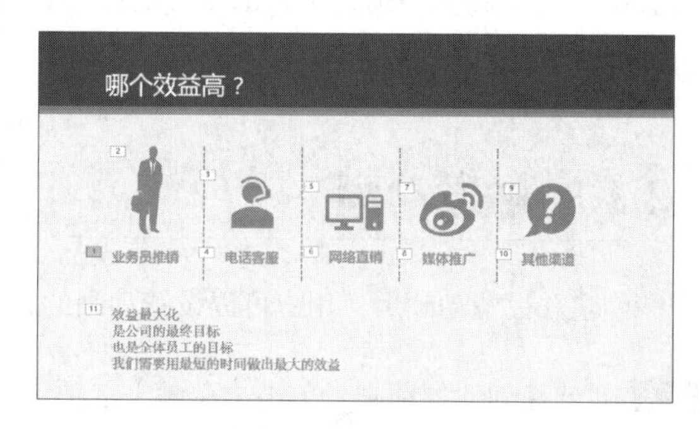

> **小提示**
>
> 也可以先选中要调整顺序的动画，然后按住鼠标左键不放并拖曳其到适当位置，再释放鼠标左键即可把动画重新排序。此外，还可以通过【动画】选项卡来调整动画顺序。

2. 设置动画计时

创建动画之后，可以在【动画】选项卡上为动画指定开始时间、持续时间和延迟时间，具体操作步骤如下。

（1）设置开始时间

若要为动画设置开始时间，可以在【动画】选项卡下【计时】组中单击【开始】文本框右侧的下拉按钮，然后从弹出的下拉列表中选择所需的计时。该下拉列表包括【单击时】、【与上一动画同时】和【上一动画之后】3个选项，如下页图所示。

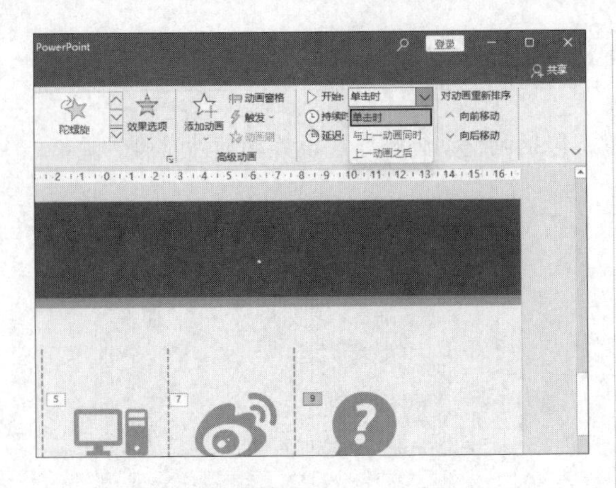

（2）设置持续时间

若要设置动画要运行的持续时间，可以在【计时】组中的【持续时间】文本框中输入所需的秒数，或者单击【持续时间】文本框后面的微调按钮来调整动画要运行的持续时间，如右上图所示。

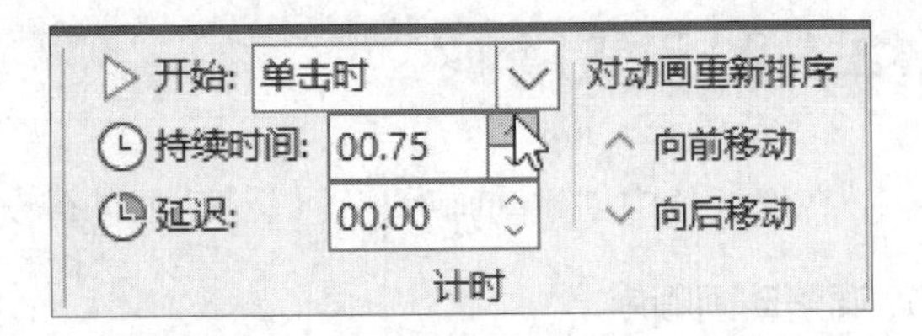

（3）设置延迟时间

若要设置动画开始前的延迟时间，可以在【计时】组中的【延迟】文本框中输入所需的秒数，或者使用微调按钮来调整，如下图所示。

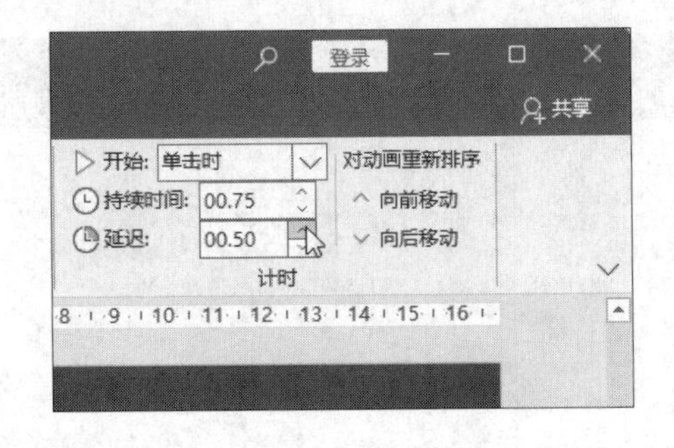

12.1.3 触发动画

创建并设置动画后，用户可以设置动画的触发方式，具体操作步骤如下。

步骤01 选择创建的动画，单击【动画】选项卡下【高级动画】组中的【触发】按钮 触发，在弹出的下拉列表中选择【通过单击】→【TextBox 11】选项，如下图所示。

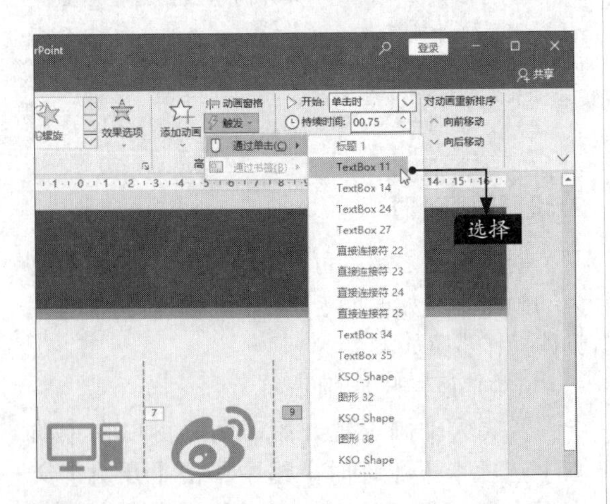

步骤02 单击【动画】选项卡下【预览】组中的【预览】按钮，即可对动画的播放进行预览，如右上图所示。

此外，单击【动画】选项卡下【计时】组中的【开始】文本框右侧的下拉按钮，在弹出的下拉列表中也可以选择动画的触发方式，如下图所示。

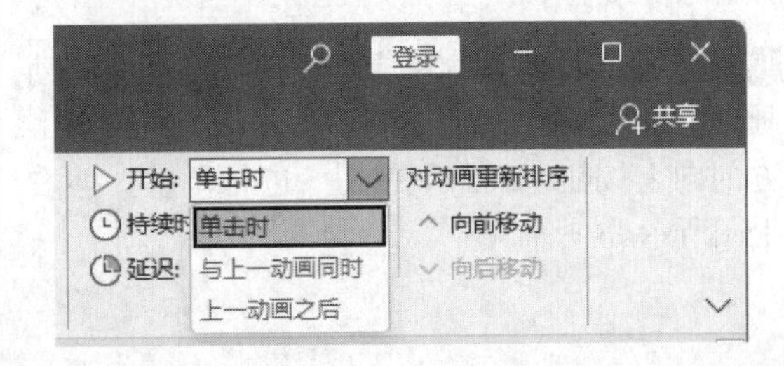

12.1.4 删除动画

为对象创建动画后，可以根据需要删除动画。删除动画的方法有以下3种。

（1）单击【动画】选项卡下【动画】组中的【其他】按钮，在弹出的下拉列表的【无】区域中选择【无】选项，如下图所示。

（2）单击【动画】选项卡下【高级动画】组中的【动画窗格】按钮，在弹出的【动画窗格】中选择要删除的动画，然后单击菜单图标（向下箭头），在弹出的下拉列表中选择【删除】选项即可，如下图所示。

（3）选择添加动画的对象前的图标，按【Delete】键，也可删除添加的动画。

12.2 修饰活动执行方案演示文稿

活动执行方案演示文稿主要用于介绍活动的具体执行方案。在PowerPoint 2021中，可以为幻灯片设置切换效果、添加超链接、设置按钮的交互效果等，从而使幻灯片更加绚丽多彩。

本节以活动执行方案演示文稿为例介绍幻灯片的切换效果设置。

12.2.1 设置幻灯片切换效果

幻灯片切换时产生的类似动画的效果，可以使幻灯片在放映时更加生动形象。

1. 添加切换效果

幻灯片切换效果是指在幻灯片演示期间从一张幻灯片到下一张幻灯片时，在【幻灯片放映】视图中出现的动画效果。添加切换效果的具体操作步骤如下。

步骤01 打开“素材\ch12\活动执行方案.pptx”演示文稿，选择要设置切换效果的幻灯片，单击【切换】选项卡下【切换到此幻灯片】组中的【其他】按钮，如下图所示。

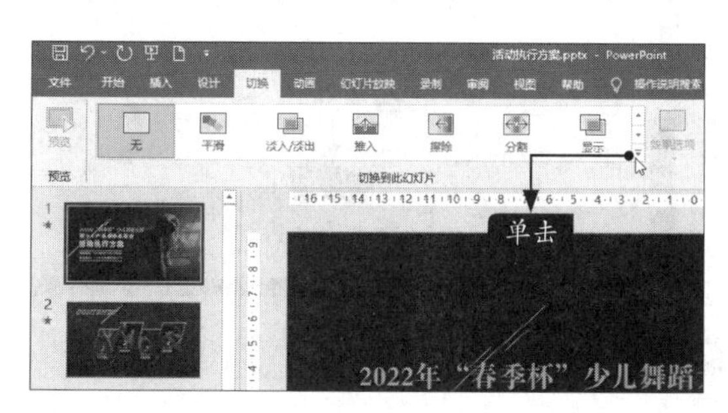

步骤 02 在弹出的下拉列表的【细微】区域中选择一个细微型切换效果，这里选择【形状】选项，即可为选中的幻灯片添加【形状】切换效果，如下图所示。

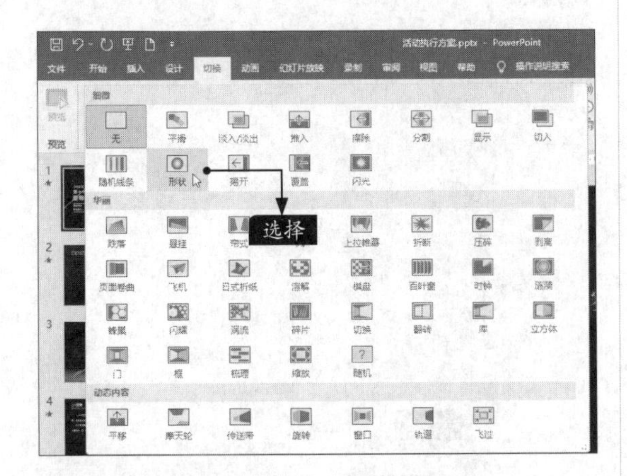

步骤 03 添加过细微型切换效果的幻灯片在放映时即可显示切换效果，下图是切换效果的部分截图。

步骤 04 选择第2张幻灯片，打开切换效果类别，选择【涡流】切换效果，如下图所示。

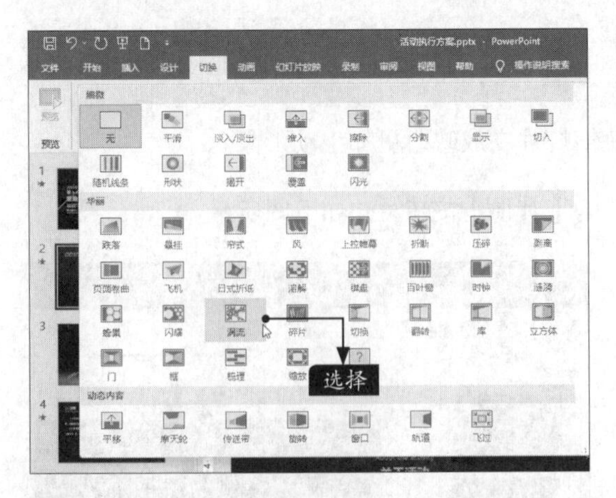

步骤 05 该效果的部分截图如右上图所示。

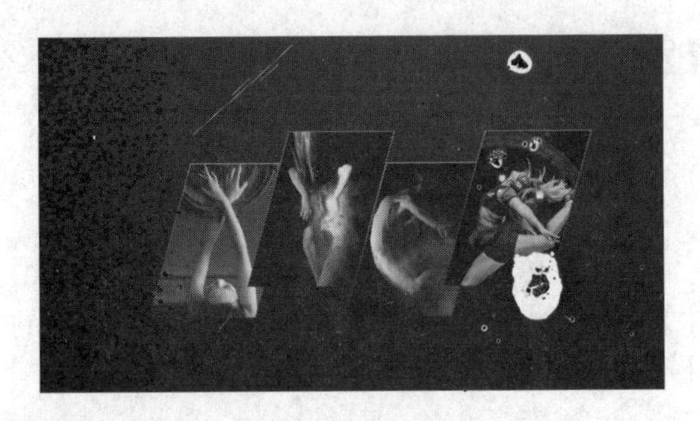

步骤 06 使用同样的方法为第3张幻灯片添加【传送带】切换效果，如下图所示。

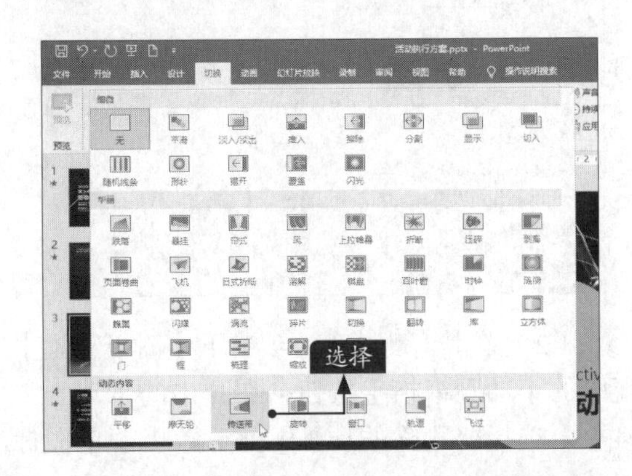

小提示

使用同样的方法，可以为其他幻灯片添加切换效果。

2. 设置切换效果的属性

PowerPoint 2021的部分切换效果具有可自定义的属性，我们可以对这些属性进行自定义设置。具体操作步骤如下。

步骤 01 选择第3张幻灯片，在【切换】选项卡的【切换到此幻灯片】组中单击【效果选项】按钮。在弹出的下拉列表中可以更改切换效果的切换起始方向，将默认的【自右侧】更改为【自左侧】效果，单击【自左侧】，如下图所示。

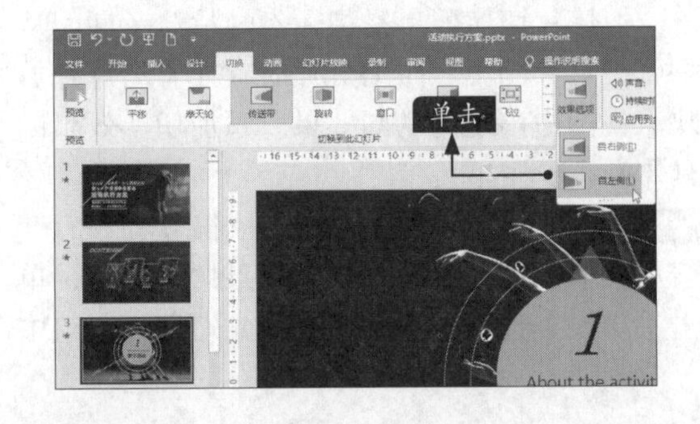

步骤02 预览应用后的效果如下图所示。

3. 为切换效果添加声音

如果想使切换效果更生动，我们可以为其添加声音效果。具体操作步骤如下。

步骤01 选择要添加声音效果的第2张幻灯片，如下图所示。

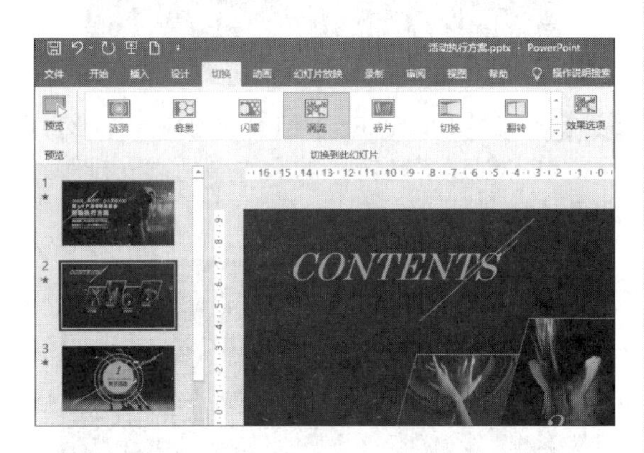

步骤02 在【切换】选项卡的【计时】组中单击【声音】后的下拉按钮，在弹出的下拉列表中选择需要的声音效果，如选择【推动】选项即可为切换效果添加【推动】声音效果，如下图 所示。

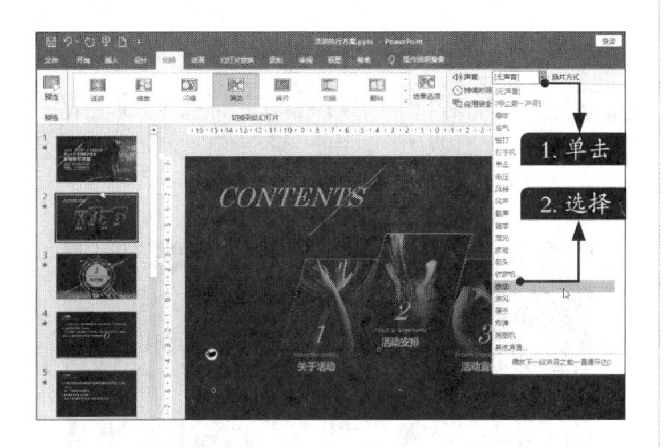

> **小提示**
>
> 也可以从弹出的下拉列表中选择【其他声音】选项，在弹出的【添加音频】对话框中，选择要添加的音频文件，来添加自己想要的声音效果。

4. 设置效果的持续时间

切换幻灯片时，用户可以为其设置持续时间从而控制切换速度，这样更便于查看幻灯片的内容。

单击演示文稿中的某一张幻灯片，在【切换】选项卡的【计时】组中单击【持续时间】微调按钮，或者直接在文本框中输入所需的时间，即可调整持续时间，如下图所示。

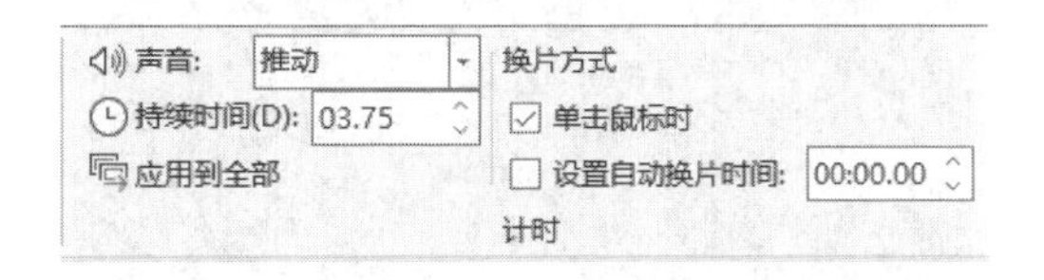

5. 设置切换方式

在【切换】选项卡的【计时】组中，单击选中【换片方式】中的复选框可以设置幻灯片的切换方式。单击选中【单击鼠标时】复选框，可以设置单击鼠标来切换幻灯片的切换方式，如下图所示。

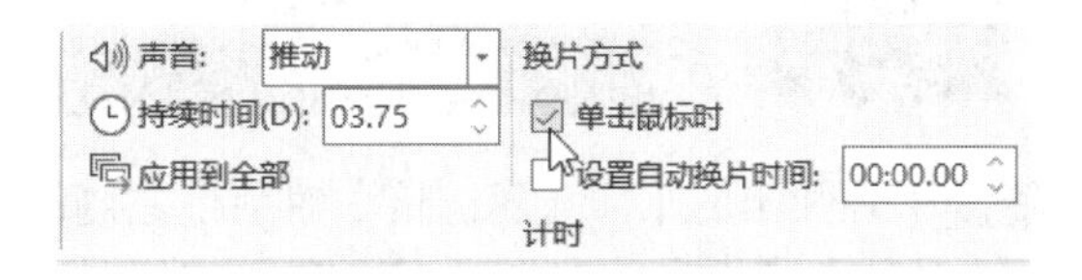

也可以单击选中【设置自动换片时间】复选框，在【设置自动换片时间】文本框中输入自动换片的时间以自动设置幻灯片的切换。

> **小提示**
>
> 【单击鼠标时】复选框和【设置自动换片时间】复选框可以同时单击选中，这样切换时既可以单击鼠标切换，也可以按设置的自动切换时间切换。

12.2.2 为幻灯片添加超链接

在PowerPoint中，超链接是从一张幻灯片跳到同一演示文稿中不连续的另一张幻灯片的链接。通过超链接，我们也可以从一张幻灯片跳到其他演示文稿中的幻灯片、电子邮件地址、网页，以及其他文件等。我们可以对文本或其他对象创建超链接。

1. 链接到同一演示文稿中的幻灯片

将演示文稿中的文字链接到演示文稿的其他位置，具体操作步骤如下。

步骤 01 在普通视图中选择要用作超链接的文本，这里选中文本“活动安排”，如下图所示。

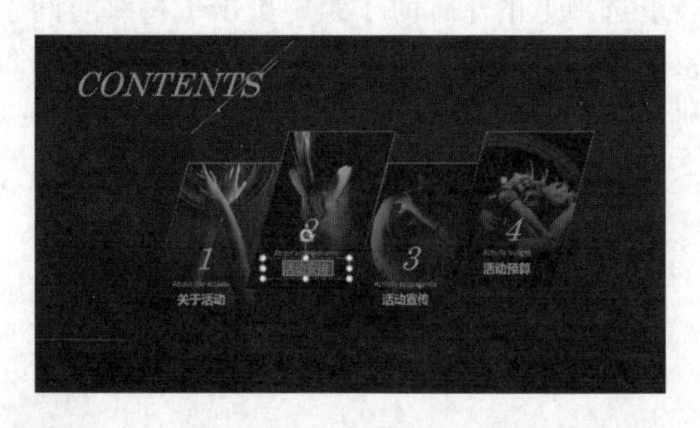

步骤 02 单击【插入】选项卡下【链接】组中的【链接】按钮，如下图所示。

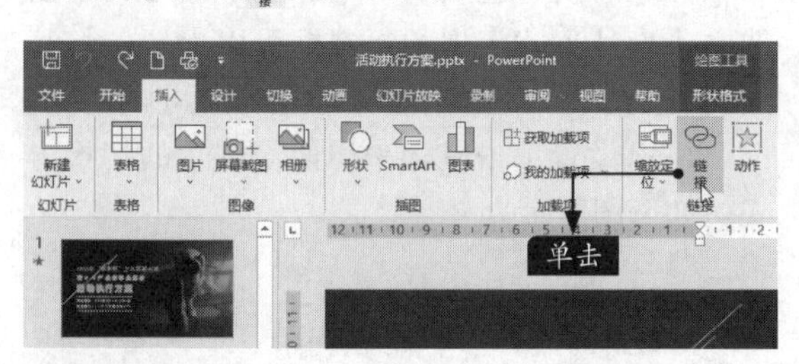

步骤 03 在弹出的【插入超链接】对话框左侧的【链接到】列表框中选择【本文档中的位置】选项，在右侧【请选择文档中的位置】列表框中选择【幻灯片标题】下方的【7.幻灯片7】选项，单击【确定】按钮，如下图所示。

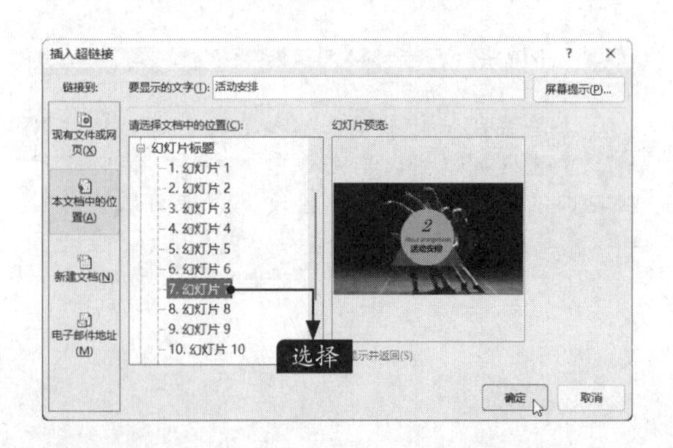

步骤 04 此时，将选中的文本链接到演示文稿中的“7.幻灯片7”幻灯片。添加超链接后的文本以蓝色、下划线显示，如下图所示。放映幻灯片时，单击添加了超链接的文本即可链接到相应的位置。

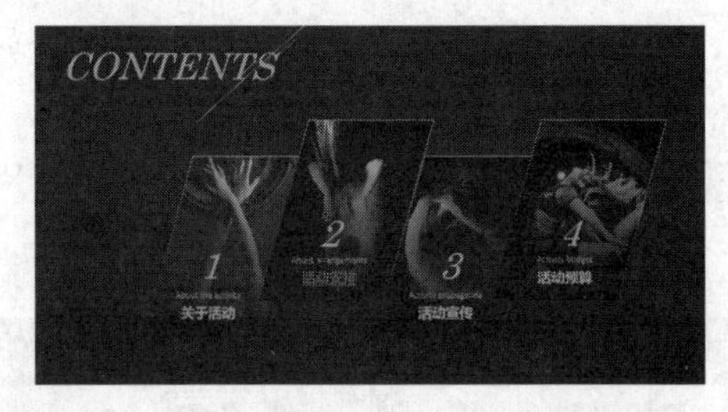

步骤 05 按【Shift+F5】组合键放映当前幻灯片，单击创建了超链接的文本“活动安排”，即可链接到另一幻灯片，如下图所示。

2. 链接到不同演示文稿中的幻灯片

使用超链接也可以将文本链接到不同演示文稿中。具体操作步骤如下。

步骤 01 选择第11张幻灯片，选择要创建超链接的文本，这里选中文本“活动宣传”，如下图所示。

步骤02 在【插入】选项卡的【链接】组中单击【链接】按钮，如下图所示。

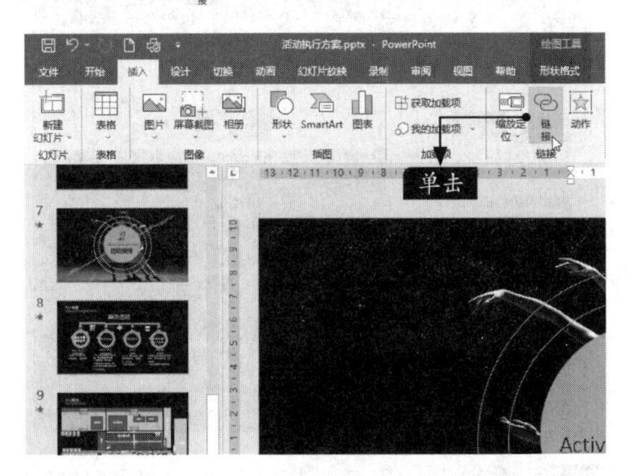

步骤03 在弹出的【插入超链接】对话框左侧的【链接到】列表框中选择【现有文件或网页】选项，然后在右侧选择“素材\ch12\宣传流程.pptx”作为链接到幻灯片的演示文稿，单击【书签】按钮，如下图所示。

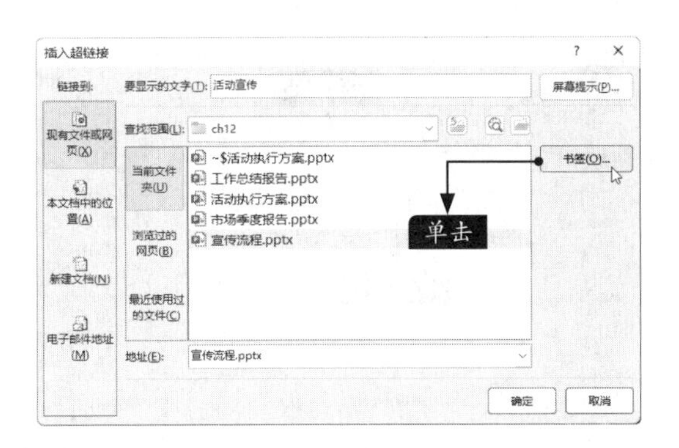

步骤04 在弹出的【在文档中选择位置】对话框中选择幻灯片标题，单击【确定】按钮，如下图所示。

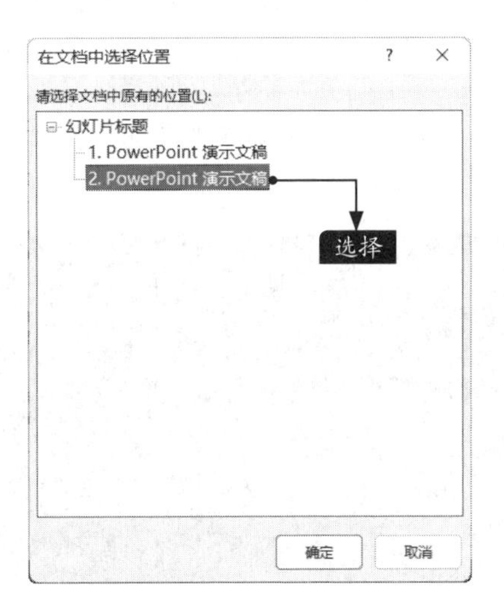

步骤05 返回【插入超链接】对话框。可以看到选择的幻灯片标题添加到【地址】文本框中，单击【确定】按钮，即可将选中的文本链接到另一演示文稿中的幻灯片，如下图所示。

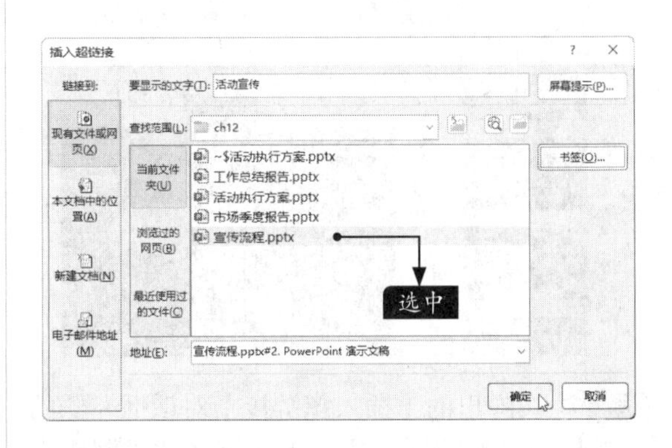

步骤06 按【Shift+F5】组合键放映当前幻灯片，单击创建了超链接的文本“活动宣传”，即可链接到另一演示文稿中的幻灯片，如下图所示。

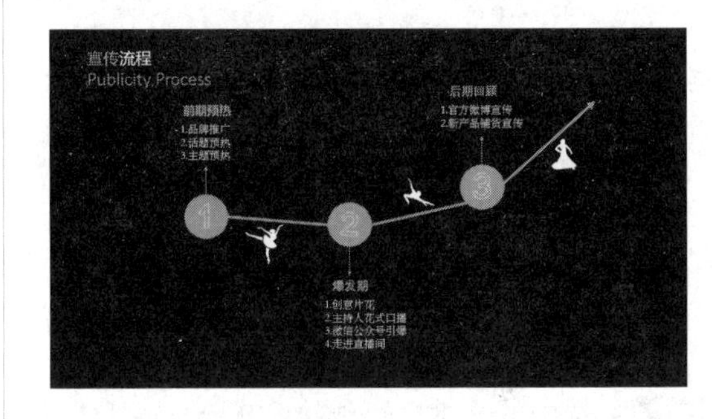

3. 链接到Web上的页面或文件

使用超链接也可以将演示文稿中的文本链接到Web上的页面或文件，具体操作步骤如下。

步骤01 选择第3张幻灯片，在普通视图中选择要用作超链接的文本，这里选中文本“bilibili”，如下图所示。

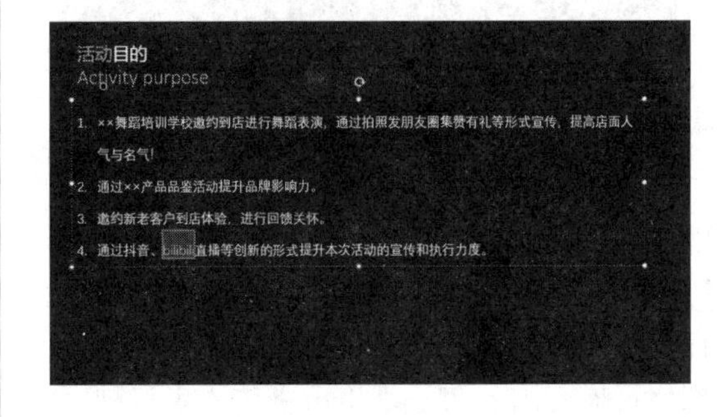

步骤 02 在【插入】选项卡的【链接】组中单击【链接】按钮，如下图所示。

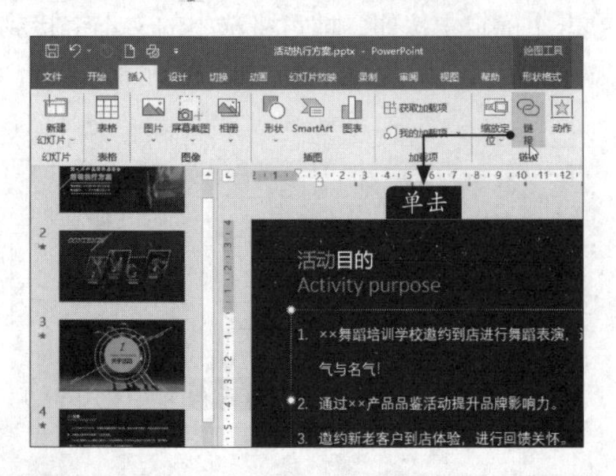

步骤 03 在弹出的【插入超链接】对话框左侧的【链接到】列表框中选择【现有文件或网页】选项，在下方的【地址】文本框中输入链接地址，单击【确定】按钮，如下图所示。

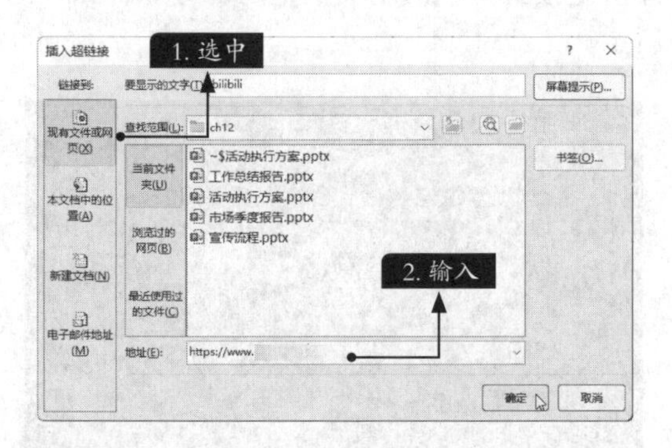

步骤 04 选中的文本即可链接到Web页面上，如下图所示。

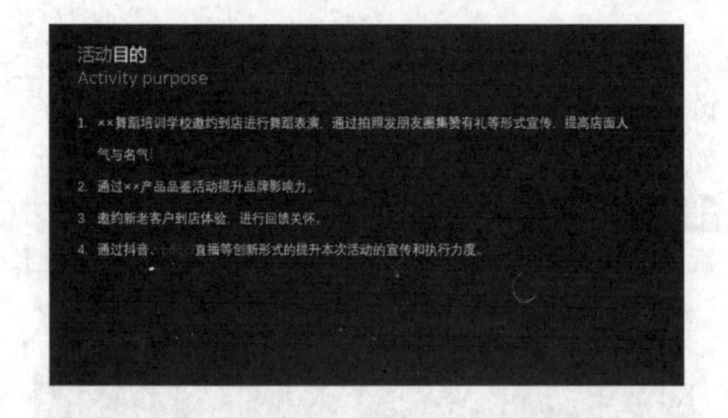

4. 链接到电子邮件地址

将文本链接到电子邮件地址的具体操作步骤如下。

步骤 01 选择第14张幻灯片，在普通视图中选择要用作超链接的文本，这里选中文本“××文化传播有限公司”，单击【插入】选项卡下【链接】组中的【链接】按钮，如下图所示。

步骤 02 在弹出的【插入超链接】对话框左侧的【链接到】列表框中选择【电子邮件地址】选项，在【电子邮件地址】文本框中输入要链接到的电子邮件地址，在【主题】文本框中输入电子邮件的主题，单击【确定】按钮，如下图所示。

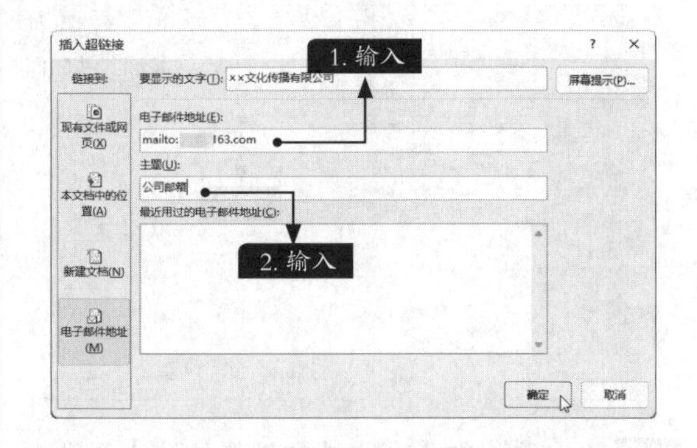

> **小提示**
>
> 也可以在【最近用过的电子邮件地址】列表框中单击电子邮件地址。

步骤 03 将选中的文本链接到指定的电子邮件地址，如下图所示。

5. 链接到新文件

将文本链接到新文件的具体操作步骤如下。

步骤01 选择第1张幻灯片，在普通视图中选择要用作超链接的文本，如下图所示。

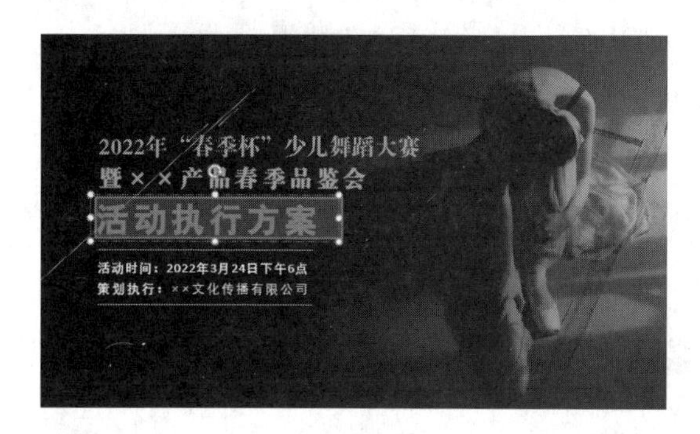

步骤02 在【插入】选项卡的【链接】组中单击【链接】按钮，如下图所示。

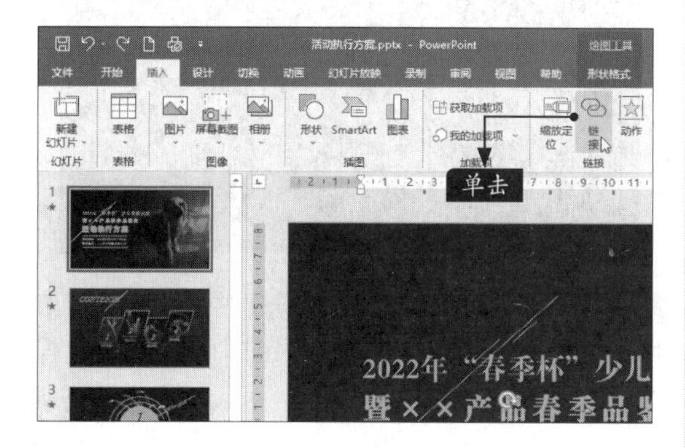

步骤03 在弹出的【插入超链接】对话框左侧的【链接到】列表框中选择【新建文档】选项，在【新建文档名称】文本框中输入要创建并链接到的文件的名称“执行方案”，单击【确定】按钮，如下图所示。

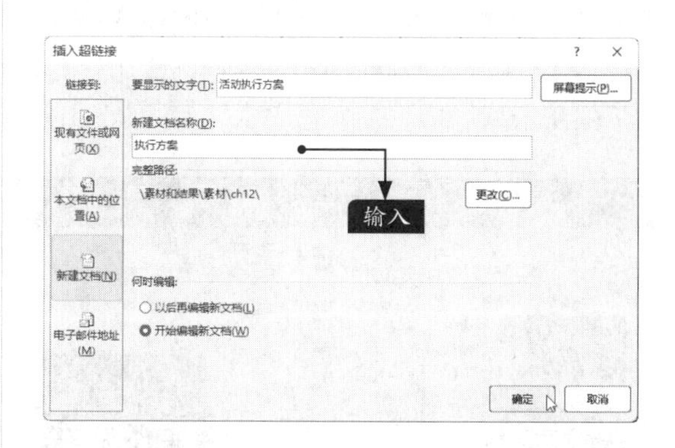

> **小提示**
>
> 如果要在另一位置创建文档，可在【完整路径】区域单击【更改】按钮，在弹出的【新建文档】对话框中选择要创建文件的位置，然后单击【确定】按钮。

步骤04 此时，创建一个新的名称为“执行方案”的演示文稿，如下图所示。

12.2.3 设置动作按钮

在PowerPoint中，可以为幻灯片、幻灯片中的文本或对象创建超链接，也可以使用动作按钮设置交互效果。动作按钮是预先设置好的带有特定动作的图形按钮，可以达到在放映幻灯片时跳转的目的。设置动作按钮的具体操作步骤如下。

步骤01 选择要创建动作按钮的幻灯片，这里选择最后1张幻灯片，如右图所示。

步骤 02 在【插入】选项卡的【插图】组中单击【形状】按钮，在弹出的下拉列表中选择【动作按钮】区域的“动作按钮:转到主页”图标，如下图所示。

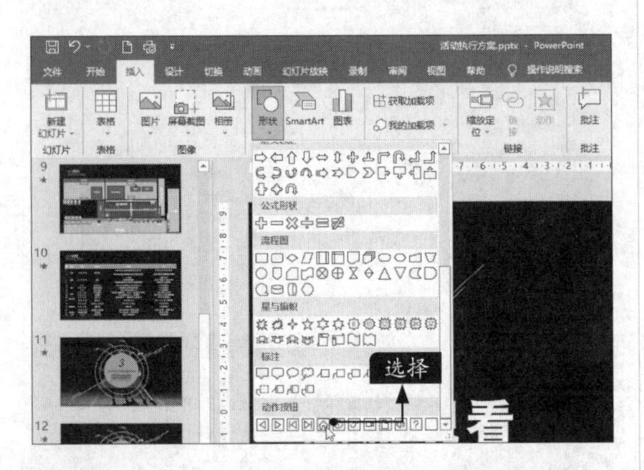

步骤 03 在幻灯片的左下角按住鼠标左键绘制动作按钮，如下图所示。

步骤 04 绘制完成，并调整其位置后，会弹出【操作设置】对话框。打开【单击鼠标】选项卡，在【单击鼠标时的动作】中单击选中【超链接到】单选项，并在其下拉列表中选择【上一张幻灯片】选项，单击【确定】按钮，如右上图所示。

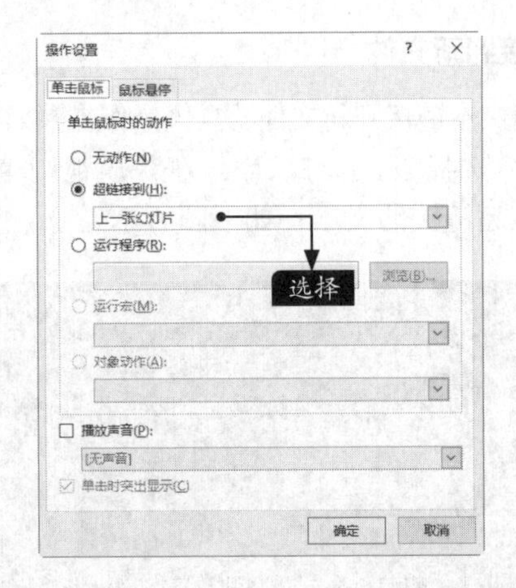

步骤 05 此时，幻灯片中插入动作按钮后的效果如下图所示。

步骤 06 按【Shift+F5】组合键放映当前幻灯片，在幻灯片中单击动作按钮即可实现相应操作，如下图所示。

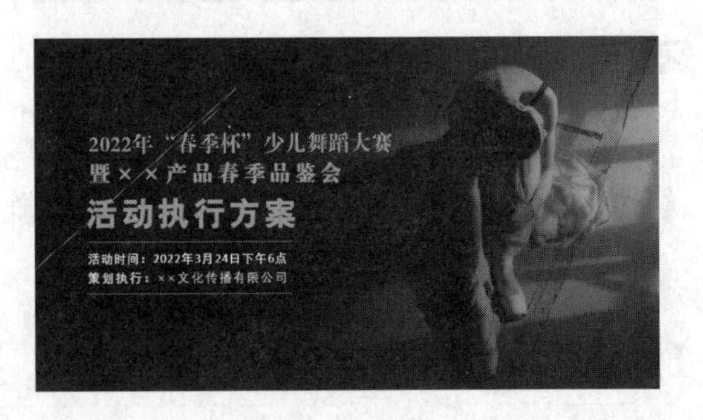

12.3 放映工作总结报告演示文稿

工作总结报告主要用于对过去一段时间的工作进行全面系统的总结和分析。

PowerPoint 2021为用户提供了更好的放映方法。本节以放映“工作总结报告”为例介绍幻灯片的放映方法。

12.3.1 浏览幻灯片

用户可以通过缩略图的形式浏览幻灯片，具体操作步骤如下。

步骤01 打开“素材\ch12\工作总结报告.pptx”演示文稿，单击【视图】选项卡下【演示文稿视图】组中的【幻灯片浏览】按钮，如下图所示。

步骤02 打开的【幻灯片浏览】视图如下图所示。

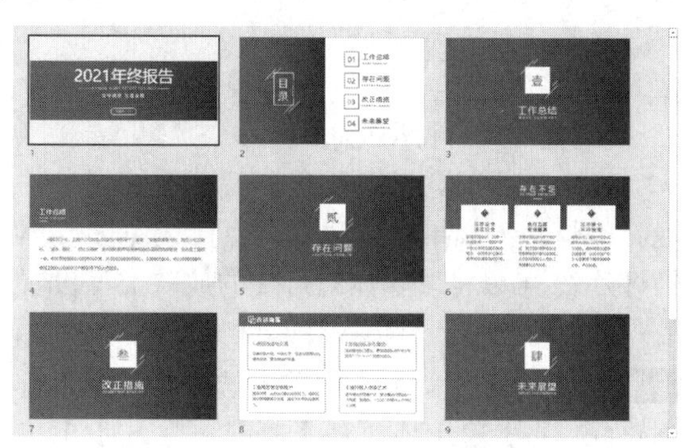

12.3.2 幻灯片的3种放映类型

在PowerPoint 2021中，演示文稿的放映类型包括演讲者放映、观众自行浏览和在展台浏览3种。可以通过单击【幻灯片放映】选项卡下【设置】组中的【设置幻灯片放映】按钮，然后在弹出的【设置放映方式】对话框中对放映类型、放映选项及换片方式等进行具体设置。

（1）演讲者放映

演示文稿放映类型中的演讲者放映是指由演讲者一边讲解一边放映幻灯片。此放映方式一般用于比较正式的场合，如专题讲座、学术报告等。

将演示文稿的放映类型设置为演讲者放映的具体操作步骤如下。

步骤01 单击【幻灯片放映】选项卡下【设置】组中的【设置幻灯片放映】按钮，如下图所示。

步骤02 在弹出的【设置放映方式】对话框中，默认设置即为演讲者放映类型，如下图所示。

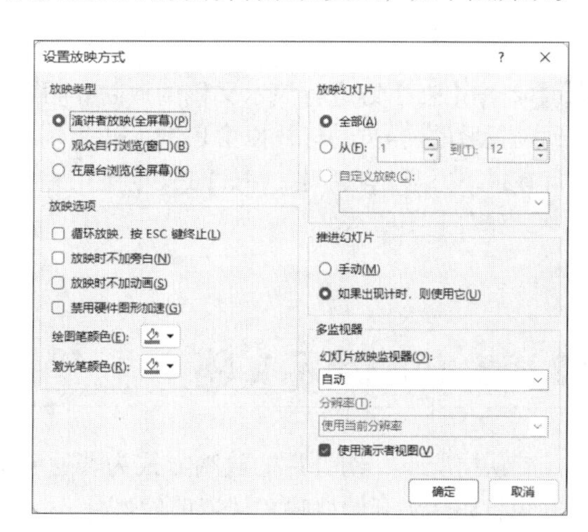

小提示

选中【循环放映，按ESC键终止】复选框，可以设置在最后一张幻灯片放映结束后，自动返回到第1张幻灯片继续放映，直到按【Esc】键结束放映。选中【放映时不加旁白】复选框表示在放映时不播放在幻灯片中添加的声音。选中【放映时不加动画】复选框表示在放映时原来设定的动画效果将被屏蔽。

（2）观众自行浏览

观众自行浏览指由观众自己动手使用电脑观看幻灯片。如果希望让观众自己浏览多媒体幻灯片，可以将多媒体幻灯片的放映类型设置成观众自行浏览。具体操作步骤如下。

步骤 01 在【放映类型】中单击选中【观众自行浏览(窗口)】单选项；在【放映幻灯片】中单击选中【从……到……】单选项，并在第2个文本框中输入“4”，设置从第1页到第4页幻灯片的放映类型为观众自行浏览。单击【确定】按钮完成设置，如下图所示。

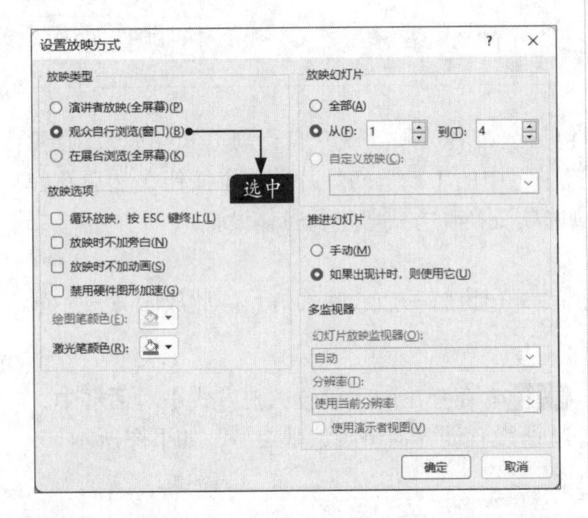

步骤 02 按【F5】键进行演示文稿的放映。可以看到设置后的前4页幻灯片以窗口的形式出现，并且在最下方显示状态栏。按【Esc】键可结束放映，如右上图所示。

（3）在展台浏览

在展台浏览这一放映类型可以让多媒体幻灯片自动放映而不需要演讲者操作，例如用于展览会的产品展示等。具体操作步骤如下。

打开演示文稿后，在【幻灯片放映】选项卡的【设置】组中单击【设置幻灯片放映】按钮，在弹出的【设置放映方式】对话框的【放映类型】中，单击选中【在展台浏览(全屏幕)】单选项，即可将放映方式设置为在展台浏览类型，如下图所示。

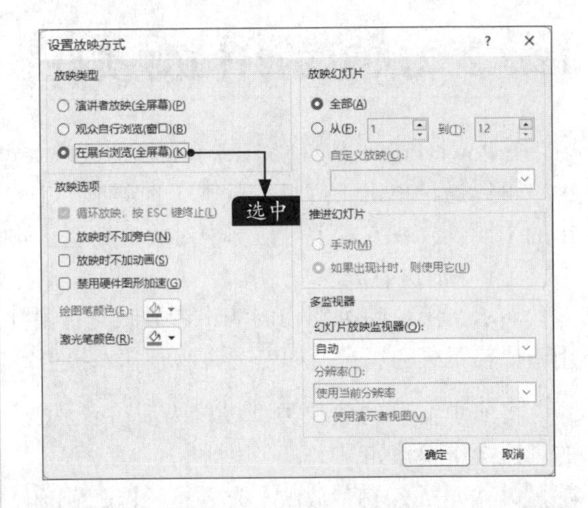

小提示

可以将展台演示文稿设置为当参观者查看完整演示文稿后或者演示文稿保持闲置状态达到一段时间后，自动返回至演示文稿首页。这样，就不必时刻守着展台了。

12.3.3 放映演示文稿

默认情况下，幻灯片的放映方式为普通手动放映。用户可以根据实际需要，设置幻灯片的放映方式，如从头开始放映、从当前幻灯片开始放映等。

1. 从头开始放映

放映演示文稿一般是从头开始放映的，从头开始放映的具体操作步骤如下。

步骤01 单击【幻灯片放映】选项卡下【开始放映幻灯片】组中的【从头开始】按钮，或按【F5】键，如下图所示。

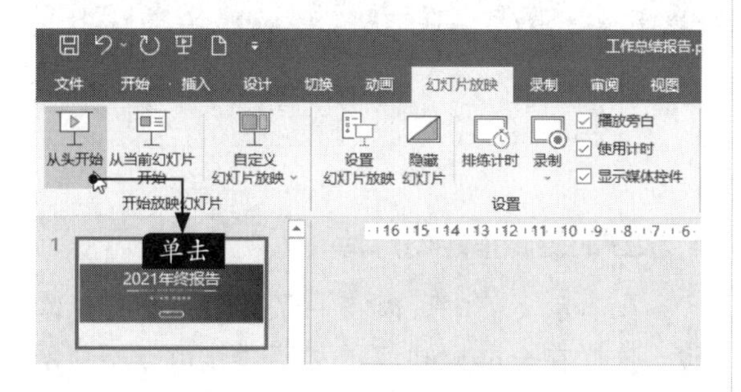

步骤02 此时，从头开始放映演示文稿，如下图所示。

2. 从当前幻灯片开始放映

在放映演示文稿时，可以从选定的当前幻灯片开始放映，具体操作步骤如下。

步骤01 单击【幻灯片放映】选项卡下【开始放映幻灯片】组中的【从当前幻灯片开始】按钮，或按【Shift+F5】组合键，如下图所示。

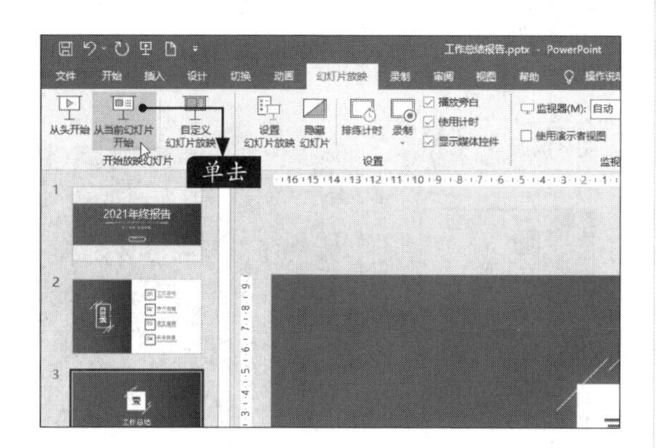

步骤02 此时将从当前幻灯片开始放映演示文稿，按【Enter】键或空格键可切换到下一张幻灯片，如下图所示。

3. 自定义多种放映方式

利用PowerPoint的自定义幻灯片放映功能，可以为幻灯片设置多种自定义放映方式。设置“工作总结报告”演示文稿自动放映的具体操作步骤如下。

步骤01 单击【幻灯片放映】选项卡下【开始放映幻灯片】组中的【自定义幻灯片放映】按钮，在弹出的下拉菜单中选择【自定义放映】选项，如下图所示。

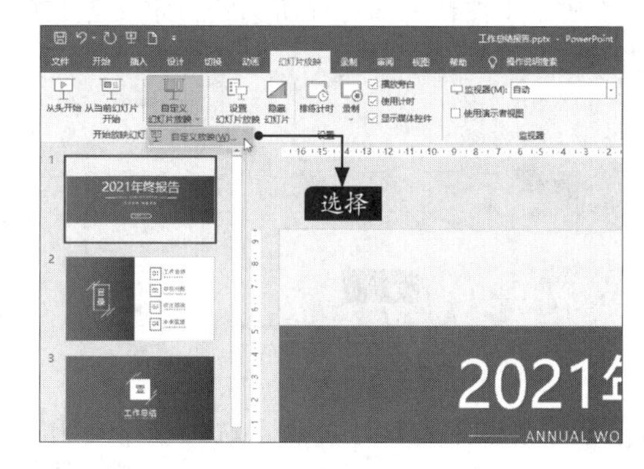

步骤02 在弹出的【自定义放映】对话框中，单击【新建】按钮，如下图所示。

步骤03 在弹出的【定义自定义放映】对话框的【在演示文稿中的幻灯片】列表框中选择需要

放映的幻灯片，然后单击【添加】按钮，如下图所示。

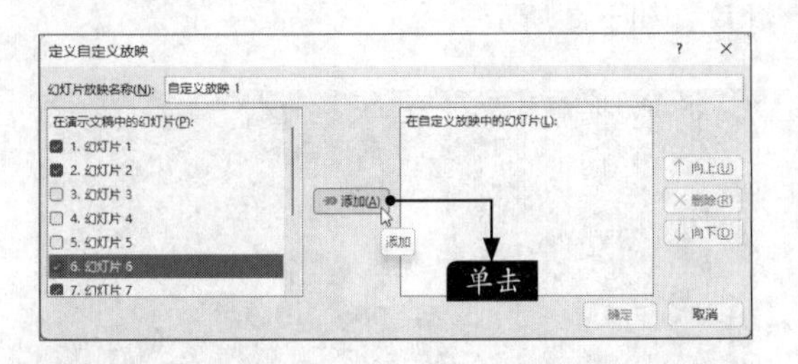

步骤04 将选中的幻灯片添加到【在自定义放映中的幻灯片】列表框中，然后在【幻灯片放映名称】文本框中输入名称，单击【确定】按钮，如下图所示。

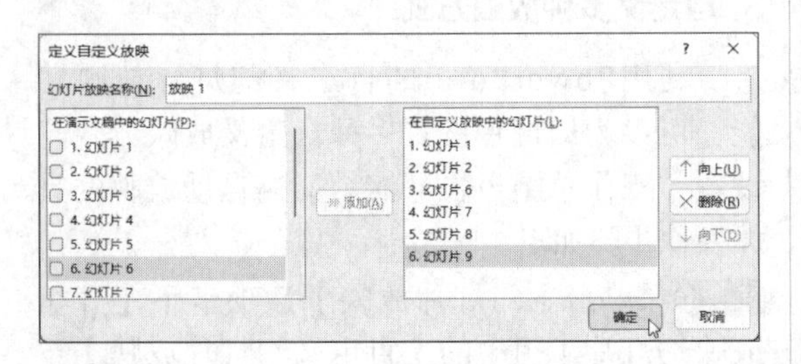

步骤05 返回到【自定义放映】对话框，可以看到添加的自定义放映列表，此时单击对话框中的【放映】按钮，即可以所选的自定义方案放映，如下图所示。

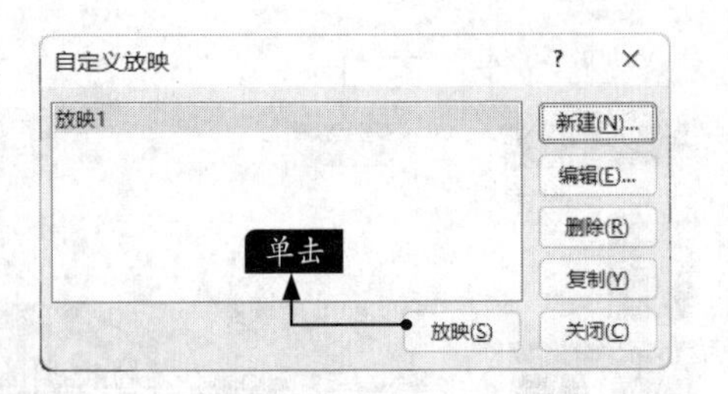

步骤06 单击【幻灯片放映】选项卡下【开始放映幻灯片】组中的【自定义幻灯片放映】按钮，在弹出的下拉菜单中选择【放映1】选项，如下图所示。

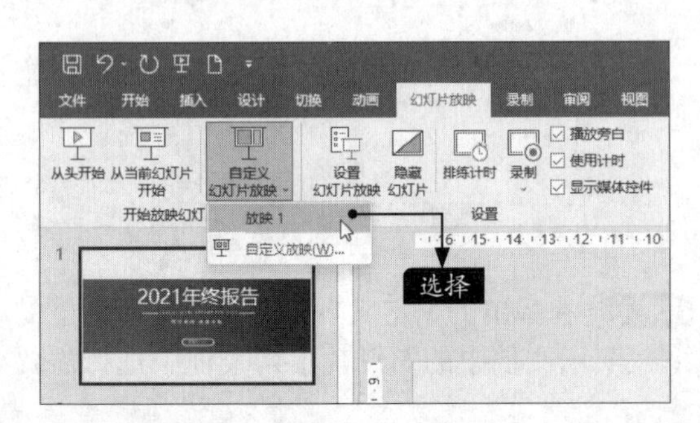

步骤07 开始以该自定义方案放映，如下图所示。

4. 放映时隐藏指定幻灯片

在演示文稿中可以将一张或多张幻灯片隐藏，这样在全屏放映演示文稿时就可以不显示此幻灯片。具体操作步骤如下。

步骤01 选中第2张幻灯片，单击【幻灯片放映】选项卡下【设置】组中的【隐藏幻灯片】按钮，如下图所示。

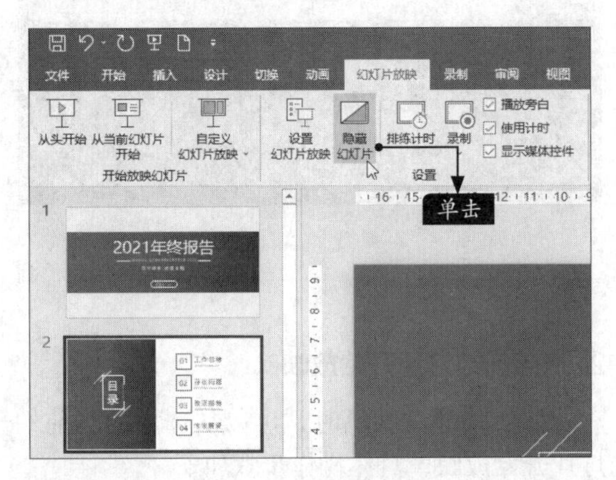

步骤02 此时，在左侧缩略图窗格中可以看到第2张幻灯片编号显示为隐藏状态，如下图所示。这样在放映幻灯片的时候，第2张幻灯片就会被隐藏起来。

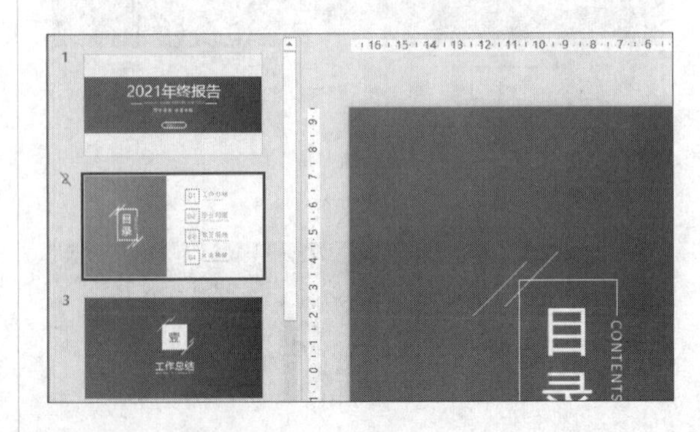

步骤03 如果要撤销隐藏，可以再次单击【隐藏幻灯片】按钮，如下图所示。

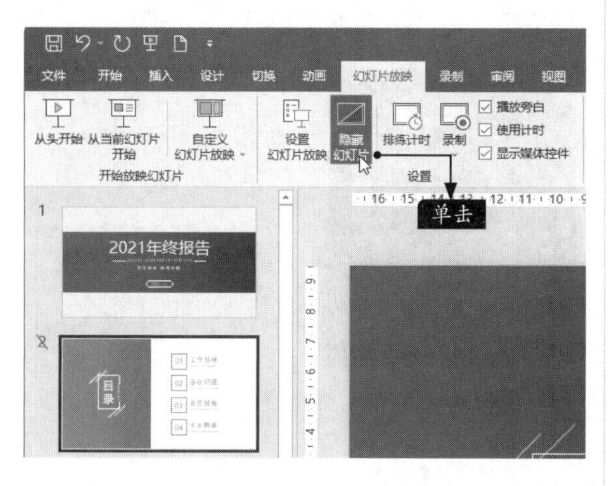

步骤04 隐藏的幻灯片恢复显示，如下图所示。

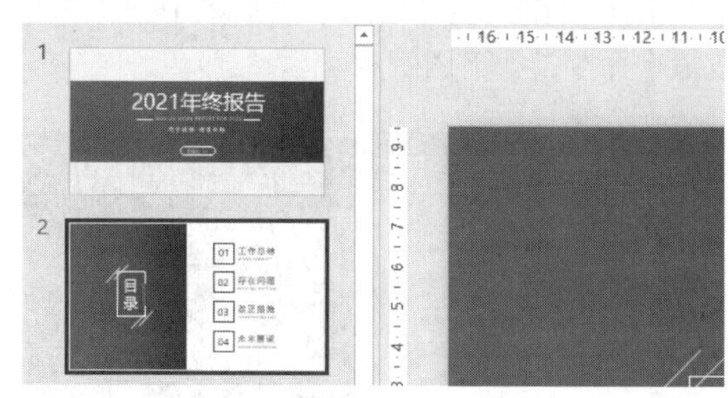

12.3.4 为幻灯片添加标注

要想使观看者更加了解幻灯片所表达的意思，可以在幻灯片中添加标注。添加标注的具体操作步骤如下。

步骤01 选择一张幻灯片，单击鼠标右键，在弹出的快捷菜单中单击【指针选项】→【笔】命令，如下图所示。

步骤02 鼠标指针变为一个点，即可在幻灯片中添加标注，如下图所示。

步骤03 单击鼠标右键，在弹出的快捷菜单中单击【指针选项】→【荧光笔】命令，然后单击【指针选项】→【墨迹颜色】命令，在墨迹颜色列表中单击一种颜色，这里单击“蓝色”，如下图所示。

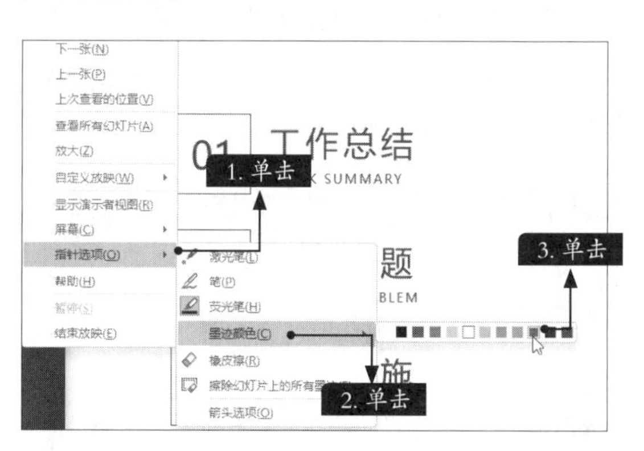

步骤04 使用绘图笔在幻灯片中标注，此时绘图笔颜色变为蓝色，如下图所示。

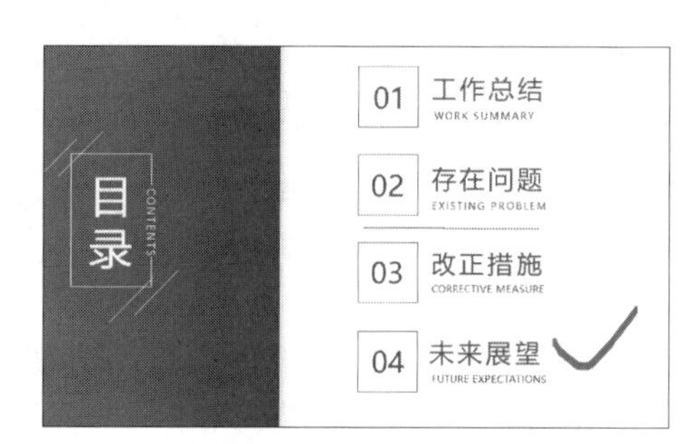

步骤05 如果要删除添加的标注，单击幻灯片左下角的按钮，在弹出的下拉菜单中选择【橡皮擦】命令，如下图所示。

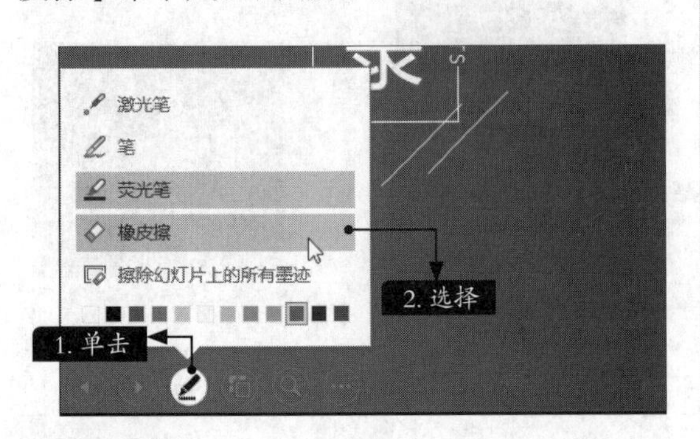

步骤06 此时鼠标指针变为形状，将其移至要删除的标注上，单击即可删除标注，如下图所示。

12.4 打印演示文稿

演示文稿的打印主要包括打印当前幻灯片以及在一张纸上打印多张幻灯片等形式。

12.4.1 打印当前幻灯片

打印当前幻灯片的具体操作步骤如下。

步骤01 选择要打印的幻灯片，这里选择第10张幻灯片，如下图所示。

步骤02 打开【文件】选项卡，在其列表中选择【打印】选项，即可显示打印预览界面，如右图所示。

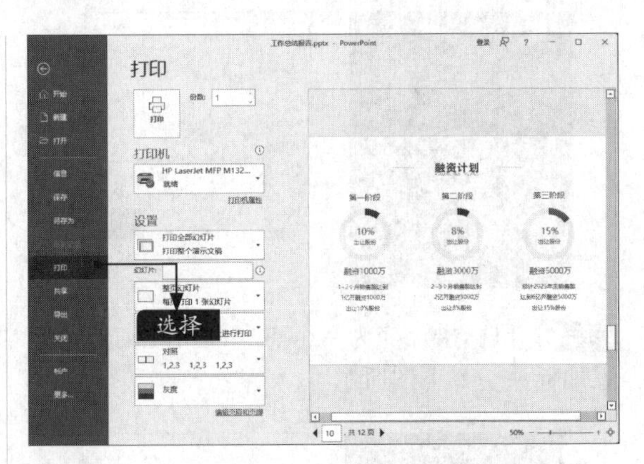

步骤03 在【打印】区域的【设置】组下单击【打印全部幻灯片】右侧的下拉按钮，在弹出的下拉列表中选择【打印当前幻灯片】选项，如下页图所示。

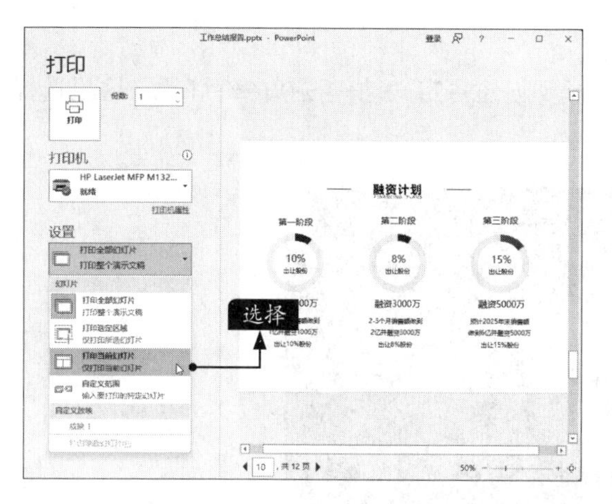

步骤04 在右侧的打印预览界面中将显示所选的第10张幻灯片，单击【打印】按钮即可打印，如下图所示。

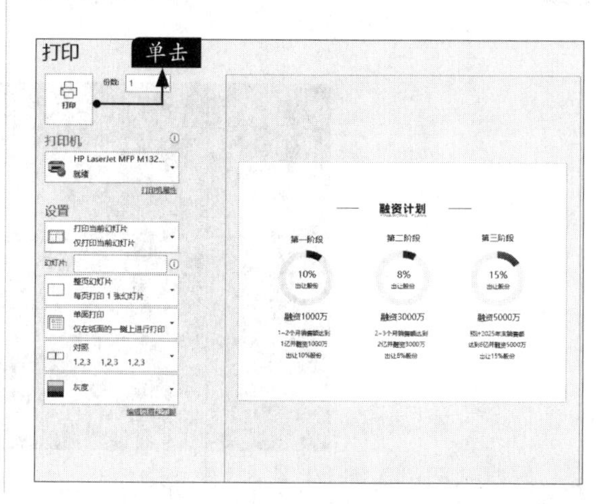

12.4.2 一张纸上打印多张幻灯片

在一张纸上可以打印多张幻灯片，以便节省纸张。具体操作步骤如下。

步骤01 在打开的演示文稿中，打开【文件】选项卡，选择【打印】选项。在【设置】组下单击【整页幻灯片】右侧的下拉按钮，在弹出的下拉列表中选择【9张水平放置的幻灯片】选项，设置每张纸打印9张幻灯片，如下图所示。

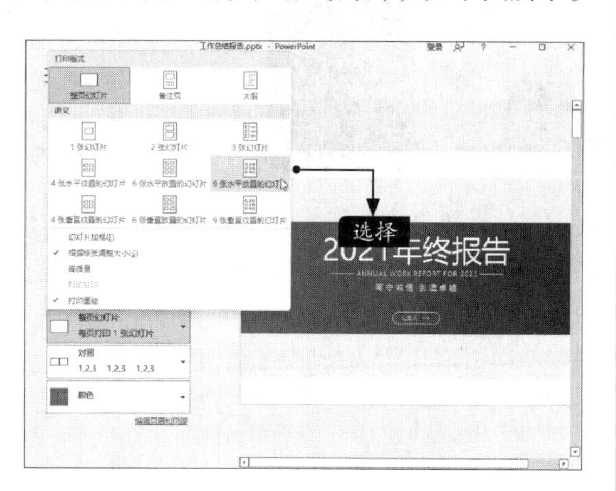

步骤02 此时可以看到右侧的预览区域中显示了9张幻灯片，如下图所示。

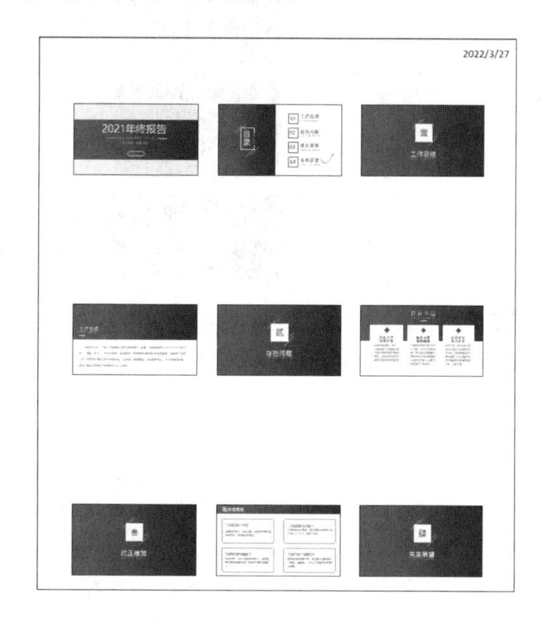

高手私房菜

技巧1：在演示文稿中创建自定义动作

演示文稿中经常要用到链接功能，这一功能既可以通过使用超链接实现，也可以使用【动作按钮】来实现。

步骤01 打开“素材\ch12\活动执行方案.pptx”，选择要创建自定义动作按钮的幻灯片，这里选择第11张幻灯片，如下图所示。

步骤02 在【插入】选项卡的【插图】组中单击【形状】按钮，在弹出的下拉列表中选择【动作按钮】中的“动作按钮:空白”，如下图所示。

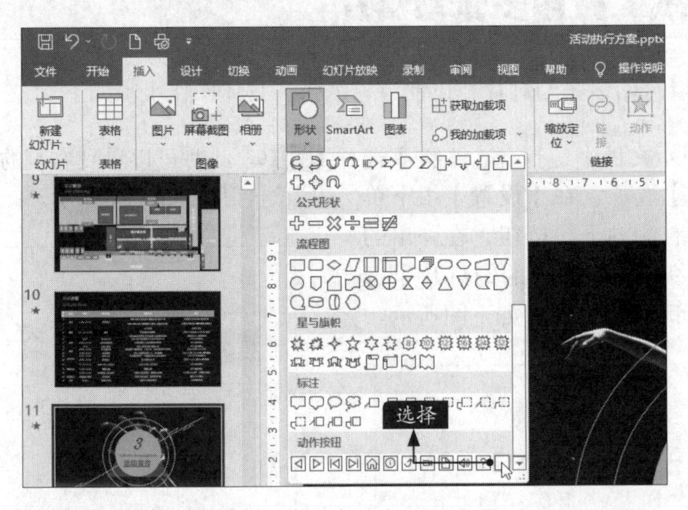

步骤03 在幻灯片的左下角按住鼠标左键并拖曳到适当位置，弹出【操作设置】对话框。在对话框中选择【单击鼠标】→【超链接到】→【其他PowerPoint演示文稿...】选项，如下图所示。

步骤04 在弹出的【超链接到幻灯片】对话框中，选择幻灯片，单击【确定】按钮，如下图所示。

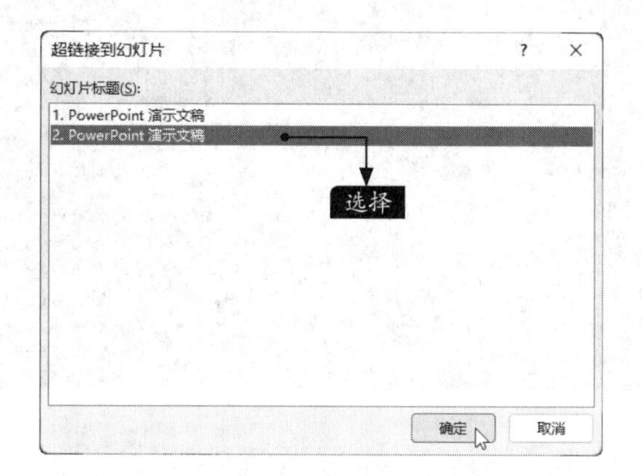

步骤05 返回【操作设置】对话框，单击【确定】按钮，如下图所示。

步骤06 在幻灯片中创建的动作按钮中输入文字，并设置其格式，如下图所示。

步骤07 在放映幻灯片时，单击该按钮即可链接到指定的演示文稿，如下页图所示。

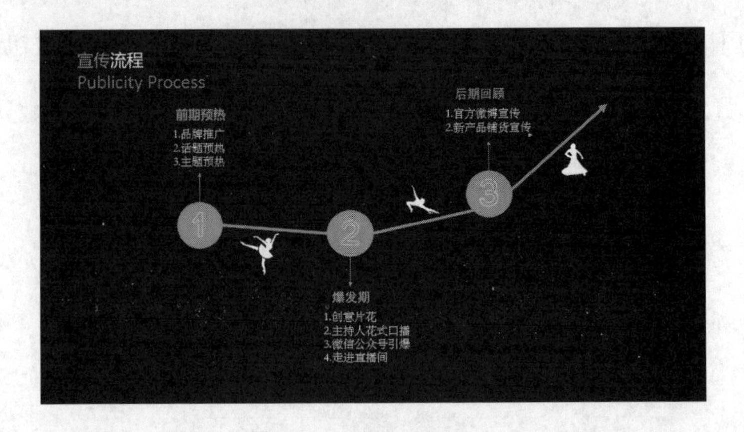

技巧2：取消以黑屏结束演示文稿放映

经常制作并放映演示文稿的读者知道，每次演示文稿放映完后，屏幕总会显示为黑屏。如果此时接着放映下一个演示文稿，就会影响观赏效果。接下来介绍取消以黑屏结束演示文稿放映的方法。

打开【文件】选项卡，从弹出的下拉菜单中选择【选项】选项，弹出【PowerPoint选项】对话框。在对话框中选择左侧的【高级】选项，在右侧的【幻灯片放映】区域中撤销选中【以黑幻灯片结束】复选框。单击【确定】按钮即可取消以黑幻灯片结束的操作，如下图所示。

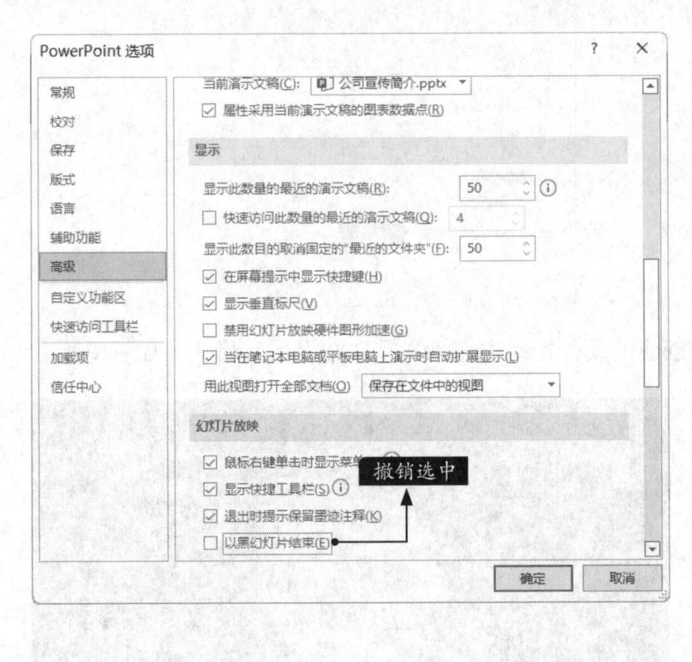

第13章

Office 2021的行业应用——文秘办公

Office办公软件在文秘办公方面有着极大的优势，无论是文档制作、数据统计还是会议报告，使用Office都可以轻松搞定。通过本章的学习，读者可以掌握Office 2021在文秘办公中的应用方法。

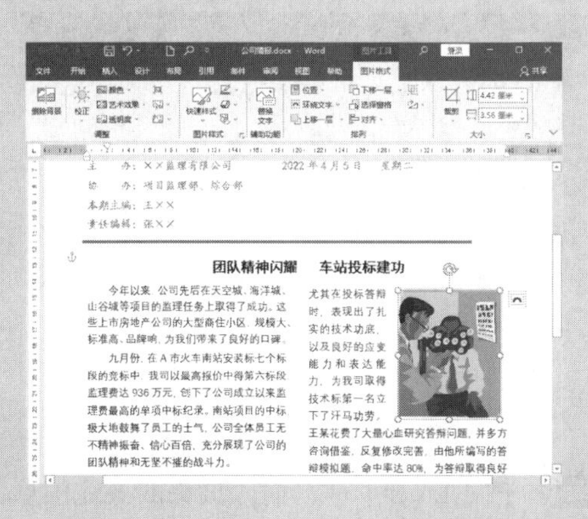

13.1 制作公司简报

公司简报是传递公司信息的简短的内部小报。它简短、灵活、快捷，具有汇报性、交流性和指导性等特征。

也可以说，简报就是简要的调查报告、情况报告、工作报告、消息报道等。一份好的公司简报能够及时准确地传递公司内部的消息。

13.1.1 制作报头

简报的报头由简报名称、期号、编印单位以及印发日期组成。下面就来介绍如何制作简报的报头。具体操作步骤如下。

步骤01 新建一个Word文档，并将其另存为“公司简报.docx”，如下图所示。

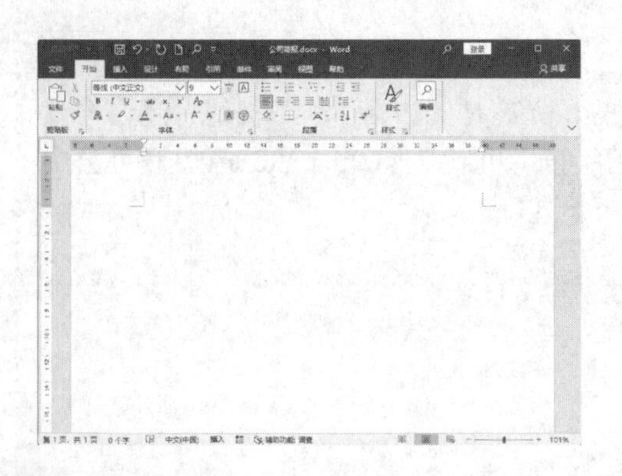

步骤02 单击【插入】选项卡的【文本】组中的【艺术字】按钮，在弹出的下拉列表中选择一种艺术字样式，如下图所示。

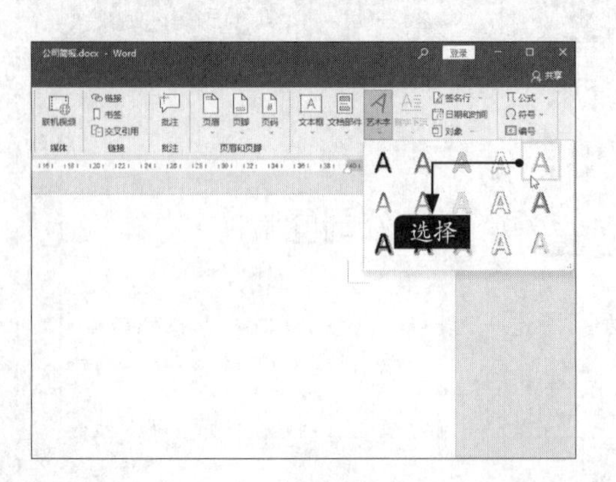

步骤03 在艺术字文本框中输入“公司简报”，并将【布局选项】设置为【嵌入型】，如右上图所示。

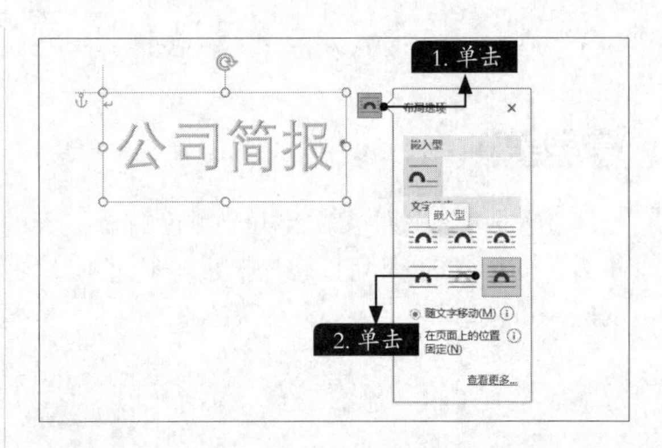

步骤04 选择插入的艺术字，设置其【字体】为“楷体”，【字号】为“44”，【字体颜色】为“红色”，并单击【居中】按钮，将艺术字进行居中设置，如下图所示。

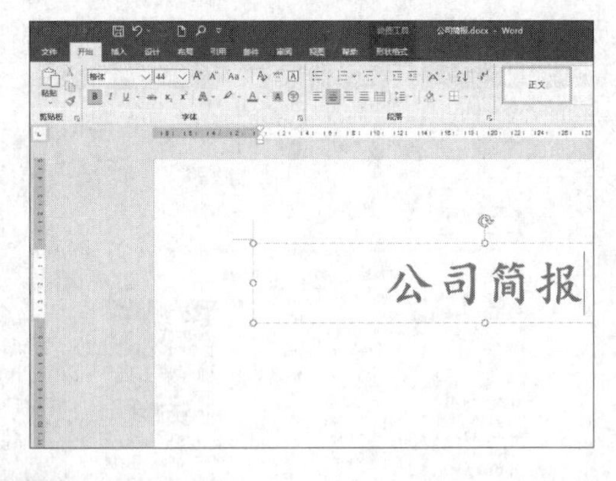

步骤05 按【Enter】键，输入报头的其他信息，如下页图所示。

步骤 06 对报头的文本进行格式设置，如字体、颜色及行间距，效果如下图所示。

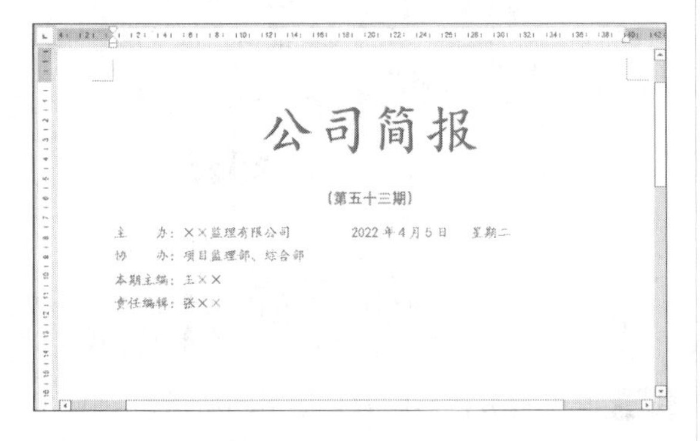

步骤 07 将光标定位在报头信息的下方，单击【插入】选项卡的【插图】组中的【形状】按钮，在弹出的下拉列表中选择【直线】选项，如下图所示。

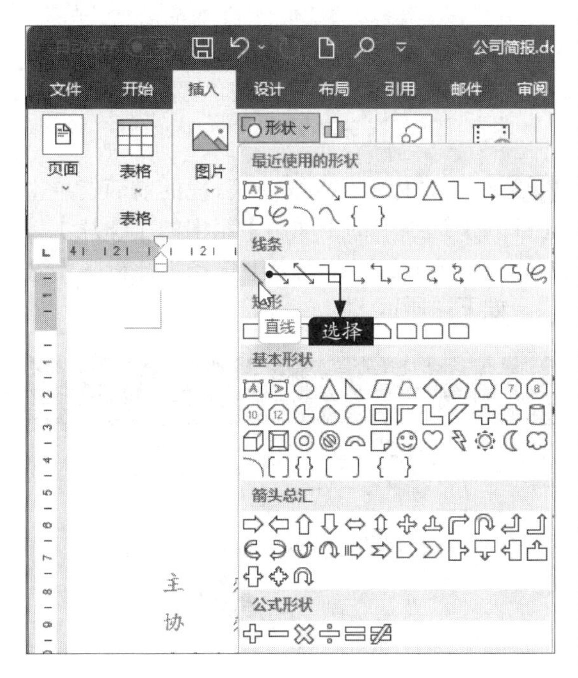

步骤 08 在报头文字下方按住【Shift】键拖曳鼠标绘制一条横线，如右上图所示。

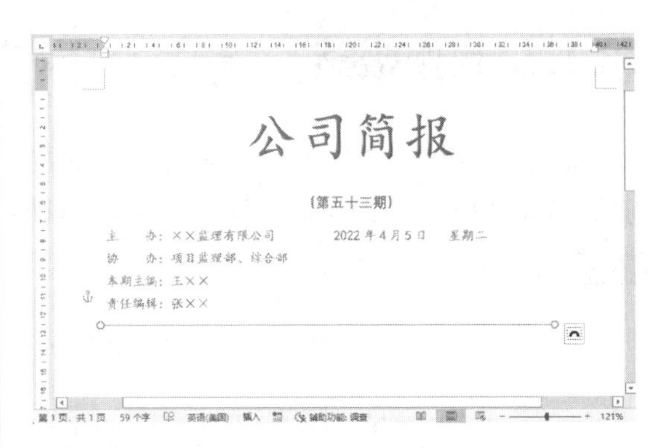

步骤 09 选择绘制的横线，单击【绘图工具】→【形状格式】选项卡下【形状样式】组中的【形状轮廓】按钮，在弹出的下拉列表中选择【红色】选项，将线条颜色设置为红色，如下图所示。

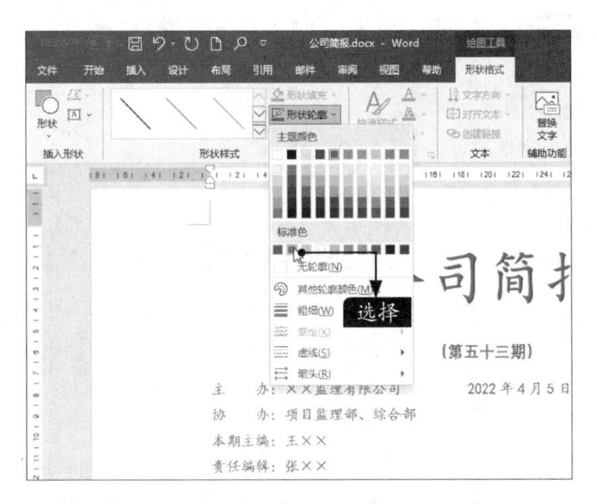

步骤 10 单击【形状轮廓】按钮，在弹出的下拉列表中，设置形状的【粗细】为“3磅”，如下图所示。

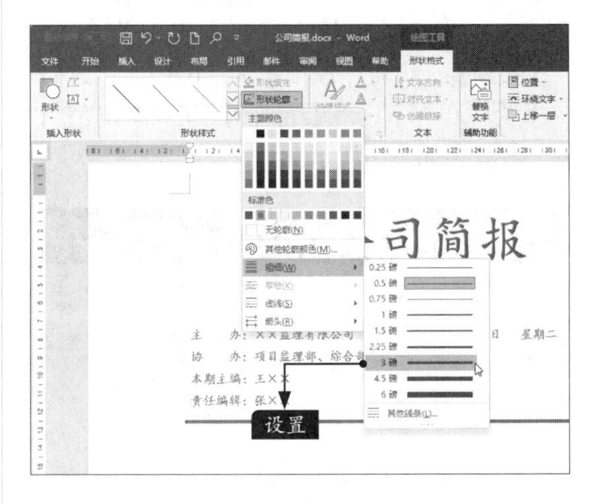

13.1.2 制作报核

报核，即简报所刊载的一篇或几篇文章。下面就以“素材\ch13\简报资料.docx”文档中所提供的简报内容为例，介绍制作报核的方法。具体步骤如下。

步骤 01 将光标定位在报头的下方，如下图所示。

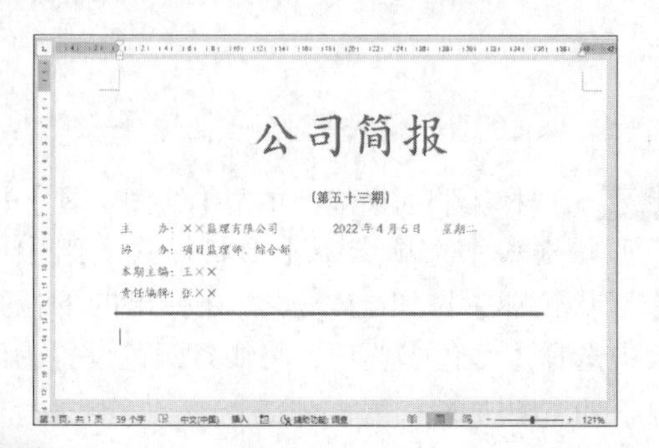

步骤 02 打开“素材\ch13\简报资料.docx”文档，复制文章的相关内容到当前文档中，如下图所示。

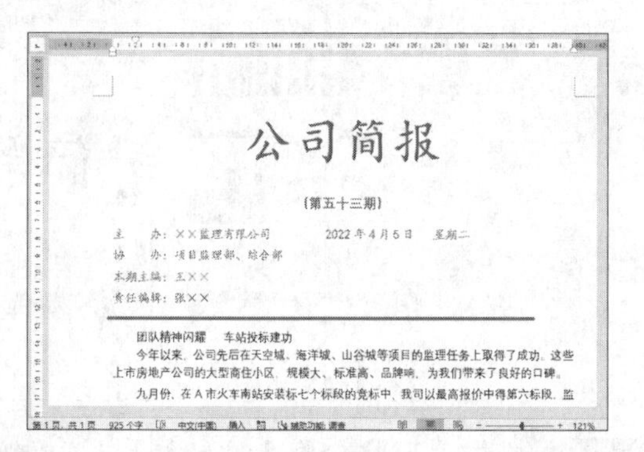

步骤 03 选择文章标题，在【开始】选项卡的【字体】组中，设置【字体】为“黑体”，【字号】为“四号”，单击【加粗】按钮，并在【开始】选项卡的【段落】组中单击【居中】按钮，设置【段前】为“0.5 行”，【段后】为“0.5行”，【行距】为“固定值 15磅”，效果如下图所示。

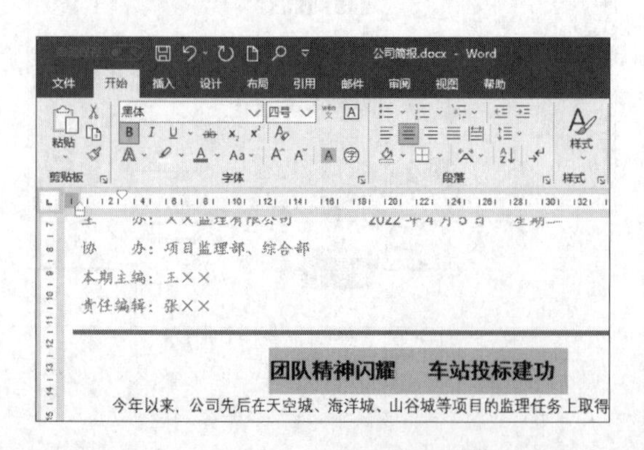

步骤 04 选中正文内容，单击【布局】选项卡的【页面设置】组中的【栏】按钮，在弹出的下拉列表中选择【两栏】选项，如下图所示。

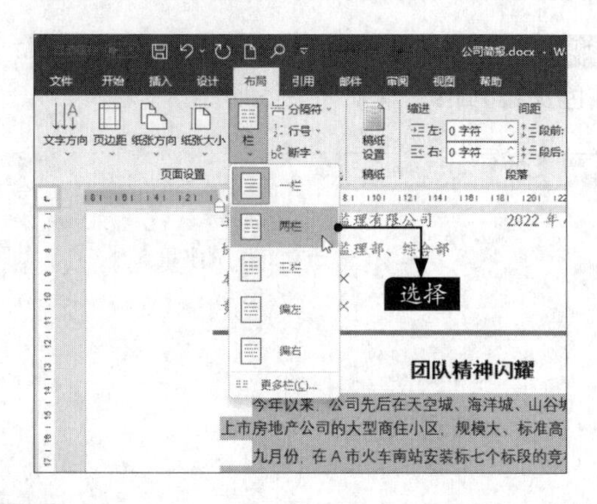

步骤 05 设置分栏后的效果如下图所示。

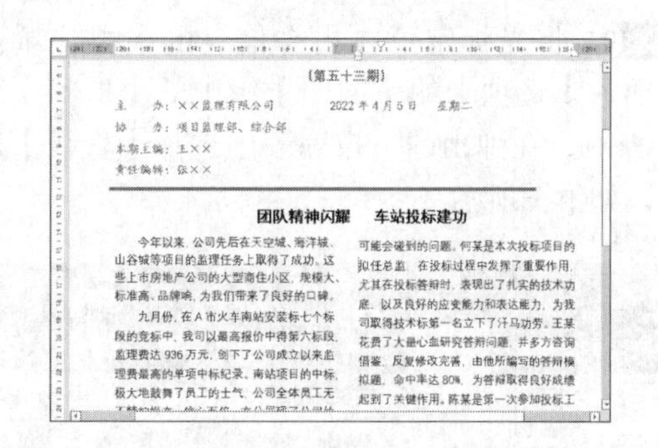

步骤 06 将光标定位在文章第1段的前面，单击【插入】选项卡的【插图】组中的【图片】按钮，在弹出的下拉列表中选择【此设备】选项，如下图所示。

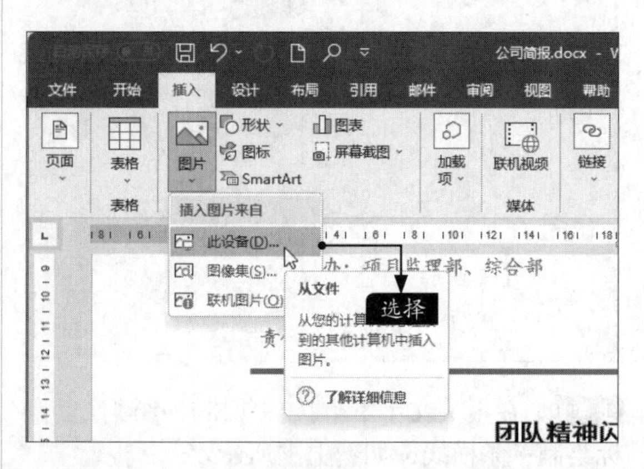

步骤07 在弹出的【插入图片】对话框中选择要插入文档的图片，并单击【插入】按钮，如下图所示。

步骤08 插入图片后的效果如下图所示。

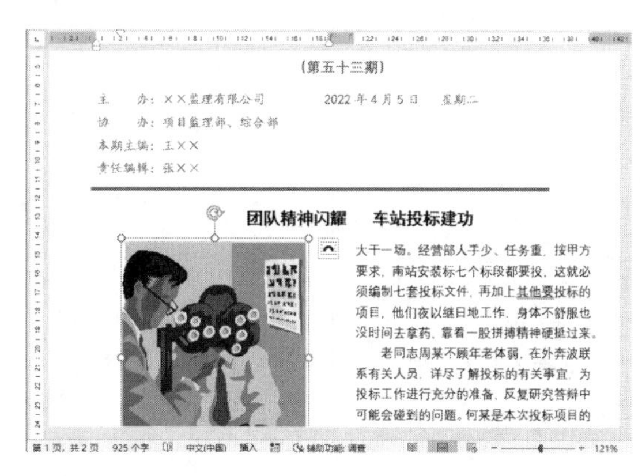

步骤09 选中图片并单击其右侧的【布局选项】按钮，在弹出的列表中，单击【紧密型环绕】图标，如下图所示。

步骤10 调整图片至适当的位置，并调整图片的大小，效果如下图所示。

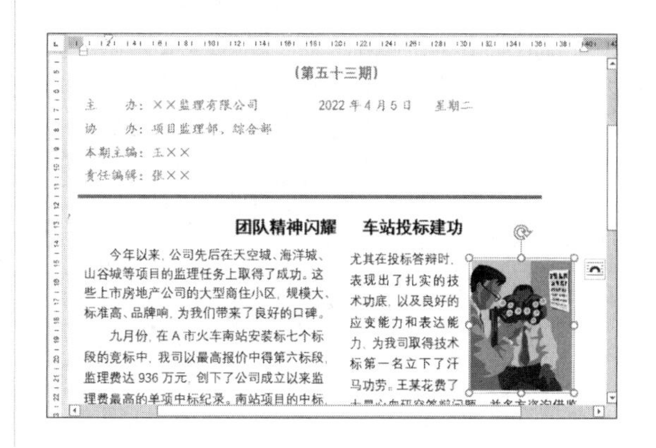

步骤11 在【图片工具】→【图片格式】选项卡下的【调整】和【图片样式】组中根据需要设置图片的样式，最终效果如下图所示。

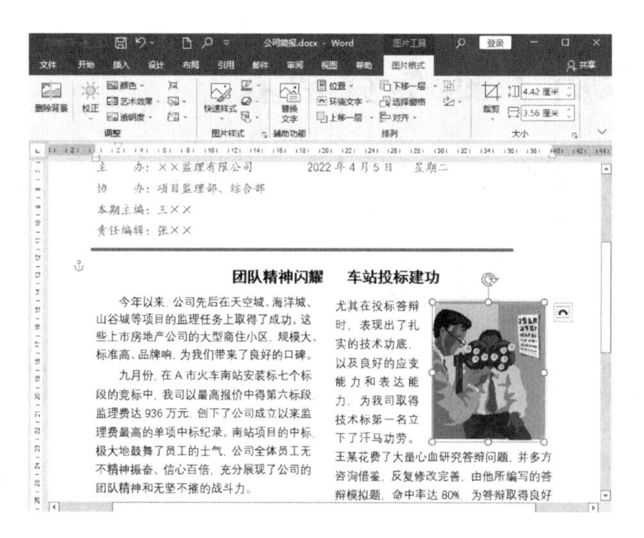

13.1.3 制作报尾

在简报最后一页下部，用一条横线隔开报核，横线下左边写明发送范围，在平行的右侧写明打印份数。制作报尾的具体操作步骤如下。

步骤 01 在文章的底部绘制一条横线，设置线条颜色为“红色”，设置【粗细】为“1.5 磅”，效果如右图所示。

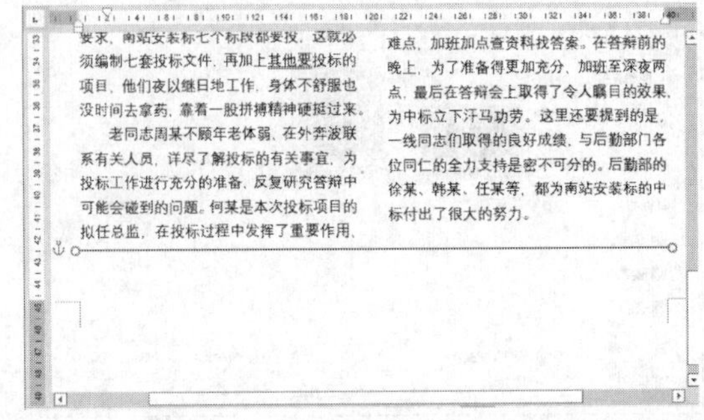
要求，南站安装标七个标段都要投，这就必须编制七套投标文件，再加上其他要投标的项目，他们夜以继日地工作，身体不舒服也没时间去拿药，靠着一股拼搏精神硬挺过来。

老同志周某不顾年老体弱，在外奔波联系有关人员，详尽了解投标的有关事宜，为投标工作进行充分的准备，反复研究答辩中可能会碰到的问题。何某是本次投标项目的拟任总监，在投标过程中发挥了重要作用，难点，加班加点查资料找答案。在答辩前的晚上，为了准备得更加充分，加班至深夜两点，最后在答辩会上取得了令人瞩目的效果，为中标立下汗马功劳。这里还要提到的是，一线同志们取得的良好成绩，与后勤部门各位同仁的全力支持是密不可分的。后勤部的徐某、韩某、任某等，都为南站安装标的中标付出了很大的努力。

步骤 02 在横线下方的左侧输入“派送范围：公司各部门、各科室、各经理、各组长处”，并在其右侧输入“印数：50份”，最终效果如下图所示。

公司简报

（第五十三期）

主 办：××监理有限公司 2022年4月5日 星期二

协 办：项目监理部、综合部

团队精神闪耀 车站投标建功

派送范围：公司各部门、各科室、各经理、各组长处 印数：50份

13.2 制作员工基本资料表

员工基本资料表是记录公司员工基本资料的表格，可以根据公司的需要记录基本信息。

13.2.1 设计表头

设计“员工基本资料表”首先需要设计表头，表头中需要添加完整的员工信息标题。具体操作步骤如下。

步骤01 新建空白Excel 2021工作簿，并将其另存为“员工基本资料表.xlsx”。在“Sheet1”工作表标签上单击鼠标右键，在弹出的快捷菜单中单击【重命名】命令，如下图所示。

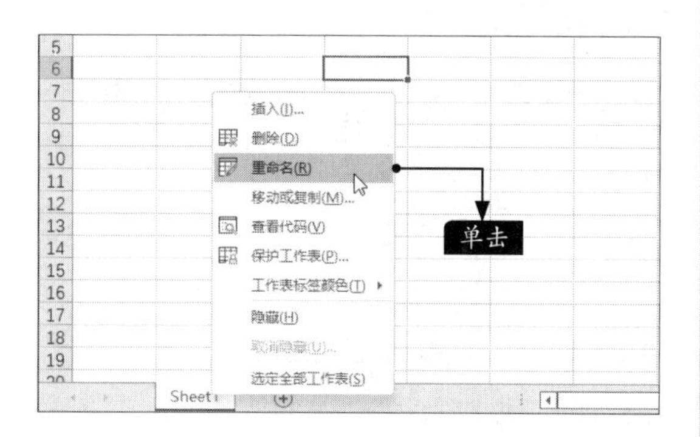

步骤02 输入“基本资料表”，按【Enter】键确认，完成工作表重命名操作，如下图所示。

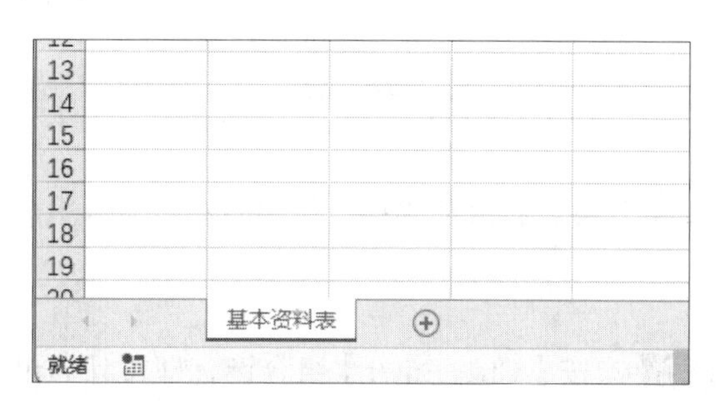

步骤03 选择A1单元格，输入“员工基本资料表”文本，如下图所示。

步骤04 选择A1:H1单元格区域，单击【开始】选项卡下【对齐方式】组中【合并后居中】按钮的下拉按钮，在弹出的下拉列表中选择【合并后居中】选项，效果如下图所示。

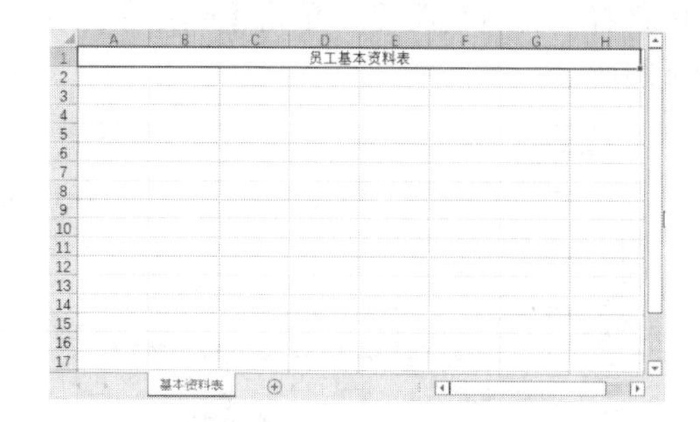

步骤05 选择A1单元格中的文本内容，设置其【字体】为“华文楷体”，“字号”为【16】，并为A1单元格添加“蓝色,个性色5,淡色80%”底纹填充颜色，然后根据需要调整行高，效果如下图所示。

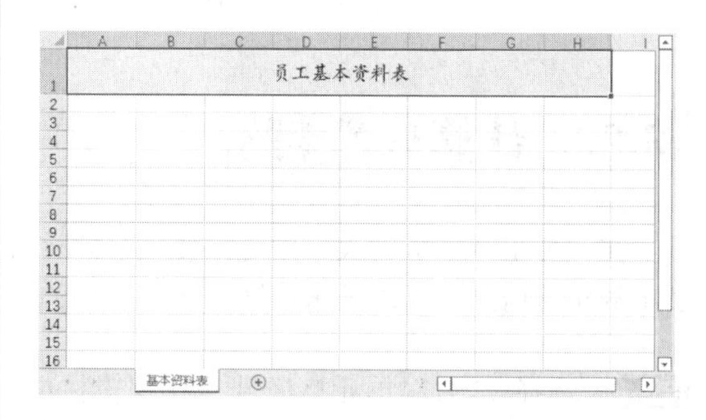

步骤06 选择A2单元格，输入“姓名”文本，然后根据需要在B2:H2单元格区域中输入其他表头信息，并适当调整行高，效果如下图所示。

13.2.2 录入员工基本信息

表头创建完成后，就可以根据需要录入员工基本信息，具体操作步骤如下。

步骤01 按住【Ctrl】键的同时选择C列和F列并单击鼠标右键，在弹出的快捷菜单中单击【设置单元格格式】命令。在打开的【设置单元格格式】对话框中，选择【数字】标签，在【分类】列表框中选择【日期】选项，在右侧【类型】列表框中选择一种日期类型，单击【确定】按钮，如下图所示。

步骤 02 打开 “素材\ch13\员工基本资料.xlsx”文件，复制A2:F23单元格区域中的内容，并将其粘贴至“员工基本资料表.xlsx”工作簿中，然后根据需要调整列宽，以显示所有内容，效果如下图所示。

13.2.3 计算员工年龄

在“员工基本资料表”中可以使用公式计算员工的年龄，每次使用该工作表时都将显示当前员工的年龄信息。具体操作步骤如下。

步骤 01 选择H3:H24单元格区域，在编辑栏中输入公式“=DATEDIF(C3,TODAY(),"y")”，如下图所示。

步骤 02 按【Ctrl+Enter】组合键，即可计算出所有员工的年龄，如下图所示。

13.2.4 计算员工工龄

计算员工工龄的具体操作步骤如下。

步骤 01 选择G3:G24单元格区域，在编辑栏中输入公式“=DATEDIF(F3,TODAY(),"y")”，如下页图所示。

步骤02 按【Ctrl+Enter】组合键，即可计算出所有员工的工龄，如下图所示。

13.2.5 美化“员工基本资料表”

输入员工基本信息并进行相关计算后，可以进一步美化“员工基本资料表”，具体操作步骤如下。

步骤01 选择A2:H24单元格区域，单击【开始】选项卡下【样式】组中【套用表格格式】按钮 套用表格格式 后的下拉按钮，在弹出的下拉列表中选择一种表格样式，如下图所示。

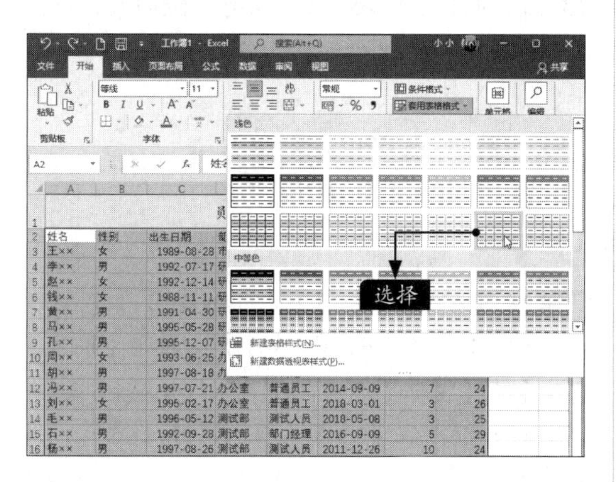

步骤02 在弹出的【创建表】对话框中，单击【确定】按钮，如右上图所示。

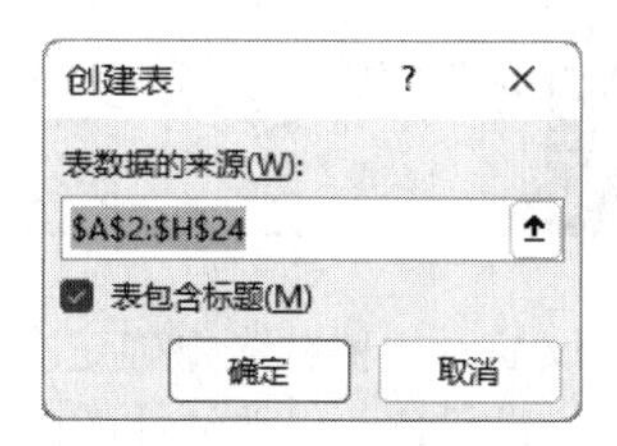

步骤03 套用表格格式后的效果如下图所示。

步骤04 选择第2行中包含数据的任意单元格，按【Ctrl+Shift+L】组合键，取消工作表的筛选状态。将所有内容居中对齐，并保存当前工作簿，就完成了“员工基本资料表”的美化操作，最终效果如下页图所示。

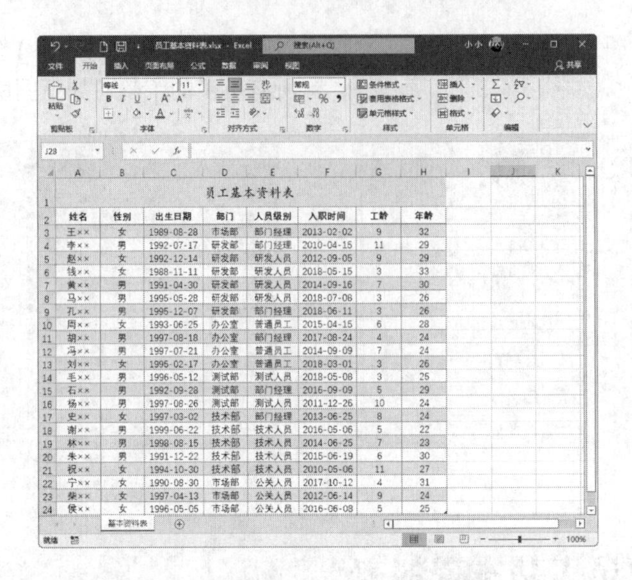

员工基本资料表

姓名	性别	出生日期	部门	人员级别	入职时间	工龄	年龄
王××	女	1989-08-28	市场部	部门经理	2013-02-02	9	32
李××	男	1992-07-17	研发部	部门经理	2010-04-15	11	29
赵××	女	1992-12-14	研发部	研发人员	2012-09-05	9	29
钱××	女	1988-11-11	研发部	研发人员	2018-05-15	3	33
黄××	男	1991-04-30	研发部	研发人员	2014-09-16	7	30
马××	男	1995-05-28	研发部	研发人员	2018-07-08	3	26
孔××	男	1995-12-07	研发部	部门经理	2018-06-11	3	26
周××	女	1993-06-25	办公室	普通员工	2015-04-15	6	28
胡××	男	1997-08-18	办公室	部门经理	2017-08-24	4	24
冯××	男	1997-07-21	办公室	普通员工	2014-09-09	7	24
刘××	女	1995-02-17	办公室	普通员工	2018-03-01	3	26
毛××	男	1996-05-12	测试部	测试人员	2018-05-08	3	25
石××	男	1992-09-28	测试部	部门经理	2016-09-09	5	29
杨××	男	1997-08-26	测试部	测试人员	2011-12-26	10	24
史××	女	1997-03-02	技术部	部门经理	2013-06-25	8	24
谢××	男	1999-06-22	技术部	技术人员	2016-05-06	5	22
林××	男	1998-08-15	技术部	技术人员	2014-06-25	7	23
朱××	男	1991-12-22	技术部	技术人员	2015-06-19	6	30
祝××	女	1994-10-30	技术部	技术人员	2010-05-06	11	27
宁××	女	1990-08-30	市场部	公关人员	2017-10-12	4	31
柴××	女	1997-04-13	市场部	公关人员	2012-06-14	9	24
侯××	女	1996-05-05	市场部	公关人员	2016-06-08	5	25

13.3 设计公司会议演示文稿

会议是人们为了解决某个共同的问题，或出于不同的目的而聚集在一起进行讨论、交流的活动。

制作会议演示文稿首先要确定会议的议程，提出会议的目的或要解决的问题，随后对这些问题进行讨论，最后还要以总结性的内容或给出新的目标来结束演示文稿。

13.3.1 设计幻灯片首页页面

创建公司会议演示文稿首页幻灯片的具体操作步骤如下。

步骤 01 新建演示文稿，并将其另存为“公司会议演示文稿.pptx”，单击【设计】选项卡下【主题】组中的【其他】按钮，在弹出的下拉菜单中选择【木头纹理】选项，如下图所示。

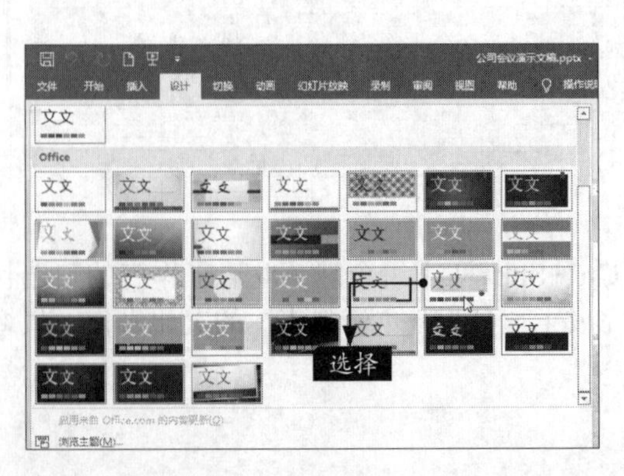

步骤 02 为幻灯片应用【木头纹理】主题效果后，删除幻灯片中的所有文本框，单击【插入】选项卡下【文本】组中的【艺术字】按钮，在弹出的下拉列表中选择需要的艺术字选项，如下图所示。

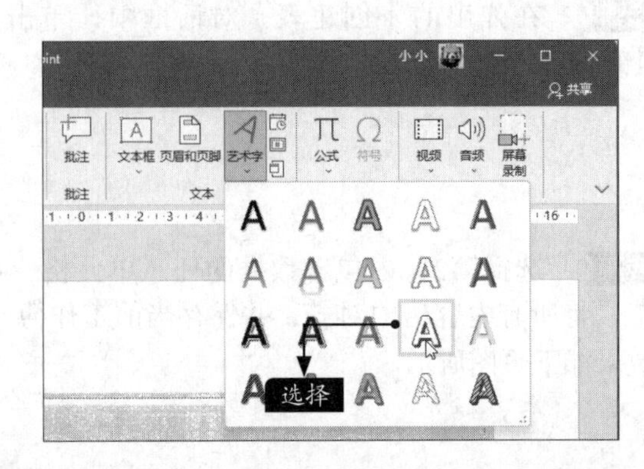

步骤03 在插入的艺术字文本框中输入"公司会议"文本内容，并设置其【字体】为"华文行楷"，【字号】为"115"，根据需要调整艺术字文本框的位置。效果如下图所示。

步骤04 选中艺术字，单击【绘图工具】→【形状格式】选项卡下【艺术字样式】组中的【文字效果】按钮，在弹出的下拉列表中选择【棱台】→【圆形】选项，如下图所示。设置完艺术字样式的效果后，完成首页页面的制作。

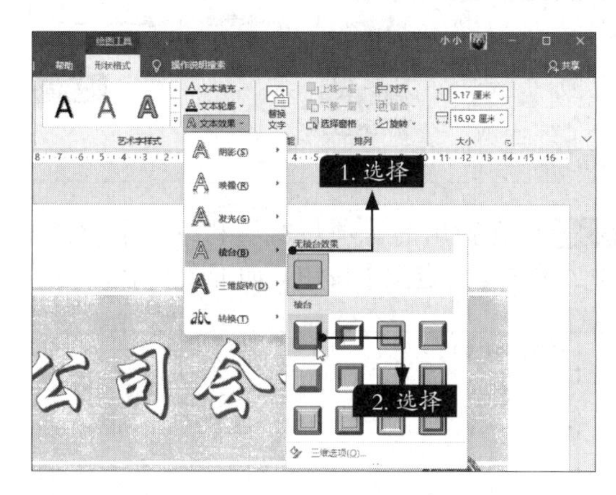

13.3.2 设计幻灯片"会议议程"页面

创建"会议议程"幻灯片页面的具体操作步骤如下。

步骤01 新建一个"标题和内容"幻灯片，如下图所示。

步骤02 在【单击此处添加标题】文本框中输入"一、会议议程"文本，并设置其【字体】为"幼圆"，【字号】为"54"，效果如下图所示。

步骤03 打开"素材\ch13\公司会议.txt"文件，将"议程"下的内容复制到幻灯片页面中，设置其【字体】为"幼圆"，【字号】为"28"，【行距】为"1.5倍行距"。效果如下图所示。

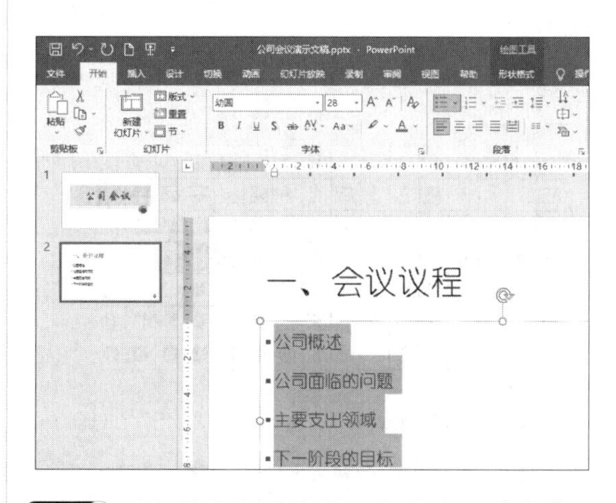

步骤04 选择该幻灯片中的正文内容，单击【开始】选项卡下【段落】组中【项目符号】按钮的下拉按钮，在弹出的下拉列表中选择【项目符号和编号】选项，如下页图所示。

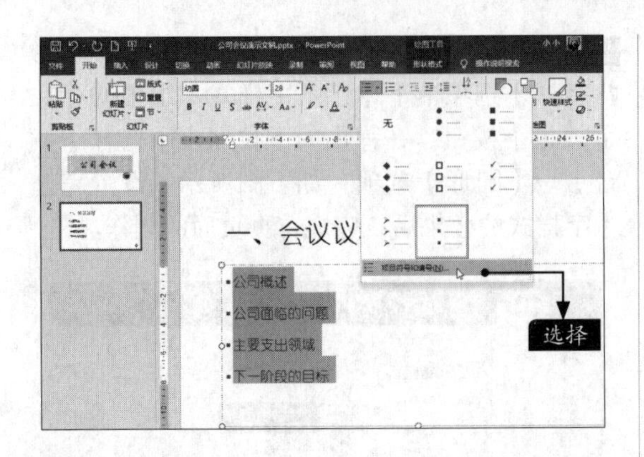

步骤05 在弹出的【项目符号和编号】对话框中，单击【自定义】按钮，如下图所示。

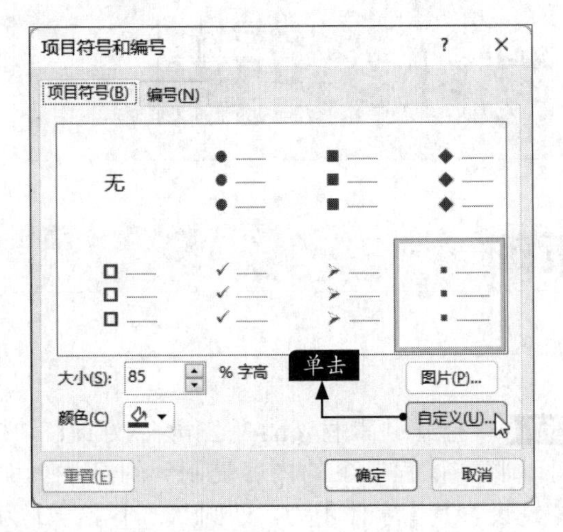

步骤06 在弹出的【符号】对话框中，选择一种要作为项目符号的符号，单击【确定】按钮，如下图所示。

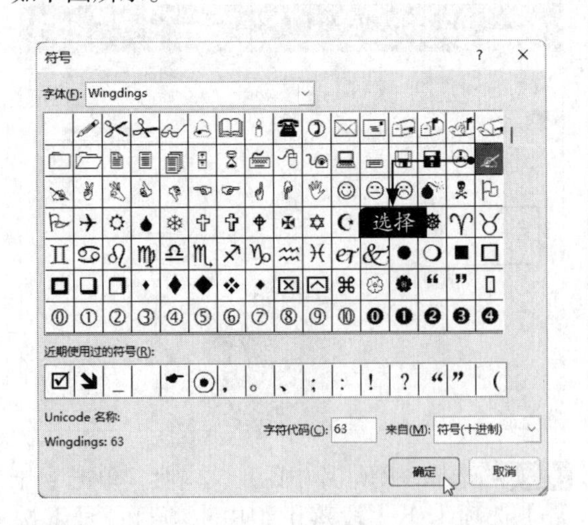

步骤07 返回至【项目符号和编号】对话框，单击【确定】按钮，如右上图所示。

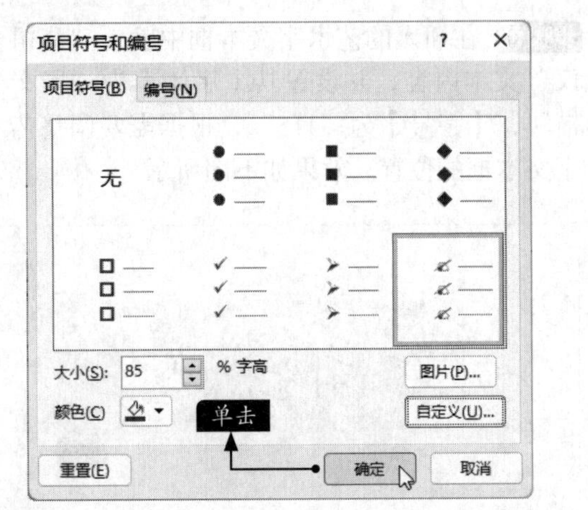

步骤08 完成项目符号添加后的效果如下图所示。

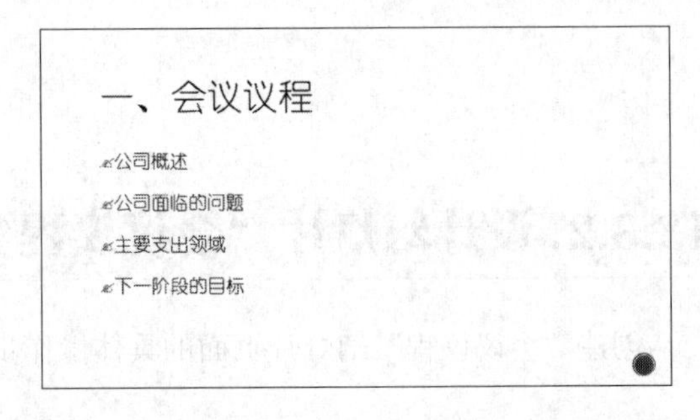

步骤09 适当调整文本与项目符号之间的缩进，效果如下图所示。

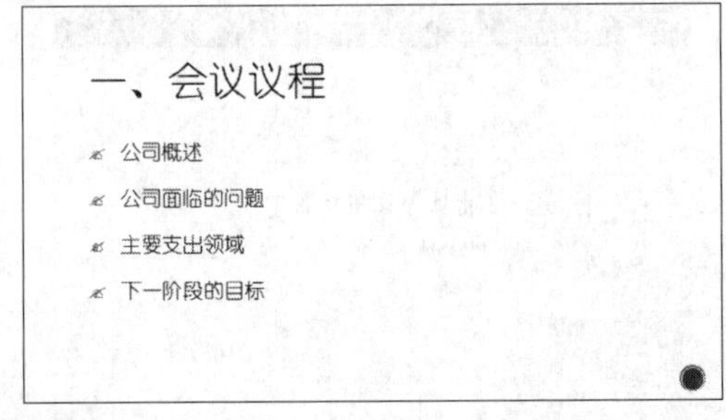

步骤10 单击【插入】选项卡下【图像】组中的【图片】按钮，在弹出的下拉列表中选择【此设备】选项，如下图所示。

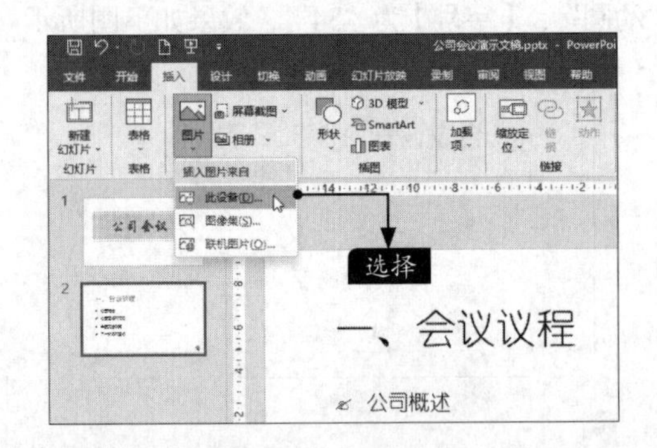

步骤11 在弹出的【插入图片】对话框中选择"素材\ch13\公司宣传.jpg"，单击【插入】按钮，如下图所示。

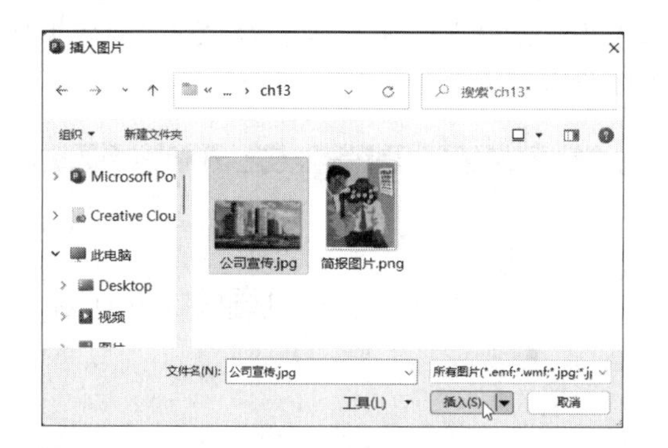

步骤12 插入图片的效果如下图所示。

步骤13 选择插入的图片，调整图片的大小和位置，如下图所示。

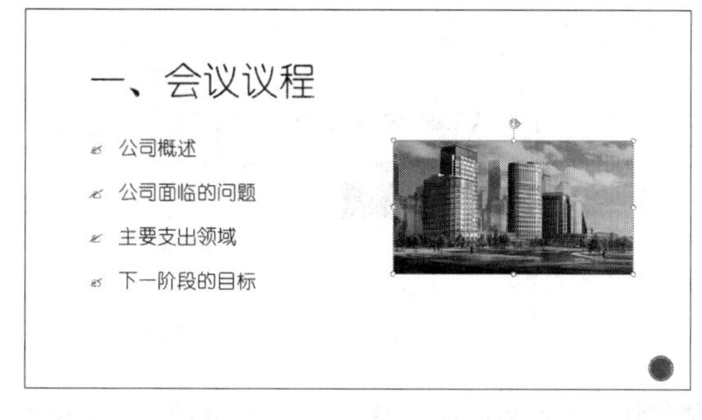

步骤14 根据需要设置图片的样式后，完成"会议议程"幻灯片页面的制作。最终效果如下图所示。

13.3.3 设计幻灯片内容页面

设计幻灯片内容页面的具体操作步骤如下。

1. 制作"公司概况"幻灯片页面

步骤01 新建"标题和内容"幻灯片，并输入"二、公司概况"文本，设置其【字体】为"幼圆"，【字号】为"54"。效果如下图所示。

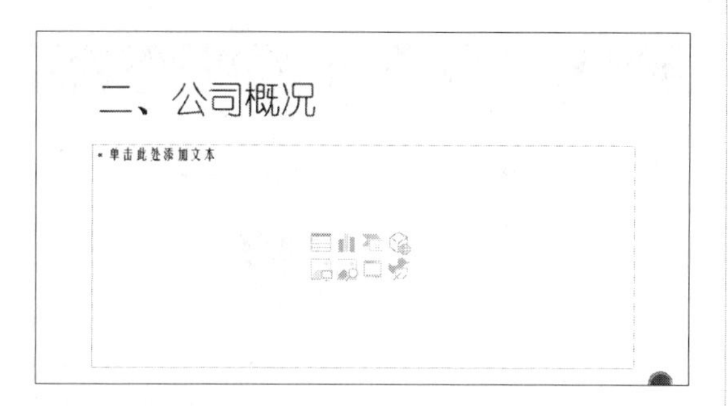

步骤02 将"素材\ch13\公司会议.txt"文件中"二、公司概况"下的内容复制到幻灯片页面中，设置其【字体】为"楷体"，【字号】为"28"，并设置其【特殊】为"首行"缩进，【度量值】为"1.7厘米"。效果如下图所示。

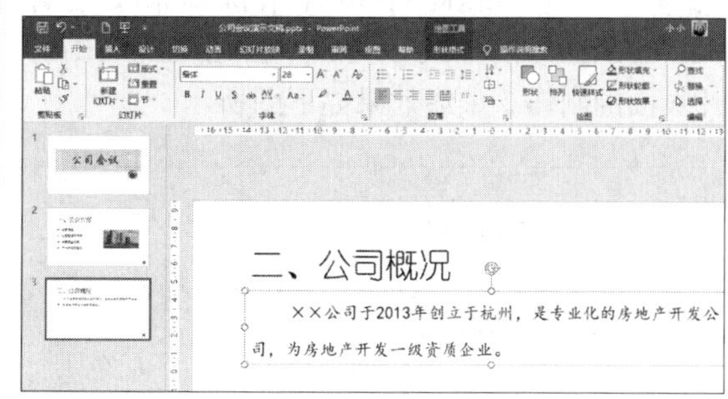

步骤03 单击【插入】选项卡下【插图】组中的【SmartArt】按钮 SmartArt，打开【选择SmartArt图形】对话框。在对话框中选择【层次结构】

选项下的【组织结构图】类型，单击【确定】按钮，如下图所示。

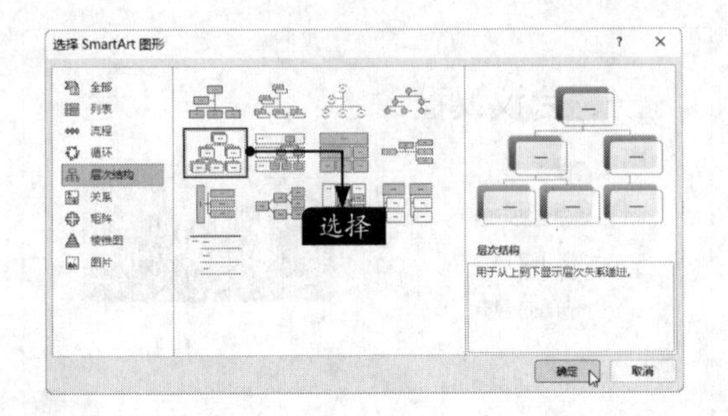

步骤 04 完成SmartArt图形插入后的效果如下图所示。

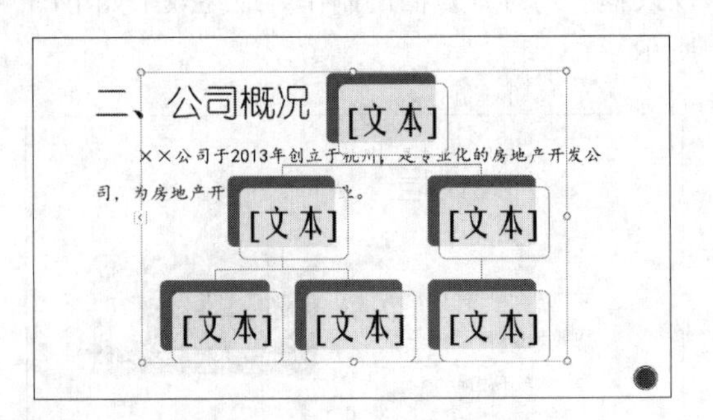

步骤 05 根据需要在SmartArt图形中输入文本内容，并调整图形的大小和位置，如下图所示。

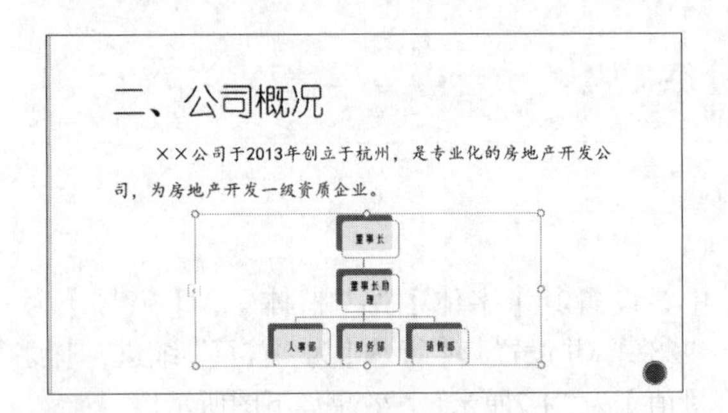

步骤 06 在【SmartArt设计】选项卡下设置SmartArt图形的样式，完成"公司概况"幻灯片页面的制作。最终效果如下图所示。

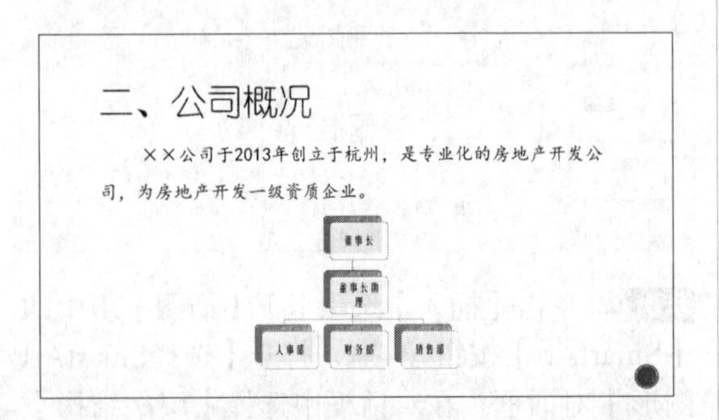

2. 制作"公司面临的问题"幻灯片页面

步骤 01 新建"标题和内容"幻灯片，并输入"三、公司面临的问题"文本，设置其【字体】为"幼圆"，【字号】为"54"。效果如下图所示。

步骤 02 将"素材\ch13\公司会议.txt"文件中"三、公司面临的问题"下的内容复制到幻灯片页面中，设置其【字体】为"楷体"，【字号】为"20"，并设置其段落行距，效果如下图所示。

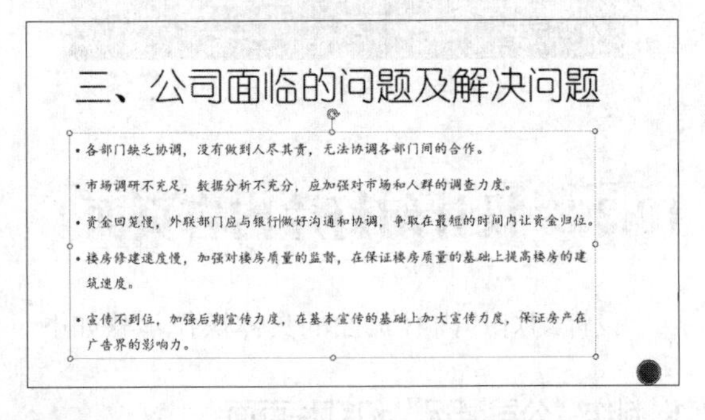

步骤 03 选择正文内容，单击【开始】选项卡下【段落】组中【编号】按钮的下拉按钮，在弹出的下拉列表中选择一种编号样式，如下图所示。

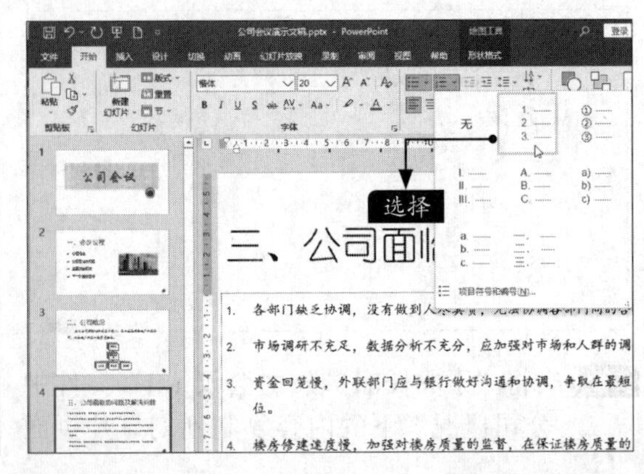

步骤 04 添加编号后的效果如下图所示。

三、公司面临的问题及解决问题

1. 各部门缺乏协调，没有做到人尽其责，无法协调各部门间的合作。
2. 市场调研不充足，数据分析不充分，应加强对市场和人群的调查力度。
3. 资金回笼慢，外联部门应与银行做好沟通和协调，争取在最短的时间内让资金归位。
4. 楼房修建速度慢，加强对楼房质量的监督，在保证楼房质量的基础上提高楼房的建筑速度。
5. 宣传不到位，加强后期宣传力度，在基本宣传的基础上加大宣传力度，保证房产在广告界的影响力。

3. 设计其他幻灯片页面

步骤 01 使用同样的方法制作“主要支出领域”幻灯片页面。最终效果如右上图所示。

四、主要支出领域

1. 研究与开发，前期要做充分的市场调研工作，分析适合人们居住的环境和户型。地产的购买是整个环节中最重要的一个环节，地产的购买需要花费大量的人力、物力和财力。
2. 销售与营销，在楼盘未开盘前前加强前期的宣传和促销力度，俗话说“酒香也怕巷子深”，宣传是一个重要但又耗费资金的主要支出领域
3. 需要注意的是，在保证楼盘按期开盘的情况下还要保证楼房的质量，树立品牌形象。

步骤 02 使用同样的方法制作“下一阶段的目标”幻灯片页面，最终效果如下图所示。

五、下一阶段的目标

商业地产被视为住宅地产之后的“最后一根救命稻草”，购物中心发展过快，导致人才极端匮乏，商业物业人才泡沫化现象严重，反过来恶化了商业生态。住宅地产与商业地产目前犹如冰火两重天，“商业地产圈的人才稀缺”“佣金节节攀高”。

我国商业物业在总体房地产投资中比例较低，已经进入调控的视野，不可能在信贷等领域得到优待。

所以在接下来的阶段中应加强对住宅地产的开发，减弱对商业地产的开发。继续稳步前进。

13.3.4 设计幻灯片结束页面

制作幻灯片结束页面的具体操作步骤如下。

步骤 01 新建空白幻灯片，单击【插入】选项卡下【文本】组中的【艺术字】按钮，在弹出的下拉列表中选择需要的艺术字选项，如下图所示。

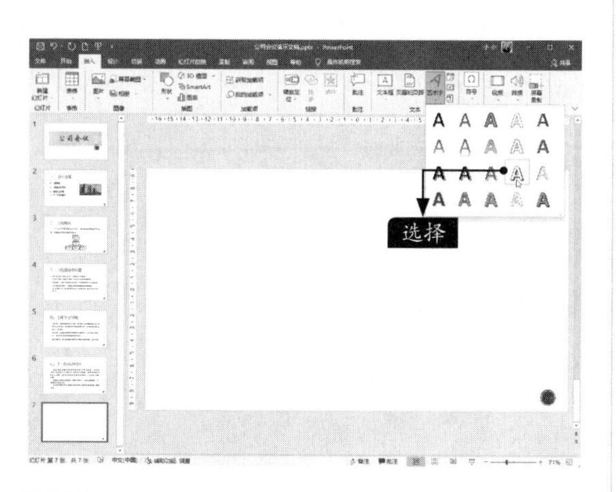

步骤 02 在插入的艺术字文本框中输入“谢谢观看！”文本内容，并设置其【字体】为“楷体”，【字号】为“96”，根据需要调整艺术字文本框的位置，如下图所示。

谢谢观看！

步骤 03 选中艺术字，单击【绘图工具】→【形状格式】选项卡下【艺术字样式】组中的【形状效果】按钮，在弹出的下拉列表中选择【映像】→【紧密映像：8磅 偏移量】选项，如下页图所示。

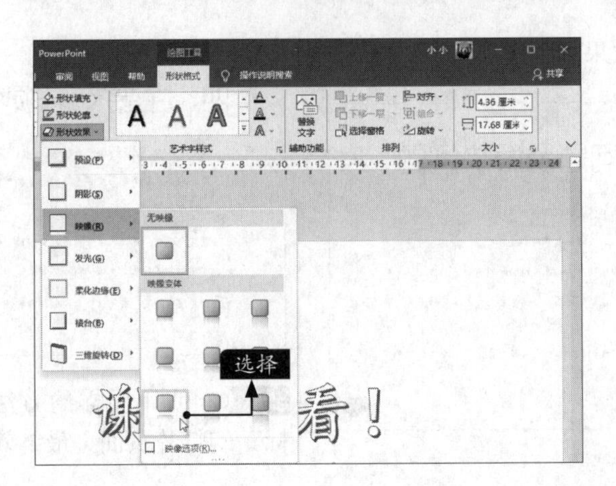

步骤 04 设置艺术字样式后的效果如下图所示。至此，就完成了公司会议演示文稿的制作。

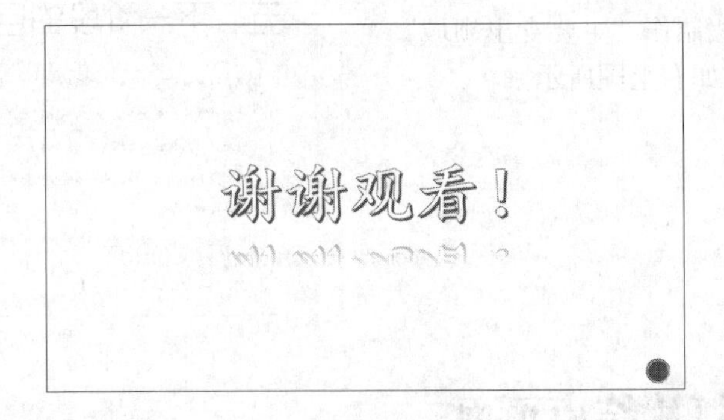

第14章 Office 2021的行业应用——人力资源管理

学习目标

人力资源管理是一项复杂、烦琐的工作，使用Office 2021可以提高人力资源管理部门员工的工作效率。通过对本章的学习，读者可以掌握 Office 2021在人力资源管理中的应用方法。

学习效果

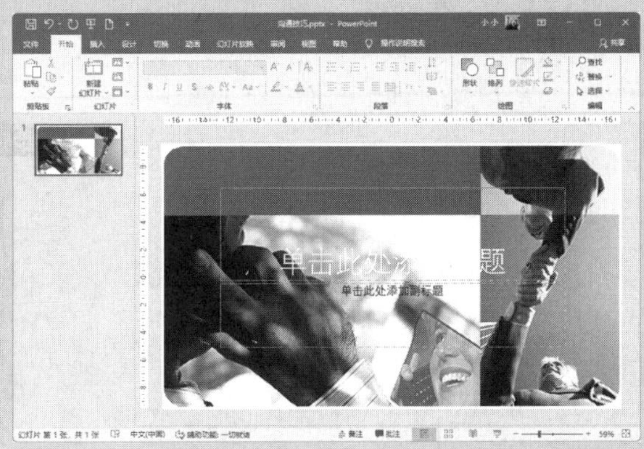

14.1 制作求职信息登记表

人力资源管理部门通常会根据需要制作求职信息登记表并打印出来，以便求职者填写。

14.1.1 页面设置

首先需要设置页面，具体操作步骤如下。

步骤01 新建一个Word文档，将其命名为“求职信息登记表.docx”，并将其打开。单击【布局】选项卡下【页面设置】组中的【页面设置】按钮，如下图所示。

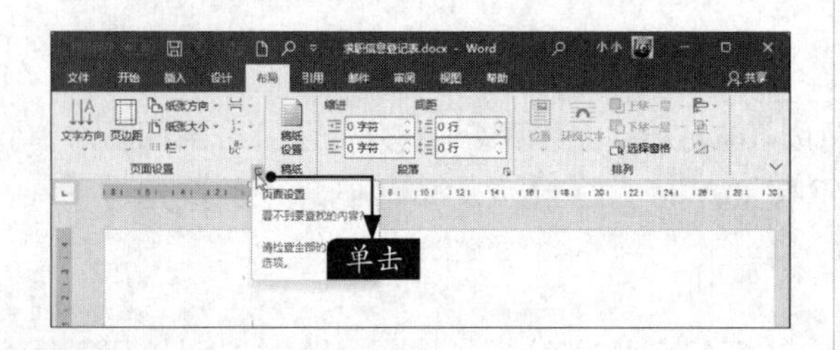

步骤02 在弹出的【页面设置】对话框中，打开【页边距】选项卡，设置页边距的【上】的边距值为“2.5厘米”，【下】的边距值为“2.5厘米”，【左】的边距值为“1.5厘米”，【右】的边距值为“1.5厘米”，如下图所示。

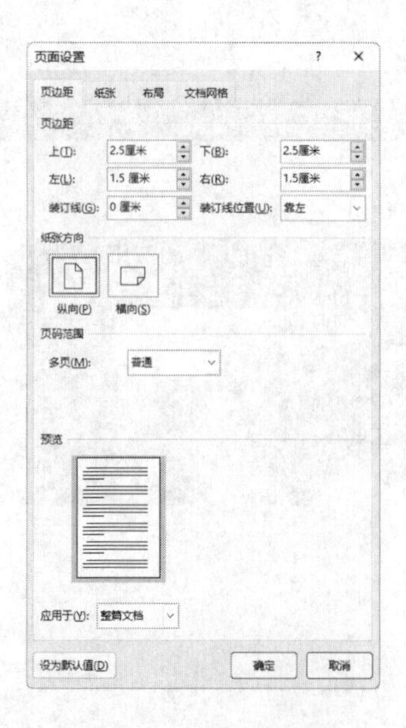

步骤03 打开【纸张】选项卡，在【纸张大小】区域设置【宽度】为“20.5厘米”，【高度】为“28.6厘米”，单击【确定】按钮，完成页面设置，如下图所示。

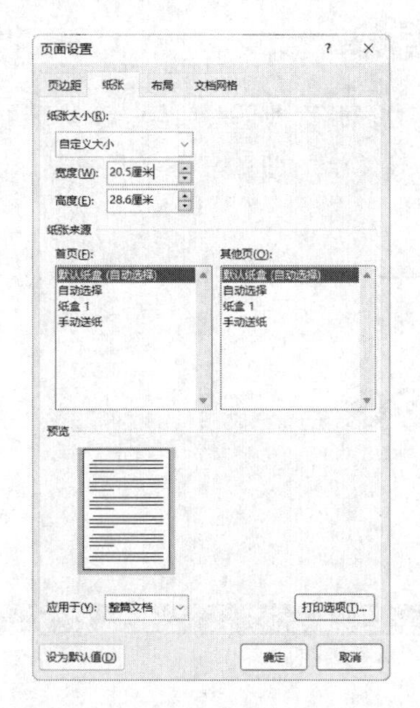

步骤04 完成页面设置后的效果如下图所示。

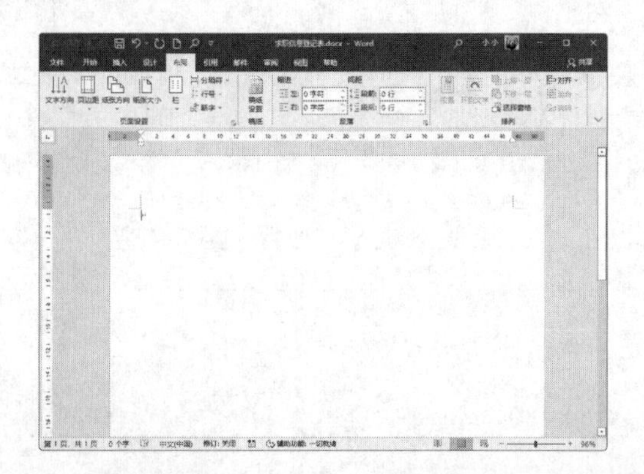

14.1.2 绘制整体框架

要使用表格制作求职信息登记表，首先需要绘制表格的整体框架，具体操作步骤如下。

步骤01 在绘制表格之前，需要先输入求职信息表的标题，这里输入“求职信息登记表”文本，然后设置【字体】为“楷体”，【字号】为“小二”，设置“加粗”并进行居中显示，如下图所示。

步骤02 右键单击文本内容，在弹出的快捷菜单中单击【段落】命令，打开【段落】对话框。在对话框中设置标题的【段后】间距为“1行”，单击【确定】按钮，如下图所示。

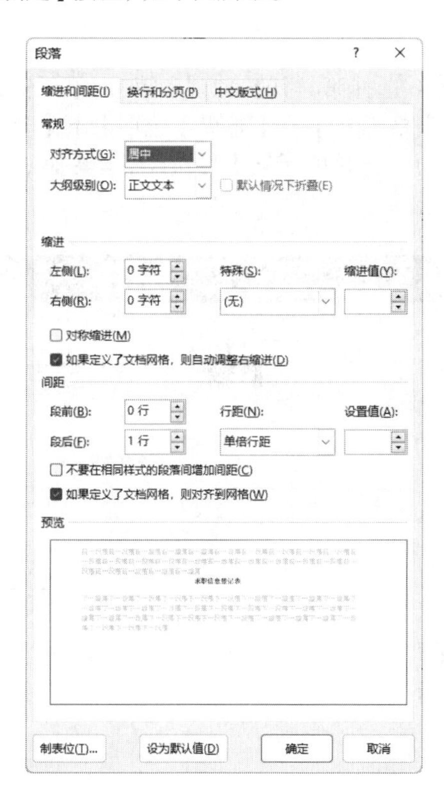

步骤03 设置后的效果如下图所示。

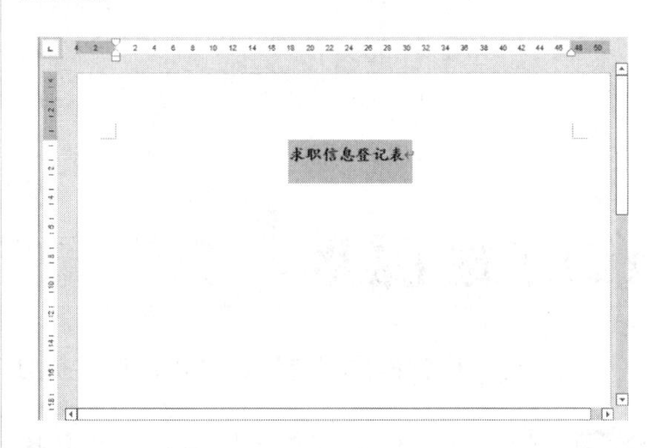

步骤04 按【Enter】键，对其进行左对齐，清除格式，然后单击【插入】选项卡下【表格】组中的【表格】按钮，在弹出的下拉列表中选择【插入表格】选项，如下图所示。

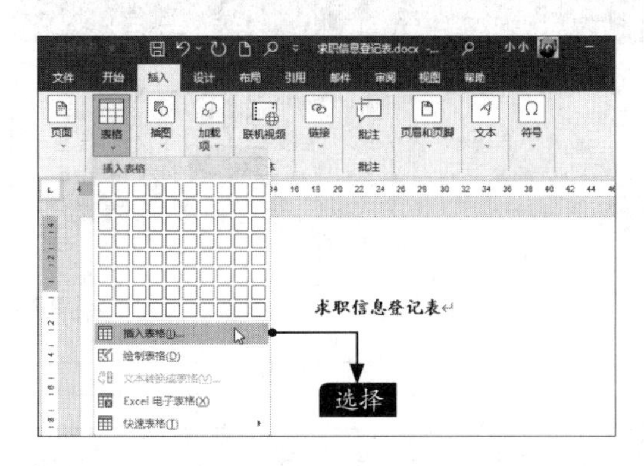

步骤05 在弹出的【插入表格】对话框的【表格尺寸】中设置【列数】为“1”，【行数】为“7”，单击【确定】按钮，如下图所示。

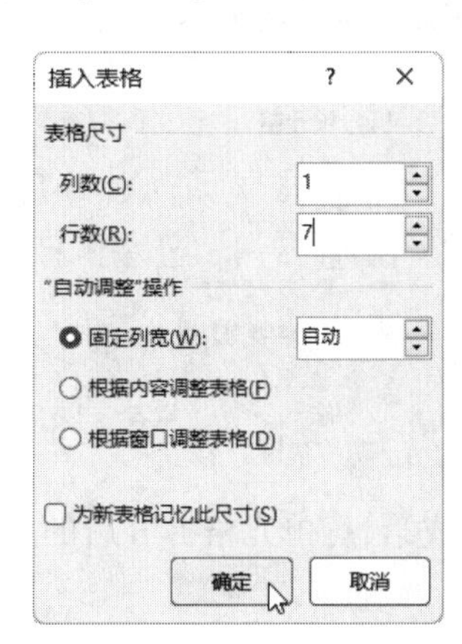

步骤 06 插入的一个7行1列表格如右图所示。

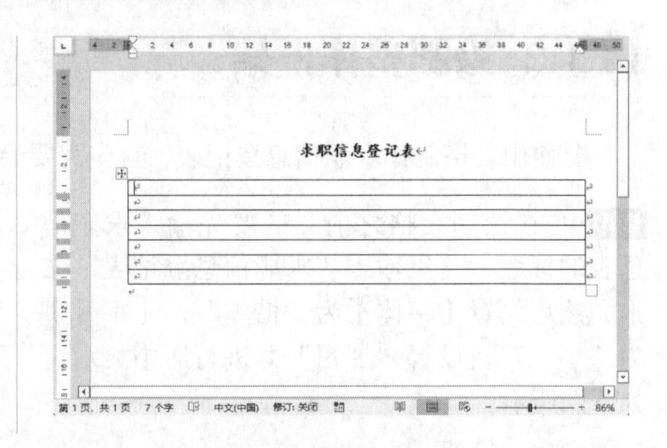

14.1.3 细化表格

绘制好表格整体框架之后，就可以通过拆分单元格来细化表格。具体操作步骤如下。

步骤 01 将光标置于第1行单元格中，单击【表格工具】→【布局】选项卡下【合并】组中的【拆分单元格】按钮拆分单元格，如下图所示。

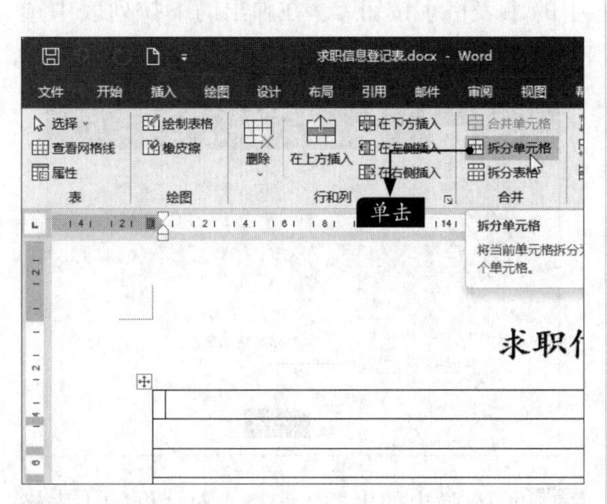

步骤 02 在弹出的【拆分单元格】对话框中，设置【列数】为“8”，【行数】为“5”，单击【确定】按钮，如下图所示。

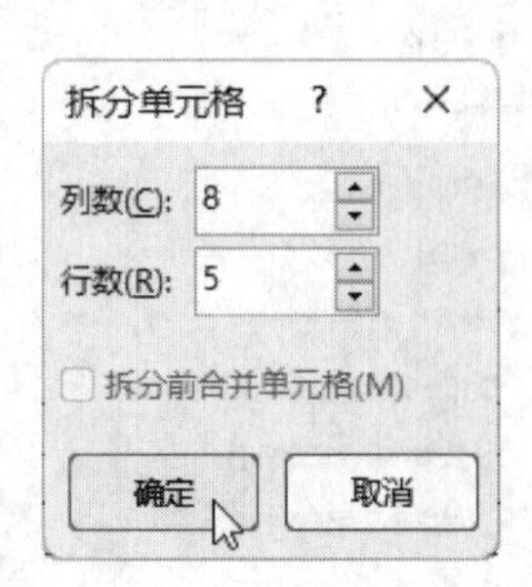

步骤 03 完成第1行单元格拆分后的效果如右上图所示。

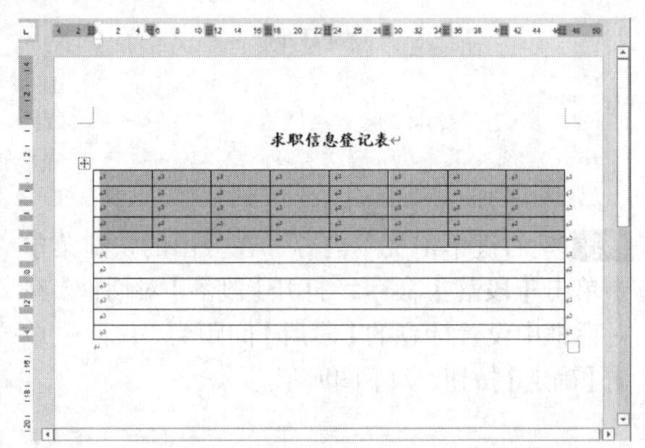

步骤 04 选择第4行的第2列和第3列单元格，单击【表格工具】→【布局】选项卡下【合并】组中的【合并单元格】按钮合并单元格，如下图所示。

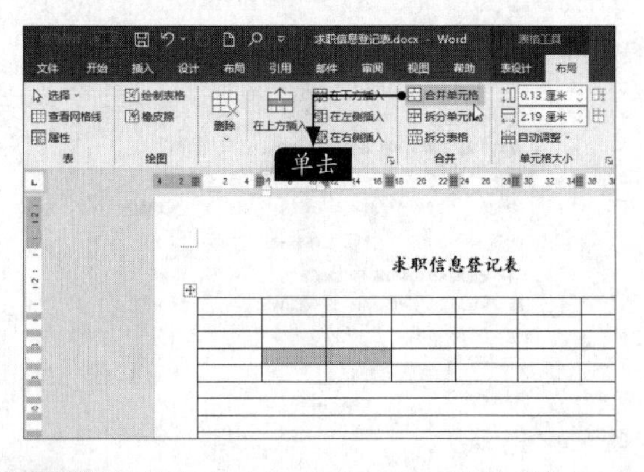

步骤 05 将其合并为一个单元格后的效果如下页图所示。

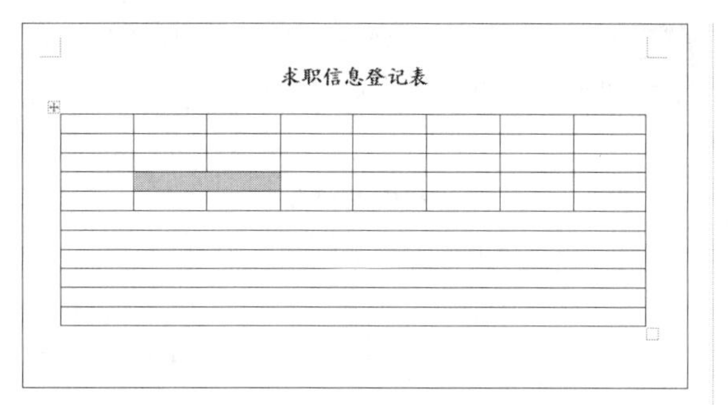

步骤06 使用同样的方法合并第4行的第5列和第6列。之后，对第5行的单元格进行同样的合并。将第7行单元格拆分为4行6列。效果如下图所示。

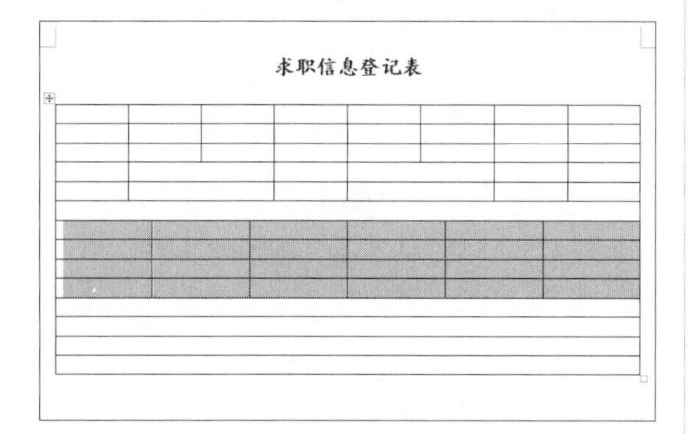

步骤07 合并第8行的第2列至第6列单元格，之后对第9行、第10行进行同样的操作，效果如右上图所示。

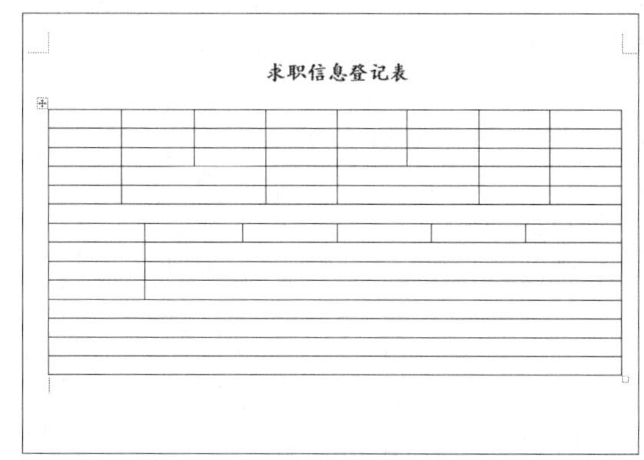

步骤08 将第12行的单元格拆分为5行3列，就完成了表格的细化操作，最终效果如下图所示。

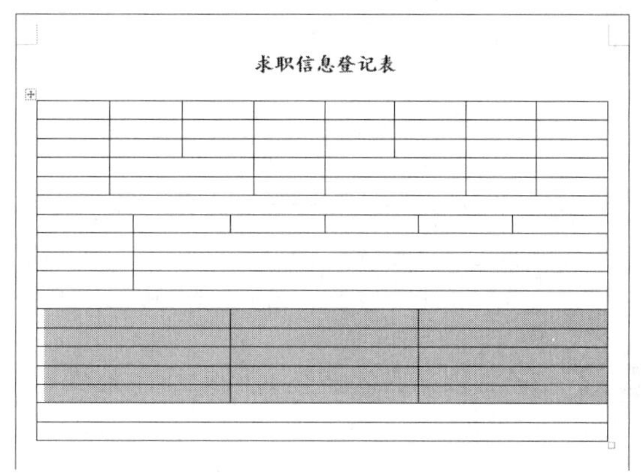

14.1.4 输入文本内容

对表格进行整体框架绘制和单元格划分之后，根据需要向单元格中输入相关的文本内容。具体操作步骤如下。

步骤01 在“求职信息登记表.docx”文件中输入相关内容，如下图所示。

求职信息登记表

姓名		性别		民　族		出生年月	
身高		体重		政治面貌		籍　贯	
学制		学历		毕业时间		培养方式	
专业		毕业学校				求职意向	
E-mail		通信地址				联系电话	
技能、特长或爱好							
外语等级		计算机等级		其他技能			
爱好特长							
其他证书							
奖励情况							
学习及实践经历							
时 间		地区、学校或单位		经 历			
自我评价							

步骤 02 选择表格内的所有文本，设置【字体】为“等线”，【字号】为“四号”，【对齐方式】为“居中”，效果如下图所示。

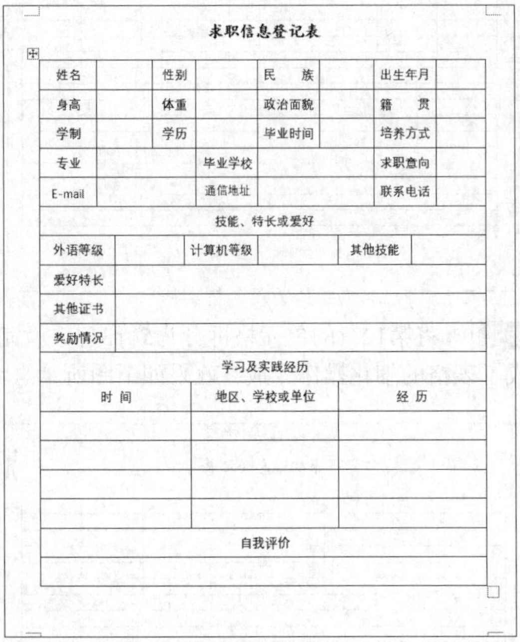

求职信息登记表

姓名		性别		民 族		出生年月	
身高		体重		政治面貌		籍 贯	
学制		学历		毕业时间		培养方式	
专业		毕业学校				求职意向	
E-mail		通信地址				联系电话	
技能、特长或爱好							
外语等级		计算机等级			其他技能		
爱好特长							
其他证书							
奖励情况							
学习及实践经历							
时 间		地区、学校或单位			经 历		
自我评价							

步骤 03 为第6行、第11行和第17行中的文字应用“加粗”效果，效果如下图所示。

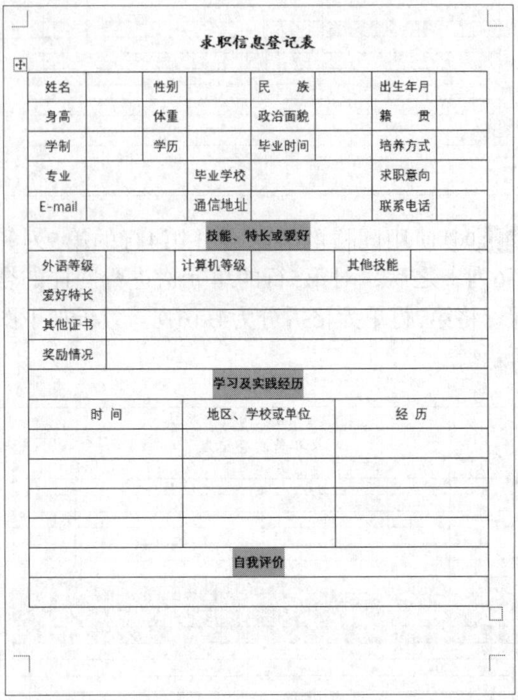

求职信息登记表

姓名		性别		民 族		出生年月	
身高		体重		政治面貌		籍 贯	
学制		学历		毕业时间		培养方式	
专业		毕业学校				求职意向	
E-mail		通信地址				联系电话	
技能、特长或爱好							
外语等级		计算机等级			其他技能		
爱好特长							
其他证书							
奖励情况							
学习及实践经历							
时 间		地区、学校或单位			经 历		
自我评价							

步骤 04 最后根据需要调整表格的行高及列宽，使其布局更合理，并占满整个页面，效果如下图所示。

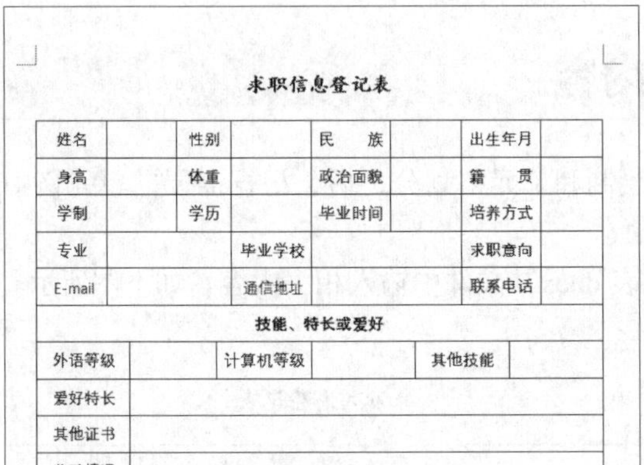

求职信息登记表

姓名		性别		民 族		出生年月	
身高		体重		政治面貌		籍 贯	
学制		学历		毕业时间		培养方式	
专业		毕业学校				求职意向	
E-mail		通信地址				联系电话	
技能、特长或爱好							
外语等级		计算机等级			其他技能		
爱好特长							
其他证书							
奖励情况							
学习及实践经历							
时 间		地区、学校或单位			经 历		
自我评价							

14.1.5 美化表格

制作完成求职信息登记表的基本框架之后，就可以对表格进行美化操作，具体操作步骤如下。

步骤 01 选中整个表格，单击【表格工具】→【表设计】选项卡下【表格样式】组中的【其他】按钮▽，在弹出的下拉列表中选择一种样式，如下图所示。

步骤 02 设置表格样式后，根据情况调整字体，效果如下图所示。

至此，就完成了求职信息登记表的制作。

14.2 制作员工年度考核表

人事部门一般都会在年终或季度末对员工的表现进行考核，这不但可以对员工的工作进行督促和检查，还可以根据考核的情况发放年度奖金或季度奖金。

14.2.1 设置数据验证

设置数据验证的具体操作步骤如下。

步骤 01 打开“素材\ch14\员工年度考核.xlsx”文件，其中包含两个工作表，分别为“年度考核表”和“年度考核奖金标准”，如右图所示。

员工编号	姓名	所属部门	出勤考核	工作态度	工作能力	业绩考核	综合考核	排名	年度奖金
001	陈一	市场部							
002	王二	研发部							
003	张三	研发部							
004	李四	研发部							
005	钱五	研发部							
006	赵六	研发部							
007	钱七	研发部							
008	张八	办公室							
009	周九	办公室							

步骤 02 选中“年度考核表”工作表中的单元格区域D2:D10，单击【数据】选项卡下【数据工具】组中的【数据验证】按钮 数据验证 后的下拉按钮，在弹出的下拉列表中选择【数据验证】选项，如下图所示。

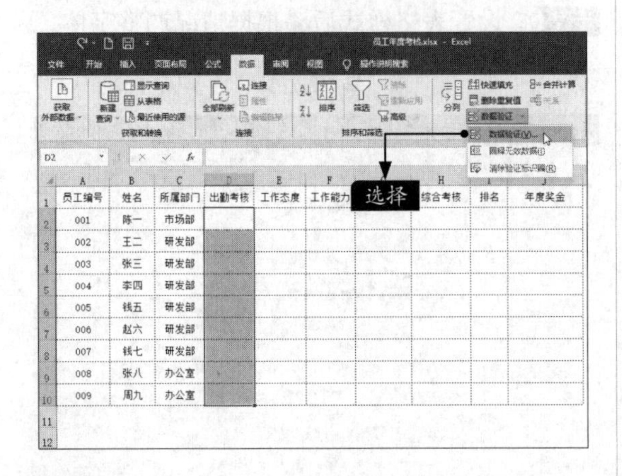

步骤 03 在弹出的【数据验证】对话框中，打开【设置】选项卡，在【允许】下拉列表中选择【序列】选项，在【来源】文本框中输入“6,5,4,3,2,1”，如下图所示。

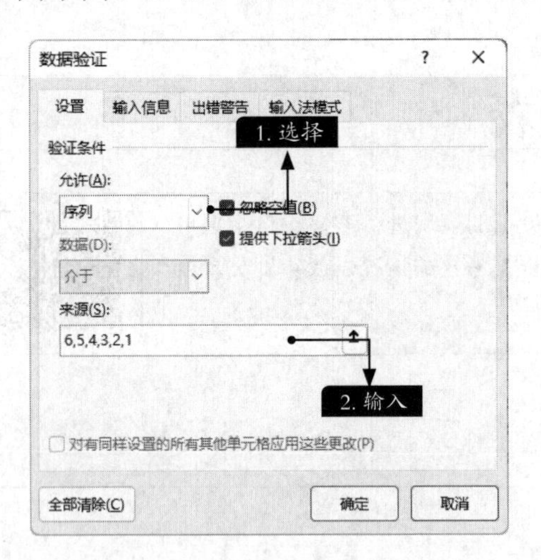

小提示

假设企业对员工的考核成绩分为6、5、4、3、2和1共6个等级，从6到1依次降低。在输入“6,5,4,3,2,1”时，中间的逗号要在英文状态下输入。

步骤 04 切换到【输入信息】选项卡，选中【选定单元格时显示输入信息】复选框，在【标题】文本框中输入“请输入考核成绩”，在【输入信息】列表框中输入“可以在下拉列表中选择”，如下图所示。

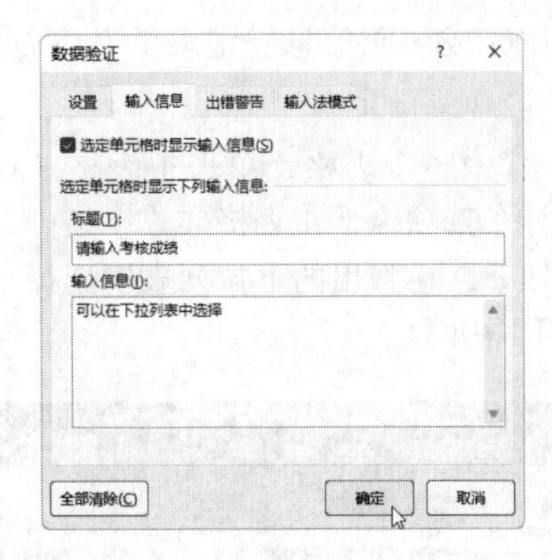

步骤 05 切换到【出错警告】选项卡，选中【输入无效数据时显示出错警告】复选框，在【样式】下拉列表中选择【停止】选项，在【标题】文本框中输入“考核成绩错误”，在【错误信息】列表框中输入“请到下拉列表中选择！”，如下图所示。

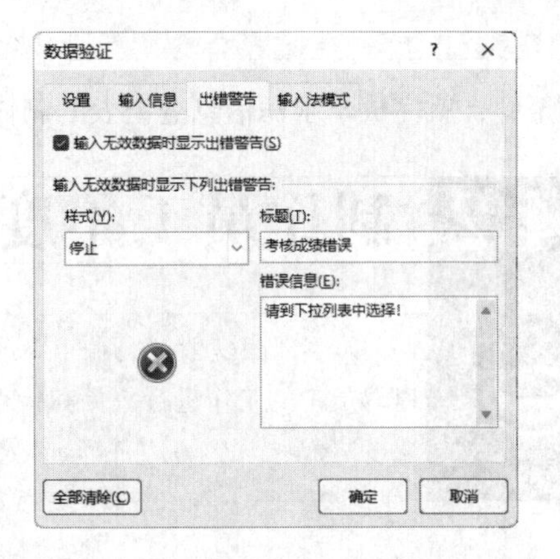

步骤 06 切换到【输入法模式】选项卡，在【模式】下拉列表中选择【关闭(英文模式)】选项，以保证在该列输入内容时始终不是英文输入法，单击【确定】按钮，如下图所示。

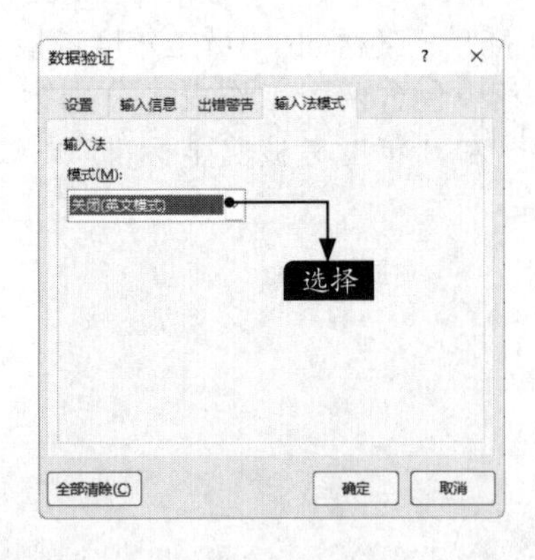

步骤07 单击单元格D2，将会显示黄色的信息框，如下图所示。

步骤08 在单元格D2中输入“8”，按【Enter】键，会弹出【考核成绩错误】提示框。如果单击【重试】按钮，则可重新输入，如下图所示。

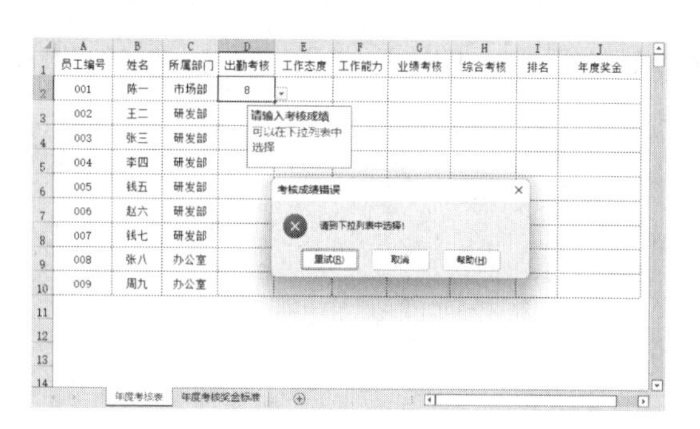

步骤09 参照步骤02～步骤07，分别设置E列、F列、G列的数据有效性，并依次输入员工的相关数据，如下图所示。

步骤10 计算综合考核成绩。选择H2:H10单元格区域，在编辑栏中输入“=SUM(D2:G2)”，按【Ctrl+Enter】组合键确认，即可计算出员工的综合考核成绩，如下图所示。

14.2.2 设置条件格式

设置条件格式的具体操作步骤如下。

步骤01 选择单元格区域H2:H10，单击【开始】选项卡下【样式】组中的【条件格式】按钮 条件格式，在弹出的下拉菜单中选择【新建规则】选项，如下图所示。

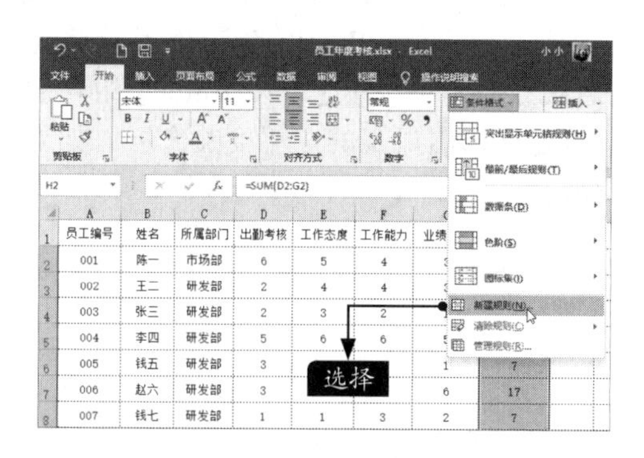

步骤02 在弹出的【新建格式规则】对话框的【选择规则类型】列表框中选择【只为包含以下内容的单元格设置格式】选项，在【编辑规则说明】区域的第1个下拉列表中选择【单元格值】选项，在第2个下拉列表中选择【大于或等于】选项，在右侧的文本框中输入“18”。然后单击【格式】按钮，如下页图所示。

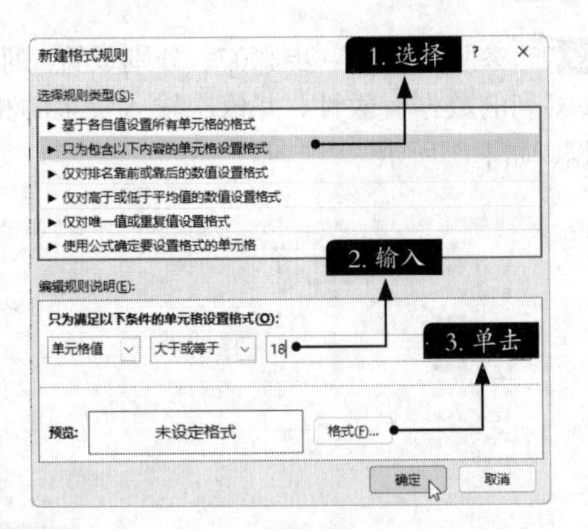

步骤 03 在打开的【设置单元格格式】对话框中，选择【填充】标签，在【背景色】列表框中选择一种颜色，在【示例】区域可以预览效果，单击【确定】按钮，如下图所示。

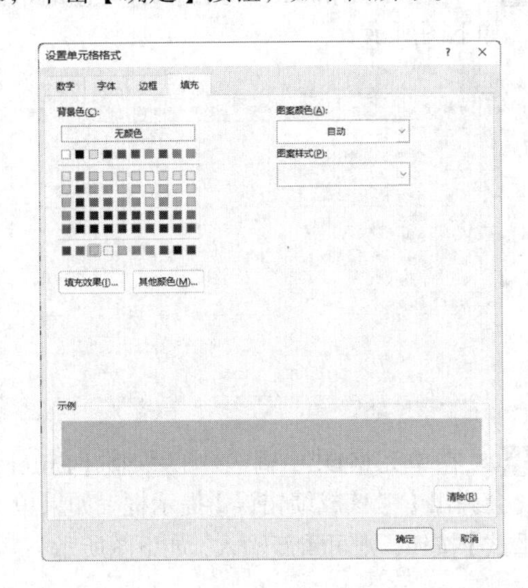

步骤 04 返回【新建格式规则】对话框，单击【确定】按钮。可以看到18分及18分以上的员工的“综合考核”将会以设置的背景色显示，如下图所示。

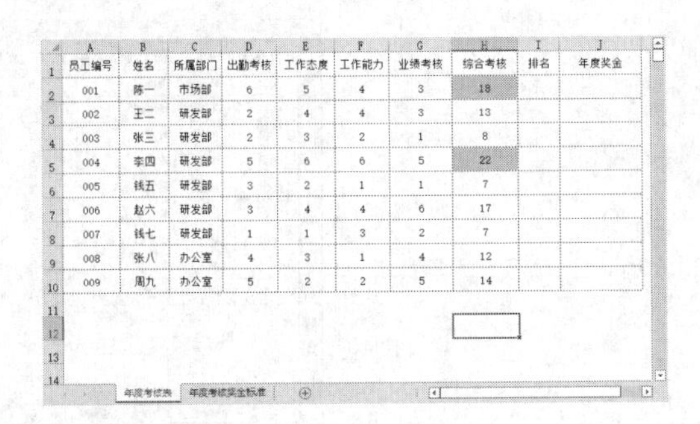

员工编号	姓名	所属部门	出勤考核	工作态度	工作能力	业绩考核	综合考核	排名	年度奖金
001	陈一	市场部	6	5	4	3	18		
002	王二	研发部	2	4	4	3	13		
003	张三	研发部	2	3	2	1	8		
004	李四	研发部	5	6	6	5	22		
005	钱五	研发部	3	2	1	1	7		
006	赵六	研发部	3	4	4	6	17		
007	钱七	研发部	1	1	3	2	7		
008	张八	办公室	4	3	1	4	12		
009	周九	办公室	5	2	2	5	14		

14.2.3 计算员工年度奖金

计算员工年度奖金的具体操作步骤如下。

步骤 01 对员工综合考核成绩进行排序。选择I2:I10单元格区域，在编辑栏中输入“=RANK(H2,$H$2:$H$10,0)”，按【Ctrl+Enter】组合键确认，可以看到在I列中显示出排名顺序，如下图所示。

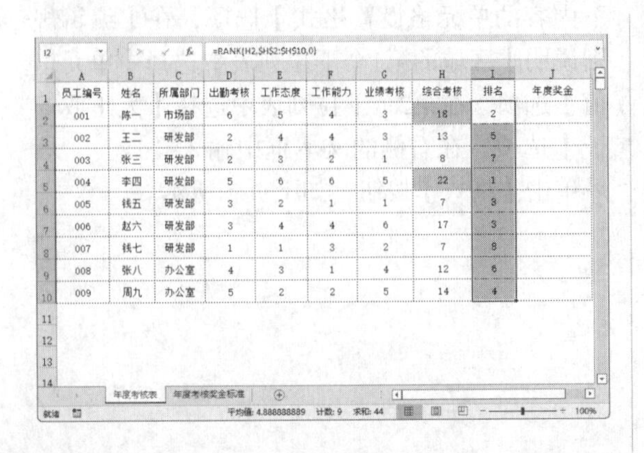

=RANK(H2,$H$2:$H$10,0)

员工编号	姓名	所属部门	出勤考核	工作态度	工作能力	业绩考核	综合考核	排名	年度奖金
001	陈一	市场部	6	5	4	3	18	2	
002	王二	研发部	2	4	4	3	13	5	
003	张三	研发部	2	3	2	1	8	7	
004	李四	研发部	5	6	6	5	22	1	
005	钱五	研发部	3	2	1	1	7	3	
006	赵六	研发部	3	4	4	6	17	3	
007	钱七	研发部	1	1	3	2	7	8	
008	张八	办公室	4	3	1	4	12	6	
009	周九	办公室	5	2	2	5	14	4	

步骤 02 有了员工的排名顺序，就可以计算出“年度奖金”。选择J2:J10单元格区域，在编辑栏中输入“=LOOKUP(I2,年度考核奖金标准!$A$2:$B$5)”，按【Ctrl+Enter】组合键确认，可以计算出员工的“年度奖金”，如下页图所示。

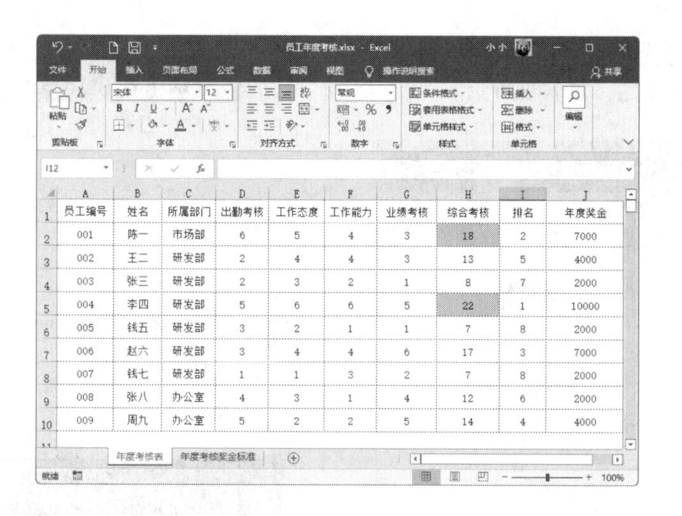

员工编号	姓名	所属部门	出勤考核	工作态度	工作能力	业绩考核	综合考核	排名	年度奖金
001	陈一	市场部	6	5	4	3	18	2	7000
002	王二	研发部	2	4	4	3	13	5	4000
003	张三	研发部	2	3	2	1	8	7	2000
004	李四	研发部	5	6	6	5	22	1	10000
005	钱五	研发部	3	2	1	1	7	8	2000
006	赵六	研发部	3	4	4	6	17	3	7000
007	钱七	研发部	1	1	3	2	7	8	2000
008	张八	办公室	4	3	1	4	12	6	2000
009	周九	办公室	5	2	2	5	14	4	4000

小提示

企业对年度考核排在前几名的员工给予奖金奖励，标准为：第1名奖励10 000元，第2、3名奖励7 000元，第4、5名奖励4 000元，第6～10名奖励2 000元。

至此，就完成了“员工年度考核表”的制作，最后只需要将制作完成的工作簿进行保存即可。

14.3 设计沟通技巧演示文稿

沟通是人与人之间、群体与群体之间思想与感情的传递和反馈过程，是人们在社会交际中必不可少的技能。很多时候，沟通的成效直接影响着事件的成功。

本节将制作一个介绍沟通技巧的演示文稿，用来展示提高沟通水平的要素。

14.3.1 设计幻灯片母版

此演示文稿中除了首页和结束页，其他所有幻灯片中都需要在标题处放置一张关于沟通交流的图片。为了使版面美观，我们会将版面的四角设置为弧形。设计幻灯片母版的步骤如下。

步骤 01 启动PowerPoint 2021，新建文档并另存为“沟通技巧.pptx”，如右图所示。

步骤02 单击【视图】选项卡下【母版视图】组中的【幻灯片母版】按钮，如下图所示。

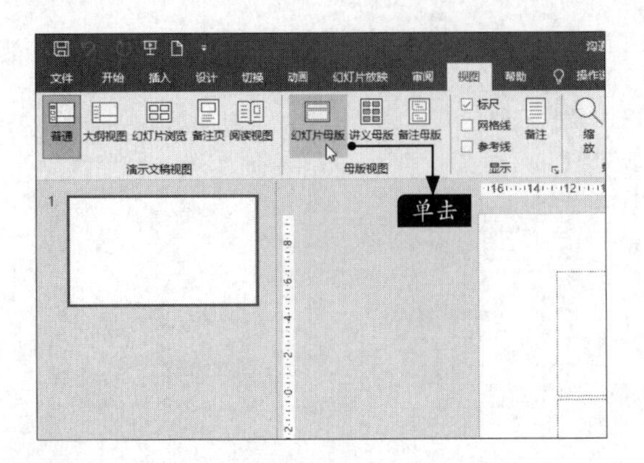

步骤03 切换到幻灯片母版视图，在左侧列表中单击第一张Office主题幻灯片，然后单击【插入】选项卡下【图像】组中的【图片】按钮，在弹出的下拉菜单中单击【此设备】选项，如下图所示。

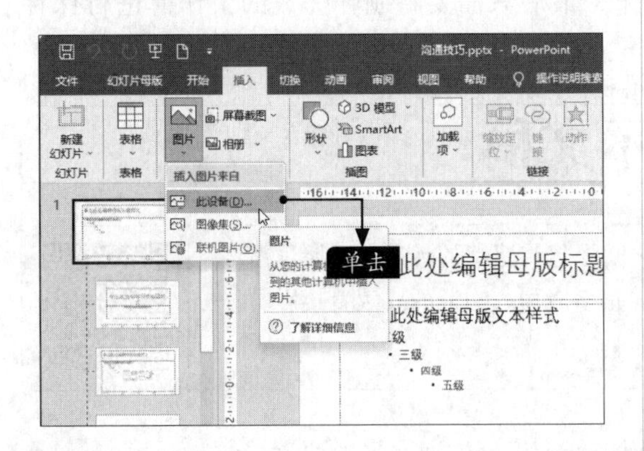

步骤04 在弹出的对话框中选择“素材\ch14\背景1.png”，单击【插入】按钮，如下图所示。

步骤05 插入图片并调整图片的位置，在图片上单击鼠标右键，在弹出的快捷菜单中单击【置于底层】命令，如右上图所示。

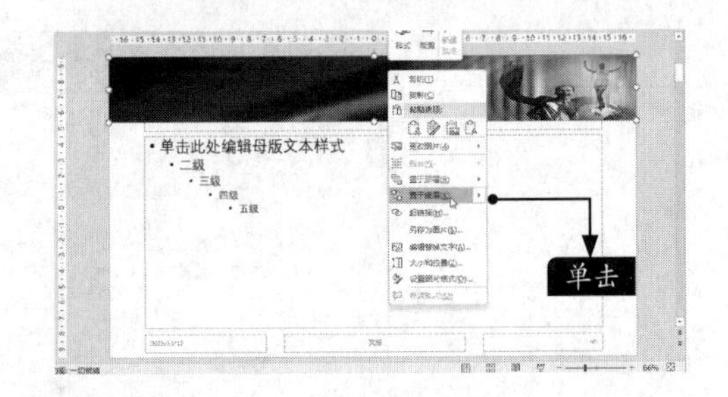

步骤06 将该图置于底层，标题文本框显示在顶层，然后设置标题文本框的字体、字号及颜色，效果如下图所示。

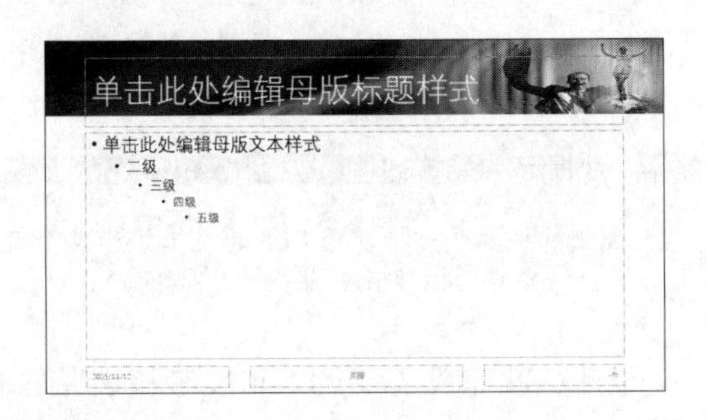

步骤07 使用形状工具在幻灯片底部绘制一个矩形框，将其填充为蓝色（R:29，G:122，B:207）并置于底层，效果如下图所示。

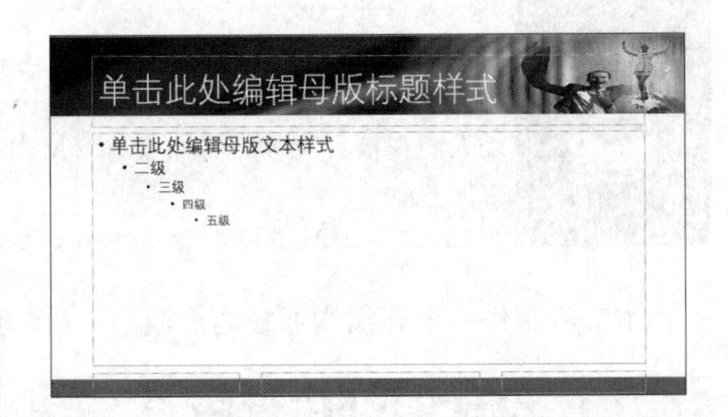

步骤08 使用形状工具绘制一个圆角矩形，拖曳圆角矩形左上方的黄点，调整圆角角度。设置【形状填充】为“无填充颜色”，【形状轮廓】为“白色”，【粗细】为“4.5磅”，效果如下图所示。

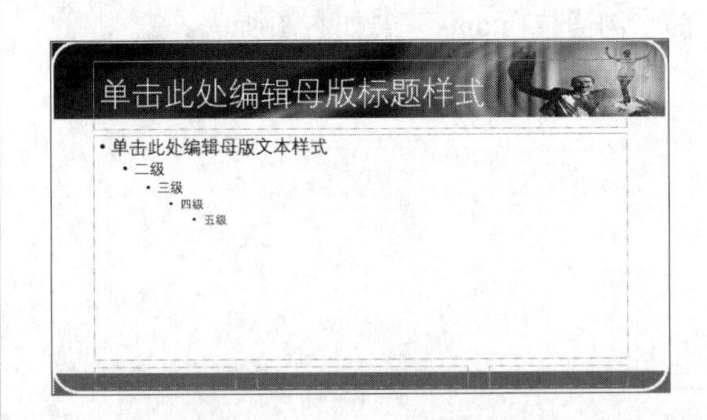

步骤09 在左上角绘制一个正方形，设置【形状填充】和【形状轮廓】为“白色”，在该正方形上单击鼠标右键，在弹出的快捷菜单中单击【编辑顶点】命令，删除右下角的顶点，并向左上方拖曳斜边中点，将其调整为下图所示的形状。

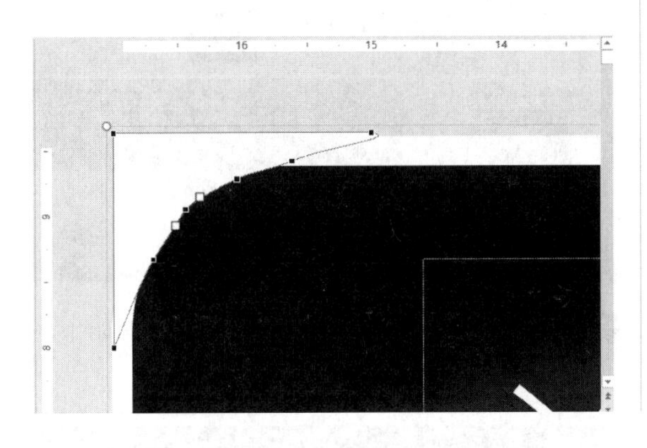

步骤10 使用同样的方法，绘制并调整幻灯片其他角的形状，然后在绘制的图形上单击鼠标右键，在弹出的快捷菜单中单击【组合】→【组合】命令，将图形组合，效果如下图所示。

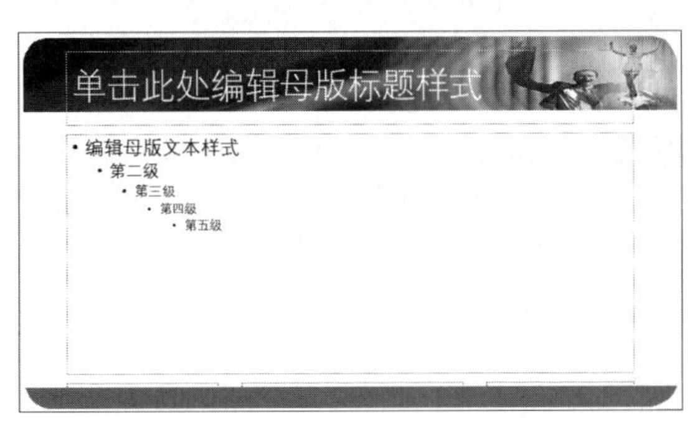

14.3.2 设计演示文稿的首页

演示文稿首页由能够体现沟通交流的背景图和标题组成。设计演示文稿的首页的具体操作步骤如下。

步骤01 在幻灯片母版视图中选择左侧列表中的第2张幻灯片，选中【幻灯片母版】选项卡下【背景】组中的【隐藏背景图形】复选框，将背景图形隐藏，如下图所示。

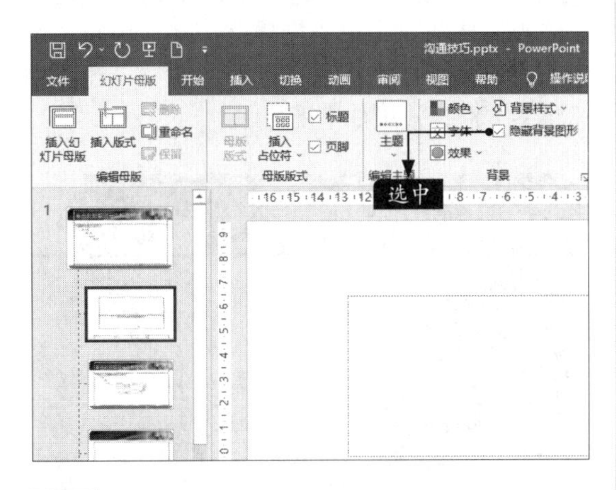

步骤02 单击【背景】组右下角的【设置背景格式】按钮，如右上图所示。

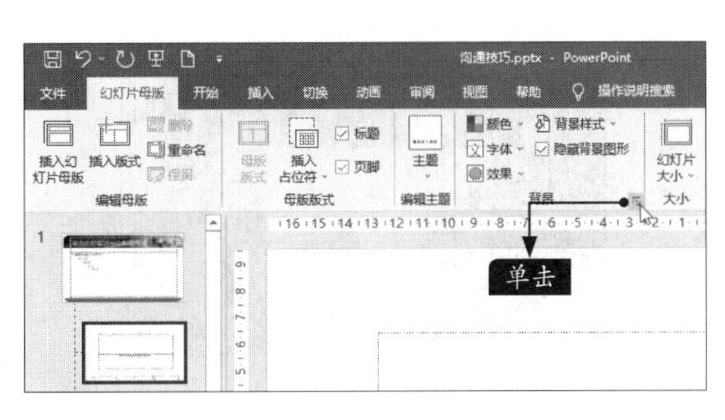

步骤03 在弹出的【设置背景格式】窗格的【填充】区域中单击选中【图片或纹理填充】单选项，然后单击【插入】按钮，如下图所示。

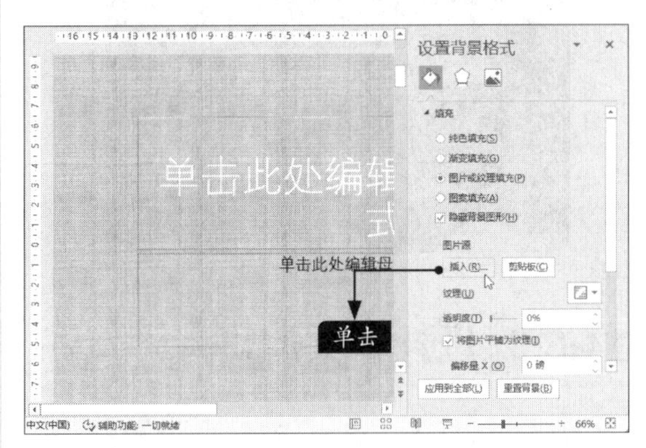

步骤 04 在弹出的【插入图片】对话框中，单击【来自文件】选项，如下图所示。

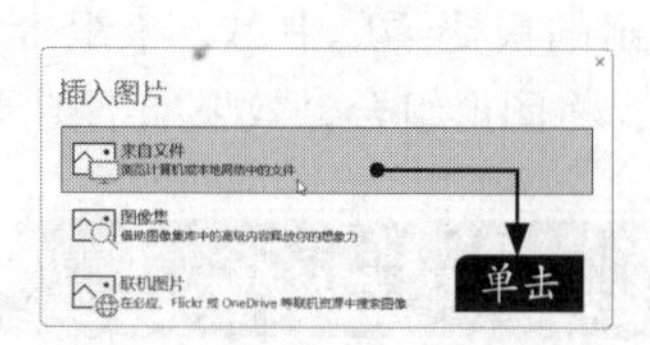

步骤 05 在弹出的【插入图片】对话框中，选择“素材\ch14\首页.jpg”，然后单击【插入】按钮，如下图所示。

步骤 06 关闭【设置背景格式】窗格，设置背景后的幻灯片如下图所示。

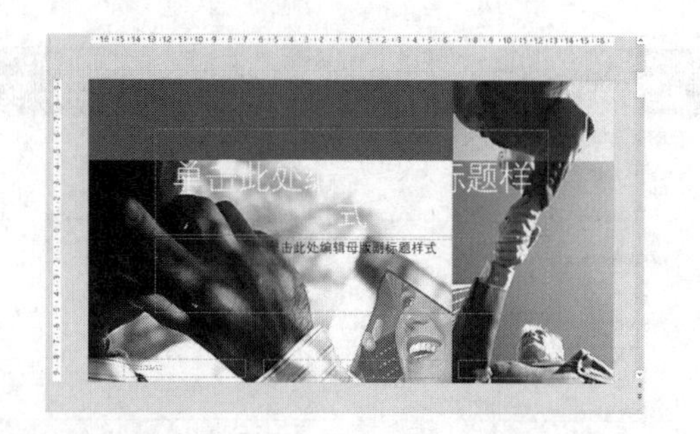

步骤 07 按照14.3.1小节步骤08~步骤10的操作绘制图形，并将其组合，效果如下图所示。

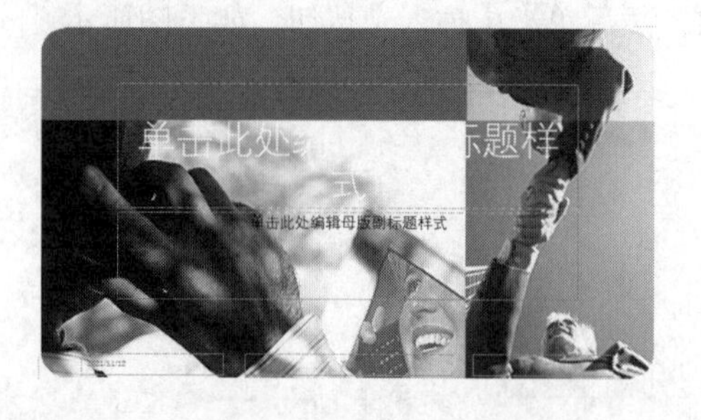

步骤 08 单击【幻灯片母版】选项卡下【关闭】组中的【关闭母版视图】按钮，如下图所示。

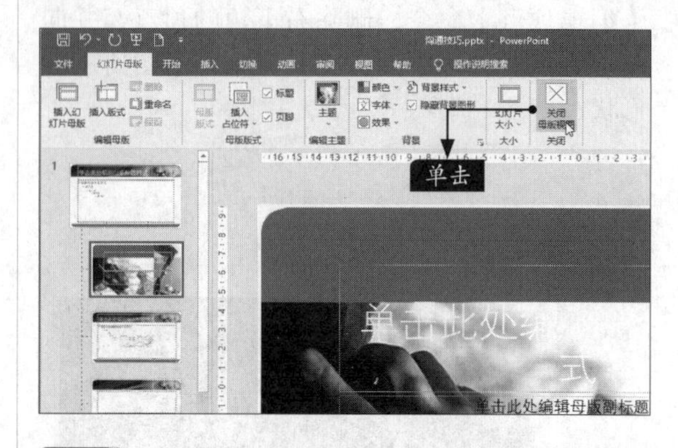

步骤 09 返回到演示文稿的普通视图，如下图所示。

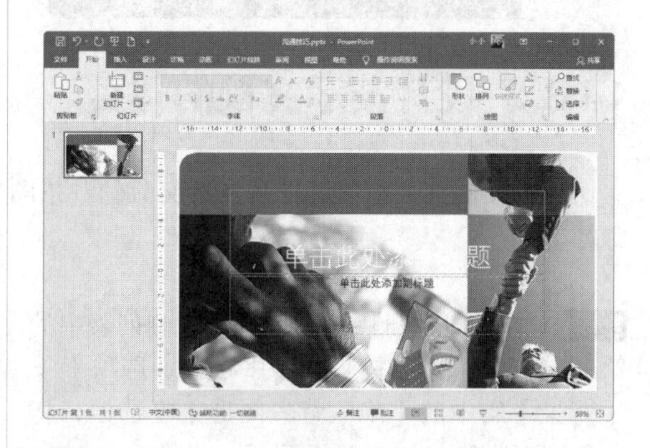

步骤 10 在幻灯片的标题文本框中输入“提升你的沟通技巧”，设置字体为“华文中宋”并“加粗”，调整文本框的大小与位置，删除副标题文本框，效果如下图所示。

14.3.3 设计图文幻灯片

使用图文幻灯片的目的是使用图形和文字形象地说明沟通的重要性，设计图文幻灯片的具体操作步骤如下。

步骤01 新建一张“仅标题”幻灯片，并输入标题“为什么要沟通？”，如下图所示。

步骤02 使用14.3.2小节的方法，插入“素材\ch14\沟通.png”，并调整其位置，效果如下图所示。

步骤03 使用形状工具插入两个“思想气泡：云”，如下图所示。

步骤04 分别在云形图形上单击鼠标右键，在弹出的快捷菜单中单击【编辑文字】命令，并输入下图所示的文本，根据需要设置文本样式，如下图所示。

步骤05 新建一张“标题和内容”幻灯片，并输入标题“沟通有多重要？”，如下图所示。

步骤06 单击内容文本框中的图表按钮，在弹出的【插入图表】对话框中单击【饼图】→【三维饼图】选项，再单击【确定】按钮，如下图所示。

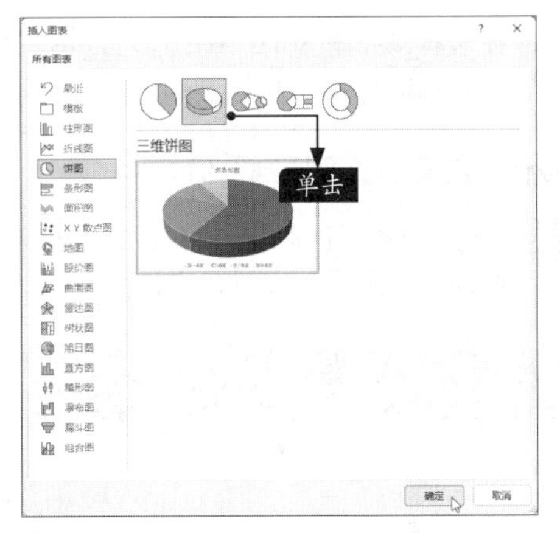

步骤07 在打开的【Microsoft PowerPoint中的图表】对话框中修改数据，如下图所示。

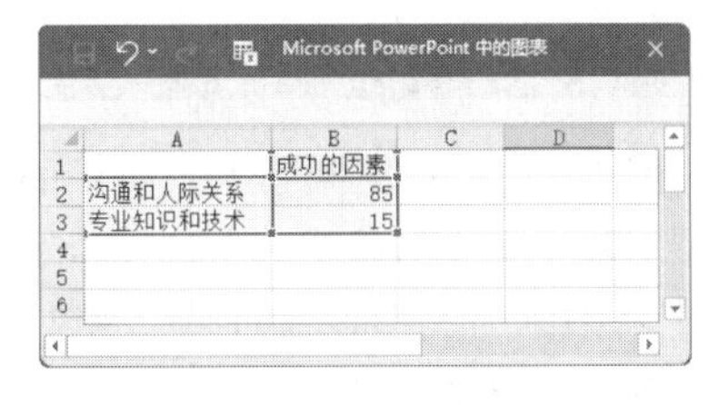

	A	B	C	D
1		成功的因素		
2	沟通和人际关系	85		
3	专业知识和技术	15		
4				
5				
6				

步骤08 关闭【Microsoft PowerPoint中的图表】对话框，即可在幻灯片中插入图表，如下图所示。

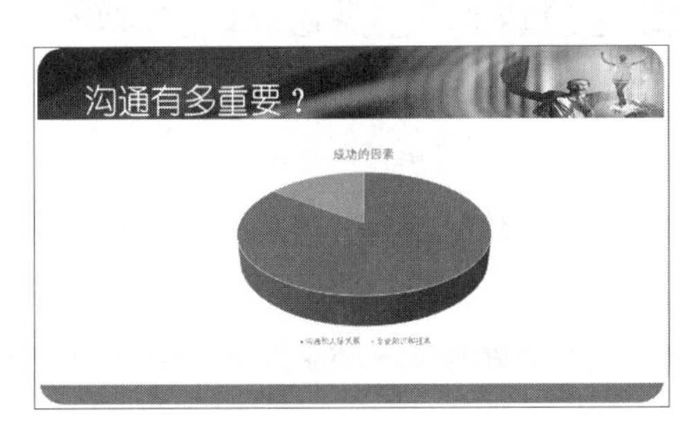

步骤09 根据需要修改图表的样式，效果如下图所示。

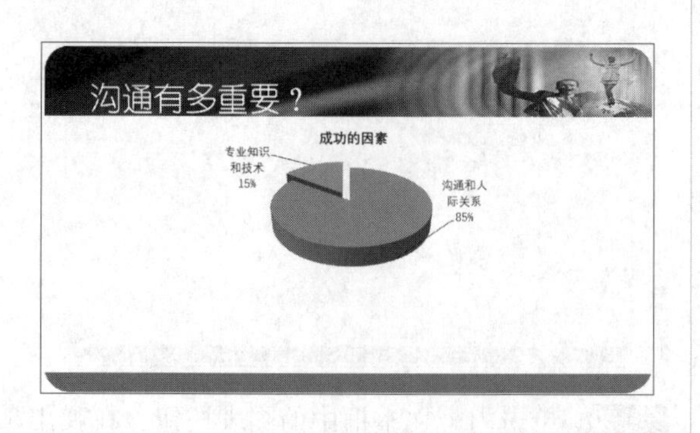

步骤10 在图表下方插入一个文本框，输入下图所示的内容，并调整其字体、字号和颜色，最终效果如下图所示。

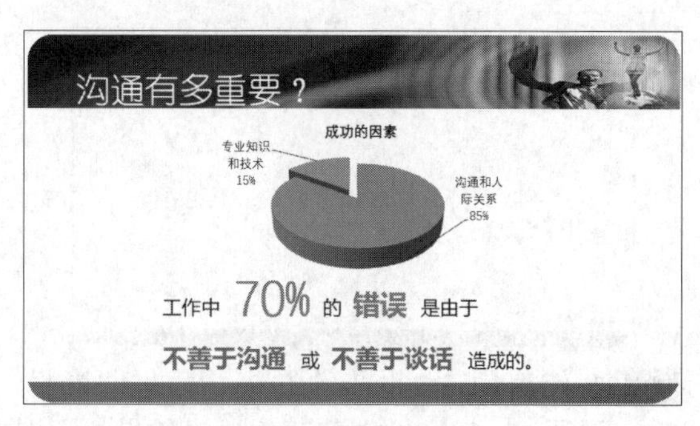

14.3.4 设计图形幻灯片

各种形状图形和SmartArt图形，可以直观地展示沟通的重要原则和高效沟通的步骤。设计图形幻灯片的具体操作步骤如下。

1. 设计“沟通的重要原则”幻灯片

步骤01 新建一张“仅标题”幻灯片，并输入标题“沟通的重要原则”，如下图所示。

步骤02 使用形状工具绘制如下图所示的图形，在【绘图工具】→【形状格式】选项卡下的【形状样式】组中，为图形设置样式，并根据需求为图形添加形状效果，如下图所示。

步骤03 绘制4个圆角矩形，设置【形状填充】均为【无填充】，分别设置【形状轮廓】为灰色、橙色、黄色和绿色，并将其置于底层，然后绘制直线将图形连接起来，效果如下图所示。

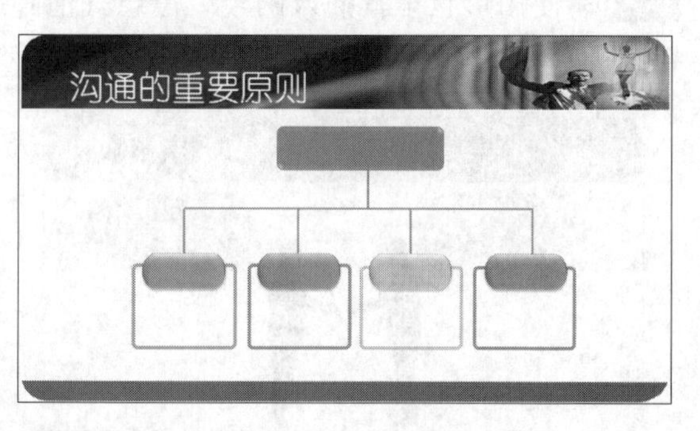

步骤04 分别在各个图形上单击鼠标右键，在弹出的快捷菜单中单击【编辑文字】命令，根据需要输入文字，效果如下图所示。

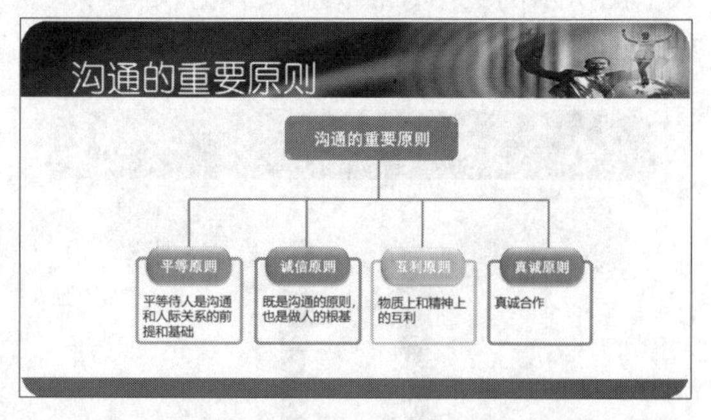

2. 设计“高效沟通的步骤”幻灯片

步骤01 新建一张“仅标题”幻灯片，并输入标题“高效沟通的步骤”，如下图所示。

步骤02 单击【插入】选项卡下【插图】组中的【SmartArt】按钮，如下图所示。

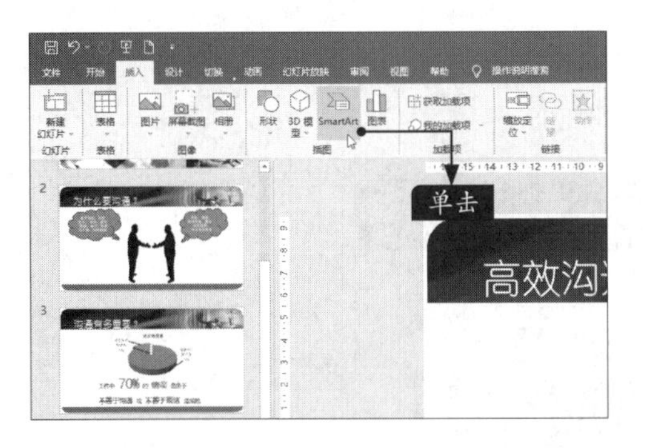

步骤03 在弹出的【选择SmartArt图形】对话框中选择【流程】→【连续块状流程】图形，单击【确定】按钮，如下图所示。

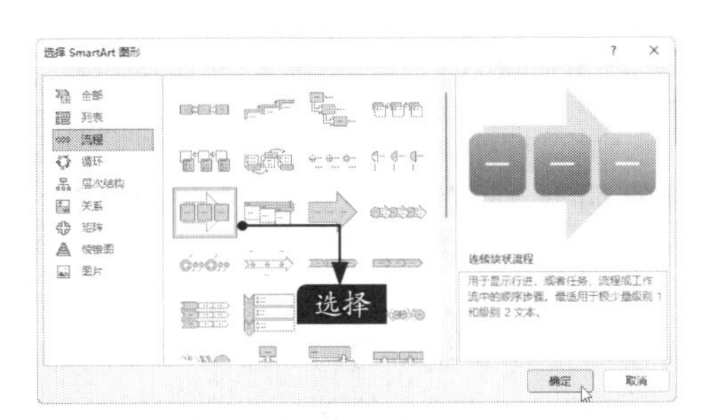

步骤04 在幻灯片中插入的SmartArt图形如下图所示。

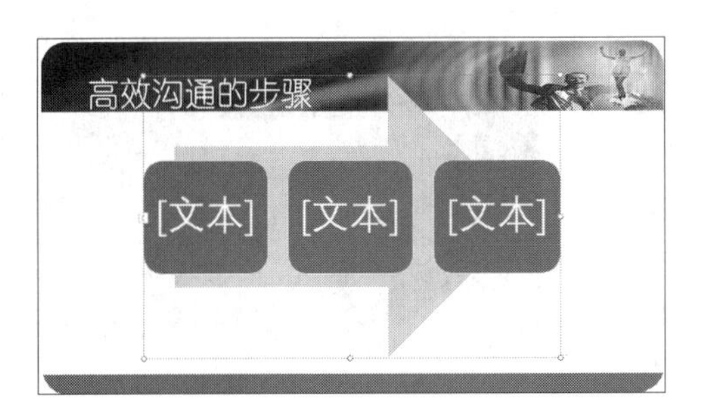

步骤05 选中SmartArt图形，在【SmartArt工具】→【SmartArt设计】选项卡下的【创建图形】组中，多次单击【添加形状】按钮，然后输入文字，并调整图形的大小，如下图所示。

步骤06 选中SmartArt图形，单击【SmartArt设计】选项卡下【SmartArt样式】组中的【更改颜色】按钮，在弹出的下拉列表中单击【个性色3】选项，如下图所示。

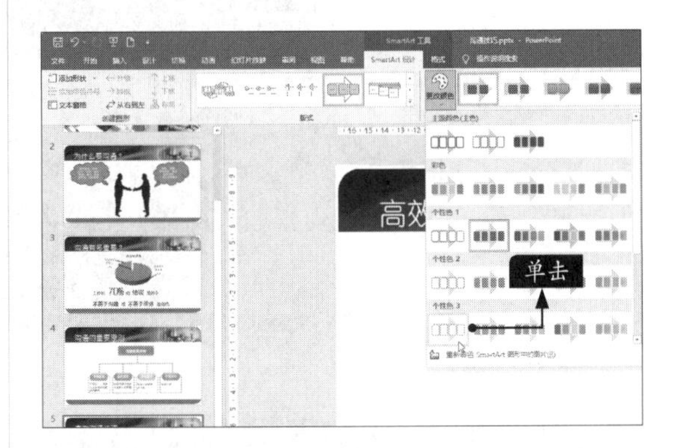

步骤07 单击【SmartArt样式】组中的【其他】按钮，在弹出的下拉列表中单击【嵌入】选项，如下图所示。

步骤08 在SmartArt图形下方绘制6个圆角矩形，并应用蓝色形状样式，如下页图所示。

步骤09 选中绘制的6个图形并单击鼠标右键，在弹出的快捷菜单中单击【设置形状格式】命令，打开【设置形状格式】窗格，单击【形状选项】→【大小与属性】按钮，在其下方区域设置各边距为“0厘米”，如下图所示。

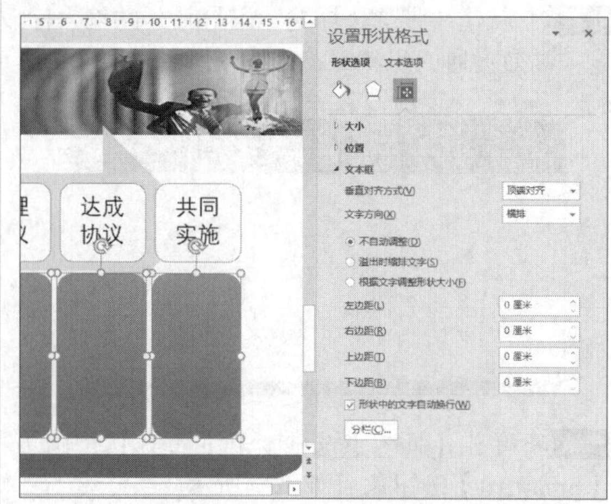

步骤10 关闭【设置形状格式】窗格，在各圆角矩形中输入文本，为文本添加“√”形式的项目符号，并设置【字体颜色】为“白色”。最终效果如下图所示。

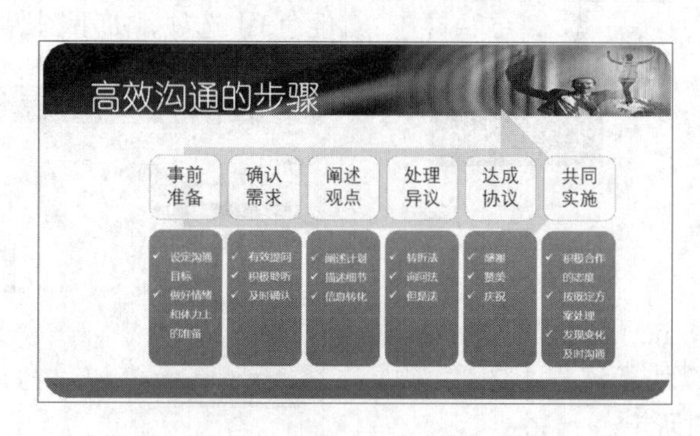

14.3.5 设计演示文稿的结束页

结束页幻灯片和首页幻灯片的背景需要一致，只是标题不同。设置结束页的具体操作步骤如下。

步骤01 新建一张“标题幻灯片”，如下图所示。

步骤02 在标题文本框中输入“谢谢观看！”，并调整其字体和位置，删除副标题文本框后，沟通技巧演示文稿就制作完成了，如下图所示。按【Ctrl+S】组合键保存即可。

第15章

Office 2021的行业应用——市场营销

学习目标

在市场营销领域，可以使用Word 2021编排产品使用说明书，也可以使用Excel 2021的图表分析功能制作产品销售分析图表，还可以使用PowerPoint 2021设计产品销售计划演示文稿等。通过本章的学习，读者可以掌握 Office 2021在市场营销领域中的应用方法。

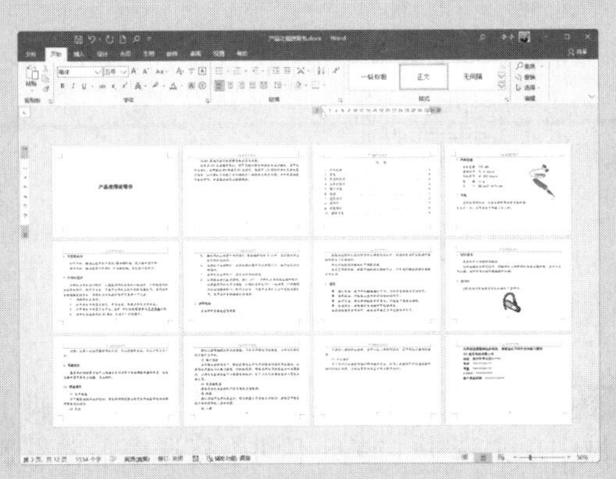

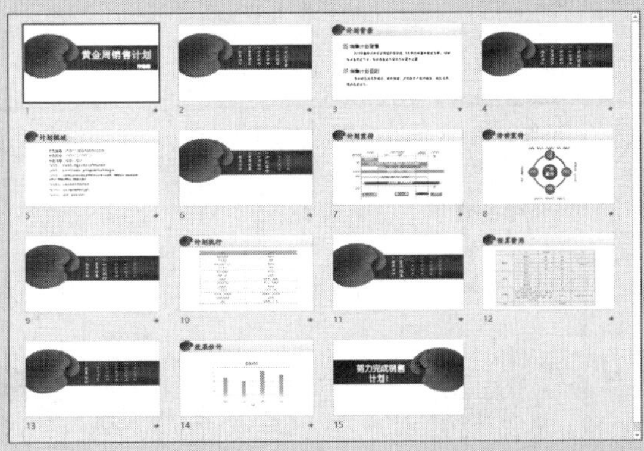

15.1 编排产品使用说明书

产品使用说明书是生产厂家为了向消费者介绍产品名称、用途、性质、性能、构造、规格、使用方法、保养维护方法、注意事项等而写的准确、简明的文字材料，起到宣传产品、传播消息和知识的作用。

15.1.1 设计页面大小

新建Word空白文档时，默认情况下使用的纸张为“A4”。编排说明书时，首先要设置页面的大小，具体操作步骤如下。

步骤 01 打开“素材\ch15\产品使用说明书.docx”文档，单击【布局】选项卡的【页面设置】组中的【页面设置】按钮，如下图所示。

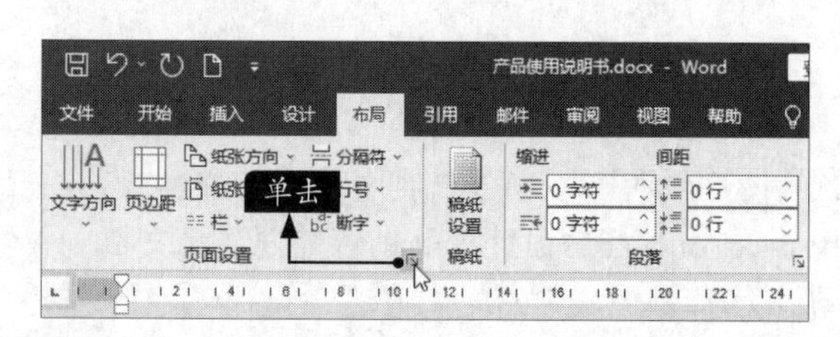

步骤 02 在弹出的【页面设置】对话框的【页边距】选项卡下设置【上】和【下】页边距均为“1.4厘米”，【左】和【右】页边距均设置为“1.3厘米”，设置【纸张方向】为“横向”，如下图所示。

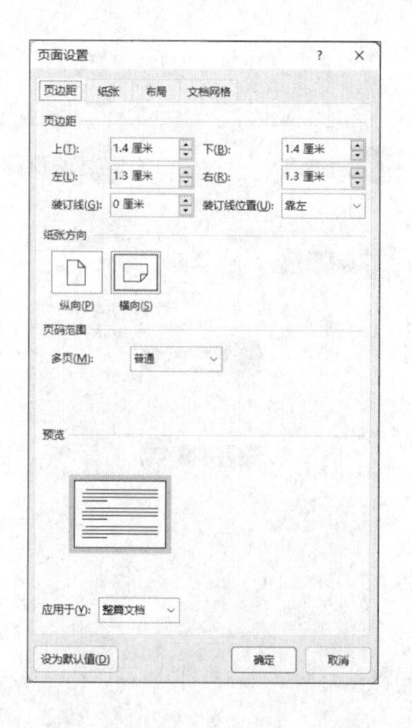

步骤 03 在【纸张】选项卡下【纸张大小】下拉列表中选择【自定义大小】选项，并设置【宽度】为“14.8厘米”，【高度】为“10.5厘米”，如下图所示。

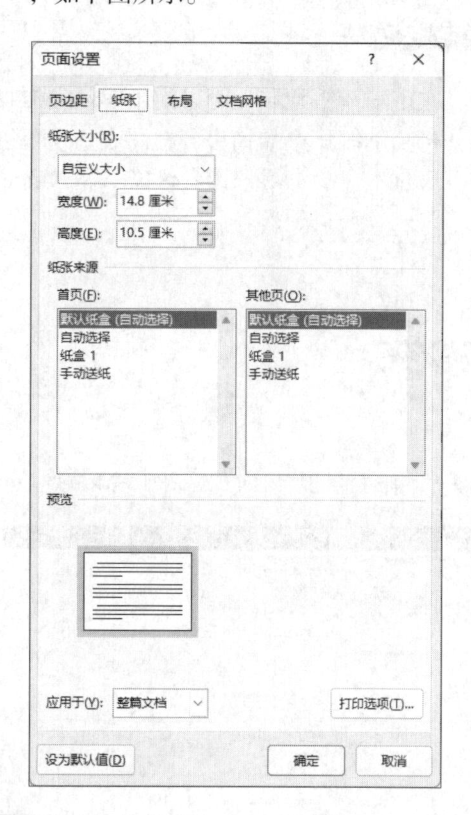

步骤 04 在【布局】选项卡下的【页眉和页脚】区域中单击选中【首页不同】复选框，并设置页眉和页脚距边界距离均为“1厘米”，如下页图所示。

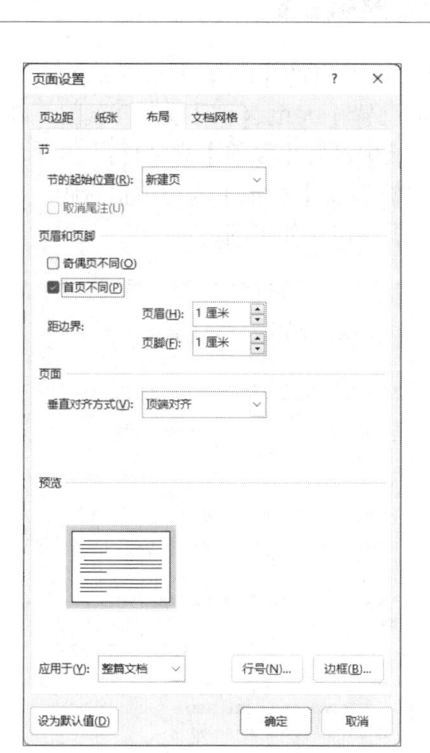

步骤05 单击【确定】按钮，完成页面的设置。设置后的效果如下图所示。

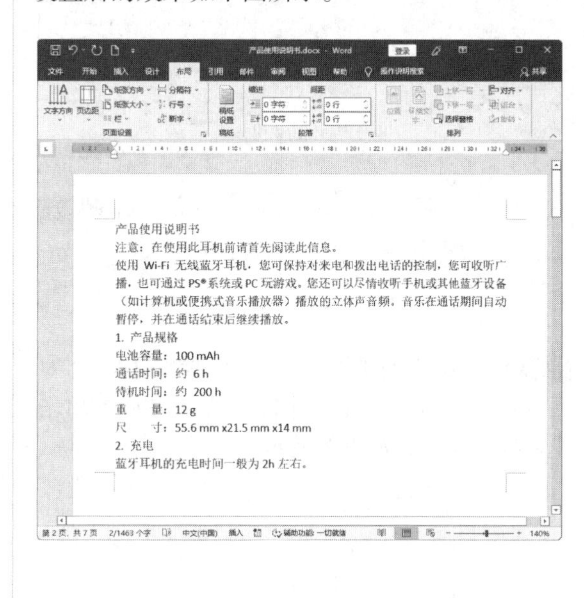

15.1.2 说明书内容的格式化

输入说明书内容后，就可以根据需要分别格式化标题和正文内容。说明书内容格式化的具体操作步骤如下。

1. 设置标题样式

步骤01 选择第1行的标题行，单击【开始】选项卡的【样式】组中的【其他】按钮，在弹出的下拉列表中选择【标题】样式，如下图所示。

步骤02 根据需要设置其字体样式，效果如下图所示。

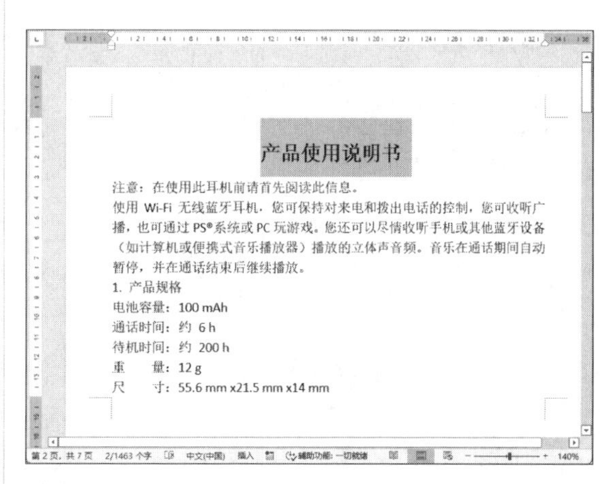

步骤03 选择“1.产品规格”段落，单击【开始】选项卡的【样式】组中的【其他】按钮，在弹出的下拉列表中选择【创建样式】选项，如下页图所示。

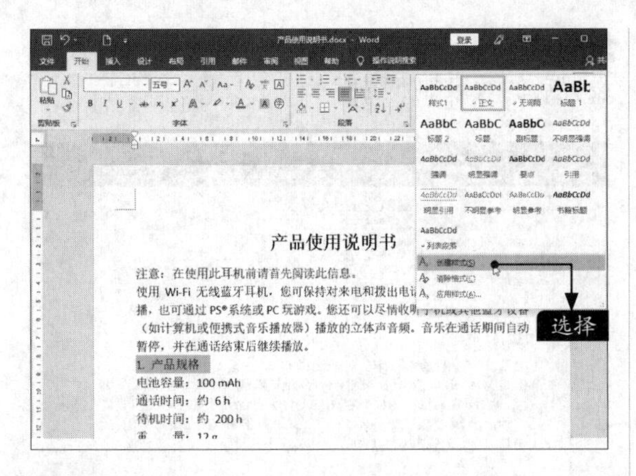

步骤04 在弹出的【根据格式化创建新样式】对话框的【名称】文本框中输入样式名称，单击【修改】按钮，如下图所示。

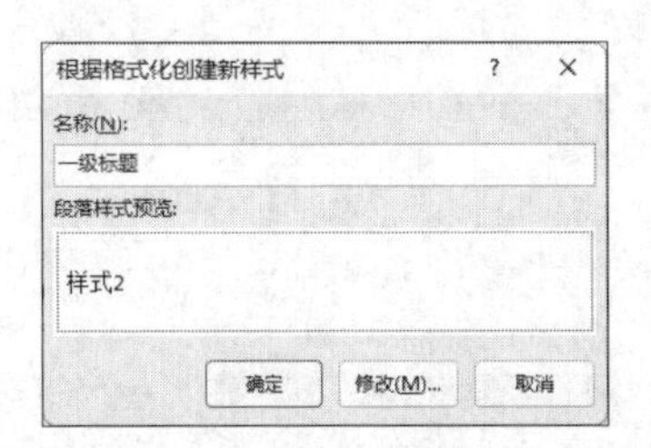

步骤05 在弹出的【根据格式化创建新样式】对话框的【样式基准】下拉列表中选择【(无样式)】选项，设置【字体】为"黑体"，【字号】为"五号"，单击左下角的【格式】按钮，在弹出的下拉列表中选择【段落】选项，如下图所示。

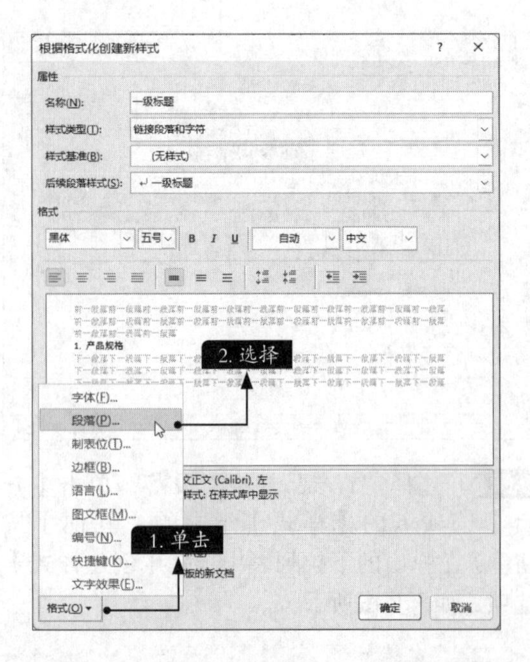

步骤06 在弹出的【段落】对话框的【常规】区域中设置【大纲级别】为"1级"，在【间距】区域中设置【段前】为"1行"，【段后】为"0.5行"，【行距】为"单倍行距"，单击【确定】按钮，如下图所示。

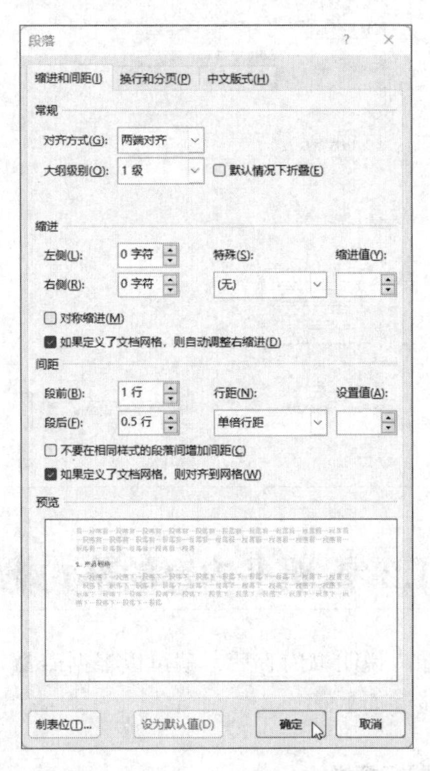

步骤07 返回至【根据格式化创建新样式】对话框，单击【确定】按钮，如下图所示。

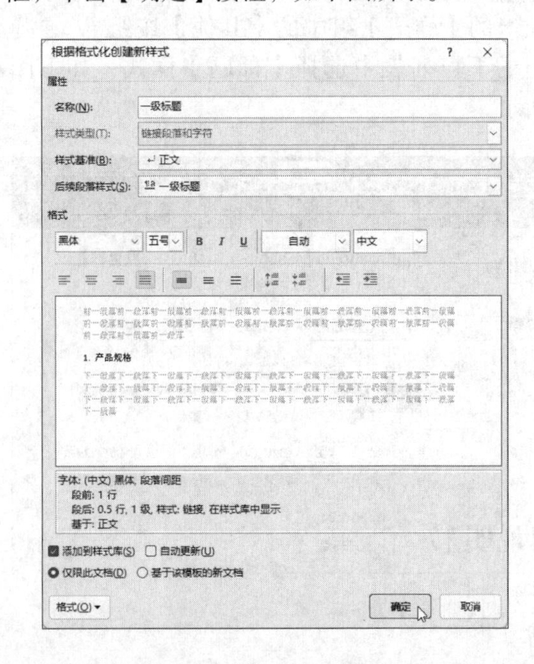

步骤08 设置样式后的效果如下图所示。

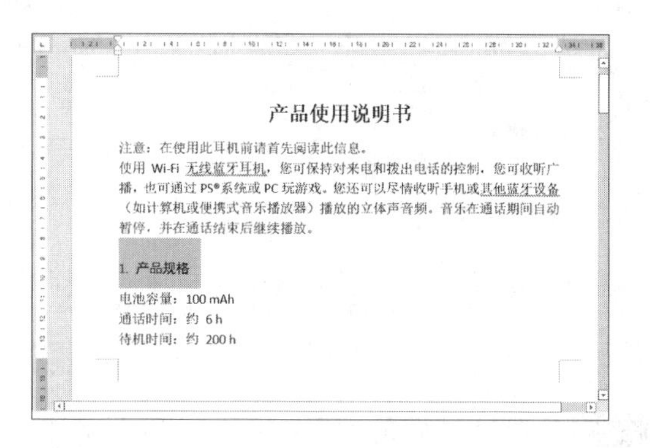

步骤09 选择“2.充电”，单击【开始】选项卡下【样式】组中的【其他】按钮，在弹出的下拉列表中，选择“一级标题”样式，如下图所示。

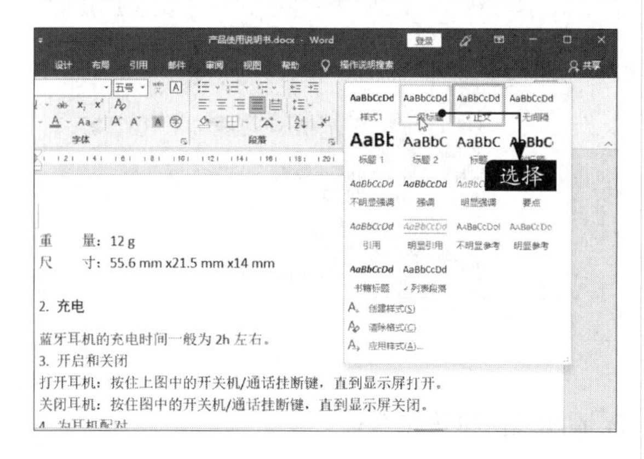

步骤10 使用同样的方法，为同类标题应用“一级样式”样式，如下图所示。

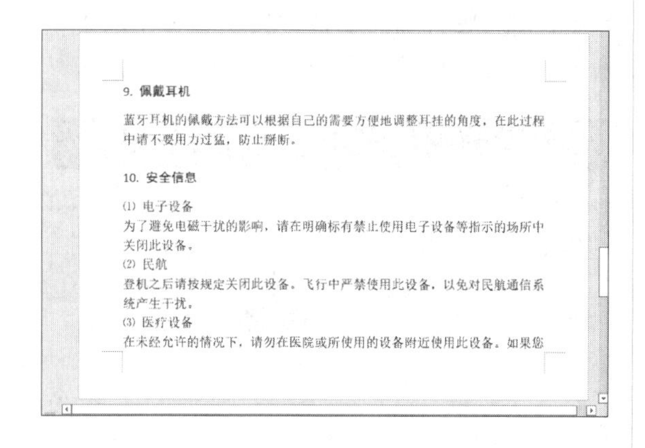

2. 设置正文字体及段落样式

步骤01 选中第2段和第3段内容，在【开始】选项卡下的【字体】组中根据需要设置正文的字体和字号，如右上图所示。

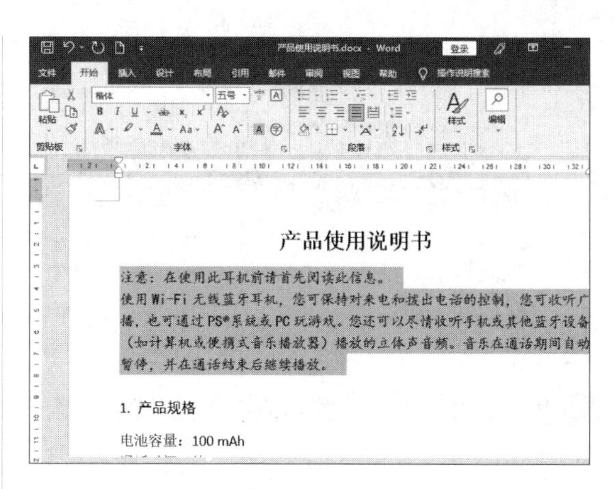

步骤02 单击【开始】选项卡的【段落】组中的【段落】按钮，在弹出的【段落】对话框的【缩进和间距】选项卡中设置【特殊】为“首行”缩进，【缩进值】为“2字符”，设置完成后单击【确定】按钮，如下图所示。

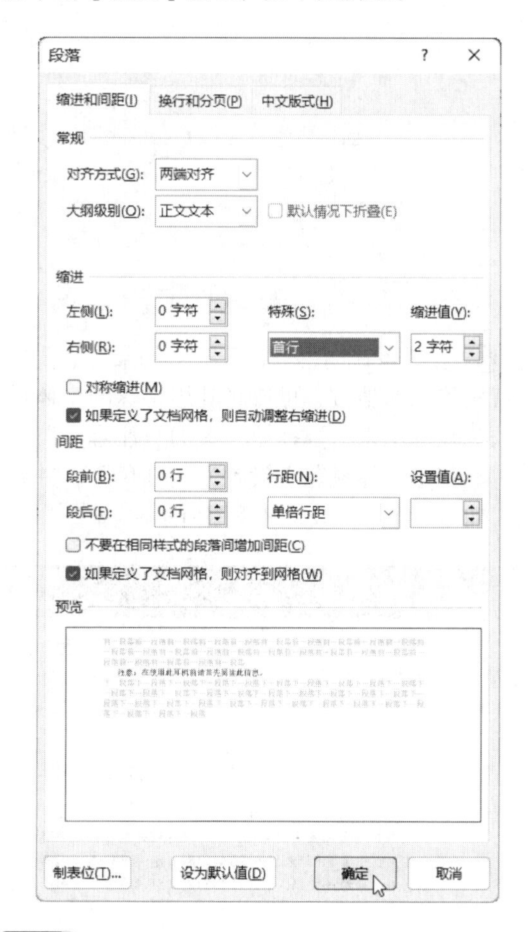

步骤03 设置段落样式后的效果如下页图所示。

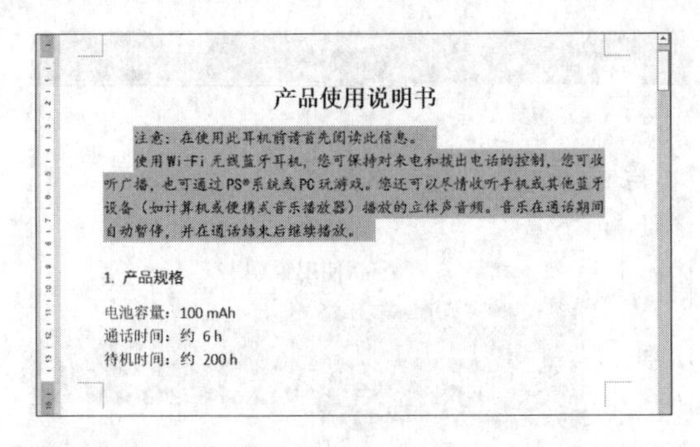

步骤 04 使用格式刷设置其他正文段落的样式，如下图所示。

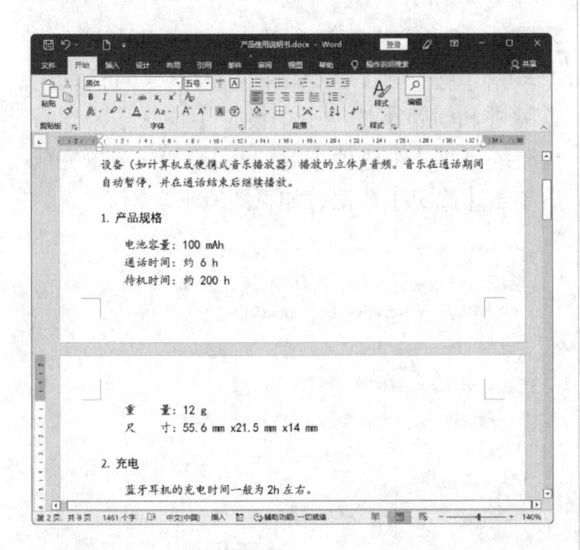

步骤 05 在设置说明书的过程中，如果有需要用户特别注意的地方，可以将其用特殊的字体或者颜色显示出来，选择第一页的“注意：”文本，将其【字体颜色】设置为“红色”，并将其“加粗”显示，效果如下图所示。

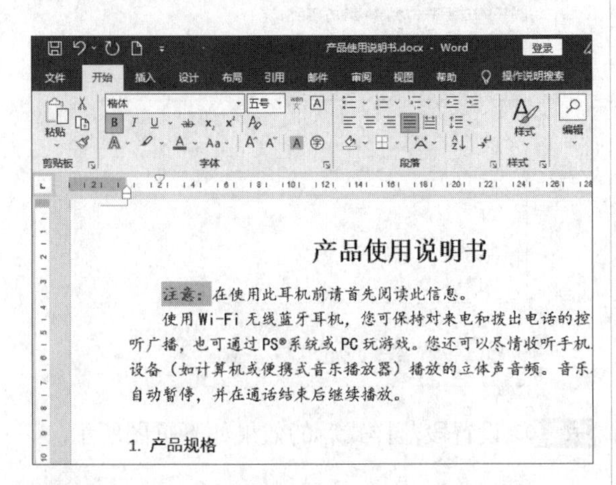

步骤 06 使用同样的方法设置其他文本，效果如右上图所示。

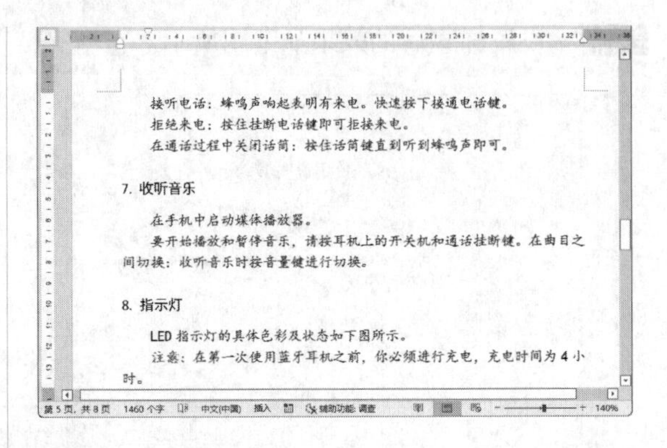

步骤 07 选择最后的7段文本，将其【字体】设置为“华文中宋”，【字号】设置为“五号”，如下图所示。

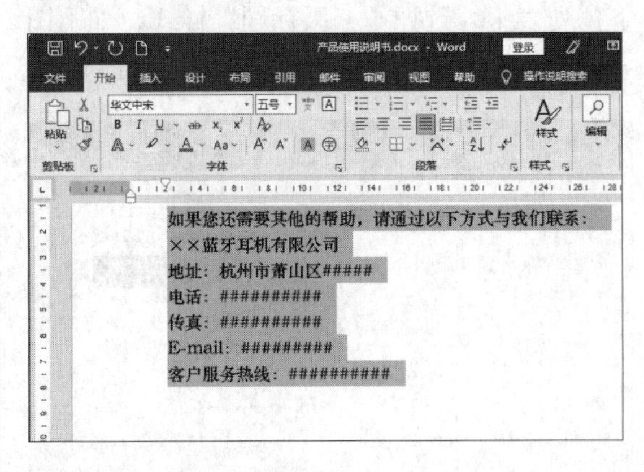

3.添加项目符号和编号

步骤 01 选中“4. 为耳机配对”标题下的部分内容，单击【开始】选项卡下【段落】组中【编号】按钮右侧的下拉按钮，在弹出的下拉列表中选择一种编号样式，如下图所示。

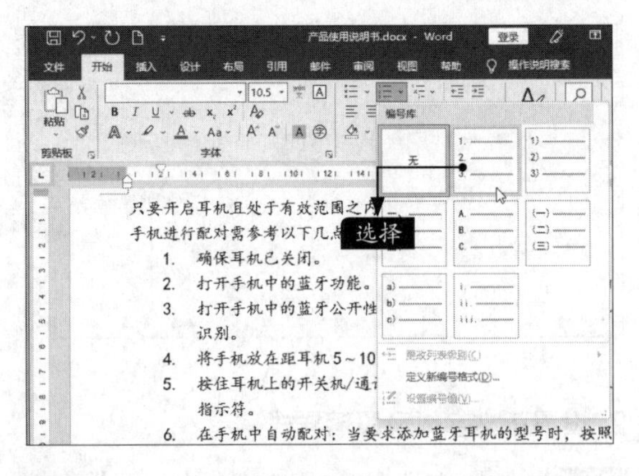

步骤 02 添加编号后，可根据情况调整段落格式，调整效果如下页图所示。

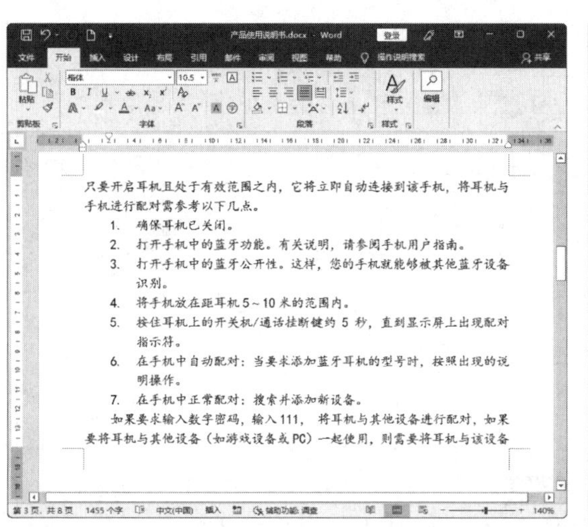

步骤03 选中“6. 通话”标题下的部分内容，单击【开始】选项卡下【段落】组中【项目符号】按钮右侧的下拉按钮，在弹出的下拉列表中选择一种项目符号样式，如右上图所示。

步骤04 添加项目符号后的效果如下图所示。

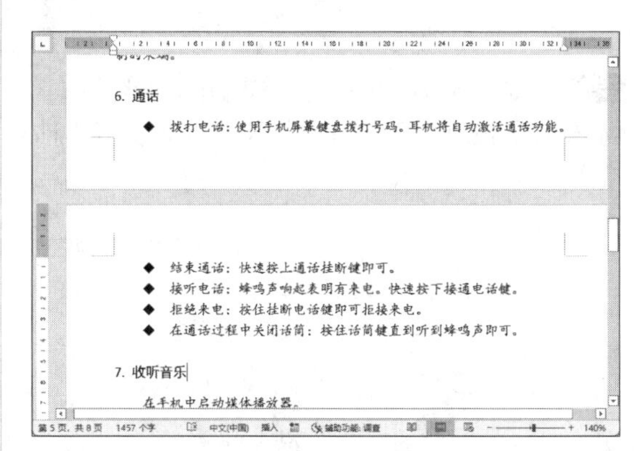

15.1.3 设置图文混排

在“产品使用说明书”文档中添加图片不仅能够直观地展示文字描述效果，便于用户阅读，还可以起到美化文档的作用。具体操作步骤如下。

步骤01 将光标定位至“2. 充电”文本后，单击【插入】选项卡下【插图】组中的【图片】按钮，在弹出的下拉列表中，选择【此设备】选项，如下图所示。

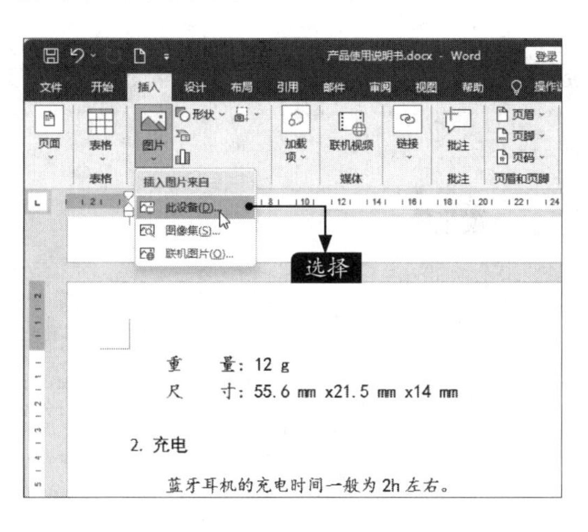

步骤02 在弹出的【插入图片】对话框中，选择“素材\ch15\图片01.png”，单击【插入】按钮，如下图所示。

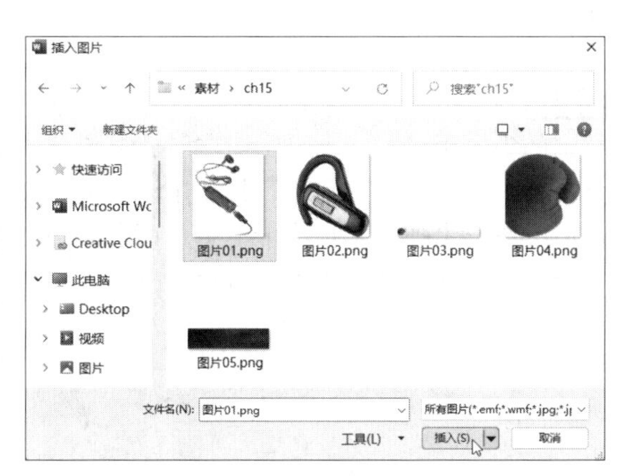

步骤 03 选择的图片插入文档的效果如下图所示。

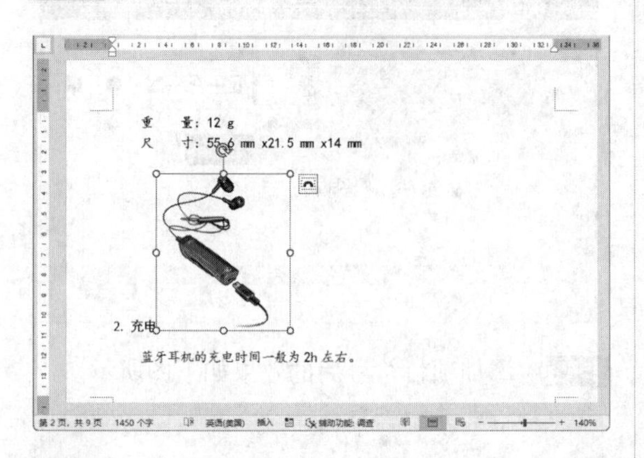

步骤 04 选中插入的图片，单击图片右侧的【布局选项】按钮，将图片布局设置为【四周型】，如下图所示。

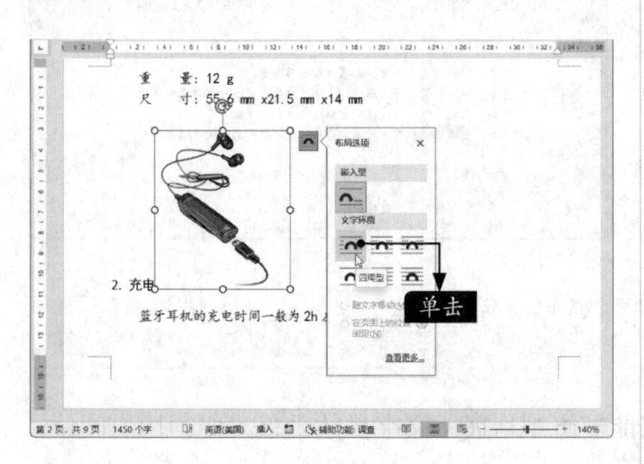

步骤 05 调整图片的位置，效果如下图所示。

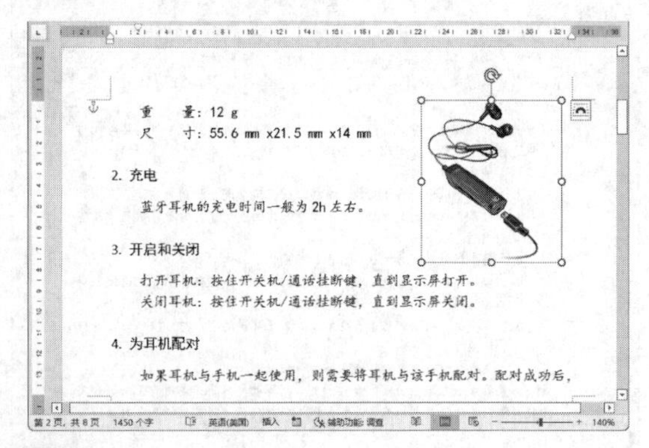

步骤 06 将光标定位至“8. 指示灯”文本后，重复步骤01~步骤05，其中插入的图片为“素材\ch15\图片02.png”，并适当调整图片的大小，效果如下图所示。

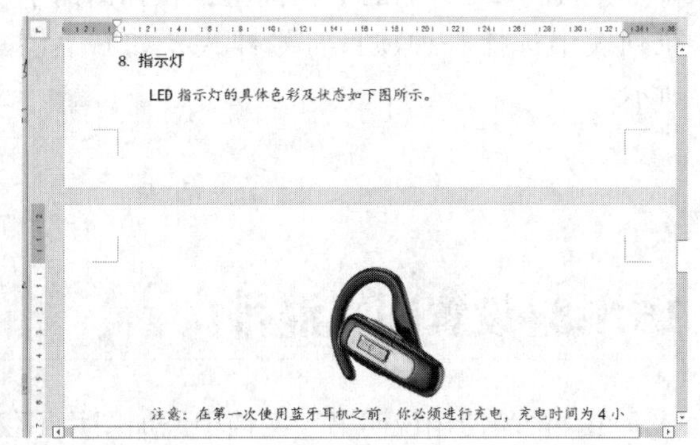

15.1.4 插入页眉和页脚

页眉和页脚可以向用户传递文档信息，方便用户阅读。插入页眉和页脚的具体操作步骤如下。

步骤 01 制作产品使用说明书时，需要将某些特定的内容用单独一页显示，这时就需要插入分页符。将光标定位在“产品使用说明书”文本后，单击【插入】选项卡下【页面】组中的【分页】按钮，如右图所示。

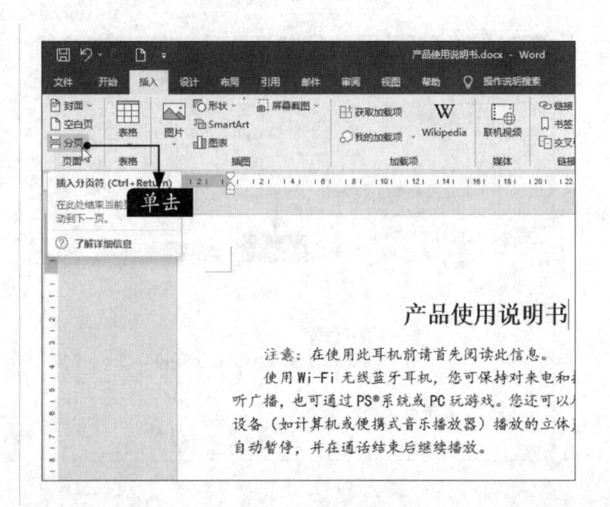

步骤02 可看到将标题单独显示在一页的效果，如下图所示。

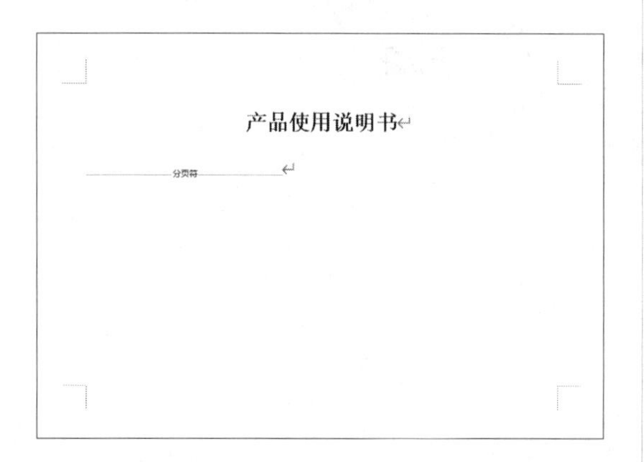

步骤03 调整“产品使用说明书”文本的段前间距，使其位于页面的中间，如下图所示。

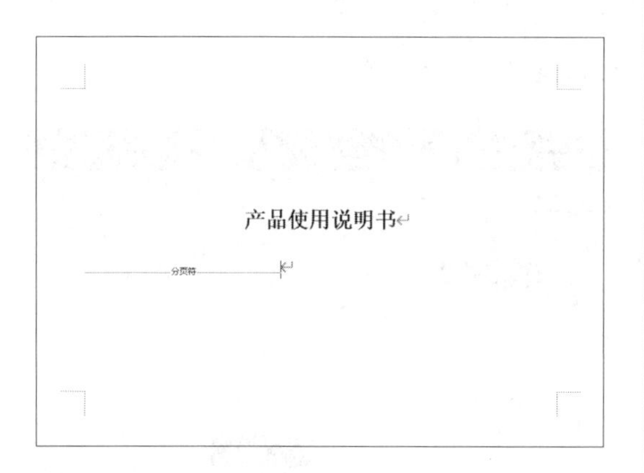

步骤04 使用同样的方法，在其他需要用单独一页显示的内容前插入分页符，如下图所示。

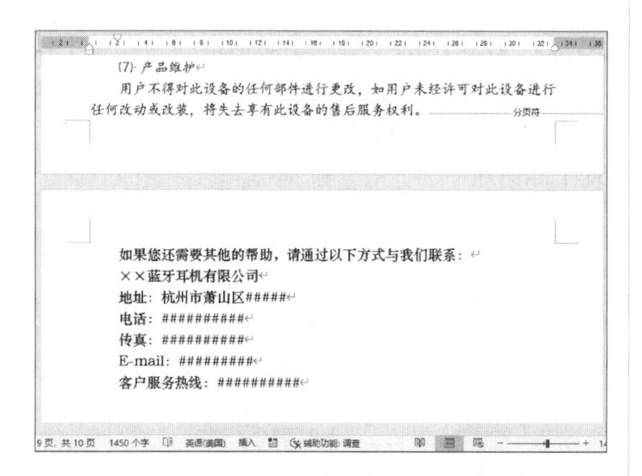

步骤05 将光标定位在第2页中，单击【插入】选项卡的【页眉和页脚】组中的【页眉】按钮 页眉，在弹出的下拉列表中选择【空白】选项，如右上图所示。

步骤06 在页眉中输入“产品使用说明书”，并可根据需求设置字体的格式，如下图所示。

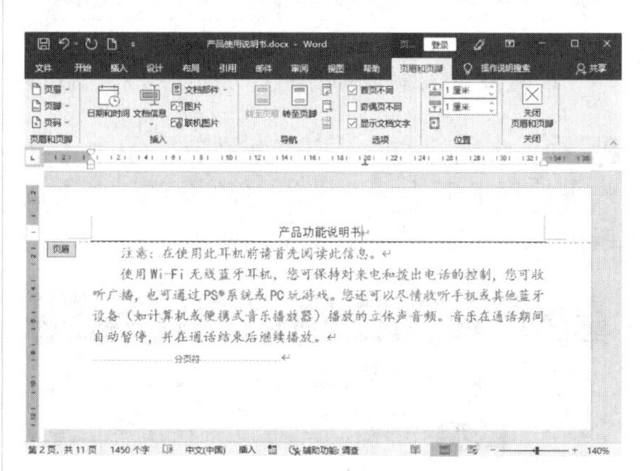

步骤07 单击【页眉和页脚】选项卡下【页眉和页脚】组中的【页码】按钮，在弹出的下拉列表中选择【页面底端】→【普通数字2】选项，如下图所示。

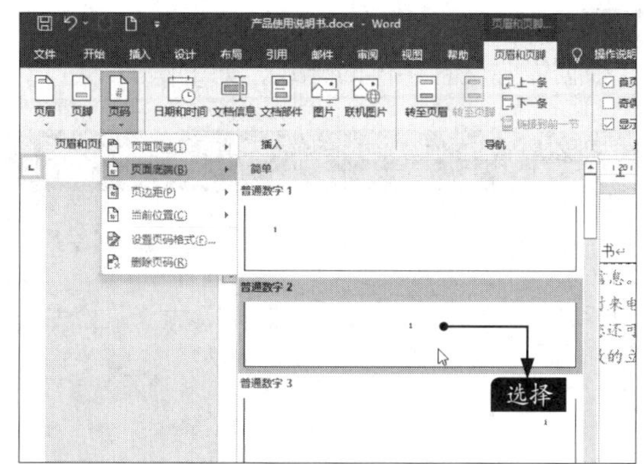

步骤08 可看到添加页眉和页脚后的效果，单击【关闭页眉和页脚】按钮，返回文档编辑模式，如下页图所示。

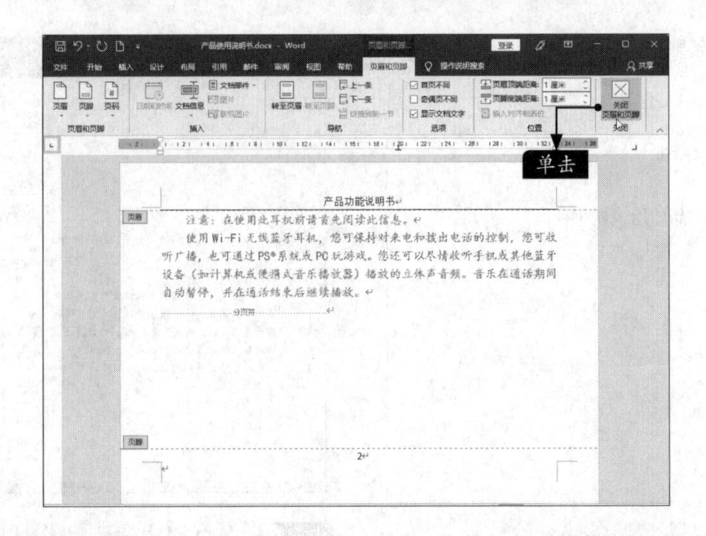

15.1.5 提取目录

设置段落大纲级别并且添加页码后，就可以提取目录了。具体操作步骤如下。

步骤 01 将光标定位在第2页最后，单击【插入】选项卡下【页面】组中的【空白页】按钮，插入一页空白页，如下图所示。

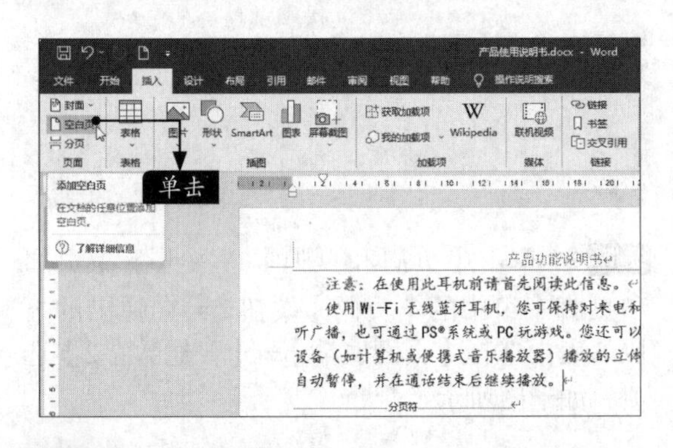

步骤 02 在插入的空白页中输入“目录”文本，并根据需要设置字体的样式，如下图所示。

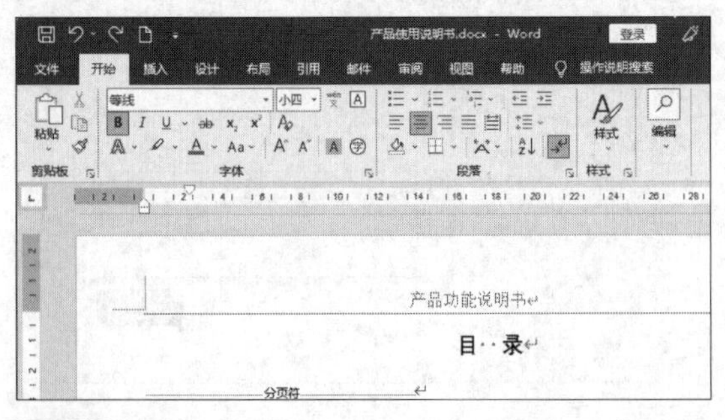

步骤 03 单击【引用】选项卡下【目录】组中的【目录】按钮，在弹出的下拉列表中选择【自定义目录】选项，如右上图所示。

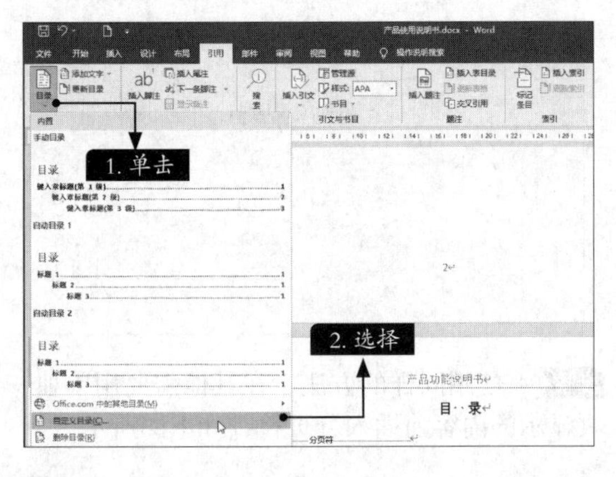

步骤 04 在弹出的【目录】对话框中，设置【显示级别】为“2”，单击选中【显示页码】和【页码右对齐】复选框，单击【确定】按钮，如下图所示。

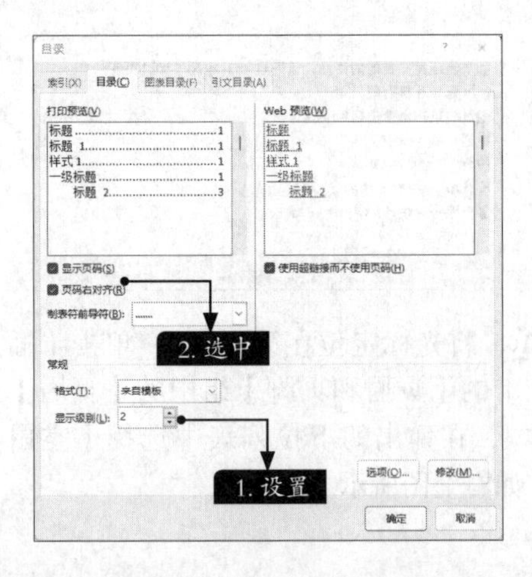

步骤05 提取说明书目录后的效果如下图所示。

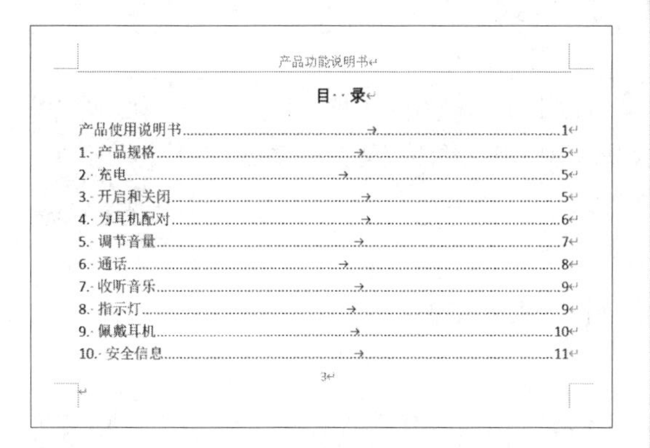

产品功能说明书

目 录

产品使用说明书......1
1. 产品规格......5
2. 充电......5
3. 开启和关闭......5
4. 为耳机配对......6
5. 调节音量......7
6. 通话......8
7. 收听音乐......9
8. 指示灯......9
9. 佩戴耳机......10
10. 安全信息......11

步骤06 首页中的“产品使用说明书”文本设置了大纲级别，所以在提取目录时可以将其以标题的形式提取。如果要取消其在目录中显示，可以选择文本后单击鼠标右键，在弹出的快捷菜单中单击【段落】命令，打开【段落】对话框，在【常规】中设置【大纲级别】为“正文文本”，单击【确定】按钮，如下图所示。

步骤07 选择目录，并单击鼠标右键，在弹出的快捷菜单中单击【更新域】命令，如下图所示。

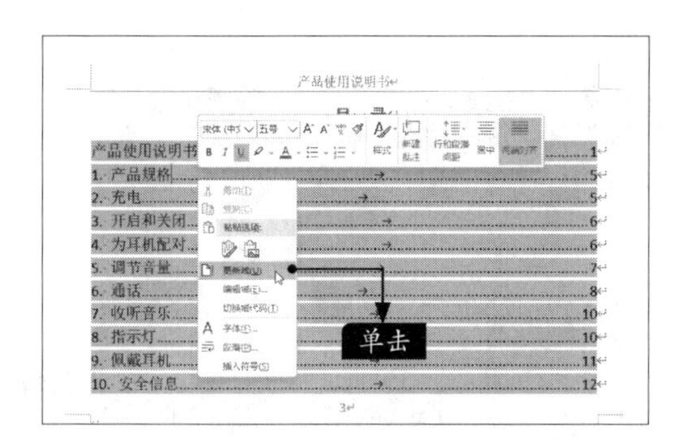

步骤08 在弹出的【更新目录】对话框中，单击选中【更新整个目录】单选项，单击【确定】按钮，如下图所示。

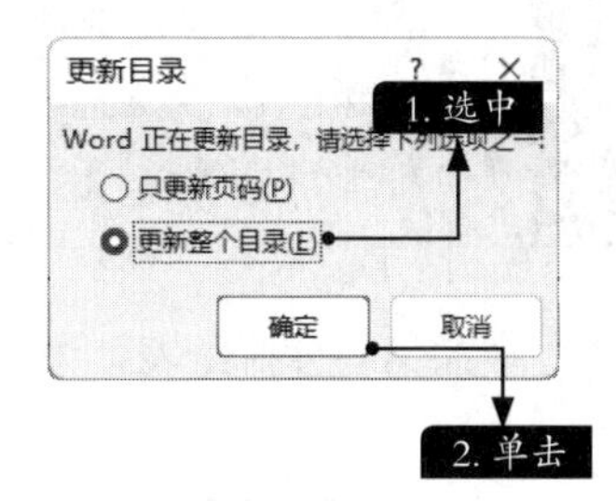

步骤09 可看到更新目录后的效果，可根据情况调整字体的格式，如下图所示。

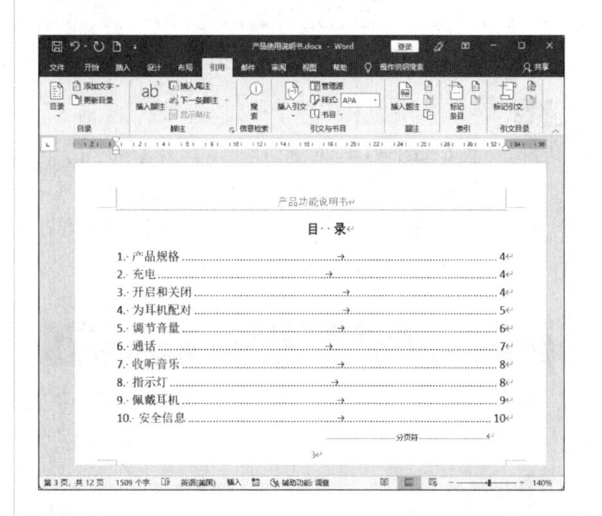

产品功能说明书

目 录

1. 产品规格......4
2. 充电......4
3. 开启和关闭......4
4. 为耳机配对......5
5. 调节音量......6
6. 通话......7
7. 收听音乐......8
8. 指示灯......8
9. 佩戴耳机......9
10. 安全信息......10

步骤10 根据需要适当调整文档并保存，最后效果如下图所示。

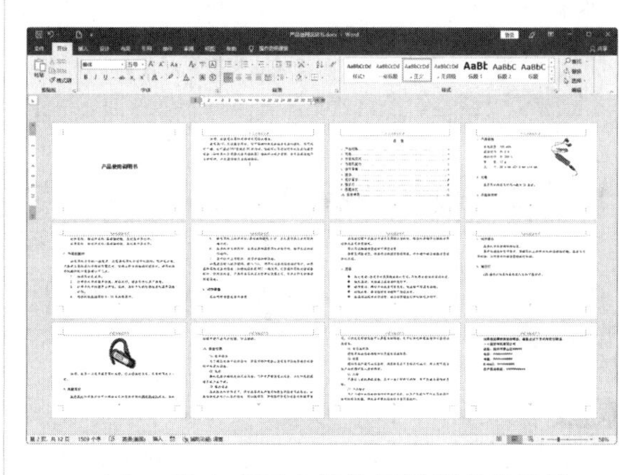

至此，就完成了产品使用说明书的编排。

15.2 制作产品销售分析图表

在对产品的销售数据进行分析时，除了对数据本身进行分析，人们还经常使用图表来直观地表示产品销售状况，使用函数预测其他销售数据，从而方便分析数据。

下面以“产品销售分析图表”为例，介绍制作分析图表的相关操作。

15.2.1 插入销售图表

在Excel中，图表是对数据进行分析最常用的呈现方式，它可以更直观地表现数据在不同条件下的变化及趋势。下面介绍插入销售图表的操作步骤。

步骤 01 打开“素材\ch15\产品销售统计表.xlsx”文件，选择B2:B11单元格区域。单击【插入】选项卡下【图表】组中的【插入折线图或面积图】按钮，在弹出的下拉列表中选择【带数据标记的折线图】选项，如下图所示。

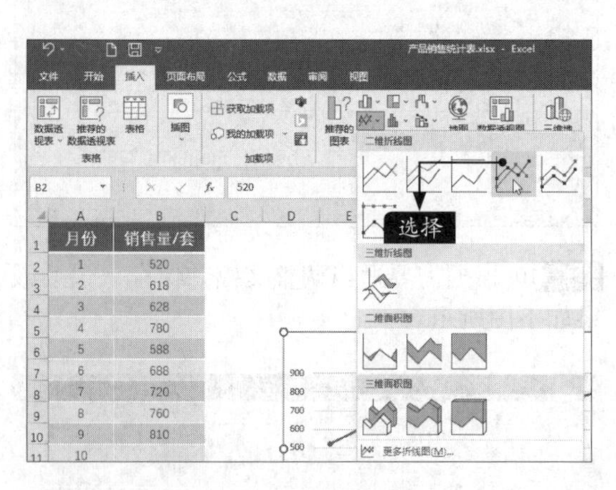

步骤 02 此时，即可在工作表中插入图表，调整图表到合适的位置后，效果如下图所示。

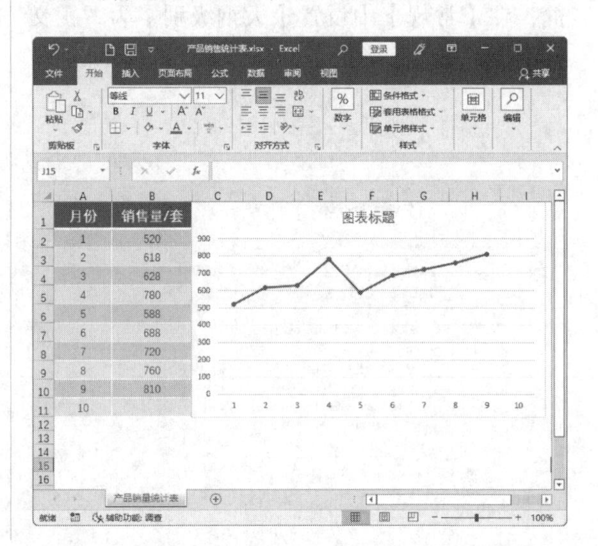

15.2.2 设置图表格式

插入图表后，图表格式的设置是一项不可缺少的工作。设置图表格式可以使图表更美观、数据更清晰。具体操作步骤如下。

步骤 01 选择图表，单击【图表工具】→【图表设计】选项卡下【图表样式】组中的【其他】按钮，在弹出的下拉列表中选择一种图表的样式，如右图所示。

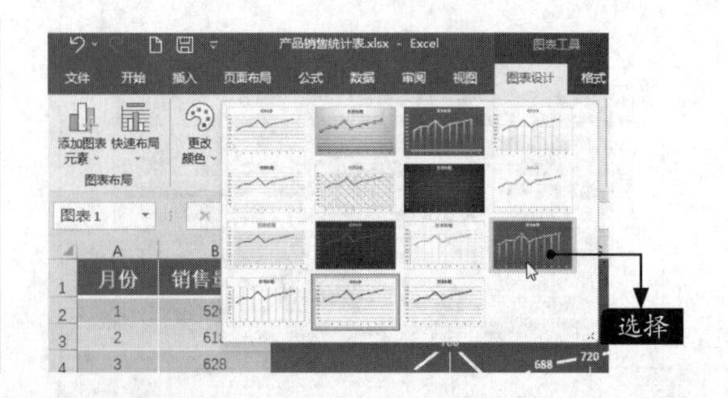

步骤02 更改图表样式后的效果如下图所示。

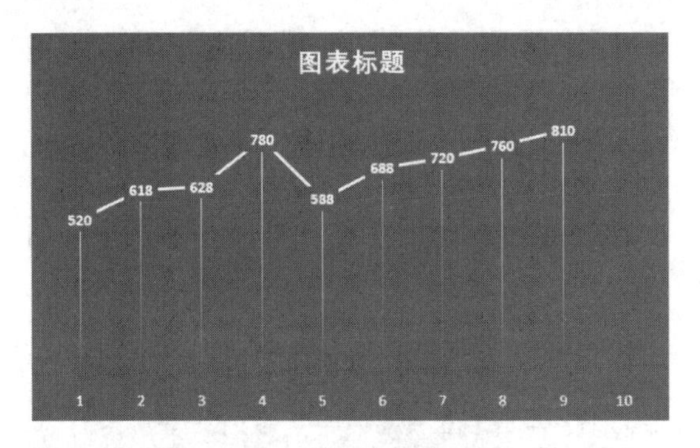

步骤03 选择图表的标题文字，单击【格式】选项卡下【艺术字样式】组中的【其他】按钮，在弹出的下拉列表中选择一种艺术字样式，如下图所示。

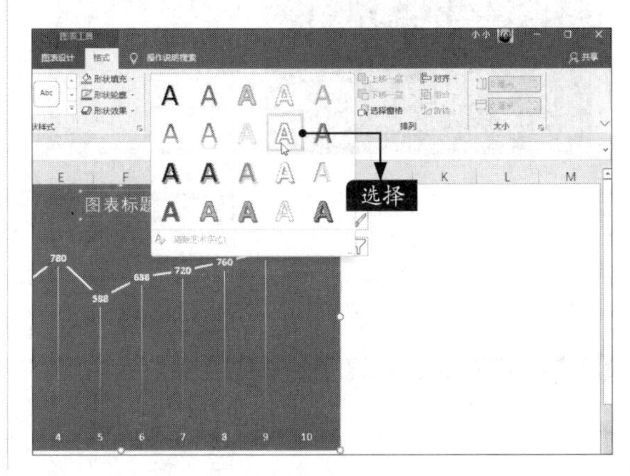

步骤04 将图表标题修改为“产品销售分析图表”。最后的效果如下图所示。

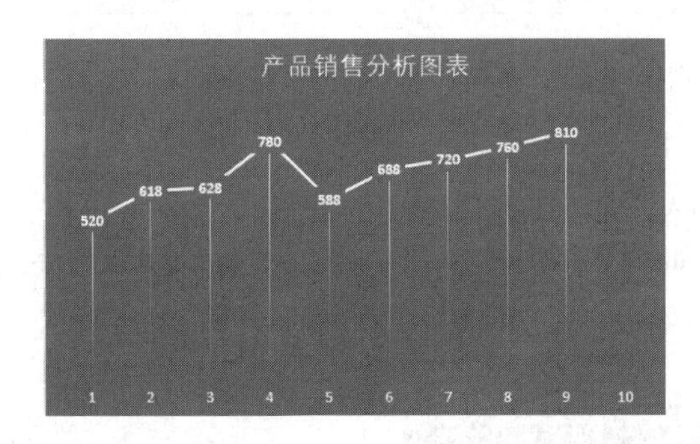

15.2.3 添加趋势线

在分析图表中，常使用趋势线进行预测研究。下面通过前9个月的销售情况，对10月份的销售量进行分析和预测。

步骤01 选择图表，单击【图表工具】→【图表设计】选项卡下【图表布局】组中的【添加图表元素】按钮，在弹出的下拉列表中选择【趋势线】→【线性】选项，如下图所示。

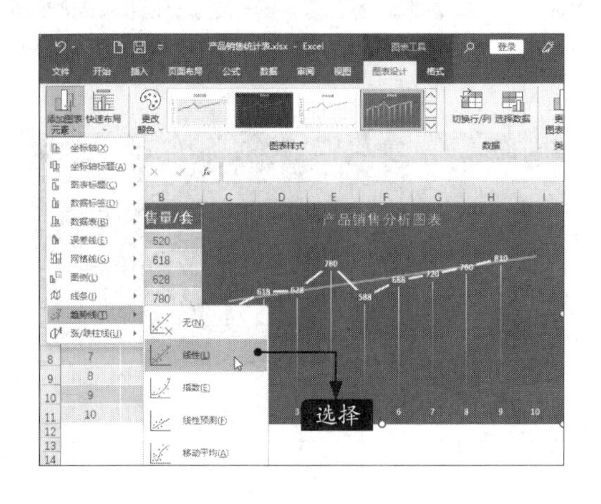

步骤02 此时，为图表添加线性趋势线的效果如下图所示。

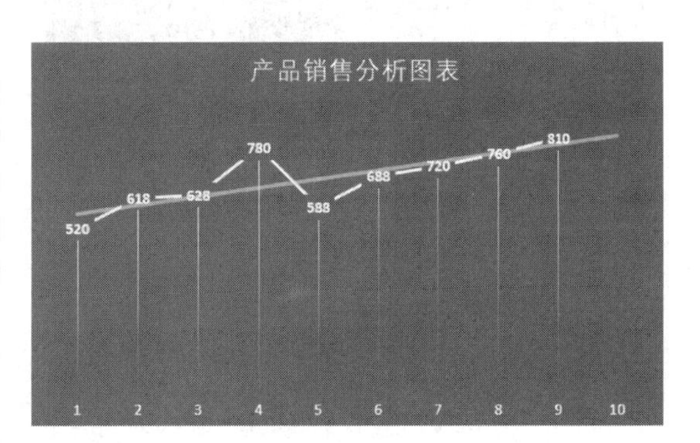

步骤03 双击趋势线，工作表右侧弹出【设置趋势线格式】窗格，在此窗格中可以设置趋势线的填充线条、效果等，如下页图所示。

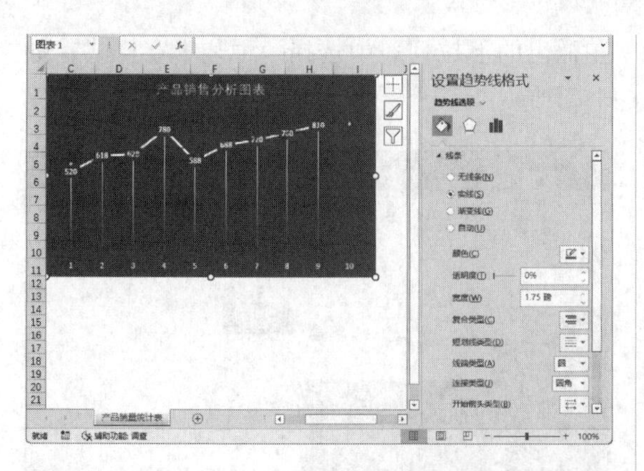

步骤 04 设置好趋势线线条并填充颜色后的最终图表效果如下图所示。

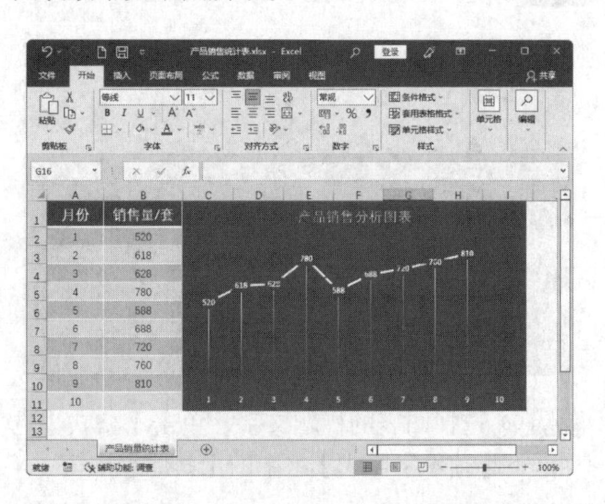

15.2.4 预测趋势量

除了添加趋势线来预测销售量，还可以使用函数计算趋势量。下面通过FORECAST函数计算10月的销售量。

步骤 01 选择单元格B11，输入公式“=FORECAST(A11,B2:B10,A2:A10)”，如下图所示。

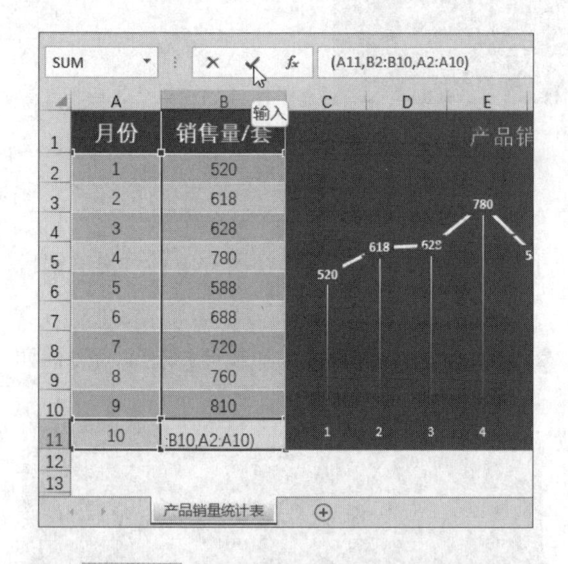

> **小提示**
>
> 公式“=FORECAST(A11,B2:B10,A2:A10)”是根据已有的数值计算或预测未来值。“A11”表示进行预测的数据点，“B2:B10”表示因变量数组或数据区域，“A2:A10”表示自变量数组或数据区域。

步骤 02 按【Enter】键确认，计算出10月销售量的预测结果，并将数值以整数形式显示，如右上图所示。

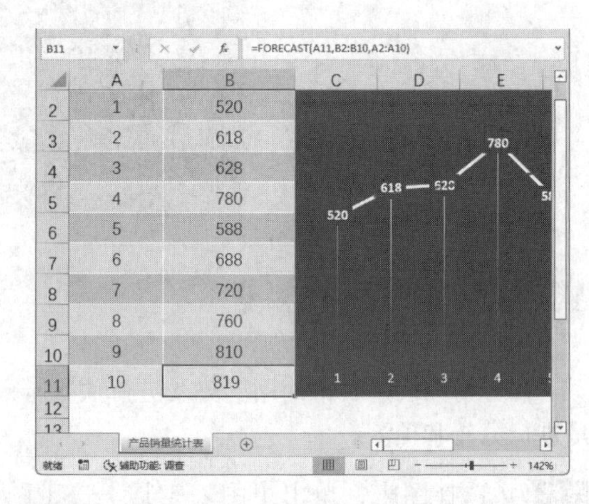

步骤 03 产品销售分析图表的最终效果如下图所示。保存制作好的产品销售分析图表。

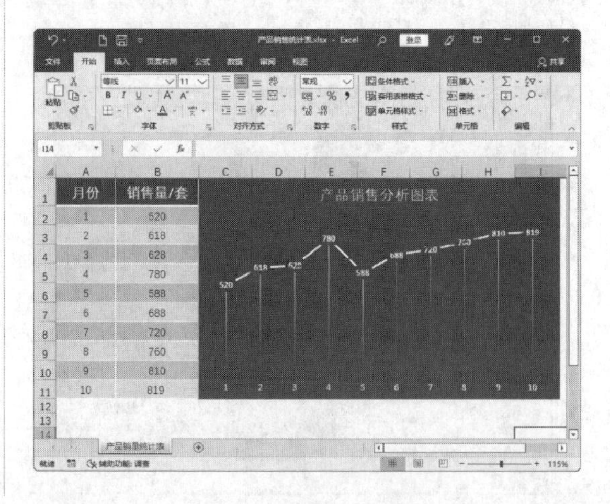

步骤04 除了使用FORECAST函数预测销售量，还可以通过单击【数据】→【预测】组中的【预测工作表】按钮，创建新的工作表来预测数据的趋势，如下图所示。

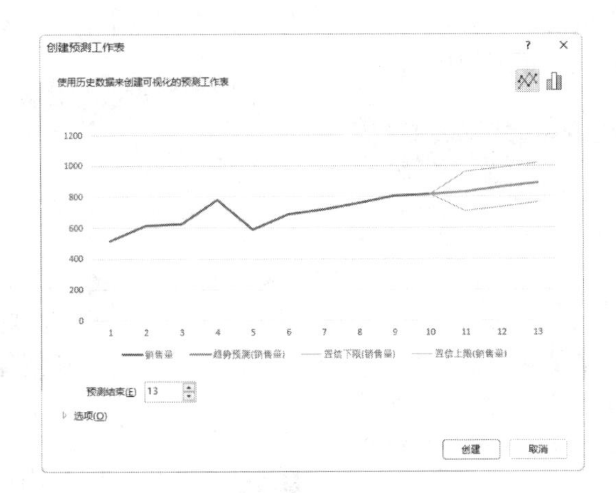

至此，产品销售分析图表制作完成，保存制作好的图表即可。

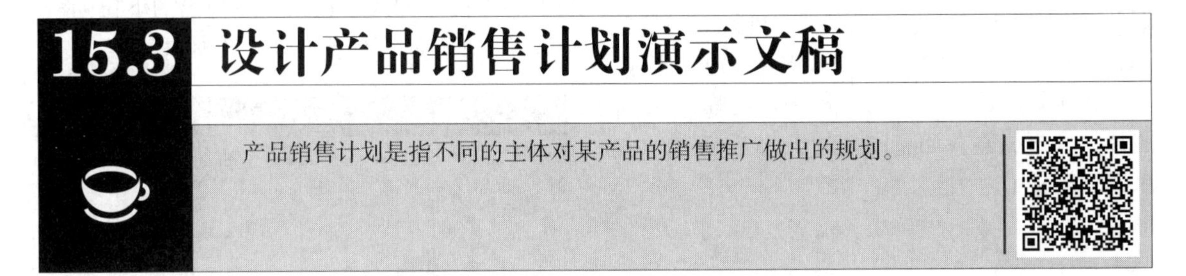

15.3 设计产品销售计划演示文稿

产品销售计划是指不同的主体对某产品的销售推广做出的规划。

从不同的层面可以将产品销售计划分为不同的类型：从时间长短来分，可以分为周销售计划、月度销售计划、季度销售计划、年度销售计划等；从范围大小来分，可以分为企业总体销售计划、分公司销售计划、个人销售计划等。

15.3.1 设计幻灯片母版

制作产品销售计划演示文稿首先需要设计幻灯片母版，具体操作步骤如下。

1. 设计幻灯片母版

步骤01 启动PowerPoint 2021，新建幻灯片，并将其保存为“产品销售计划演示文稿.pptx”。单击【视图】选项卡下【母版视图】组中的【幻灯片母版】按钮，如下图所示。

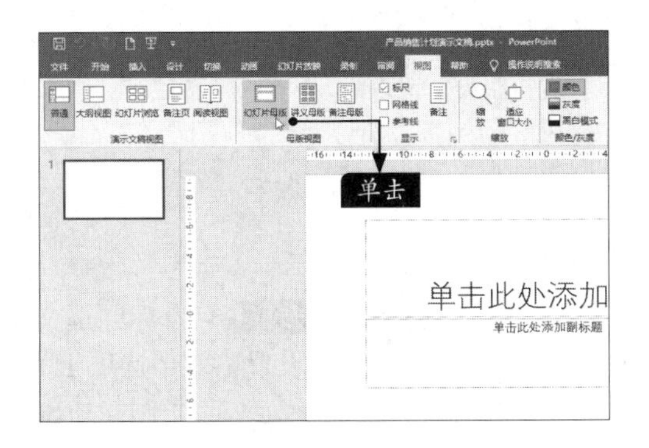

步骤 02 切换到幻灯片母版视图，并在左侧列表中单击第1张幻灯片，单击【插入】选项卡下【图像】组中的【图片】按钮，在弹出的下拉列表中单击【此设备】选项，如下图所示。

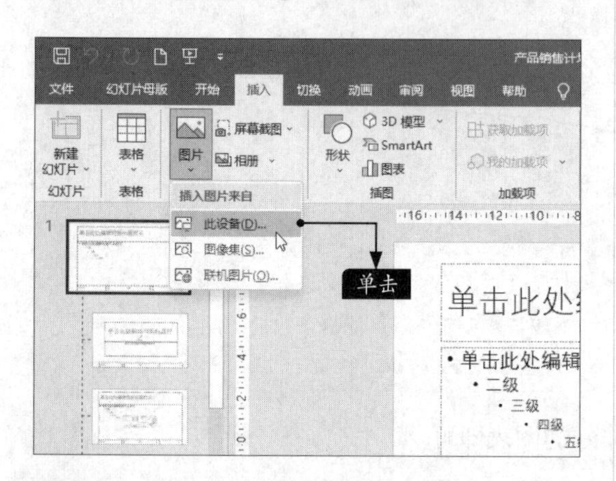

步骤 03 在弹出的【插入图片】对话框中选择“素材\ch15\图片03.png”，单击【插入】按钮，将选择的图片插入幻灯片中。选择插入的图片，并根据需要调整图片的大小及位置，效果如下图所示。

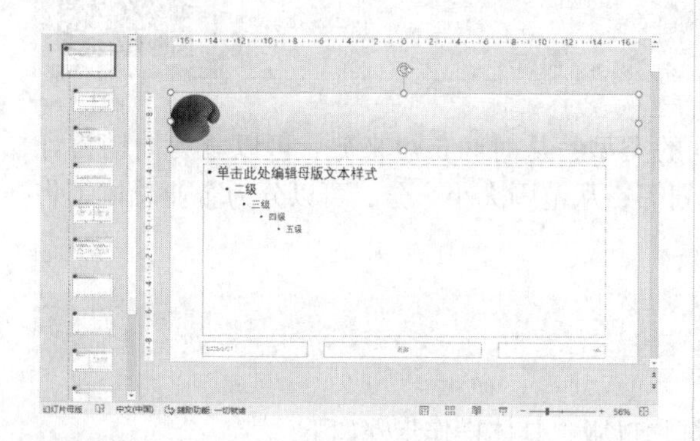

步骤 04 在插入的图片上单击鼠标右键，在弹出的快捷菜单中单击【置于底层】→【置于底层】命令，使图片在底层作为背景图片显示，如下图所示。

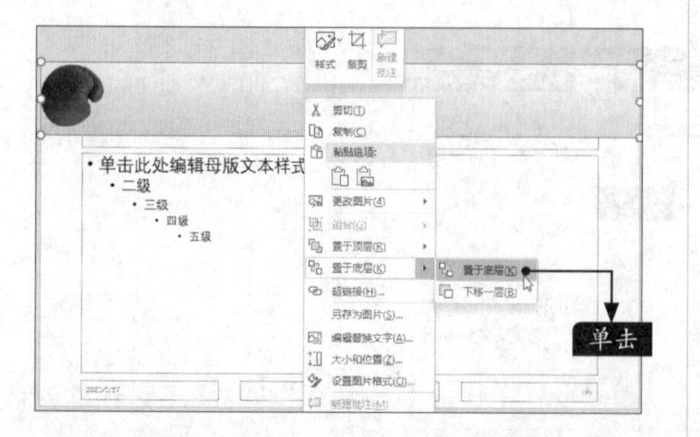

步骤 05 单击【幻灯片母版】选项卡下【背景】组中的【颜色】按钮，在弹出的下拉列表中选择【视点】选项，如下图所示。

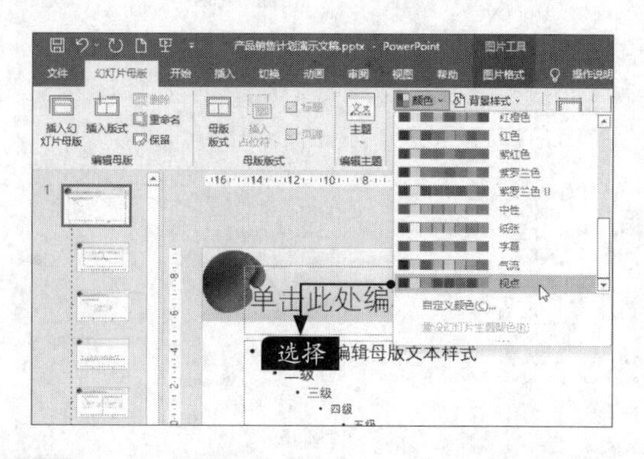

步骤 06 选择标题框内的文本，单击【绘图工具】→【形状格式】选项卡下【艺术字样式】组中的【快速样式】按钮，在弹出的下拉列表中选择一种艺术字样式，如下图所示。

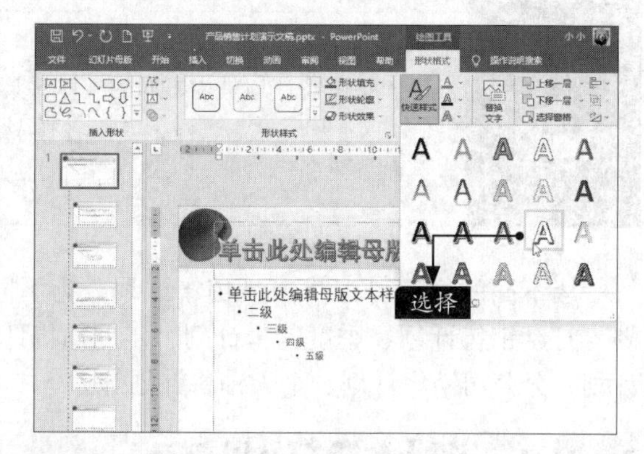

步骤 07 选择设置后的艺术字，设置其【字体】为“华文楷体”，【字号】为“50”，设置【文本对齐】为“左对齐”。此外，还可以根据需要调整文本框的位置，效果如下图所示。

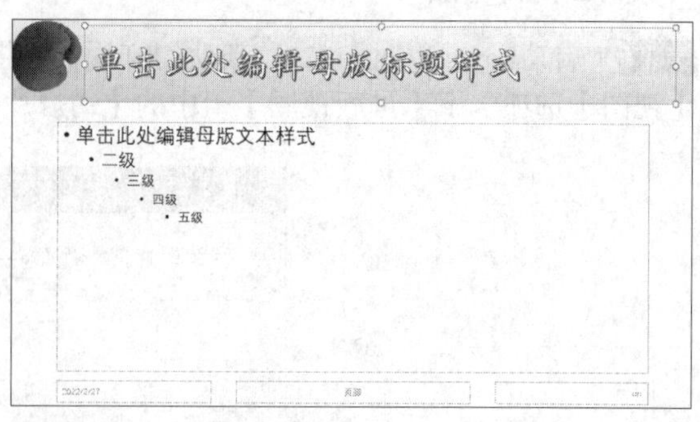

步骤 08 为标题框文本应用“擦除”动画效果，设置【效果选项】为“自左侧”，设置【开始】模式为“上一动画之后”，如下页图所示。

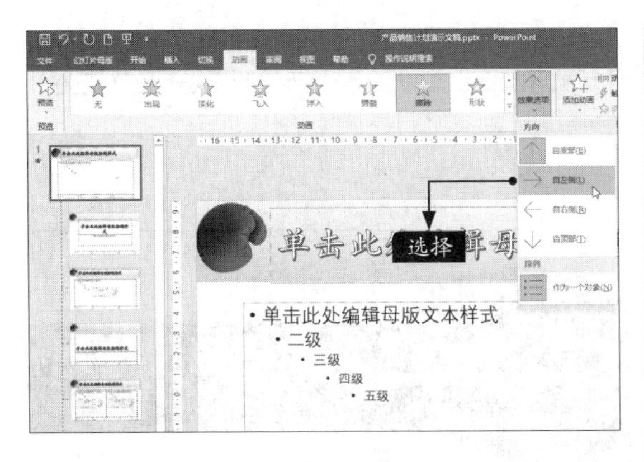

步骤09 在幻灯片母版视图的左侧列表中选择第2张幻灯片，选中【幻灯片母版】选项卡下【背景】组中的【隐藏背景图形】复选框，并删除文本框，如下图所示。

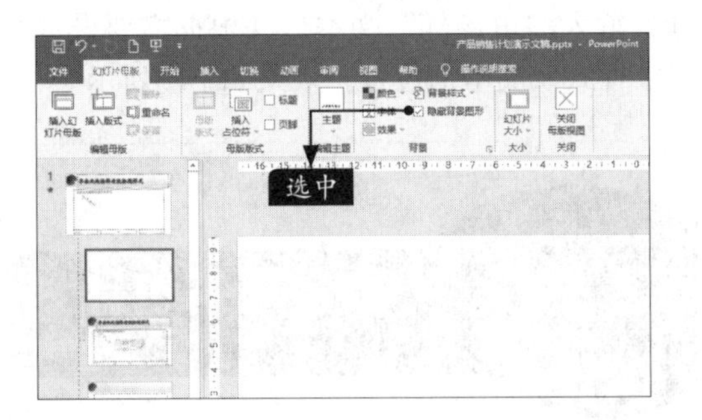

步骤10 单击【插入】选项卡下【图像】组中的【图片】按钮，在弹出的下拉列表中单击【此设备】选项。在弹出的【插入图片】对话框中选择“素材\ch15\图片04.png”和“素材\ch15\图片05.png”，单击【插入】按钮，将图片插入幻灯片中。将“图片04.png”图片放置在“图片05.png”图片上方，并调整图片位置，效果如下图所示。

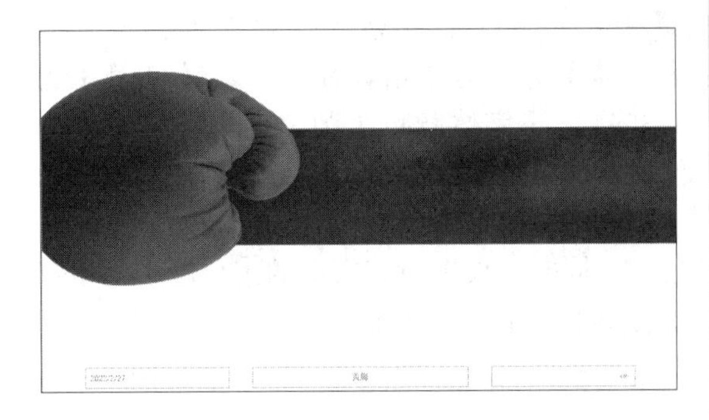

步骤11 同时选择插入的两张图片并单击鼠标右键，在弹出的快捷菜单中单击【组合】→【组合】命令，组合图片并将其置于底层，如右上图所示。

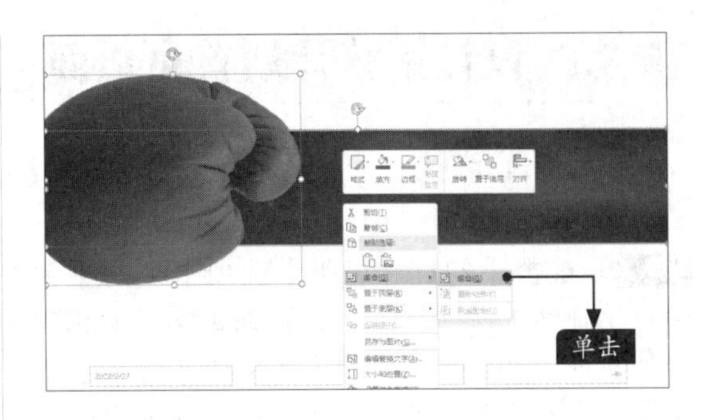

2. 新增母版版式

步骤01 在幻灯片母版视图的左侧列表中选择最后一张幻灯片，单击【幻灯片母版】选项卡下【编辑母版】组中的【插入幻灯片母版】按钮，添加新的母版版式。在新建的母版中选择第一张幻灯片，并删除其中的文本框，插入“素材\ch15\图片04.png”和“素材\ch15\图片05.png”，并将“图片04.png”图片放置在“图片05.png”图片上方，效果如下图所示。

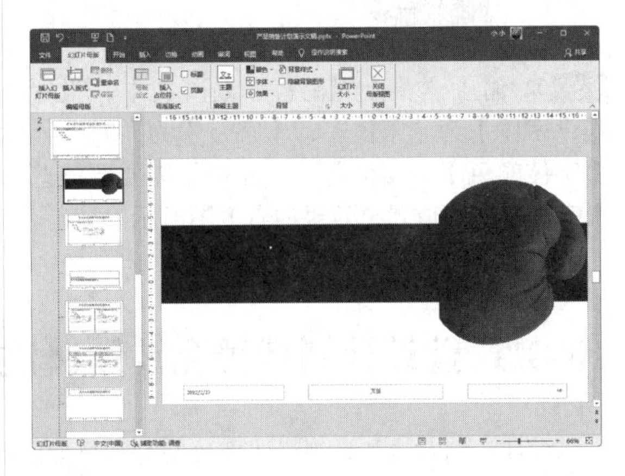

步骤02 选择“图片04.png”图片，单击【图片格式】选项卡下【排列】组中的【旋转】按钮，在弹出的下拉列表中选择【水平翻转】选项，调整图片的位置，然后组合图片并将其置于底层，效果如下图所示。

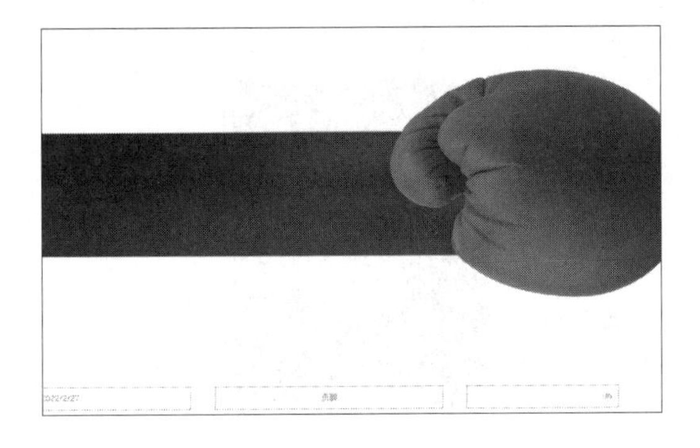

15.3.2 设计销售计划首页页面

设计销售计划首页页面的具体操作步骤如下。

步骤 01 单击【幻灯片母版】选项卡中的【关闭母版视图】按钮，返回普通视图，删除幻灯片页面中的文本框。单击【插入】选项卡下【文本】组中的【艺术字】按钮，在弹出的下拉列表中选择一种艺术字样式，如下图所示。

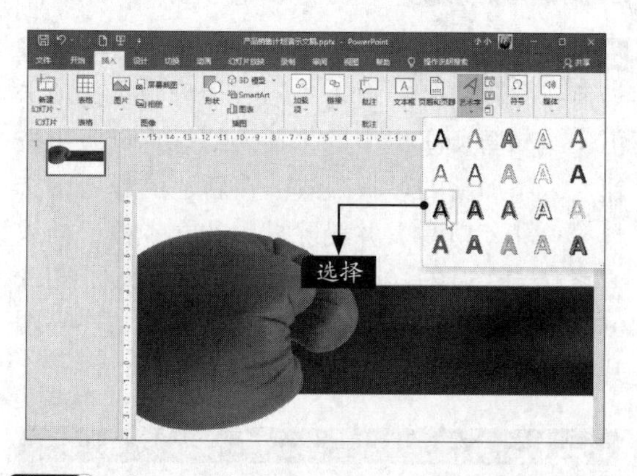

步骤 02 输入“黄金周销售计划”文本，设置其【字体】为“宋体”，【字号】为“72”，【字体颜色】为“橙色”，并根据需要调整艺术字文本框的位置，效果如右上图所示。

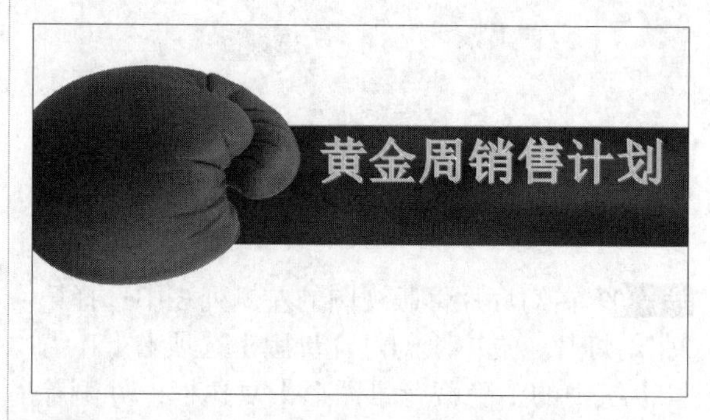

步骤 03 使用同样的方法，添加新的艺术字文本框，输入“市场部”文本，并根据需要设置艺术字样式及文本框位置，效果如下图所示。

15.3.3 设计计划背景和计划概述部分页面

设计计划背景和计划概述部分幻灯片页面的具体操作步骤如下。

1. 制作计划背景部分幻灯片

步骤 01 新建“标题”幻灯片页面，并绘制竖排文本框，输入下图所示的文本，并设置【字体颜色】为“白色”，如下图所示。

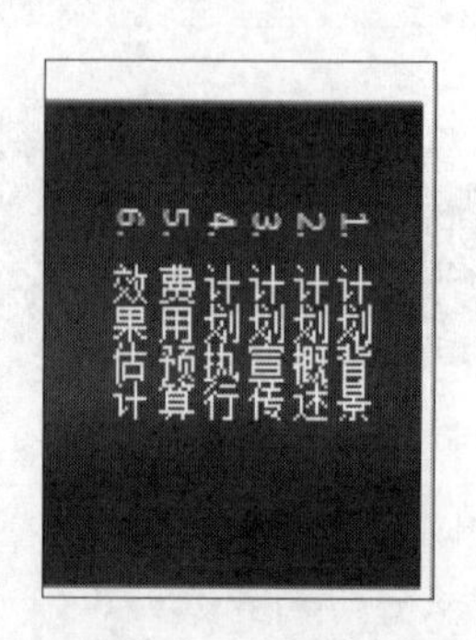

步骤 02 选择“1.计划背景”文本，设置其【字体】为“方正楷体简体”，【字号】为“32”，【字体颜色】为“白色”，选择其他文本，设置【字体】为“方正楷体简体”、【字号】为“28”，【字体颜色】为“黄色”。同时，设置所有文本的【行距】为【双倍行距】，如下页图所示。

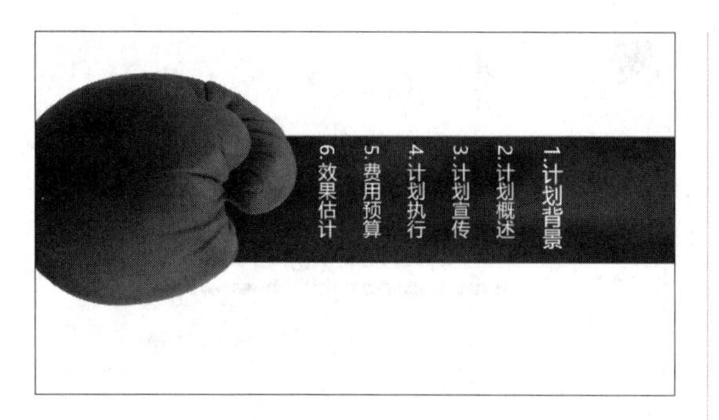

步骤03 新建"仅标题"幻灯片页面，在标题文本框中输入"计划背景"，如下图所示。

步骤04 打开"素材\ch15\计划背景.txt"文件，将其内容粘贴至文本框中，并设置字体。在需要插入图标的位置单击【插入】选项卡下【插图】组中的【图标】按钮，在弹出的对话框中选择要插入的符号，效果如下图所示。

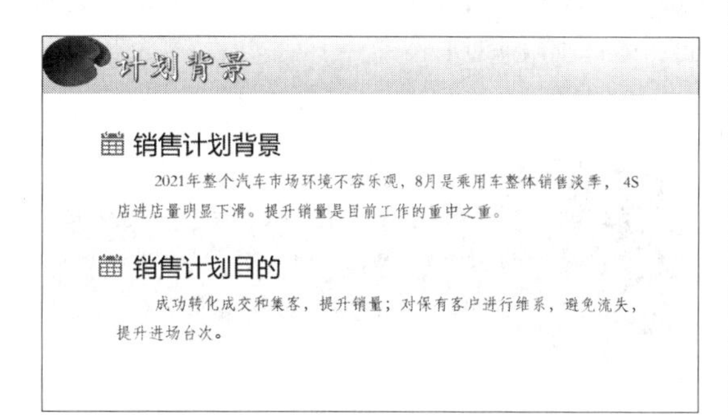

2. 制作计划概述部分幻灯片

步骤01 复制第2张幻灯片并将其粘贴至第3张幻灯片下，如下图所示。

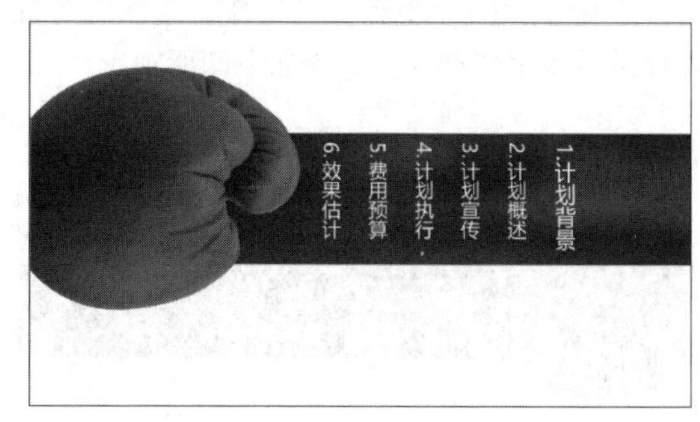

步骤02 更改"1. 计划背景"文本的【字号】为"28"，【字体颜色】为"浅绿"；更改"2. 计划概述"文本的【字号】为"32"，【字体颜色】为"白色"；其他文本样式不变。效果如下图所示。

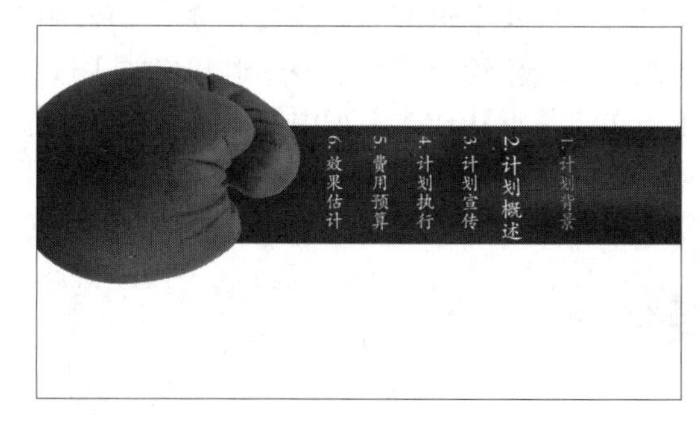

步骤03 新建"仅标题"幻灯片页面，在标题文本框中输入"计划概述"文本，打开"素材\ch15\计划概述.txt"文件，将其内容复制粘贴至文本框中，并根据需要设置字体样式，效果如下图所示。

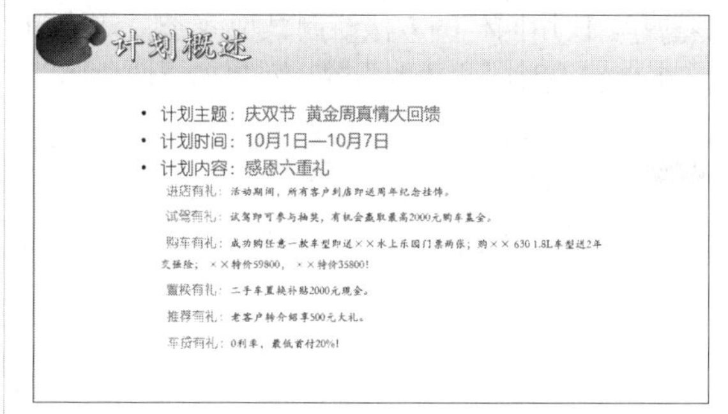

15.3.4 设计计划宣传及其他部分页面

设计计划宣传及其他部分幻灯片页面的具体操作步骤如下。

步骤01 重复15.3.3小节“制作计划概述部分幻灯片”中步骤01、步骤02的操作，复制幻灯片页面并设置字体样式，效果如下图所示。

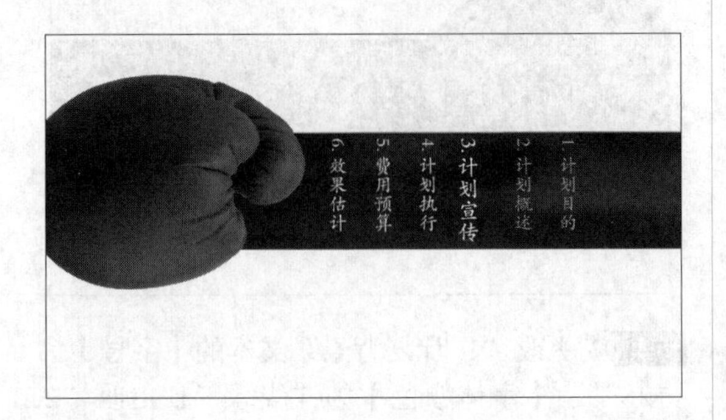

步骤02 新建“仅标题”幻灯片页面，并输入标题“计划宣传”，单击【插入】选项卡下【插图】组中的【形状】按钮，在弹出的下拉列表中选择【线条】组下的“箭头”按钮，绘制箭头图形。在【绘图工具】→【形状格式】选项卡下单击【形状样式】组中的【形状轮廓】按钮，选择【虚线】→【圆点】选项，效果如下图所示。

步骤03 使用同样的方法绘制其他线条，并绘制文本框输入时间和其他内容，效果如下图所示。

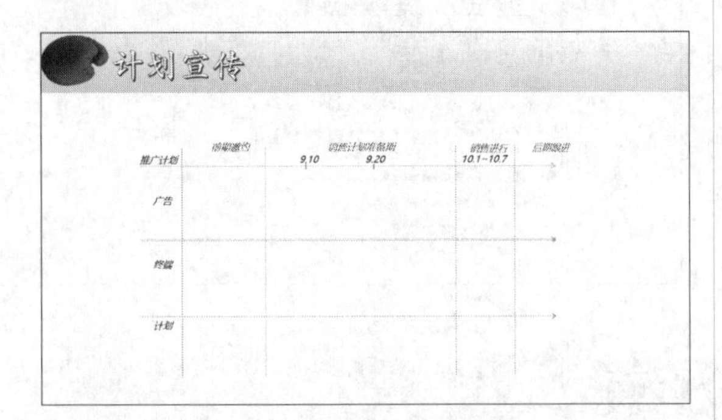

步骤04 根据需要绘制并美化图形，然后输入相关内容。重复该操作直至完成相关编排，如右上图所示。

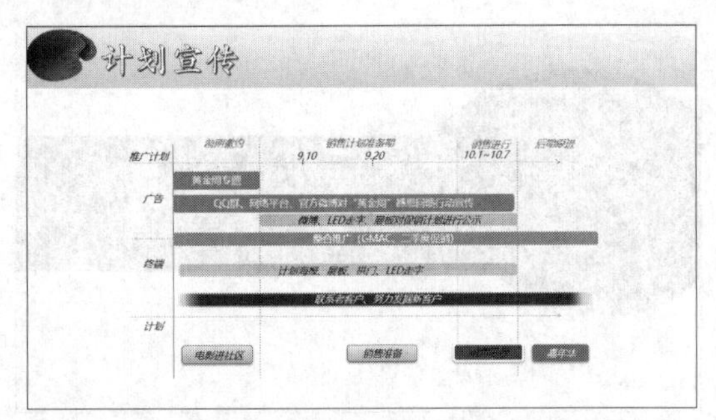

步骤05 新建“仅标题”幻灯片页面，并输入标题“计划宣传”，单击【插入】选项卡下【插图】组中的【SmartArt】按钮，在打开的【选择SmartArt图形】对话框中选择【循环】→【射线循环】选项，单击【确定】按钮，完成图形插入。根据需要输入相关内容及说明文本，如下图所示。

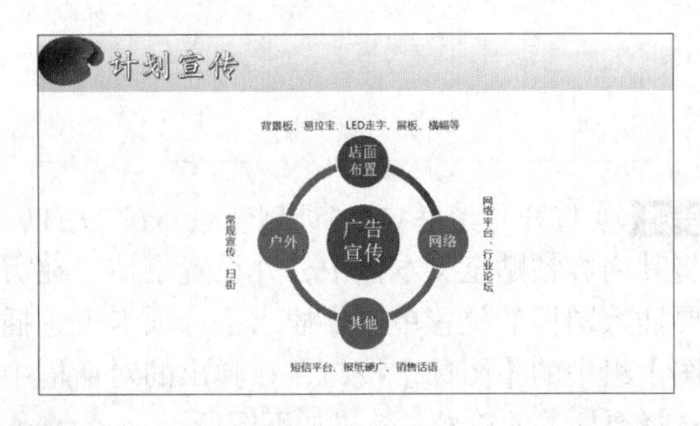

步骤06 使用类似的方法制作计划执行相关页面，效果如下图所示。

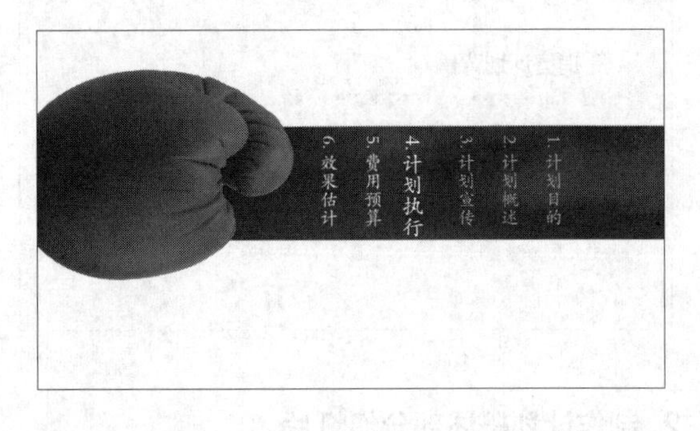

计划执行

事项	负责人
团购方案制定	张永明
网络宣传	王亮
报纸杂志硬广、软文	高晓峰
电话邀约	销售部
短信平台邀约	李冬梅
QQ群、邮件	马晓军
巡展推广	胡广军、刘鹏鹏
其他物料筹备	胡广军、刘鹏鹏
泊车指引	刘亮亮
计划主持	王秋月、胡亮
产品讲解、分期政策	张三、李四
奖品/礼品发放	王晓乐
拍照	胡悦亮、王一鸣

步骤 07 使用类似的方法制作费用预算目录页面，效果如下图所示。

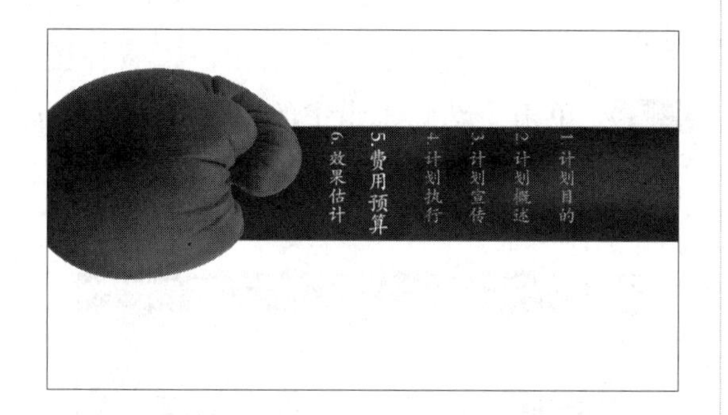

步骤 08 制作费用预算幻灯片页面的效果如下图所示。

15.3.5 设计效果估计及结束页面

设计效果估计及结束幻灯片页面的具体操作步骤如下。

步骤 01 使用同样的方法，制作效果估计目录页面，效果如下图所示。

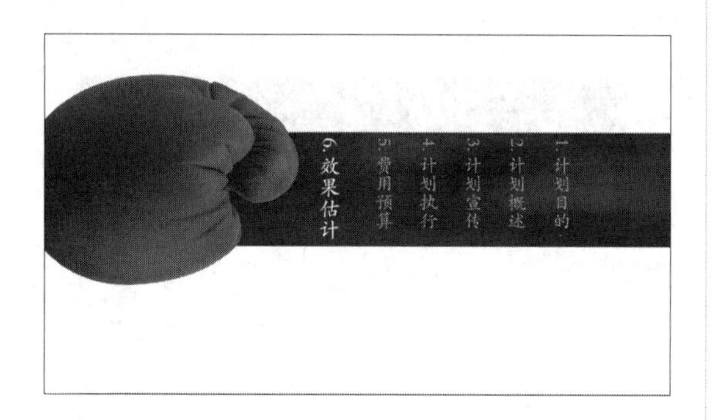

步骤 02 新建“仅标题”幻灯片页面，并输入标题“效果估计”文本。单击【插入】选项卡下【插图】组中的【图表】按钮，在打开的【插入图表】对话框中选择【柱形图】→【簇状柱形图】选项，单击【确定】按钮，在打开的Excel界面中输入下图所示的数据。

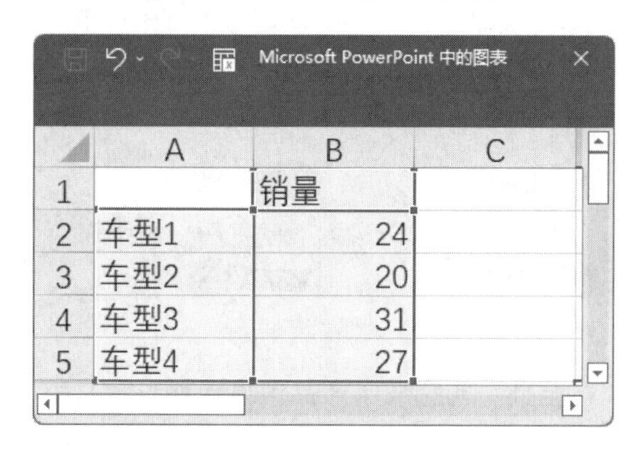

	A	B	C
1		销量	
2	车型1	24	
3	车型2	20	
4	车型3	31	
5	车型4	27	

步骤 03 关闭Excel界面，即可看到插入的图表，对图表适当美化，效果如下图所示。

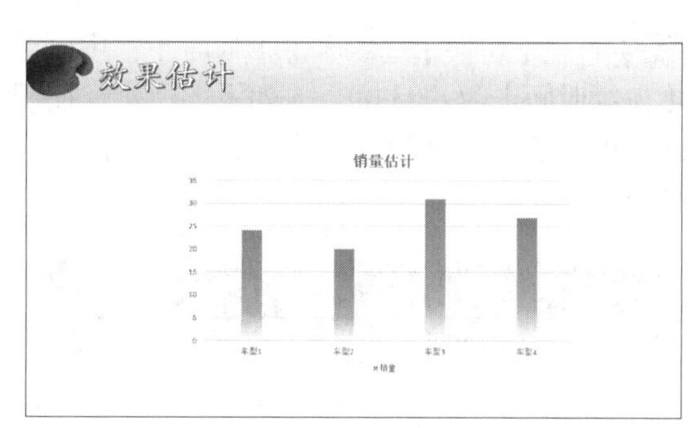

步骤 04 单击【开始】选项卡下【幻灯片】组中的【新建幻灯片】按钮，在弹出的下拉列表中选择【标题幻灯片】选项，然后绘制文本框，输入“努力完成销售计划！”文本，并根据需要设置字体样式，效果如下图所示。

15.3.6 添加切换效果和进入动画效果

添加切换效果和进入动画效果的具体操作步骤如下。

步骤01 选择要设置切换效果的幻灯片，这里选择第1张幻灯片。单击【切换】选项卡下【切换到此幻灯片】组中的【其他】按钮，在弹出的下拉列表中选择【华丽】下的【帘式】选项，即可自动预览该切换效果，如下图所示。

步骤02 在【切换】选项卡下【计时】组中设置【持续时间】为“03.00”，如下图所示。使用同样的方法，为其他幻灯片页面设置不同的切换效果。

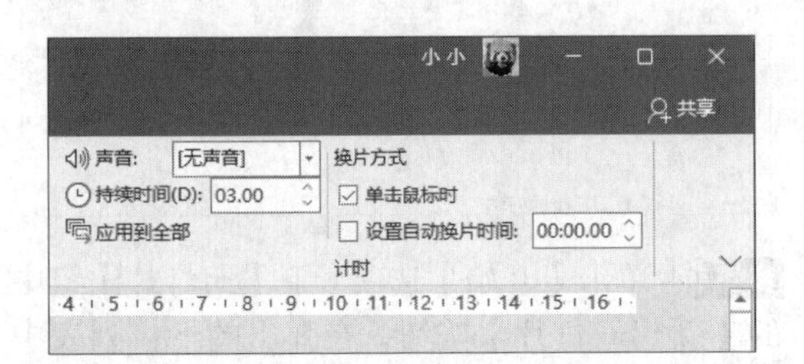

步骤03 选择第1张幻灯片中要创建进入动画效果的文字。单击【动画】选项卡下【动画】组中的【其他】按钮。在弹出的下拉列表的【进入】区域中选择【浮入】选项，创建进入动画效果，如下图所示。

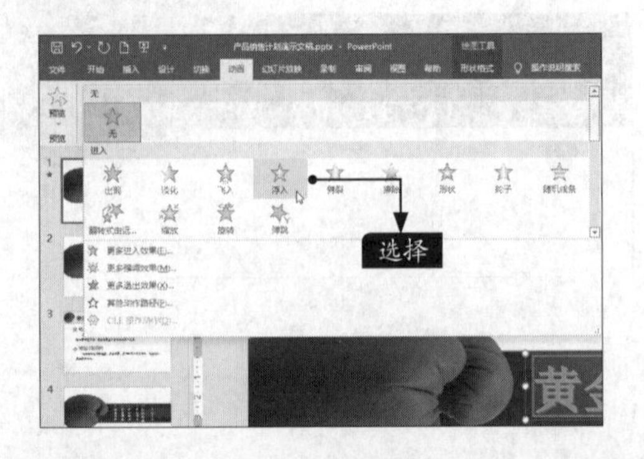

步骤04 单击【动画】组中的【效果选项】按钮，在弹出的下拉列表中选择【下浮】选项，如下图所示。

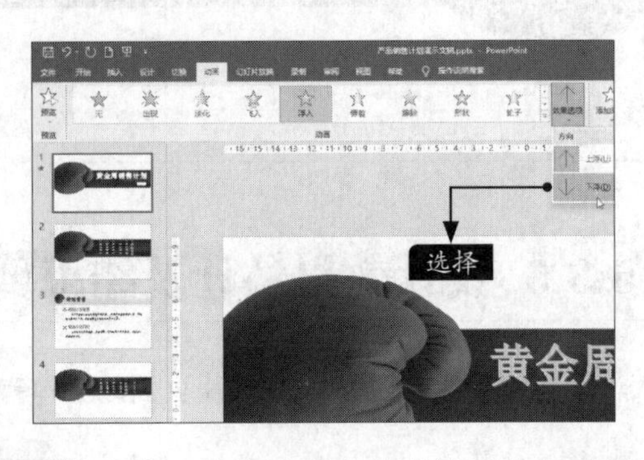

步骤05 在【动画】选项卡的【计时】组中设置【开始】为“上一动画之后”，设置【持续时间】为“01.50”，如下图所示。

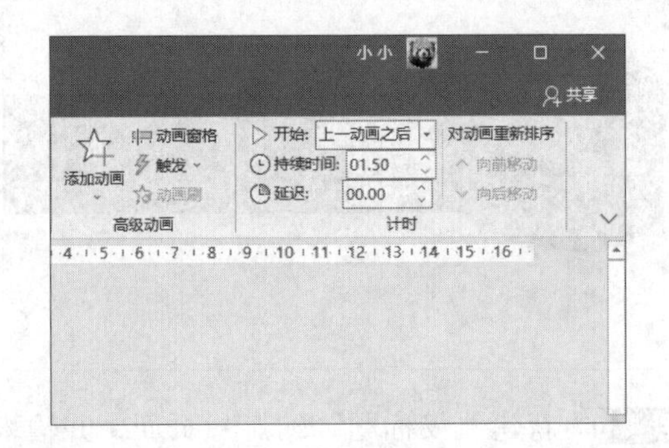

步骤06 使用同样的方法为其他幻灯片页面中的内容设置不同的进入动画效果。最终制作完成的产品销售计划演示文稿如下图所示。

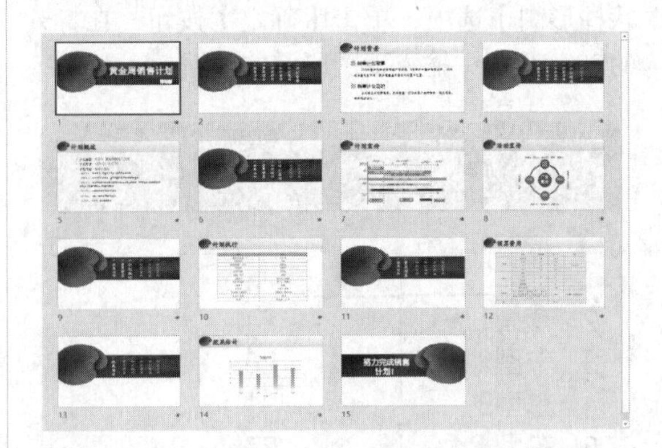

至此，就完成了产品销售计划演示文稿的制作。

第16章

Office 2021的共享与安全

本章主要讲解Office 2021的共享、保护，以及取消保护等功能，使用户能更深入了解Office 2021的应用，掌握共享Office 2021的技巧，并掌握保护文档的设置方法。

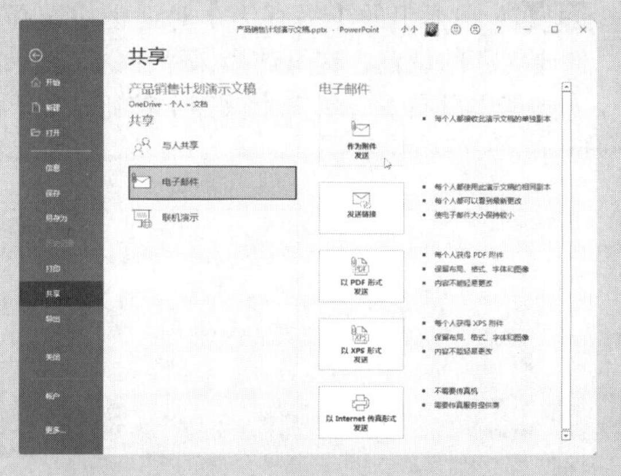

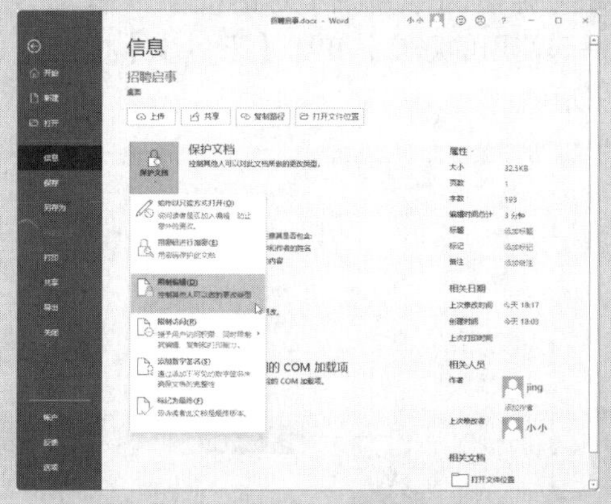

16.1 Office 2021文档的共享

用户可以将Office文档存放在网络或其他存储设备中，便于查看和编辑Office文档；还可以跨平台、跨设备与其他人协作，共同编写论文、准备演示文稿、创建电子表格等。

16.1.1 保存到云端OneDrive

OneDrive是微软公司推出的一项云存储服务，用户可以通过自己的Microsoft账户登录，并上传自己的图片、文档等到OneDrive中进行存储。用户不仅可以随时随地访问OneDrive上的所有内容，而且可以通过共享文档进行多人协作，还可以在编辑OneDrive中的文档时，实时保存文档。

下面以PowerPoint 2021为例，介绍将文档保存到云端OneDrive的具体操作步骤。

步骤 01 打开要保存到云端的文档。打开【文件】选项卡，在打开的列表中选择【另存为】选项，在【另存为】区域选择【OneDrive】，单击【登录】按钮，如下图所示。

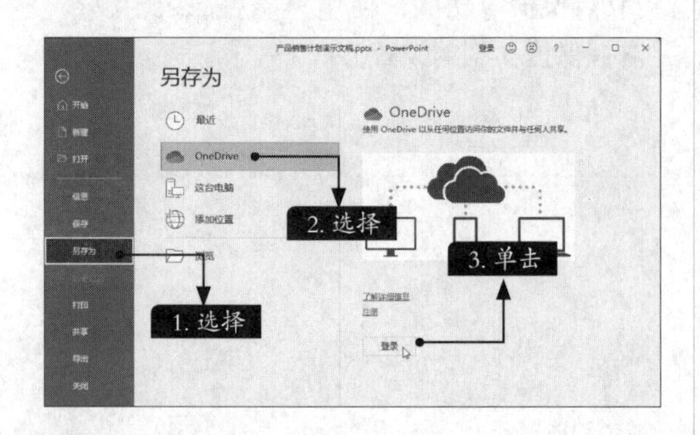

步骤 02 在弹出的【登录】对话框中，输入与Office一起使用的账户，单击【下一步】按钮，如下图所示。

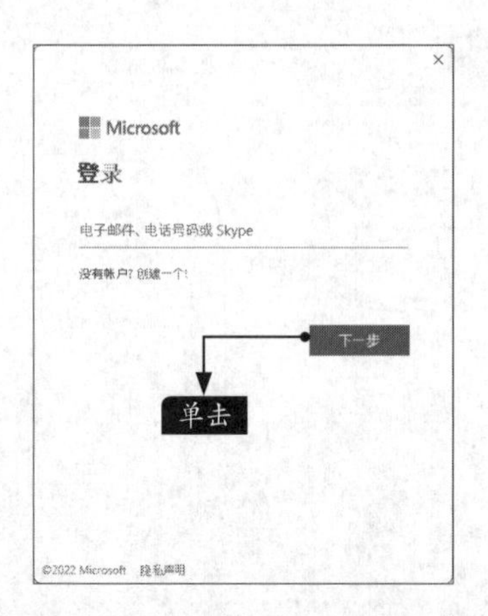

步骤 03 登录成功后，在PowerPoint的右上角显示登录的账号名，在【另存为】区域单击【OneDrive-个人】，然后单击右侧显示的OneDrive文件夹，如下图所示。

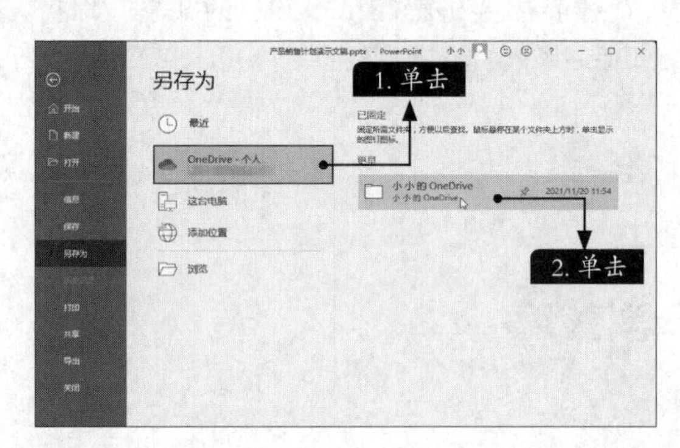

步骤 04 在弹出的【另存为】对话框中选择文件要保存的位置，这里选择保存在OneDrive的【文档】目录下，单击【保存】按钮，如下图所示。

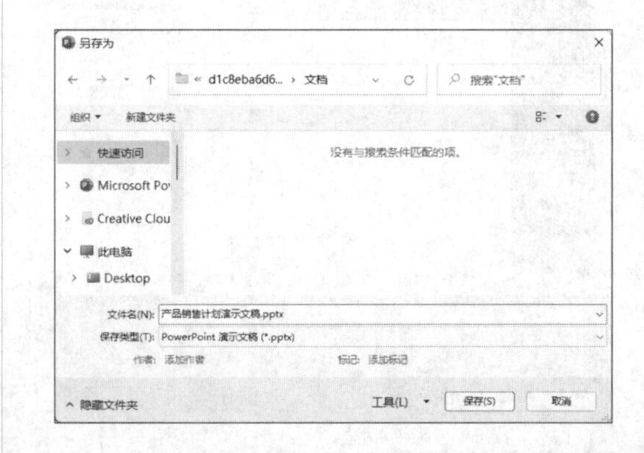

步骤05 返回PowerPoint界面，在界面下方显示“正在上载到OneDrive”字样。上载完毕后即可将文档保存到OneDrive中，如下图所示。

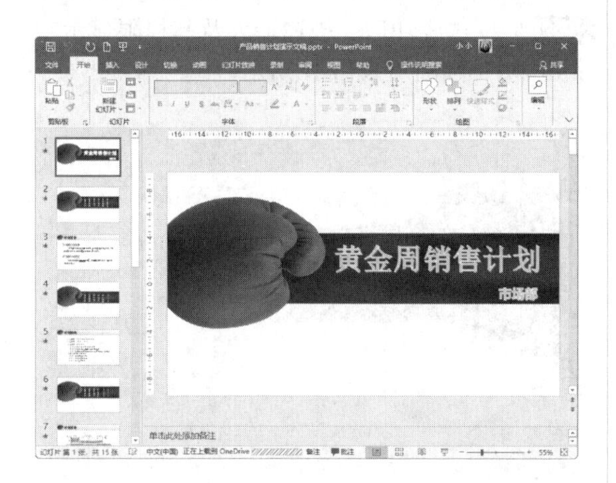

步骤06 上传完毕后，文档左上角的【保存】按钮图标，由 变为了 ，如下图所示。

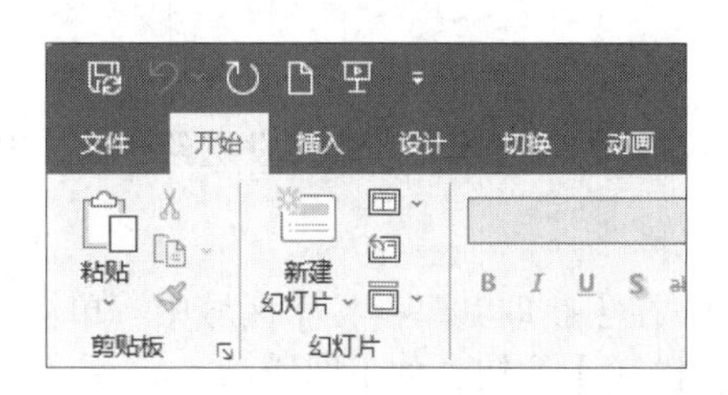

步骤07 如果要打开该文档，用户可以打开Office软件，在【文件】界面中，单击【打开】→【OneDrive-个人】，在其右侧选择文件保存的文件夹位置，然后单击要打开的文件即可，如下图所示。

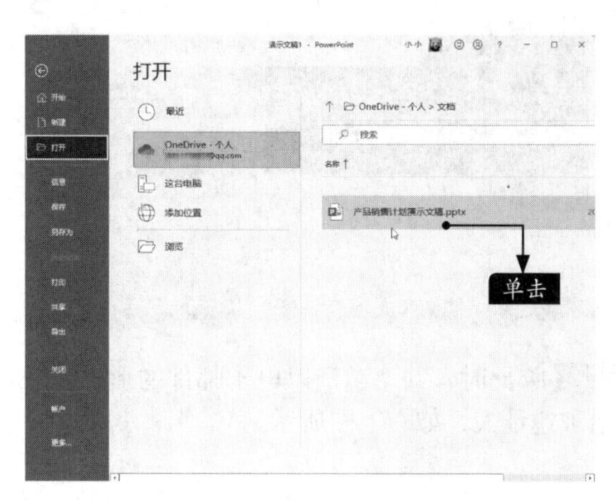

小提示

另外，在【此电脑】窗口中，用户可以通过打开OneDrive应用，查看保存的文件。

16.1.2 与他人共享Office文档

Office文档保存到OneDrive中后，可以将该文档共享给其他人查看或编辑。下面以PowerPoint 2021为例，介绍具体操作步骤。

步骤01 打开要共享的文档，单击其右上角的【共享】按钮 共享，如下图所示。

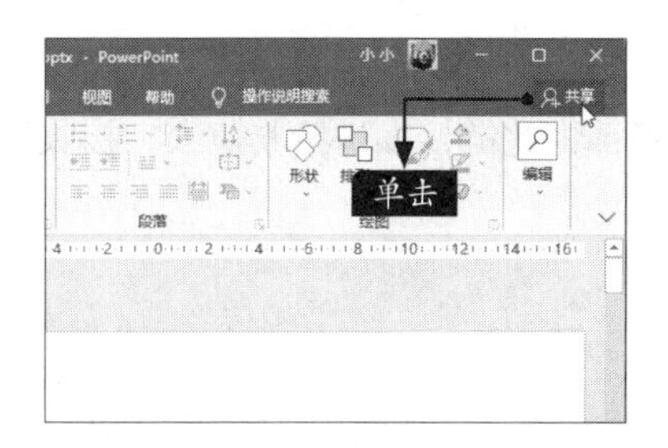

步骤02 在弹出的【共享】窗格的【邀请人员】文本框中输入邮件地址，单击【可编辑】下拉按钮，在弹出的下拉列表中，选择共享的权限，这里选择【可编辑】选项，如右图所示。

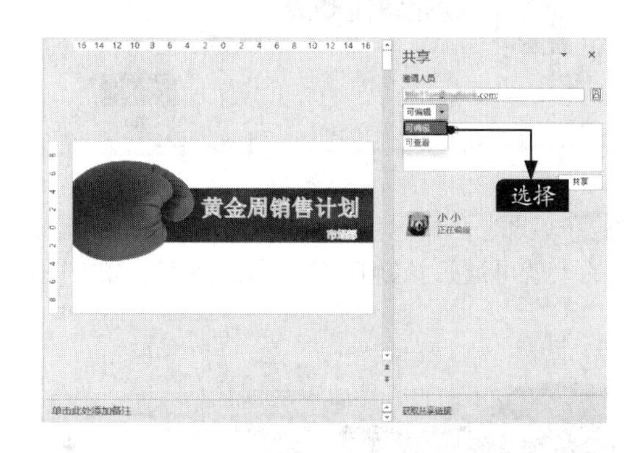

小提示

【可编辑】：表示被邀请用户可以查看并编辑该文档。【可查看】：表示被邀请用户仅可查看该文档，但不能编辑该文档。

步骤 03 在【包括消息(可选)】对话框中，用户可以输入消息内容，单击【共享】按钮，如下图所示。

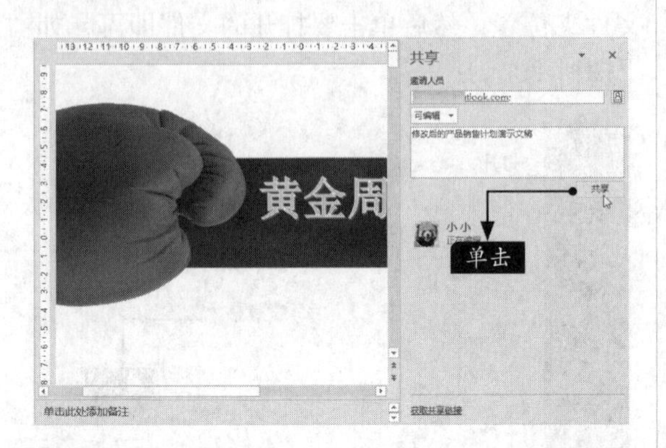

步骤 04 此时，共享邀请以电子邮件的形式发送给被邀请人，如右上图所示。

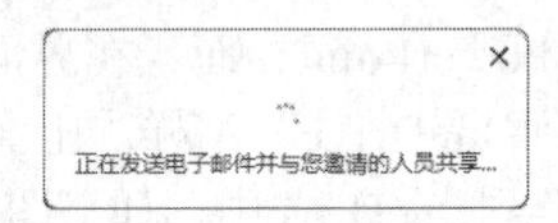

步骤 05 发送成功后，被邀请人及其权限显示在【共享】窗格中，如下图所示。

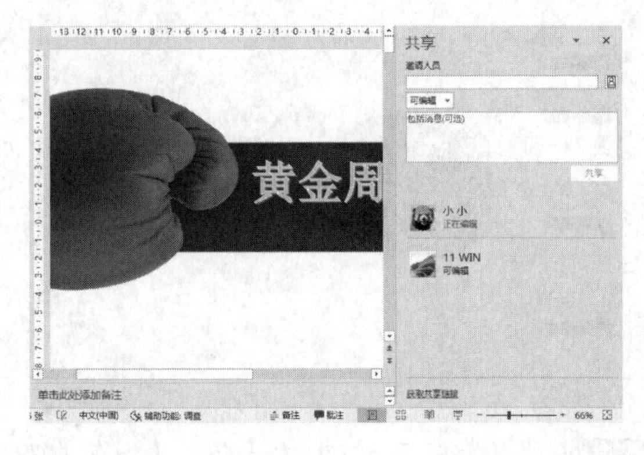

16.1.3 发送共享链接

除了以电子邮件的形式发送，还可以获取共享链接，通过其他形式将链接发送给他人，以实现多人协同编辑，具体操作步骤如下。

步骤 01 单击文档右上角的【共享】按钮，弹出【共享】窗格，在其中单击【获取共享链接】超链接，如下图所示。

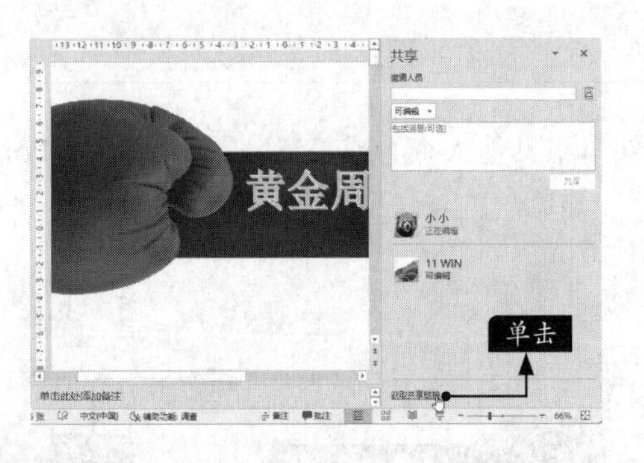

步骤 02 在【获取共享链接】区域中，单击【创建编辑链接】按钮，如下图所示。

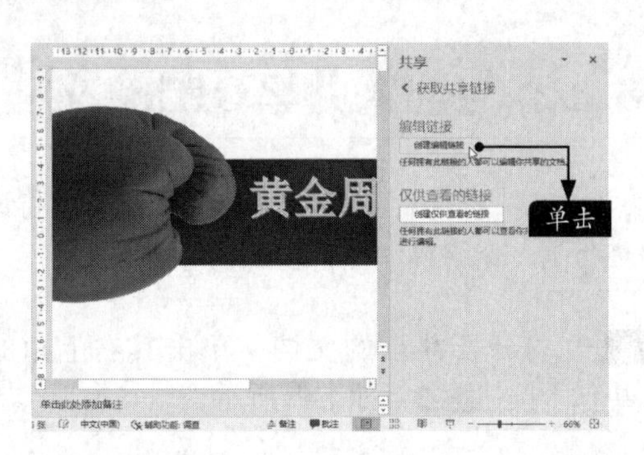

步骤 03 此时，显示该文档的共享链接，单击【复制】按钮，将此链接发送给其他人，接收到该链接的人就可通过该链接编辑该文档了，如下图所示。

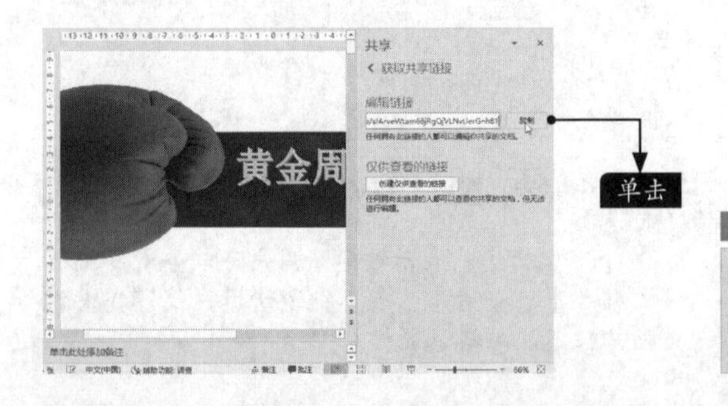

小提示

单击【创建仅供查看的链接】按钮，可显示仅有查看权限的链接。

16.1.4 通过电子邮件共享

Office 2021支持通过发送到电子邮件的方式进行共享，发送到电子邮件主要有【作为附件发送】、【发送链接】、【以PDF形式发送】、【以XPS形式发送】和【以Internet传真形式发送】5种形式，其中如果使用【发送链接】形式，必须将Excel工作簿保存到OneDrive中。本节主要介绍以附件形式进行邮件发送的方法。具体操作步骤如下。

步骤01 打开要发送的文档，打开【文件】选项卡，在打开的列表中选择【共享】选项，在【共享】区域选择【电子邮件】，然后单击【作为附件发送】按钮，如下图所示。

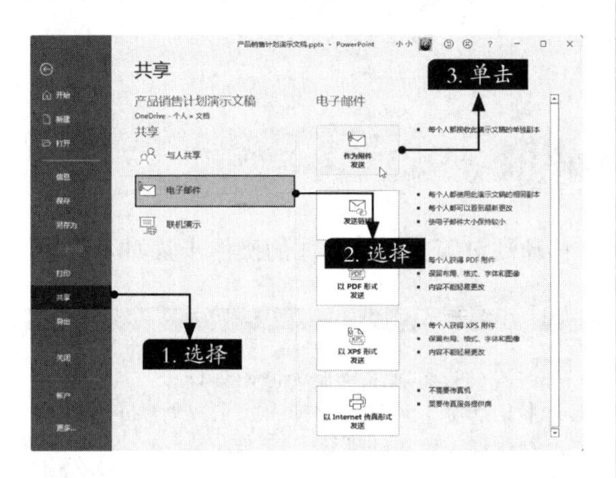

步骤02 在打开的邮件客户端界面中，可以看到添加的附件，在【收件人】文本框中输入收件人的邮箱地址，单击【发送】按钮即可将文档作为附件发送，如下图所示。

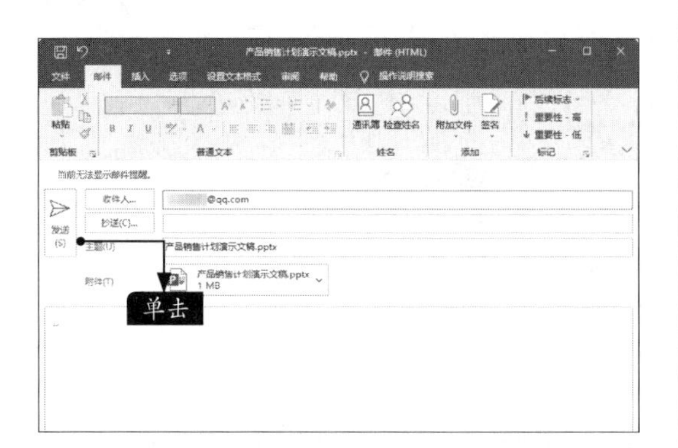

另外，用户也可以使用QQ邮箱、网易邮箱等的网页版客户端，添加附件发送给朋友。下面以QQ邮箱网页版客户端为例，介绍具体的操作步骤。

步骤01 打开网页版客户端，进入【写信】页面，输入收件人邮箱地址，然后单击【添加附件】超链接，如右上图所示。

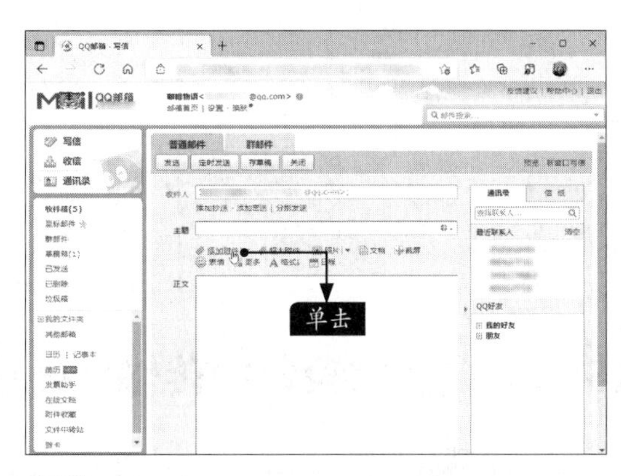

步骤02 在弹出的【打开】对话框中，选择要添加的附件，然后单击【打开】按钮，如下图所示。

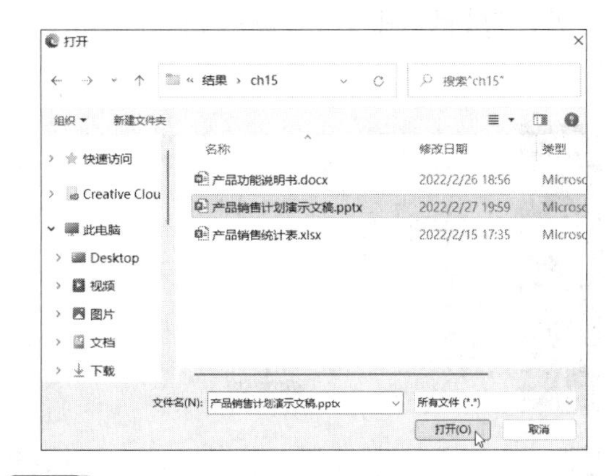

步骤03 返回邮箱页面，可以看到已添加的附件信息，然后可以根据情况填写主题和正文，最后单击【发送】按钮，如下图所示。

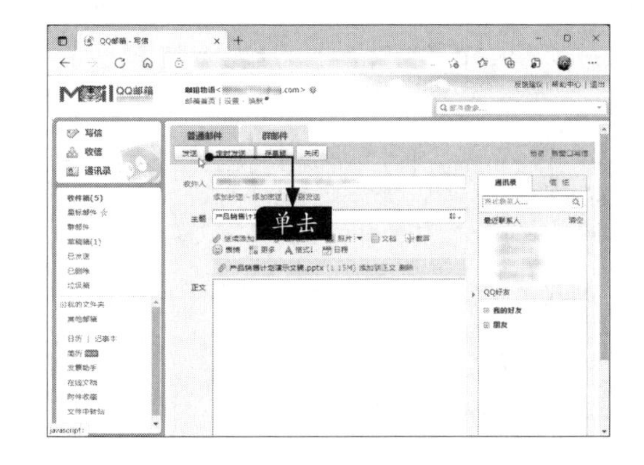

步骤04 发送成功后，会提示有关发送成功的信息，如下图所示。

16.1.5 向存储设备中传输Excel工作簿

用户可以将Excel工作簿传输到存储设备（U盘、移动硬盘等）中，具体的操作步骤如下。

步骤01 将存储设备连接到电脑，打开要存储的Excel工作簿，单击【文件】→【另存为】选项，在【另存为】区域中单击【浏览】按钮，如下图所示。

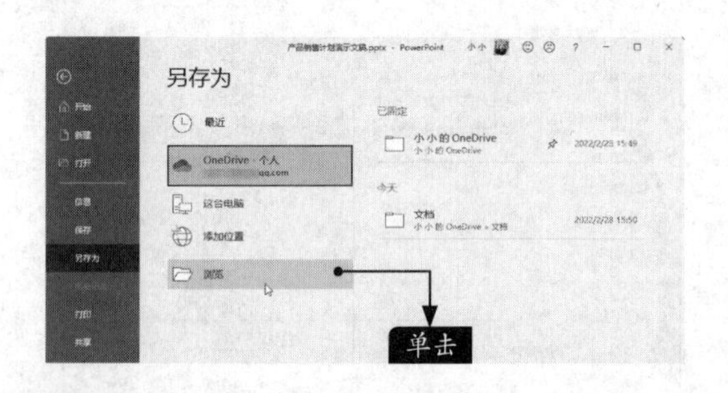

步骤02 在弹出的【另存为】对话框中，选择文档的存储位置为存储设备，选择要保存的位置，单击【保存】按钮，如下图所示。

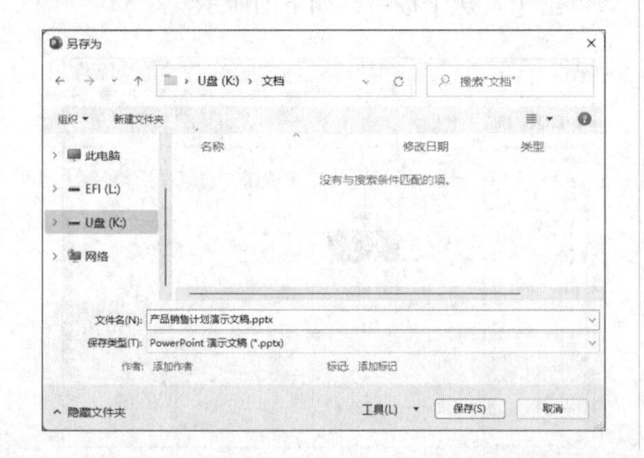

小提示

将存储设备插入电脑的USB接口后，单击桌面上的【此电脑】图标，在弹出的【此电脑】窗口中可以看到接入的存储设备。

步骤03 打开存储设备，即可看到保存的文档，如下图所示。

小提示

用户可以复制该文档，然后打开存储设备进行粘贴，将文档传输到存储设备中，或者在要复制的文档上单击鼠标右键，在弹出的快捷菜单中，单击【发送】命令，然后选择目标存储设备即可。本例中的存储设备为U盘，如果使用其他存储设备，操作过程类似，这里不赘述。

16.1.6 使用云盘同步重要数据

随着云技术的快速发展，云盘应运而生，云盘不仅功能强大，而且给用户的体验很好。上传、分享和下载是云盘提供的主要功能，用户可以将重要资料上传到云盘，并将其分享给其他人，也可以在不同的客户端下载云盘上的资料，这方便了不同用户、不同客户端之间的交互。下面介绍在百度网盘上如何上传、分享和下载文件。

步骤01 下载并安装百度网盘后，在【此电脑】窗口中，双击【设备和驱动器】中的【百度网盘】图标，打开该软件，如下图所示。

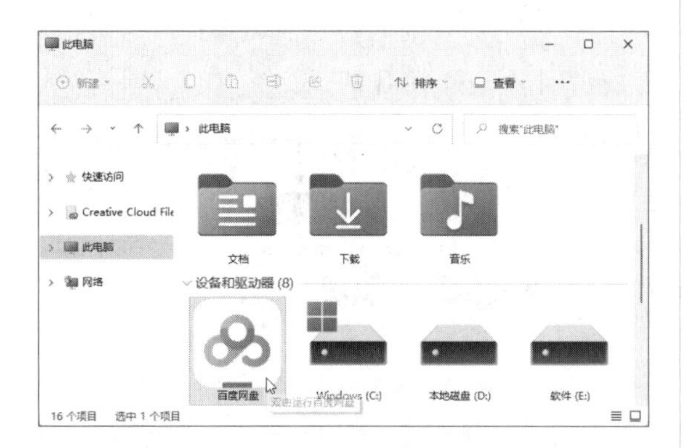

小提示

百度网盘也支持网页版，但为了有更好的体验，建议安装客户端版。

步骤02 登录百度网盘，在【我的文件】界面中，用户可以新建文件夹，也可以直接上传文件，这里单击【新建文件夹】按钮，如下图所示。

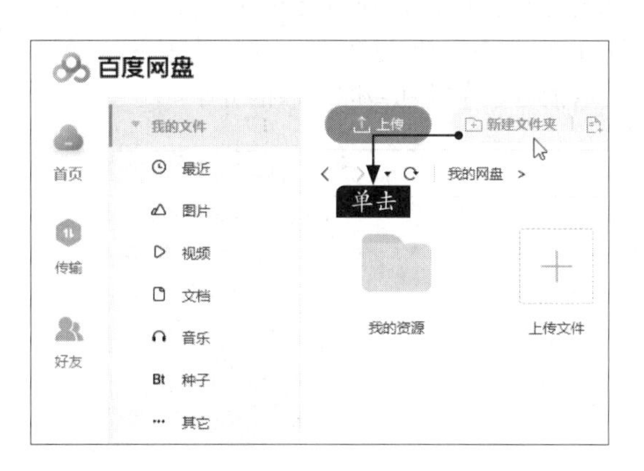

步骤03 新建的文件夹命名为“重要备份”，如右上图所示。

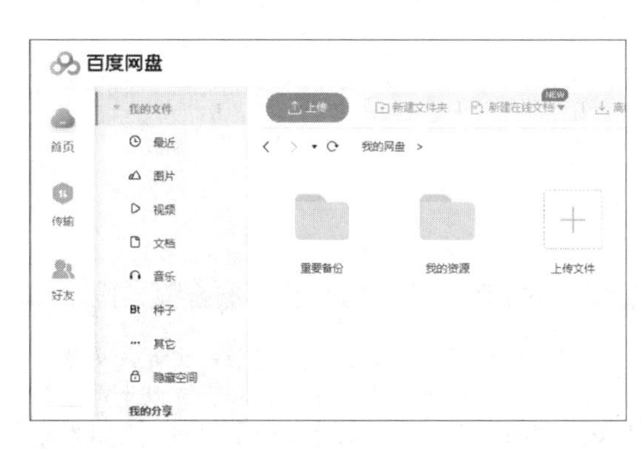

步骤04 打开新建的文件夹，选中要上传的文件，并将其拖曳到百度网盘界面上，如下图所示。

小提示

用户也可以单击【上传】按钮，通过选择路径的方式上传文件。

步骤05 自动跳转至【传输列表】界面，并显示具体的传输情况，如下图所示。

步骤06 上传完毕后，返回新建的文件夹，即可看到已上传的文件。用户可以单击上方的按钮进行相应操作，这里单击【分享】按钮，如下图所示。

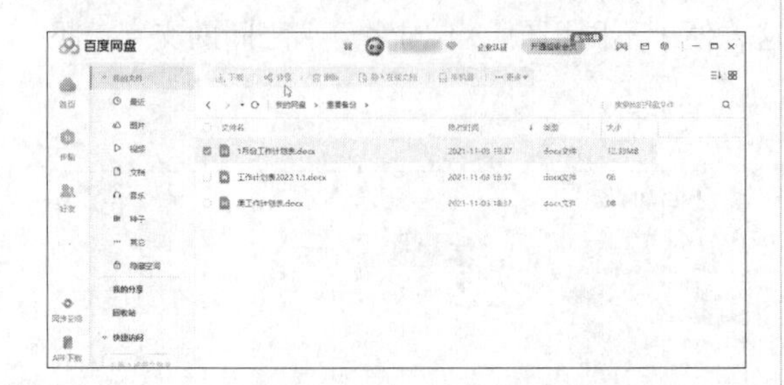

小提示

单击【下载】按钮，可以将所选文件或文件夹下载到电脑中；单击【分享】按钮，可以生成分享链接，供他人下载；单击【删除】按钮，可以删除所选文件或文件夹；单击【导入在线文档】按钮，可以将所选文档生成为一个在线文档；单击【手机看】按钮，可以使用手机扫描查看文件；单击【更多】按钮，可以执行重命名、复制、移动等操作。

步骤07 在弹出的分享文件对话框中，显示了两种分享方式：私密链接分享和发给好友。其中在私密链接分享中，可以设置随机提取码或4位包含数字或字母的提取码，并设置访问人数和有效期，设置完成后会生成链接，只有获取了提取码的人才能通过链接查看并下载分享的文件。如这里单击选中【系统随机生成提取码】单选项，并将【有效期】设置为【30天】，然后单击【创建链接】按钮，如下图所示。

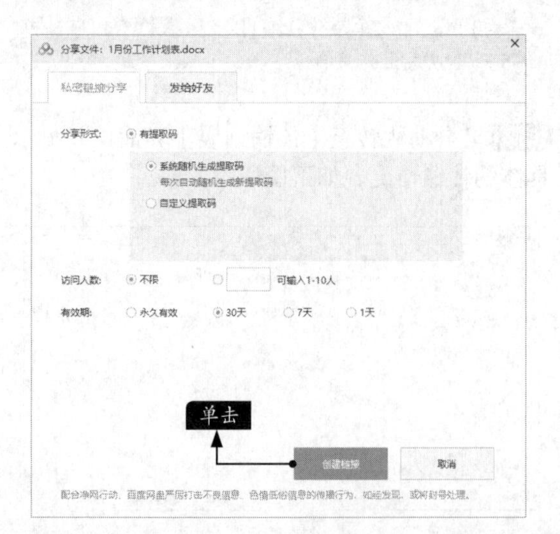

小提示

【发给好友】分享方式主要用于直接将文件发送给百度网盘好友。

步骤08 此时，可看到生成的链接和提取码，单击【复制链接及提取码】按钮，然后将其发送给其他用户，如下图所示。

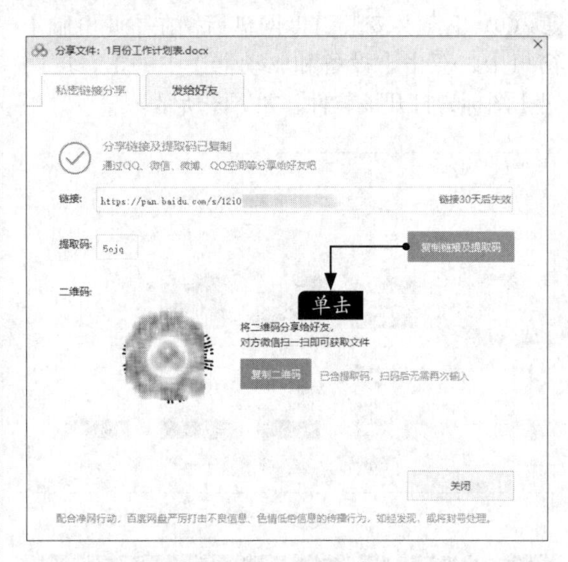

小提示

用户也可以将二维码复制并分享给好友。

步骤09 在【百度网盘】主界面，单击左侧的【我的分享】选项，进入【我的分享】界面，其中列出了当前分享的文件，带有标识的为私密分享文件，否则为公开分享文件，如下图所示。选中分享的文件，如下图所示，单击【取消分享】按钮即可取消分享。

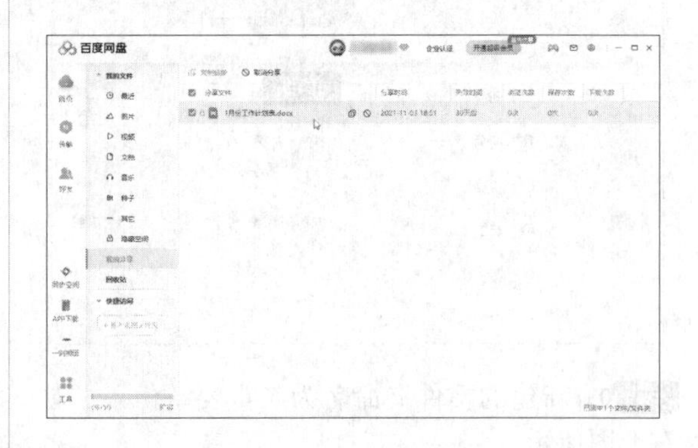

16.2 Office 2021文档的保护

如果用户不想制作好的文档被别人看到或修改，可以将文档保护起来。常用的保护文档的方法有标记为最终、用密码进行加密、限制编辑等。

16.2.1 标记为最终

标记为最终是指将文档设置为只读，以防止审阅者或读者无意中更改文档。在将文档标记为最终后，输入、编辑命令以及校对标记都会禁用或关闭，文档的“状态”属性会变为“最终”。标记为最终的具体操作步骤如下。

步骤01 打开“素材\ch16\招聘启事.docx”文件，如下图所示。

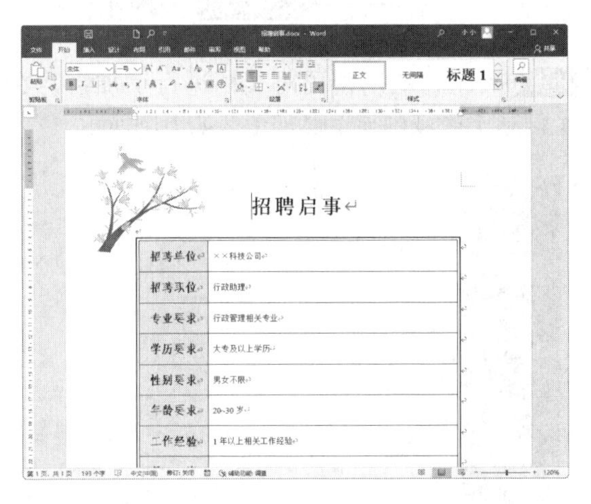

步骤02 打开【文件】选项卡，在打开的列表中选择【信息】选项，在【信息】区域单击【保护文档】按钮，在弹出的下拉列表中选择【标记为最终】选项，如下图所示。

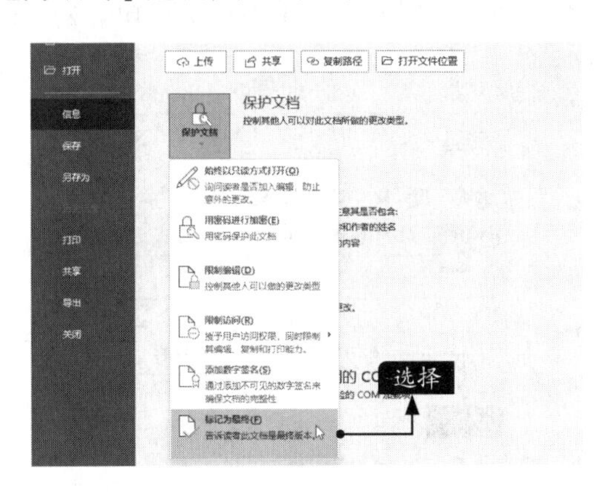

步骤03 在弹出的【Microsoft Word】提示框中，提示该文档将被标记为最终并被保存，单击【确定】按钮，如下图所示。

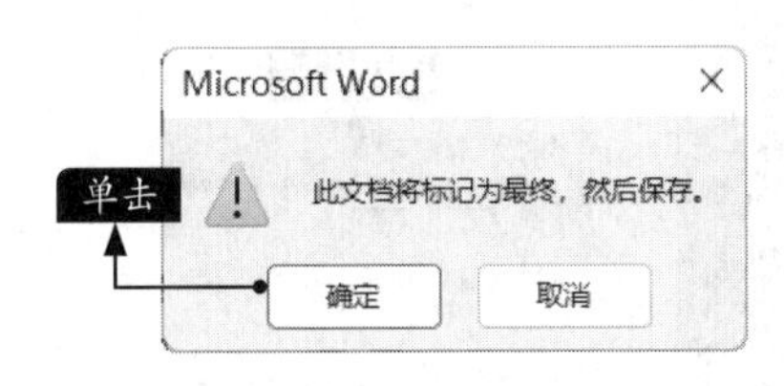

步骤04 在弹出的【Microsoft Word】提示框中，单击【确定】按钮，如下图所示。

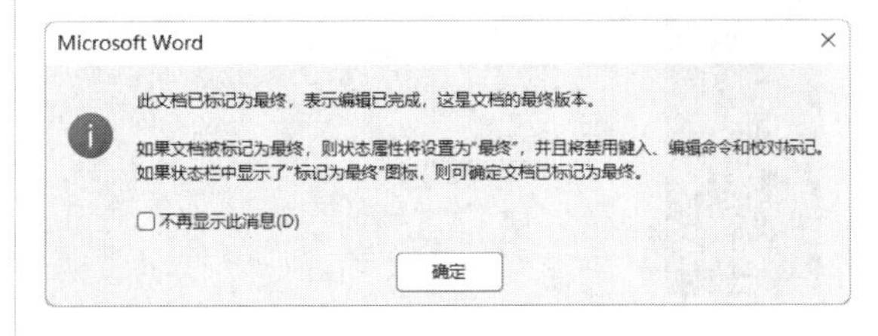

步骤05 返回Word页面，该文档已被标记为最终，以只读形式显示，如下图所示。

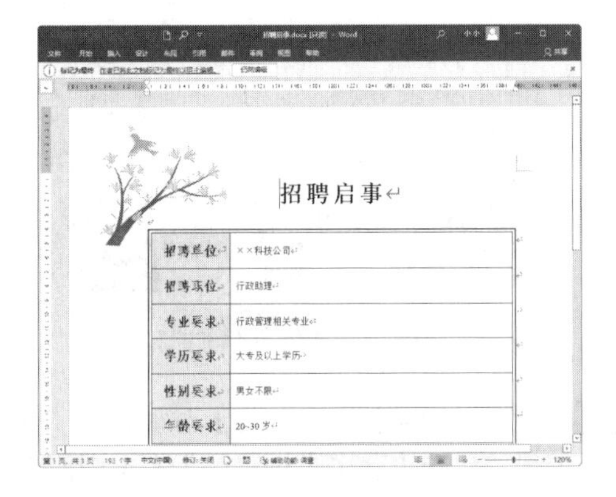

小提示

单击页面上方的【仍然编辑】按钮，可以对文档进行编辑。

16.2.2 用密码进行加密

在Microsoft Office中，可以使用密码阻止其他人打开或修改文档、工作簿和演示文稿。用密码加密的具体操作步骤如下。

步骤01 打开“素材\ch16\招聘启事.docx”文件，打开【文件】选项卡，在打开的列表中选择【信息】选项，在【信息】区域单击【保护文档】按钮，在弹出的下拉列表中选择【用密码进行加密】选项，如下图所示。

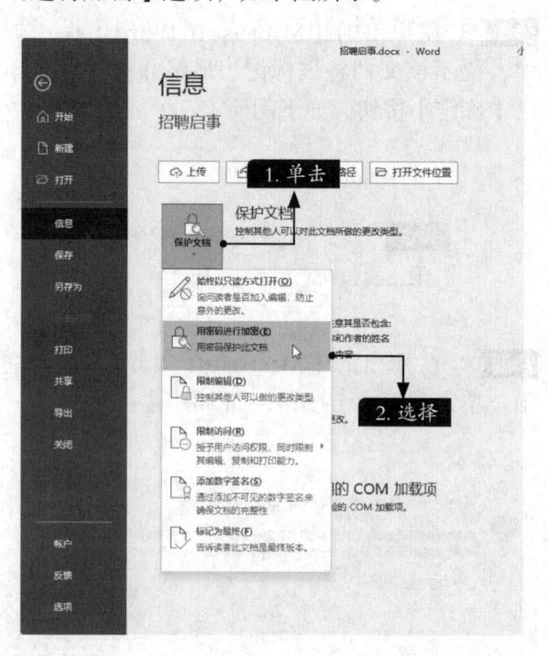

步骤02 在弹出的【加密文档】对话框中，输入密码，单击【确定】按钮，如下图所示。

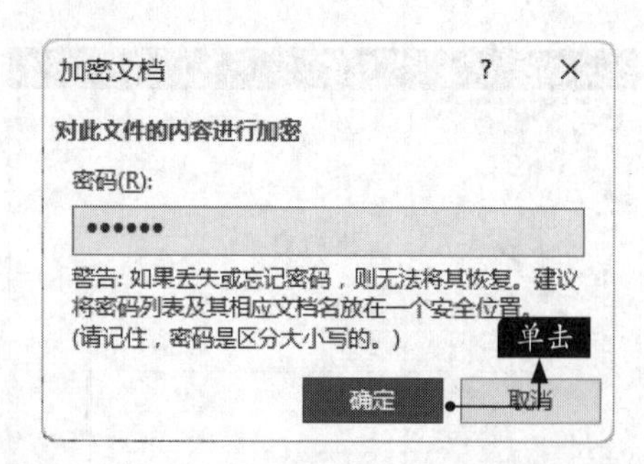

步骤03 在弹出的【确认密码】对话框中，再次输入密码，单击【确定】按钮，如右上图所示。

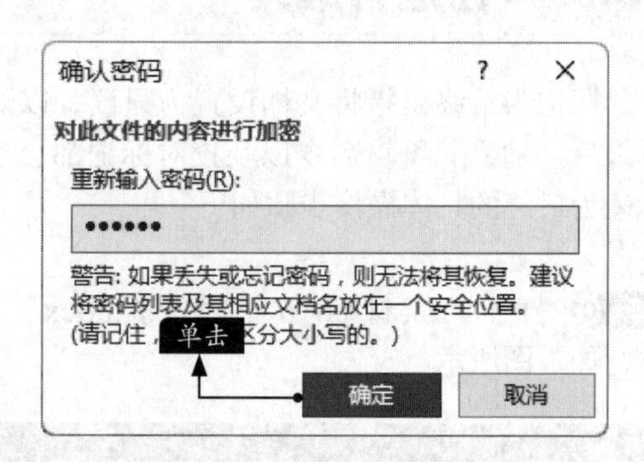

步骤04 此时就用密码对文档进行了加密。在【信息】区域内显示已加密，如下图所示。

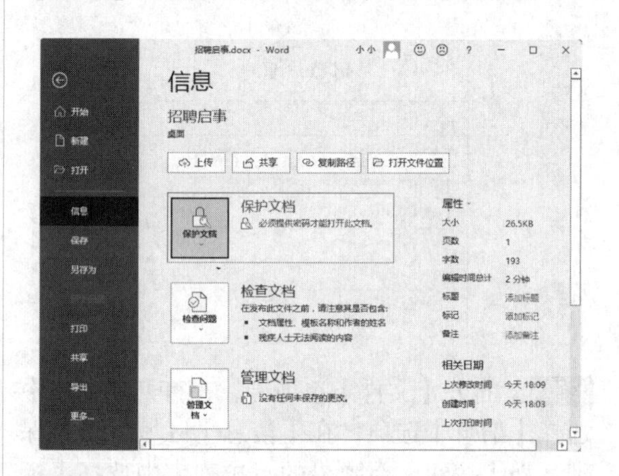

步骤05 再次打开文档时，将弹出【密码】对话框，输入密码后单击【确定】按钮，如下图所示。

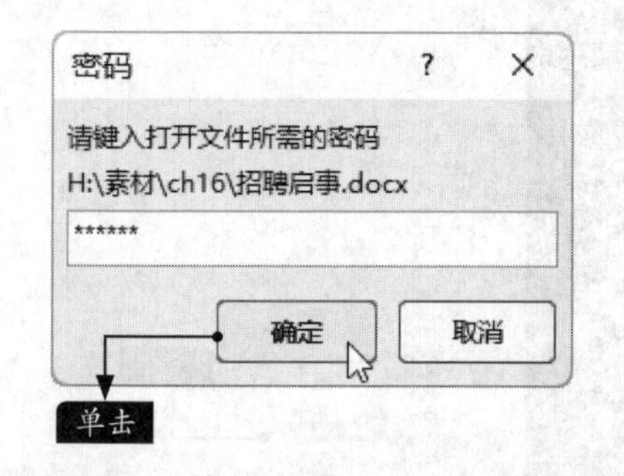

步骤06 此时就打开了文档，如下图所示。

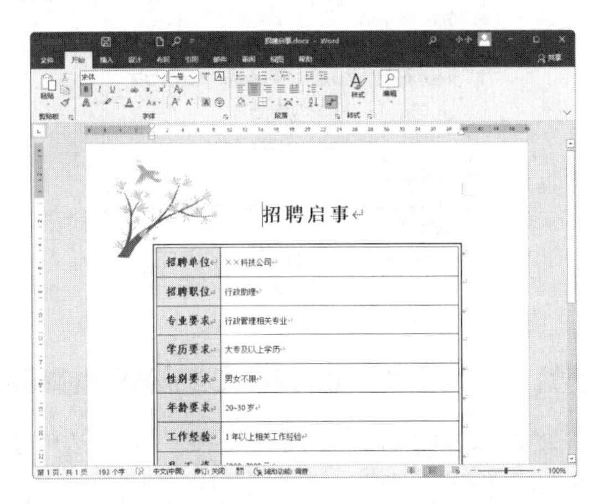

步骤07 如果要取消文档的加密，打开【文件】选项卡，在打开的列表中选择【信息】选项，在【信息】区域单击【保护文档】按钮，在弹出的下拉列表中选择【用密码进行加密】选项，如右上图所示。

步骤08 在弹出的【加密文档】对话框中，删除文本框中的密码，单击【确定】按钮，即可删除密码，如下图所示。

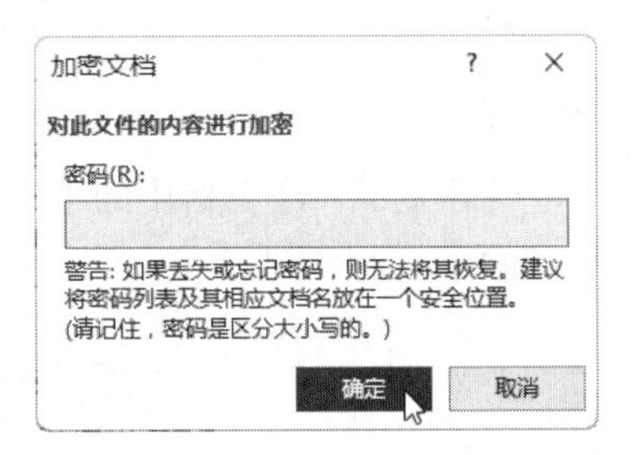

16.2.3 限制编辑

限制编辑是指控制其他人可对文档进行哪些类型的更改。限制编辑提供了3种选项：格式化限制、编辑限制、启动强制保护。格式化限制可以有选择地限制格式编辑选项，用户可以单击其下方的“设置”进行格式选项自定义；编辑限制可以有选择地限制文档编辑类型，包括修订、批注、填写窗体及不允许任何更改（只读）；启动强制保护可以通过密码或用户验证的方式保护文档，此功能需要信息权限管理（Information Rights Management，IRM）的支持。为文档添加限制编辑的具体操作步骤如下。

步骤01 打开“素材\ch16\招聘启事.docx”文件，打开【文件】选项卡，在打开的列表中选择【信息】选项，在【信息】区域单击【保护文档】按钮，在弹出的下拉列表中选择【限制编辑】选项，如右图所示。

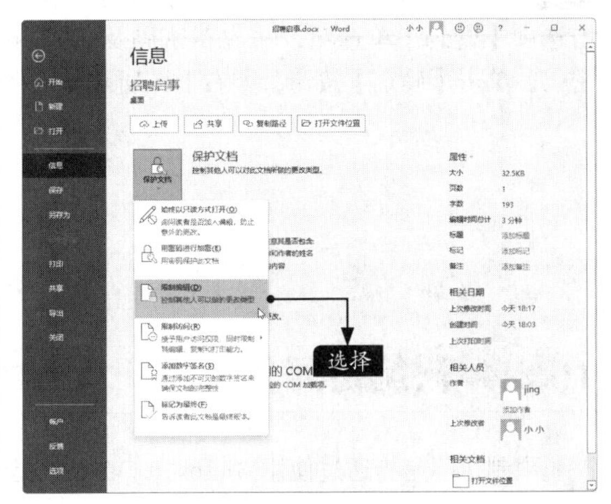

步骤 02 在文档的右侧弹出【限制编辑】窗格，单击选中【仅允许在文档中进行此类型的编辑】复选框，单击【不允许任何更改(只读)】文本框右侧的下拉按钮，在弹出的下拉列表中选择允许修改的类型，这里选择【不允许任何更改(只读)】选项，如下图所示。

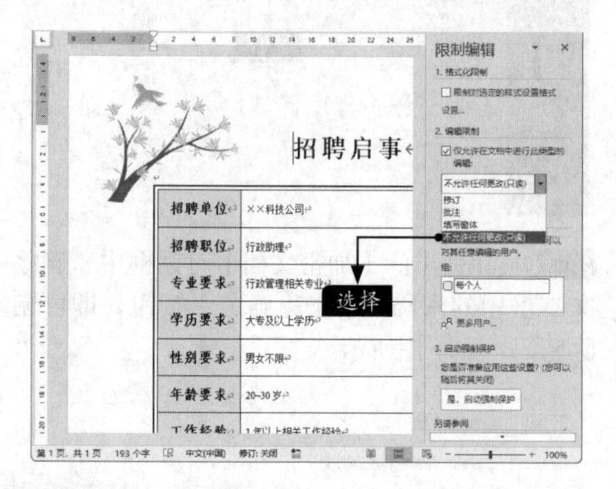

步骤 03 单击【限制编辑】窗格中的【是，启动强制保护】按钮，如下图所示。

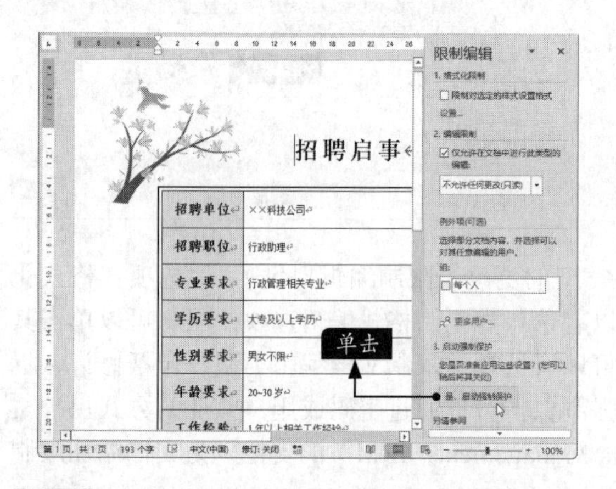

步骤 04 在弹出的【启动强制保护】对话框中单击选中【密码】单选项，输入新密码及确认新密码，单击【确定】按钮，如右上图所示。

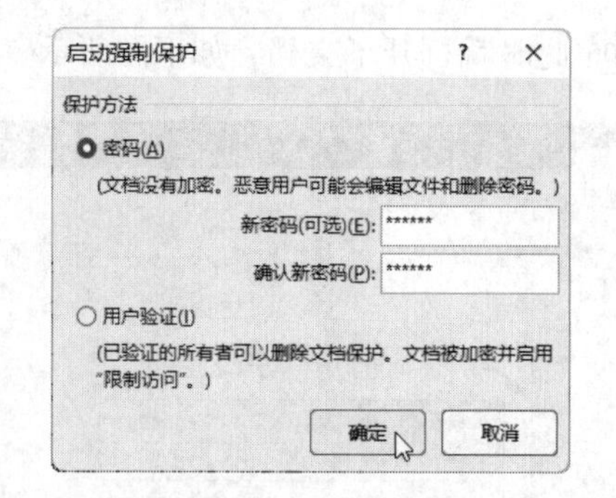

> **小提示**
>
> 单击选中【用户验证】单选项，已验证的所有者可以删除文档保护。

步骤 05 此时就为文档添加了限制编辑。当阅读者想要修改文档时，在文档下方会显示【由于所选内容已被锁定，您无法进行此更改】字样，如下图所示。

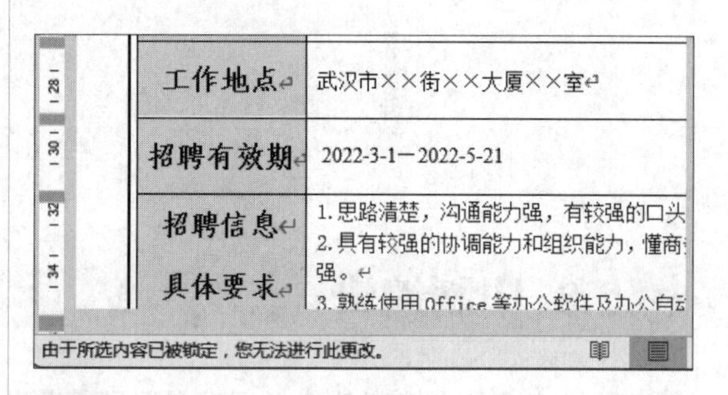

步骤 06 如果用户想要取消限制编辑，在【限制编辑】窗格中单击【停止保护】按钮即可，如下图所示。

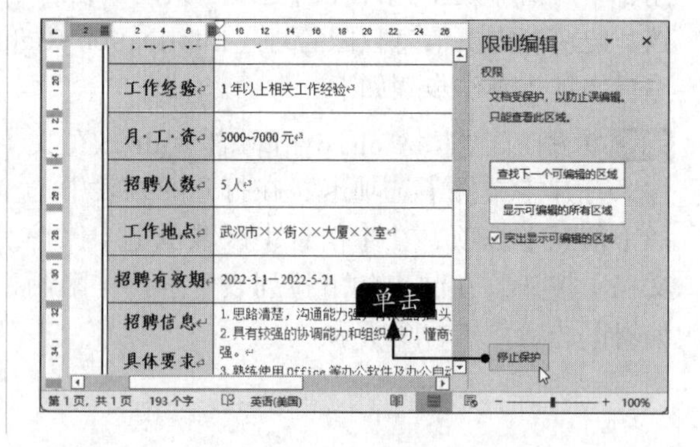

16.2.4 限制访问

限制访问是指通过使用Microsoft Office中提供的信息权限管理（IRM）来限制对文档、工作簿和演示文稿中的内容的访问权限，同时限制编辑、复制和打印能力。用户通过对文档、工作簿、演示文稿和电子邮件等设置访问权限，可以防止未经授权的用户打印、转发和复制敏感信息，从而保证文档、工作簿、演示文稿等的安全。

设置限制访问的具体操作步骤如下。

打开【文件】选项卡，在打开的列表中选择【信息】选项，在【信息】区域单击【保护文档】按钮，在弹出的下拉列表中选择【限制访问】→【连接到权限管理服务器并获取模板】选项，如下图所示。

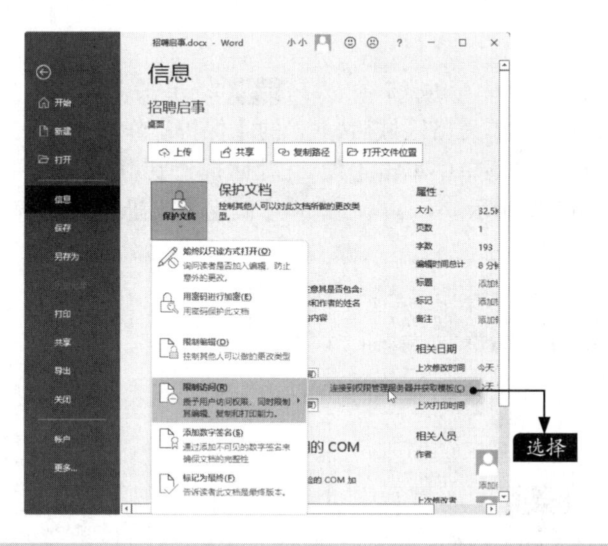

16.2.5 数字签名

数字签名是电子邮件、宏或电子文档等数字信息上的一种经过加密的电子身份验证戳，用于确认数字信息来自数字签名本人且未经更改。添加数字签名可以确保文档的完整性，从而进一步保证文档的安全。用户可以在微软官网上获得数字签名。

添加数字签名的具体操作步骤如下。

打开【文件】选项卡，在打开的列表中选择【信息】选项，在【信息】区域单击【保护文档】按钮，在弹出的下拉列表中选择【添加数字签名】选项，如下图所示。

高手私房菜

技巧：保护单元格

保护单元格的实质就是通过限制其他用户的编辑来防止他们进行不需要的更改。具体的操作步骤如下。

步骤 01 打开“素材\ch16\学生成绩登记表.xlsx”文件。选择要保护的单元格区域后，单击鼠标右键，在弹出的快捷菜单中单击【设置单元格格式】命令，如下图所示。

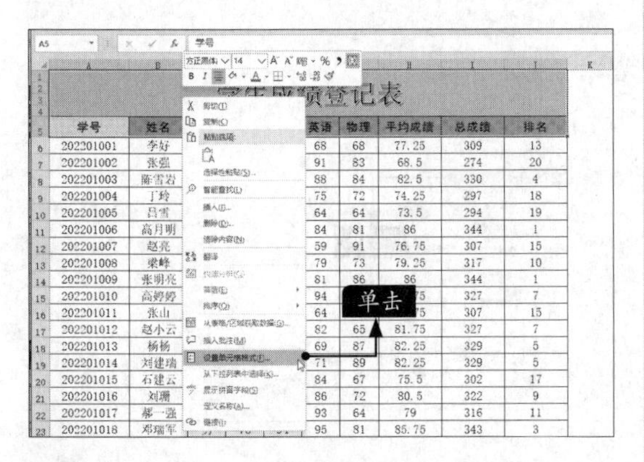

步骤 02 在弹出的【设置单元格格式】对话框中，选择【保护】标签，单击选中【锁定】复选框，单击【确定】按钮，如下图所示。

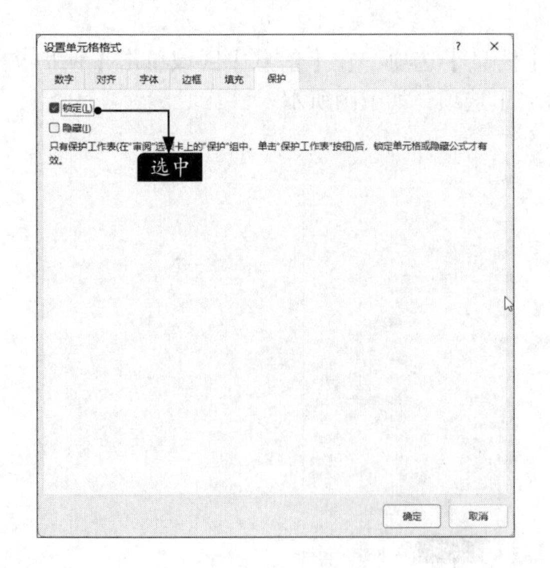

步骤 03 单击【审阅】选项卡下【更改】组中的【保护工作表】按钮，弹出【保护工作表】对话框，在其中进行下图中的设置后，单击【确定】按钮。

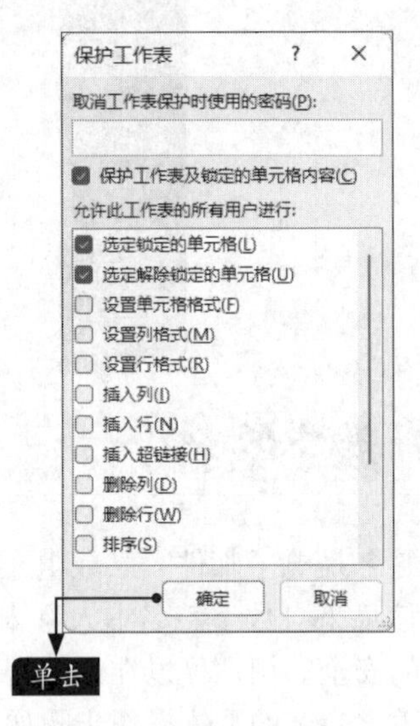

步骤 04 在受保护的单元格区域中输入数据时，会弹出提示框，如下图所示。

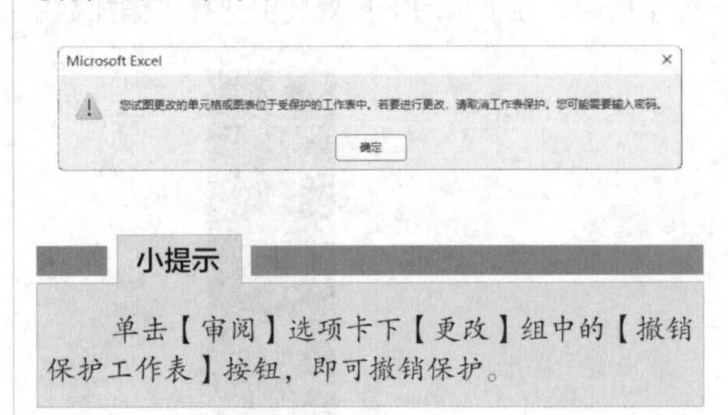

小提示

单击【审阅】选项卡下【更改】组中的【撤销保护工作表】按钮，即可撤销保护。

第 17 章

Office 2021组件间的协作应用

在Office 2021办公软件中，Word、Excel和PowerPoint之间可以通过相互调用提高工作效率。

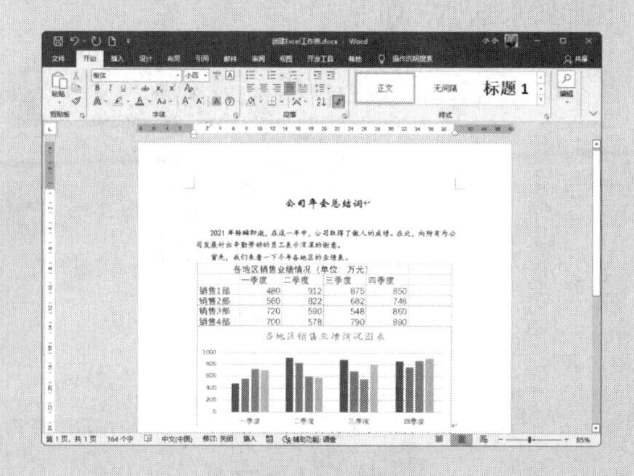

17.1 Word 2021与其他组件的协同

在Word中不仅可以创建Excel工作表，而且可以调用已有的PowerPoint演示文稿来实现资源的共用。

17.1.1 在Word中创建Excel工作表

当制作的Word文档涉及报表时，我们可以直接在Word中创建Excel工作表，这样不仅可以使文档的内容更加清晰，而且可以节约时间，其具体的操作步骤如下。

步骤01 打开“素材\ch17\创建Excel工作表.docx”文件，将光标定位至需要插入表格的位置，单击【插入】选项卡下【表格】组中的【表格】按钮，在弹出的下拉列表中选择【Excel电子表格】选项，如下图所示。

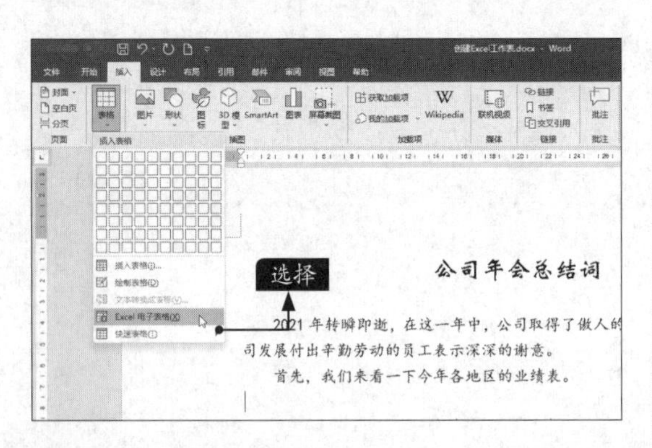

步骤02 返回Word文档，即可看到插入的Excel电子表格，双击插入的电子表格即可进入工作表的编辑状态，如下图所示。

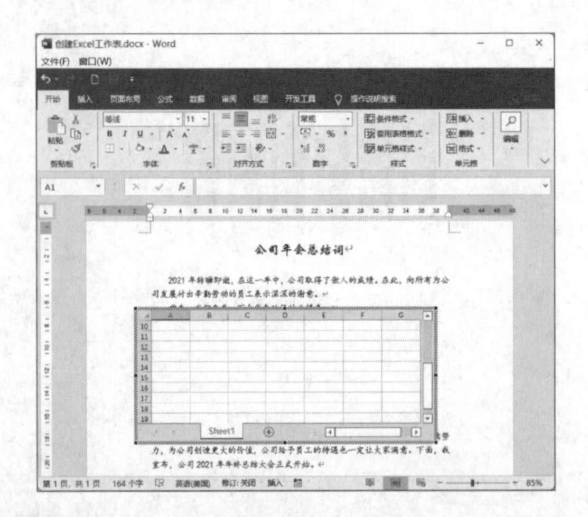

步骤03 在Excel电子表格中输入数据，并根据需要设置文字及单元格样式，如下图所示。

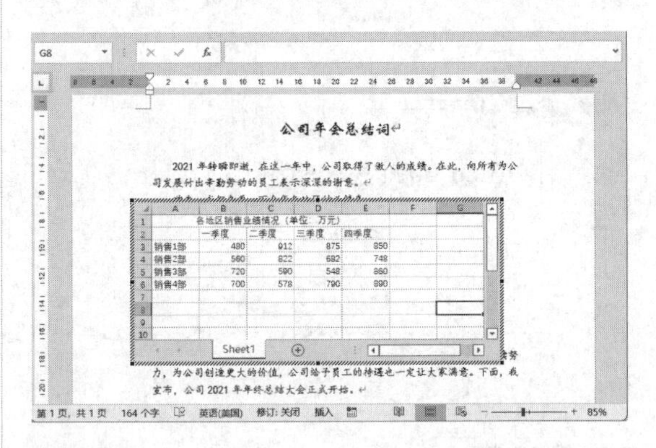

步骤04 选择单元格区域A2:E6，单击【插入】选项卡下【图表】组中的【插入柱形图或条形图】按钮，在弹出的下拉列表中选择【簇状柱形图】选项，如下图所示。

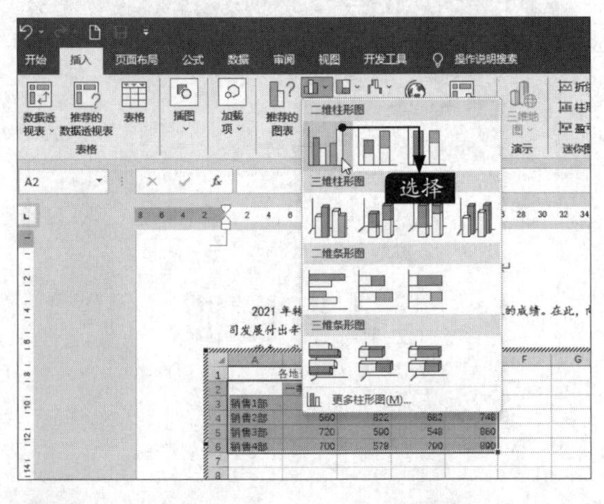

步骤05 在图表中插入柱形图，将鼠标指针放置

在图表上，当鼠标指针变为形状时，按住鼠标左键，拖曳图表区到合适位置，释放鼠标左键，并根据需要调整表格的大小，效果如下图所示。

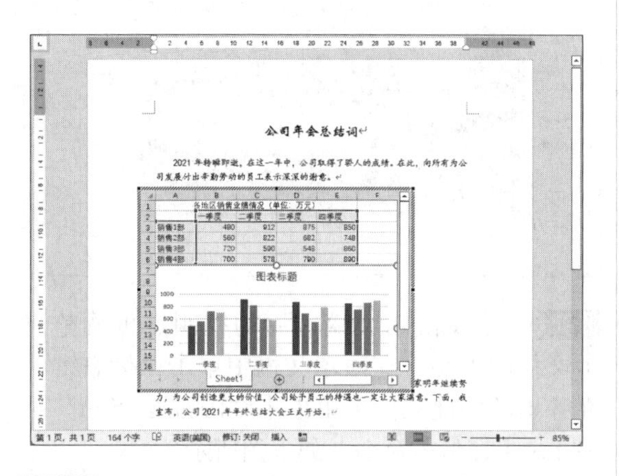

步骤06 在图表区的【图表标题】文本框中输入“各地区销售业绩情况图表”，并设置其【字体】为“华文楷体”，【字号】为“14”。单击Word文档的空白位置，结束表格的编辑状态，并根据情况调整表格的位置及大小。效果如下图所示。

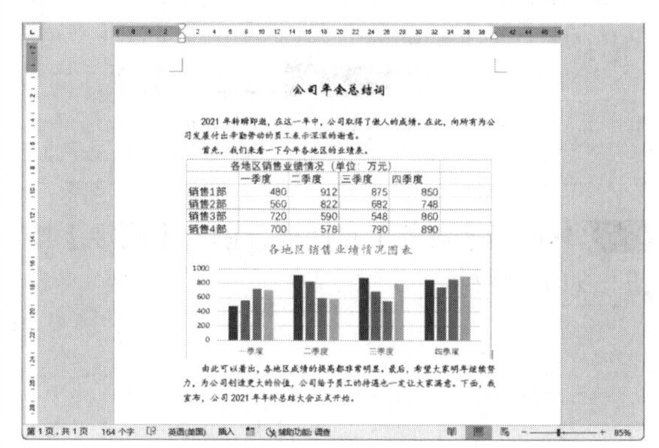

17.1.2 在Word中调用PowerPoint演示文稿

在Word中不仅可以直接调用PowerPoint演示文稿，还可以在Word中播放演示文稿，具体操作步骤如下。

步骤01 打开“素材\ch17\Word调用PowerPoint.docx”文件，将光标定位在要插入演示文稿的位置，如下图所示。

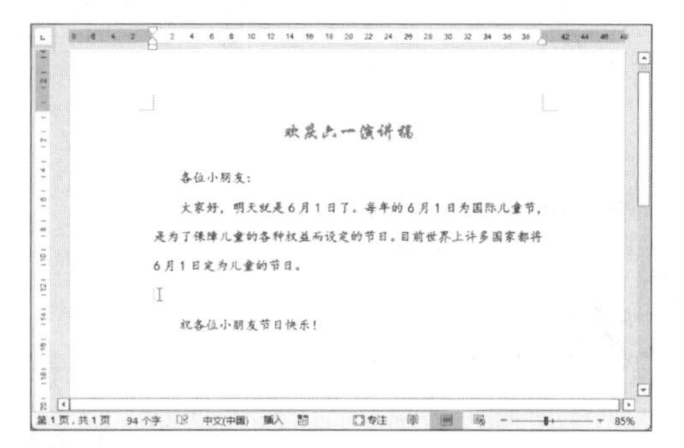

步骤02 单击【插入】选项卡下【文本】组中【对象】按钮 对象 右侧的下拉按钮，在弹出的下拉列表中选择【对象】选项，如下图所示。

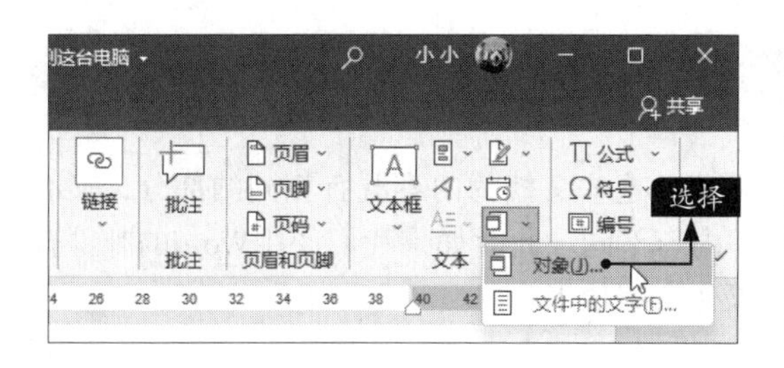

步骤03 在弹出的【对象】对话框中，打开【由文件创建】选项卡，单击【浏览】按钮，如下图所示。

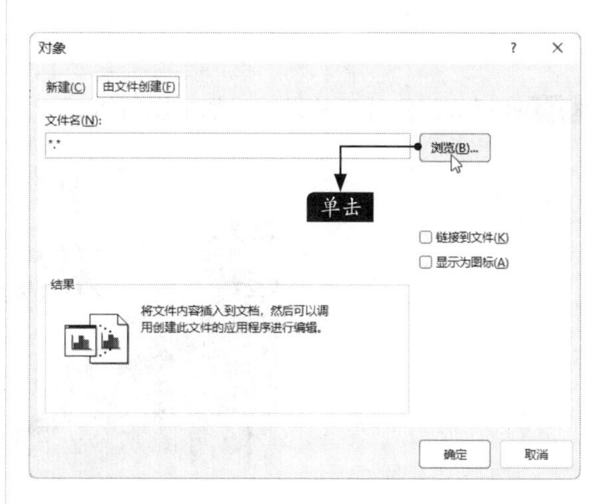

步骤04 在打开的【浏览】对话框中选择“素材\ch17\六一儿童节快乐.pptx”文件，单击【插入】按钮，如下页图所示。

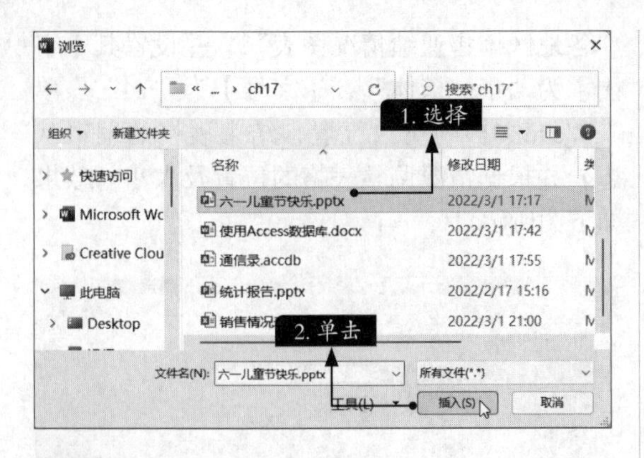

步骤05 返回【对象】对话框，单击【确定】按钮，如下图所示。

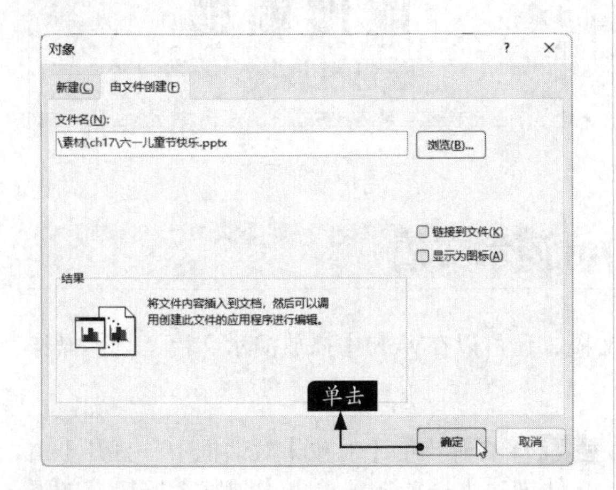

步骤06 插入Word文档中的演示文稿如右上图所示。

步骤07 拖曳演示文稿四周的控制点可调整演示文稿的大小。在演示文稿中单击鼠标右键，在弹出的快捷菜单中单击【“Presentation”对象】→【显示】命令，如下图所示。

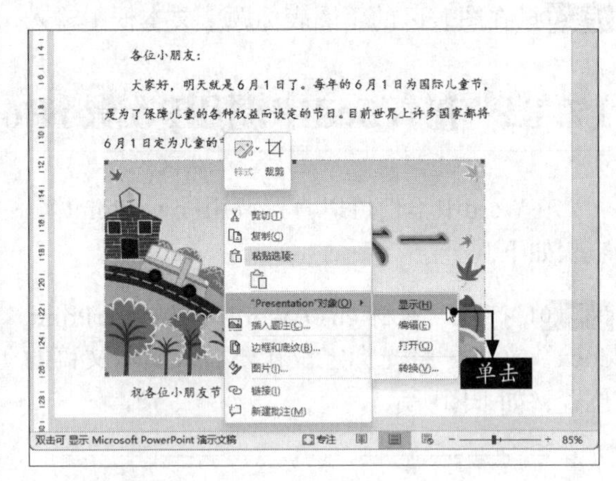

步骤08 播放幻灯片，效果截图如下图所示。

17.1.3 在Word中使用Access数据库

在日常生活中，人们经常需要处理大量的通用文档，这些文档的内容既有相同的部分，又有格式不同的标识部分。例如通信录，表头一样，但是内容不同。此时如果我们使用Word的邮件合并功能，就可以将二者有效地结合起来。其具体的操作步骤如下。

步骤01 打开“素材\ch17\使用Access数据库.docx”文件，单击【邮件】选项卡下【开始邮件合并】组中的【选择收件人】按钮，在弹出的下拉列表中选择【使用现有列表】选项，如下图所示。

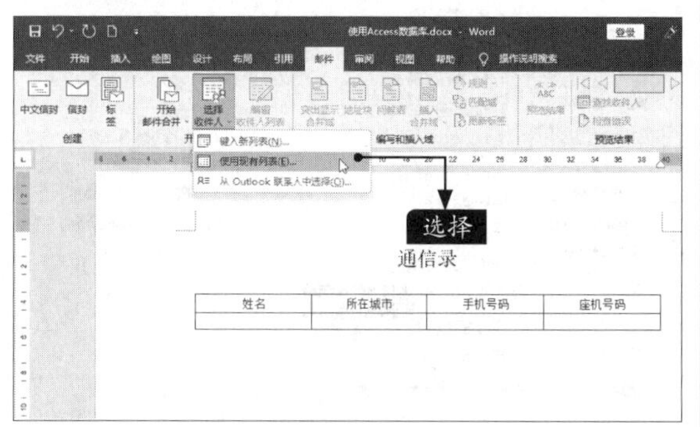

步骤02 在打开的【选取数据源】对话框中，选择“素材\ch17\通信录.accdb”文件，然后单击【打开】按钮，如下图所示。

步骤03 将光标定位在第2行第1个单元格中，然后单击【邮件】选项卡下【编写和插入域】组中的【插入合并域】按钮，在弹出的下拉列表中选择【姓名】选项，如下图所示。

步骤04 根据表格标题，依次将“通信录.accdb”文件中的第1条数据填充至表格中，然后单击【邮件】选项卡下【完成并合并】按钮，在弹出的下拉列表中选择【编辑单个文档】选项，如下图所示。

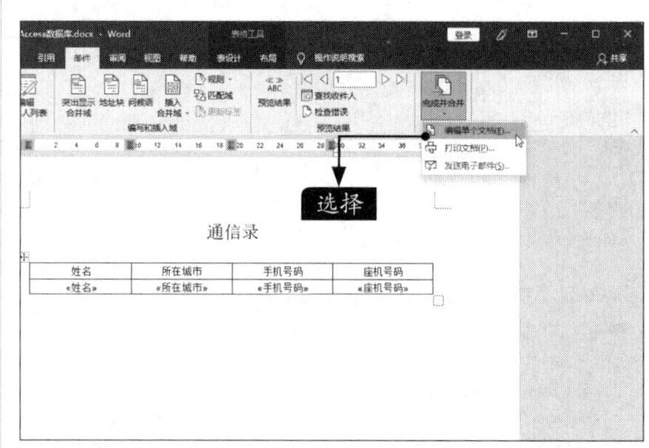

步骤05 在弹出的【合并到新文档】对话框中，单击选中【全部】单选项，然后单击【确定】按钮，如下图所示。

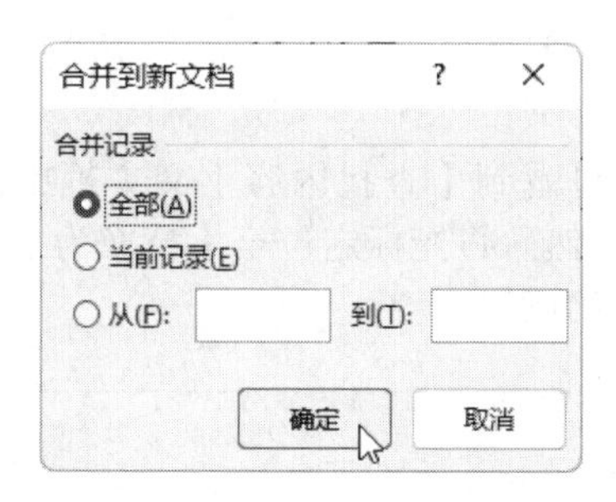

步骤06 此时，新生成一个名称为“信函1”的文档，该文档对每个人的通信信息分页显示，如下图所示。

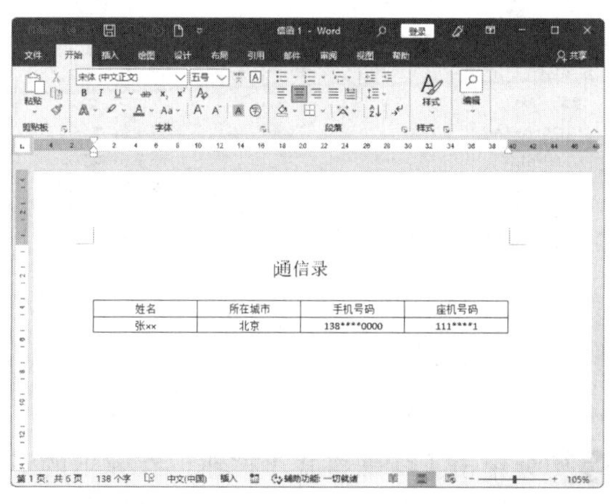

步骤07 此时，我们可以使用替换命令，将分

页符替换为换行符。按【Ctrl+H】组合键打开【查找和替换】对话框，将光标定位在【查找内容】文本框中，单击【特殊格式】按钮，在弹出的下拉列表中选择【分节符】命令，如下图所示。

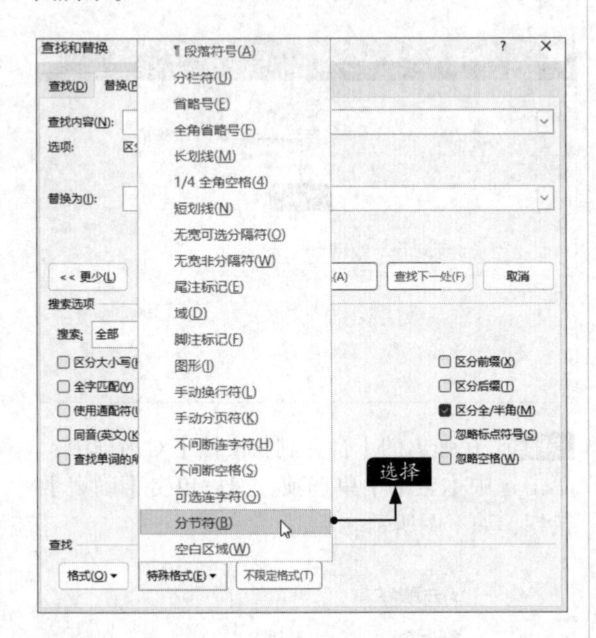

步骤 08 可看到【查找内容】文本框中添加的“^b”，然后将光标定位至【替换为】文本框中，如下图所示。

步骤 09 单击【特殊格式】按钮，在弹出的下拉列表中选择【段落标记】命令，如右上图所示。

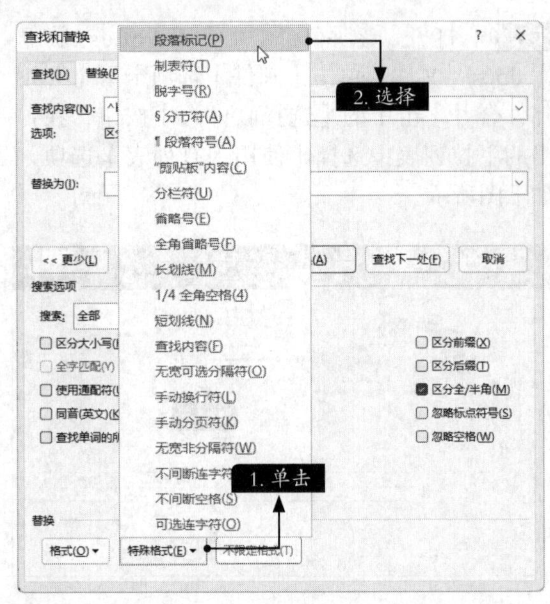

步骤 10 单击【全部替换】按钮，如下图所示。

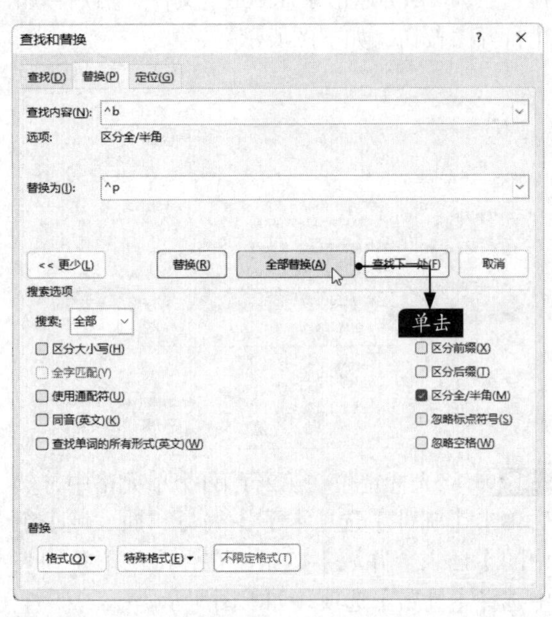

步骤 11 在弹出的【Microsoft Word】提示框中，单击【确定】按钮，如下图所示。

步骤 12 最终效果如下页图所示。

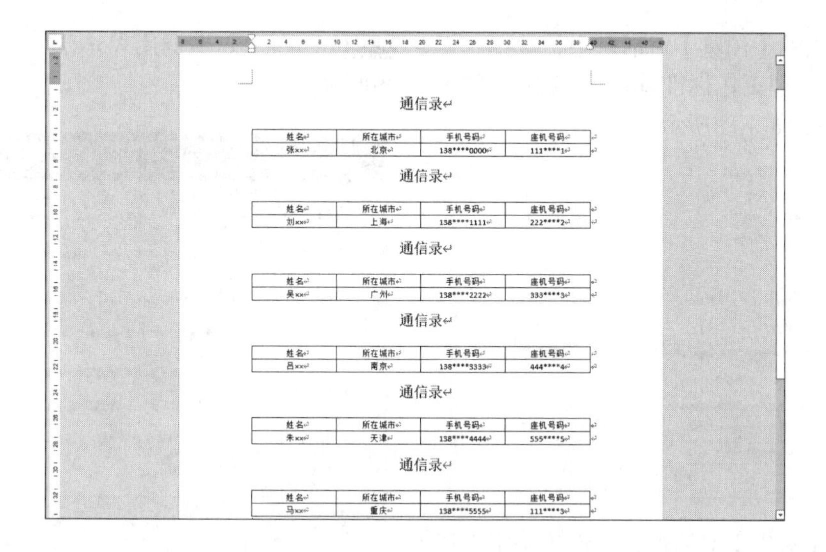

通信录

姓名	所在城市	手机号码	座机号码
张xx	北京	138****0000	111****1

通信录

姓名	所在城市	手机号码	座机号码
刘xx	上海	138****1111	222****2

通信录

姓名	所在城市	手机号码	座机号码
吴xx	广州	138****2222	333****3

通信录

姓名	所在城市	手机号码	座机号码
吕xx	南京	138****3333	444****4

通信录

姓名	所在城市	手机号码	座机号码
朱xx	天津	138****4444	555****5

通信录

姓名	所在城市	手机号码	座机号码
马xx	重庆	138****5555	111****3

17.2 Excel 2021与其他组件的协同

在Excel工作簿中可以调用Word文档、PowerPoint演示文稿和导入其他文本文件数据。

17.2.1 在Excel中调用Word文档

在Excel工作簿中，可以通过调用Word文档来实现资源的共用，避免在不同软件之间来回切换，从而大大减少工作量。具体操作步骤如下。

步骤01 新建一个工作簿，单击【插入】选项卡下【文本】组中的【对象】按钮 对象，如下图所示。

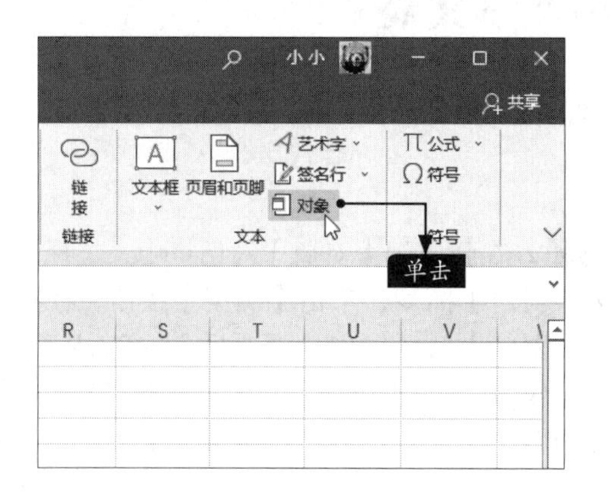

步骤02 在弹出的【对象】对话框中，选择【由文件创建】标签，单击【浏览】按钮，如下图所示。

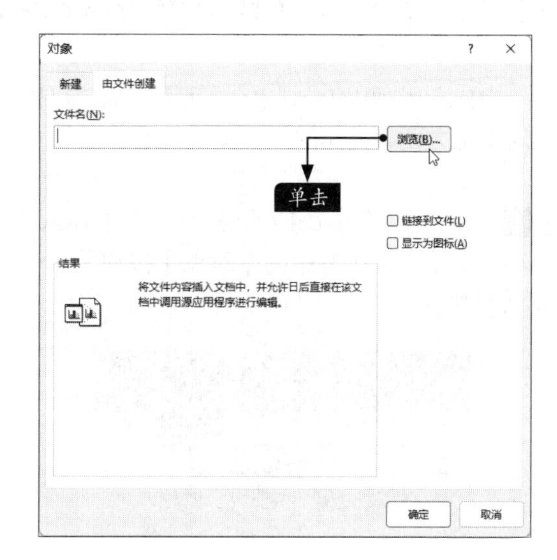

步骤03 在弹出的【浏览】对话框中，选择“素材\ch17\考勤管理工作标准.docx”文件，单击【插入】按钮，如下图所示。

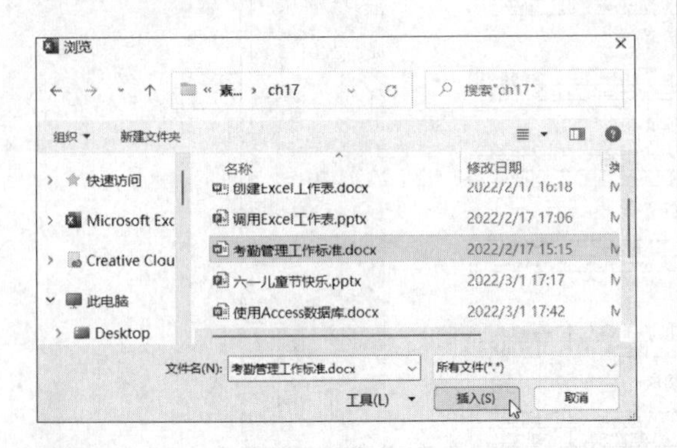

步骤04 返回【对象】对话框，单击【确定】按钮，如下图所示。

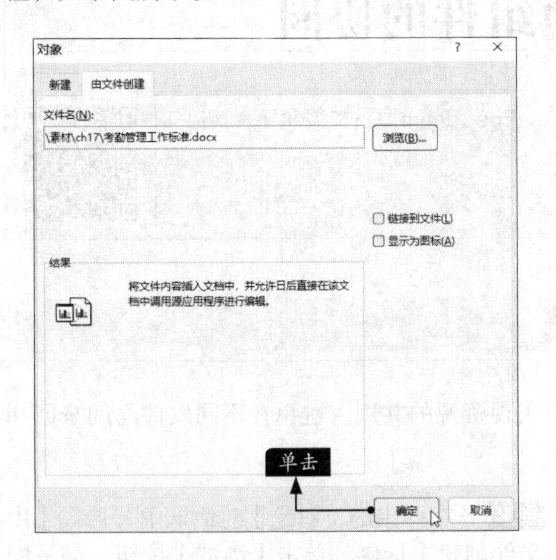

步骤05 在Excel中调用Word文档后的效果如下图所示。

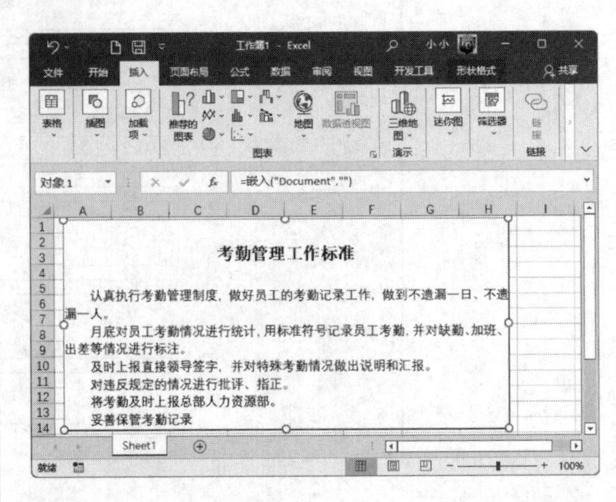

步骤06 双击插入的Word文档，即可显示Word功能区，便于编辑插入的文档，如下图所示。

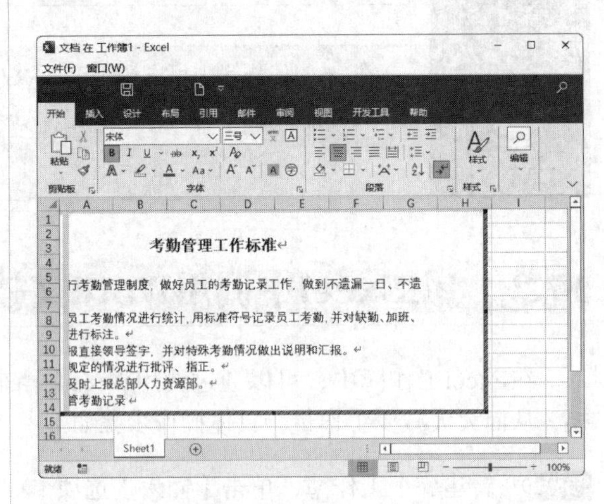

17.2.2 在Excel中调用PowerPoint演示文稿

在Excel中调用PowerPoint演示文稿，可以节省软件之间来回切换的时间，使我们在使用工作表时更加方便，具体的操作步骤如下。

步骤01 新建一个Excel工作表，单击【插入】选项卡下【文本】组中的【对象】按钮 对象，如下图所示。

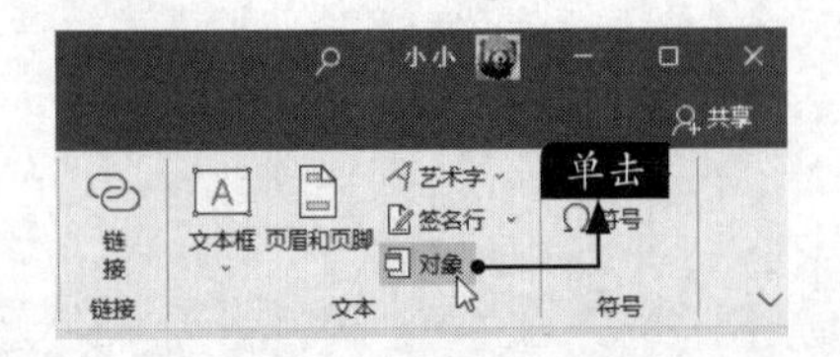

步骤02 在弹出的【对象】对话框中，选择【由文件创建】标签，单击【浏览】按钮，在打开的【浏览】对话框中选择要插入的PowerPoint演示文稿，此处选择“素材\ch17\统计报告.pptx”文件；然后单击【插入】按钮，返回【对象】对话框，单击【确定】按钮，如下页图所示。

步骤03 此时就在文档中插入了所选的演示文稿。插入PowerPoint演示文稿后，调整演示文稿的位置和大小，如右上图所示。

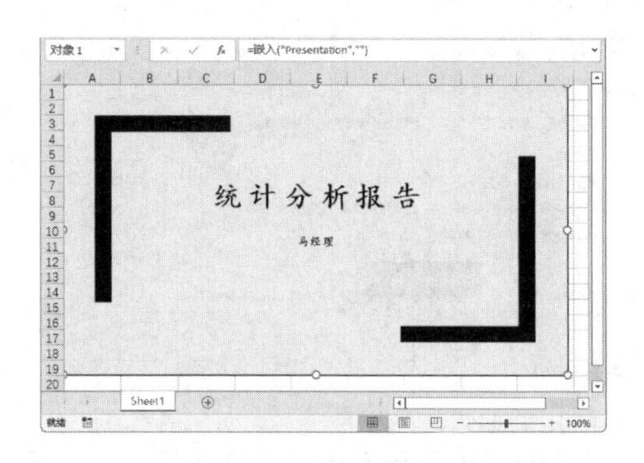

步骤04 双击插入的演示文稿，即可播放插入的演示文稿，截图如下图所示。

17.2.3 在Excel中导入文本文件的数据

在Excel 2021中，还可以导入Access文件数据、网站数据、文本数据、SQL Server 数据库数据，以及XML数据等外部数据。在Excel 2021中导入文本数据的具体操作步骤如下。

步骤01 新建一个Excel工作表，将其保存为“导入来自文件的数据.xlsx”，单击【数据】选项卡下【获取外部数据】组中的【自文本】按钮，如下图所示。

步骤02 在弹出的【导入文本文件】对话框中，选择“素材\ch17\成绩表.txt”文件，单击【导入】按钮，如右上图所示。

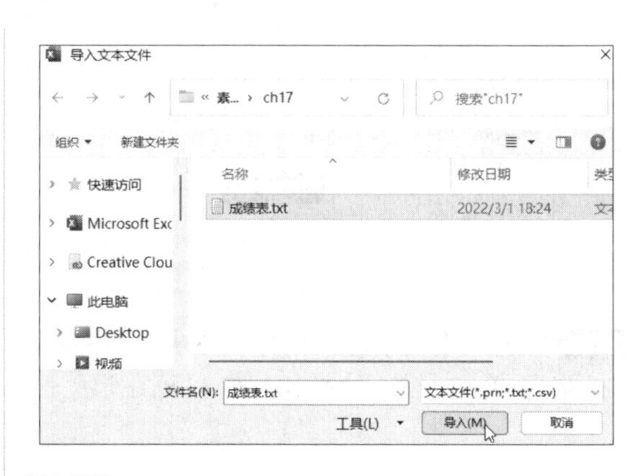

步骤03 在弹出的【文本导入向导-第1步，共3步】对话框中，选中【分隔符号】单选项，然后单击【下一步】按钮，如下页图所示。

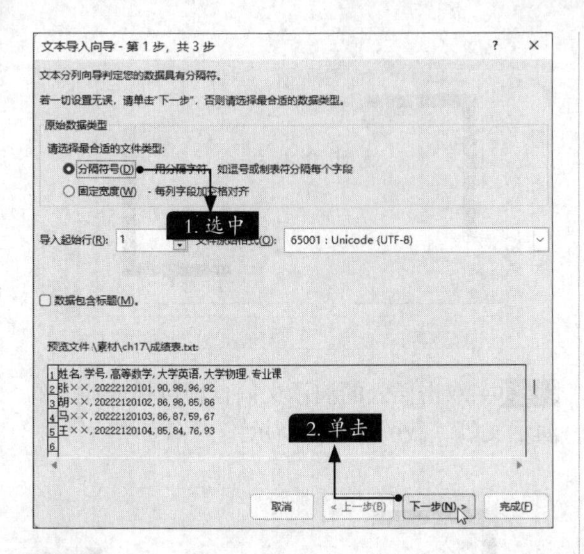

步骤04 进入【文本导入向导-第2步，共3步】对话框，根据文本情况选择分隔符号，这里选中【逗号】复选框，然后单击【下一步】按钮，如下图所示。

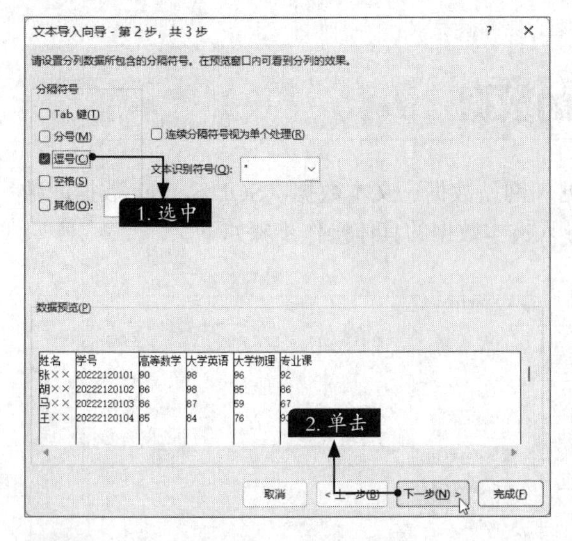

步骤05 进入【文本导入向导-第3步，共3步】对话框，单击【完成】按钮，如右上图所示。

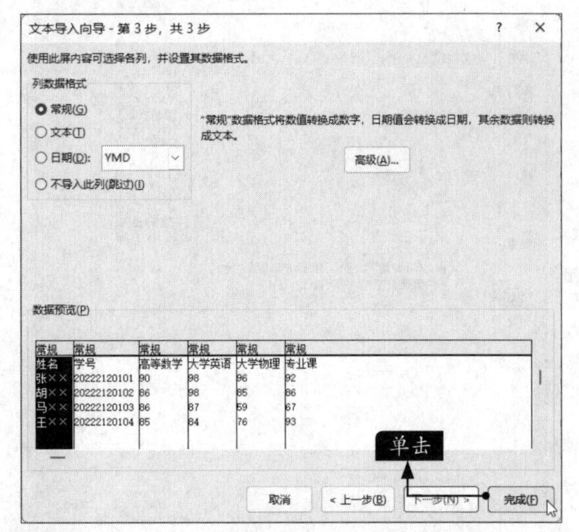

步骤06 在弹出的【导入数据】对话框中，设置数据的放置位置，然后单击【确定】按钮，如下图所示。

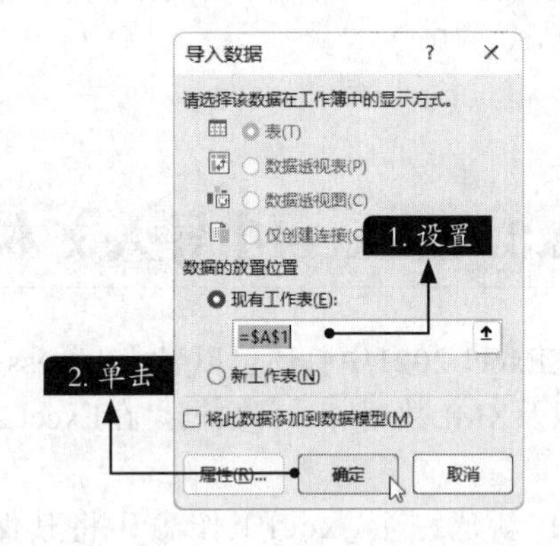

步骤07 此时，文本文件中的数据导入Excel 2021后的效果如下图所示。

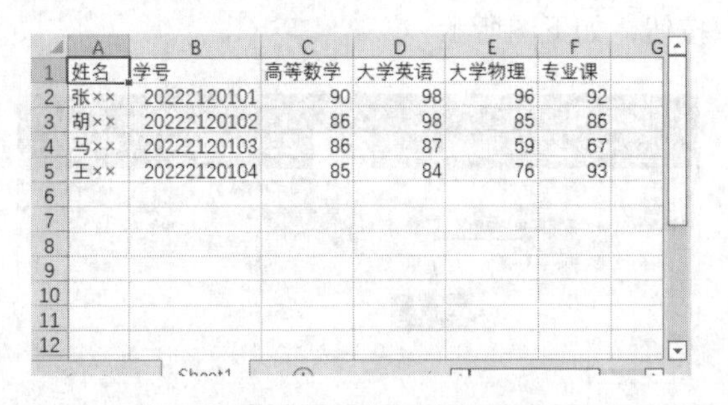

	A	B	C	D	E	F
1	姓名	学号	高等数学	大学英语	大学物理	专业课
2	张××	20222120101	90	98	96	92
3	胡××	20222120102	86	98	85	86
4	马××	20222120103	86	87	59	67
5	王××	20222120104	85	84	76	93

17.3 PowerPoint 2021与其他组件的协同

在PowerPoint 2021中不仅可以调用Excel等组件，还可以将PowerPoint演示文稿转换为Word 文档。

17.3.1 在PowerPoint中调用Excel工作表

用户可以在PowerPoint演示文稿中调用Excel中制作完成的工作表进行放映，具体的操作步骤如下。

步骤01 打开“素材\ch17\调用Excel工作表.pptx”文件，选择第2张幻灯片，然后单击【开始】选项卡下【幻灯片】组中的【新建幻灯片】按钮，在弹出的下拉列表中选择【仅标题】选项，如下图所示。

步骤02 在新建的幻灯片的【单击此处添加标题】文本框中输入“各店销售额详表”，如下图所示。

步骤03 单击【插入】选项卡下【文本】组中的【对象】按钮，弹出【插入对象】对话框，在其中单击选中【由文件创建】单选项，然后单击【浏览】按钮，如右上图所示。

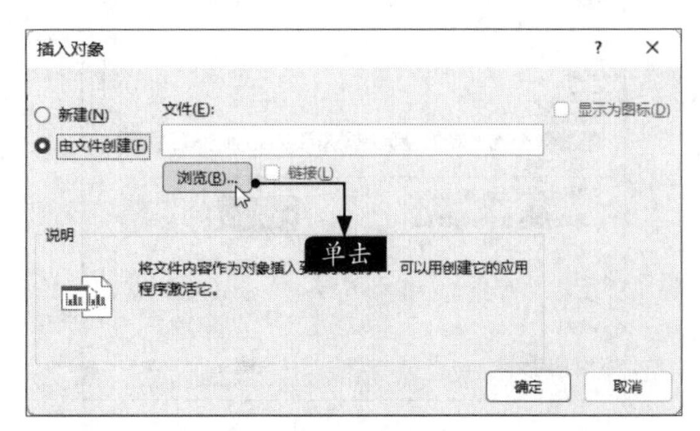

步骤04 在弹出的【浏览】对话框中选择“素材\ch17\销售情况表.xlsx”文件，然后单击【确定】按钮，返回【插入对象】对话框，单击【确定】按钮，如下图所示。

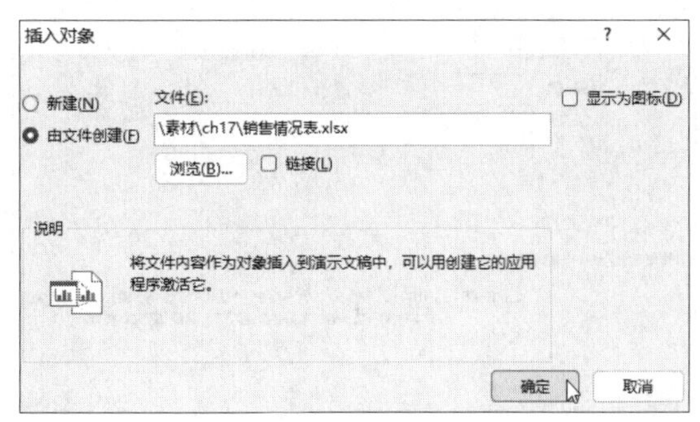

步骤05 此时就在演示文稿中插入了Excel表格，如下图所示。

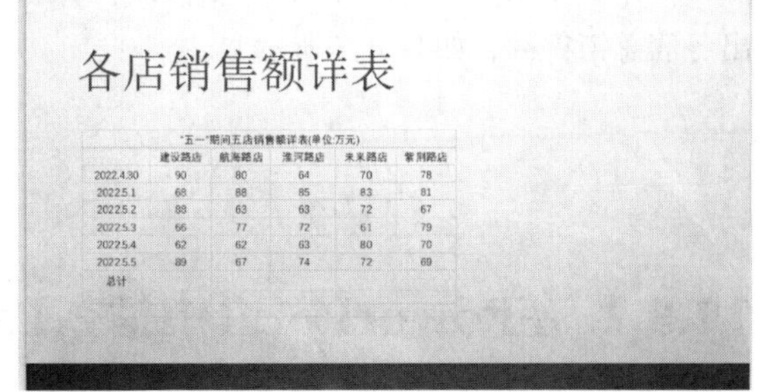

“五一”期间五店销售额详表(单位:万元)					
	建设路店	航海路店	淮河路店	未来路店	紫荆路店
2022.4.30	90	80	64	70	78
2022.5.1	68	88	85	83	81
2022.5.2	88	63	63	72	67
2022.5.3	66	77	72	61	79
2022.5.4	62	62	63	80	70
2022.5.5	89	67	74	72	69
总计					

步骤06 双击表格，进入Excel工作表的编辑状态，调整表格的大小。单击B9单元格，单击编辑栏中的【插入函数】按钮，弹出【插入函数】对话框。在对话框的【选择函数】列表框中选择SUM函数，单击【确定】按钮，如下页图所示。

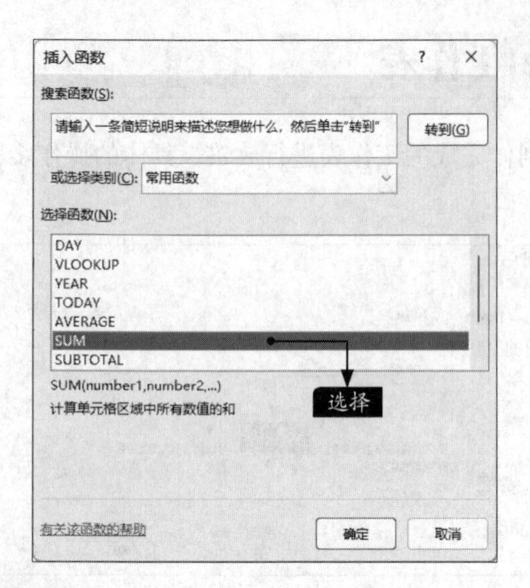

步骤 07 在弹出的【函数参数】对话框的【Number1】文本框中输入"B3:B8"，单击【确定】按钮，如下图所示。

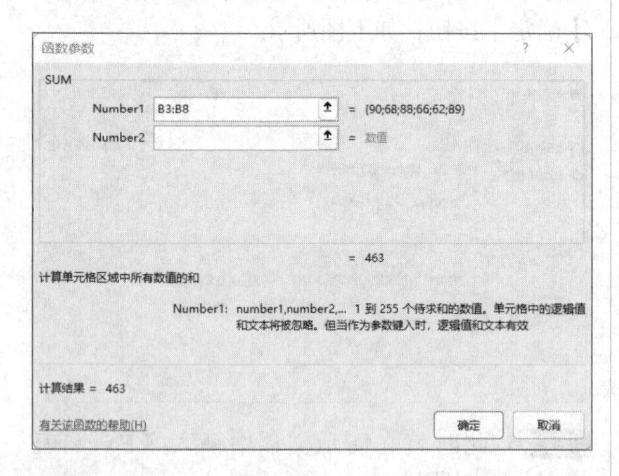

步骤 08 此时，就在B9单元格中计算出了总销售额，使用填充功能填充C9:F9单元格区域，计算出各店总销售额，如右上图所示。

"五一"期间五店销售额详表(单位:万元)

	建设路店	航海路店	淮河路店	未来路店	紫荆路店
2022.4.30	90	80	64	70	78
2022.5.1	68	88	85	83	81
2022.5.2	88	63	63	72	67
2022.5.3	66	77	72	61	79
2022.5.4	62	62	63	80	70
2022.5.5	89	67	74	72	69
总计	463	437	421	438	444

步骤 09 选择单元格区域A2:F8，单击【插入】选项卡下【图表】组中的【插入柱形图或条形图】按钮，在弹出的下拉列表中选择【簇状柱形图】选项，如下图所示。

步骤 10 插入柱形图后，调整图表的位置和大小，并根据需要美化图表。最终效果如下图所示。

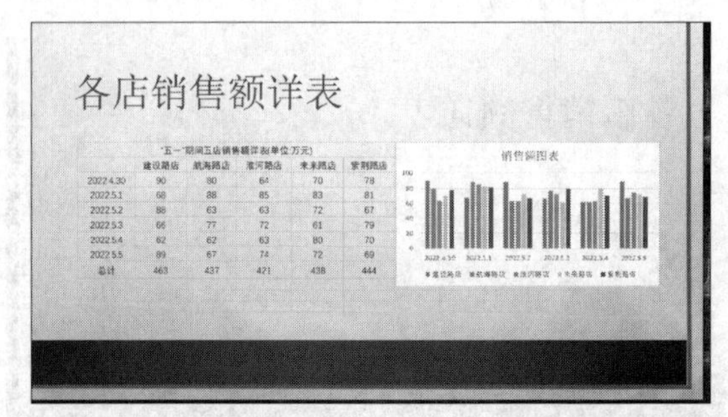

17.3.2 在PowerPoint中插入Excel图表对象

在PowerPoint中插入Excel图表对象，可以方便查看图表数据，从而快速修改图表中的数据，具体的操作步骤如下。

步骤 01 新建一个空白演示文稿，将幻灯片中的文本占位符删除，单击【插入】选项卡下【文本】组中的【对象】按钮，如下页图所示。

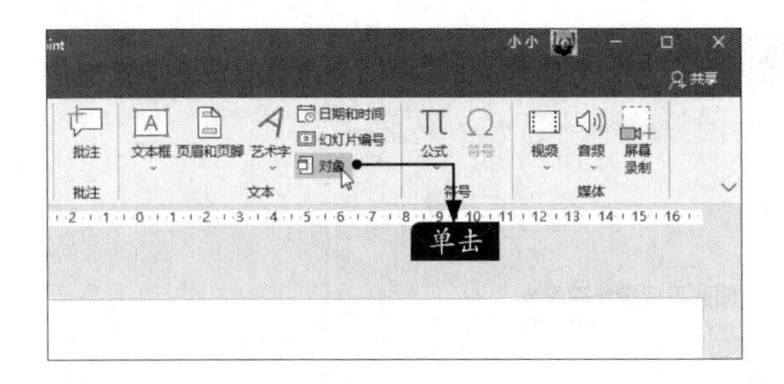

步骤02 在弹出的【插入对象】对话框中，选中【新建】单选项，在【对象类型】列表框中选择【Microsoft Excel Chart】选项，单击【确定】按钮，如下图所示。

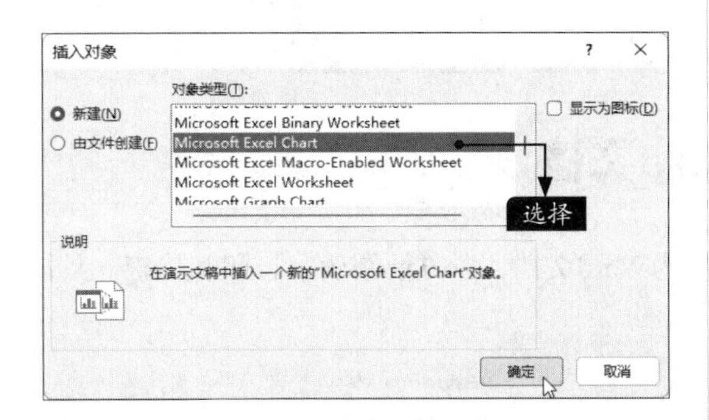

步骤03 插入的图表如下图所示。

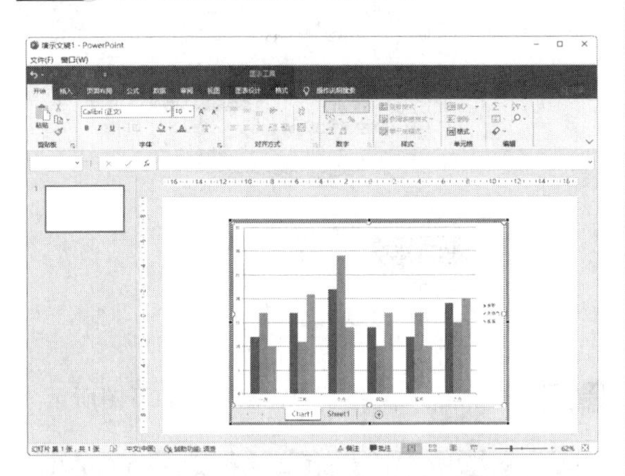

步骤04 在图表中选择【Sheet1】工作表，将其中的数据修改为“素材\ch17\销售情况表.xlsx”工作簿中的数据，如下图所示。

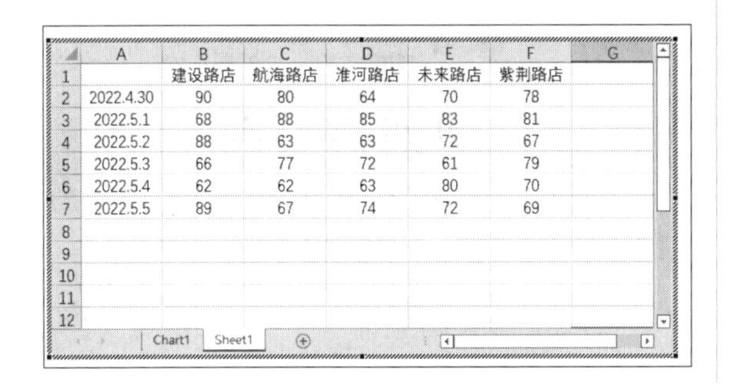

	A	B	C	D	E	F	G
1		建设路店	航海路店	淮河路店	未来路店	紫荆路店	
2	2022.4.30	90	80	64	70	78	
3	2022.5.1	68	88	85	83	81	
4	2022.5.2	88	63	63	72	67	
5	2022.5.3	66	77	72	61	79	
6	2022.5.4	62	62	63	80	70	
7	2022.5.5	89	67	74	72	69	
8							
9							
10							
11							
12							

Chart1 Sheet1

步骤05 选择【Chart1】工作表，单击【图表工具】→【图表设计】选项卡下【数据】组中的【选择数据】按钮，如下图所示。

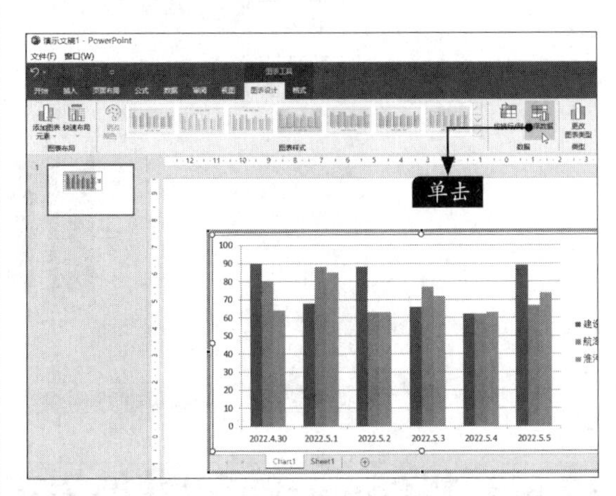

步骤06 在弹出的【选择数据源】对话框中，单击按钮，选择【Sheet1】工作表中的数据区域，然后单击【确定】按钮，如下图所示。

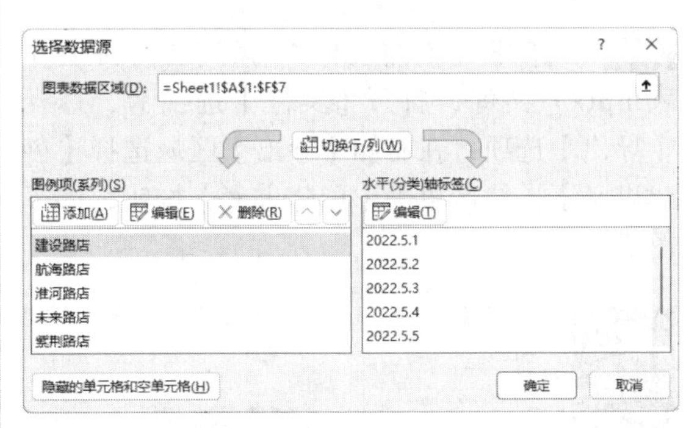

步骤07 修改后的图表如下图所示。

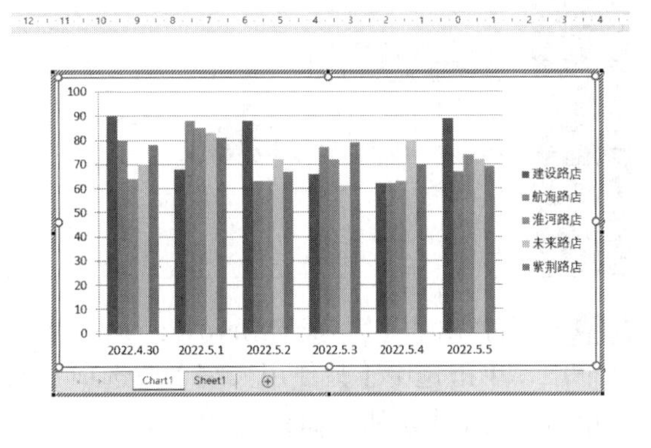

步骤08 用户可以根据需求，调整图表大小、位置及布局等，单击工作表外的空白处，即可返回幻灯片页面，最终效果如下页图所示。

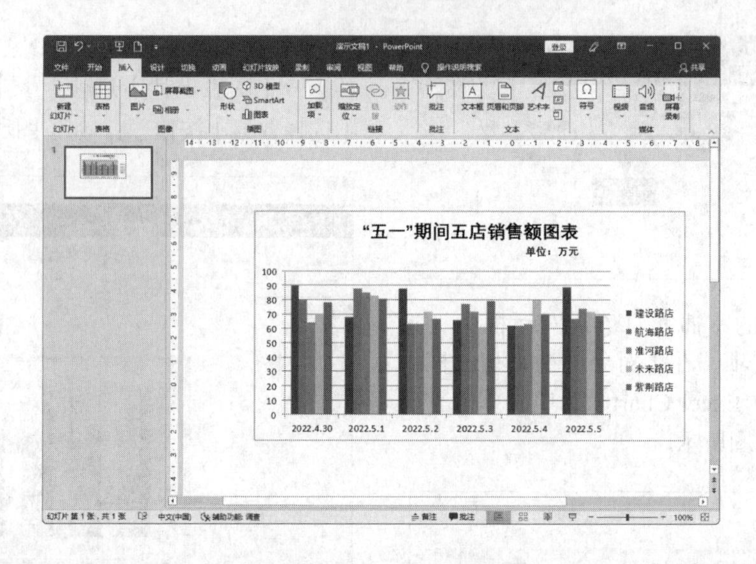

17.3.3 将PowerPoint转换为Word文档

用户可以将PowerPoint演示文稿中的内容转换为Word文档，以方便阅读、打印和检查。具体操作步骤如下。

步骤 01 打开"素材\ch17\调用Excel工作表.pptx"文件，打开【文件】选项卡，选择【导出】选项，在右侧【导出】区域选择【创建讲义】，然后单击【创建讲义】按钮，如下图所示。

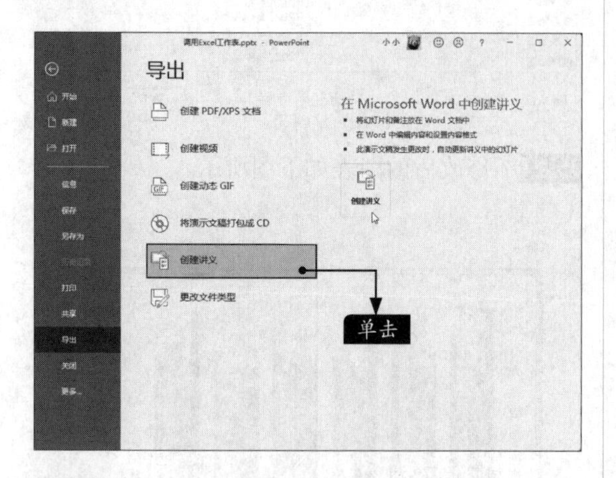

步骤 02 在弹出的【发送到Microsoft Word】对话框中，单击选中【只使用大纲】单选项，然后单击【确定】按钮，如右上图所示。

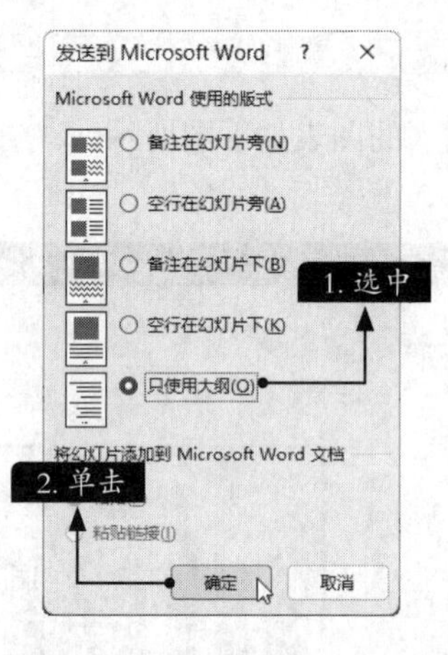

步骤 03 生成的"文档1"Word文档如下图所示。

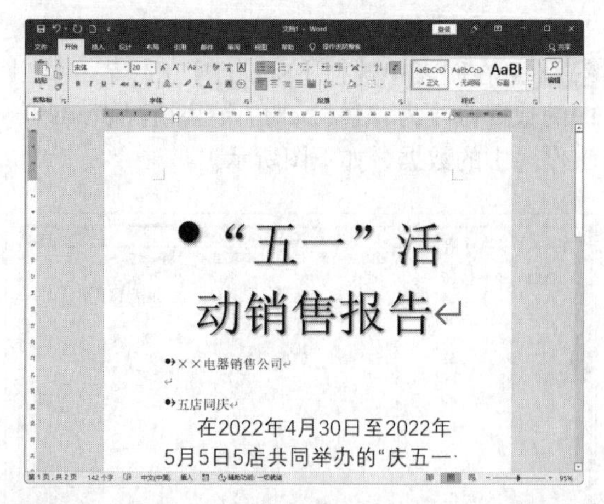

17.4 Office 2021与PDF文件的协同

PDF文件是日常办公中较为常用的文件类型。在阅读时，既方便又可以防止他人无意触碰键盘修改文件内容，也可以很好地保留文档字体以方便打印。

在Office 2021中，不仅支持将文档、表格及演示文稿转换为PDF文件，还可以对PDF文件进行编辑。

17.4.1 将Office文档转换为PDF文件

在Office 2021中，用户可以直接将文档导出为PDF文件，Word、Excel和PowerPoint导出的方法相同，下面以Word文档转换为PDF文件为例介绍其方法，具体操作步骤如下。

步骤01 打开“素材\ch17\创建Excel工作表.docx”文件，打开【文件】选项卡，选择【导出】选项，在右侧选择【创建PDF/XPS文档】，然后单击【创建PDF/XPS】按钮，如下图所示。

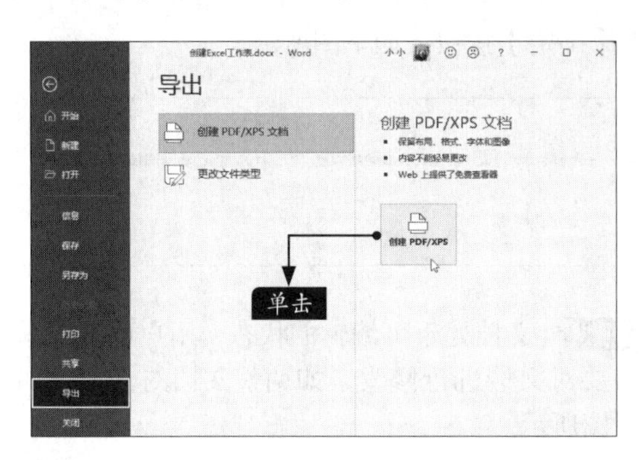

步骤02 在弹出的【发布为PDF或XPS】对话框中，选择保存位置，并命名文件，然后单击【发布】按钮，如下图所示。

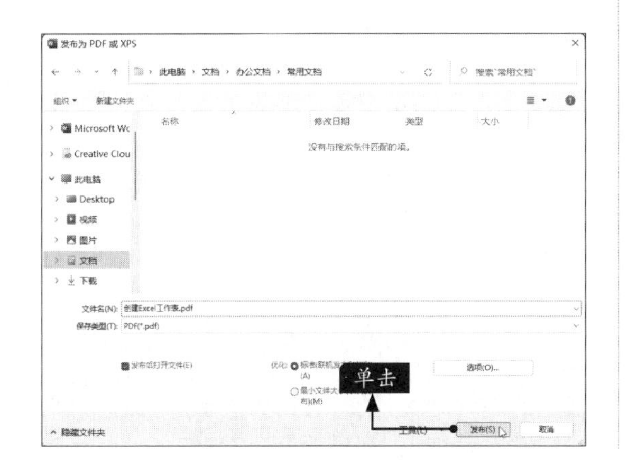

步骤03 文件保存为PDF文件后，会自动打开该文件，如下图所示。

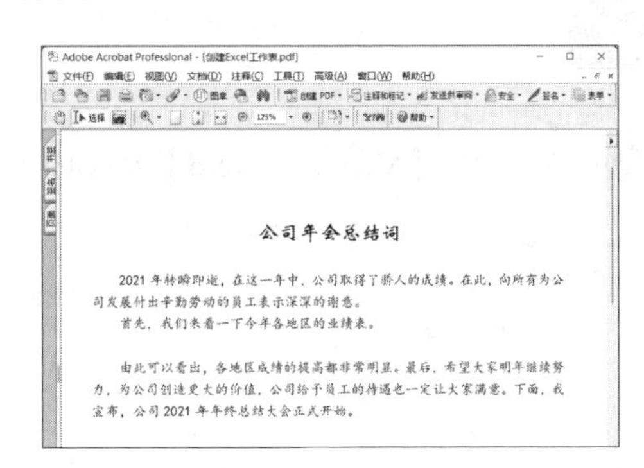

另外，用户在保存文档时，可在【另存为】对话框中选择【保存类型】为“PDF(*.pdf)”类型，如下图所示，也可将文档转换为PDF文件。

17.4.2 在Word中编辑PDF文件

Office 2021新增了PDF文件的编辑功能，用户可以使用Word打开并查看PDF文件，也可以对其进行编辑，具体操作步骤如下。

步骤01 打开Word，单击【打开】选项，选择右侧的【浏览】，如下图所示。

步骤02 在弹出的【打开】对话框中，选择要编辑的PDF文件，然后单击【打开】按钮，如下图所示。

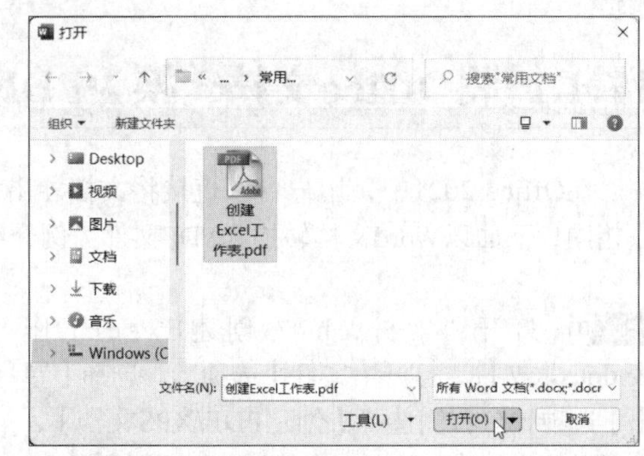

步骤03 在弹出的【Microsoft Word】提示框中，单击【确定】按钮，如下图所示。

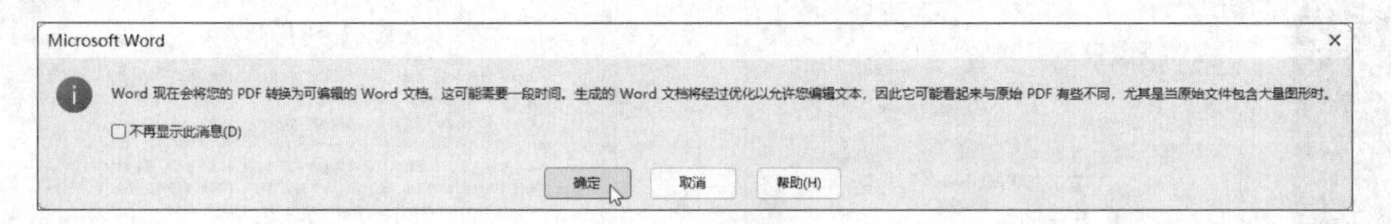

步骤04 此时，Word 2021将PDF转换为可编辑的Word文档，如下图所示。

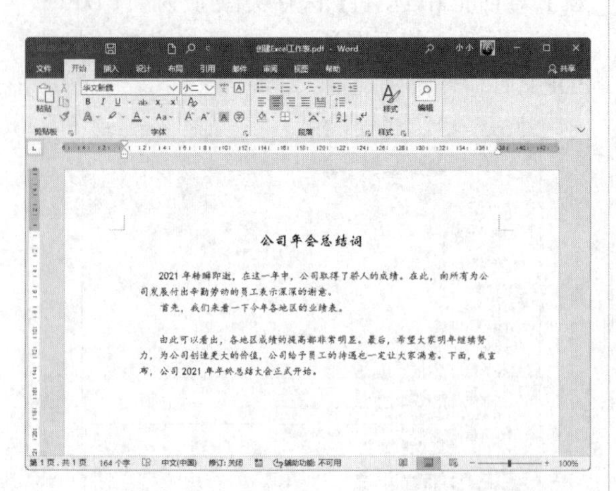

步骤05 文档处于可编辑的状态，用户可以根据需要对文档进行修改，如调整文档的文字，如下图所示。

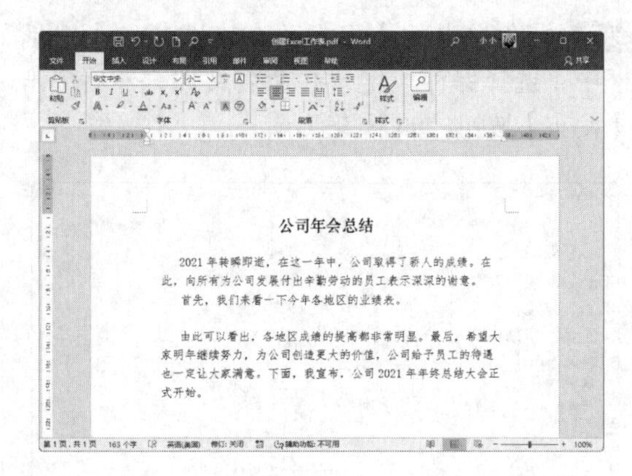

步骤06 完成修改后，按【Ctrl+S】组合键，弹出【另存为】对话框，用户可以将文档保存为Word文档，也可以保存为PDF文件，如下图所示。

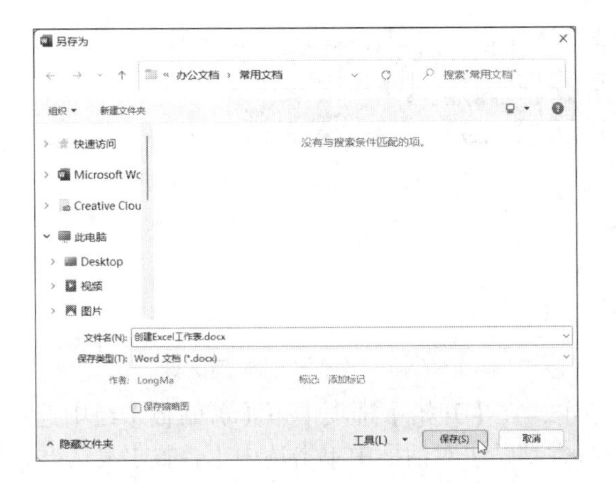

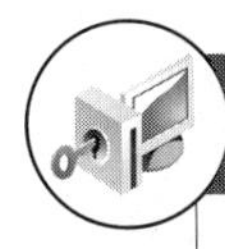

高手私房菜

技巧：用Word和Excel实现表格的行列转置

在用Word制作表格时经常会遇到需要将表格的行与列转置的情况，可按照如下的操作步骤进行转置。

步骤01 在Word中创建表格，然后选定整个表格，单击鼠标右键，在弹出的快捷菜单中单击【复制】命令，如下图所示。

步骤02 打开Excel表格，在【开始】选项卡下【剪贴板】组中选择【粘贴】→【选择性粘贴】选项，如右上图所示。

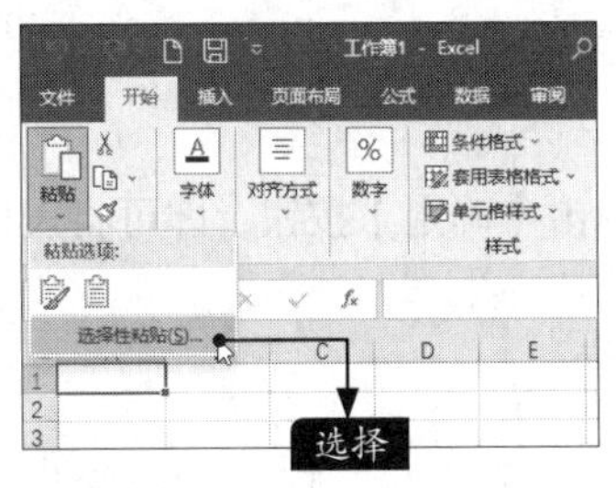

步骤03 在弹出的【选择性粘贴】对话框中选择【文本】选项，单击【确定】按钮，如下图所示。

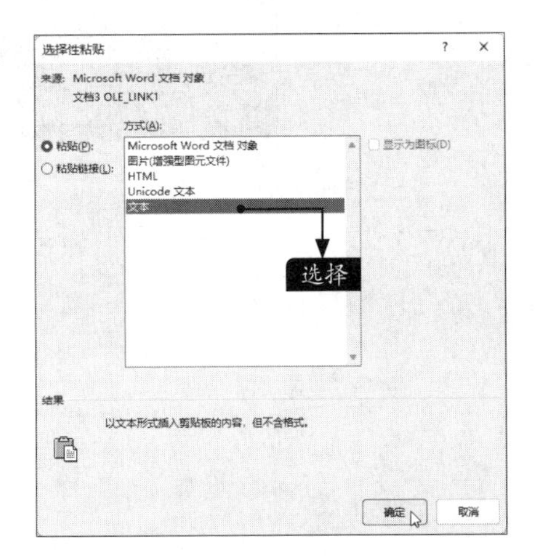

步骤 04 数据粘贴到表格中后，选择粘贴的数据，按【Ctrl+C】组合键复制粘贴后的表格，如下图所示。

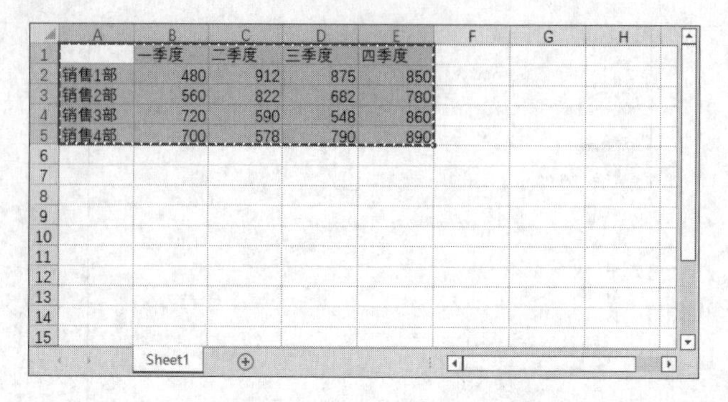

	一季度	二季度	三季度	四季度
销售1部	480	912	875	850
销售2部	560	822	682	780
销售3部	720	590	548	860
销售4部	700	578	790	890

步骤 05 在任一单元格上单击，在【开始】选项卡下【剪贴板】组中选择【粘贴】→【选择性粘贴】选项，在弹出的【选择性粘贴】对话框中单击选中【转置】复选框，如下图所示。

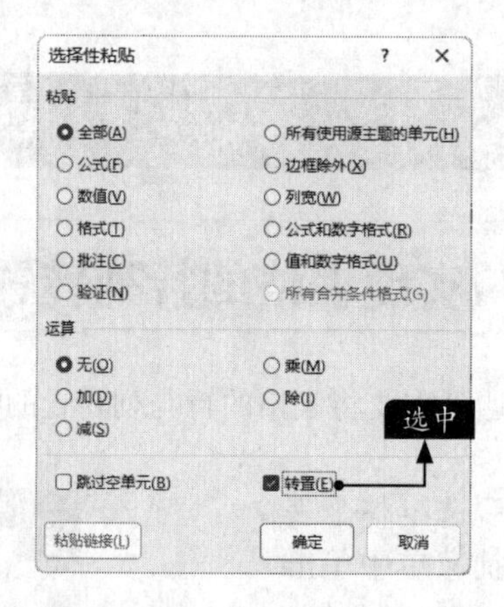

步骤 06 单击【确定】按钮，即可将表格的行与列转置，如下图所示，最后将转置后的表格复制到Word文档中。

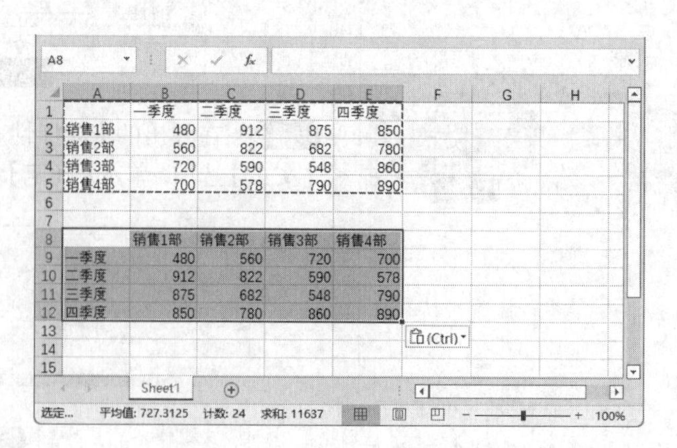

	一季度	二季度	三季度	四季度
销售1部	480	912	875	850
销售2部	560	822	682	780
销售3部	720	590	548	860
销售4部	700	578	790	890

	销售1部	销售2部	销售3部	销售4部
一季度	480	560	720	700
二季度	912	822	590	578
三季度	875	682	548	790
四季度	850	780	860	890